电子技术快速入门

视频精讲

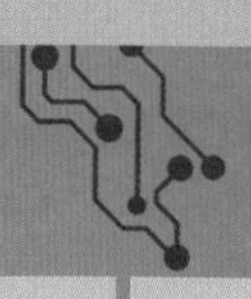

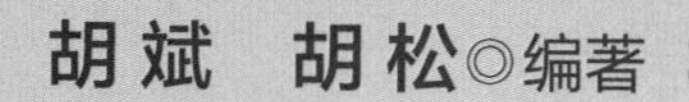

胡斌　胡松◎编著

人民邮电出版社
北京

图书在版编目（CIP）数据

电子技术快速入门视频精讲 / 胡斌，胡松编著. --
北京 : 人民邮电出版社，2021.1
ISBN 978-7-115-54577-0

Ⅰ. ①电… Ⅱ. ①胡… ②胡… Ⅲ. ①电子技术一教
材 Ⅳ. ①TN

中国版本图书馆CIP数据核字(2020)第140941号

内 容 提 要

本书采用视频与图文相结合的方式，对电子爱好者应该掌握的常见电子元器件、电路识图与检修技能进行了详细的介绍。全书可以分成三个阶段进行学习：快速入门和知识扩展、电路板检修技能培养、整机电路分析与套件装配。书中主要内容包括从设计发光二极管电源指示电路快速入门、精细分析和精心安装话筒放大器、万用表检测电路板上数十种元器件的方法、电路板故障检修技术及整机收音机电路详解与套件装配。

本书侧重于理论指导下的动手能力培养，内容通俗易懂，配套视频讲解清晰，两者相辅相成。本书适合电子技术人员学习使用，也适合作为职业院校和社会培训机构的电子技术及其应用的教学参考用书。

◆ 编　　著　胡　斌　胡　松
　责任编辑　黄汉兵
　责任印制　彭志环

◆ 人民邮电出版社出版发行　　北京市丰台区成寿寺路 11 号
　邮编　100164　　电子邮件　315@ptpress.com.cn
　网址　https://www.ptpress.com.cn
　天津画中画印刷有限公司印刷

◆ 开本：787×1092　1/16
　印张：21.75　　　　2021 年 1 月第 1 版
　字数：580 千字　　　2021 年 1 月天津第 1 次印刷

定价：119.00 元

读者服务热线：(010)81055493　印装质量热线：(010)81055316
反盗版热线：(010)81055315
广告经营许可证：京东市监广登字 20170147 号

前言

本书是零起点电子技术初学者的快速和轻松入门读本。快速和轻松主要体现在免费送配套的、系统的视频辅导和图文细说。本书主要内容包括从设计发光二极管电源指示电路快速入门、精细分析和精心安装话筒放大器、万用表检测电路板上数十种元器件的方法、电路板故障检修方法和整机收音机电路详解与套件装配。

1. 内容特点

（1）前两章写作方式独特，章节内容根据学习需求进行安排，即元器件知识、电路分析、操作技能等理论与实践交替循环推进，使初学者入门的难度下降，短时间内学习的成就感明显增强，提高了初学者的学习兴趣。

（2）全书免费送大量的视频辅导课程，约300段，超过1500分钟。这是一个系统性的视频课程，为初学者入门学习提供了方便，减轻了入门难度。对初学者而言，视频辅导可以帮助其提高学习效率。

（3）本书侧重于理论指导下的动手能力培养，全书可以分成三个阶段进行学习：快速入门和知识扩展、电路板检修技能培养和整机电路分析与套件装配，为初学者成为技能大师打下了扎实的基础。

2. 写作方式创新

第1章采用不同于传统的写作方法，根据一个任务（以设计电源LED指示电路为例）写出所需要的知识，这种写法的好处是使读者比较容易获得成就感，通过简单的一章学习就能学会一项技能。本章理论知识与技能知识点交替讲解，并加入了课堂测试，以巩固学习内容，文字内容全部紧贴视频辅导。

第2章采用同样的写作方式，以设计驻极体话筒电路设计方法为例，进行详细的理论和技能的讲解。

3. 核心知识

核心知识主要包括：

（1）常用元器件图形符号识图信息解读、主要特性讲解、重要参数识别方法、引脚识别方法等；

（2）常用和重要元器件典型应用电路详细讲解，电路分析方法讲解等；

（3）万用表使用方法和采用万用表检测电路板上数十种元器件的方法；

（4）电路板上20种故障检查方法和电路板上各种检测技术和方法；

（5）外差式收音机电路工作原理和套件详细装配方法，通过动手实验的方式将理论与动手实验联系起来，强化理论学习，提高动手技能。

4. 本书读者对象

初学电子技术的各类人群，包括大学、中职、技校的初学电子技术课程的学生，也包括其他电子技术爱好者，还包括电子类整机厂职工等。

5. 本书同步读本

在阅读本书前或同期阅读与本书同期出版的《电子元器件与电路识图入门视频精讲》一书，可以提高读者电路分析的能力。

编者

2020.6

目录

第1章 从设计发光二极管电源指示电路快速入门

通过本章学习设计发光二极管电源指示电路的方法，了解和掌握电子技术快速入门的知识。

学习直流电源、电路板、发光二极管和电阻器等知识点，并落实到一个实用的电子电路中，如图1-1所示，讲述LED指示电路设计方法，深入分析电路原理，动手装配和调试电路，同时学会相关元器件的识别和测试方法，并讲解这一电路中常见故障的检修思路、具体操作步骤和方法等，为轻松和快乐进入电子世界打下基础。

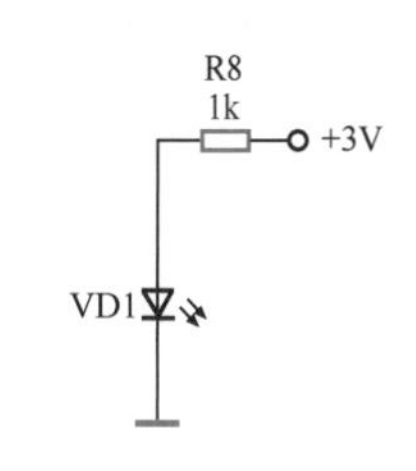

图1-1 LED指示电路

1.1 快速入门：直流电源是电子电路的动力源

电子电路在工作时需要的是直流电源。直流电源是整个电子电路工作的动力源，就如同灯泡点亮需要电源一样。

能够产生电能或将其他形式能量转换成电能的装置称为电源。例如，家庭中的电器所使用的是交流电源，它是众多电源中的一种。家庭中的交流电源是发电厂输送的，发电厂通过火力或水力、核能方式产生电能。图1-2所示的家用电器的动力源为交流电源。

图1-2 家用电器的动力源为交流电源

电池是直流电源中最为常用的一种。电池是一种通过化学作用产生电源的装置。

知识扩展：直流电源概述

在电子电器中，通常使用的直流电源可以通过以下两种形式获取。

（1）电池可以作为直流电源。通常在直流工作电压比较低，且对电源消耗比较小的情况下使用电池作为整机电路的直流电源。例如，各种家用的红外遥控器等使用电池作为电源进行供电。图1-3所示为5号电池。

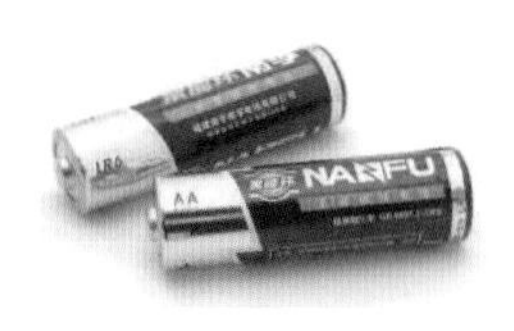

图1-3 5号电池

（2）采用降压、整流和滤波电路将交流市电转换成直流电源。大多数的电子电器采用这种形式的直流电源，因为这种方式获得的直流电源比较经济，且容易在整机电路中同时得到各种电压等级（直流电压的大小）的直流电源。图1-4所示为降压、整流和滤波电路实物示意图。

课堂测试 1.1

选择题：

（1）电子电路工作时需要的是（ ）。

A. 电池　　B. 交流电源　　C. 充电电池　　D. 直流电源

（2）电子电路使用电池供电时，（ ）。

A. 工作电压低　　B. 电池不能串联　　C. 电池不能并联　　D. 使用充电电池

答案与解析 1.1

（1）D。电池和充电电池都是直流电源中的一种，交流电源则要通过一个称为电源电路的装置转换成直流电源后才能用于电子电路中。

（2）A。电子电路使用电池供电时，通常要进行电池的串联，因为 1 节电池的电压只有 1.5V，比较低，而这么低的电压对大多数电子电路而言不能使之正常工作。电池在特定的条件下是可以并联的，当需要有更大电流输出时，可以采用电池并联的方式，但是它不能提高电压。虽然有一些充电电池的电压比较高，但是其成本也比较高。

图 1-4　降压、整流和滤波电路实物示意图

1.1.1　零点起步：电池串联提高了电压

1 节 5 号或 1 号电池的直流电压只有 1.5V，而这个电压对于一般的电子电路而言显得低了。为了提高直流电压，可以将 2 节或 2 节以上的电池进行串联，一般情况下，将 2 节或 4 节电池串联。

1　电池盒

图 1-5 所示为两种电池盒实物示意图，一种用来装 2 节 5 号电池，另一种用来装 4 节 5 号电池。这种电池盒在内部已将电池串联所需要的连接线接好，电池只要按规定方向装入电池盒，就自动构成了串联电路，然后电池盒引出两根引线，红色引线是电池串联后的正极，黑色引线是电池串联后的负极。

（a）2 节 5 号电池盒

（b）4 节 5 号电池盒

图 1-5　两种电池盒实物示意图

2　电池的电路图形符号

1-1：电源简述和电池串并联

每种电子元器件在电子电路图中都有一个对应的电路图形符号（简称电路符号）。电路符号相当于电子元器件在电路图中用图形方式表示的身份符号，它会提供有用的信息来帮助大家进行电路分析，可以大大降低电路分析过程中的难度。图 1-6（a）所示为电池的电路图形符号，图 1-6（b）和图 1-6（c）所示分别为 2 节和 4 节 1.5V 电池串联的电路。

3　电池电路图形符号中识图信息的解读

图 1-7 所示为电池电路图形符号识图信息示意图。从这个图形符号中可以得到下列识图信息。

（1）用字母 E 表示电池。每一种元器件电路图形符号中都会用一个字母来表示这个特定的元器件。$E1$ 中的 1 表示它是电路图中第一个电池，如果电路图中用到了两个独立的电池，那第二个电池用 $E2$ 表示。在电路图中用数字 1、2……来区分各个电池。

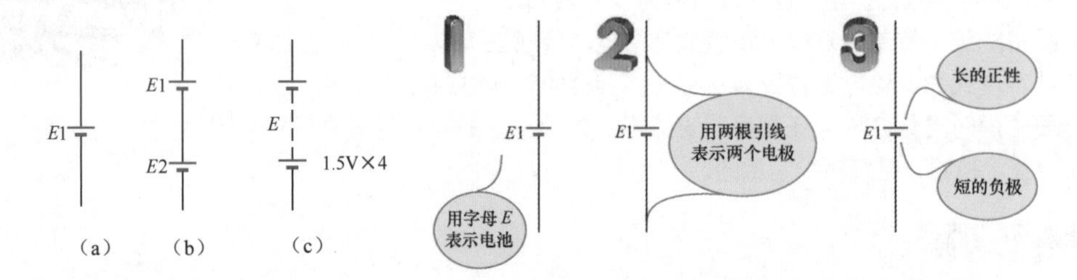

图 1-6　电池的电路图形符号　　图 1-7　电池电路图形符号识图信息示意图

1-2：初步了解元器件的电路符号识图信息

（2）用两根引线表示电池有两个电极。电路图形符号通常都是用引线数量来表示该元器件有几根引脚（或电极）。例如，某元器件有 6 根引脚时，会用 6 根引线表示各个引脚。

（3）用一长一短线条表示正负性。电池有正负极之分，用长线段表示电池的正极端，短线段表示电池的负极端。这一识图信息非常重要，不仅表示了电池有正负极之分，还显示出了电流流动的方向。电流是从正极流出电池，从负极流入电池内部，由于这一符号标注，大大降低了电路分析的难度。根据电池的这一电路图形符号无须记忆就可以知道电流流动的方向，如图 1-8 所示。

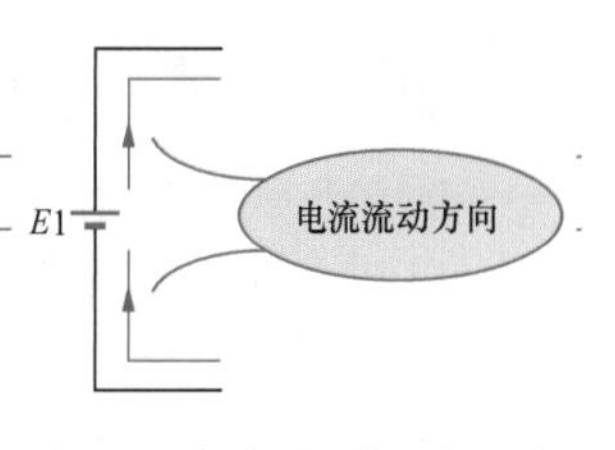

图 1-8　电路图形符号指示电流流动方向示意图

知识扩展：关于电路图形符号

• 新电路图形符号。

重要提示：元器件在电路图中用一种电路图形符号来表示，若不认识这种符号就无法分析电路的工作原理。各种电子元器件都有它们相对应的电路图形符号，且这些电路图形符号中还能读出有用的识图信息。

这部分知识要深入且全面掌握。

• 旧电路图形符号。

重要提示：一些电子元器件会有多种电路图形符号，新标准实施以前使用的电路图形符号为旧符号，因为在一些老的电路图中还会采用这些旧符号，所以对这方面知识还是需要了解的。

• 非国标电路图形符号。

重要提示：新的电子元器件在国家标准没有出来之前，会采用非国标电路图形符号，如生产厂家自己设定的电路图形符号。

1-3：万用表综述和保险丝表棒

• 识图信息解读。

重要提示：许多电子元器件电路图形符号都表达了一定的具体含义，了解这些含义对分析电路工作是有帮助的。

这部分知识要深入掌握。

• 其他信息（型号、标称值等）。

重要提示：电路图中的元器件符号旁边会标出该元器件的型号或标称值。它说明了该元器件的一些情况，必须学会这些信息的识别。

课堂测试 1.2

选择题：

（1）每种电子元器件在电子电路图中都有一个与之相对应的（　）。

A. 实物符号　　B. 相应符号　　C. 电路图形符号　　D. 电池电路图形符号

（2）电子元器件的（　）可以表达出一些有用的识图信息。

A. 电路图形符号　　B. 规格　　C. 体积　　D. 指标

（3）电子元器件电路图形符号不能表示该元器件（　）。

A. 有几根引脚　　B. 材料特性　　C. 哪根引脚是正极　　D. 哪根引脚是负极

答案与解析 1.2

（1）C。各种元器件的电路图形符号是不同的，且没有实物符号、相应符号的说法。

（2）A。规格、体积、指标并不用来表达有用的识图信息。

（3）B。元器件电路图形符号是可以明确表示该元器件有几根引脚的。当元器件有正负极性时，能表示出哪根引脚是正极，哪根引脚是负极。

4　电池串联电路

1 节 5 号电池的电压只有 1.5V，将多节电池串联起来，电压就会增加。例如，2 节电池串联后是 1.5V×2=3V，4 节电池串联后是 1.5V×4=6V。本书中电路使用 3V 电压供电，2 节电池串联后才满足电路的使用要求。图 1-9 所示为 2 节电池串联电路。

所谓电池串联就是 1 节电池的正极与另 1 节电池的负极相连接，串联后余下的两个电极一个是正极，另一个是负极，见图 1-9。

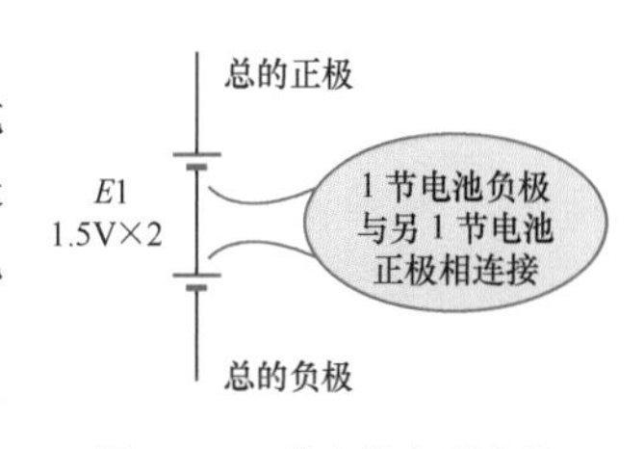

图 1-9　2 节电池串联电路

5 电池串联电压增大

电池串联电路后每增加1节电池，电路电压就增加1.5V。1节5号电池的电压只有1.5V，2节串联后总的电压是1.5V+1.5V=3V，3节串联后总的电压是1.5V+1.5V+1.5V=4.5V。

为了使用方便，电池盒中已将需要串联的电池正负极连接线接好，如图1-10所示，只要将电池放入电池盒中即可以使用。注意，电池是有正负极之分的，放入电池时切不可将正负极接反，否则电池盒不能正常工作，还会损坏电池，实验中切记这一点。

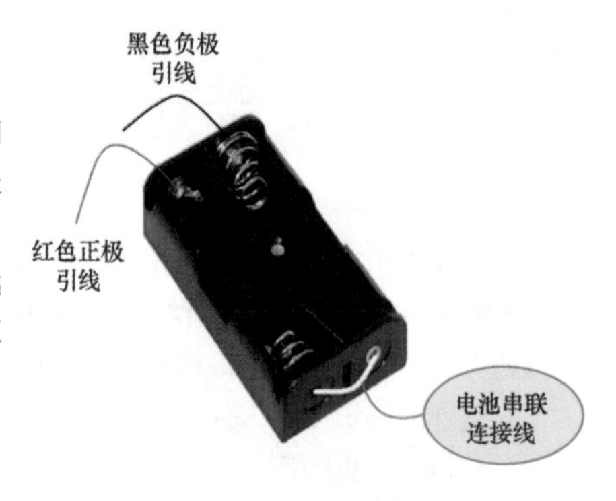

图1-10　电池盒连接线示意图

选择题：

（1）电池串联电路（　）整个电池组直流电压。

A. 降低了　　B. 不改变　　C. 是为了稳定　　D. 提高了

（2）在电池串联电路中，要求（　）相连接。

A. 一个电池正极与另一个电池负极　　B. 电池正极　　C. 电池负极　　D. 电池正负极随便

（1）D。电池串联后总电压是相加的关系。

（2）A。因为电池并联时，各个电池的正极相连接，各个电池的负极相连接；电池在串联或并联时，均不可以将电池正负极随便连接，否则会出现烧坏电池的情况。

1-4：数字和指针式万用表的面板

知识回顾：话说直流电压

电池一般是直流电源，直流电源的电压大小是不变的，如新的5号电池的电压是1.5V。电压类似水压，水在压力下流动，电路中的电流流动也需要电压的“驱使”。电压是有大小和方向的，直流电压也有大小和方向之分。图1-11所示为用波形表示的直流电压。

对于一个特定的直流电源，如电池，它的电压大小不变。

直流电压有正负之分，有正的直流电压，也有负的直流电压。

电压的单位是伏特，简称伏，用V表示。电压单位除伏之外，还有千伏（kV）、毫伏（mV）和微伏（μV）。它们之间的换算关系如下：

1 kV = 1000V；1 V = 1000mV；1 mV = 1000μV。

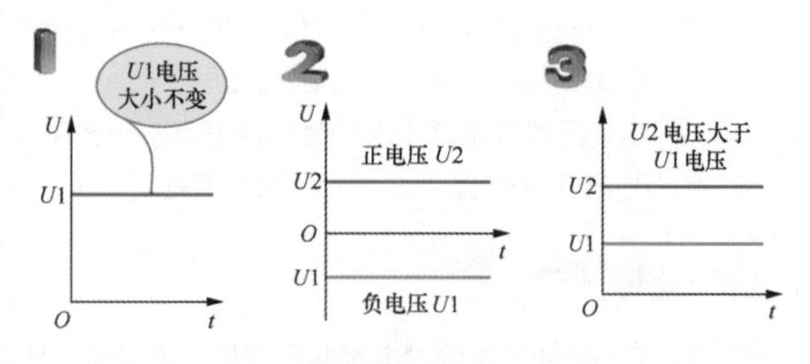

图1-11　用波形表示的直流电压

应用扩展：手机的充电电池

现代手机大多使用的是锂电池。锂电池为手机提供电力，即为手机内部的电子电路提供直流工作电压。锂电池成本较高，使用不当（如充电或放电不当）会影响电池的使用寿命。

（1）电压范围与电量。手机锂电池的电压范围为3～4.2 V。当放电的时候，电池电压随电量的损耗会逐渐降低。电量与电压之间的关系：电量99%，电压4.150V；电量81%，电压3.913V；电量10%，电压3.559V。

电量的单位是W·h（瓦·时），手机电池标准放电电压统一为3.7V，所以手机电池容量也可以用mA·h（毫安·时）来替代。这两个单位在手机电池上的换算关系是：瓦·时 = 安·时 ×3.7。

（2）电池容量。电池容量是衡量电池的一个重要指标。例如，某个手机的电池容量为1250mA·h，如图1-12所示，即工作电流为1250mA时，电池能工作1h；当工作电流为125mA时，电池则能工作10h。

图 1-12 手机电池

1-5：熟悉指针式万用表的测量挡位

（3）不简单的电池。手机电池使用过程中的过充、过放和短路都会严重损害电池的性能，并有可能导致使用风险。为此，手机电池中一般有一块细长的保护电路板，用来预防这些风险。保护功能通常包括过充电保护、过放电保护、过电流保护、短路保护和反充保护。

手机充电器分为直冲和座冲。现在普遍使用直冲，它是将 220V 交流市电转换为 5V 直流电，输入手机中并由其内部的充电电路降压给电池充电。

课堂测试 1.4

判断题：

（1）普通电池的电压是 150mV。 （ ）

（2）直流电压只有正的没有负的。 （ ）

（3）手机电池的电压在一定范围内都能使手机正常工作。 （ ）

（4）某手机电池容量为 4000mA · h，说明该电池电流为 100mA 时能工作 40h。 （ ）

（5）手机电池可以反复充电，科学充电和放电能提高手机电池的使用寿命。 （ ）

答案与解析 1.4

（1）×。1500mV=1.5V。mV 与 V 之间是 1000 倍的关系。

（2）×。直流电压有正也有负。

（3）√。

（4）√。

（5）√。

1.1.2 课堂实训：初识万用表

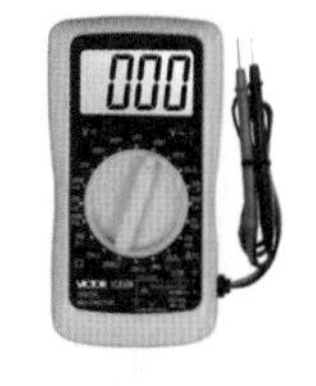

（a）数字式万用表

（b）指针式万用表

图 1-13 万用表的实物图

在电子技术实践活动中，测量电压是一项常见的项目。测量电压使用的仪表为万用表，如图 1-13 所示。万用表分为数字式万用表和指针式万用表两种，数字式万用表读数方便，测量功能强大；指针式万用表也有其特点，两种万用表初学者都可以选用。注意，初学者不必购置比较高级的万用表，因为操作不当损坏万用表的情况时有发生。

万用表又称为多用表、三用表、复用表、繁用表等。

数字式万用表的方便之处是它所测量的数据直接用熟悉、清晰的数字显示出来，如测量电池直流电压时，数字直接显示 1.5V。

1 人身安全注意事项

万用表使用安全永远第一。万用表的操作关系到人身和仪表的安全，切记安全第一。

安全重要提示

在电子技术实验活动中，主要接触 220V 交流市电，220V 交流市电对生命安全是有危险的。

万用表测量 220V 交流电压时，手指和身体不要碰到表棒头的任何金属部位，表棒线不能有破损（以避免遇到因表棒线被电烙铁烫坏而不小心触电的情况）。

测量时，应先将黑表棒接地线，再去连接红表棒，如果红表棒连接后而黑表棒悬空，手碰到黑表棒时同样有触电危险。

1-6：熟悉数字式万用表的测量挡位

2 保险型表棒

万用表有红色和黑色两支表棒。红色代表正极性，黑色代表负极性。

1-7：数字式万用表的挡位

为了确保万用表的安全，防止操作失误使大电流流过万用表，初学者最好购买有串联保险丝的表棒。如图 1-14 所示，它对过电流有一定的保护作用。

保险丝管

表棒

图 1-14　保险型表棒示意图

3 挡位开关的选择

万用表顾名思义它是“万用”的，测量功能有许多。不同的测量功能可以使用不同的挡位，如图 1-15 所示，它通过一个拨动开关进行各个测量挡位之间的转换。测量前正确选择挡位开关，如测量直流电压时不要将挡位选择开关置于其他挡位上。特别是测量电压时，不能选择电流挡等。许多情况下的万用表损坏是测量电压时将挡位放在了电流挡位上。

1-8：正确使用万用表的挡位

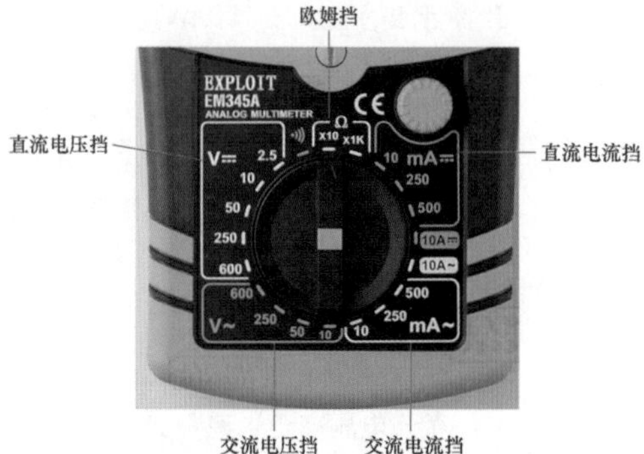

图 1-15　万用表测量挡位示意图

4 表棒插孔

正确插好红、黑表棒。在进行常规项目测量时，红表棒插入“+”标记的孔中，黑表棒插入“-”标记的孔中，如图 1-16 所示。红、黑表棒不要插错，否则表针会反向偏转，这会损害表头，造成测量精度下降，严重时打弯表针，损坏万用表。

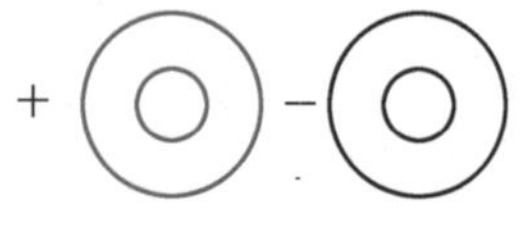

图 1-16　红、黑表棒插孔示意图

一些万用表面板上有 4 个表棒插孔，图 1-17 所示为一种数字式万用表中四孔插孔示意图。从图中可以看出，在测量不同项目时，黑表棒都是插入“COM”插孔，而红表棒则插入不同的插孔。不同类型的万用表，这个插孔的类型也有所不同，使用前应仔细查看该型号万用表的说明书。

1-9：万用表的表棒插座

1-10：指针式万用表直流电压挡的挡位

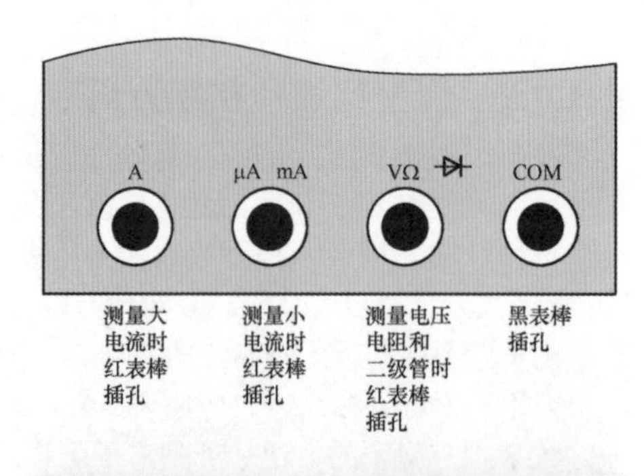

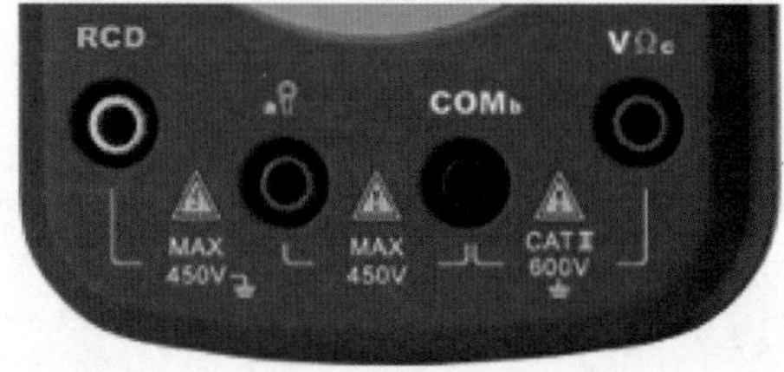

图 1-17　一种数字式万用表中四孔插孔示意图

课堂测试 1.5

选择题：

（1）数字式万用表和指针式万用表一般无法测量（　）。

A. 电感器的电感量　　B. 手机电池的直流电压

C. 某个元器件的电阻值　　D. 电路中的直流电流

（2）万用表使用时可以不必选择（　）。

A. 挡位　　B. 表棒的类型

C. 红、黑表棒　　D. 表棒的插孔

答案与解析 1.5

（1）A。万用表可以测量直流电压、阻值和直流电流。

（2）B。万用表使用中一定要先选择好挡位，在测量直流电压和电流时还要分清红、黑表棒，红、黑表棒要插入相应的孔中，否则测量不正常、不准确，还会损坏万用表。

1.1.3　课堂实训：万用表测量电池电压

准备一只数字式或指针式万用表（本书中使用数字式万用表），5 号电池 2 节，本书套件中电池盒一只。

初步学会使用数字式万用表测量直流电压。

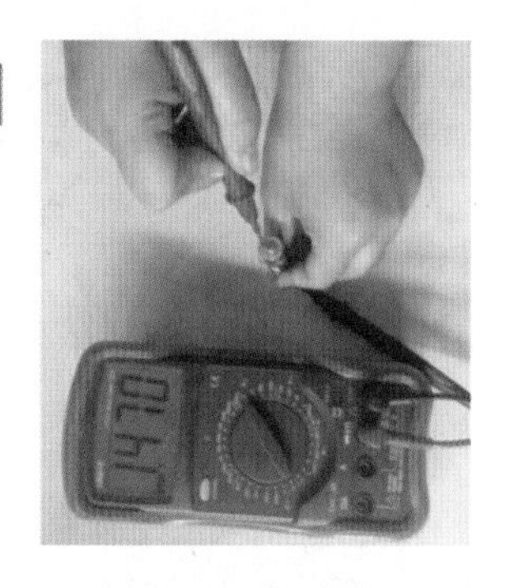

图 1-18　测量电池直流电压时接线与读数的示意图

1　选择直流电压挡和测量电池直流电压

图 1-18 所示为测量电池直流电压时接线与读数的示意图，按下万用表的电源开关（power 键），将万用表置于直流电压的 2V 量程，因为电池电压为 1.5V。红表棒和黑表棒分别插入 V 孔和 COM 孔中，红表棒接电池的正极，黑表棒接电池的负极，万用表显示屏中显示 1470，即为 1.47V。

2　测量电池串联电路直流电压

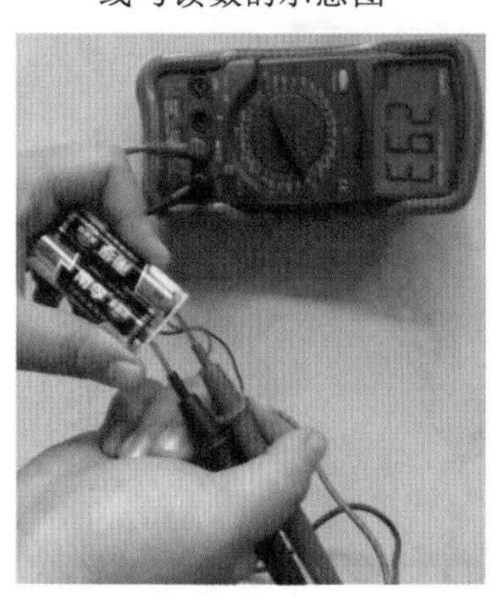

图 1-19　测量时接线和读数的示意图

将 2 节 5 号电池放入电池盒内，然后将万用表直流电压挡置于 20V 量程，红表棒接电池盒的正极端，黑表棒接电池盒的负极端，测量 2 节电池串联后的直流电压。图 1-19 所示为测量时接线和读数的示意图，万用表显示屏中显示 2.93，说明这 2 节电池串联后直流电压是 2.93V，通过实验证明，电池串联直流电压增大。

注意，因为 2V 量程的最大测量电压是 2V，所以在测量 2 节电池串联后直流电压量程时要增加至 20V。

实训小结

通过这一实训掌握以下几个知识点。

（1）掌握电池串联电路能增加直流电压，2 节 1.5V 电池串联后直流电压增大至 3V，在以后实践活动中如果需要更高的直流电压，可以串联更多节电池。一般情况下，使用普通电池供电最多串联 6 节电池，就是 9V。

（2）学会万用表直流电压挡的使用方法，掌握这一挡位只能用来测量直流电压。电压挡有多个量程，如 2V、20V、200V、1000V 等，不同的数字式万用表直流电压挡的量程分级也有所不同。

（3）学会数字式万用表的挡位和量程转换，学会红、黑表棒的插孔位置和测量中的连接方法。

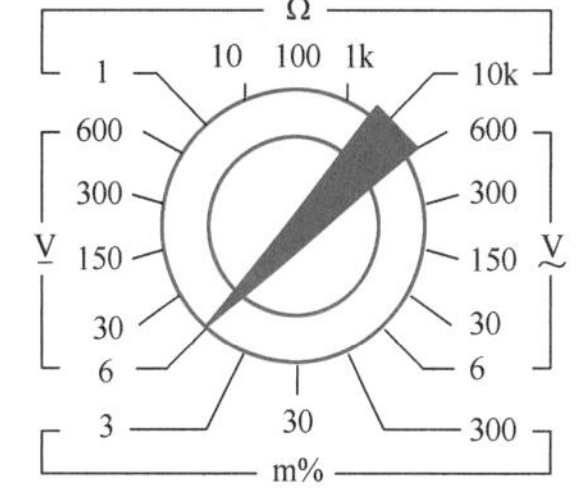

图 1-20　指针式万用表直流电压挡量程示意图

3　万用表的直流电压挡

图 1-21　数字式万用表直流电压挡面板示意图

测量直流电压大小是常用测量项目之一。测量直流电压时，万用表转换开关置于直流电压挡，图 1-20 所示为指针式万用表直流电压挡量程示意图，即“V”。这一测量挡有许多量程，测量不同大小电压时，合理选择不同的量程，使指示精度最高。

图 1-21 所示为数字式万用表直流电压挡面板示意图。数字式万用表直流电压挡最低量程为 200mV，最高量程为 1000V。

1-11：指针表和数字表直流电压挡测量电池电压演示

课堂测试 1.6

选择题：

（1）万用表测量直流电压时（　）。

A. 不必打开数字式万用表的电源开关　　B. 红、黑表棒不能接错
C. 转换到直流挡的哪个量程都可以　　D. 红、黑表棒可以随便插入哪个孔中

（2）测量一个 0.5V 直流电压，万用表应该置于直流电压挡（　）V 量程。
A.20　　B.200　　C.1000　　D.2

1-12：发光二极管的主要特性

答案与解析 1.6

（1）B。数字式万用表在不用时要关掉电源开关以省电，使用时再打开电源开关。为了获得更精确的测量数据，要选择恰当的量程。基本方法是：量程最大测量值比实际值略大一些。测量直流电压时，红表棒只能插入 V 孔，黑表棒只能插入 COM 孔。

（2）D。其他各量程均远大于 0.5V，所以只有量程为 2V 时，测量的精度最高。

1.2 实战操练：设计发光二极管电源指示电路

图 1-22 所示为一种 LED 电源指示灯实物的示意图和电路图。LED 是发光二极管的英文缩写。发光二极管指示器可以用来指示电源、电路的工作状态和各种信号的大小等。电路中，VD1 就是发光二极管，R1 是一种电阻器元件，S1 是电源开关，+*V* 是这个电路的直流工作电压。

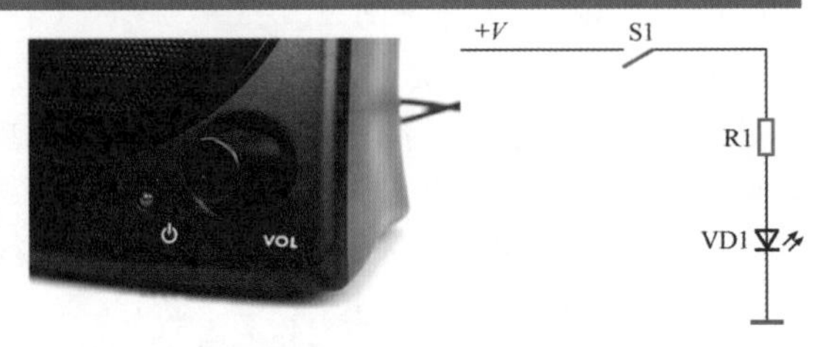

（a）LED 电源指示灯的实物图　　（b）LED 电源指示灯的电路图

图 1-22　LED 电源指示灯的实物图和电路图

发光二极管是一种由磷化镓（GaP）等半导体材料制成的，能直接将电能转变成光能的发光显示器件。当发光二极管内部有一定电流通过时，它就会发光，不同发光二极管能发出不同颜色的光，常见的有红色、黄色发光二极管等。

用发光二极管作为电源指示灯具有工作电流小（省电）、指示醒目、体积小和指示颜色可变等优点。

1.2.1 快速了解：发光二极管

快速学习发光二极管的基础知识点，包括认识发光二极管，掌握发光二极管电路图形符号和发光二极管一些重要特性。

图 1-23　红色发光二极管实物示意图

1 发光二极管的外形特征

图 1-23 所示为一只红色发光二极管实物示意图，关于发光二极管外形特征主要说明以下几点。

（1）单色发光二极管的外壳颜色表示了它的发光颜色。发光二极管的外壳是透明的。

（2）单色发光二极管只有两根引脚，这两根引脚有正负极之分。多色的发光二极管有 3 根引脚。

（3）发光二极管的外形很有特色，所以可以方便地被识别出。

（4）一只新的发光二极管，它的两根引脚一长一短，长的是正极，短的是负极。发光二极管与电池一样，其两根引脚有正负之分，使用时切不可弄错。

课堂测试 1.7

选择题：

（1）导通后发光的元器件是（　）。
A. 二极管　　B. 开关　　C. 电池　　D. 发光二极管

（2）一只新的发光二极管，它的两根引脚具有的特点为（　）。
A. 一样长短　B. 长的是正极，短的是负极　C. 长短不能区别正负极　D. 长的是负极，短的是正极

答案与解析 1.7

（1）D。二极管、开关和电池导通均不具有发光的功能。

（2）B。新的发光二极管两根引脚一长一短就是用来区分它的正负引脚的。

2 发光二极管的电路图形符号

重要提示

发光二极管是二极管大家庭中的一种，与普通二极管明显不同之处是，它导通后能发光，而普通二极管导通后不能发光。在了解普通二极管后就能轻松掌握发光二极管的特性。

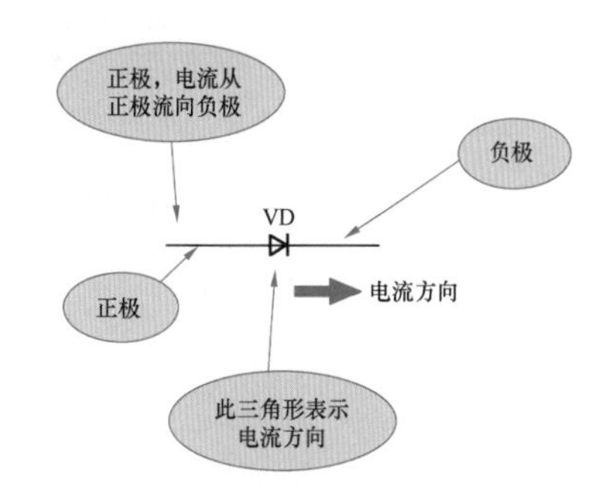

图 1-24　普通二极管的电路图形符号识图信息示意图

图 1-24 所示为普通二极管的电路图形符号识图信息示意图。电路图形符号用 VD 表示二极管（过去用 D 表示）。二极管只有两根引脚，电路图形符号中表示出了这两根引脚的正负极性，三角形底边这端为正极，另一端为负极。

电路图形符号形象地表示了二极管工作电流流动的方向，流过二极管的电流只能从其正极流向负极。电路图形符号中三角形的指向是电流流动的方向，分析电路时就是根据这个三角形的方向来判断电流流过二极管方向的。

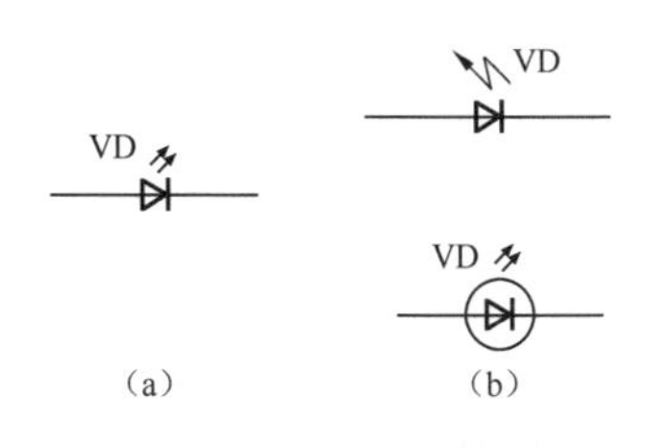

图 1-25　发光二极管的电路图形符号

图 1-25 所示为发光二极管的电路图形符号，它在普通二极管符号基础上，用箭头形象地表示了这种二极管在导通后能够发光。导通后的电流方向也是图形符号中三角形的方向，这一点与普通二极管一样。发光二极管电路图形符号有多种，图 1-25（a）所示为最新规定的发光二极管的电路图形符号，图 1-25（b）所示为旧的发光二极管的电路图形符号，还有国外的、有厂标的发光二极管的电路图形符号等。

1-13：快速认识电阻类元器件

3 发光二极管的特性

学习和掌握发光二极管等电子元器件的特性，对电路分析是很有帮助的。各种元器件都有各自的特性，且有的元器件特性还比较多。

发光二极管也有它自己的特性，这里先介绍两点。

（1）导通后能发光。发光二极管的各类指示电路都是利用它的这个特性，给发光二极管导通电流，让它发光指示；给发光二极管导通不同类型的电流，会有不同形式的发光指示；电源指示电路中给发光二极管导通一个大小不变的直流电流，就能发出亮度不变的光。

（2）导通后存在管压降。发光二极管导通后，在它的正负极之间存在一个直流电压，这称为发光二极管导通后的管压降，这一管压降基本不变。这一特性是设计发光二极管各类指示电路的一个重要参数，不同发光颜色的发光二极管其管压降不同，即使相同颜色的发光二极管不同型号，管压降也有所差别。设计电路时，发光二极管的管压降参数可以通过查找相关的手册来获得。

课堂测试 1.8

判断题：

（1）流过发光二极管的电流只能从它的正极流向负极，流过它的电流达到一定程度时它就能发光。（　）

（2）从发光二极管电路图形符号上不能看出它的电流流动方向。（　）

（3）普通二极管与发光二极管在电路图形符号上是没有区别的。（　）

（4）发光二极管导通后，它的正极与负极之间电压为 0V。（　）

1-14：电阻器种类

答案与解析 1.8

（1）√。

1-15：电阻器电路图形符号中识图信息

（2）×。能看出电流流动方向，电流流动方向就是电路图形符号中三角形的方向。

（3）×。有区别，带箭头的是发光二极管，没有箭头时是普通二极管。

（4）×。有一个管压降，不同发光颜色的发光二极管的管压降是不同的。

1.2.2 轻松学习：电阻器

图 1-26 所示为一种电阻器的实物示意图和电路图形符号。电子电路中，电阻器件的使用量最多。电阻器的基本功能是为电路提供一个电阻值，以便电路获得一个所需要的电流值。

R

（a）电阻器的实物示意图　（b）电阻器的电路图形符号

图 1-26　电阻器的实物示意图和电路图形符号

1 电阻器的电路图形符号识图信息解读

图 1-27 所示为电阻器的电路图形符号标注细节示意图。

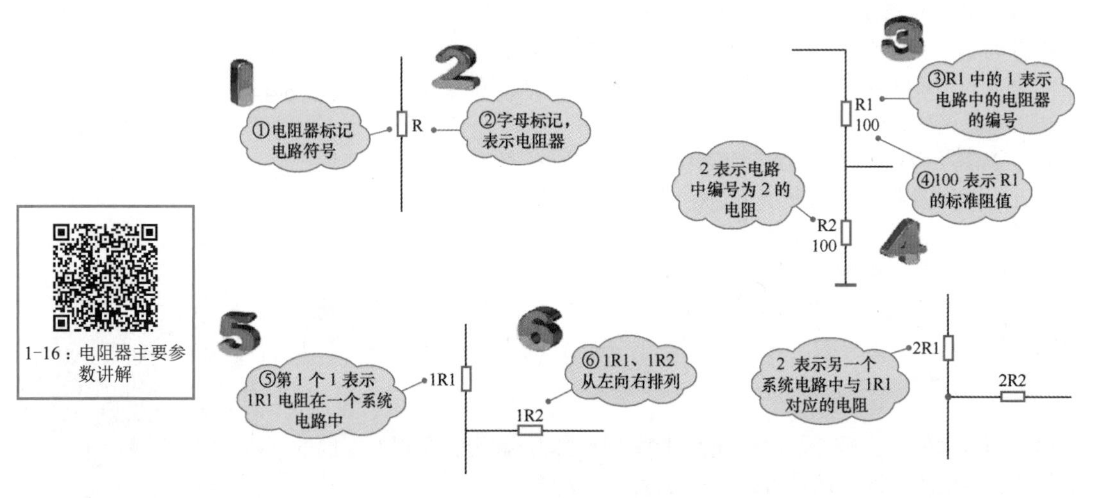

图 1-27　电阻器的电路图形符号标注细节示意图

2 电阻的单位

电阻的单位是欧姆，用 Ω 表示。除欧姆外，还有千欧（kΩ）、兆欧（MΩ），它们之间的换算关系如下：1kΩ=1000Ω；1MΩ=1000kΩ。

知识回顾： 直流电流

水的定向流动称为水流，电流也一样，电荷有规律的定向流动称为电流。电流只能在导体中流动，如电线、电路板上的铜箔电路、电子元器件的金属引脚等。

电流有大小和方向之分，还有直流电流和交流电流之分。

电流大小和方向不随时间变化而变化的电流称为直流电流。在电路分析中，常用电流的波形来说明问题，直流电流可用坐标来表示。如图 1-28 所示，横轴表示时间（t 轴），纵轴（I 轴）表示了电流 I 的方向和大小。0 表示时间、电流大小为零，从图 1-28 中可以看出，当时间变化时，电流 $I1$ 的大小和方向均不变，所以这是一个直流电流。

图 1-28　直流电流示意图

1-17：直流电流知识点

在分析直流电路工作原理的过程中，时常会用到两个直流电流相对大小的概念。电流用 I 表示，单位为安培，简称安（A）。电流的单位除安外，还有千安（kA）、毫安（mA）和微安（μA）。在电子电路中主要用 A.mA 和 μA 来表示，它们之间的换算关系如下：

1kA=1000A；1A=1000mA；1mA=1000μA。

选择题：

1-18：欧姆定律

（1）电路图中的电阻器电路图形符号不会表示出（　）。

A. 有几根引脚　B. 电路图中的编号信息　C. 阻值大小　D. 材料信息

（2）某电阻器阻值为 22kΩ，它等于（　）。

A.2200Ω　B.0.22MΩ　C.22000Ω　D.2.2MΩ

答案与解析 1.9

（1）D。电路图中的电阻器电路图形符号能够表示它有两根引脚，电路图中的编号（如 R1 中的 1 就是编号信息）和阻值大小。

（2）C。Ω、kΩ 和 MΩ 之间是 1000 倍的关系。

3　电压、电流和电阻三者关系

电压、电流和电阻三者之间关系可以用部分电路欧姆定律来说明。所谓部分电路就是指不含电源的电路。部分电路欧姆定律可以用图 1-29 所示的电路为例来说明。在电路图中，R 为电阻，U 是电阻两端的电压，I 是流过电阻的电流。

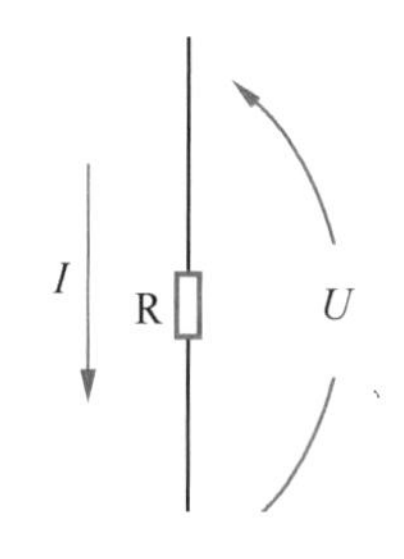

图 1-29　部分电路欧姆定律的电路示意图

电路分析中重点是信号电压或电流，信号的电压或电流大小往往是通过电阻的大小进行判断的，所以要熟练运用电阻的相关基础知识。电阻、电压、电流三者之间的关系如下：

$$U=IR$$

式中，U 为电压，V；I 为电流，A；R 为电阻，Ω。

在理解电路工作原理过程中，使用最多的概念是电阻的大小。

（1）当已知电压 U 时。已知电流 I 可以分析或计算出电阻 R；已知电阻 R 大小时可以分析计算出电流 I 的大小。

当电压大小不变时，电阻大电流小，电阻小电流大。同时，要求电流增大时可减小电阻，要求电流减小时可增大电阻，由此可知，调节电阻大小可以得到所需要的电流，这是电路设计中常用的手段。

（2）当已知电阻 R 时。已知电流 I 可以分析或计算出电阻两端的电压 U；同样，已知电阻两端电压 U 时，可以分析或计算出流过电阻的电流 I。

当电阻大小不变时，电压大电流大，电压小电流小。同时，要求电流增大时可增大电压，要求电流减小时可减小电压，由此可知，调节电压大小可以得到所需要的电流。

（3）当已知电流 I 时。已知电压 U 可以分析或计算出电阻 R；同样，已知电阻 R 时，可以分析或计算出电阻两端的电压 U。

当电流大小不变时，电压大电阻大，电压小电阻小。同时，要求电压增大时可增大电阻，要求电压减小时可减小电阻。例如，在发光二极管电源指示电路中，要求流过发光二极管的电流大小是不变的，这时直流工作电压大小改变时要求有相应的限流电阻阻值大小的改变。

判断题：

（1）直流电流的大小和方向不随时间变化而变化。　（　）

（2）1A 电流等于 100mA 电流。　（　）

（3）电阻器的阻值确定，流过它的电流增大时，它两端电压减小。　（　）

（4）电阻、电压和电流三者之间没有关系。　（　）

答案与解析 1.10

（1）√。

（2）×。1A 等于 1000mA。

（3）×。电阻器两端的电压增大，因为电阻两端的电压等于阻值与电流之积。

（4）×。电阻、电压和电流三者之间有关系，它们之间的关系是 $U=IR$。

1.2.3 深入掌握：电路设计思路

电路设计并非完全创新，更多的是一种现有电路资源的有机整合和单元电路的局部创新或变化，所以电路设计并非高不可攀，深不可及。

电路设计与电路识图完全不同，电路设计是依据自己的电子技术知识水平，进行思维输出的过程，识图则是知识输入的过程，两种思维方式不同。

1 电路设计的基本思路

电路设计有两种基本思路。

（1）自主创新思路。凭借自己雄厚的电路设计能力，紧扣电路功能的主题，自主创新设计所需的功能电路。

（2）借鉴和移植思路。借鉴同功能电路的成功经验，运用移植和修改技术加以改良，以供我用，实现电路所需的功能。

发光二极管电源指示电路是一个应用十分广泛的电路，又是典型的应用电路，所以设计这一电路时可以采用借鉴和移植的设计方法。图 1-30 所示为发光二极管电源指示电路。电路设计的具体任务是确定电路中各个元器件的参数，主要是电阻 R1 的阻值。

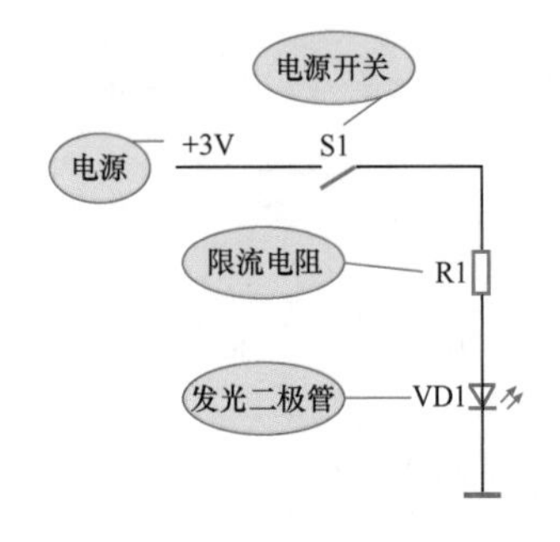

图 1-30　发光二极管电源指示电路

2 设计要求及思路

发光二极管电源指示电路中，已知条件是直流电压为 +3V，采用发光二极管，要求省电。因为这一电路指示的是 3V 电池供电的电路，电池供电电路一个重要的指标就是静态耗电小，所以需要采用省电电路。

电路设计中所要确定的元器件及主要参数如下。

（1）发光二极管指示电路功耗最小。相比传统的小电珠指示灯电路，发光二极管指示电路节电明显。

（2）电源指示采用红光比较醒目。一般情况下，电源指示采用红色发光二极管，红色比较醒目。常见三种颜色的发光二极管的管压降不相同，通过查找发光二极管的有关手册，得知具体压降参考值如下：

红色发光二极管的管压降为 2.0 ～ 2.2V；黄色发光二极管的管压降为 1.8 ～ 2.0V；绿色发光二极管的管压降为 3.0 ～ 3.2V。

课堂测试 1.11

判断题：

（1）现代电子电器大量采用发光二极管作为各类指示器的原因是它电源消耗小、指示醒目等优点。（　）

（2）采用电池供电的电路要求电源消耗小。（　）

（3）不同发光颜色的发光二极管其管压降相同。（　）

（4）红色外壳的发光二极管不一定发出红色的光。（　）

答案与解析 1.11

（1）√。

（2）√。

（3）×。不同发光颜色的发光二极管的管压降是不同的，黄色发光二极管的管压降最小。

（4）×。单色发光二极管中，发光颜色与它的外壳颜色相同。

1.2.4　定性分析：发光二极管电源指示电路

定性分析可以降低定量分析难度。

电路工作原理分析是学习电子技术过程中一个重要的内容，通过大量实用电路分析的实践，循序渐进地掌握电路分析的思路和具体方法，以提高电路分析的综合能力。

1　定性分析在先

所谓定性分析是一种思维加工过程，对电子电路的工作原理进行分析，进而能去伪存真、去粗取精、由此及彼、由表及里，以认识电路的本质，揭示电路的内在规律。定性分析是定量分析的基本前提，没有定性的定量是一种盲目的、毫无价值的定量。

在设计发光二极管电源指示电路时，首先通过定性分析掌握它的工作原理，然后才能为具体的电路设计（各个元器件参数确定）提供保证，了解这些参数对整个电路工作的影响。

2　定量分析在后

所谓定量分析就是对研究对象的数量特征、数量关系与数量变化的分析。对于发光二极管电源指示电路而言，就是关系到一些量的计算。在有了前面的定性分析后，定量分析可以减少许多干扰成分，使分析过程更简单。

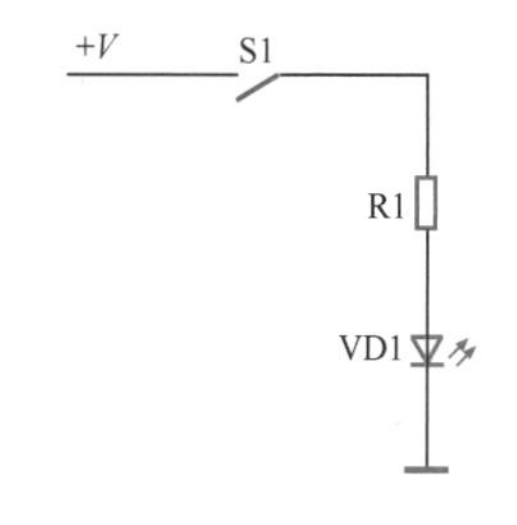

图 1-31　发光二极管电源指示电路

3　发光二极管电源指示电路分析

图 1-31 所示为发光二极管电源指示电路，可以用于各类现代电子电器中作为电源或其他信号的指示电路。

电路中的 VD1 是发光二极管。当它发光时，表示电路中已有了直流工作电压 +*V*；当 VD1 不发光时，表示电路中没有加上直流电压 +*V*，这样通过 VD1 的亮与不亮来直观表示电压是否加到电路中，这就是电源指示的目的。S1 是电源开关，R1 是 VD1 的限流保护电阻。电路中的 +*V* 是直流工作电压。

（1）开关 S1 断开时分析。开关 S1 断开时，由于 +*V* 不能加到 VD1 上，所以没有电流流过 VD1，VD1 不能发光，这表明电路中没有直流电压 +*V*，此时指示电源为断开状态。

（2）开关 S1 接通时分析。直流电压 +*V* 经 S1 和 R1 加到 VD1 的正极上，VD1 的负极直接接地，这样给 VD1 加正向偏置电压，有电流流过 VD1，所以 VD1 发光指示，如图 1-32 所示，表明电路中有正常的直流电压 +*V*。

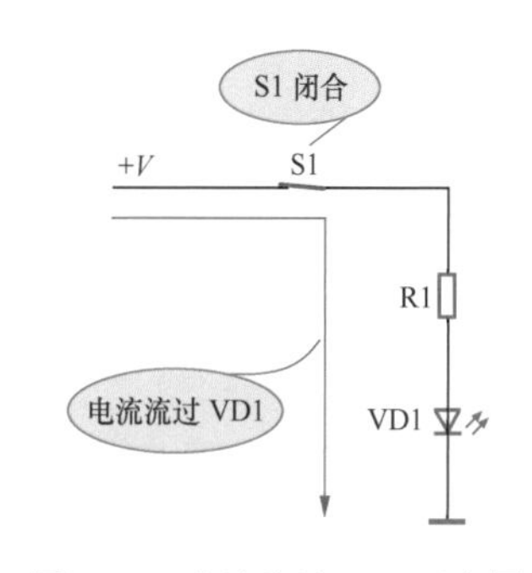

图 1-32　电流流过 VD1 示意图

课堂测试 1.12

判断题：

（1）发光二极管电源指示电路中，只有当电源开关接通时指示灯才发光。（　）

（2）流过发光二极管电源指示电路的电流不是直流电流。（　）

（3）电源开关接通后，发光二极管电源指示灯不亮与直流电源无关。（　）

（4）发光二极管电源指示电路中，电源开关控制指示灯是否发光指示。（　）

答案与解析 1.12

（1）√。

（2）×。流过发光二极管电源指示电路的电流是直流电流，因为它是由直流电源直接供电的。

（3）×。电源开关接通后，发光二极管电源指示灯不亮与直流电源是有关的，当直流电源没有接好，或直流电源的电压太低时指示灯均不亮。

（4）√。

知识扩展： 串联电路中电流处处相等

这里以电阻串联电路为例，讲解串联电路中的一个重要特性，即串联电路中电流处处相等。图 1-33 所示为两只电阻串联电路，电阻 R1 和 R2 头尾相连，这样的电路称为串联电路。

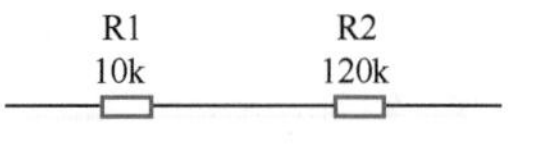

图 1-33　两只电阻串联电路

图 1-34 所示为串联电路中电流示意图，流过电阻 R1 的电流是 $I1$，流过电阻 R2 的电流是 $I2$，串联电路中总的电流是 I。根据节点电流定律可知，流过各个串联电阻的电流相等，并且等于串联电路中的总电流，即 $I=I1=I2$。

如果电路中有三只或更多的电阻器相串联，流过各个电阻器的电流都是相等的，并且等于串联电路中的总电流。

无论是电阻串联电路还是其他元器件串联电路，都具有串联电路中电流处处相等这一特性。

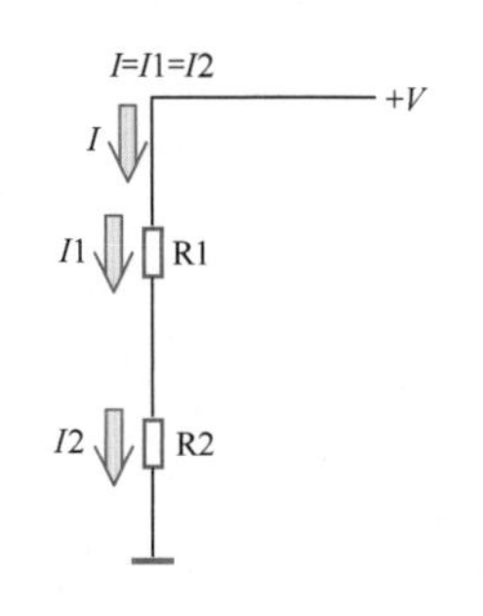

图 1-34　串联电路中电流示意图

4　电源指示电路中限流保护电阻分析

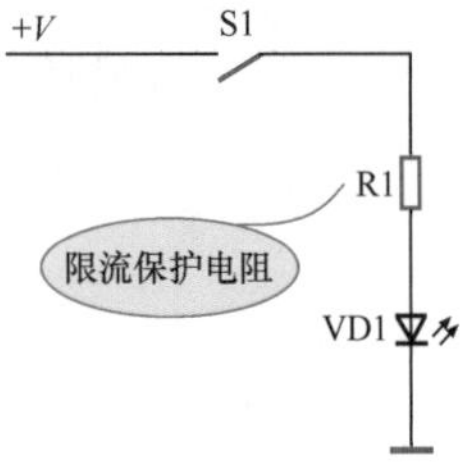

如图 1-35 所示，R1 是限流保护电阻，它的作用是限定流过 VD1 电流的大小，不让电流太大而损坏发光二极管，所以 R1 是电路中十分重要的元件。

图 1-35　R1 是限流保护电阻

电路中 R1 是 VD1 的限流保护电阻，以防止由于直流工作电压 $+V$ 太大而损坏 VD1。在实际电路中，电压 $+V$ 往往是确定的，它如果直接加到发光二极管 VD1 两端很可能就使流过 VD1 的电流太大而烧坏 VD1，为此要增加一只电阻 R1 来限制流过 VD1 的电流，保证在电压 $+V$ 一定的情况下流过 VD1 的电流大小合适。

重要提示

直流电压 $+V$ 变大或变小时，流过 VD1 的电流大小也会发生相应的变化。

当 $+V$ 变大时，流过 VD1 的电流增大，所以 VD1 发出的光更强；当 $+V$ 变小时，流过 VD1 的电流减小，所以 VD1 发出的光比较弱。

这一电源指示电路不仅能够指示是否有电源电压，还能指示电源电压的大小。对于采用电池供电的机器这一指示功能更实用，当 VD1 发光强度不足时说明电池的电压已经不足。

课堂测试 1.13

选择题：

（1）串联电路中（　）。

A. 电流处处不相等　B. 电压处处相等　C. 电流处处相等　D. 电流和电压处处相等

（2）LED 电源指示电路中限流保护电阻器（　）。

A. 阻值小，LED 发光暗　B. 阻值大，LED 发光亮

C. 阻值大小对 LED 发光无影响　D. 阻值大，LED 发光暗

答案与解析 1.13

（1）C。串联电路没有支路，所以电流处处相等。串联电路中每点的电压与电阻大小相关，电压不会处处相等。

（2）D。阻值大小对 LED 发光亮度有影响，在工作电压一定时，电阻小流过的电流大，反之则小。

1.2.5　电路设计：计算和确定发光二极管电源指示电路中的元器件参数

通过讲解一个实用的电路设计，了解电路设计的思路和全过程，以建立电子电路设计的初步印象，为日后的学习和工作打下基础。

1　电源指示电路中限流保护电阻的设计

设计电源指示电路的关键是确定限流保护电阻的阻值大小。图 1-36 所示为设计的电源指示电路中各个元器件电压与电流关系示意图，本书中电源指示电路的电压为 3V。

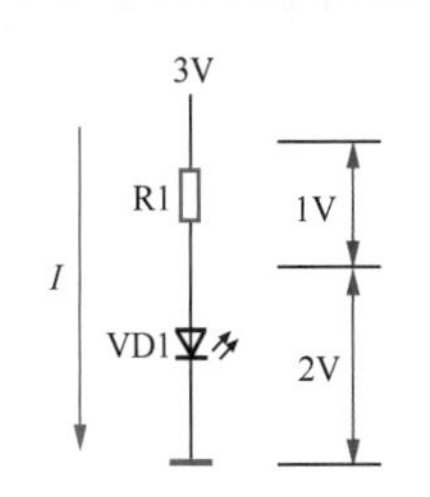

图 1-36　设计的电源指示电路中各个元器件电压与电流关系示意图

（1）确定限流电阻的电压降。从电路中可以看出，选用红色发光二极管，查有关手册可知红色发光二极管导通后的管压降为 2.0 ～ 2.2V，这里取 2V，而供电电压是 3V，这样要求电阻 R1 的压降是 3V−2V=1V。

（2）确定红色发光二极管工作电流。发光二极管作为指示电路时的工作电流是几毫安，电流小发光亮度低，反之亮度高。由于这里采用电池，考虑到尽可能节省电源，初步考虑采用 1mA 工作电流。初步设计后通过装配电路来验证指示效果，如果 1mA 电流亮度不够，可以增大工作电流。

（3）计算限流电阻器阻值。根据公式 $R=U/I$ 计算阻值，已知 U=1V，I=1mA，R=1kΩ。所以，电路中的限流保护电阻 R1 取 1kΩ。注意，当 U 单位用 V，I 用单位 mA 时，R 的单位是 kΩ。

（4）标称阻值系列中选取合适电阻。通过理论计算出来的电阻值并不一定能在成品电阻器中找到这一阻值的电阻器，还要通过标称阻值系列去选取，表 1-1 所示为电阻器标称阻值 E6、E12、E24 系列。

表 1-1　电阻器标称阻值 E6、E12、E24 系列

允许偏差			允许偏差		
±5%	±10%	±20%	±5%	±10%	±20%
E24	E12	E6	E24	E12	E6
(1.0)	(1.0)	(1.0)	(1.0)	(1.0)	(1.0)
1.1			3.6		
1.2	1.2		3.9	3.9	
1.3			4.3		
1.5	1.5	1.5	4.7	4.7	4.7
1.6			5.1		
1.8	1.8		5.6	5.6	
2.0			6.2		
2.2	2.2	2.2	6.8	6.8	6.8
2.4			7.5		
2.7	2.7		8.2	8.2	
3.0			9.1		
3.3	3.3	3.3			

从表中可以看出，1kΩ 电阻器正好在三个系列中均有，只是 E6 系列的误差比较大（±20%），成本低，考虑到这一电源指示电路并非精密指示电路，所以从成本角度出发，首选 E6 系列中的 1kΩ 电阻器。

知识扩展： 电阻的标称阻值

电阻的标称阻值分为 E6、E12、E24、E48、E96、E192 这 6 个系列，分别适用于允许偏差为 ±20%、±10%、±5%、±2%、±1% 和 ±0.5% 的电阻器。其中，E24 系列为常用系列，E48、E96、E192 系列为高精密电阻系列。

（5）确定电阻器功率参数。在限流电阻器阻值确定后，要选择它的功率。由于这是一个小电流电路，限流电阻所承受的功率不大，所以从节约成本角度考虑采用 1/8W 通用电阻器，同时选用碳膜电阻器，

因为它的价格低，也能满足电路的使用要求。

2 确定所有元器件参数

（1）红色发光二极管 1 只。选用圆柱形、直径为 2mm 的发光二极管。因为选用圆柱形发光二极管是为了安装方便，在机壳上打个孔便能安装，如果选用方形发光二极管，开装配孔比较烦琐。

（2）2 节 1.5V 电池和电池盒 1 只。它们作为电子电路的电源。

（3）限流保护电阻 1 只。选取碳膜电阻器，1/8W，1kΩ。

（4）万用板 1 块。万用板作为装配各电子元器件载体，是一种通用型的电路板。

（5）电源开关 1 只。作为整机电路的电源开关，用于控制发光二极管的点亮与熄灭。

课堂测试 1.14

判断题：

（1）设计电源指示电路中的限流电阻器阻值时用公式 $R=U/I$，U 的单位为 V，I 的单位为 A，R 的单位为 Ω。（ ）

（2）设计电源指示电路中的限流电阻器阻值，就是为了确定流过发光二极管的电流。（ ）

（3）装配发光二极管电源指示电路需要电池、发光二极管、开关和电路板。（ ）

（4）发光二极管在导通后，它的管压降随着流过它的电流大小而明显变化。（ ）

答案与解析 1.14

（1）√。

（2）√。

（3）×。装配发光二极管电源指示电路需要电池、发光二极管、开关、电路板和限流保护电阻器。

（4）×。发光二极管导通后的管压降基本不变。

1.3 技能课堂：测量发光二极管电源指示电路中的各个元器件

1-19：四环电阻器参数识别的方法

通过实际操作的学习，初步了解和学会使用数字式万用表测量电阻器和发光二极管的质量，这是动手能力培训的重要一步，同时也能进一步巩固所学的理论知识。这就是本章的特色之一：双讲师教学模式，理论与实践交替进行。

1.3.1 动手操作：识别和测量电阻器

学会色环电阻器的标称阻值识读方法很重要，因为电子电路中大量使用色环电阻器，应用中的重要一环就是识读电阻器的标称阻值。

学会数字式万用表测量电阻器的阻值，这是万用表操作中的基本技能之一，且为最常用的操作之一。

1 限流保护电阻器 R1（1kΩ）

图 1-37 所示为 1 kΩ 电阻器实物示意图。它是一只 4 条色环的电阻器，4 条色环分别是棕色、黑色、红色和金色。

图 1-37 1kΩ 电阻器实物示意图

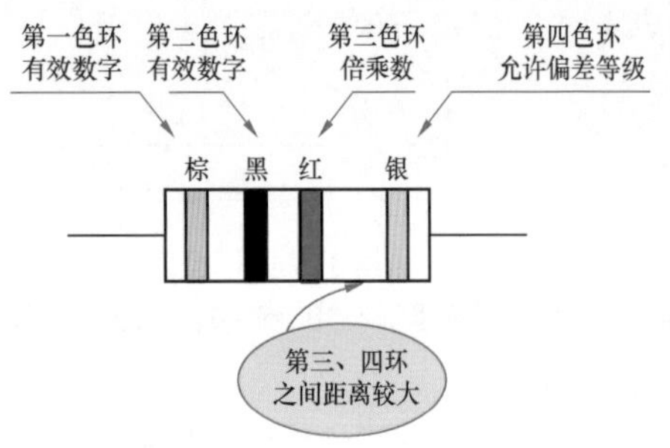

图 1-38 4 环电阻器标注示意图

2 4 环电阻器标称值的识别方法

电子电路中的电阻器主要采用色标法，因为所用电阻器的功率多为 1/8W、1/16W，体积很小，只能采用色标法。图 1-38 所示为 4 环电阻器标注示意图，从图中可以看出，这 4 条色环表示不同的含义，第一、二条分别为第一、二位有效数字色环（有效数字为两位），第三条为倍乘色环（或是有效数字后有几个 0 的色环），第四条为允许偏差等级色环。

方法提示

从图 1-38 中可以看出，第三条色环与第四条色环之间的距离比较远，这样可以确定哪条色环是第一色环，哪条色环是第四色环。

图 1-39 所示为 4 环电阻器中色环的具体含义解读示意图。

（1）色标法中用色环的颜色来表示某个特定的数字或倍乘数、允许偏差等级，整个色环的颜色共有 12 种和一种本色（电阻器本身的颜色）。

（2）标称阻值单位为 Ω。

（3）当允许偏差等级为 ±20% 时，表示允许偏差的这条色环为电阻器本色，此时 4 条色环电阻器只有 3 条色环。

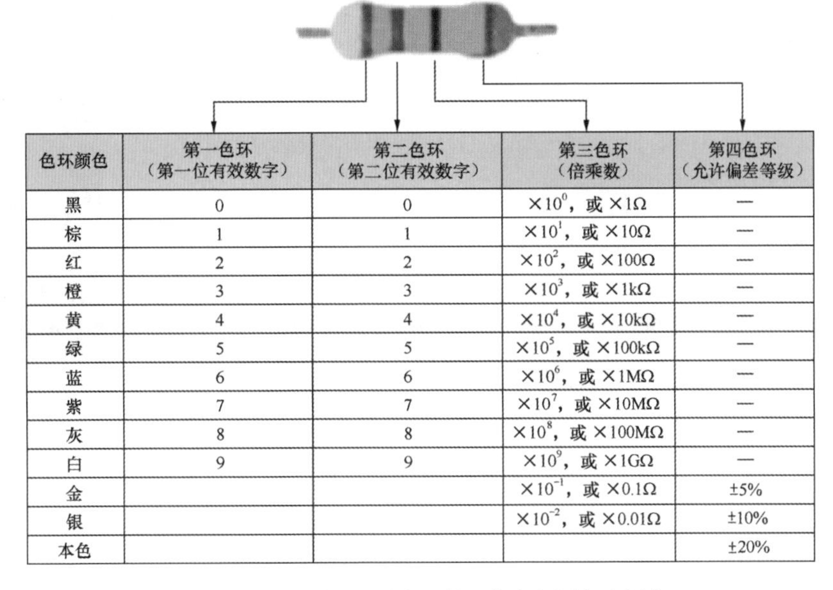

色环颜色	第一色环（第一位有效数字）	第二色环（第二位有效数字）	第三色环（倍乘数）	第四色环（允许偏差等级）
黑	0	0	$\times10^0$，或 ×1Ω	—
棕	1	1	$\times10^1$，或 ×10Ω	—
红	2	2	$\times10^2$，或 ×100Ω	—
橙	3	3	$\times10^3$，或 ×1kΩ	—
黄	4	4	$\times10^4$，或 ×10kΩ	—
绿	5	5	$\times10^5$，或 ×100kΩ	—
蓝	6	6	$\times10^6$，或 ×1MΩ	—
紫	7	7	$\times10^7$，或 ×10MΩ	—
灰	8	8	$\times10^8$，或 ×100MΩ	—
白	9	9	$\times10^9$，或 ×1GΩ	—
金			$\times10^{-1}$，或 ×0.1Ω	±5%
银			$\times10^{-2}$，或 ×0.01Ω	±10%
本色				±20%

图 1-39　4 环电阻器中色环的具体含义解读示意图

4 环电阻器识别技巧提示

有的色标电阻器中的 4 条色环会均匀分布在电阻器上，确定色环顺序的技巧是：根据色环表可知，金色、银色色环在有效数字中无具体含义，而只表示允许偏差值，所以金色或银色这一环必定为最后一条色环，根据这点可以分辨各色环的顺序。图 1-40 所示为 4 环电阻器识别示意图。

电源指示电路中的 1kΩ 限流电阻器的 4 条色环分别是棕色（1）、黑色（0）、红色（×100Ω）和金色（±5%），根据识别方法和查表可知，它是 10×100Ω=1000Ω=1kΩ，误差为 ±5%。

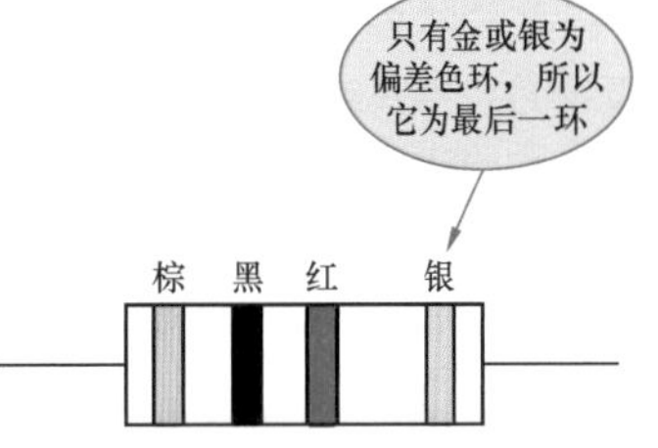

图 1-40　4 环电阻器识别示意图

3 电阻器的允许偏差参数

在电阻器生产过程中，由于生产成本和技术的原因，无法制造与标称阻值完全一致的电阻器，不可避免地存在着一些偏差。所以，规定了一个允许偏差参数。

不同电路中，由于对电路性能的要求不同，可以选择不同偏差的电阻器，这是出于生产成本的考虑，偏差大的电阻器成本低，这样整个电路的生产成本就低。常用电阻器的允许偏差为 ±5%、±10%、±20%。精密电阻器的允许偏差要求更高，如 ±2%、±0.1% 等。

电阻器中的误差表示有 3 种方式：一是直接用 % 表示；二是用字母表示；三是用 Ⅰ、Ⅱ、Ⅲ表示（Ⅰ表示 ±5%、Ⅱ表示 ±10%、Ⅲ表示 ±20%）。电阻器误差字母的具体含义见表 1-2。

表 1-2　电阻器误差字母的具体含义

误差字母	A	B	C	D	F	G	J	K	M
误差	±0.05%	±0.1%	±0.25%	±0.5%	±1%	±2%	±5%	±10%	±20%

课堂测试 1.15

1-20：数字式万用表测量电阻器阻值

选择题：

（1）根据色环识别的电阻器阻值单位是（　）。

A.GΩ　　B.MΩ　　C.kΩ　　D.Ω

（2）色环电阻器中（　）表示误差。

A. 棕色　　B. 红色　　C. 金色和银色　　D. 绿色

答案与解析 1.15

（1）D。色环电阻器阻值单位规定为 Ω。

（2）C。色环电阻器中金、银和本色表示误差，其他均表示有效数和倍乘。

4　万用表测量 1kΩ 电阻器

如图 1-41 所示，将数字式万用表置于欧姆挡的 2kΩ 量程，红、黑表棒分别插入数字式万用表的 Ω 和 COM 插孔中，红、黑表棒同时接触电阻器两根引脚，此时阻值显示在 950 ～ 1050Ω 范围内，说明该电阻器正常，否则说明该电阻器不能使用。

测量时，手指不要同时接触表棒金属部分，以免人体电阻影响测量结果。另外，在测量电阻值时可以不分红、黑表棒。

图 1-41　数字式万用表测量电阻器

知识扩展：数字式万用表欧姆挡的选择方法和读数方法

使用数字式万用表欧姆挡测量电阻时，将开关置于欧姆挡适当的量程位置，然后直接读取电阻值。图 1-42 所示为测量导线电阻和读数示意图。从万用表的显示屏上可以看出，这段导线的电阻值为零。

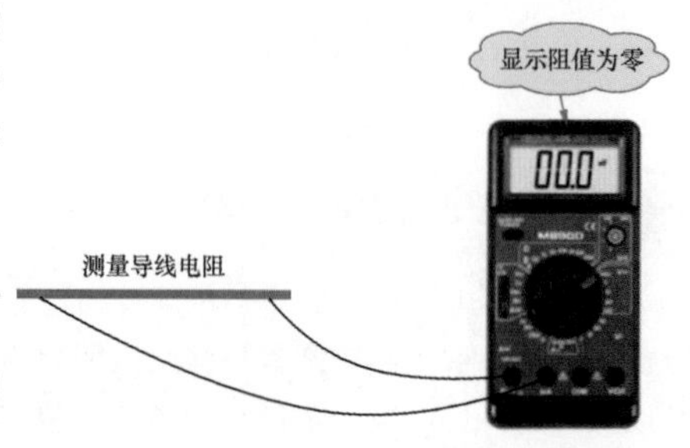

图 1-42　测量导线电阻和读数示意图

万用表的操作方法提示

一些初学者对操作万用表感到困难，特别是对量程选择和头表读数，其实学好万用表操作的最好方法就是实践，按照正确的操作步骤和方法，边学边操作，只要几个回合的练习便能掌握。

例如，对欧姆挡的读数，找一只 10kΩ 的电阻器，现在已知该电阻器的阻值，那么在测量时观察万用表中显示的数值，可以验证读数正确与否。同样，用 10kΩ 电阻器，在不同量程下进行测量，再观察万用表中指针停留的位置，验证量程与倍率之间的关系。

课堂测试 1.16

判断题：

（1）测量 30kΩ 的电阻器时可以用数字式万用表欧姆挡的 20 kΩ 量程。（　）

（2）一只标称值为 5kΩ±10% 的电阻器，测量值为 5.4kΩ，说明该电阻器不正常。（　）

（3）使用万用表欧姆挡时，可以不分红、黑表棒。（　）

（4）使用万用表欧姆挡时，红、黑表棒可以随便插入万用表的表棒插孔中。（　）

答案与解析 1.16

（1）×。测量时，要选用比 30kΩ 大一些的量程。

（2）×。该电阻器是正常的，阻值在 4.5 ～ 5.5 kΩ 均正常。

（3）√。

（4）×。将万用表拨至欧姆挡，红、黑表棒分别插入万用表的 Ω 和 COM 插孔中。

1.3.2　动手操作：测量发光二极管

学会使用数字式万用表测量发光二极管，了解和掌握万用表在一些操作中要区分红、黑表棒插孔的位置，因为许多元器件的引脚是有正负之分的。

学习选用数字式万用表的测量功能；测量电阻器和发光二极管要选择万用表中的不同测量挡；使用数字式万用表测量发光二极管时，要选择专门的 PN 结测量挡。

图 1-43　数字式万用表 PN 结测量挡示意图

1　数字式万用表 PN 结测量挡

数字式万用表中有一个 PN 结测量挡，如图 1-43 所示，它可以用来测量各类二极管的质量，红、黑表棒分别插入 PN 结和 COM 插孔中，在这一测量挡位，红、黑表棒有正负极之分。

2　数字式万用表正向测量发光二极管

图 1-44　数字式万用表测量发光二极管示意图

将数字式万用表拨至 PN 结测量挡，红表棒接发光二极管的正极（长的引脚），黑表棒接发光二极管的负极（短的引脚）。这时万用表显示屏上显示的数值为该发光二极管正向导通后的管压降，如图 1-44 所示，根据这一管压降大小来判断发光二极管的好坏。

当发光二极管质量良好时，它的管压降有一个确定值，如果测量的管压降严重偏小或偏大均说明该发光二极管已损坏。万用表显示屏中显示数值为 1609，该发光二极管的管压降是 1.6V，说明该发光二极管正常，这时能看到发光二极管的管芯有亮光。

3　数字式万用表反向测量发光二极管

图 1-45　数字式万用表反向测量发光二极管示意图

图 1-45 所示为数字式万用表反向测量发光二极管示意图。黑表棒接发光二极管的正极（长的引脚），红表棒接发光二极管的负极（短的引脚），此时万用表显示屏中显示数值为 1，说明反向特性正常，这只发光二极管正常。

课堂测试 1.17

选择题：

（1）数字式万用表正向测量发光二极管时，（　）。

A. 将万用表拨至欧姆挡的 1kΩ 量程

B. 红、黑表棒有正负之分

C. 红、黑表棒无正负之分

D. 万用表中所显示的数值是它的正向电阻

（2）数字式万用表测量发光二极管时，（　）。

A. 万用表中应该显示“600”

B. 万用表中显示“1”时说明发光二极管已损坏

C. 发光二极管的管芯不会有亮光

D. 测量方法与测量普通二极管一样

1-21：数字式万用表测量发光二极管

答案与解析 1.17

（1）B。数字式万用表测量发光二极管时有专门的 PN 结测量挡，所以不用欧姆挡，指针式万用表测量发光二极管时用欧姆挡；测量发光二极管时，红、黑表棒要分清楚；数字式万用表中显示的是发光二极管正向导通后的管压降，不是正向电阻值。

（2）D。万用表中应该显示明显大于“600”的值，因为发光二极管管压降比较大；当万用表中显示“1”时，说明是反向测量的结果；当进行正向测量时，发光二极管的管芯会有弱弱的亮点。

1.3.3　动手操作：识别和测量开关件

开关件在整体电子电路中是必不可少的元器件，而且种类丰富。通过本节的学习可以初步了解和熟悉开关件的电路图形符号的识别和基本工作原理，为分析电源开关电路等打下扎实的基础。

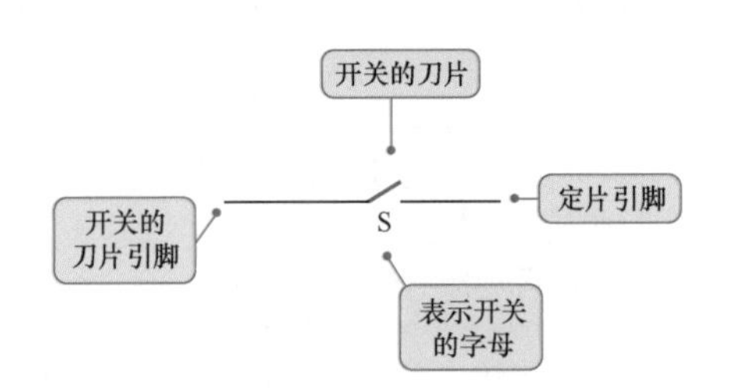

图 1-46　开关件的电路图形符号

1　开关件的基本电路图形符号及识图信息

图 1-46 所示为开关件的电路图形符号。开关件的电路图形符号表示多个识图信息：该开关有两根引脚，一根为定片引脚（与定片触点相连），一根为刀片引脚（与刀片触点直接相连），刀片在开关转换过程中能够改变接触的位置。

1-22：指针式万用表测量单刀双掷开关

不同的开关件具有不同的图形符号，但是各种开关件的图形符号都能够准确地表达下列两点识图信息。

（1）能够表示开关件有几根引脚，如果是多组开关能表示每组开关中有几根引脚。

（2）能够表示有几个刀片，一个或多个，从而可以识别是几刀几掷的开关件。

开关件的图形符号有很多，表 1-3 列举了几种开关件图形符号。

表 1-3　几种开关件图形符号

图形符号	说明
S	最新国标规定的一般开关件图形符号，用大写字母 S 表示开关件
K	过去使用的一般开关件图形符号，用字母 K 表示，老式图形符号中用小圆圈表示开关触点
S	最新规定的单刀掷开关（图中的开关是三掷的）图形符号，三掷是指它有一个刀片，却同时有 3 个定片
K	过去使用的单刀三掷式开关的图形符号
S	最新规定的按钮式开关（不闭锁）图形符号
	过去使用的按钮式开关图形符号
S1-1　S1-2	最新规定的双刀三掷式开关的图形符号，图形符号中用两组相同的符号表示两组开关，通过虚线表示两组开关之间联动，即两个刀片同步转换

图 1-47 所示为实验中所用的双刀双掷开关实物示意图和电路图形符号。它有两排共 6 根引脚，其中一排 3 根是一个刀组，中间的是刀触点引脚，共两个刀组，操作开关的操纵柄时两个刀组同步转换。

实物示意图

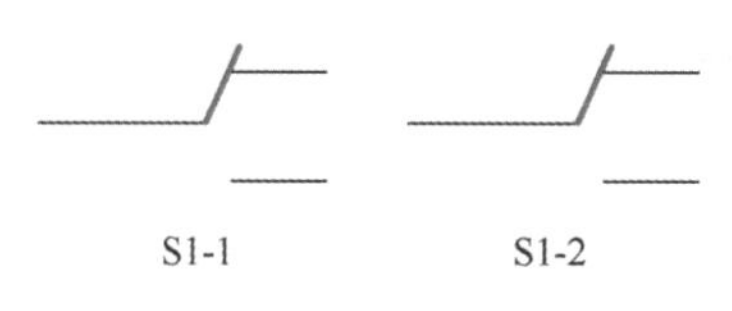

电路图形符号

图 1-47　双刀双掷开关的实物示意图和电路图形符号

2 数字式万用表测量开关件接触电阻

将数字式万用表拨至欧姆挡的最小量程，图 1-48 所示为测量一组开关接通时接触电阻示意图，表棒可以不分红、黑，一根表棒接一组开关的中间一根引脚，另一根表棒接左侧引脚。此时万用表中读数为该开关接通时电阻的大小，阻值越小越好，应该小于 0.5Ω，否则说明该开关存在接触不良的故障。万用表中显示 003，该开关接触电阻为 0.03Ω，非常小，说明开关正常。

图 1-48　测量一组开关接通时接触电阻示意图

3 数字式万用表测量开关件断开电阻

将数字式万用表拨至欧姆挡的 200kΩ 量程以上。图 1-49 所示为测量一组开关断开时断开电阻示意图，表棒可以不分红、黑，此时万用表中读数为该开关断开电阻的大小，阻值越大越好，应为无穷大，即表中显示 1，否则说明该开关存在断开电阻小的故障。

图 1-49　测量一组开关断开时断开电阻示意图

提示

在测量开关接触电阻状态下，按下开关操纵柄，开关转入断开状态，此时万用表中显示的电阻值应该为无穷大，因为开关已转换到断开状态。

同理，在测量开关断开电阻状态下，按下开关操纵柄，开关转入接通状态，此时万用表中显示电阻值应该为零，因为开关已转换到接通状态。

课堂测试 1.18

判断题：

（1）开关接通时电阻越大越好。（　）

（2）双刀双掷开关中的两个刀组是同步转换的。（　）

（3）数字式万用表测量开关断开电阻时要使用欧姆挡的最大量程。（　）

（4）数字式万用表测量开关接触电阻时，万用表中显示的是触点两端的电压降。（　）

答案与解析 1.18

（1）×。开关接通时，电阻越小越好。

（2）√。

（3）√。

（4）×。万用表中显示的是两触点之间的接触电阻。

1.4 焊接调试：装配和调试发光二极管电源指示电路器件

这一节将进行第一次焊接操作，按照前面设计的发光二极管电源指示电路做成实物连接，然后对电路进行调试，以实现电路的功能。通过装配和调试发光二极管电源指示电路，首次完成一个具有独立功能的单元电路。

1.4.1 焊接工具：电烙铁

认识和熟悉电烙铁，学会使用电烙铁，这是走向动手的关键一步。学习使用电烙铁时一定要注意自身安全。

1 内热式电烙铁

一般电子电器均采用晶体管元器件，焊接温度不宜太高，否则容易烫坏元器件。

初学者在动手实验时至少要准备一把内热式电烙铁，吸锡烙铁可以在动手拆卸集成电路等元器件时再购置。图 1-50 所示为内热式电烙铁实物示意图，这种烙铁具有预热时间短、体积小巧、效率高、重量轻、使用寿命长等优点。

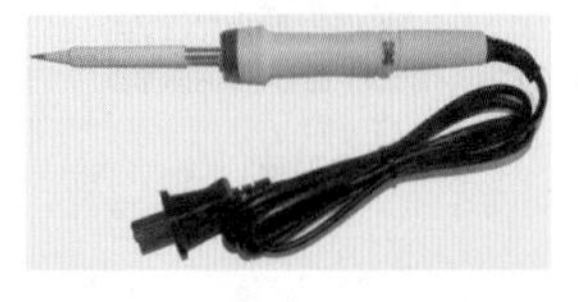

图 1-50 内热式电烙铁实物示意图

2 焊锡丝

1-23：多种电烙铁

焊锡丝最好使用低熔点、细的焊锡丝，细焊锡丝管内的助焊剂含量正好与焊锡用量一致，而粗焊锡丝的焊锡量较多，容易造成焊锡的堆积，严重影响焊接质量和美观。

焊接提示

焊接过程中若发现焊点成为豆腐状态，这很可能是焊锡质量不好，或是焊锡丝的熔点偏高，或是电烙铁的温度不够，这样的焊点质量是不过关的。

3 助焊剂

助焊剂可以提高焊接的质量和速度，是焊接中必不可少的。在焊锡丝的管芯中有助焊剂，用电烙铁头熔化焊锡丝时，管芯内的助焊剂便与熔化的焊锡熔合在一起，帮助焊接，提高焊接质量。焊接中，只用焊锡丝中的助焊剂有时是不够的，还需要专门的助焊剂。

重要安全提示

新买来的电烙铁要进行安全检查，具体测量方法是：用数字式万用表欧姆挡高阻量程（200MΩ），分别测量插头两根引线与电烙铁头（外壳）之间的绝缘电阻，如图 1-51 所示，应该为开路，即万用表中显示“1”。如果测量有电阻，说明这一电烙铁存在漏电的故障。

图 1-51 电烙铁安全检测示意图

4 电烙铁搪锡操作方法

新买来的电烙铁通电前要先搪锡，具体方法是：用锉刀将电烙铁头锉一下，使之露出铜芯，然后通电，待电烙铁刚有些热时，将电烙铁头涂上一些松香，待电烙铁全热后，让电烙铁头吸附焊锡，这样电烙铁头上就搪上了焊锡。

通电后的电烙铁在较长时间不用时要拔下电源引线，不要让它长时间热着，否则会烧死电烙铁。当电烙铁烧死后，电烙铁头不能搪锡，此时需再用锉刀锉去电烙铁头表面的氧化物，再搪上焊锡。

如果电烙铁头不清洁或烧死会影响焊接质量。

1-24：指针式万用表检测电烙铁

课堂测试 1.19

选择题：

（1）焊接电子元器件主要使用（ ）。

A. 吸锡烙铁 B. 大功率电烙铁 C. 外热式电烙铁 D. 内热式电烙铁

（2）焊接中，焊点大小与（　）相关。

A. 焊锡丝粗细和送锡量　B. 电烙铁温度　C. 焊锡丝质量相关　D. 助焊剂质量

（1）D。吸锡烙铁主要用于多个引脚元器件的拆卸；大功率电烙铁用于一些大部件的焊接，电子元器件不能用功率大的电烙铁，否则会烫坏元器件或电路板；外热式电烙铁现在很少使用，它的缺点较多，如体积大、不节电。

（2）A。电烙铁温度、焊锡丝质量和助焊剂质量只与焊接质量有关，与焊点大小无关。

1.4.2　焊接操作：装配和焊接发光二极管

学习元器件与电路板之间的装配，这样的装配过程在后面的电子产品设计中是必不可少的。

发光二极管很怕烫，焊接时一定要注意这点，做到快速、坚决、精准。

1-25：焊接综述

1　万用电路板

取出万用电路板，图 1-52 所示为本书中所用的万用电路板，这种万用电路板更加贴近实际情况，能学到更多的有关电路板的实用知识。

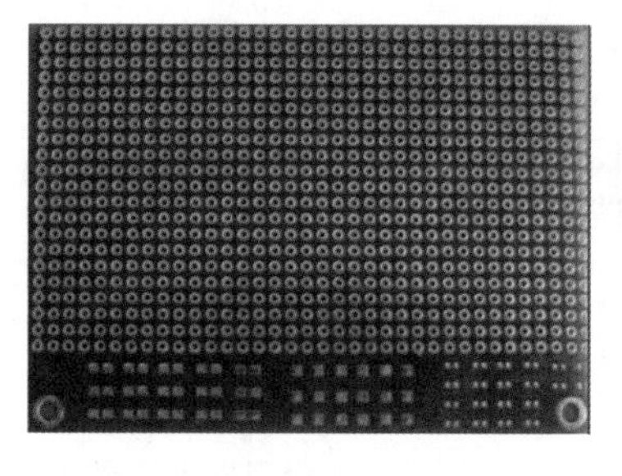

（a）焊点面

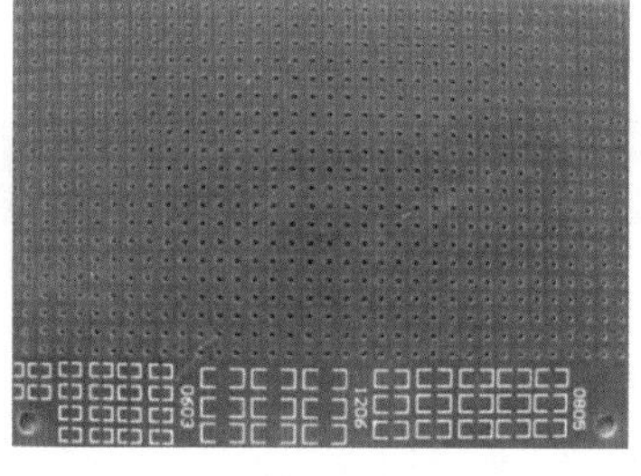

（b）元器件安装正面

1-26：面包板

图 1-52　万用电路板

装配元器件时，元器件引脚从正面插入板的相应孔中，引脚从焊点面伸出，电路板的焊点面上有许多焊盘，元器件引脚通过焊锡焊在焊盘上。

知识扩展：电路板

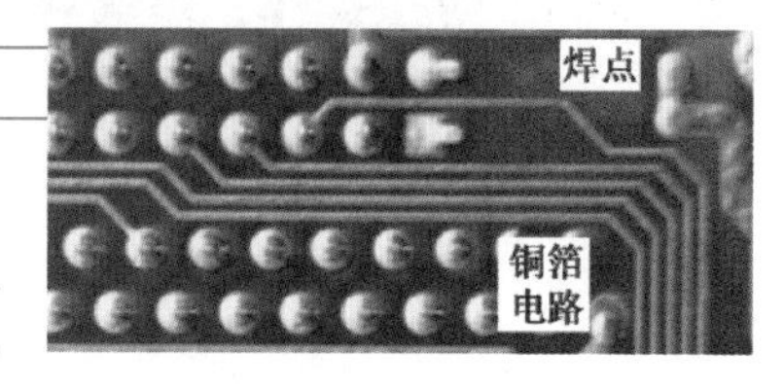

图 1-53　电路板上铜箔电路和焊点示意图

电路板的名称很多，如印制电路板（Printed Circuit Board，PCB）。它提供集成电路等各种电子元器件固定装配的机械支撑，实现集成电路等各种电子元器件之间的布线和电气连接。同时，为自动锡焊提供阻焊图形，为元器件插装、检查、维修提供识别字符和图形。

电路板的正面是元器件，其背面是铜箔电路，目前普通电子电器中主要使用单面铜箔电路板，即电路板只有一面上有铜箔电路。通常，铜箔电路表面往往涂有一层绿色绝缘漆，起绝缘作用，在测试和焊接中要注意，先用刀片刮掉铜箔电路上绝缘漆后再操作。铜箔电路很薄、很细，容易出现断裂，特别是电路板被弯曲时更易损坏，操作中要注意这点。

电路板的背面有许多形状不同的长条形铜箔电路，它们是用来连接各个元器件的线路，铜箔电路是导体，如图 1-53 所示，图中圆形的凸起是焊点。

图 1-54　发光二极管装配示意图

2　装配和焊接发光二极管

图 1-54 所示为发光二极管装配示意图，发光二极管装配在右

下角，后续讲解中电路板上还要装配其他元器件。取出红色发光二极管，分别将发光二极管正负引脚插入电路板孔中，注意发光二极管有正负引脚之分，电路板正面对着自己时，将发光二极管正极置于上方，负极置于下方，并记住它的正负引脚位置，然后将发光二极管插到底。

重要提示

发光二极管引脚有正负极之分，装配在电路板时正引脚要插入正引脚孔中，不能与负引脚孔插错，否则发光二极管不能正常工作。如果采用万用电路板或面包板时，插入发光二极管引脚时也要记清楚它的正负引脚位置。

将电路板翻转一面，将发光二极管的两根引脚与焊盘焊接起来，如图 1-55 所示。注意焊点大小适中，焊点表面光滑，没有毛刺和气孔。

发光二极管和一些元器件属于怕烫的元器件，所以电烙铁在发光二极管引脚上的停留时间要尽可能短，焊接动作要迅速、果断，焊接时间过长将损坏发光二极管。

图 1-55　发光二极管焊点示意图

课堂测试 1.20

判断题：

（1）元器件焊在电路板的焊盘上。（　）

（2）发光二极管是不怕烫的元器件。（　）

（3）发光二极管装配在电路板上时，不需要考虑它的正负引脚。（　）

（4）电路板有正面和背面之分，发光二极管引脚是从电路板正面通过引脚孔插到背面。（　）

答案与解析 1.20

1-27：电路板的知识

（1）√。

（2）×。它是怕烫的元器件，焊接时间过长将损坏发光二极管。

（3）×。发光二极管有正负引脚之分，装配在电路板时正引脚要插入正引脚孔中，不能与负引脚孔插错，否则发光二极管不能正常工作。

（4）√。

1.4.3　焊接操作：装配和焊接限流保护电阻器

有了前面装配和焊接发光二极管的实际体验，装配和焊接电阻器要容易许多，但是有一些情况下电阻器引脚比较粗，焊接还是需要一定功夫的，不可轻视。

1　装配限流保护电阻器

图 1-56 所示为限流保护电阻器装配示意图，取出 1kΩ 电阻器，将电阻器安装在发光二极管上方。根据电阻器长度自然选择一个引脚孔插入电路板，采用卧式安装方式，这样可以降低元器件的安装高度，以便将整块电路板装配在机壳内部。

图 1-56　限流保护电阻器装配示意图

2　焊接限流保护电阻器

电阻器引脚插入电路板孔中后，将两根引脚适当弯曲，以防止电阻器脱落。然后焊接电阻器两根引脚，检查焊接质量后将电阻器和发光二极管多余引脚用剪刀剪掉。

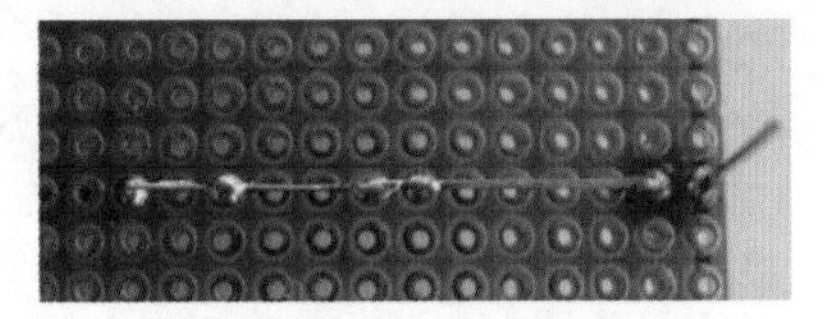

图 1-57　引脚焊盘接通示意图

1-28：有引脚电阻器卧式安装的方法

3　连接发光二极管和限流保护电阻

根据发光二极管电源指示电路可知，发光二极管正极与限流电阻器相连接，再用焊锡直接将发光二极管正极引脚焊盘与电阻器一根引脚焊盘接通，如图 1-57 所示，这样就完成了发光二极管和限流保护电阻器电路的装配。

课堂测试 1.21

判断题：

（1）电阻器只能卧式安装在电路板上。（　）

（2）电阻器安装在电路板上时要注意它的两根引脚不要相互插错引脚孔。（　）

（3）对于一些功率比较大的电阻器，采用卧式安装时电阻器不要紧贴电路板，以便散热。（　）

（4）有引脚的电阻器安装在电路板的背面。（　）

答案与解析 1.21

（1）×。电阻器可以卧式安装在电路板上，还可以立式安装在电路板上。

（2）×。电阻器两根引脚没有正负之分，所以它的两个引脚孔是不分的。

（3）√。

（4）×。有引脚的电阻器安装在电路板的正面，贴片电阻器安装在电路板的背面。

1.4.4　通电论证：通电调试发光二极管电源指示电路

本小节第一次通电验证设计和装配的单元电路，可以反复进行操作，直到成功为止，这样也可以学到更多的知识，得到锻炼。

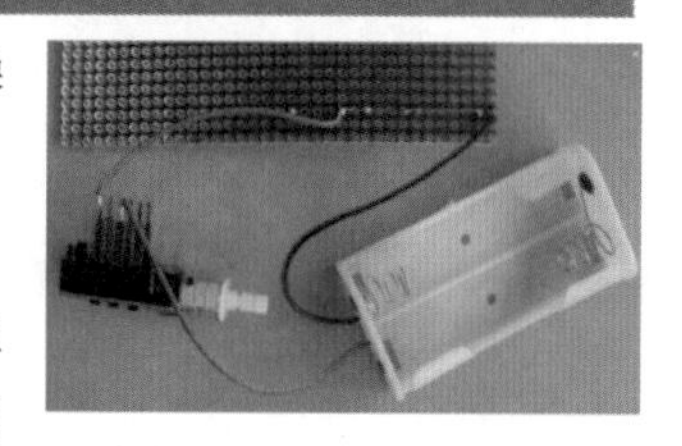

图 1-58　发光二极管电源指示电路实物示意图

1　焊接电池与开关电路

将电池盒与电源开关连接起来，即将电池盒的红色引线（正极）焊在开关刀触点引脚上，再取一根软红色引线，一端焊在开关一个位触点引脚上，这样电池与电源开关的电路连接成功。

2　接通发光二极管电源指示电路

图 1-58 所示为发光二极管电源指示电路实物示意图，将开关上红色引线焊在电路板中限流保护电阻器（空着的）引脚焊盘上，将电池盒上黑色引线焊在发光二极管负极引脚焊盘上，这时整个指示电路全线接通。

3　供电测试电路

将两节 5 号电池按极性要求装配在电池盒内，接通电源开关，此时发光二极管被点亮，断开电源开关，发光二极管熄灭，如图 1-59 所示，实现电源指示，完成整个电路的设计、安装和调试。

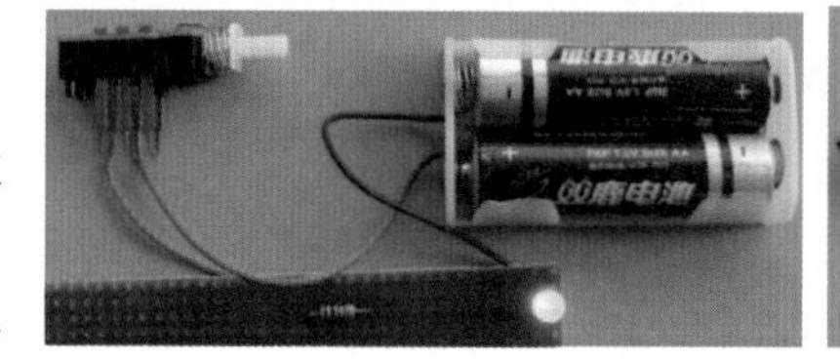

（a）发光二极管被点亮

（b）发光二极管熄灭

图 1-59　发光二极管被点亮和熄灭示意图

课堂测试 1.22

判断题：

（1）电池盒与电路相连接时，不必考虑电池盒的正负引线。（　）

（2）如果电池盒和发光二极管正负引线同时接错，发光二极管不会亮。（　）

（3）发光二极管电源指示电路中开关接通时，发光二极管两端有一个管压降。（　）

（4）发光二极管电源指示电路中开关断开时，发光二极管两端没有电压降。（　）

答案与解析 1.22

（1）×。电池盒与电路相连接时，必须考虑电池盒的正负引线，否则发光二极管不会发光。

（2）×。如果电池盒和发光二极管正负引线同时接错，发光二极管会亮，接反后给发光二极管恰好是正向电压。

（3）√。

（4）√。

1.4.5　故障处理：发光二极管电源指示电路故障处理

如果严格按照装配和焊接要求，电路能正常工作；如果操作过程中出现错误，可能会出现下列常见故障：发光二极管不亮、非常暗、特别亮。

通过本节学习可以初步掌握电子电路故障检修的一般思路、方法，建立逻辑的故障分析思路，学会简单故障的处理，为日后的进一步学习打下扎实的基础。

1　故障处理一般原则

对于初学者而言，初次进行电路设计和装配出现故障是很正常的现象，出现故障后可以按下列步骤进行原则性处理。

（1）检查电路。根据发光二极管电源指示电路图，仔细检查各个元器件安装是否正确，连接是否正常。重点检查有极性元器件的引脚是否连接正确。

（2）重新熔焊焊点。对电路板上各个元器件引脚焊点进行重新熔焊，以消除可能出现的假焊故障。

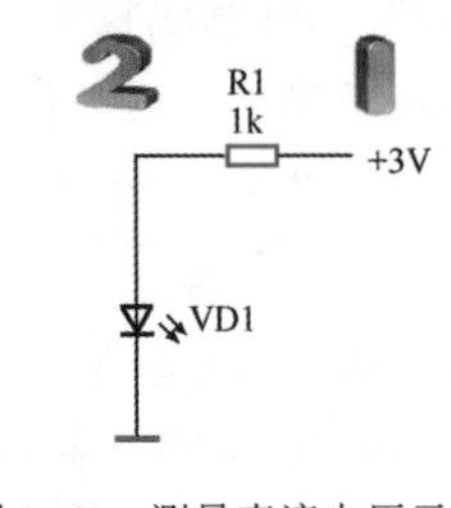

图 1-60　测量直流电压示意图

2　发光二极管不亮的故障检查和处理方法

检修发光二极管不亮故障最为有效和方便的方法是万用表直流电压挡测量电路中关键测试点的直流电压。如图 1-60 所示，首先测量 1 点电池的直流电压，如果为 0V 说明电池盒内电池开路。

图 1-61　测量时接线示意图 1

测量 1 点直流电压的具体方法是，数字式万用表置于直流电压挡，量程选择稍大于 3V 的挡位，红表棒接电路中的 1 点（电阻 R1 右端），黑表棒接地线（发光二极管 VD1 负极），接通电路的电源开关后进行测量。图 1-61 所示为测量时接线示意图。

如果 1 点测量的直流电压是 0V，说明电池供电电路不正常，没有电压加到发光二极管电路中，应该检查电池供给电路（电池盒）和电源开关是否已接通。

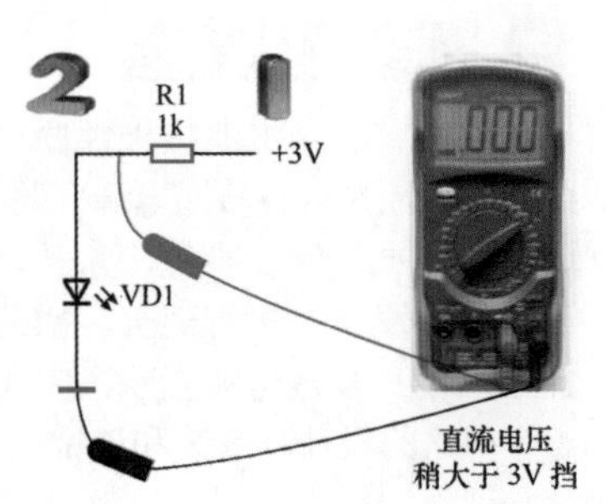

图 1-62　测量时接线示意图 2

如果 1 点测量的直流电压是 3V，说明电池供电电路正常，接下来测量 2 点直流电压。图 1-62 所示为测量时接线示意图，这时只是将红表棒接在电路中的 2 点（电阻 R1 左端），其他接线不变。

如果 2 点测量的直流电压为 0V，说明 R1 开路，或是 R1 引脚假焊，没有电压加到发光二极管 VD1 正极上。

如果 2 点的直流电压是 3V，说明 VD1 开路，或是 VD1 引脚焊点假焊而没有接入电路，或是 VD1 正负引脚接反。

3　发光二极管发光暗的故障检查和处理方法

如果是发光二极管发光暗故障，说明整个电路是通的，只是流过发光二极管的电流偏小，根据这一思路进行故障的检查。

（1）测量 3V 直流电压是否偏低。因为电池电压不足会导致整个电路工作电压小。

（2）测量 R1 阻值是否太大。如果在装配 R1 时装配了阻值，那流过发光二极管的电流会小，导致发光暗。

（3）怀疑发光二极管烫坏。因为初次焊接发光二极管，由于水平所限有可能已烫坏了发光二极管，更换一只发光二极管试试。

4 发光二极管发光太亮故障检查和处理方法

如果接通电源开关后发现发光二极管发光太亮，这说明流过发光二极管的电流太大，主要检查下面几点。

（1）电阻 R1 两根引脚的焊盘是否被焊锡连在一起了，这样就相当于将 R1 短路，R1 不起限流保护作用，流过发光二极管电流太大。

（2）电阻 R1 选择错误，选得太小。此时，万用表欧姆挡测量电阻 R1 的阻值，是否远小于 1kΩ。

扩展调试

在完成上述发光二极管电源指示电路设计和安装后，进行如下扩展调试，以进一步强化学习效果。

（1）将限流保护电阻 R1 换成一只 100Ω 电阻器，接入电路后观察发光二极管的亮度。

（2）将限流保护电阻 R1 换成一只 100kΩ 电阻器，接入电路后观察发光二极管的亮度。

体会限流保护电阻 R1 阻值大小对发光二极管发光亮度的影响。

课堂测试 1.23

判断题：

（1）发光二极管电源指示电路中，测量发光二极管的管压降，然后可以计算出流过发光二极管的电流。（　）

（2）发光二极管电源指示电路中，测量发光二极管两端电压等于电源电压，说明发光二极管工作正常。（　）

（3）发光二极管电源指示电路中，发光二极管正常，但它发光暗，说明流过它的电流小。（　）

（4）发光二极管电源指示电路中，电源电压低，发光二极管发光暗。（　）

答案与解析 1.23

（1）×。这样不妥当，测量限流保护电阻两端电压后可以算出流过发光二极管的电流。

（2）×。这时发光二极管开路而不发光。

（3）√。

（4）√。

1.5 系统知识扩展：初次分析电路工作原理的方法

重要提示

对于初学者而言，如何识别和分析电子电路有诸多疑问。这里通过简单的实用电路来讲解电子电路的工作原理。

为了帮助初学者能更好地认识电子电路，这里从感性和理性两个角度介绍相关内容。

1.5.1 感性认识音乐门铃电路

以我们最熟悉的家用电子音乐门铃为例，图 1-63 所示为电子门铃的电子电路图，俗称电路，我们都用过门铃，但不一定见过门铃电路。如果门铃不响了，能修理吗？想要学会这个电路的故障检修，首先要了解门铃电路的工作原理。

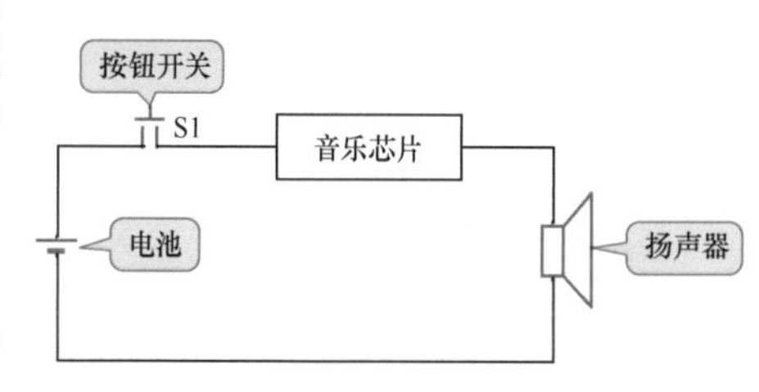

图 1-63　家用电子音乐门铃电路

1 认识电路中的电子元器件

音乐门铃电路中有电池、按钮开关、音乐芯片、扬声器 4 个元器件和一些连接各元器件的导线。

（1）电池。电池是整个电路的电力源，正常电子电路少不了这样的电力源。它的实物图如图 1-64 所示。

图 1-64　电池的实物图

图 1-65　按钮开关的实物图

（2）按钮开关。按钮开关是用来控制电路是否接通的元器件，没有开关电路就无法让门铃该响时就响，该不响时就不响。按钮开关的实物图如图 1-65 所示。

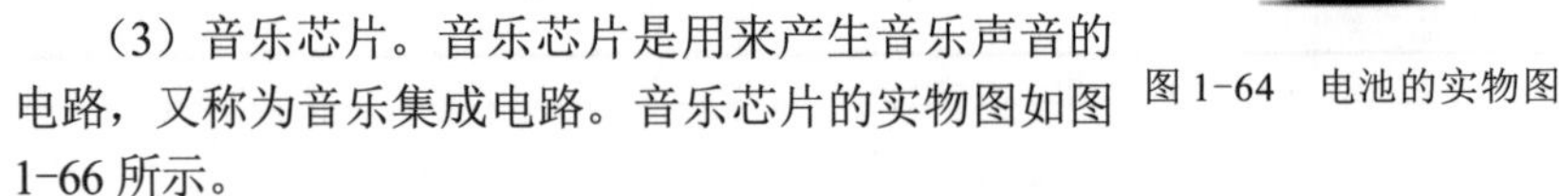

（3）音乐芯片。音乐芯片是用来产生音乐声音的电路，又称为音乐集成电路。音乐芯片的实物图如图 1-66 所示。

（4）扬声器。扬声器是用来发出声音的器件。门铃发出来的声音就是从它那里出来的，凡是需要出声音的电子电器都需要扬声器。扬声器的实物图如图 1-67 所示。

（5）导线。导线用来连接各个元器件，让电流通过。导线的实物图如图 1-68 所示。

图 1-66　音乐芯片的实物图

图 1-67　扬声器的实物图

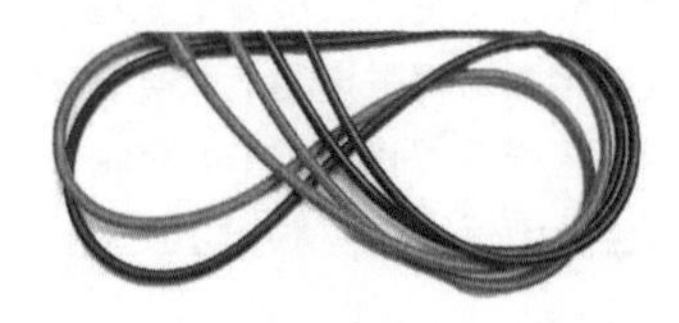

图 1-68　导线的实物图

2　电路工作过程说明

当开关 S1 没有接通时，电池不能接到门铃电路中，所以这时扬声器不响。当按下开关 S1 后，开关 S1 处于接通状态，电池接入门铃电路，电路开始工作，扬声器发出音乐声。

重要提示

这样的电路分析显然是很简单的，还没有做到真正掌握这个电路的工作原理，后面还有许多电路工作的深层次原理讲解，需要读者在不断学习中进一步提高。

1.5.2　初步了解电子电路分析的基本思路

重要提示

首次接触电路图的初学者，不要直接、盲目地分析电路的工作原理。要先掌握一些电子技术的基础知识，避免在电路分析中受挫，有利于自信心的建立。

初学者应该从元器件基础知识起步，通过系统的学习，将一个个知识连成一线，成为一片。

为了说明电路工作原理分析过程中的基本思路和过程，这里以图 1-69 所示的生活中常见的手电筒电路为例，介绍一个最简单电路的分析范例，以供初学者进行电路分析时模仿，通过模仿和熟悉电路分析全过程，学到电路分析的方法和思路。

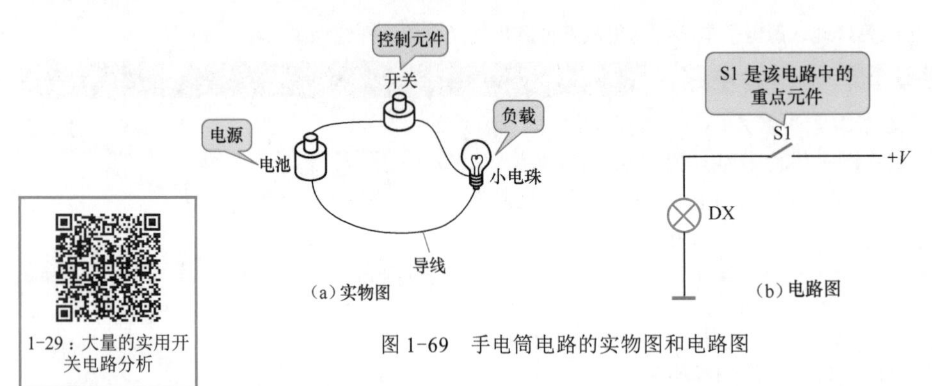

图 1-69　手电筒电路的实物图和电路图

1 分析电路先了解电路的组成

了解电路组成是分析电路的第一步，可以大致了解电路的组成和情况，如了解电路中有哪些主要元器件，可以初步推断电路的功能等。

组成手电筒电路共有 3 个元器件和导线：S1 是电源开关控制元件，DX 是小电珠，+*V* 是直流电源（电池），接地点通过导线与电源（电池）的负极相连。

2 了解电路功能有利于电路分析

在电路分析中，了解电路的功能对电路分析具有很好的引导作用，能比较方便地找到电路分析的切入点，有助于电路分析的思路展开。

例如，手电筒电路的功能是控制小电珠的发光，需要小电珠点亮时让它发光，不需要小电珠点亮时让它熄灭。通过电路功能分析电路是如何实现小电珠点亮和熄灭控制的，结合开关件的基本功能和特性，就可以知道手电筒电路分析的关键元器件是电路中的电源开关。

重要提示

1-30：初次学会实物图画电路图

电路功能方面的信息掌握得越多，对电路分析越有益。了解电路的名称可以大致知道电路的功能。例如，了解到某一电路是音频放大器电路，这样首先可以知道它是一种放大器电路，其次知道它是放大音频信号的，那么电路分析中就会运用一些音频放大器电路分析的方法和技巧，有益于对音频放大器电路的工作原理进行分析。

1.5.3 初步了解电路分析

为了方便进行电路分析，可将手电筒电路画成图 1-70 所示的电路示意图，电路的分析思路和过程如下。

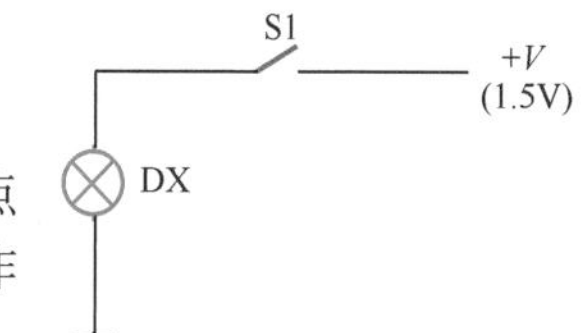

图 1-70 电路示意图

1 开关通断控制分析

根据电路功能可知，电路的关键是通过开关 S1 实现对小电珠 DX 的点亮和熄灭的控制，所以电路分析的出发点是假设开关 S1 断开时的电路工作状态和 S1 接通后的电路工作状态。

2 开关接通分析

当电源开关 S1 接通时，直流工作电压 +*V* 产生的电流，通过闭合的开关 S1 流过小电珠 DX，再通过地线流到电池的负极，再由电池的内电路形成电流的回路。因为小电珠中流有电流，所以小电珠发光。

1-31：元器件特性对电路分析的作用

3 开关断开分析

当电源开关 S1 断开时，因为小电珠所在回路被断开，没有电流流过小电珠 DX，所以小电珠熄灭。

通过上述分析可知，小电珠 DX 通过电源开关 S1 的闭合、断开来实现点亮和熄灭的控制，实现电路功能。

在电路中，电池是电路中的电源，也就是电路工作的“动力”源；小电珠是电源的负载，也就是电源供电的对象，或是电路服务的中心；电源开关是控制元器件，是实现小电珠点亮与熄灭控制必不可少的元件。这三个元器件的作用非常明确。

重要提示

1-32：课堂实验演示手电筒电路 1

从上面的电路分析思路和过程中不难看出，电路工作原理的分析与电路中元器件特性紧密地联系在一起，如果不了解这 3 只元器件的作用和特性，那对电路进行分析将比较困难。

所以，电路分析中元器件的特性起着重要的支持作用，初学者必须掌握好元器件的特性。

1.5.4 元器件特性对电路分析的作用

1 电源开关 S1 特性对电路分析的作用

关于开关件特性对电路分析的作用主要说明如下。

1-33：课堂实验演示手电筒电路 2

电路中的 S1 是一种单刀开关，它有两种工作状态：一是开关断开，这时它的两个触点之间为开路，两触点之间的电阻为无穷大；二是接通状态，这时它的两个触点之间为接通状态，两触点之间的电阻为零。图 1-71 所示为单刀开关两种状态示意图。

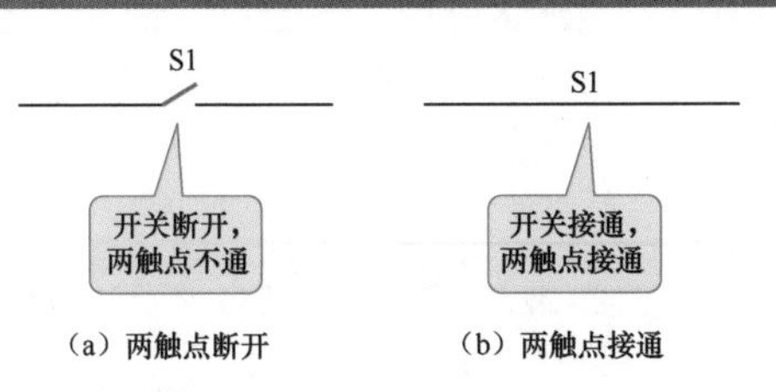

图 1-71 单刀开关两种状态示意图

单刀开关只有两种工作状态，在分析这种开关参与的电路时，就是分析开关处于断开和接通两种状态下对电路工作的影响，这就是开关电路的分析思路和方法。由于这一电路中控制元器件只有开关 S1，所以对开关 S1 电路的分析就是对电路的分析。

问题

如果不知道开关 S1 有接通与断开两种工作状态，如果不知道它在接通、断开状态下两触点之间的电阻特性，那这个电路该如何分析呢？

好方法

电路分析中的联想理解是一种好方法。例如，对电路中开关 S1 的接通、断开工作过程难以理解时，可以联想到家庭中所用的电灯开关，它的开、关过程与上述电路中的开关 S1 开、关控制过程一样。

2 负载小电珠特性对电路分析的影响

在手电筒电路中，小电珠 DX 是整个电路服务的中心元器件，如图 1-72 所示，如果不了解小电珠的特性，那么电路分析就没有目的性。

重要提示

众所周知，当小电珠通入电流时，它会发光，如果不了解这一点就不知道电路控制小电珠的目的，就可能闹出控制小电珠发热的笑话来。

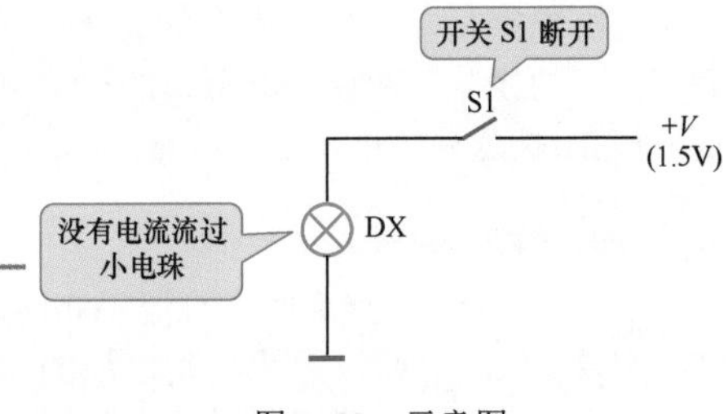

图 1-72 示意图

电路分析中，理解负载的特性比理解电路中其他元器件特性更为重要。

再举例进一步说明：如果放大器的负载是扬声器，如图 1-73 所示，说明这个电路最终是给扬声器输入音频信号电流，使扬声器发出声音，不了解扬声器能将电信号转换成声音的特性，就无法得到正确的电路分析结果。

3 关键元器件与辅助元器件的区别

一个实用电路中，有许多的元器件，既有关键元器件，又有辅助元器件，辅助元器件是为关键元器件服务的，用来完善和扩展电路功能的，电路分析中要学会分清关键元器件和辅助元器件，抓住关键元器件。

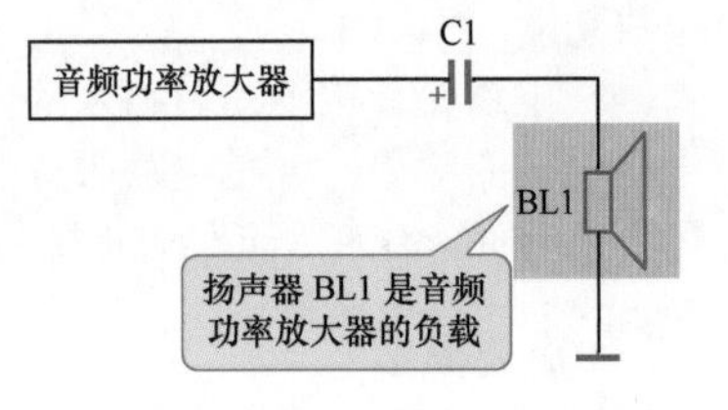

图 1-73 举例电路示意图

1-34：课堂实验演示手电筒电路 3

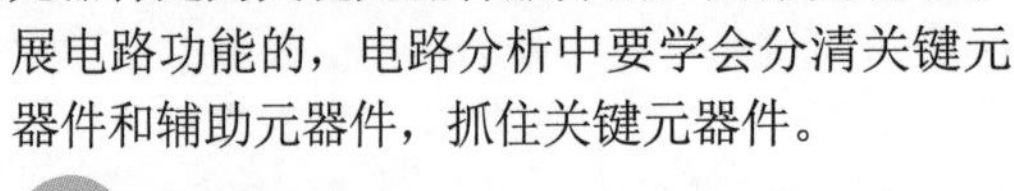

小知识

笔者入门初期装配单管直放式收音机，组装好收音机发出声音后，有位老师从收音机中拆下几个元器件，奇怪的是收音机仍然有声音，当时就感觉电子世界太奇妙了，好长时间内一直搞不懂这是为什么。

识图方法提示

抓住电路中的关键元器件不是一件简单的事情，在初学阶段甚至是非常困难的，下列几点可供参考。

（1）二极管、三极管和集成电路等有源元器件通常是电路中的关键元器件，围绕着它们的电阻器、电容器是为这些有源元器件服务的元器件。

（2）电路图中远离有源元器件的电阻器、电容器通常是实现一些辅助功能的元器件。关键元器件不能少，否则电路不能工作。辅助元器件少了电路工作性能会下降。

1.5.5　初步认识电路负载

1-35：课堂实验演示手电筒电路 4

前面的电路分析中已经知道负载在电路分析中的重要"地位"。手电筒电路中的小电珠是电源（电池）的负载，又如家庭中使用的灯泡、洗衣机等用电器都称为电源的负载。

1　负载的中心地位

电路中，负载是整个电路服务的中心，电路所实现的功能都是为了负载，电路中的所有元器件都是为了负载这个中心而设置的。

例如，小电珠是手电筒电路中的负载，电池就是要给小电珠供电；音频功率放大器的负载是扬声器，音频功率放大器就是要给扬声器提供音频功率信号。

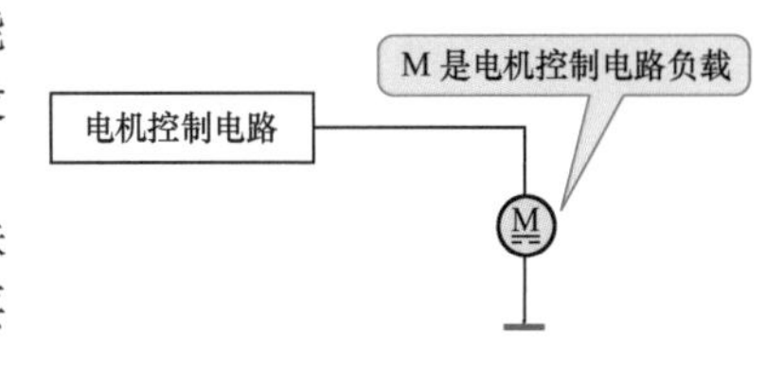

图 1-74　电机控制电路方框图

2　了解负载的种类

1-36：初步认识电路负载

大家比较熟悉的负载是电源的负载，如手电筒电路中的小电珠就是电源的负载，洗衣机是电源的负载。实际上并不是只有电源才有负载，还有其他功能的负载。例如，电机是电机控制电路的负载，如图 1-74 所示。

重要提示

负载可以是一个元器件，也可以是一个具体的电路。例如，小电珠、扬声器、电机都是一种元器件。

负载电路的情况也有很多，如接在电源电路输出端的整机电路就是电源电路的负载电路，后一级放大器是前一级放大器的负载电路，如图 1-75 所示。

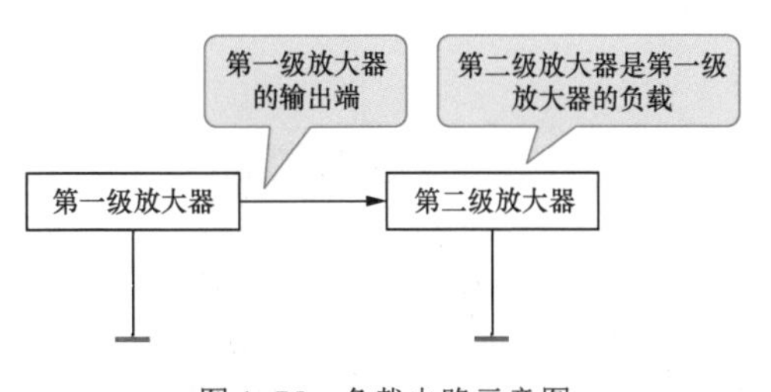

图 1-75　负载电路示意图

不只是在整机电路中有负载或负载电路，在局部电路中也存在负载或负载电路，如三极管放大器电路中的集电极负载电阻，图 1-76 所示电路中的电阻 R2 就是 VT1 的集电极负载电阻。

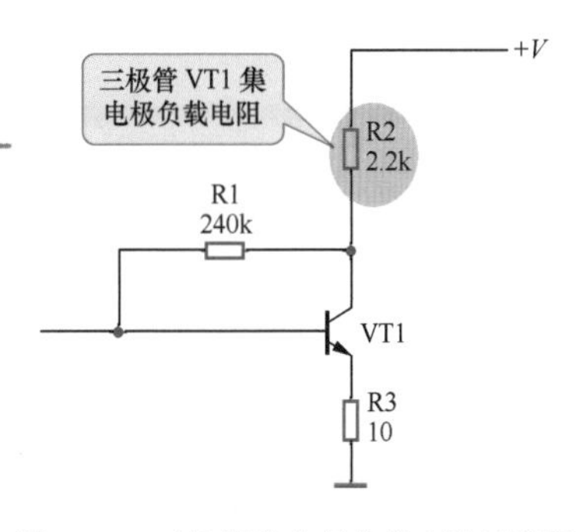

图 1-76　三极管集电极负载电阻示意图

结论提示

负载或负载电路既存在于整机电路中，也存在于局部电路中，负载在电路中处处存在。

3　识别负载对电路分析的作用

电路分析中，能够识别电路中的负载或负载电路，对电路分析非常有益，可以扩展电路分析的思路，做到有的放矢。前面对手电筒电路的分析就是一个很好的证明。

1.6 技能知识扩展：初学者感性认识电子技术

学习电子技术到底有多难，这里举例试图从侧面能说清楚是“难”还是“不难”。

1.6.1 从二分频音箱看电子技术

图 1-77 所示为二分频音箱示意图，日常生活中时常可见到这种音箱。二分频音箱包含的知识点较多，想了解、掌握的知识越多，学习就越加困难。

图 1-77 二分频音箱示意图

1 知识点综述

对二分频音箱的一般性了解，至少需要如下知识。

（1）工作原理。声音中的高音成分由高音扬声器重放出来，中音和低音成分由低音扬声器重放出来，高音、中音和低音分别由两只扬声器重放，比单独用一只扬声器重放的音响效果更好。

（2）扬声器。音箱内设有高音扬声器和低音扬声器，如图 1-78 所示。扬声器能够将电信号转换成声音，高音扬声器转换高音的效果更好，低音扬声器转换低音的效果更佳。口径小的是高音扬声器，口径大的是低音扬声器，这与扬声器重放不同频率声音时的工作特性相关。

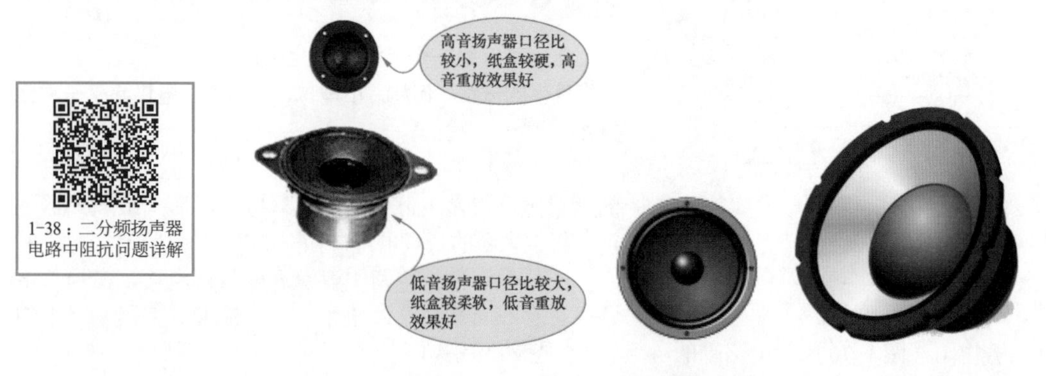

图 1-78 扬声器示意图

（3）二分频电路。音箱内的两只扬声器并不是简单地连接在一起的，必须通过有一个叫二分频的扬声器电路，电路在不同品质的音箱中复杂程度是不同的。

（4）声学知识。音箱的几何形式和用材等对重放音响效果都有很大的影响，这里面的学问很大，同样是二分频音箱，但是价位相差甚远。

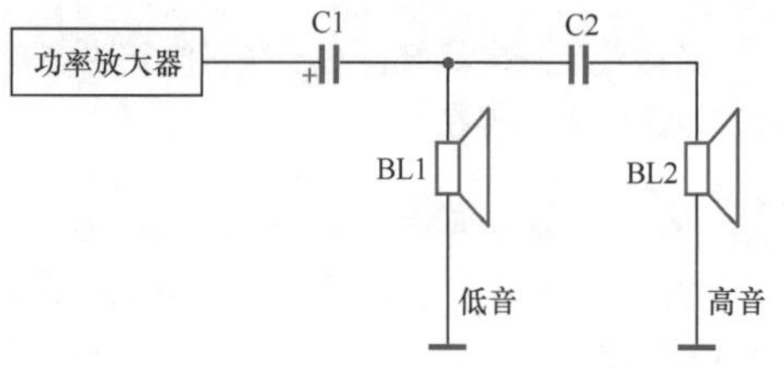

图 1-79 最简单的二分频扬声器电路

2 最简单的二分频扬声器电路

图 1-79 所示为最简单的二分频扬声器电路。掌握

这个电路的工作原理，就可以对电路进行分析，电路出了故障也能进行分析和检修。

1.6.2　初学者尝试分析二分频扬声器电路的工作原理

试试看电路分析

开始可能无法看懂最简单二分频扬声器电路，学过功率放大器和二分频扬声器电路之后，二分频扬声器电路的工作原理就会显得十分简单。

1　功率放大器输出音频信号

图 1-80 所示为音频功率放大器示意图，音频功率放大器输出的音频信号通过输出端耦合电容 C1 加到后面的扬声器电路中。

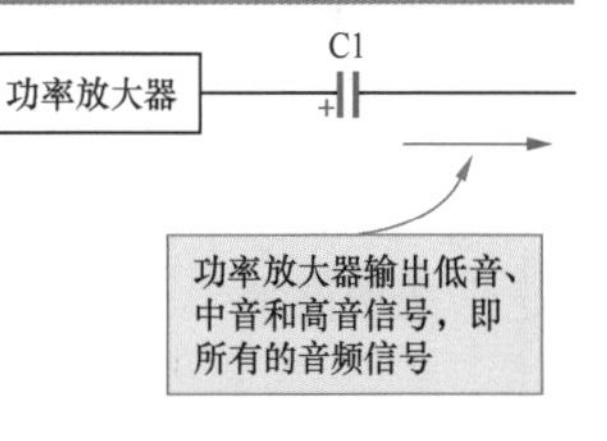

图 1-80　音频功率放大器示意图

相关知识

常见的音频功率放大器放大全频域音频信号，即用一个放大器放大 20 ～ 20000Hz 音频信号，在一些高级的音响系统中则采用更为高级的分频功率放大器系统，如图 1-81 所示，在前置放大器的输出端接入分频器，将音频信号分成高音、中音和低音三个频段信号，然后再送入各自的功率放大器中进行放大，再推动各自的扬声器。

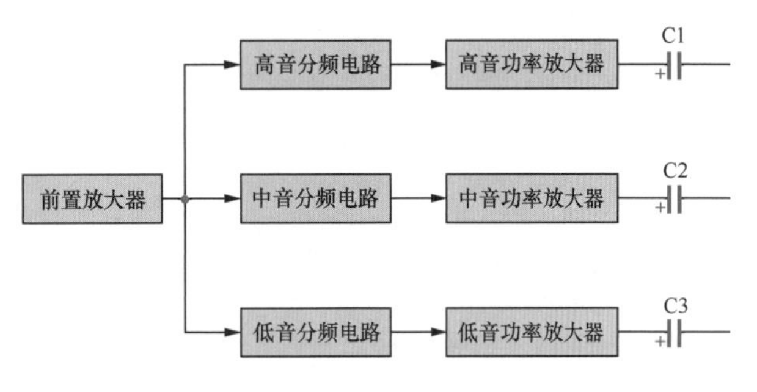

图 1-81　分频功率放大器示意图

2　输出端耦合电容耦合音频信号

图 1-82 所示电路中的 C1 是音频功率放大器的输出端耦合电容。它根据电容器的基本特性，起着耦合音频信号的作用，即让音频信号无损耗地通过电容 C1，同时将音频功率放大器输出端的直流电压隔开，不让这一直流电压加到扬声器电路中。

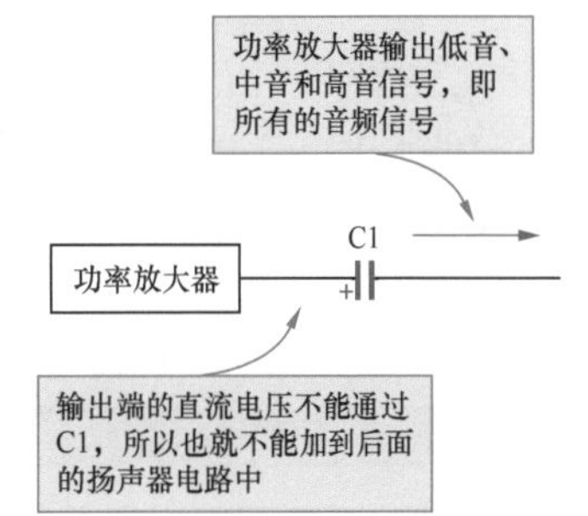

图 1-82　音频功率放大器输出端耦合电容作用示意图

3　二分频扬声器电路分析

图 1-83 所示为二分频扬声器电路。电路中 C1 是功率放大器输出端耦合电容，C2 是无极性分频电容。

（1）全频域音频信号。从功率放大器输出端耦合电容 C1 输出的是全频域音频信号，即有低音、中音和高音信号，由于分频电容 C2 的容量设计合理，它对低音和中音信号的容抗大，这样低音和中音信号不能通过 C2 加到高音扬声器 BL2 中，而只能通过低音扬声器 BL1 重放，图 1-84 所示为低频信号电流回路示意图。

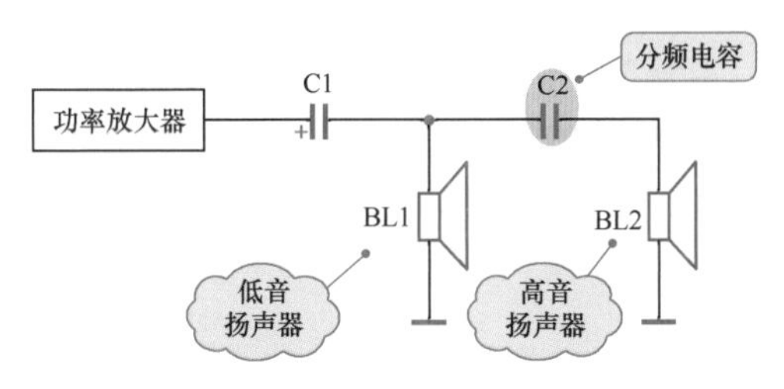

图 1-83　二分频扬声器电路

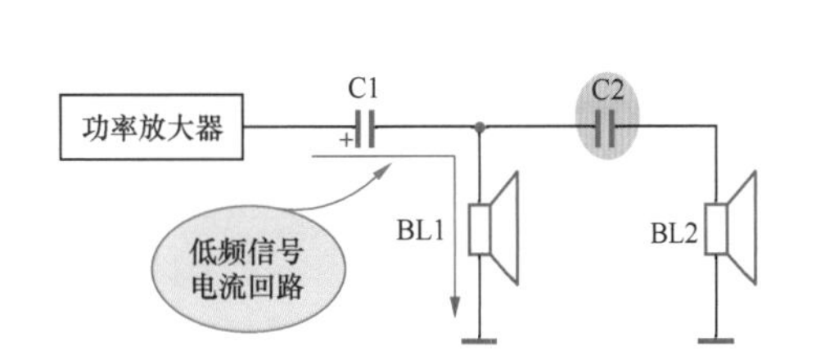

图 1-84　低频信号电流回路示意图

（2）高音信号传输过程。由于高音的频率比较高，C2 对此频率的容抗小，这样高音信号顺利通过 C2 加到高音扬声器 BL2 中，由高音扬声器来重放，图 1-85 所示为高频信号电流回路示意图。

1-39：扬声器引脚极性问题详解

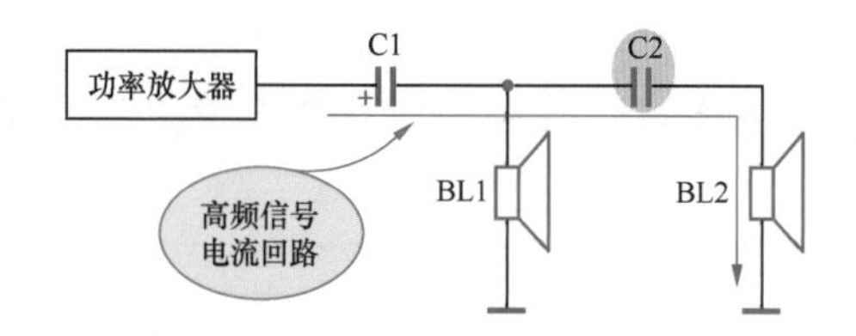

图 1-85　高频信号电流回路示意图

重要提示

（1）低音扬声器高频特性差。高音信号虽然也能加到低音扬声器上，但是低音扬声器的高频特性不好，所以重放高音主要由高音扬声器 BL2 完成。

（2）分频电容为无极性电容。由于从 C1 输出的信号是音频信号（交流信号），而且幅度很大，所以分频电容必须是无极性电解电容，有专门的用于分频电路中的无极性电解电容，如钽电解电容。

（3）有极性电解电容在大信号交流电路中无法正常工作，因为交流信号的极性在不断改变。

友情提示

通过上述分析，初学者一定会有许多无法理解的地方，这是因为初学者对一些技术名词的含义不了解，对电子元器件的基本特性没有掌握，对电子电路的分析方法不熟悉，所以学习电子技术还是要有系统性的。

在整个电路过程中，如果有一个知识点“断线”，那整个电路分析就会“满盘皆输”，由此可见掌握系统性知识的重要性。

1.6.3　二分频扬声器电路故障分析

1-40：课堂实验演示扬声器电路故障检修 1

重要提示

电路故障分析是为检修电子电路故障服务的，它是检修电子电路故障的理论基础。同时，电路故障分析还能加深对电路工作原理的理解。但是，电路故障分析的学习是比较难的，它需要在深入掌握电路工作原理的基础上才能从真正意义上理解电路故障分析的思路。

1　分频电容 C2 电路故障分析

电容分频电路的故障分析见表 1-4。

表 1-4　电容分频电路的故障分析

名称	电路故障分析	故障说明
C2 开路	高音扬声器中无任何响声	因为高音信号的传输回路被中断了，高音信号不能加到高音扬声器中
C2 短路	高音扬声器声音破，即声音大且难听	因为低音和高音扬声器直接并联了，低音信号也加到了高音扬声器中，使高音扬声器中的电流很大，破坏了高音扬声器的正常工作
C2 漏电	高音扬声器音质变差，声音变响	C2 漏电后流过高音扬声器的电流增大，所以它更响，但是音响变差，因为影响了分频点频率。一般人会有一个错误的认识：扬声器声音大就是好，其实这是错误的，因为要使扬声器声音大，在电路实现上是没有困难的，可是要将音质提高一点是非常困难的事情
C2 容量变小	高音扬声器声音变小	因为容量小了，对高音信号的容抗增大，使流过高音扬声器的高音信号电流减小

2　低音扬声器 BL1 电路故障分析

低音扬声器 BL1 电路故障分析见表 1-5。

表 1-5　低音扬声器 BL1 电路故障分析

名称	电路故障分析	故障说明
BL1 开路	中低音声音消失，整个声音轻	这是因为 BL1 开路后没有中音和低音信号流过 BL1，而在整个声音中，中音和低音占了主要功率成分，所以会感觉声音轻和单薄

续表

名称	电路故障分析	故障说明
BL1 短路	整个音箱无声，且会烧坏功放	因为 BL1 短路就是功放输出端短路，而这一短路会使功放过电流，如果没有过电流保护电路就会烧坏功放
BL1 质量差	整个声音质量差，特别是中音和低音效果差	因为中音和低音占了整个声音的主要功率成分，中音和低音声音差破坏了听音感受，听起来感觉整个声音差（不动听）

3 高音扬声器 BL2 电路故障分析

高音扬声器 BL2 电路故障分析见表 1-6。

表 1-6　高音扬声器 BL2 电路故障分析

名称	电路故障分析	故障说明
BL2 开路	高音消失，声音不明亮	因为高音扬声器不能工作，使整个声音中缺少高音分量，声音不亮
BL2 短路	高音消失，同时中音和低音受到影响	因为 BL2 短路后，高音扬声器不工作，无高音分量。同时，BL2 的短路也部分地影响功放电路的输出，从而影响到中音和低音扬声器正常工作
BL2 质量差	高音效果差，也使整个声音效果差	因为高音扬声器发出来的高音质量差，又由于高音和中音、低音在整个声音中是要求平衡的，高音效果差必然影响到整个声音的效果

1.6.4　故障修理教你第一招

1 一个不小的误区

1-41：课堂实验演示扬声器电路故障检修 2

学习电路故障检修的初学者都希望有这样一本书，书中这样告诉读者：故障 1，无声，更换三极管；故障 2，声音轻，更换集成电路；故障 3，无光栅，更换高压包。

这部分初学者的心声是可以理解的，可是全然不知这样的书根本写不出来，就是写出来了对读者也“毫无用处”，因为电子技术的变化并不是所希望的那样简单的一一对应的因果关系。比如，一个无声故障的原因可能有几十种，甚至成千上万种的原因，不同的机器都有不同的元器件故障原因。

2 故障检修绝招放送

通过故障检修技术讲解，初学者可以了解故障检修中逻辑思路的建立才是根本之道。

故障举例：二分频音箱中，高音扬声器发声正常，低音扬声器没有声音，根据二分频扬声器电路和逻辑推理可知，低音扬声器损坏或低音扬声器引线回路断线。

重要提示

故障现象与电路功能之间存在着必然的联系，通过简单的检查确定故障现象，运用逻辑理论进行推理就能确定故障的范围。

图 1-86 所示为二分频扬声器电路故障逻辑推理示意图，通过本例可以了解逻辑推理在电路故障检修中的基本原理和思路。

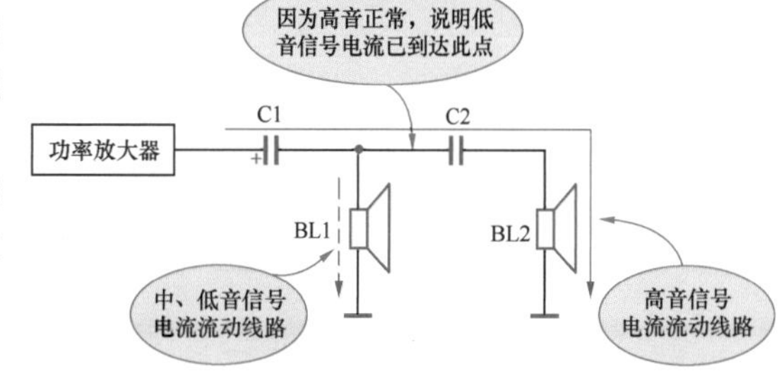

图 1-86　二分频扬声器电路故障逻辑推理示意图

根据试听结果进行故障推论

已知高音扬声器工作正常，根据二分频扬声器电路结构，可以推理得知功率放大器和电路中的电容 C1、C2 均正常，因为高音信号流过了这些元器件，如果这些元器件存在故障，高音扬声器就不可能工作正常。

1-42：课堂实验演示扬声器电路故障检修 3

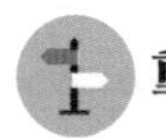

重要提示

故障检修中，排除电路中的一些元器件是为了更好地发现故障部位，从上面的二分频扬声器电路中可以看出，低音扬声器无声故障就只能存在于低音扬声器支路中，其原因是没有低音信号电流流过低音扬声器。

1-43：电子技术入门的学习内容

任何电路中没有电流流过有以下两个原因。

（1）功率放大器无输出信号电压，但是本例高音扬声器工作正常，说明功率放大器有信号电压输出，所以这不是本例的故障原因所在。

（2）低音扬声器回路开路，这是本例的故障原因。

本例故障检修中，只是简单试听了扬声器是否有声，便能根据电路结构和逻辑推理确定相对具体的故障部位。掌握逻辑推理思想和熟悉电路结构对故障检修是非常重要的。

1.7 知识扩展：电子技术入门的学习内容

1.7.1 电子技术入门的学习内容

电子技术入门的学习内容见表 1-7。

表 1-7　电子技术入门的学习内容

名称	内容	
元器件	识别	认识元器件（如元器件外形特征识别）
		识别元器件引脚（极性，引脚排列顺序）
		参数表示方法（直标法、色标法、数字字母混标法等）
		型号命名方法
		识别电路板上元器件
	种类	元器件的种类丰富
	电路图形符号	新电路图形符号
		旧电路图形符号
		非国标电路图形符号
		识图信息
		其他信息（型号、标称值等）
	结构及工作原理	了解元器件结构和工作原理有利于深入掌握元器件相关的知识，特别是一些常用元器件
	重要特性	同一种元器件会有许多的重要特性，这是元器件学习中的重点之一
	性能参数	直流参数
		交流参数
		极限参数
		其他参数
	典型应用电路	每一种元器件都有很多的应用，典型应用电路是最为常见的应用电路，也是学习的重点之一
	检测	质量检测（脱开检测、在路检测）
		引脚分辨
	选配方法	同型号更换
		异型号代换，直接更换和改动更换
	更换操作技能	更换元器件是故障检修中的常用技能，有些元器件的更换操作比较复杂
电路分析	功能分析	对电路功能进行分析，在电路中如果能判断出电路功能，再进一步分析电路工作是非常有用的
	种类分析	实现同样一个电路功能可以有多种形式的电路，电路分析需要了解电路的种类
	直流电路分析	这是电路分析中的一个重点，特别是放大器电路分析中更需要进行直流电路分析，因为直流电路工作正常与否直接影响电路的工作状态
	交流电路分析	信号传输分析
		频率分析
		时点分析
		相位分析
		条件分析

续表

名称	内容	
电路分析	元器件作用分析	这是电路工作原理分析中的重点之一，在故障检修中这一分析更为重要
	等效分析	等效分析是一种更为容易接受的电路分析方法
	电路故障分析	这是直接为电路故障检修服务的电路分析，在所有电路分析中难度高
	同类功能电路分析	这是一种扩展性的电路分析，即分析同功能不同类型电路。例如 LED 驱动电路，它的种类很多，具体电路更多，如果只掌握一种 LED 驱动电路工作原理是远远不够的
	整机电路分析	这是对一个整机电路工作原理的分析，它需要有全面而系统的电路分析能力，否则很难完整地对一个整机电路工作原理进行分析。 整机电路往往由许多系统电路组成，如电源系统电路、放大系统电路、控制和操作系统电路等
动手技能	工具操作	各种通用工具和专用工具的使用方法和操作技能
	专用材料知识	运用这些专用材料有助于电路故障检修、处理，如清洗液可以消除一些接触不良故障
	焊接技术	这是动手操作中最为常用的技能，也是保证电路板焊接质量的关键之一
	拆装技术	检修过程中需要拆装各种电路板、机壳等
	检测仪器仪表操作	万用表的操作方法
		通用仪器仪表的操作方法
		专用仪器仪表的操作方法
修理理论	检查方法	用来检查各种故障的方法，有 20 多种
	故障发生规律	故障发生是有一定规律的，掌握这些规律对故障检修是有益的
	故障机理	每一种故障的产生原因都有其机理，掌握这方面的知识可以方便和准确地判断故障原因
	逻辑判断	根据逻辑学原理，通过故障现象和逻辑判断，可以判断故障范围，甚至可以直接寻找到故障部位
	故障处理对策	对各种故障都有一套处理方法和操作技能
	修理经验	修理经验在实践中不断积累，可以学习别人的经验，也可以通过自己的实践积累
综合能力	电路调试技术	电路故障检修或新产品设计过程中都需要对电路进行调试
	识别电路板上元器件	故障检修中需要在电路中找到某个元器件，在电路板上寻找元器件过程中有许多好的方法和技巧
	根据电路板画电路原理图	在测绘电路板上电路时，需要根据电路板上元器件和印刷电路画出电路图，画图过程中也有许多方法和技巧
	同功能不同形式电路分析	这是电路中分析比较困难的，也是学习电子技术的一个重要方面
	资料支持能力	收集资料、分析资料能力很重要，特别是在故障检修和电路设计中
	电路设计	根据电路功能要求，设计具体的电路

1.7.2　电子元器件知识的学习内容

学好电子技术，打好扎实的基础知识是必需的，初学者在学习之初能够了解所学内容，学习就会心中有数，有的放矢。

1　电子元器件的学习内容

电子元器件知识的学习要求说明见表 1-8。

表 1-8　电子元器件知识的学习要求说明

名称	说明
识别	认识元器件（如元器件外形特征识别） 重要提示：学习电子技术，第一步就是了解和掌握电子元器件的外形特征。 这部分知识要求掌握
	识别元器件引脚（极性，引脚排列顺序） 重要提示：一个元器件至少有两根引脚，有的元器件会有数十根引脚，要了解这些引脚的具体作用，掌握多引脚元器件的引脚分布规律，以便方便而轻松地识别各个引脚的作用。识别元器件的引脚无论是分析电路工作原理还是检修电路故障都非常重要。 这部分知识要求掌握
	参数表示方法（直标法、色标法、数字字母混标法等） 重要提示：这部分是十分重要的知识，许多元器件都有标称值，也有多种方法来表示，掌握了这些方法才能认识和掌握元器件的标称值，也能在电路分析、电路设计和电路故障检修中灵活运用。 这部分知识要求掌握

续表

名称	说明
识别	型号命名方法 重要提示：电子元器件都有一套命名方法，在更换元器件或进行电路设计时，可以通过元器件型号在元器件手册中查找相关的技术参数，如三极管、集成电路等。 这部分知识要求了解
	识别电路板上元器件 重要提示：元器件识别内容的难度高，需要有较扎实的元器件知识和电路知识基础，还需要运用一些技巧。 这部分知识要求掌握
种类	元器件的种类丰富 重要提示：每一种元器件都有许多的品种，了解元器件的种类可以在电路设计时进行选择。对于自己专业领域的专用元器件种类需要深入掌握
电路图形符号	新电路图形符号 重要提示：元器件在电路图中用一种电路图形符号来表示，若不认识这种符号就无法分析电路的工作原理。各种电子元器件都有与之对应的电路图形符号，且可以从这些电路图形符号中读出有用的识图信息。 这部分知识要深入且全面掌握
	旧电路图形符号 重要提示：因为国家标准在不断更新，一些电子元器件会有多种电路图形符号，过去使用的电路图形符号就是旧符号，因为一些老的电路图中还会采用这些旧符号，所以对这方面知识还是需要了解的
	非国标电路图形符号 重要提示：对于新的电子元器件，在国家标准没有出来之前，会采用非国标电路图形符号，如生产厂家的电路图形符号
	识图信息解读 重要提示：许多的电子元器件电路图形符号都表达了特定的具体含义，了解这些含义对分析电路工作是有帮助的。 这部分知识要深入掌握
	其他信息（型号、标称值等） 重要提示：电路图中的元器件符号旁边会标出该元器件的型号或标称值，说明该元器件的一些情况，必须学会这些信息的识别
结构及工作原理	了解元器件结构和工作原理有利于深入掌握元器件知识，有益于记忆，特别是一些常用元器件。 重要提示：如果能够了解元器件的结构和工作原理，对掌握该元器件特性是非常有益的，牢固地掌握元器件的基础知识是必要的。 这部分知识要掌握
重要特性	同一种元器件会有许多的重要特性，这是元器件学习中的重点之一。 重要提示：这是学习元器件知识最为重要的部分，在电路分析和电路设计时都涉及元器件的重要特性，必须高度重视。 元器件的重要特性包括主要特性曲线、等效电路等。 这部分知识必须深入且系统掌握
性能参数	直流参数 重要提示：这是只考虑加入直流工作电压，不考虑加入信号情况下的元器件参数，直流参数会有许多具体的项目。 这部分知识需要了解
	交流参数 重要提示：这是加入规定的直流工作电压，且加入规定大小信号下的元器件参数，交流参数也会有许多项目。 这部分知识需要了解
	极限参数 重要提示：这是给元器件规定最为“危险”的工作条件，如果实际工作中超过这个极限参数，元器件会损坏。 这部分知识需要了解
	其他参数 重要提示：一些元器件会有一些特定的参数。 这部分知识需要了解
典型应用电路	每一种元器件都有很多的应用，典型应用电路是最为常见的应用电路，是学习的重点之一。通过典型应用电路的学习，可以举一反三，以点带面。 重要提示：这是学习元器件知识的另一个重要内容，一个元器件的具体应用电路会有很多，但是通常它有一个典型的应用电路，这个典型应用电路一般是生产厂家提供的，具体的应用电路会在此电路基础上进行相应的变化。 需要深入掌握元器件典型应用电路的工作原理
检测	质量检测（脱开检测、在路检测） 重要提示：对元器件的质量检测是电路故障处理中必不可少的一环，分为元器件脱开电路后的检测和元器件在电路中的检测，其中后者还分通电检测和断电检测两种。这是学习元器件检测方法最为核心的内容。 这部分知识需要深层次掌握

续表

名称	说明
检测	引脚识别 重要提示：元器件的引脚除了可以通过引脚分布规律识别外，还可以通过万用表的检测来进行识别，这也是实际操作中经常采用的方法。 这方面知识要求掌握
选配方法	同型号更换 重要提示：元器件损坏后的更换最好是同型号的，否则会有一些新问题出现
	异型号代换，直接更换和改动更换 重要提示：当无法找到同型号元器件进行更换时，在一些情况下可以进行异型号的更换，这时可能需要包括改动电路在内的一些辅助措施
更换操作技能	更换元器件是故障检修中的常用技能，有些元器件的更换操作比较复杂。 重要提示：对于引脚比较少的元器件进行更换操作是不困难的，如果引脚很多则需要有专门的工具和操作方法。另外，有些元器件的焊接还有特殊要求，否则会损坏元器件。 这方面知识需要了解或掌握

2　综合能力培养

对元器件的学习除了上述内容外，在后期还需要一些综合能力的培养。

（1）根据电路板画电路原理图。在测绘电路板上的电路时，需要根据电路板上元器件和印刷电路画出电路图，画图过程中有许多方法和技巧。

（2）识别电路板上元器件。故障检修等需要在电路中找到某个元器件，在电路板上寻找元器件过程中也会有许多好的方法和技巧。

（3）资料支持能力。收集资料、分析资料能力很重要，特别是在故障检修和电路设计中。

1.7.3　识别电子元器件

重要提示

元器件知识学习的三大板块是：识别、特性掌握和检测。识别元器件是第一要素，如果不认识电路板上众多形状“怪异”的电子元器件，不熟悉电路图中的各种电路图形符号，那就无法识图和检修元器件。

1　电子元器件的五项识别内容

电子元器件的五项识别内容说明见表 1-9。

表 1-9　电子元器件的五项识别内容说明

名称	说明	示意图
外形识别	通过识别各种电子元器件的外形，以便与电路图中的该电子元器件电路图形符号相对应，右图为三极管的实物照片	
电路板上元器件识别	故障检修中，需要根据电路图建立的逻辑检修电路，在电路板上寻找所需检查的电子元器件，这时的元器件识别是在修理过程中进行的，对初学者而言困难很大，但是却非常重要，右图是电阻器、电容器和三极管元器件	
电路图形符号识别	电路图中每种电子元器件都有一个对应的电路图形符号，电路图形符号相当于电子元器件在电路图中的代号，右图为电容器的电路图形符号	
引脚极性和引脚识别	电子元器件至少有两根引脚，有的电子元器件多于两根引脚，每根引脚有特定的作用，相互之间不能代替，必须对各个引脚加以识别，右图为集成电路，它有很多根引脚。 有的元器件的两根引脚有正、负极性之分，此时也需要进行正极和负极引脚的识别	AK040 Apr 26 2007
型号和参数识别	每个元器件都有它的标称参数，如电阻器的阻值的大小、误差范围、元器件的型号等。右图为 3DD15C 大功率三极管	3DD15C 608

方法提示

对某个具体的电子元器件进行识别，其识别主要分成 5 步：外形特征识别→电路图形符号识别与实物对应→引脚识别和引脚极性识别→型号和参数识别→识别电路板上元器件。

电子元器件有数百个大类，上千个品种，从电子元器件具体外形特征角度来讲更是千姿百态，新型元器件又层出不穷，所以电子元器件识别任务繁重，对初学者而言困难重重。但是，一般识别几十种常用电子元器件即可入门，待确定了自己的工作和研究方向、领域后再进一步学习专业元器件知识。

2 元器件外形的识别方法

电子元器件外形识别就是实物与名称对应，目的是看到一种电子元器件能知道元器件的名称和电路图形符号。

图 1-87 所示为 3 种电子元器件实物图。快速识别电子元器件可以通过下列几种循序渐进的方法。

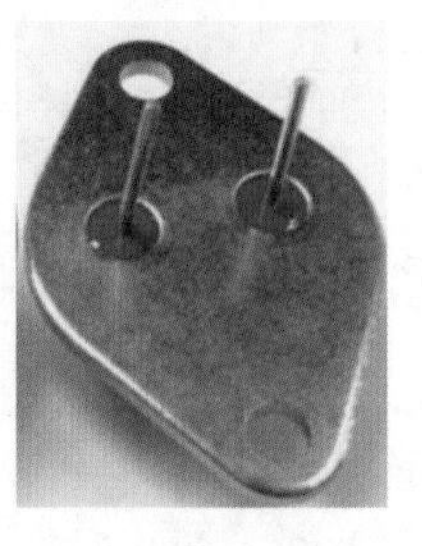

（a）大功率三极管

（b）电解电容

（c）石英晶振

图 1-87　3 种电子元器件实物图

方法提示

最有效的元器件识别方法是走进一家电子元器件专卖店，店内琳琅满目的电子元器件可以让人“大饱眼福”。通常电子元器件按类放置，各种电子元器件旁边都标有它们的名称，感性认识很强，这样的视觉信息输入具有学习效率高、信息量大的优点，过了若干年还记忆犹新。

初学者一定要走进电子元器件专卖店进行实践活动，这种实践活动收获会很大。

3 电路图形符号的识别信息

理解电路图形符号中的识别信息，有助于对电路图形符号的记忆，对电路工作原理分析也十分有益。

4 引脚识别和引脚极性的识别方法

许多电子元器件的引脚有极性，各个引脚之间是不能相互替代的，这时就要通过电路图形符号或元器件实物进行引脚和引脚极性的识别。

重要提示

引脚和引脚极性识别有两种情况：一是电路图形符号中的识别，二是电子元器件实物识别。

5 从电路板上识别元器件

从电路板上识别元器件最为困难，需要有较扎实的元器件知识和电路知识基础，还需要运用识别的技巧。

1.7.4　掌握元器件的主要特性

重要提示

了解元器件结构和基本工作原理，掌握电子元器件的特性是分析电路工作原理的关键要素。同时，掌握元器件特性有助于使用万用表检测电子元器件质量，还可以帮助读者记忆和掌握各个元器件。

1 了解元器件的基本结构

了解元器件的结构，就可以知道元器件的外壳和内部结构，基础知识不扎实，会影响进一步的深入学习，影响对元器件知识的全面掌握。

2　了解元器件的基本工作原理

每种电子元器件的基本工作原理都需要了解，而有些常用、重要元器件的工作原理则需要深入了解，为掌握元器件的主要特性打下基础。

例如，掌握了电容器的基本工作原理才能深刻地理解电容器的隔直流作用和交流电流能够通过电容器的机理。

3　掌握电子元器件的主要特性

从分析电路工作原理角度出发，掌握电子元器件的主要特性是非常重要的。

（1）在学习元器件主要特性时要注意一点，每一种元器件可能有多个重要的特性，要全面掌握元器件的这些主要特性。如何灵活、正确地运用元器件的这些特性是电路分析中的关键点和难点。

（2）学习电子元器件的主要特性并不困难，困难的是要学会灵活运用这些特性去解释、理解电路的工作原理。同一个元器件可以构成不同的应用电路，当该元器件与其他不同类型元器件组合使用时，又需要运用不同的特性去理解电路的工作原理。

1-44：掌握元器件的重要特性

重要提示

电路分析中，熟练掌握电子元器件主要特性是关键因素，对电路工作原理分析无从下手的重要原因之一就是没有真正掌握电子元器件的主要特性。

1.7.5　元器件检测技术是故障检修的关键要素

掌握元器件检测技术是修理电器故障的关键要素之一。

1-45：元器件是故障检修的关键要素

1　检测元器件的 5 种方法

元器件故障处理有下列 5 种方法。

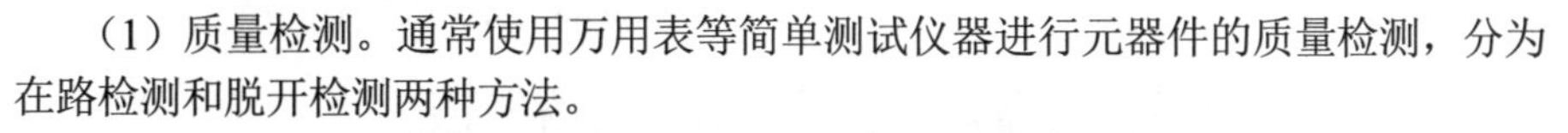

（1）质量检测。通常使用万用表等简单测试仪器进行元器件的质量检测，分为在路检测和脱开检测两种方法。

（2）故障修理。一部分元器件的某些故障是可以通过修理使之恢复正常功能的。

（3）调整技术。一些元器件或机械零部件可以通过相关项目的调整，使之恢复正常的功能。

（4）选配原则。元器件损坏后必须进行更换，更换最理想的方法是原配器件直接更换，但是在许多情况下因为没有原配器件，则需要通过选配来完成。

（5）更换操作方法。更换元器件的操作有的比较方便，有的则比较困难。例如，引脚很多的四列集成电路更换起来就很不方便。

2　元器件检测技术

电子元器件检测技术通常是指使用万用表对其进行质量的检测，关于电子元器件检测技术主要说明下列几点。

（1）对元器件的质量检测要求准确、彻底，但由于万用表的测量功能有限，有时对电子元器件的检测却是很粗略。不同的元器件或测量同一种元器件的不同特性时，测量的效果会有所不同。

（2）使用万用表检测电子元器件主要是测量两根引脚之间的电阻值，通过测量阻值进行元器件的质量判断。

（3）元器件质量检测分为两种情况：一是在路检测，即元器件装在电路板上进行直接测量，这种检测方法比较方便，不必拆下电路板上的元器件，测量结果有时不准确，易受电路板上其他元器件影响；二是脱开电路板后的测量，测量结果相对准确。

3　元器件修理技术

元器件损坏后最理想的方法是更换新件，但是在下列几种情况下可以采用修理方法恢复元器件的正常功能。

（1）有些元器件修理起来十分方便，而且修理后的使用效果良好。例如，音量电位器的转动噪声大这个故障，简单地使用纯酒精清洗就可以恢复电位器的正常使用功能。

（2）一些价格贵的元器件或市面上难以配到的元器件，要通过修理恢复其功能。

（3）对于机械零部件，有许多故障可以通过修理恢复其功能，如卡座上的机芯。

4 元器件调整技术

关于元器件调整技术主要说明下列几点。

（1）电路故障中主要是元器件故障，但是也有一部分故障属于元器件调整不当所致，这时通过调整可以解决问题。

（2）可以调整的元器件主要是标称值可调节的元器件，如可变电阻器、微调电感器、微调电容器、机械类零部件等。

5 元器件选配原则

更换元器件时，选用同型号、同规格的元器件是首选方案。元器件选配原则要注意以下几点。

（1）无法实现同型号、同规格时采用选配方法，不同的元器件、用于不同场合的元器件其选配原则有所不同。

（2）元器件总的选配原则是满足电路的主要使用要求。例如，对于整流二极管主要满足整流电流和反向耐压两项要求；对于滤波电容主要满足耐压和容量两项要求。

重要提示

元器件更换过程中需要注意以下几点。

（1）大多数元器件并不“娇气”，拆卸和装配过程中不要“野蛮”操作即可，但是有一些元器件对拆卸和装配有特殊要求，有的还需要专用设备。

（2）发光二极管怕烫，COMS 器件怕漏电，在更换过程中都要采取相应的防范措施。

（3）拆卸和装配过程中很容易损坏电路板上的铜箔线路，防止铜箔线路长时间受热是重要环节。

1.8 知识扩展：详细解读常用元器件电路图形符号识图信息

重要提示

电阻器、电感器、电容器等这类无须直流电压就能工作的元件称为无源电子元件，二极管、三极管、集成电路这类必须加上直流电压才能工作的器件称为有源器件，元件和器件总和称为电子元器件。

1.8.1 电阻器电路图形符号识图信息

1 电阻器电路图形符号

图 1-88 所示为电阻器电路图形符号识图信息示意图。

1-46：电阻器电路图形符号中的识图信息

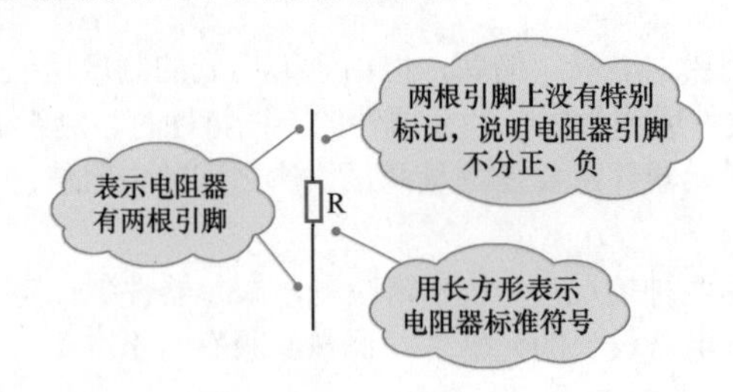

图 1-88 电阻器电路图形符号识图信息示意图

2 电阻器电路图形符号识图信息解读

图 1-89 所示是电阻器电路图形符号标注细节示意图，要掌握以下 6 点。

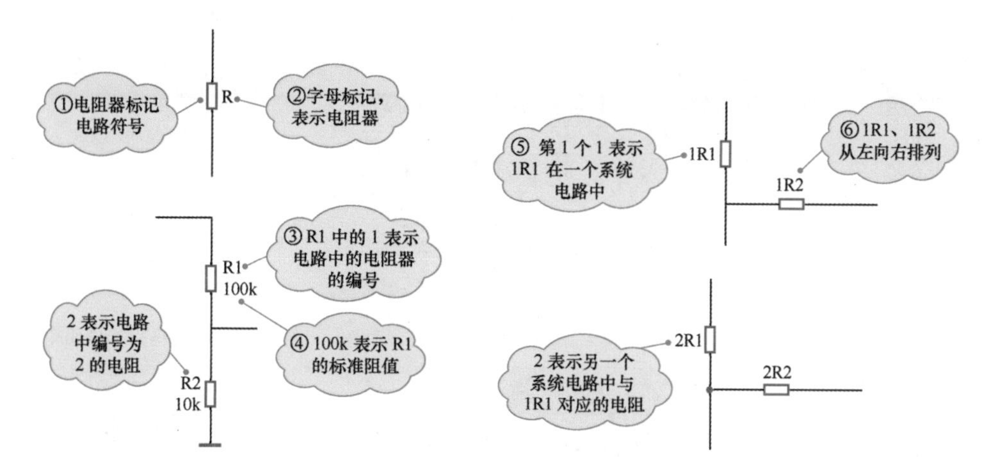

图 1-89　电阻器电路图形符号标注细节示意图

①认识电路图形符号。

符号中表现出电阻器有两根引脚，而且没有极性之分。

②了解 R 含义。

R 是英文 Resistor 的缩写，意为电阻器，在电路图中表示电阻器。

③掌握编号意义。

电路中电阻器很多，用数字表示编号，以方便寻找。

④识别标称阻值。

在电路图中表示出该电阻器的阻值大小，有益于识图更有益于检修。

⑤理解系统编号。

整机电路很复杂时，在 R 前加上系统编号，方便寻找相应电阻器。

⑥电阻编号规律。

电路图中编号从上到下、从左向右编排，有利于快速查找。

3　实用电路图中的电阻器电路图形符号

图 1-90 所示为电阻器应用实例示意图，电路中的功放电路就是功率放大器电路，R1 是限流保护电阻，它用来防止流过耳机 BL1 的电流太大而烧坏耳机。

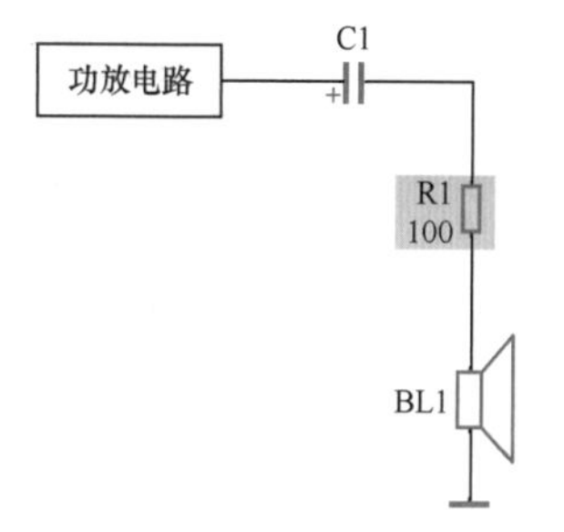

图 1-90　电阻器应用实例示意图

1.8.2　可变电阻器电路图形符号识图信息

1　可变电阻器电路图形符号识图信息解读

图 1-91 所示为可变电阻器电路图形符号识图信息示意图。它是在普通电阻器电路图形符号的基础上变化而来的，其变化反映了可变电阻器阻值可变的特征。

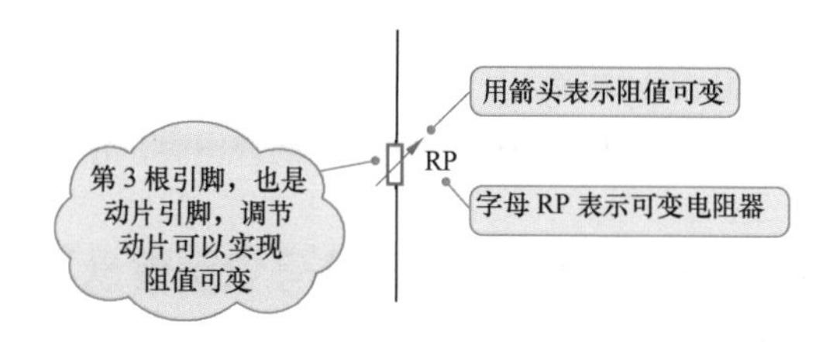

图 1-91　可变电阻器电路图形符号识图信息示意图

1-47：电容器电路图形符号中识图信息

2　另一种可变电阻器电路图形符号识图信息解读

图 1-92 所示为另一种更为形象的可变电阻器电路图形符号识图信息示意图。同一种电子元器件可能会有多种电路图形符号表示形式，有的是标准符号，也称为推荐电路图形符号；有的是厂标符号。

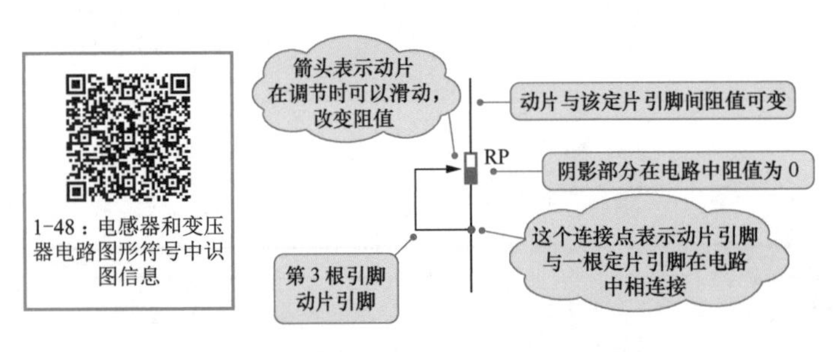

图 1-92　另一种更为形象的可变电阻器电路图形符号识图信息示意图

图 1-93　可变电阻器应用电路举例

3　实用电路中可变电阻器电路图形符号

图 1-93 所示为可变电阻器应用电路举例，电路中的 RP1 是可变电阻器。

1.8.3　电位器电路图形符号识图信息

1　电位器电路图形符号识图信息解读

图 1-94 所示为电位器电路图形符号识图信息示意图。

2　实用电路中电位器电路图形符号

图 1-95 所示为音量控制器电路，电路中的 RP1 是音量电位器电路图形符号。

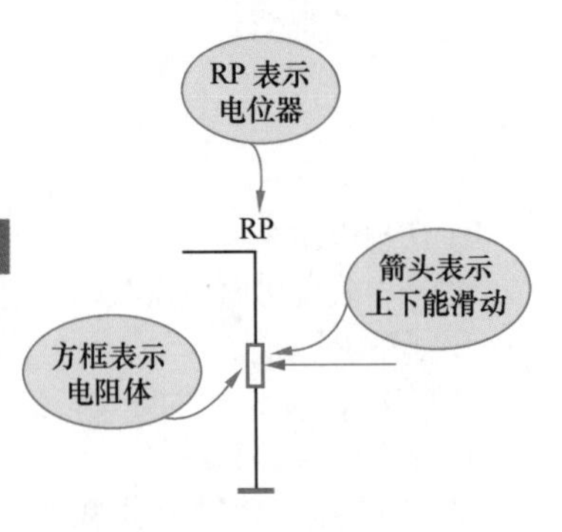

图 1-94　电位器电路图形符号识图信息示意图

1.8.4　电容器电路图形符号识图信息

1　容器电路图形符号识图信息解读

电容器电路图形符号能够简单地表明电容器的基本结构，也有许多对分析电容电路有用的识图信息。图 1-96 所示为电容器电路图形符号识图信息示意图。

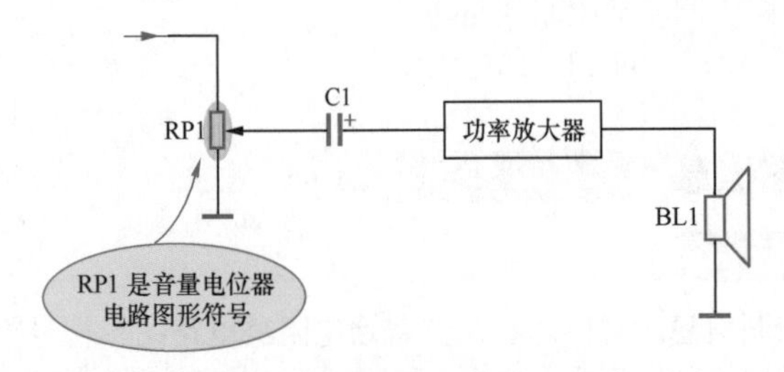

图 1-95　音量控制器电路

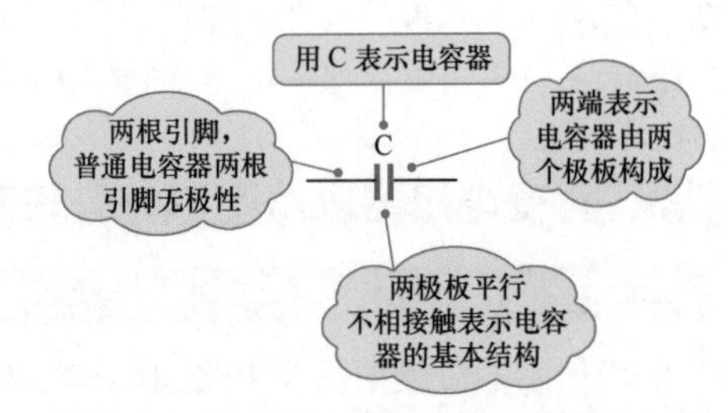

图 1-96　电容器电路图形符号识图信息示意图

2　实用电路中电容器电路图形符号

图 1-97 所示为电容电路举例示意图，电路中的 C1 是耦合电容，由于它处于两级放大器之间，所以称为级间耦合电容。

1.8.5　可变电容器和微调电容器电路图形符号识图信息

1　双联可变电容器电路图形符号识图信息解读

图 1-98 所示为双联可变电容器电路图形符号识图信息示意图。双联可变电容器电路图形符号是在普通电容器电路图形符号基础上，采用虚线连接两个可变电容器而构成的，并用箭头表示电容容量可变。C1-1 和 C1-2 分别是两个单联可变电容器，用虚线连接在一起表示它们之间的容量同步变化（双联电位器电路图形符号中也是用这种虚线方式表示两个联电位器阻值同步变化）。

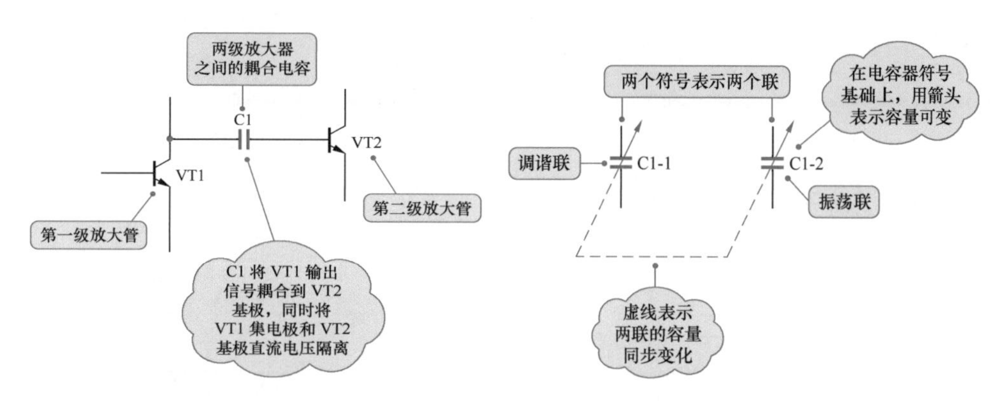

图 1-97　电容电路举例示意图　　　图 1-98　双联可变电容器电路图形符号识图信息示意图

2 四联可变电容器电路图形符号识图信息解读

图 1-99 所示为四联可变电容器电路图形符号识图信息示意图。虚线将四个可变电容器连接在一起，表示四个联的容量同步变化。

3 微调电容器电路图形符号识图信息解读

图 1-100 所示为微调电容器电路图形符号识图信息示意图，电路图形符号中不用箭头，以便与可变电容器的电路图形符号加以区别。

1-50：三极管电路图形符号中识图信息

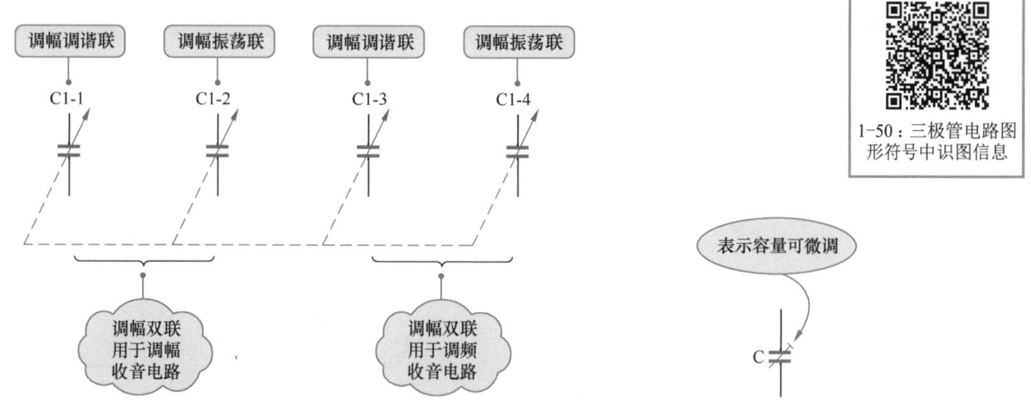

图 1-99　四联可变电容器电路图形符号识图信息示意图　　图 1-100　微调电容器电路图形符号识图信息示意图

1.8.6　电感器电路图形符号识图信息

1 电感器电路图形符号识图信息解读

图 1-101 所示为电感器电路图形符号识图信息示意图，透过电感器电路图形符号可以了解与识图相关的信息，有助于分析电感器电路。

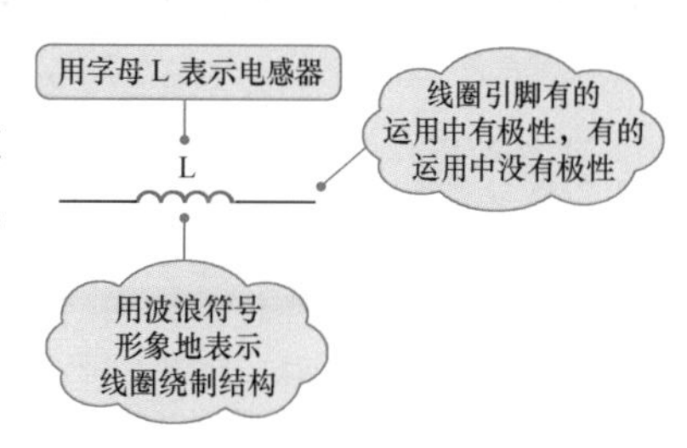

图 1-101　电感器电路图形符号识图信息示意图

2 实用电路中电感器电路图形符号

图 1-102 所示为实用电感器电路，L1 是高频抗干扰电感。

3 电感器电路图形符号的其他识图信息解读

电感器种类较多，不同类型的电感器其具体的电路图形符号有所不同，电感器电路图形符号还能形象地表示电感器的结构情况。图 1-103 所示为多种电感器电路图形符号识图信息示意图，通过阅读可以了解许多有用的电感器电路识图信息。

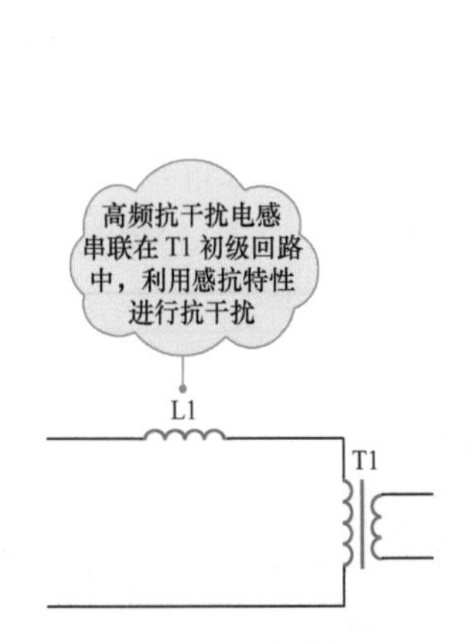

图 1-102 实用电感器电路

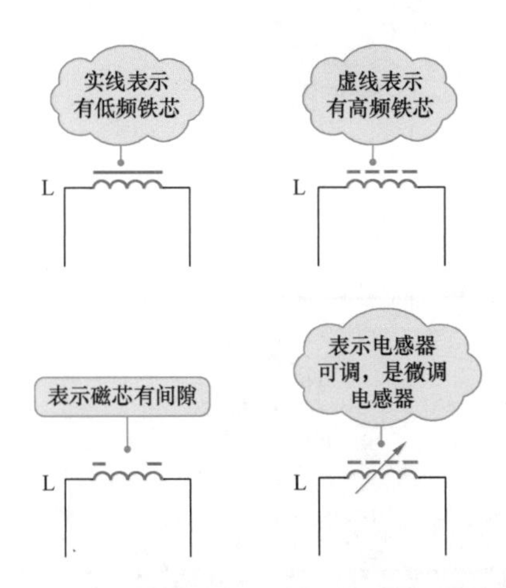

图 1-103 多种电感器电路图形符号识图信息示意图

1.8.7 变压器电路图形符号识图信息

1 变压器电路图形符号识图信息解读

图 1-104 所示为变压器电路图形符号识图信息示意图。根据变压器电路图形符号可以得到一些识图信息：有无铁芯，一次和二次线圈有无抽头，二次线圈有几组，有的还能看出变压器是否带有屏蔽外壳（如中周）等。

2 实用电路中变压器电路图形符号

图 1-105 所示为电容高频抗干扰电路，电路中 T1 是电源变压器。

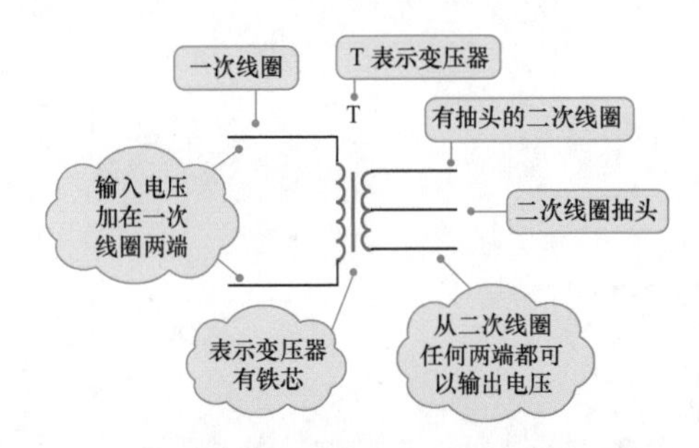

图 1-104 变压器电路图形符号识图信息示意图

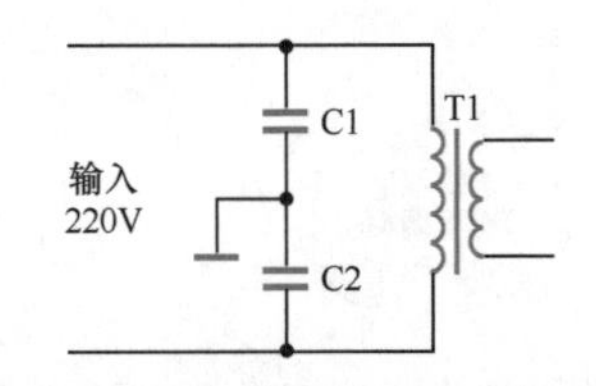

图 1-105 电容高频抗干扰电路

1.8.8 二极管电路图形符号识图信息

1-51：实用电路图中二极管和三极管电路图形符号识别及小结

1 普通二极管电路图形符号识图信息解读

图 1-106 所示为普通二极管电路图形符号识图信息示意图。电路图形符号中表示了二极管两根引脚极性，指示了流过二极管的电流方向，这些识图信息对分析二极管电路有着重要作用，如电流方向表明了只有当电路中二极管正极电压高于负极电压时，才有电流流过二极管，否则二极管无电流流过。

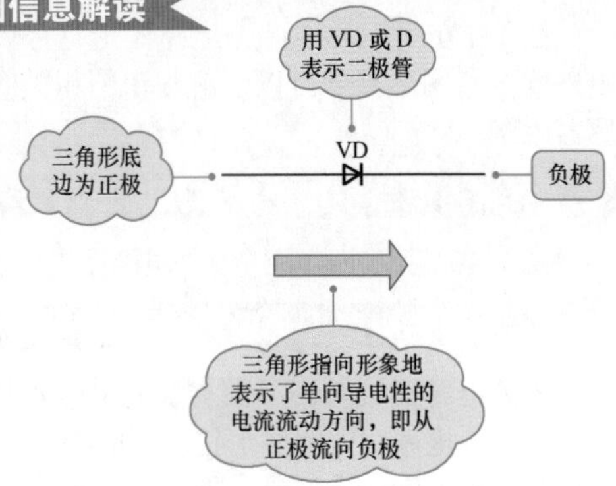

图 1-106 普通二极管电路图形符号识图信息示意图

2 发光二极管电路图形符号识图信息解读

图 1-107 所示为发光二极管电路图形符号识图信息

示意图，它在普通二极管符号基础上，用箭头形象地表示了二极管在导通后能够发光。

3 光敏二极管电路图形符号识图信息解读

图 1-108 所示为光敏二极管电路图形符号识图信息示意图，电路图形符号中的箭头方向是指向二极管的，它表示受光线照射时二极管反向电流会增大，反向电流大小受光线强弱控制。

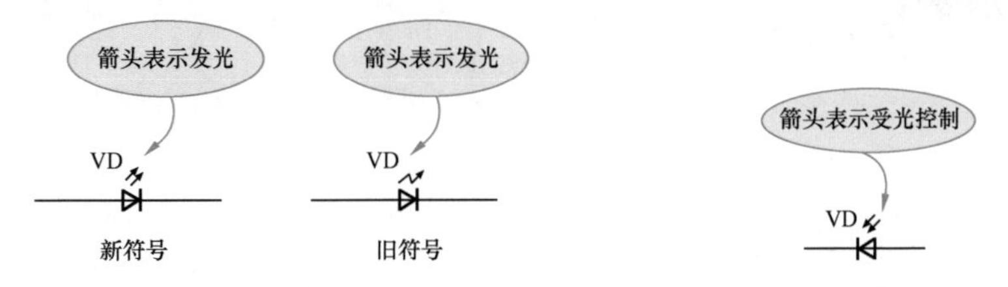

图 1-107　发光二极管电路图形符号识图信息示意图　　图 1-108　光敏二极管电路图形符号识图信息示意图

第2章 精细分析和精心安装话筒放大器

学习驻极体电容话筒、三极管、电容器等元器件及电路工作原理众多知识点，并应用到一个实用的电子电路中，如图 2-1 所示，讲述话筒放大器直流电压供给电路和单级放大器电路工作原理，讲解电容器实用基础知识，同时学会安装放大器电路，并学会检修放大器的常见故障等，提高理论学习能力和动手技能。

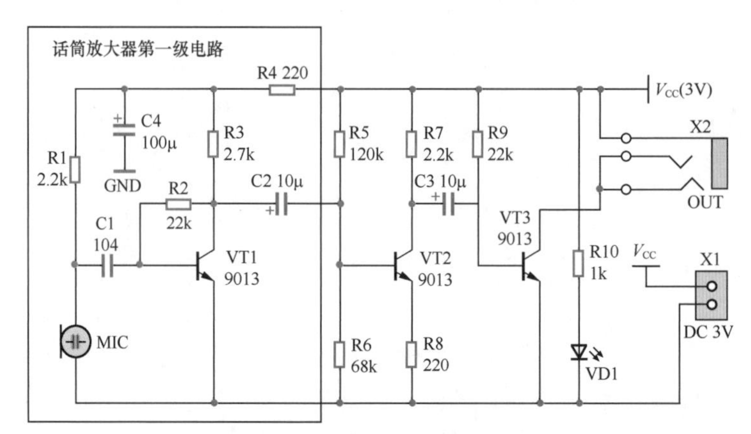

图 2-1　第一级话筒放大器电路

2.1 轻松掌握：驻极体电容话筒及实用电路的工作原理

图 2-2　两根引脚驻极体电容话筒实物图

话筒又称传声器，它是一种电声换能器件，是将声音转换成电信号的器件，大量用于电话机、手机等设备中。

话筒的种类相当多，主要有两大类：一是动圈式话筒，二是电容式话筒（以驻极体电容话筒最为常见），本书中使用的是驻极体电容话筒，图 2-2 所示为两根引脚驻极体电容话筒实物图。

2.1.1 快速掌握：认识驻极体电容话筒和分析电路的工作原理

驻极体电容话筒在工作时需要直流工作电压。

驻极体电容话筒由于输入和输出阻抗很高，所以要在话筒外壳内设置一个场效应管作为阻抗转换器。简单地说，这种话筒外壳内部装有电子电路。

1 驻极体电容话筒的图形符号

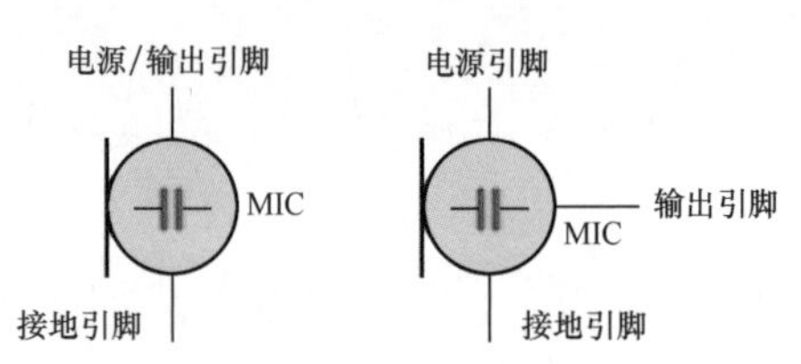

图 2-3　两根引脚和三根引脚驻极体电容话筒的图形符号

图 2-3 所示为两根引脚和三根引脚驻极体电容话筒的图形符号。在两根引脚的话筒中，电源和信号输出共用一根引脚。

驻极体电容话筒的主要特点如下。

（1）驻极体电容话筒正常工作时，需要直流电压。

（2）驻极体电容话筒的频率特性好，在音频范围内幅频特性曲线平坦，这一性能优于动圈式话筒。

（3）驻极体电容话筒的灵敏度高，噪声小，音色柔和。

（4）驻极体电容话筒的输出信号电平比较大，失真小，瞬态响应性能好，这是动圈式话筒所不具备的优点。

（5）驻极体电容话筒的缺点是工作不够稳定，低频段灵敏度随着使用时间的增长而下降。另外，驻极体电容话筒的寿命比较短，需要直流电源，使用不够方便。

2　驻极体电容话筒引脚的识别方法

两根引脚驻极体电容话筒引脚的识别方法说明见表 2-1。

表 2-1　两根引脚驻极体电容话筒引脚识别方法说明

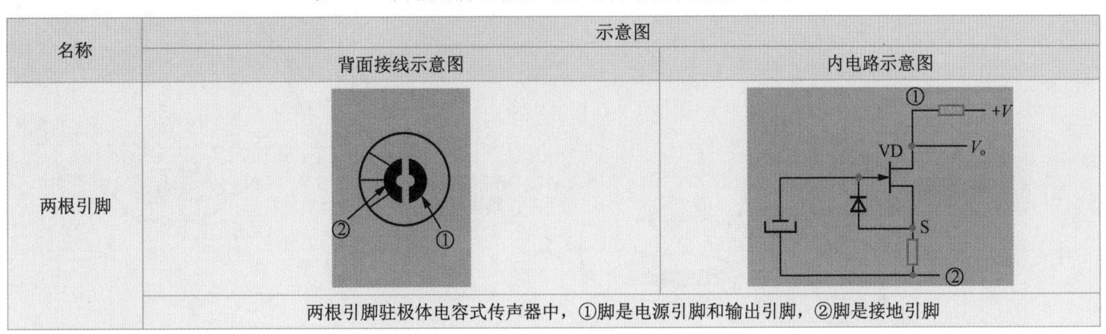

名称	示意图	
	背面接线示意图	内电路示意图
两根引脚	② ①	① +V VD V_o S ②
	两根引脚驻极体电容式传声器中，①脚是电源引脚和输出引脚，②脚是接地引脚	

驻极体电容话筒中的电源、输出信号引脚称为正极性引脚，接地引脚称为负极性引脚。

选择题：

（1）话筒是一种换能器件，它将（　）。

A. 声音转换成振动信号　B. 电信号转换成声音　C. 声音转换成电信号　D. 温度变化转换成电信号

（2）驻极体电容话筒的两根引脚（　）。

A. 有时有正、负之分　B. 有正、负之分　C. 有时没有正、负之分　D. 没有正、负之分

答案与解析 2.1

（1）C。将电信号转换成声音的器件是扬声器；将温度变化转换成电信号的器件是温度传感器。

（2）B。驻极体电容话筒的两根引脚一定是有正、负极性之分的，如果两根引脚接错，话筒不能工作。

知识扩展： 三根引脚驻极体电容话筒引脚的识别方法

图 2-4 所示为三根引脚驻极体电容话筒引脚识别方法示意图。其中，①脚是电源引脚，②脚是输出引脚，③脚是接地引脚。

重要提示

在驻极体电容话筒引脚识别过程中，要注意背面接线图与内电路图之间的引脚关系，这是驻极体电容话筒引脚接外电路的重要依据。

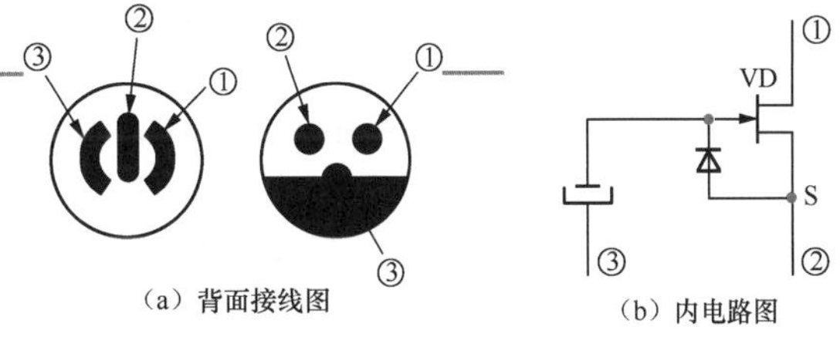

（a）背面接线图　（b）内电路图

图 2-4　三根引脚驻极体电容话筒引脚识别方法示意图

3　驻极体电容话筒电路分析

图 2-5 所示为驻极体电容话筒实用电路。电路中的 MIC 是驻极体电容话筒图形符号。两根引脚驻极体电容话筒中，一根引脚是电源引脚同时也是信号输出引脚；另一根引脚是接地引脚，用来接电路中的地线。

话筒电路中有一只电阻 R1，它将直流工作电压 $+V$ 加到话筒内部，使话筒工作，这种驻极体电容话筒工作时必须有直流电压。

话筒进入工作状态，有声音时话筒会输出很小的电信号，这就是话筒将声音转换成电信号的过程。在一定范围内，R1 阻值越大，话筒输出信号幅度越大。

4 实用电路分析

图 2-6 所示为助听器电路中的话筒电路。从电路中可以看出，直流 3V 电压经过电阻 R2 和 R1 加到话筒 MIC 电源引脚（同时也是信号输出引脚），使话筒进入工作状态。

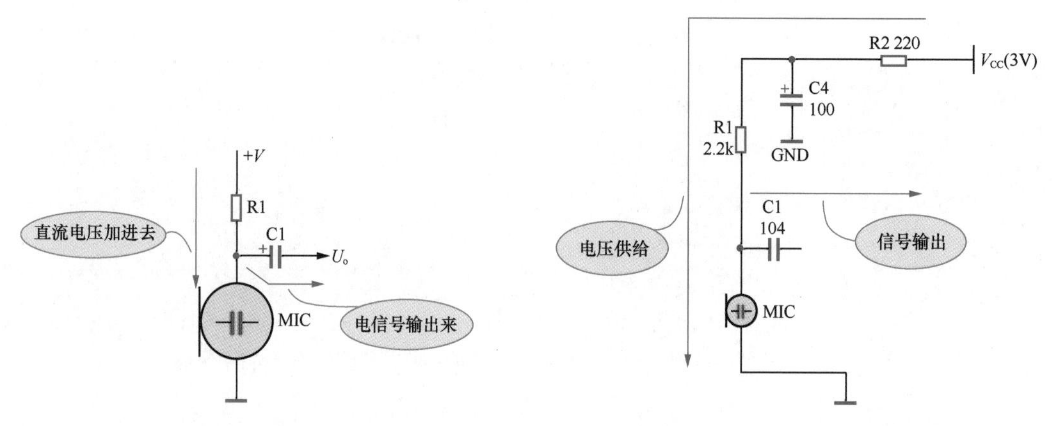

图 2-5 驻极体电容话筒实用电路

图 2-6 助听器电路中的话筒电路

特别提示

在电路分析过程中，分析电路中直流电压供给电路是一个重要的内容，对理解电路工作原理非常重要，对电路故障检修也非常重要。其分析方法是：从直流电压 V_{cc} 端出发，分析经过话筒 MIC 的所有电路的地线处。

知识扩展：动圈式话筒

图 2-7 所示为一种动圈式话筒实物图。动圈式话筒有一个音圈，音圈固定在振膜上，在音圈的附近设有一个磁性很强的永久性磁铁，相当于扬声器的结构，振膜相当于纸盆。

动圈式话筒工作时，声波作用于振膜，使振膜产生机械振动，这一振动带动音圈在磁场中振动，由磁励电、音圈输出音频信号，将声音转换成电信号。

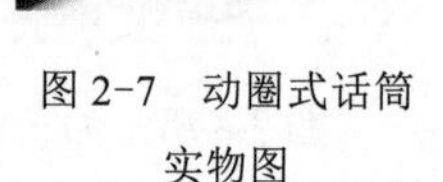

图 2-7 动圈式话筒实物图

动圈式话筒的主要特点如下。

（1）动圈式话筒的两根引脚无正、负极性之分。

（2）动圈式话筒的结构牢固，性能稳定，经久耐用，价格较低。

（3）动圈式话筒的频率特性良好，在 50~15000Hz 频率范围内幅频特性曲线平坦。

（4）动圈式话筒无须直流工作电压，使用简便，噪声小。

5 话筒电路供电电阻设计

在两根引脚的驻极体电容话筒电路中，需要一只电阻器。该电阻器的阻值选取原则是：阻值范围一般可在 2.2 ～ 10kΩ，根据直流工作电压大小的不同进行选取。例如，3V 直流电压时可以取 2.2kΩ，6V 时可以取 4.7kΩ，直流工作电压高取值大。同时，直流工作电压大小确定后，在一定范围内电阻值越大，则话筒输出信号电压幅度越大，即话筒灵敏高。

判断题：

（1）驻极体电容话筒工作时要用一个交流工作电压。 （ ）

（2）两根引脚驻极体电容话筒在工作时，它的输出引脚上有直流电压，也有交流电压。　（　）

（3）驻极体电容话筒电路中要使用一只电阻器，该电阻器阻值适当增大，话筒信号能增大。　（　）

（4）动圈式话筒就是驻极体电容话筒。　（　）

答案与解析 2.2

（1）×。驻极体电容话筒工作时要用一个直流工作电压。

（2）√。

（3）√。

（4）×。动圈式话筒是话筒的一种，但是它与驻极体电容话筒工作时不同，动圈式话筒本身工作时不需要直流电压。

2.1.2　技能课堂：检测和装配驻极体电容话筒电路

学会使用数字式万用表测量驻极体电容话筒，学习装配完成后的检测技术，电路检测这一步很关键，它可以知道电路的装配是否成功。

2-2：万用表检测驻极体电容话筒的方法

驻极体电容话筒电路是本书中第二个具有独立功能的电路。积少成多、由点到线、由线到面是本课程另一个教学思路，即层层推进，是从量变到质变的过程。

1　数字式万用表测量驻极体电容话筒

图 2-8 所示为数字式万用表测量驻极体电容话筒接线和读数示意图，将数字式万用表拨至电阻挡 20kΩ 量程，红表棒接驻极体电容话筒正极，黑表棒接驻极体电容话筒负极，此时表中显示 1.9 kΩ 左右，这说明该驻极体电容话筒良好。

图 2-8　数字式万用表测量驻极体电容话筒接线和读数示意图

特别提示

不同的驻极体电容话筒或不同数字式万用表、不同电阻挡量程测量的阻值可能有所差别，这不影响对驻极体电容话筒质量的判断，一般阻值在 1.0 ～ 2.0 kΩ。如果出现阻值很小或非常大的情况，说明该驻极体电容话筒质量不好。

2　数字式万用表测量驻极体电容话筒灵敏度

在上述测量基础上，对着驻极体电容话筒受声面吹气或讲话，如图 2-9 所示，此时万用表中读数增大，增大量与声音大小有关。声音大，阻值增大量大，如可以从 1.9 kΩ 增大到 10 kΩ。

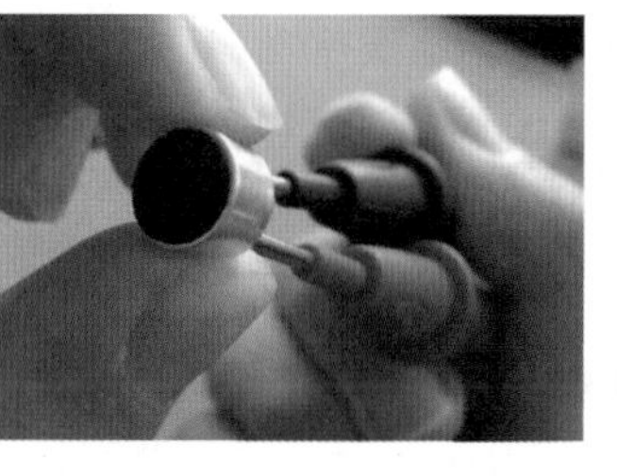
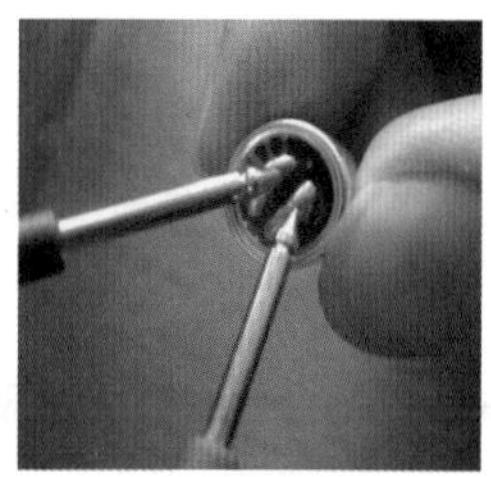

图 2-9　对着驻极体电容话筒受声面吹气或讲话

如果声音大小相同，阻值增大量大，说明驻极体电容话筒灵敏度高，反之则灵敏度低。

图 2-10　焊接驻极体电容话筒两根引脚

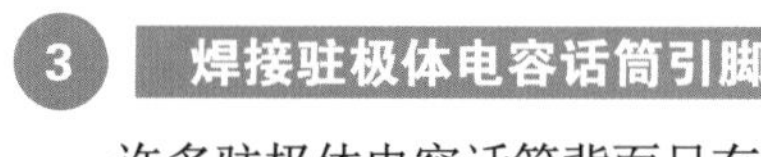

2-3：示波器显示（1）直流和交流信号波形

许多驻极体电容话筒背面只有焊盘，没有引脚，这时需要用硬导线焊出两根引脚，如图 2-10 所示，硬导线可以从其他元器件，如电阻器多余的引脚上剪一截。驻极体电容话筒中长引脚是正极，短引脚是负极，这样方便装配时的极性识别。

课堂测试 2.3

选择题：

（1）数字式万用表测量驻极体电容话筒时，将万用表拨至欧姆挡，（ ）。

A. 红表棒接话筒负极，黑表棒接话筒正极

B. 表中显示应该为溢出符号“1”

C. 表中显示应该为零

D. 红表棒接话筒正极，黑表棒接话筒负极

（2）数字式万用表（ ）。

A. 不可以测量驻极体电容话筒灵敏度

B. 可以测量驻极体电容话筒灵敏度

C. 无法测量驻极体电容话筒质量好坏

D. 测量驻极体电容话筒灵敏度时用交流电压挡

答案与解析 2.3

（1）D。驻极体电容话筒两根引脚是有极性的，数字式万用表内部有电池，红、黑表棒也有极性，所以测量时，红表棒接话筒正极，黑表棒接话筒负极；测量中，万用表中会显示一定的阻值，不会是零。

（2）B。数字式万用表可以测量驻极体电容话筒质量和灵敏度。

4 安装和焊接驻极体电容话筒电路

取一只 2.2 kΩ 色环电阻器，用数字式万用表测量它的阻值，正常后进行电路的装配。

前面在电路板上已装配上发光二极管指示电路，现在将驻极体电容话筒和 2.2kΩ 色环电阻器继续装配在这块电路板上，如图 2-11 所示，左侧是驻极体电容话筒电路中的电阻和话筒，右侧是发光二极管电源指示电路中的电阻和发光二极管。

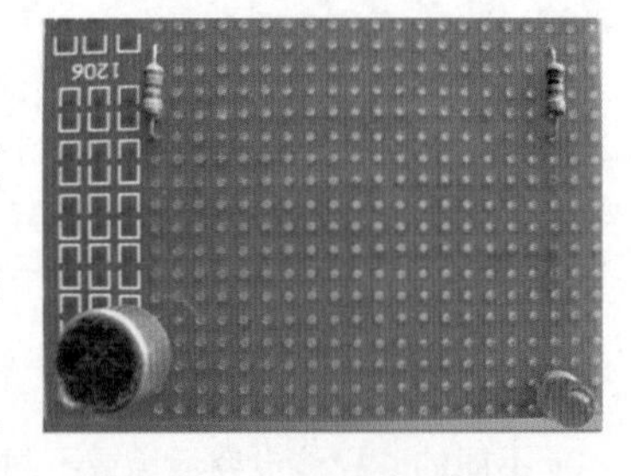

图 2-11　电路板示意图

图 2-12 所示为驻极体电容话筒和发光二极管电源指示电路，将电路板上驻极体电容话筒电路与发光二极管电源指示电路接通，这时就可以在通电状态下进行驻极体电容话筒电路的测试。

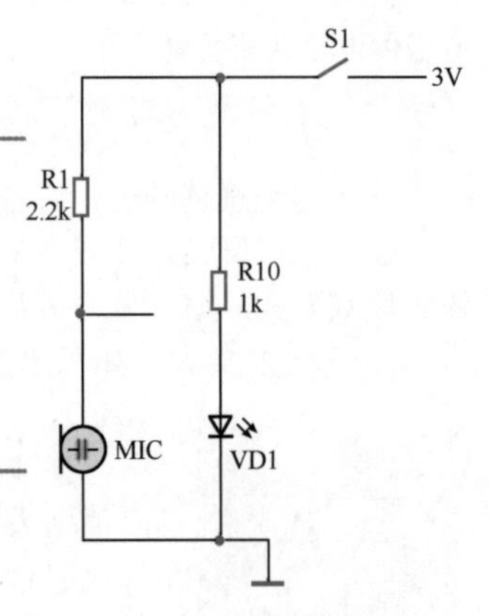

图 2-12　驻极体电容话筒和发光二极管电源指示电路

焊盘连接导线提示

电路板上元器件之间的连接需要导线。最好选用硬质单股绝缘外皮的导线，以便导线本身的固定。没有这种导线也可以选用软质的绝缘外皮多股导线。当所需要连接的两个焊盘相距很近时，可用剪下的元器件引脚作为连接导线。

接线提示

接线中注意，驻极体电容话筒负极接地线，即与发光二极管 VD1 负极相连接。驻极体电容话筒正极接电阻 R1 的一端，R1 另一端接电池正极端。这些电路的连接均在电路板上各元器件引脚焊点之间完成。

5 测试驻极体电容话筒电路

驻极体电容话筒电路接通之后，就可以测试它的工作状态，以确认前面装配的正确性，图 2-13 所示为测试原理图和万用表连接示意图。将数字式万用表拨至直流电压挡 20V 量程，红表棒接话筒正极，黑表棒接电路的地线，如话筒的负极或发光二极管 VD1 的负极。

接通电路中的电源开关 S1，这时发光二极管发光指示，说明电路中直流工作电压接通，此时万用表中显示 2.65，说明直流电压已加到话筒的正极引脚，为 2.65V。

然后，对着话筒受声面说话或吹气，表中显示的数值有变化，这一变化就是话筒输出的电信号。万用表中显示的数值变化范围大，说明话筒输出的信号幅度大。在大声说话和小声说话时，万用表中显示的数值大小有所不同，声音大时万用表中显示的数值变化范围大，反之则小，这样说明驻极体电容话筒电路工作正常。

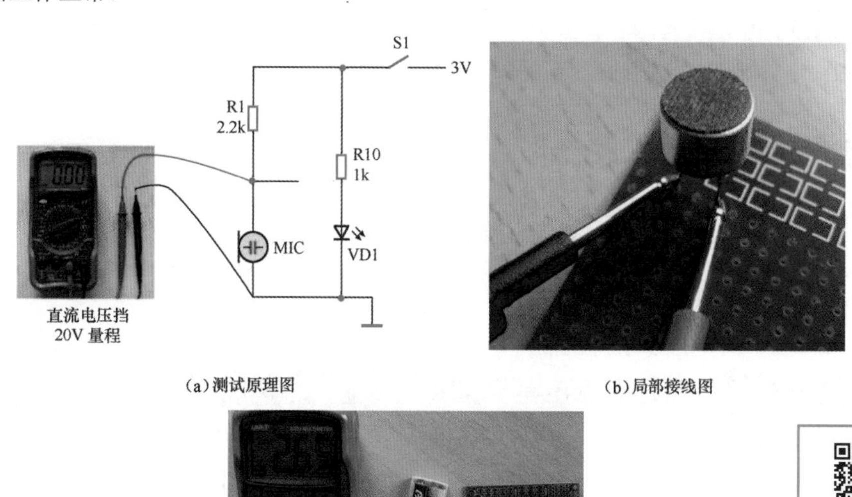

（a）测试原理图　　（b）局部接线图

（c）测量接线的实物图

图 2-13　测试原理图和万用表连接示意图

2-4：示波器显示（2）单管放大器中的信号波形

6　取出所用音频信号

驻极体电容话筒电路完成了从声音转换成电信号的过程，但这个电信号太小，需要进一步放大，这就需要电子电路中的放大器。

在进行放大信号时，首先要取出话筒中输出的电信号，因为话筒输出端输出的信号是与直流电压叠加在一起的，如图 2-14 所示，它由一个交流信号电压叠加在一个直流电压上，电子电路中通常使用一个元器件将交流信号电压取出，而去掉直流电压。电路中 C1 就是起这一作用的元器件，它称为电容器，而在这个电路中根据 C1 的具体作用又称为耦合电容器。

为了能够很好地学习电容器是如何取出交流信号的，需要掌握交流电知识和有关电容器的基础知识。

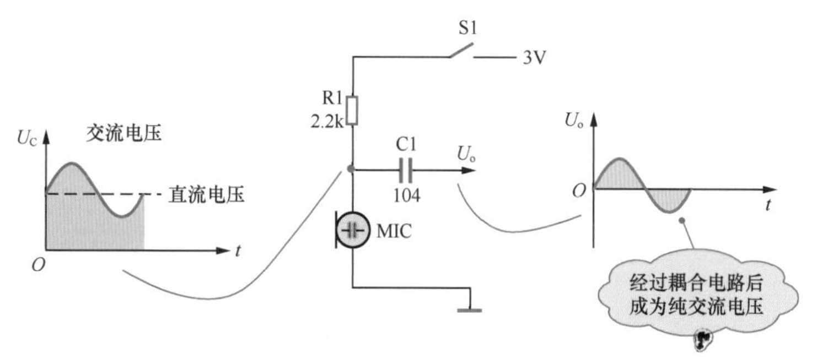

图 2-14　话筒输出端输出的信号是与直流电压叠加在一起的

2-5：示波器显示（3）欧姆定律

判断题：

（1）驻极体电容话筒焊接在电路板上时，它的负极接电池的负极。 （ ）

（2）给驻极体电容话筒电路通电，数字式万用表测量话筒输出引脚上的直流电压，对话筒讲话时万用表中显示数值不变化。 （ ）

（3）焊接驻极体电容话筒电路中的电阻器时，它的两根引脚有正、负极之分，不能焊错。 （ ）

（4）驻极体电容话筒电路工作电压为 3V，话筒工作时它两端的电压就等于 3V。 （ ）

答案与解析 2.4

（1）√。

（2）×。万用表中显示数值有变化，因为话筒产生的交流信号叠加在直流电压上了。

（3）×。电阻器引脚没有正、负极之分，但是该电阻一端接电源端，一端接驻极体电容话筒的正极，电路连接时不能接错，否则话筒不能工作。

（4）×。话筒工作时，它两端的直流工作电压小于 3V。

2.1.3 基础知识：掌握交流电基础知识

了解和掌握交流电的相关知识点，是进行电路分析所必备的基础知识。

交流电比起直流电要复杂许多。要掌握交流电的正、负半周概念，以及周期、频率、有效值等知识点。

1 交流电流

电流的大小和方向随时间变化而变化的电流称为交流电流。

（1）正弦电流波形。交流电流的种类很多，在电路分析时常用具有正弦特性的交流电流来说明，图 2-15 所示为正弦电流波形示意图，横轴为时间轴，纵轴为电流轴，从波形中可以看出，电流的大小在改变，方向也在不断地变化，这就是交流电流的特点。

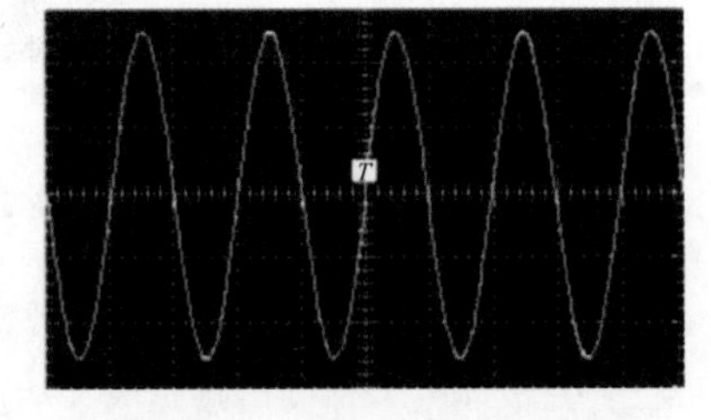

图 2-15 正弦电流波形示意图

（2）交流电流的正半周和负半周。如图 2-16 所示，正弦交流电流的正、负半周是对称的，正、负半周的电流方向相反。

（3）电流变化规律。如图 2-17 所示，在 t_0 处，电流大小为零，到 t_1 时增大到正方向的最大值，称这一值为振幅或峰值。到 t_2 时，电流又为零。从 t_2 开始，由正半周变化到负半周，在负半周内电流为负值，即电流方向与正半周时相反。当到 t_3 时，为负半周的最大值。到 t_4 时，电流又为零。

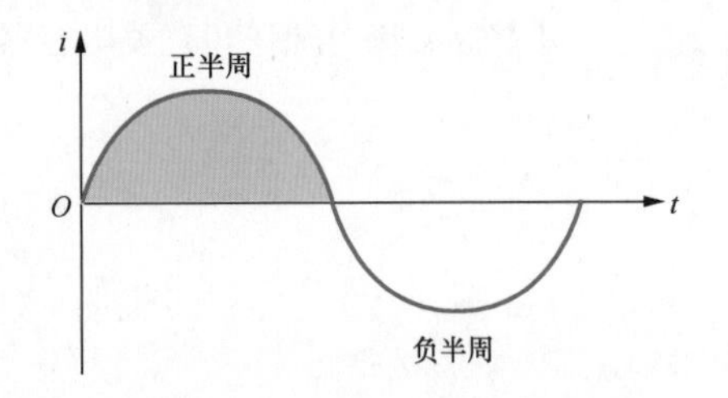

图 2-16 交流电流的正半周和负半周

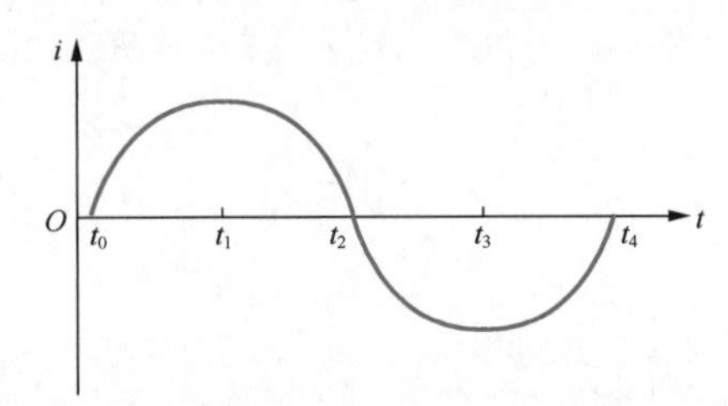

图 2-17 电流变化规律示意图

重要提示

电流的变化规律相同，并重复变化，将这种重复变化的交流电流称为周期性交流电流。

（4）正、负半周电流方向。图 2-18 所示为交流电流正、负半周电流方向示意图，可见正、负半周电流方向是相反的。

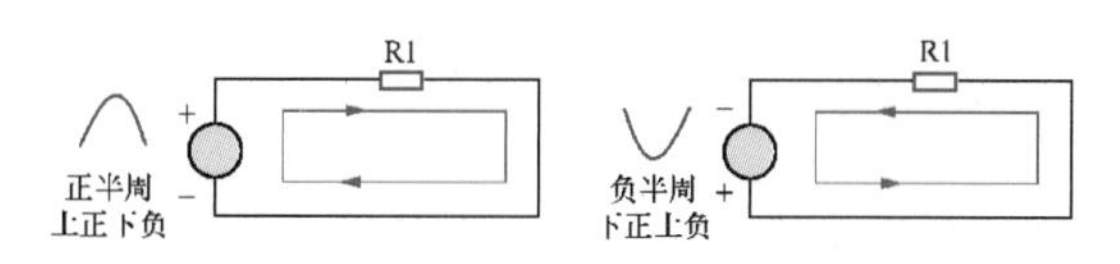

图 2-18　交流电流正、负半周电流方向示意图

2 交流电周期

周期是指交流电流重复变化一次所需要的时间，周期的单位是 s，用 T 表示，如图 2-19 所示。周期在日常生活也常用，例如一个星期是 7 天。

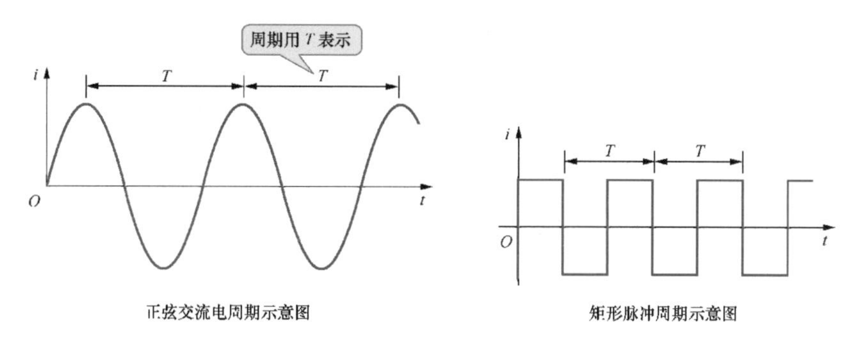

图 2-19　周期示意图

3 交流电频率

频率是指交流电流在 1s 内重复变化的次数，如图 2-20 所示，用 f 表示，单位为赫兹（Hz）。f 与 T 之间的关系是 $f=1/T$ 或 $T=1/f$。

频率单位用 Hz 表示，常用单位有 kHz 和 MHz，它们之间的换算关系如下：

1kHz=1000Hz；1MHz=1000kHz

图 2-21 所示为两种不同频率信号波形示意图。

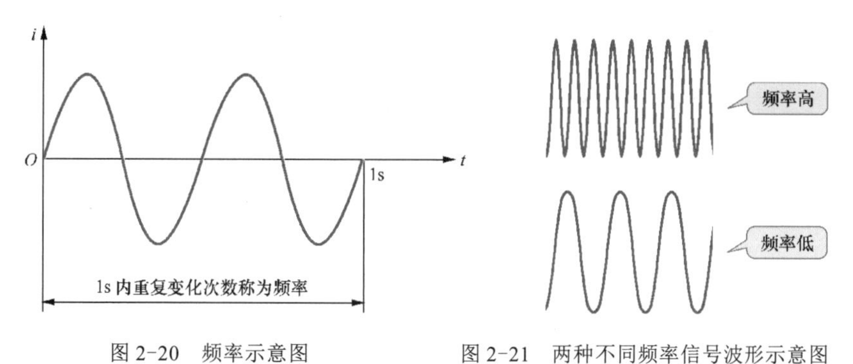

图 2-20　频率示意图　　　图 2-21　两种不同频率信号波形示意图

课堂测试 2.5

选择题：

（1）正弦交流电的（　）时刻在变化着，这一点不同于直流电。

A. 频率　　B. 大小　　C. 方向　　D. 大小和方向

（2）周期性交流电在 1s 内变化的次数叫作（　），这一概念在电路分析中时常使用。

A. 波长　　B. 周期　　C. 变化率　　D. 频率

答案与解析 2.5

（1）D。正弦交流电不仅方向时时发生变化，大小也是时刻变化的。

（2）D。波长是一个周期内的长度，周期是交流电重复一次的时间。

4 交流电峰值

图 2-22 所示为交流电峰值示意图，从图中可以看出，正半周波形的最大值称为正峰值，负半周波形的最大值称为负峰值。

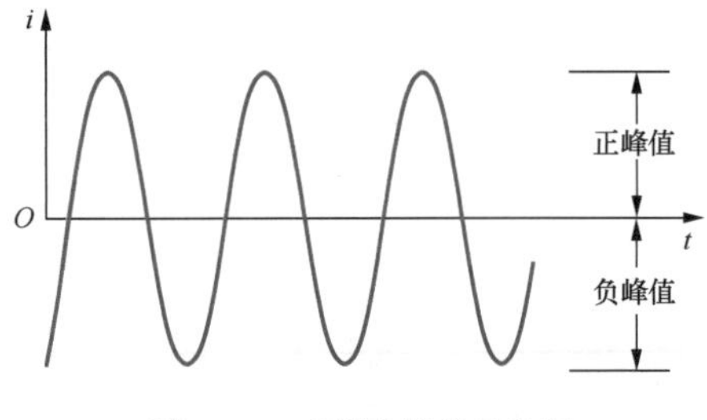

图 2-22　交流电峰值示意图

重要提示

交流电的幅值时时在变，只在某一个时刻达到正峰值，在某一个时刻达到负峰值。

5 交流电峰 - 峰值

图 2-23 所示为交流电峰 - 峰值示意图，从图中可以看出，所谓峰 - 峰值就是正峰值与负峰值之间的幅度大小。

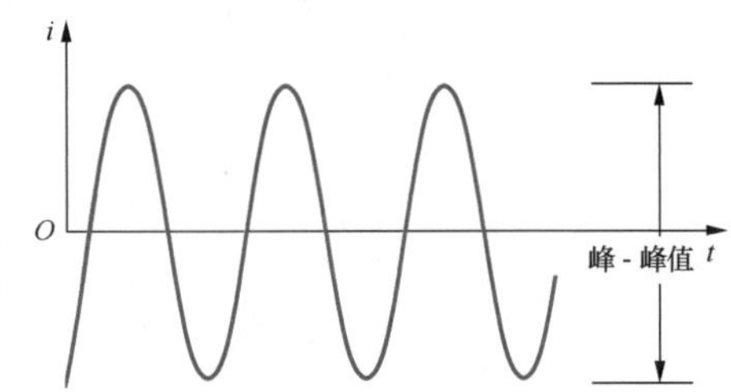

图 2-23　交流电峰 - 峰值示意图

在一些电路分析中涉及峰 - 峰值、正峰值和负峰值的概念，对此要有所了解。

2-6：快速认识电容类元器件

6 交流电有效值

交流电流用瞬时电流大小来说明很复杂，经常用有效值来说明。其定义是：一个周期内交流电流对负载所产生的作用，和一个直流电流对该负载所产生的作用相等，那么这一直流电流大小称为交流电流的有效值。

正弦交流电流的有效值为正峰值电流的 70.7%，如图 2-24 所示。

知识扩展：交流电平均值

交流电平均值的定义是：在交流电流的半个周期内，所有瞬时值的平均大小为平均值，或是一个周期内绝对值的平均值。交流电平均值为峰值的 63.7%，如图 2-25 所示。

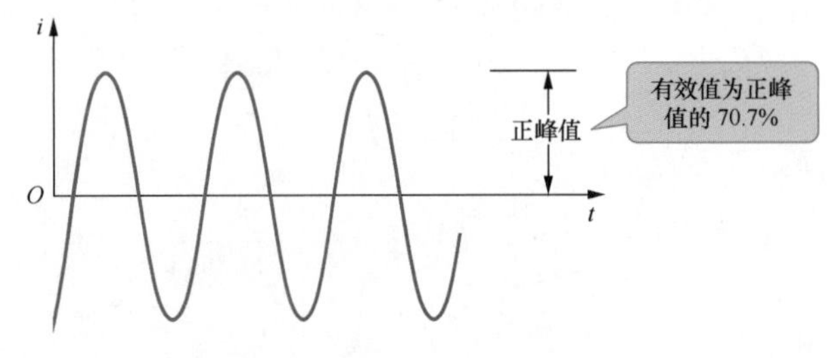

图 2-24　交流电有效值示意图

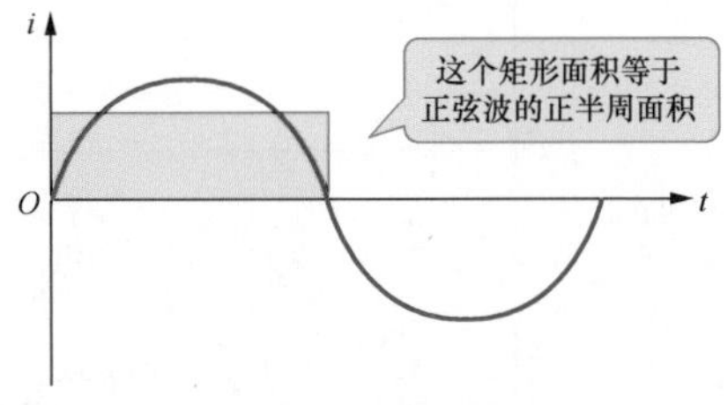

图 2-25　交流电平均值示意图

课堂测试 2.6

选择题：

（1）正半周波形的最大值称为正峰值，负半周波形的最大值称为负峰值。峰值出现在（　）。

A. 一个时间区间内　B. 负半周期间内　C. 正半周期间内　D. 一个瞬间

（2）交流电的峰 - 峰值就是（　）之间的幅度大小。

A.0 与正峰值　B. 正峰值与负峰值　C.0 与负峰值　D. 正峰值与 0

答案与解析 2.6

（1）D。正峰值、负峰值均出现在瞬间。

（2）B。这是峰 - 峰值定义。

2.1.4　轻松学习：初识电容器

电容器是电子电路中另一个重要的元器件，它的应用仅次于电阻器。

电容器的特性是对直流信号和交流信号的自动识别能力，以及电容器对交流信号的频率所具有的“敏感”性，它能对不同频率的交流信号做出容抗大小不等的反应。所以，电容器是一种对交流信号进行处理时不可或缺的元件，利用电容器对不同频率交流信号所呈现的容抗变化，可以构成各种功能的电容电路。

这里友情提示一点，电容器知识点比电阻器多，且难度也大。

1　固定电容器的外形特征

固定电容器是指容量大小不变的电容器。容量可变的电容器称为可变电容器，或微调电容器，电子电路中使用较多的是固定电容器。图 2-26 所示的是一种固定电容器实物图，它称为瓷片电容器。

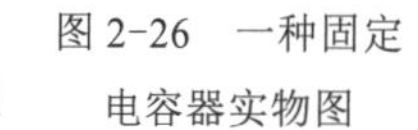

图 2-26　一种固定电容器实物图

关于普通电容器外形特征，说明下列几点，供识别时参考。

（1）普通固定电容器共有两根引脚，这两根引脚是不分正、负极的（有极性电解电容器除外）。

（2）普通固定电容器的外形可以是圆柱形、长方形、圆片状等，当电容器是圆柱形时注意不要与电阻器相混。

（3）普通固定电容器的外壳是彩色的，在电容器外壳上有的直接标出容量的大小，有的采用其他表示方式（字母、数字、色码）标出容量和允许偏差等。

2-7：电容器种类和基本结构

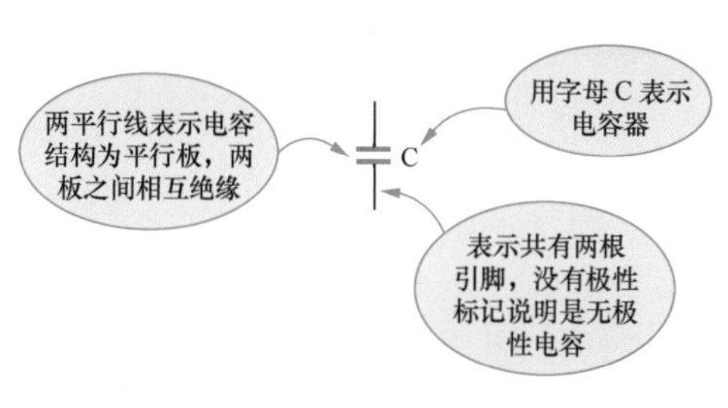

图 2-27　普通电容器电路图形符号识图信息示意图

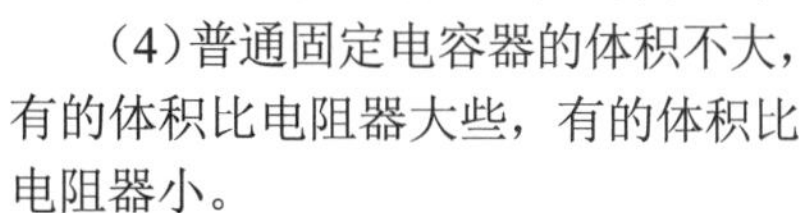

（4）普通固定电容器的体积不大，有的体积比电阻器大些，有的体积比电阻器小。

（5）普通固定电容器在电路中可以是垂直方向安装，也可以是卧式安装，它的两根引脚是可以弯曲的。

2　普通电容器的电路图形符号

图 2-27 所示为普通电容器的电路图形符号识图信息示意图。这是电容器的一般电路图形符号，通过解读电容器电路图形符号可以得到以下识图信息。

（1）电路图形符号中用大写字母 C 表示电容器，C 是英文 Capacitor（电容器）的缩写。

（2）电路图形符号中已表示出电容器有两根引脚，且这两根引脚没有正、负极性之分。有一种有极性电解电容器，在它的电路图形符号中要表示出正、负极性。

（3）电容器电路图形符号形象地表示了电容器的平行板结构。

3　电容器的种类

电容器的种类很多，分类方法也有多种。图 2-28 所示为电容器类元器件“家族”一览图。

电子电路中常用的电容器种类及说明见表 2-2。

2-8：电容器种类综述

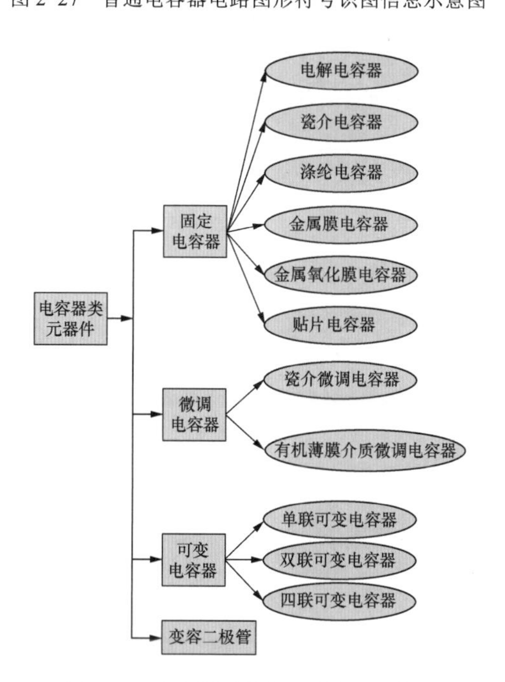

图 2-28　电容类元器件“家族”一览图

表 2-2　电子电路中常用的电容器种类及说明

划分方法	种类及说明
按容量是否可变划分	固定电容器，容量固定不变，是用量最多的电容器
	可变电容器，它的容量在一定范围内可以改变，主要用于收音电路
	微调电容器，它的容量也是可以调节的，但是容量可调节范围很小
按电介质划分	有机介质电容器
	无机介质电容器
	电解电容器，这是一种常用电容器
	液体介质电容器，如油介质电容器
	气体介质电容器

知识扩展： 陶瓷电容器

陶瓷电容器是由高介电常数的陶瓷（钛酸钡 - 氧化钛）材料挤压成圆管、圆片或圆盘作为介质，并用烧渗法将银镀在陶瓷上作为电极制成的。

这种电容器又分为高频瓷介和低频瓷介两种。陶瓷电容器具有较小的正温度系数，用于高稳定振荡电路，作为谐振电路电容器和垫整电容器。高频瓷介电容器适用于高频电路。

低频瓷介电容器在工作频率较低的回路中作旁路或隔直流用，或用于对稳定性和损耗要求不高的场合（包括高频在内）。这种电容器不宜使用在脉冲电路中，因为它们容易被脉冲电压击穿。

2-9：微调和可变电容器的种类

选择题：

（1）普通固定电容器（　）。

A. 有三根引脚　　B. 只有圆柱形一种

C. 电路图形符号中用字母 R 表示　　D. 有两根引脚

（2）电容器电路图形符号中不能表示出（　）。

A. 它的结构　B. 它的容量大小　C. 它的引脚数量　D. 它是电容器

2-10：十多种电容器基础知识综述

（1）D。普通固定电容器没有三根引脚的；普通固定电容器从形状分有圆柱形、长方形、圆片状等多种；普通固定电容器电路图形符号中用字母 C 表示电容器。

（2）B。电容器电路图形符号中形象地表示它的平行板结构；表示出电容器有两根引脚。

4 电容器容量

电容器容量是电容器最为常用的参数之一。电容器的容量大小表征了电容器存储电荷多少的能力，它是电容器的重要参数，不同功能、作用的电路需选择不同容量大小的电容器。

（1）标称容量。它用 *CR* 表示，为标注在电容器外壳上的电容量。它也称为额定容量、标称静电容量、静电容量。标称容量也分多种系列，常用的是 E6、E12 系列，这两个系列的设置同电阻器一样。

（2）实际容量。它是电容器生产出来后的容量，它与标注在该电容器外壳上的标称容量之间差一个容量的误差。

（3）容量误差。它表示实际容量和标称容量允许的最大偏差范围。精密电容器的允许偏差较小，而电解电容器的误差较大。固定电容器允许偏差常用的是 ±5%、±10% 和 ±20%，通常容量越小，允许偏差越小。

5 电容器容量的单位

电容器容量的单位是 F，由于 F 是一个很大的单位，在实际使用中很难达到，实际使用中常用 pF

和 μF，它们之间的换算关系如下：

pF（皮法）$= 10^{-12}$ F；nF（纳法）$= 10^{-9}$ F；μF（微法）$= 10^{-6}$ F；mF（毫法）$= 10^{-3}$ F

电路图中，标注电容器容量时常将 μF 简化成 μ，将 pF 简化成 p。例如，3300p 就是 3300pF，10μ 就是 10μF。

6 电容器参数 3 位数表示法

重要提示

电容器的标注参数主要有标称容量、允许偏差和额定电压等。固定电容器的参数表示方法有多种，主要有直标法、色标法、字母数字混标法、3 位数表示法和 4 位数表示法。

电容器 3 位数表示法中，用 3 位整数来表示电容器的标称容量，再用一个字母来表示允许偏差。

在一些体积较小的电容器中普遍采用 3 位数表示法，因为电容器体积小，采用直标法标出的参数，字太小，容易看不清和被磨掉。图 2-29（a）所示为电容器 3 位数表示法示意图。

3 位数字中，前两位数表示有效数字，第三位数表示倍乘，即表示是 10 的 n 次方，或是有效数字后有几个 0。3 位数表示法中的标称容量单位是 pF。

图 2-29（b）所示电容器的 3 位数是 102，它的具体含义为 10×100pF，即标称容量为 1000pF。图 2-29（c）所示的另一只电容器的 3 位数是 474，它的具体含义为 47×10000pF，即标称容量为 470000pF，即为 0.47μF。K 是该电容器的误差标注，表示 ±10% 的误差。

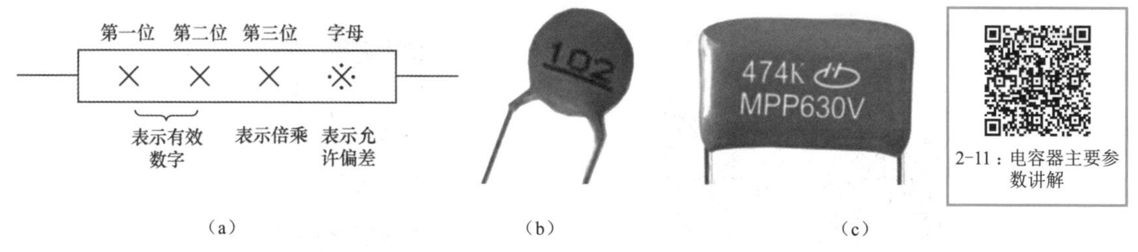

图 2-29　电容器 3 位数表示法示意图

课堂测试 2.8

判断题：

（1）标称容量分为许多系列。（　）

（2）电容器上标注的容量就是该电容器的实际容量。（　）

（3）某电容器上标有 103，它表示该电容器的容量就是 103pF。（　）

（4）标注容量时常将 pF 简化成 p，将 μF 简化成 μ。（　）

答案与解析 2.8

（1）√。

（2）×。电容器上标注的容量是标称容量，与实际容量之间有一个误差。

（3）×。电容器上标有 103 是该电容器的 3 位数表示法，容量为 10000pF，即 0.01μF。

（4）√。

2.1.5 技能课堂：测量和装配调试驻极体电容话筒电路中的耦合电容电路

学习使用数字式万用表测量电容器的方法，学习万用表交流电压挡的使用方法，以及学会使用万用表进行电路的交流信号测量。这些操作技能都是学习电子技术过程中非常重要的内容，必须掌握。

1 识别 104 电容器

图 2-30 所示为驻极体电容话筒电路中的耦合电容 C1 实物图，它有两根引脚，引脚没有正、负极

之分。它上面标注有104字样，这是3位数表示该电容器标称容量的方法，具体容量是：10×10000pF=100000 pF=0.1μF。

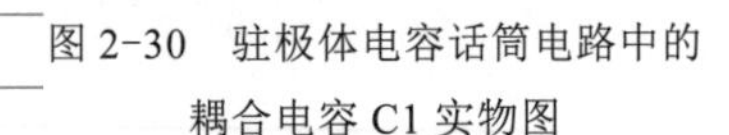

图2-30　驻极体电容话筒电路中的耦合电容C1实物图

2　数字式万用表测量104电容器

2-13：数字式万用表测量电容器的方法

知识扩展：数字式万用表电容测量功能

一般数字式万用表上设有电容器容量的测量功能，可以用这一功能挡来检测电容器质量，具体方法是测量前将被测电容器两根引脚短接一下，放掉电。

将专门用来测量电容器的转换插座插在表的“V”和“mA”插孔中，如图2-31所示，再将被测电容器插入这个专用的测量插孔中。

如果指示的电容量大小等于电容器的标称容量（注意允许偏差），说明电容器正常；如果被测量电容器漏电或超出万用表的最大测量容量，万用表显示“1”。

如果是有极性电解电容器，则要注意电容器插入的极性。

一些数字式万用表测量电容器时没有专用测试座，而是红、黑表棒直接接被测量电容器。图2-32所示为数字式万用表测量104电容器接线示意图。将万用表拨至电容测量挡200nF量程，红、黑表棒直接接被测量电容器，此时万用表中显示105.7，约为106，容量单位是nF。显示106是因为电容器存在误差，这只电容器质量正常。106nF=106000pF≈0.1μF。

图2-31　测试电容器的转换插座示意图

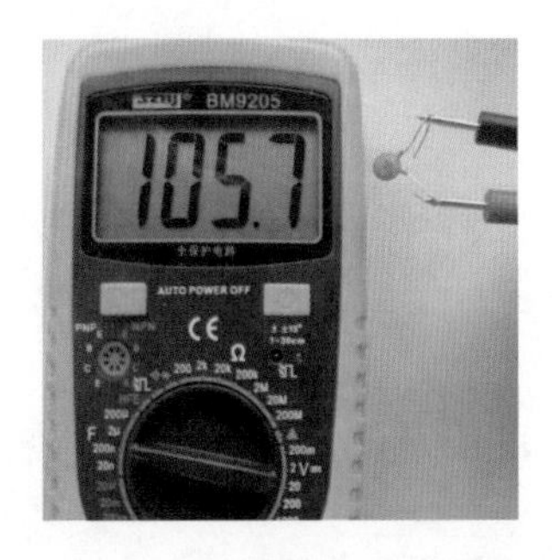

图2-32　数字式万用表测量104电容器接线示意图

3　装配104电容器（C1）

在完成对104电容器（C1）的质量测量后，可以将C1装配到电路板上，图2-33所示为C1装配位置示意图，左侧发光二极管和驻极体电容话筒中间元件是电容C1。将电容C1一根引脚靠近驻极体电容话筒的输出引脚，在电路板上将这一引脚与话筒的输出引脚连接通，这样就完成了电容C1的装配工作。电容C1采用垂直安装方式。

图2-33　C1装配位置示意图

4　测量话筒输出信号电压

完成电容C1装配后，需要进行测试，即测量话筒信号是否能够通过耦合电容C1，这需要使用数字式万用表的交流电压的测量功能。

知识扩展：万用表交流电压的测试挡

万用表的交流电压与直流电压测量有一个最大的不同是红、黑表棒不分正、负极。测量交流电压时，万用表拨至交流电压挡的适当量程。图2-34所示为数字式万用表交流电压挡20V量程示意图，“V～”表示是交流电压挡。

图2-34　数字式万用表交流电压挡20V量程示意图

在电子电路中，交流电压的测量项目比直流电压少许多。指针式万用表可以用来测量交流电压，但主要是测量50Hz的交流电，数字式万用表的交流电压测量频率则宽许多。

图 2-35 所示为测量话筒输出信号电压原理图和接线示意图，将数字式万用表拨至交流电压挡的最低量程，如 200mV 量程，然后接通电源，对着话筒的受声面说话，这时万用表中显示的数值会有所变化，变化量大说明输出信号电压大，话筒灵敏度高，反之则相反。在不对话筒说话时，万用表中显示数值为零，说明此时话筒没有输出信号电压。

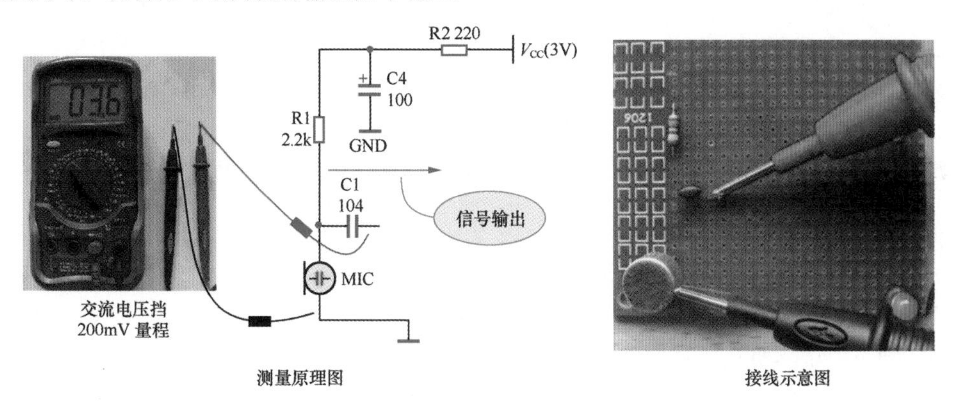

图 2-35　测量话筒输出信号电压原理图和接线示意图

测量提示

测量时，如果离开话筒一段距离，正常讲话时万用表的数值显示是 1.3 ～ 5.4mV。如果讲话时，离话筒很近，数值会在十几毫伏。

经过电容 C1 后的信号是话筒输出的交流信号电压，所以测量时需要采用数字式万用表的交流电压挡。因为话筒输出的信号幅度很小，所以要采用最小量程。

扩展实验：电容 C1 隔直作用验证实验

2-14：指针式万用表测量小电容器的方法

在上述测量的基础上，将万用表从交流电压挡转换到直流电压挡最小量程，这时对着话筒说话，无论距离远近和声音大小，万用表中显示均为零，这说明经过电容 C1 后就没有直流电压输出，话筒 MIC 输出端上的直流电压被电容 C1 隔离，这就是电容的隔直作用。

课堂测试 2.9

判断题：

（1）数字式万用表测量电容器质量时，将万用表拨至交流电压挡，因为电容具有隔直通交作用。（　）

（2）数字式万用表测量驻极体电容话筒输出信号电压时，说话声音大，测量到的信号电压小。（　）

（3）数字式万用表测量驻极体电容话筒输出信号电压时，万用表黑表棒接电池的负极。（　）

（4）如果测量驻极体电容话筒输出信号电压为 0V，故障原因之一是直流工作电压没有加到话筒上。（　）

答案与解析 2.9

（1）×。数字式万用表测量电容器质量时，将万用表拨至电容测量挡。

（2）×。数字式万用表测量驻极体电容话筒输出信号电压时，说话声音大，测量到的信号电压大。

（3）√。

（4）√。

2.1.6　理论课堂：分析驻极体电容话筒电路中耦合电容的作用

掌握电容器的主要特性，如隔直通交特性和容抗特性，是分析含有电容器参与的电路工作原理的基础。

要认真学习耦合电容电路工作原理，这种电路在各类放大器电路中应用十分广泛。

1 首先看看直流电对电容器的充电特性

重点提示

隔直通交特性就是电容器的隔直特性与通交特性的叠加。

图2-36所示为直流电源对电容器充电示意图。电路中的E为直流电源，为电路提供直流工作电压。R1为电阻，C1为电容器，S1为开关。

掌握直流电源对电容器的充电过程，是为了更好地掌握电容器对直流电的反应特性。

第1步。开关S1未接通之前，电容器C1中没有电荷，电容器两端（两根引脚之间）没有电压。

第2步。开关S1接通后，电路中的直流电源E开始对电容器C1充电，此时电路中有电流流动，充电电流的路径和方向如图2-36所示。

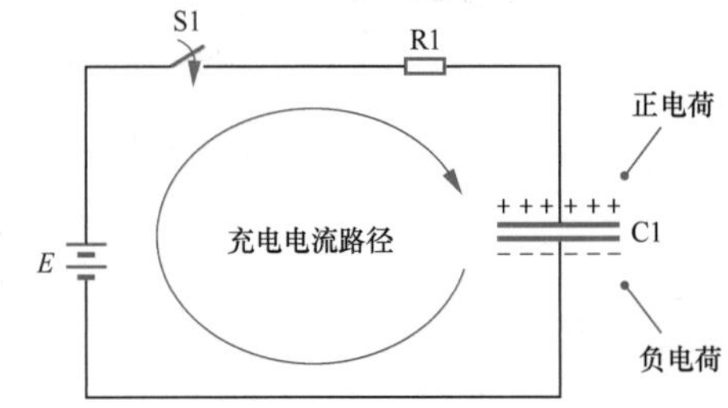

图2-36 直流电源对电容器充电示意图

第3步。充电一段时间后，电容器C1上、下极板上充有图2-36所示的电荷，即上极板为正电荷，下极板为负电荷。由于上、下极板之间绝缘，所以电容器C1上、下极板上的正、负电荷不能复合而被保留，故电容器能够存储电荷。电容器上的电荷形成电容两极板之间的电压，这是电池对电容器的充电电压。

第4步。电容器继续充电，电容器极板上的电荷越来越多，电容器两极板之间的电压也越来越高，这是充电过程。当充电到一定程度后，电容器C1两极板上的电压（上正下负的直流电压）等于直流电源E的电压时，不再有电流流过电阻R1，说明没有电流对电容器C1充电了，这时充电结束，电路中没有电流流动。电容器C1充满电后，去掉充电电压，理论上电容器C1两端保持所充到的电压。

但是电容器存在着多种能量损耗，所以，就像一只漏水的水缸会漏光水一样，电容器也会“漏”光所存储的电荷，而使电容器两端的电压最终降为0V。

第5步。充电结束后，由于电路中无电流，电阻R1两端的电压为0V，电容器C1处于开路状态(电阻R1是不会开路的)，直流电流不能继续流动，说明电容器具有隔开直流电流的作用，即电容器具有隔直的作用。

重要提示

电容器对直流电流具有隔直作用，是指直流电源对电容器充电完成之后，电路中没有电流流动。在直流电流刚加到电容器上时，电路中有电流流动，但是这一电流流动的过程很快结束。

2 电容器的隔直通交特性

电容器的隔直通交特性非常突出，也是电容器最为基本的特性。隔直通交特性就是电容器的隔直特性与通交特性的叠加。

重要提示

2-15：电容器隔直通交特性讲解

电容器在直流电路中，由于直流电压方向不变，对电容器的充电方向始终不变，待电容器充满电荷之后，电路中便无电流的流动，所以电容器具有隔直作用。

电容器的隔直和通交作用互相联系，即电容器具有隔直通交作用，图2-37所示为电容器隔直通交特性示意图。输入信号U_i是一个由直流电压U_1（图中虚线）和交流电压U_2（图中实线）复合而成的信号，U_1和U_2相加得到输入信号U_i波形。

电路分析过程中，借助于信号波形能够方便地理解电路的工作原理。

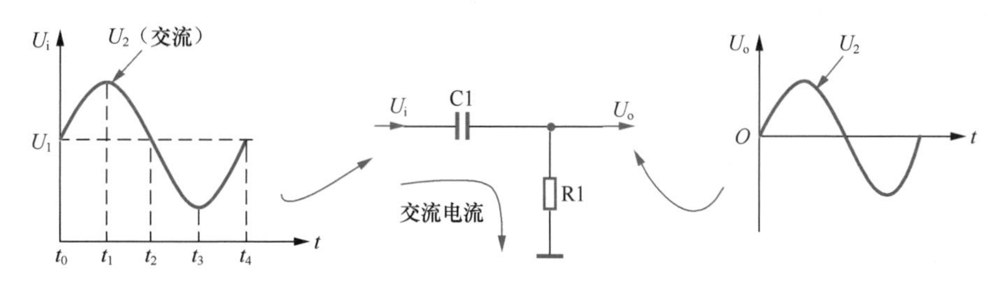

图 2-37　电容器隔直通交特性示意图

（1）直流电压 U_1 加到电路中的分析。由于电容器 C1 的隔直作用，直流电压不能通过电容器 C1，所以在输出端没有直流电压，这是电容器的隔直特性在电路中的具体体现。

（2）交流电压 U_2 加到电路中的分析。由于电容器 C1 具有通交作用，U_i 信号中的交流电压能够通过电容器 C1 和电阻 R1 构成回路，在回路中产生交流电流，如图 2-37 所示，流过电阻 R1 的交流信号电流在 R1 两端的交流电压即为输出电压 U_o。所以，输出信号 U_o 中只有输入信号 U_i 中的交流信号成分 U_2，如图 2-37 所示的输出信号 U_o 电压波形，没有直流成分 U_1，这样即实现隔直通交的电路功能。

3　电容器通交流等效理解方法

友情提示

在分析电容交流电路时，采用充电和放电的分析方法是十分复杂的，且不容易理解，所以要采用简捷的等效分析方法，电路分析中经常采用这种分析方法，必须牢牢掌握。

等效分析方法掌握得好，初学者可以更多更好地掌握化复杂为简单的电路分析方法。

如图 2-38 所示，电容器 C1 两极板之间绝缘，交流电流不能直接通过两极板构成回路，只是由于交流电流的充电方向不断改变，使电路中有持续的交流电流流过，等效成电容器 C1 能够让交流电流通过。

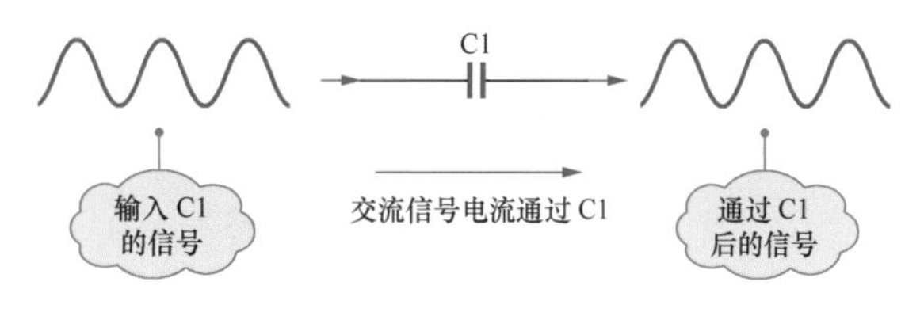

2-18：电容器的容抗特性

图 2-38　等效电路示意图

实际上，交流电流并不是从两极板之间直接通过，电路分析中为了方便起见，将电容器看成一个能够直接通过交流电流的元件，这样等效的目的是为了简化电路分析。

课堂测试 2.10

选择题：

（1）电容器主要特性之一是（　）。

A. 隔交通直　　B. 通交流　　C. 隔直通交　　D. 隔直流

（2）一个 12V 直流电源对电容器充电一段时间后，电容两端的电压为（　）V。

A.8　　B.9　　C.6　　D.12

答案与解析 2.10

（1）C。电容器主要特性之一是隔直流同时能够让交流通过。

（2）D。一个 12V 直流电源对电容器充电，只有电容器两端充到电源电压时，电路中才没有充电电流，否则因为电压差的存在会有充电电流。

4 分析驻极体电容话筒电路中耦合电容的作用

掌握了电容器“隔直通交”特性后，分析图 2-39 所示电路中电容器 C1 的作用就很方便。在话筒 MIC 上端有两个电压：一是话筒产生的交流信号电压，二是话筒的直流工作电压。

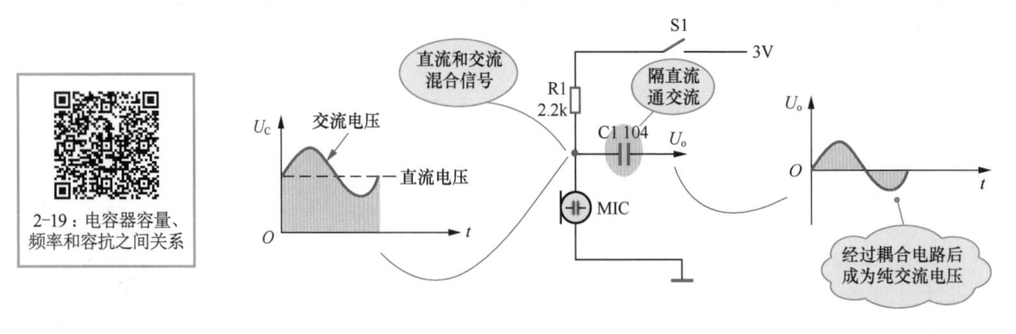

图 2-39　电容器 C1 的作用分析

这两个电压都加到电容器 C1 上，但是电容器具有隔直流通交流的特性，所以只有交流信号电压通过电容器 C1 传输过来，而直流电压被电容器 C1 隔离。具有让交流信号通过而将直流信号隔离的电容器称为耦合电容器，电路中的电容器 C1 就是耦合电容器。

知识扩展：电容器的容抗特性

电容器的容抗特性非常重要，必须深入理解，灵活运用。

电容器能够让交流电流通过，但是在不同频率的交流电、电容器容量大小不同的情况下，电容器对交流电的阻碍作用（容抗）不同。电容器的容抗用 X_c 表示，容抗大小 X_c 由下列公式计算，通过这一计算公式可以更为全面地理解容抗与频率、容量之间的关系。

$$X_c=\frac{1}{2\pi fC}$$

式中　2π——常数；

f ——交流信号的频率，Hz（赫兹）；

C ——电容器的容量，F（法拉）。

电容器让交流电通过时，对交流电流存在着阻碍作用，就同电阻阻碍电流一样。所以，在大多数的电路分析中，可以将容抗在电路中的作用看成一个“特殊”电阻的作用来等效理解。

电容器容抗等效的理解方法是：可以将电容器等效成一个“电阻”（当然是一个受频率高低、容量大小影响的特殊电阻），如图 2-40 所示，这时可以用分析电阻电路的一套方法来理解电容电路的工作原理。等效理解的目的是为了方便分析电路和理解工作原理。

C1　受频率影响　容抗等效理解　受容量影响　R1　特殊电阻

图 2-40　电容等效理解示意图

容抗、频率、容量三者之间关系见表 2-3。

表 2-3　容抗、频率、容量三者之间关系

频率与容量		容抗大小解说
频率 f	频率高（容量一定）	容抗小。频率越高，容抗越小
	频率低（容量一定）	容抗大。频率越低，容抗越大
频率 C	容量大（频率一定）	容抗小。频率越大，容抗越小
	容量小（频率一定）	容抗大。频率越小，容抗越大

电路设计时，只要将耦合电容的容量设计得足够大，耦合电容对特定的交流信号容抗就足够小，这样交流信号就能“顺利”通过耦合电容。

课堂测试 2.11

判断题：

（1）驻极体电容话筒电路中，通过耦合电容以后就没有话筒上的直流工作电压了。　（　）

（2）电容器能够让交流电流通过，容量为 104 的电容器对相同频率的交流电呈现相同的容抗。　（　）

（3）对电容器容抗而言，交流电频率一定时，容量大，容抗大。　（　）

（4）电容器对直流电而言，存在一定的容抗。　（　）

答案与解析 2.11

（1）√。

（2）√。

（3）×。对电容器容抗而言，交流电频率一定时，容量大，容抗小。

（4）×。电容器不能让直流电通过，所以电容器对直流电而言相当于开路。

2-21：认识三极管

2.2　深入掌握：三极管的基础知识和放大原理

三极管是电子电路中极为重要的元器件，它是电子电路中的“放大之神”，电子电路离不开三极管。

本书学习三极管基础知识和三极管工作原理，要深入掌握和灵活运用，为以后的学习打下扎实的基础。

2.2.1　快速入门：了解和掌握三极管的基础知识

三极管人人皆知，它的应用也是数不胜数，电子电路中的许多元器件都是围绕着三极管设置的，为三极管正常、高效、卓越工作而服务的。

图 2-41 所示为三极管示意图。三极管有 3 根引脚：基极（B）、集电极（C）和发射极（E），各个引脚不能相互代用。

3 根引脚中，基极是控制引脚，它的电流大小控制着集电极和发射极电流的大小。基极电流最小，且远小于另外两个引脚的电流；发射极电流最大；集电极电流略小于发射极电流。

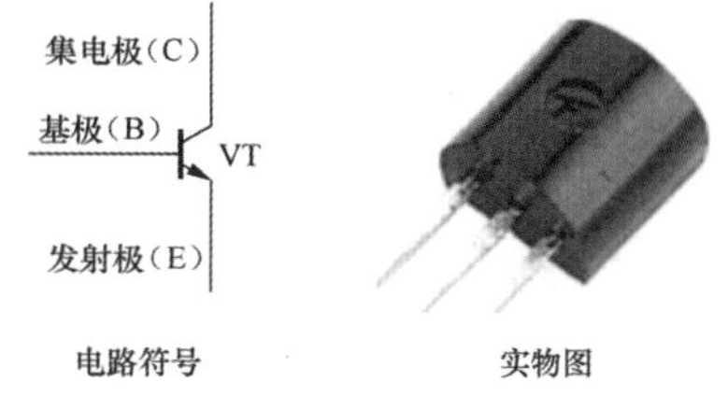

图 2-41　三极管示意图

1　三极管种类

三极管种类划分方法和名称及说明见表 2-4。三极管按极性划分有两种：NPN 型三极管（常用三极管）和 PNP 型三极管。

表 2-4　三极管种类划分方法和名称及说明

划分方法和名称		说明
按极性划分	NPN 型三极管	这是目前常用的三极管，电流从集电极流向发射极
	PNP 型三极管	电流从发射极流向集电极。这两种三极管通过电路图形符号可以区分，不同之处是发射极的箭头方向不同
按材料划分	硅三极管	简称为硅管，这是目前常用的三极管，工作稳定性好
	锗三极管	简称为锗管，反向电流大，受温度影响较大
按工作和材料组合划分	PNP 型硅管	最常用的是 NPN 型硅管
	NPN 型硅管	
	PNP 型锗管	
	NPN 型锗管	

续表

划分方法和名称		说明
按工作频率划分	低频三极管	工作频率比较低，用于直流放大器，音频放大器电路
	高频三极管	工作频率比较高，用于高频放大器电路
按功率划分	小功率三极管	输出功率很小，用于前级放大器电路
	中功率三极管	输出功率很大，用于功率放大器输出级或末级电路
	大功率三极管	输出功率很大，用于前级放大器输出级
按封装材料划分	塑料封装三极管	小功率三极管常采用这种封装
	金属封装三极管	一部分大功率三极管和高频三极管采用这种封装
按安装形式划分	普通方式三极管	大量的三极管采用这种形式，3 根引脚通过电路板上引脚孔伸到背面铜箔线路上，用焊锡焊接
	贴片三极管	三极管引脚非常短，三极管直接装在电路板铜箔线路一面，用焊锡焊接
按用途划分	放大管、开关管、振荡管等	用来构成各种功能电路

2-22：快速了解三极管的外形特征

2 三极管的外形特征

目前用得最多的是塑料封装三极管，其次为金属封装三极管。关于三极管的外形特征主要说明以下几点。

（1）一般三极管只有 3 根引脚，它们不能相互代替。这 3 根引脚可以按等腰三角形分布，也可以按一字形排列。各个引脚的分布规律在不同封装类型的三极管中不同。

（2）三极管的体积有大有小，一般功率放大管的体积较大，且功率越大其体积越大，体积大的三极管约有手指般大小，体积小的三极管只有半个黄豆大小。

（3）一些金属封装的功率三极管只有两根引脚，它的外壳是集电极，即第三根引脚。有的金属封装高频放大管有 4 根引脚，第 4 根引脚接外壳，这一引脚不参与三极管内部工作，接电路中的地线。如果是对管，即外壳内有两只独立的三极管，则有 6 根引脚。

（4）有些三极管外壳上需要加装散热片，这主要是功率放大管。

2-23：快速了解三极管的结构

3 三极管结构

（1）NPN 型三极管结构。图 2-42 所示为 NPN 型三极管示意图，三极管由三块半导体构成，对于 NPN 型三极管而言，由两块 N 型和一块 P 型半导体组成，P 型半导体在中间，两块 N 型半导体在两侧，这两块半导体所引出的电极名称分别为集电极和发射极。

（2）PNP 型三极管结构。图 2-43 所示为 PNP 型三极管示意图，它与 NPN 型三极管基本相似，只是用了两块 P 型半导体、一块 N 型半导体，也是形成两个 PN 结，但极性不同。

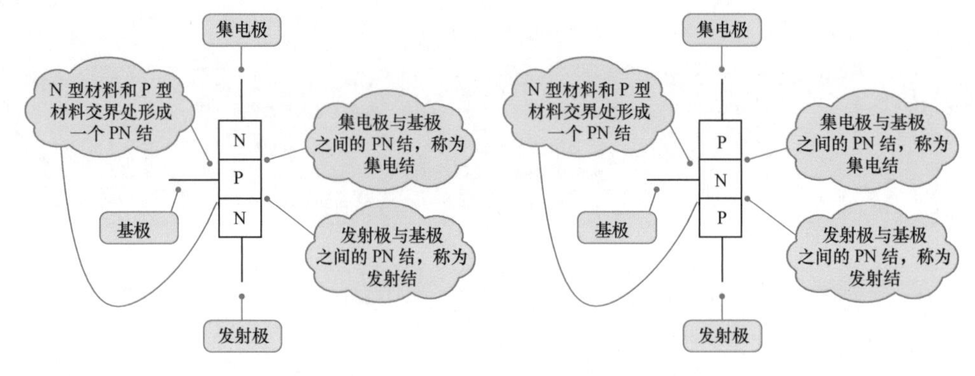

图 2-42　NPN 型三极管示意图　　图 2-43　PNP 型三极管示意图

重要提示

2-24：三极管各电极电流

三极管共有 3 个电极，各电极的电流分别是：基极电流，用 I_B 表示；集电极电流，用 I_C 表示；发射极电流，用 I_E 表示。

三极管各电极电流之间的关系、示意图和说明见表 2-5。无论是 NPN 型还是 PNP 型三极管，3 个电极电流之间的关系相同，但是各电极电流方向不同。

表 2-5 三极管各电极电流之间的关系、示意图和说明

电流关系	示意图	说明
$I_C=\beta I_B$ 集电极与基级之间的电流关系	I_B I_C I_E NPN 型 I_C I_B I_E PNP 型	β 为三极管电流放大倍数 集电极电流是基级电流的 β 倍，三极管的电流放大倍数 β 一般大于几十，由此说明只要用很小的基极电流，就可以控制较大的集电极电流
$I_E= I_B= I_C=$（1+β）I_B 三个电极之间的电流关系		三个电流中，I_E 最大，I_C 其次，I_B 最小。I_E 和 I_C 相差不大，它们远比 I_B 大

课堂测试 2.12

选择题：

（1）三极管共有（ ）根引脚。

A.2　　B.3　　C.4　　D.5

（2）三极管三个电极电流中，（ ）电流最大。

A. 基极　　B. 不一定是发射极　　C. 集电极　　D. 发射极

答案与解析 2.12

（1）B。三极管共有 3 根引脚，虽然大功率三极管表面只有两根引脚，但是它的金属外壳是集电极。4 根引脚的高频三极管，它的外壳是第 4 根接地引脚，这根引脚不参与三极管的信号放大，只需将三极管外壳接电路的地线。

（2）D。三极管 3 个电极电流中，发射极电流最大，因为三极管各个电极之间关系是发射极电流略大于集电极电流，远大于基极电流。

4 三极管能够放大信号的理解方法

2-25：多种方法理解三极管放大原理和归纳小结

三极管具有电流放大作用，它是一个电流控制器件。

所谓电流控制器件是指它用很小的基极电流 I_B 来控制比较大的集电极电流 I_C 和发射极电流 I_E，没有 I_B 就没有 I_C 和 I_E。

在 $I_C=\beta I_B$ 中，β 是大于几十的，只要有一个很小的输入信号电流 I_B，就有一个很大的输出信号电流 I_C 出现。由此可见，三极管能够对输入电流进行放大。在各种放大器电路中，就是用三极管的这一特性来放大信号的。

重要提示

在三极管电路中，三极管的输出电流 I_C 或 I_E 是有直流电源提供的，基极电流 I_B 则是一部分由所要放大的信号源电路提供，另一部分也是由直流电源提供的。

如果三极管没有电流 I_B，三极管就处于截止状态，直流电源就不会为三极管提供 I_C 和 I_E，I_C 和 I_E 都是由直流电源直接提供的（除了 I_E 中很小的 I_B 是基极输入电流）。

基极电流 I_B 由两部分组成：直流电源提供的静态偏置电流和由信号源提供的信号电流。

由上述分析可知，三极管能将直流电源的电流按照输入电流 I_B 的要求（变化规律）转换成相应的

电流 I_C 和 I_E，并不是对输入三极管的基极电流进行直接放大，从这个角度上讲三极管是一个电流转换器件，即用基极电流来控制直流电源流过三极管集电极和发射极的电流，图 2-44 所示为三极管电流控制作用示意图。

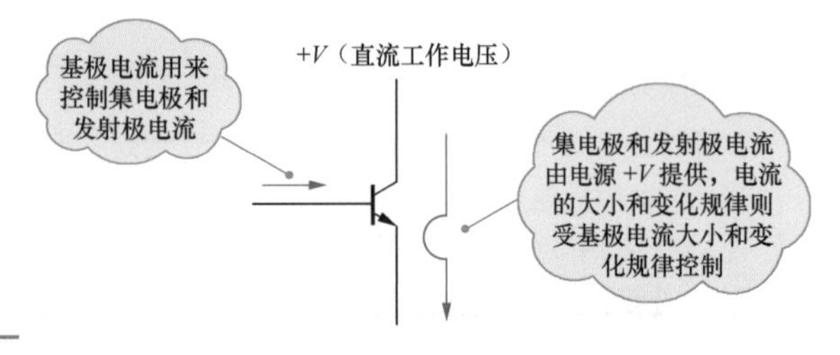

图 2-44　三极管电流控制作用示意图

重要提示

所谓三极管的电流放大作用，就是将直流电源的电流，按输入电流 I_B 的变化规律转化成 I_C、I_E。由于基极电流 I_B 很小，而集电极电流 I_C 和发射极电流 I_E 很大，所以三极管具有电流放大作用。

2-26：初步了解三极管的三种工作状态

5 三极管三种工作状态电流特征

三极管共有三种工作状态：截止状态、放大状态和饱和状态。用于不同作用和场合时，三极管的工作状态是不同的。三极管三种工作状态定义和电流特征说明见表 2-6。

表 2-6　三极管三种工作状态定义和电流特征说明

工作状态	定义	电流特征	说明
截止状态	集电极与发射极之间内阻很大	I_B=0 或很小，I_C 和 I_E 也为零或很小	利用电流为零或很小的特征，可以判断三极管已处于截止状态
放大状态	集电极与发射极之间内阻受基极电流大小控制，基极电流大，其内阻小	$I_C=\beta I_B$，$I_E=(1+\beta) I_B$	有一个基极电流就有一个对应的集电极和发射极电流，基极电流能够有效地控制集电极电流和发射极电流
饱和状态	集电极与发射极之间内阻很小	各电极电流均很大，基极电流已无法控制集电极电流和发射极电流	电流放大倍数 β 已很小，甚至小于 1

课堂测试 2.13

选择题：

（1）三极管放大器在放大信号过程中，输出信号大于输入信号，这增大的能量来自（　）。

A. 三极管本身的放大作用　　B. 直流电源

C. 交流电源　　D. 交流和直流电源的混合作用

（2）三极管处于截止状态时，其集电极和发射极之间（　）。

A. 电流很大　　B. 电压很小　　C. 内阻很大　　D. 内阻很小

2-27：深入掌握三极管截止、饱和、放大状态

答案与解析 2.13

（1）B。三极管本身没有对信号的放大能力，它实际上是将直流电源的能量转换成相应的交流信号；让三极管进入放大状态的电源只能是直流电源。

（2）C。三极管处于截止状态时，其集电极和发射极之间内阻很大，这时各个电极的电流均很小。

2.2.2　深入学习：三极管的三种工作状态

三极管有截止、放大、饱和三种不同的工作状态。

掌握三极管三种工作状态的原理和电路特征对学习放大器电路非常重要，这部分知识必须深入掌握，且要学会灵活运用，这是分析三极管放大器电路工作原理的重中之重。

1 信号的放大和传输

图 2-45 所示为三极管在共发射极放大器中的信号放大和传输示意图，经过三极管放大器放大后，

输出信号幅度增大。在共发射极放大器中，原来的输入信号正半周变成了输出信号的负半周，原来的输入信号负半周变成了输出信号的正半周。

2 信号的非线性失真

所谓非线性可以这样理解：给三极管输入一个标准的正弦信号，从三极管输出的信号已不是一个标准的正弦信号，输出信号与输入信号不同就是失真，图 2-46 所示是非线性失真信号波形示意图，输入信号是一个标准的正弦信号，可是经过放大器后的输出信号有一个半周产生了削顶，如图 2-46 所示。

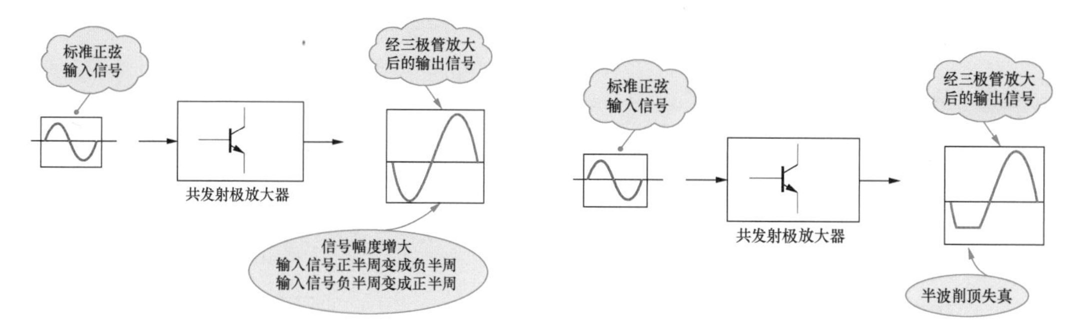

图 2-45　三极管在共发射极放大器中的信号放大和传输示意图　　图 2-46　非线性失真信号波形示意图

重要提示

产生这一失真的原因是三极管非线性，这在三极管放大器电路中是不允许的，需要通过三极管直流电路的设计来减小失真和克服失真。

3 三极管的截止工作状态

重要提示

用来放大信号的三极管不应工作在截止状态。倘若输入信号部分进入了三极管的截止区，则输出信号会产生非线性失真。

如果三极管基极上输入信号的负半周进入三极管截止区，将引起削顶失真。注意，在共发射极放大器中，三极管基极上的负半周信号对应于三极管集电极的正半周信号，所以三极管集电极输出信号的正半周被三极管的截止区去掉，如图 2-47 所示。

2-28：三极管主要参数的讲解

重要提示

三极管截止区会引起三极管输入信号的负半周削顶失真，可以用图 2-48 所示的示意图来说明。从图中可以看出，由于输入信号设置不恰当，其负半周信号的一部分进入三极管的截止区，这样负半周部分信号被削顶，出现非线性失真问题。

当三极管用于开关电路时，三极管的一个工作状态就是截止状态。注意，开关电路中三极管不用来放大信号，所以不存在这样的削顶失真问题。

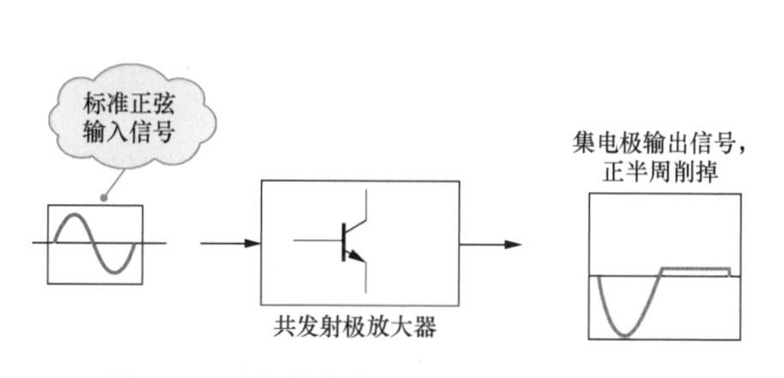

图 2-47　三极管截止区造成的削顶失真

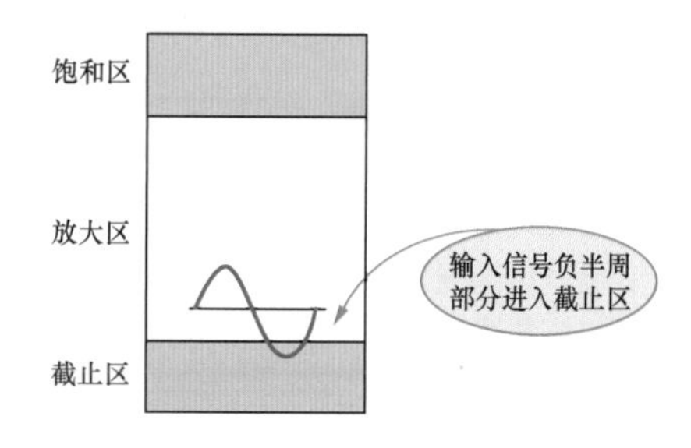

图 2-48　输入信号进入截止区示意图

2-29：快速了解各类电路中的三极管作用

选择题：

（1）三极管放大器产生非线性失真的原因是（　），应严格控制这种失真。

A. 三极管静态电流太大　　B. 三极管质量问题

C. 三极管的非线性　　D. 三极管静态电流太小

（2）（　）状态不是三极管三种工作状态中的一种。

A. 截止　　B. 饱和　　C. 放大　　D. 击穿

答案与解析 2.14

（1）C。三极管放大器产生非线性失真的原因是三极管静态工作电流没有设置好，因为三极管本身是一个非线性元器件。三极管静态电流太大或是太小都会造成三极管的非线性失真，不只是电流偏大或偏小。

（2）D。截止、饱和、放大是三极管的三种工作状态，击穿说明三极管已损坏，电击穿还能使三极管断电恢复正常，但是热击穿使三极管永久性损坏了。

4　三极管的放大工作状态

当三极管用来放大信号时，三极管工作在放大状态，输入三极管的信号进入放大区，如图 2-49 所示，这时的三极管是线性的，信号不会出现非线性失真。

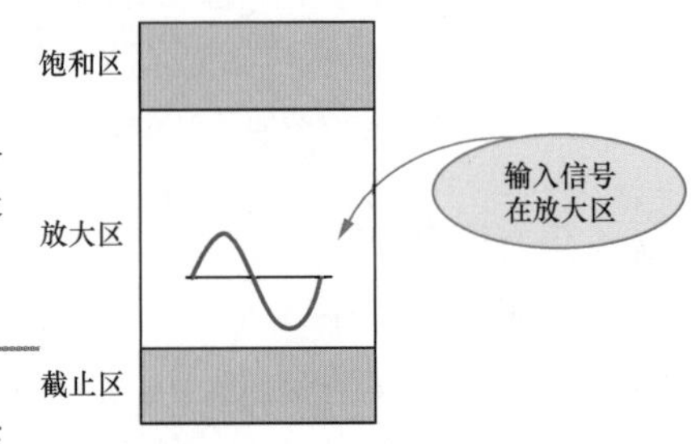

图 2-49　输入信号在放大区示意图

重要提示

在放大状态下，$I_C=\beta I_B$ 中 β 的大小基本不变，有一个基极电流就有一个与之相对应的集电极电流。β 值基本不变是放大区的一个特征。

在线性状态下，给三极管输入一个正弦信号，三极管输出的也是正弦信号，此时输出信号的幅度比输入信号要大，如图 2-50 所示，说明三极管对输入信号已有了放大作用，但是正弦信号的特性未改变，所以没有非线性失真。

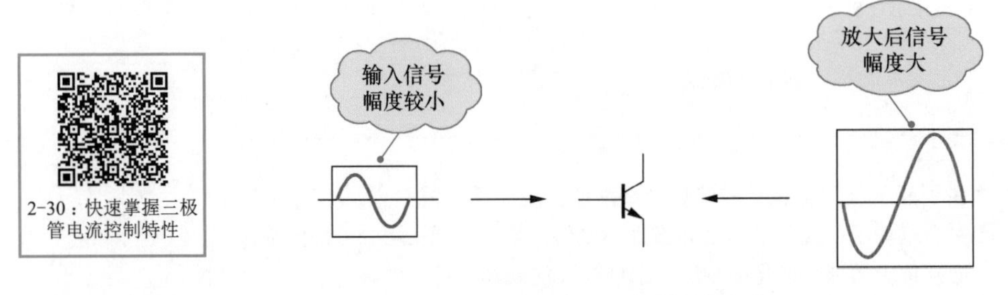

图 2-50　信号放大示意图

重要提示

输出信号的幅度变大，这也是一种失真，称为线性失真。在放大器中这种线性失真是需要的，没有这种线性失真放大器就没有放大能力。显然，线性失真和非线性失真不同。

无论是 NPN 型三极管还是 PNP 型三极管，要想三极管进入放大工作状态，必须给三极管各个电极一个合适的直流电压。归纳起来是两个条件：给三极管的集电结加反向偏置电压，给三极管的发射结加正向偏置电压，图 2-51 所示为放大状态下两个 PN 结偏置状态示意图。

放大状态下，集电结反向偏置后，集电结内阻大，使三极管输出端的集电极电流不能流向三极管的输入端基极，如图 2-52 所示，使三极管进入正常放大状态。

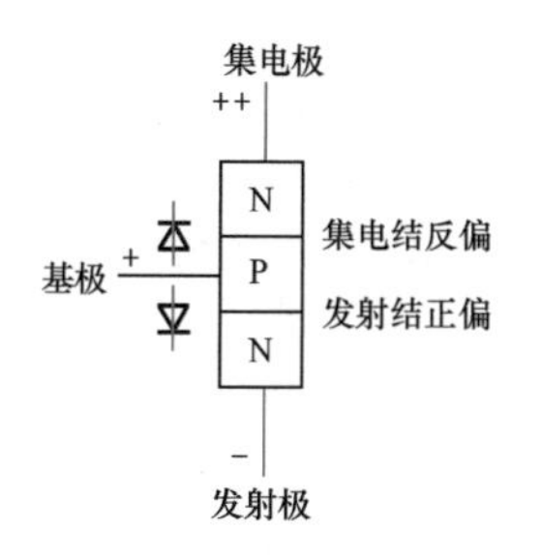

图 2-51　放大状态下两个 PN 结偏置状态示意图

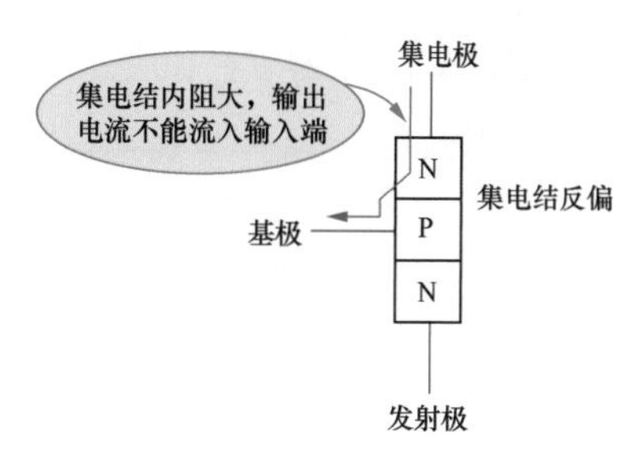

图 2-52　集电结反向偏置示意图

放大状态下，发射结正向偏置后，发射结内阻很小，使三极管基极输入信号电流通过导通的发射结流入三极管的发射极，如图 2-53 所示，使放大器进入正常放大状态。

5　三极管的饱和工作状态

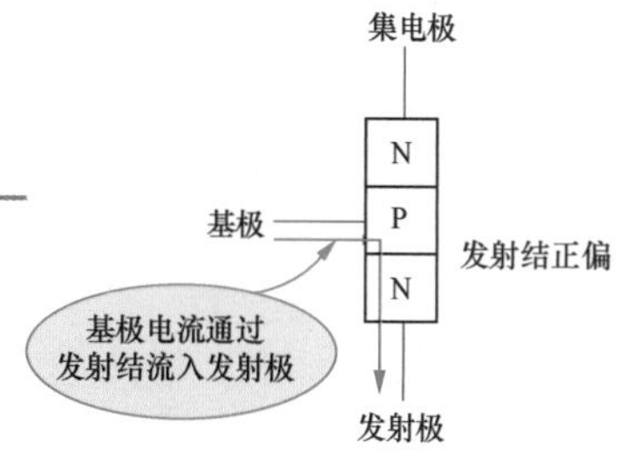

图 2-53　发射结正向偏置示意图

重要提示

三极管在放大工作状态的基础上，进一步增大基极电流，三极管将进入饱和状态，这时的三极管电流放大倍数 β 要下降许多，饱和得越深其 β 值越小，电流放大倍数 β 一直能到小于 1 的程度，这时三极管没有放大能力。

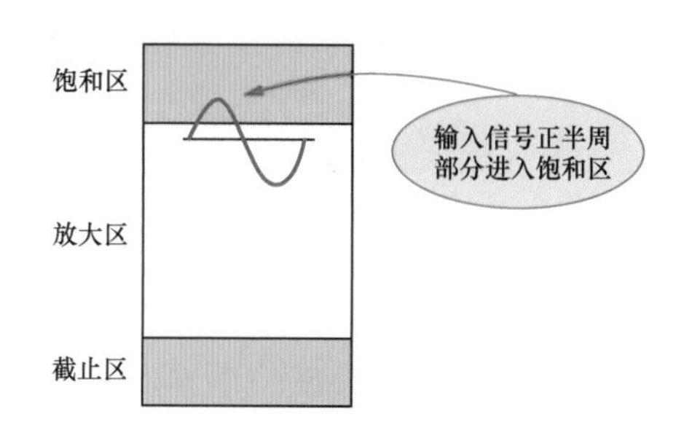

图 2-54　输入信号正半周进入三极管饱和区示意图

图 2-54 所示为输入信号正半周进入三极管饱和区示意图，通常是输入信号的正半周信号或部分正半周信号进入三极管饱和区。

在三极管处于饱和状态时，输入三极管的信号要进入饱和区。这也是一个非线性区。图 2-55 所示为三极管进入饱和区后造成信号的失真示意图，它与截止区信号失真不同的是，加在三极管基极信号的正半周进入饱和区，在集电极输出信号中是负半周被削掉，所以放大信号时三极管也不能进入饱和区。

当三极管进入饱和状态时，三极管发射结和集电结同时处于正向偏置状态，如图 2-56 所示，这是三极管饱和状态的特征，这时基极电压高于发射极电压和集电极电压。

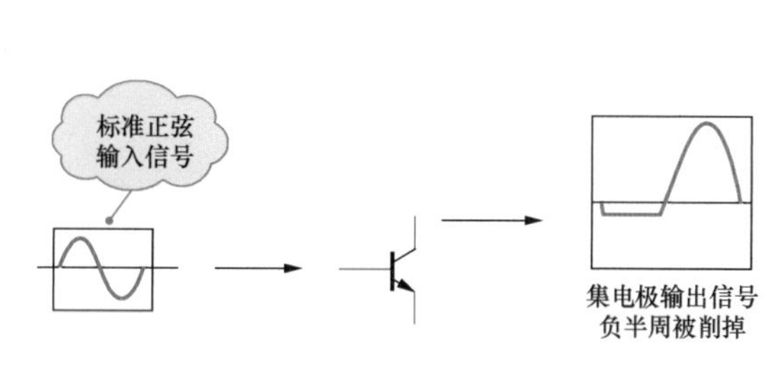

图 2-55　三极管进入饱和区后造成信号的失真示意图

集电极
+
N
P
N
基极
++
集电结正偏
发射结正偏
-
发射极

图 2-56　饱和状态下两个 PN 结偏置状态示意图

重要提示

在三极管开关电路中，三极管的另一个工作状态是饱和状态。由于三极管开关电路不放大信号，所以也不会存在这样的失真。

在三极管开关电路中，三极管从截止状态迅速地通过放大状态而进入饱和状态，或是从饱和状态迅速地进入截止状态，不停留在放大状态。

2-33：电流回路分析认识

课堂测试 2.15

选择题：

（1）三极管处于放大状态时，（　）电流就能控制较大的集电极电流。

A. 很小的基极　B. 很大的基极　C. 很大的发射极　D. 很小的发射极

（2）当三极管处于饱和状态时，（　）处于正向偏置状态。

A. 集电结　B. 集电结和发射结　C. 发射结　D.NPN 型管集电结

答案与解析 2.15

（1）A。三极管处于放大状态时，三极管的特性就是用很小的基极电流控制发射极和集电极电流。

（2）B。当三极管处于饱和状态时，它的两个 PN 结均处于正向偏置状态，不是只有一个 PN 结处于正向偏置状态，这是三极管饱和时的特征。

2.3 深入掌握：三极管偏置电路的工作原理

三极管工作离不开直流电路，若三极管直流电路工作不正常，就不可能使三极管交流电路正常工作。另外，由于业余测量条件的限制，对三极管电路的故障检查就是通过测量三极管各个电极直流工作电压来进行的，用三极管直流电路工作状态来推理三极管的交流工作状态，所以掌握三极管直流电路工作原理是学习三极管电路的重中之重。

为了使三极管工作在放大状态下，必须给三极管一定的工作条件，即给三极管各个电极一个合适的直流工作电压，以使三极管各个电极有适当的直流电流，三极管直流偏置电路就是提供这种直流工作电压和电流的电路。

2.3.1 快速学习：三极管电路图形符号识图信息解读

理解电路图形符号中的识别信息，有助于对电路图形符号的记忆，对电路工作原理分析也十分有益。关于识别电子元器件电路图形符号主要说明下列几点。

（1）电子元器件的电路图形符号中含有电路分析中所需要的识图信息，最基本的识图信息是通过电路图形符号了解该元器件有几根引脚，如果引脚有正、负极性之分，在电路图形符号中也会有各种表达方式。

（2）元器件电路图形符号具有形象化的特点，其每一个笔画或符号都表达了特定的识图信息。

（3）电路图形符号中的字母是该元器件英语单词的第一个字母，如变压器用 T 表示，它是英语 Transformer 的第一个字母。

（4）一些元器件的电路图形符号还能表示该元器件的结构和特性。

三极管种类虽然很多，但是只有 PNP 型和 NPN 型两大类，这两类三极管各电极电流方向不同，其电路图形符号也是不同的。

三极管电路图形符号中发射极箭头的方向表示三极管各个电极电流流动的方向，利用这一点可以方便地分析电路中各个电极电流的流动方向。

掌握各个电极的电流流动方向对分析三极管电路十分重要，特别是对三极管直流电路的分析和故障检修。

1 NPN 型三极管

图 2-57 所示为 NPN 型三极管电路图形符号指示电流方向信息示意图，根据发射极箭头方向可以知道不同极性 NPN 型三极管的集电极、发射极之间电流的流动方向。

图 2-57　NPN 型三极管电路图形符号电流方向信息示意图

2 PNP 型三极管

图 2-58 所示为 PNP 型三极管电路图形符号指示电流方向信

息示意图，根据发射极箭头方向可以知道不同极性 PNP 型三极管的集电极、发射极之间电流的流动方向。

3 NPN 型三极管基极电流方向

图 2-59 所示为 NPN 型三极管基极电流方向信息判断示意图。

借助于电路图形符号中发射极箭头方向，可以方便地记忆三个电流的流动方向。对于 NPN 型三极管而言，发射极箭头朝外，所以，NPN 型三极管的发射极电流是从管内流向管外的。

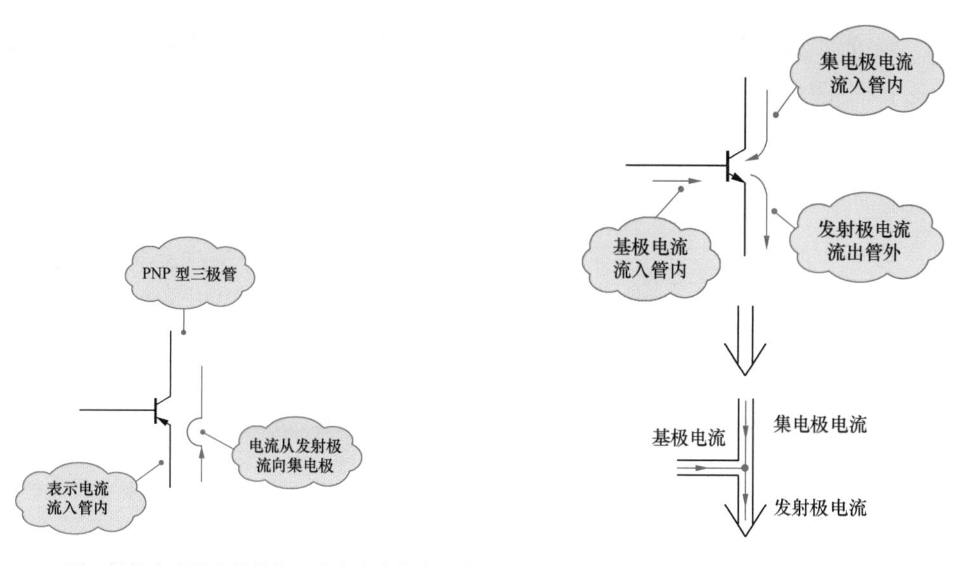

图 2-58　PNP 型三极管电路图形符号指示电流方向信息示意图　图 2-59　NPN 型三极管基极电流方向信息判断示意图

重要提示

综上所述，先根据电路图形符号，找出三极管发射极电流的流动方向，便可以推出集电极和基极电流的方向。

4 PNP 型三极管基极电流方向

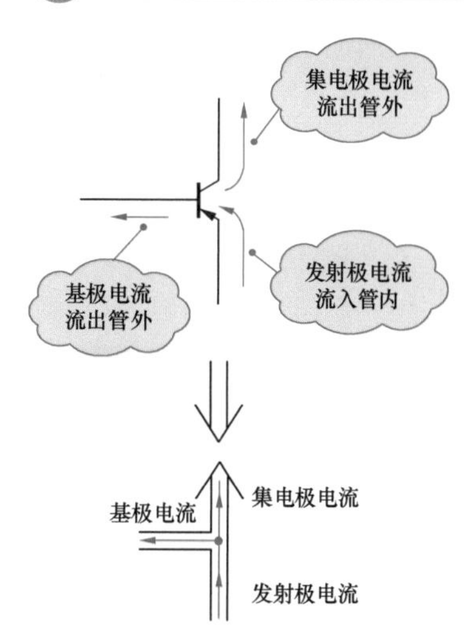

图 2-60　PNP 型三极管基极电流方向信息判断示意图

图 2-60 所示为 PNP 型三极管基极电流方向信息判断示意图。PNP 型三极管的发射极电流流入三极管内，这样集电极和基极的电流应该流出三极管外。

课堂测试 2.16

选择题：

（1）从三极管电路图形符号中可以看出各电极的电流流动方向，这主要是看（　）。

A. 三极管的字母标注　　B. 基极上是否有箭头

C. 发射极上箭头方向　　D. 集电极上是否有箭头

（2）在三极管电路图形符号中，不能看出三极管（　）。

A. 基极电流方向　　B. 各引脚

C. 极性　　D. 型号

2-36：了解三极管偏置电路作用

答案与解析 2.16

（1）C。三极管电路图形符号中，发射极上有箭头，它表示了发射极电流的方向，而三极管电流之间关系是发射极电流等于基极和集电极电流之和，这样就能通过三极管电路图形符号方便地知道各个电极的电流方向，而不必死记硬背各个电极的电流方向，对三极管电路分析十分有用。

（2）D。在三极管电路图形符号中能够通过发射极箭头方向知道基极电流方向；也能直接看出各个引脚；通过发射极箭头也能知道是 NPN 型还是 PNP 型三极管；三极管电路图形符号中不标出型号信息。

2.3.2　轻松掌握：三极管电路分析方法

三极管有静态和动态两种工作状态。未加信号时三极管的直流工作状态称为静态，此时各个电极电流称为静态电流。给三极管加入交流信号之后的工作电流称为动态工作电流，这时三极管是交流工作状态，即动态。

一个完整的三极管电路分析有 4 个步骤：直流电路分析、交流电路分析、元器件作用分析和修理识图。

1　三极管直流电路分析方法

2-37：三极管电路分析的四项主要内容

重要提示

直流工作电压加到三极管各个电极上，主要有两条直流电路。

（1）三极管集电极与发射极之间的直流电路。

（2）基极直流电路。分析基极直流电路可以掌握直流工作电压是如何加到集电极、基极和发射极上的。

图 2-61 所示是放大器直流电路分析示意图。对于一个单级放大器而言，直流电路分析主要包括直流供电分析、基极电流回路分析和集电极与发射极电流回路分析三个部分。

在分析三极管直流电路时，由于电路中的电容具有隔直特性，所以可以将它们看成开路，这样该电路就可以画成图 2-62 所示的直流等效电路。

2-38：三极管直流电路分析

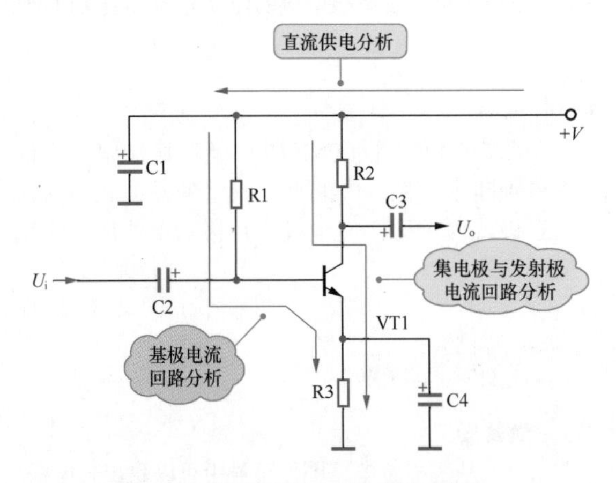

图 2-61　放大器直流电路分析示意图

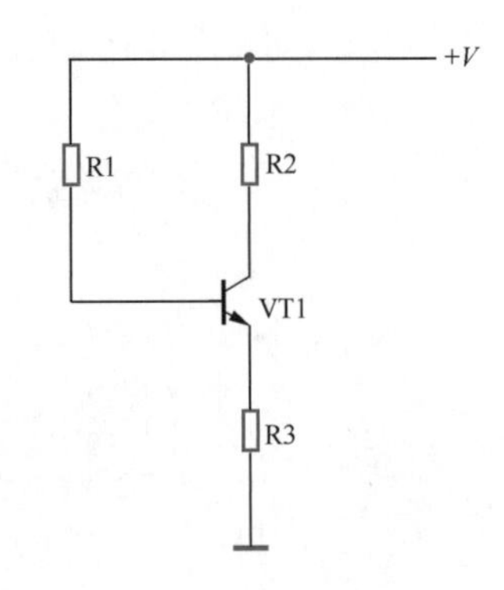

图 2-62　三极管直流等效电路

2　三极管交流电路分析方法

交流电路分析主要是交流信号的传输路线分析，确认信号从哪里输入到放大器中，信号在这级放大器中具体经过了哪些元器件，信号最终从哪里输出。图 2-63 所示为交流信号传输路线分析示意图。

分析信号在传输过程中经历了哪些处理环节，如信号在哪个环节放大，在哪个环节衰减，在哪个环节不放大也不衰减，是否受到了补偿等。

这一电路中的信号经过了 C1、VT1、C3、VT2 和 C4，其中 C1、C3 和 C4 是耦合电容器，对信号没有放大和衰减作用，只是起着将信号传输到下级电路中的耦合作用；VT1 和 VT2 对信号起到放大作用。

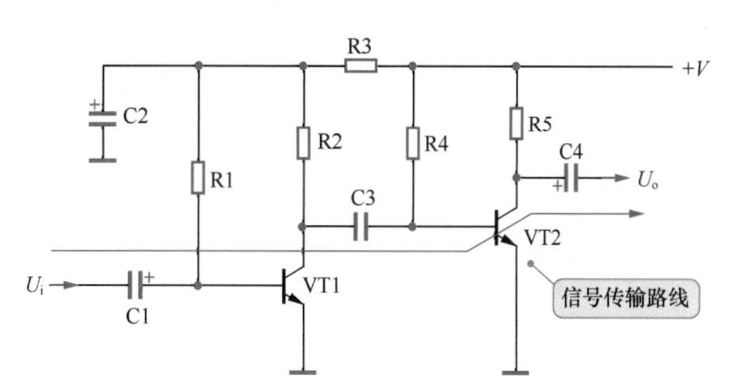

图 2-63　交流信号传输路线分析示意图

3 元器件作用分析方法

（1）元器件的特性是电路分析关键。分析电路中元器件的作用时，应依据该元器件的主要特性来进行。例如，耦合电容器让交流信号无损耗地通过，同时隔断直流信号，这一分析的理论根据是电容器隔直通交特性。

（2）元器件在电路中具体作用分析。电路中的每个元器件都有它的特定作用，通常一个元器件起一种特定的作用，当然也有一个元器件在电路中起两个作用的。电路分析要求理解每一个元器件在电路中的具体作用。

（3）元器件作用简化分析方法。对元器件作用的分析可以进行简化，掌握了元器件在电路中的作用后，不必每次对各个元器件都进行详细分析。例如，掌握耦合电容器的作用之后，不必对每一个耦合电容器都进行分析，只要分析电路中哪个是耦合电容器即可。图 2-64 所示为耦合电容器示意图。

2-39：三极管交流电路和元器件作用分析

4 三极管基极偏置电路分析方法

三极管基极偏置电路分析最为困难，掌握一些电路分析方法可以方便基极偏置电路的分析。

（1）电路分析的第一步是在电路中找出三极管的电路符号，如图 2-65 所示，然后在三极管电路符号中找出基极，这是分析基极偏置电路的关键一步。

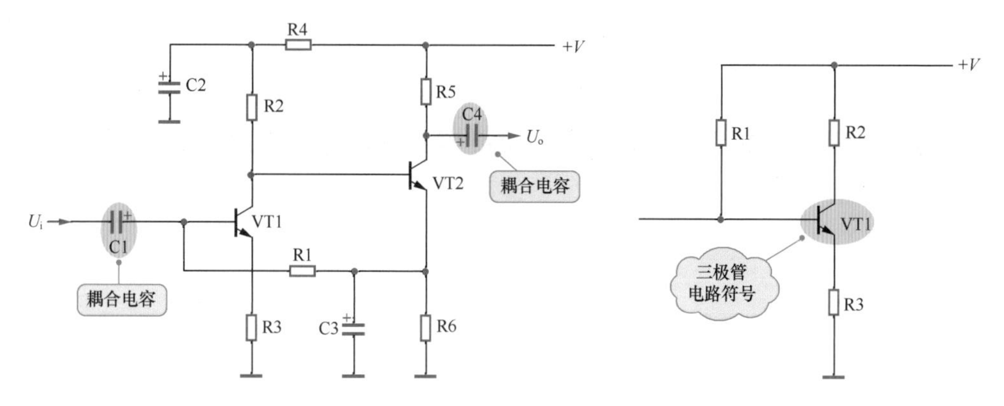

图 2-64　耦合电容器示意图

图 2-65　第一步示意图

（2）从基极出发，将基极与电源端（+*V* 端或 -*V* 端）相连的所有元件找出来，如电路中的 R1，再将基极与地线端相连的所有元件找出来，如电路中的 R2，如图 2-66 所示，这些元器件构成基极偏置电路的主体电路。

重要提示

上述与基极相连的元器件中，区别哪些元器件可能是偏置电路中的元器件。电阻器有可能构成偏置电路，电容器具有隔直作用而视为开路，所以在分析基极直流偏置电路时，不必考虑电容器。

（3）确定偏置电路中的元器件后，进行基极电流回路的分析，如图 2-67 所示。基极电流回路是：直流工作电压 +*V* →偏置电阻 R1 → VT1 基极→ VT1 发射极→ VT1 发射极电阻 R3 →地线。

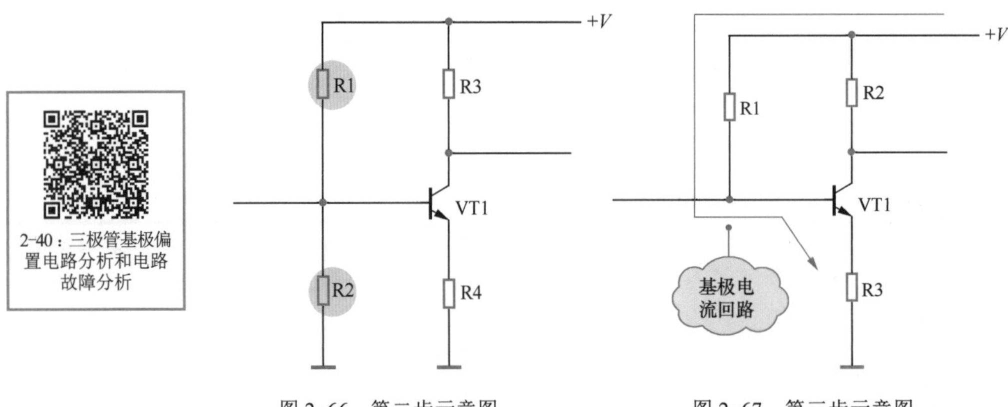

图 2-66　第二步示意图　　　　图 2-67　第三步示意图

偏置电路小结：晶体三极管偏置电路中，基极偏置电压极性与集电极的一致，无论何种偏置电路，集电极电压低于发射极电压时，基极电压也低于发射极电压；集电极电压高于发射极电压时，基极电压也高于发射极电压。

2-41：三极管固定式偏置电路分析

选择题：

（1）分析三极管直流电路工作原理时，可以将电容看成（　）。

A. 一个电阻　　B. 漏电　　C. 开路　　D. 短路

（2）三极管放大器有直流和交流两种工作状态，（　）是决定性的。

A. 交流电路　　B. 直流和交流电路都不　　C. 直流电路不　　D. 直流电路

（1）C。因为对于直流电而言，电容器相当于开路，所以分析直流电路时将电容器断开，以减少对电路分析的干扰。

（2）D。三极管放大器中，需要直流工作电压，且没有正常直流工作就没有正常的交流工作状态。

2.3.3　深入掌握：三极管集电极 – 基极负反馈式偏置电路的工作原理

集电极 – 基极负反馈式偏置电路是三极管偏置电路中用得最多的一种偏置电路，它只用一只偏置电阻构成偏置电路。

1　典型三极管集电极 – 基极负反馈式偏置电路

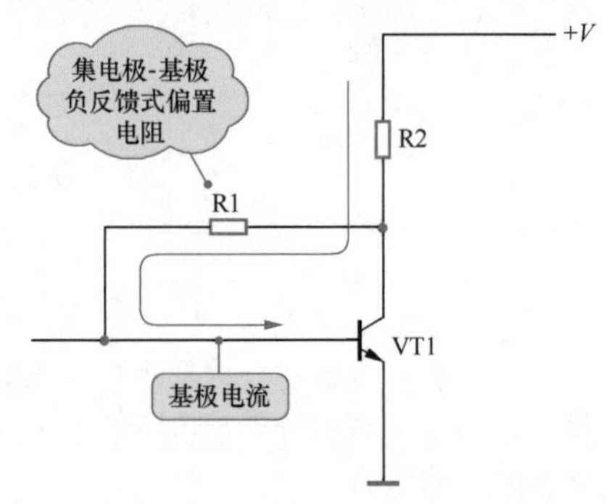

图 2-68　正电源供电 NPN 型三极管

图 2-68 所示为典型的三极管集电极 – 基极负反馈式偏置电路。电路中的 VT1 是 NPN 型三极管，采用正极性直流电源 +V 供电，R1 是集电极 – 基极负反馈式偏置电阻。

电阻 R1 接在 VT1 集电极与基极之间，这是偏置电阻，R1 为 VT1 提供了基极电流回路，其基极电流回路是：直流工作电压 +V 端→ R2 → VT1 集电极→ R1 → VT1 基极→ VT1 发射极→地端，这一回路中有电源 +V，所以有基极电流。

由于 R1 接在集电极与基极之间，并且 R1 具有负反馈的作用，所以称为集电极 - 基极负反馈式偏置电路。

2　电阻 R1 大小对电路工作的影响

偏置电阻 R1 的阻值大小决定了三极管 VT1 的静态工作状态，从而就决定了三极管的动态工作情况，因为静态工作状态决定动态工作情况。三极管 VT1 静态工作不正常，将会影响三极管 VT1 对交流信号的放大，所以静态工作状态很重要。

2-42：三极管分压式偏置电路分析

当偏置电阻 R1 阻值增大时，流过 VT1 的静态基极电流减小，使 VT1 静态集电极电流和发射极电流均减小，VT1 将向截止工作状态变化。

当偏置电阻 R1 阻值减小时，流过 VT1 的静态基极电流增大，使 VT1 静态集电极电流和发射极电流均增大，VT1 将向饱和工作状态变化。

知识扩展：三极管偏置电路的种类

三极管偏置电路中有三种常见的典型电路，除了上述讲解的集电极 - 基极负反馈式偏置电路之外，还有下列两种电路。

2-43：三极管负反馈式偏置电路分析

（1）固定式偏置电路。它是用一只偏置电阻构成偏置电路，是最简单的一种偏置电路，性能最差。

（2）分压式偏置电路。它是用两只偏置电阻构成偏置电路。

课堂测试 2.18

选择题：

（1）三极管集电极 - 基极负反馈式偏置电路中，偏置元件接在三极管（　）之间。

A. 基极与电源　B. 集电极和发射极　C. 基极和发射极　D. 基极和集电极

（2）三极管典型的集电极 - 基极负反馈式偏置电路由（　）构成。

A. 2 只电阻器　B.1 只电容器　C.1 只电阻器　D. 多只电阻器

2-44：三极管集电极和发射极直流电路分析（1）

答案与解析 2.18

（1）D。三极管偏置电路中，固定式偏置电阻接在基极与电源之间；集电极和发射极之间的电阻不构成偏置电路；基极和发射极之间的电阻不构成偏置电路。

（2）C。分压式偏置电阻采用两只偏置电阻；电容器不能通直流，所以它不能构成三极管偏置电路；三极管的一些变形偏置电路可以由多只电阻构成。

2-45：共发射极放大器电路分析

2.4　深入掌握：三极管发射极放大器电路的工作原理

必须学好和掌握三极管发射极放大器电路的工作原理，因为它是最常用的三极管放大器，三极管单级放大器是一切放大系统电路的基础。

图 2-69 所示为共发射极放大器，VT1 是放大管，U_i 是需要放大的输入信号，U_o 是经过该单级放大器放大后的输出信号。

2.4.1　精细阅读：学会直流和交流电路分析

学会放大器的直流电路和交流电路分析是分析放大器的基础。

对于放大器电路而言，首先分析直流电路，然后再分析交流电路，交流电路的工作是建立在直流电路基础上的。

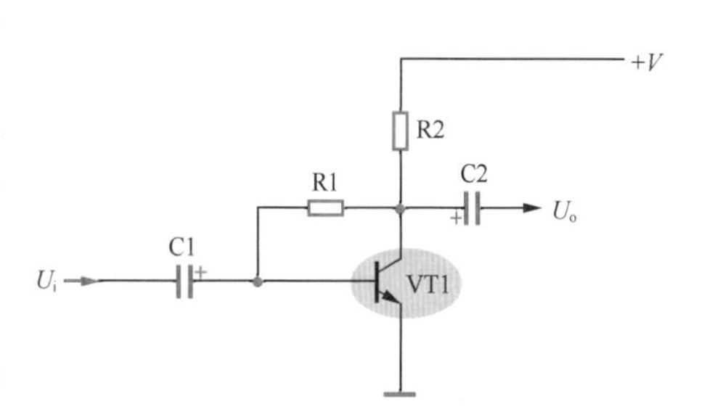

图 2-69　共发射极放大器

1　直流电路分析

在掌握前面讲述的三极管直流电路工作原理之后，分析这一单管放大器直流电路是十分方便和容易的。

（1）VT1 集电极直流电压供给电路分析。图 2-70 所示为VT1 集电极直流电压供给电路示意图，+*V* 是直流工作电压，VT1 集电极通过R2 得到直流工作电压，R2 为 VT1 集电极负载电阻。

（2）VT1 基极直流电压供给电路分析。图 2-71 所示为 VT1 基极直流电压供给电路示意图，直流工作电压 $+V$ 经过集电极负载电阻 R2 和基极偏置电阻 R1，加到 VT1 基极，使 VT1 基极得到基极直流电压。

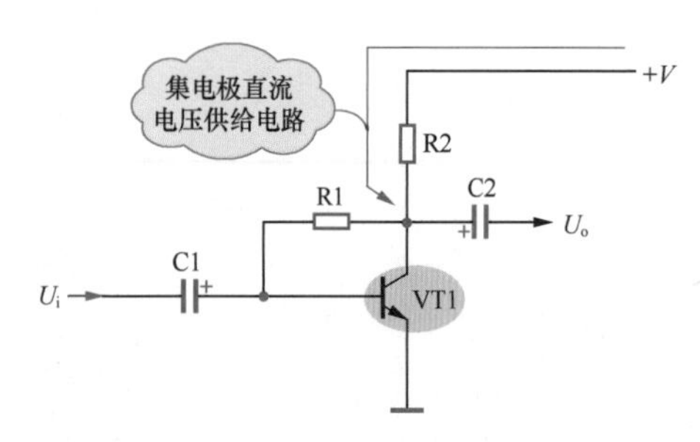

图 2-70　VT1 集电极直流电压供给电路示意图

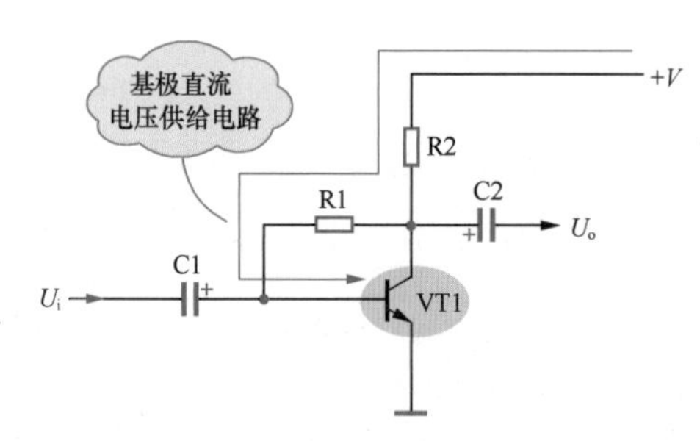

图 2-71　VT1 基极直流电压供给电路示意图

2-46：三极管共发射极放大器电路分析（2）

VT1 基极直流电压是经过了 R2 和 R1 两只电阻，并且是先经过 R2，再经过 R1。这样的直流电路分析指引了电路故障检修的思路，即应该先检查电阻 R2，再检查电阻 R1。

（3）VT1 发射极直流电路分析。VT1 发射极直接与地线相连，没有任何元器件串联在 VT1 发射极回路中。

重要提示

电路分析中，如果已经掌握和理解了偏置电阻的作用，那么在电路分析中只要认出哪只电阻是偏置电阻就可以了，不必再对偏置电阻的具体工作原理进行分析。例如，电路中的 R1 是 VT1 偏置电阻。

2　共发射极放大器信号的传输过程

放大器交流电路分析主要包括下列两项内容。

（1）信号传输过程分析。

（2）信号放大和处理过程分析。

图 2-72 所示为共发射极放大器信号传输过程示意图，VT1 是这一电路的中心元器件，R1 是偏置电阻，R2 是集电极负载电阻，C1 和 C2 分别是输入端和输出端耦合电容器。输入信号 U_i 从 VT1 基极和发射极之间输入，输出信号 U_o 取自于集电极和发射极之间。

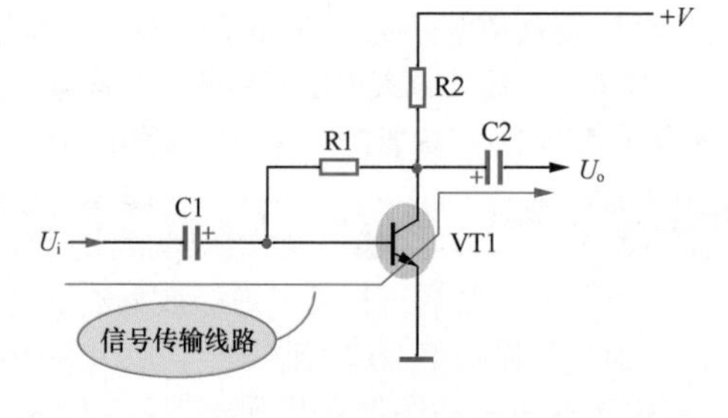

图 2-72　共发射极放大器信号传输过程示意图

输入信号 U_i 由三极管 VT1 放大为输出信号 U_o，信号在这一放大器中的传输路线为：输入信号 U_i →输入端耦合电容 C1 → VT1 基极→ VT1 集电极→输出端耦合电容 C2 →输出信号 U_o。

重要提示

故障检修中需要了解信号在放大器电路中是如何传输的，分析信号传输线路的重要目的之一是方便检修电路故障。

2-47：耦合电容对电路的影响

3　信号放大和处理过程分析

（1）输入端耦合电容器 C1。它起耦合信号的作用，即对信号进行无损耗的传输，对信号无放大无衰减。它在放大器输入端，所以称为输入端耦合电容器，放大器中需要许多这样的输入端耦合电容器。

（2）放大管 VT1。对输入信号具有放大作用。加到 VT1 基极的输入信号电压引起基极电流变化，基极电流被放大 β 倍后作为集电极电流输出，所以信号以电流形式得到了放大。

（3）输出端耦合电容器 C2。它起耦合信号的作用，因为在放大器的输出端，所以称为输出端耦合电容器，放大器电路中需要许多这样的输出端耦合电容器。

课堂测试 2.19

选择题：

（1）在分析单级放大器直流电路工作原理时，关键是找出（　）。

A. 输出端耦合电容　B. 输入端耦合电容　C. 偏置电阻　D. 三极管

（2）共发射极放大器电路中，直流和交流信号（　）输入三极管电极。

A. 分别从两个电极　B. 分别　C. 一前一后　D. 同时

2-48：精细讲解三极管静态电流

答案与解析 2.19

（1）C。偏置电阻决定了三极管的偏置电流，所以它是关键。电容器具有隔直特性，与直流电路分析无关。

（2）D。直流和交流信号是叠加在一起的，是同时输入三极管电极的。

2.4.2　精细阅读：学会共发射极放大器中元器件作用分析

了解了单级共发射极放大器中的各个元器件作用后，就可以轻松地分析其他类型的放大器电路，并了解其各个元器件的作用和工作原理。

单级放大器电路中元器件作用分析是一项重要学习内容，掌握元器件在电路中的具体作用是电路分析的基本功之一。

1　集电极负载电阻的作用分析

图 2-73 所示为集电极负载电阻电路。R1 是 VT1 的集电极负载电阻，它有两个作用。

（1）为三极管提供集电极直流工作电压和集电极电流。

（2）将三极管集电极电流的变化转换成集电极电压的变化。

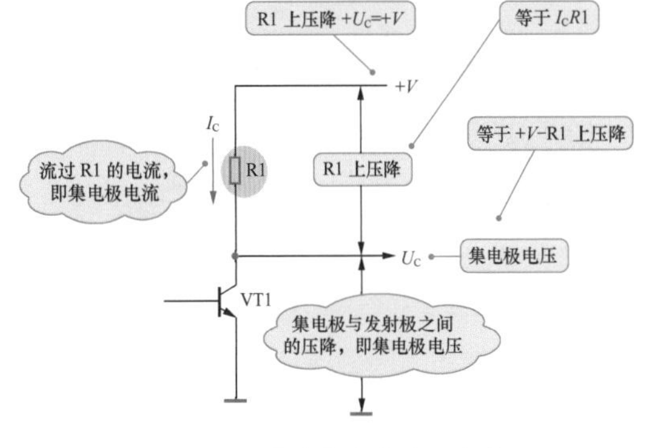

图 2-73　集电极负载电阻电路

集电极电压 U_C 等于直流电压 +V 减去 R1 上的压降。当集电极电流 I_C 变化时，集电极负载电阻 R1 上的压降也变化，由于 +V 不变，所以集电极电压 U_C 相应变化，可见通过集电极负载电阻能将集电极电流的变化转换成集电极电压的变化。

课堂测试 2.20

选择题：

（1）共发射极放大器在放大交流信号时，集电极上的信号是（　）信号。

A. 交流　B. 直流　C. 直流和交流信号的混后　D. 直流减交流

（2）共发射极放大器中，集电极负载电阻将（　）的变化转换成集电极电压的变化。

A. 集电极信号　B. 发射极电流　C. 基极电流　D. 集电极电流

答案与解析 2.20

（1）C。 共发射极放大器在放大交流信号时，集电极上的信号是直流和交流信号的混后信号；通过输出端耦合电容后才是交流信号；在静态时集电极上有直流电压。

（2）D。集电极负载电阻将集电极电流的变化转换成集电极电压的变化。

2 输出端耦合电容的作用分析

图 2-74 所示为输出端耦合电容作用示意图。VT1 集电极上是交流叠加在直流上的复合电压，由于 C1 的隔直通交作用，将集电极上的直流电压隔离，通过 C1 后只有交流电压，其电压幅度与 VT1 集电极上的交流电压幅度相等。

输出端耦合电容器容量大，对交流信号容抗近似为零，所以电路分析中认为耦合电容器对信号传输无损耗。

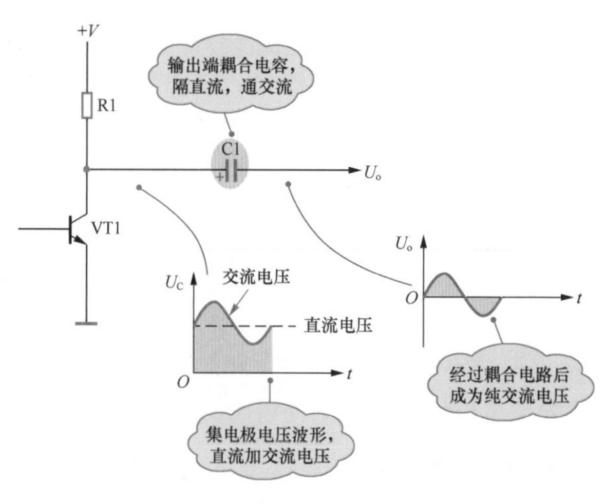

图 2-74 输出端耦合电容作用示意图

3 输入端耦合电容器的作用分析

图 2-75 所示为输入端耦合电容器作用示意图，C1 是输入端耦合电容器。如果没有 C1 的隔直作用（相当于 C1 两根引脚接通），VT1 基极上的直流电压会被 L1 短路到地。

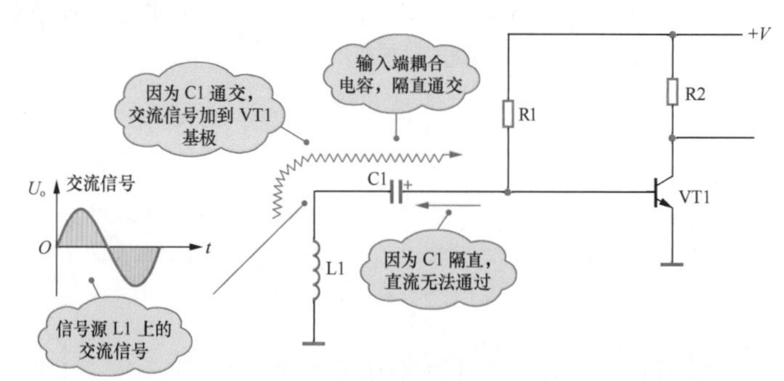

图 2-75 输入端耦合电容器作用示意图

如果没有 C1 的通交作用（相当于 C1 两根引脚断开），信号源 L1 上的信号无法加到 VT1 基极。从图 2-76 中可以看出，加到 VT1 基极的交流输入信号电压与 R1 提供的直流电压叠加，一起送入 VT1 基极，交流输入信号是叠加在直流电压上的。

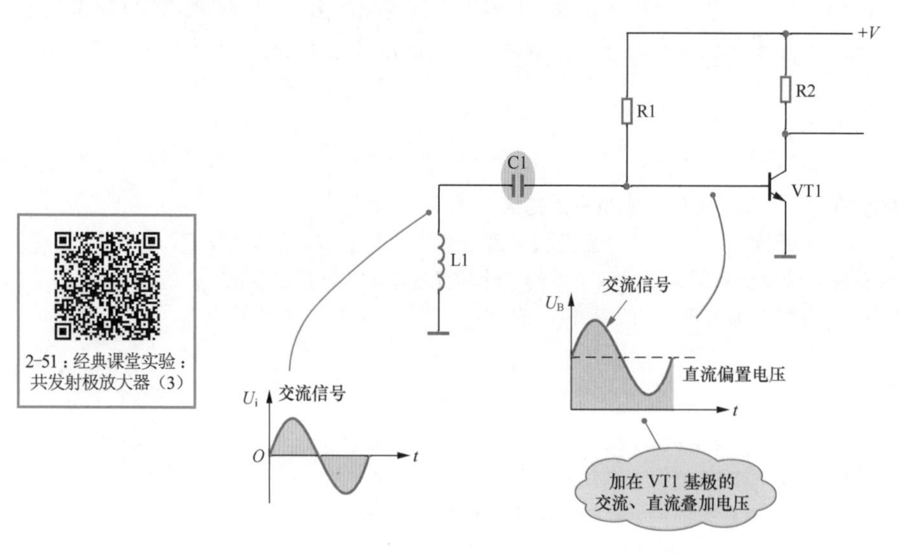

图 2-76 VT1 基极直流和交流信号叠加示意图

4 耦合电容器对交流信号的影响

图 2-77 所示为输入端耦合电容器对交流信号的影响示意图，输出端耦合电容器也一样。输入端和输出端耦合电容器对交流信号的影响是多方面的，有时还是相互矛盾的。例如，耦合电容器的容量增大，对低频信号有益，但是会增大电路的噪声。

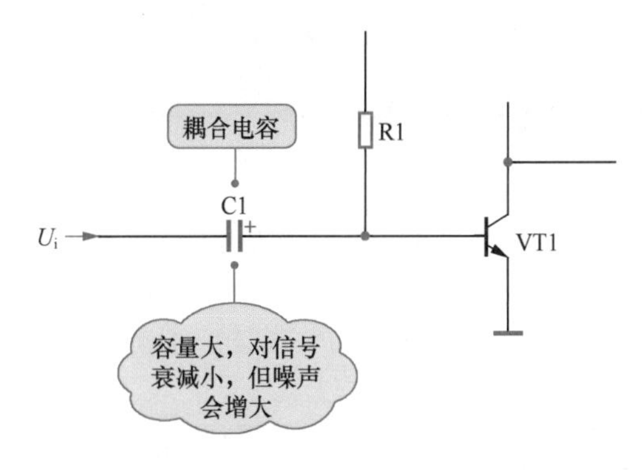

图 2-77　输入端耦合电容器对交流信号的影响示意图

（1）对信号幅度的影响。耦合电容器的容量大，则容抗小，对信号幅度衰减小，反之则大。放大器工作频率低，则要求的耦合电容器容量大，因为低频率电容器的容抗大，加大容量才能降低容抗。音频放大器中耦合电容器的容量比高频放大器中的大，因为音频信号频率低，高频信号频率高。

2-52：经典课堂实验：共发射极放大器（4）

（2）对噪声的影响。耦合电容器串联在信号传输回路中，它产生的噪声直接影响放大器的噪声，特别是前级放大器中的耦合电容器；输入端耦合电容器比输出端耦合电容器的影响更大，因为耦合电容器产生的噪声会被后级放大器所放大。由于耦合电容器的容量越大，其噪声越大，所以在满足了足够小容抗的前提下，耦合电容器容量也要尽可能地小。

（3）对各频率信号的影响。放大器的工作频率有一定范围，耦合电容器主要对低频率信号幅度衰减有影响，因为频率低，它的容抗大，所以选择耦合电容器时，其容量要使它对低频信号的容抗足够小。

5 三极管的作用分析

在放大器电路中，三极管是核心元器件，放大作用主要靠三极管。

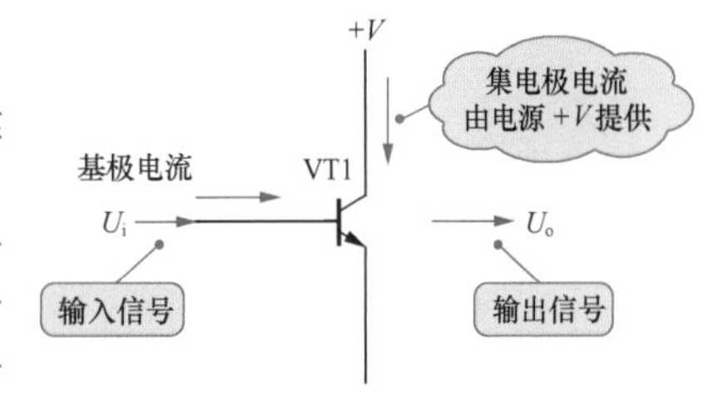

图 2-78　三极管放大信号示意图

（1）放大作用的本质。在放大器中，输出信号比输入信号大，也就是说输出信号能量比输入信号能量大，而三极管本身是不能增加信号能量的，它只是将电源的能量转换成输出信号的能量。

图 2-78 所示为三极管放大信号示意图。三极管是一个电流转换器件，它按照输入信号的变化规律将电源的能量转换成输出信号的能量，整个信号放大过程中都是由电源提供能量的。

（2）直流条件的作用。三极管有一个特性：集电极电流大小由基极电流大小控制。三极管基极电流大小的变化规律是受输入信号控制的，三极管集电极电流由直流电源提供，这样，根据输入信号变化规律而变化的输出信号比输入信号能量大，这就是放大功能。

有一个输入信号电流，就有一个相应的三极管基极电流，也有一个相应的由电源提供的更大的集电极信号电流。有一个基极电流就有一个相应的更大的集电极电流，三极管的这一特性必须由直流电压来保证，没有正常的直流条件，三极管就不能实现这一特性。

（3）放大器中存在的问题。三极管放大器放大信号的过程中会出现一些问题，这些问题通过精心设计电路可以得到不同程度的解决：如降低噪声，减小非线性失真和相位失真，抗干扰等。

课堂测试 2.21

2-53：指针式万用表测量 NPN 型三极管

选择题：

（1）当放大器输入端和输出端耦合电容不足够大时，（　）。

A. 漏电增大　B. 信号衰减量增大　C. 信号衰减量降低　D. 噪声增大

（2）放大器输入端和输出端耦合电容器（　）。

A. 主要作用不一样　B. 容量要求一定要一样　C. 主要作用一样　D. 耐压要求不一样

答案与解析 2.21

（1）B。输入端和输出端耦合电容器不足够大时，它的容抗增大，对信号的衰减量增大，因为容抗与后级电路的输入阻抗构成的是分压电路。

（2）C。放大器输入端和输出端耦合电容器主要作用是一样的，都是起隔直通交作用；输入端和输出端耦合电容器的容量要求不一定要一样，通常输入端的电容器有时可略小些，这样有利于降低放大器噪声；单级放大器的输入、输出耦合电容器耐压要求一般是一样的，因为在一级放大器中直流工作电压大小是一样的。

2.5 技能课堂：驻极体电容话筒放大器安装和调试

通过驻极体电容话筒放大器的安装，可以学习一个完整和实用的单级放大器装配和调试全过程，同时可以加深对单级放大器电路工作原理的理解，这种理论学习之后的动手操作对初学者而言将会有良好的学习效果。

2.5.1 器件测试：数字式万用表测量三极管和三极管引脚的识别方法

当装配电路、设计电路或修理电路时，经常会遇到检测三极管质量的工作，这里主要讲解采用数字式万用表测量三极管质量的方法。

数字式万用表具有三极管测量功能挡。

图 2-79　数字式万用表三极管测量功能挡示意图

1 数字式万用表三极管测量功能挡

图 2-79 所示为数字式万用表三极管测量功能挡示意图，测量三极管质量就是测量三极管的电流放大倍数，如果三极管电流放大倍数正常，那么可以说明三极管的质量正常，数字式万用表的这种测量方法比较粗略，但是由于它测量简单，操作方便，所以实际工作中时常采用。

2-54：电解电容器种类

测量时，将万用表拨至 hFE 挡上，同时将要测量的三极管三根引脚插入万用表中专门设置的引脚孔中，这时万用表中显示的数值是该三极管的电流放大倍数，根据这一电流放大倍数来判断三极管质量是否良好。

当三极管质量良好时，它有一定的电流放大倍数。当三极管损坏后，它就不存在电流放大倍数。数字式万用表测量三极管质量就是以此来作为判断依据的。

1—发射极；2—基极；3—集电极

图 2-80　三极管 S9013 引脚分布示意图

2 三极管引脚的识别方法

助听器电路中所用三极管为 S9013，图 2-80 所示为它的引脚分布示意图，标有型号的一面对准自己时，从左向右依次为发射极、基极和集电极。TO-92 是三极管的一种封装形式。

识别三极管引脚的方法之一是根据引脚分布图进行识别，此外还可以采用万用表测量的方法进行三根引脚的识别。

2-55：电解电容器知识讲解

3 数字式万用表测量三极管

图 2-81 所示为数字式万用表测量三极管示意图，将万用表拨至三极管测量功能挡，S9013 是 NPN 型三极管，将各个引脚按万用表中字母所示插入 NPN 型三极管的引脚孔中，切不可插错引脚孔。这时，万用表中显

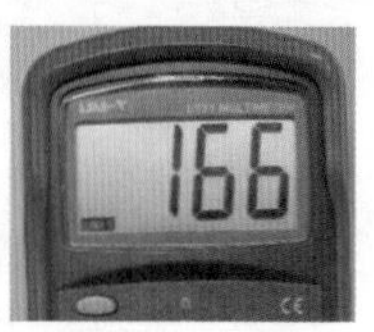

图 2-81　数字式万用表测量三极管示意图

示的数值就是该三极管的电流放大倍数，图 2-81 中显示为 166，说明该三极管正常。

课堂测试 2.22

判断题：

（1）数字式万用表没有测量 PNP 型三极管质量的挡位。（　）

（2）数字式万用表测量 NPN 型三极管质量时，万用表中显示的数值就是该管的电流放大倍数。（　）

（3）数字式万用表测量三极管质量时，三极管的引脚可任意插入引脚孔中。（　）

答案与解析 2.22

（1）×。数字式万用表有专门的挡位用来测量三极管质量，即 hFE 挡位，可以测量 NPN 型和 PNP 型三极管质量。

（2）√。

（3）×。引脚按万用表中字母所示插入引脚孔，切不可插错引脚孔。

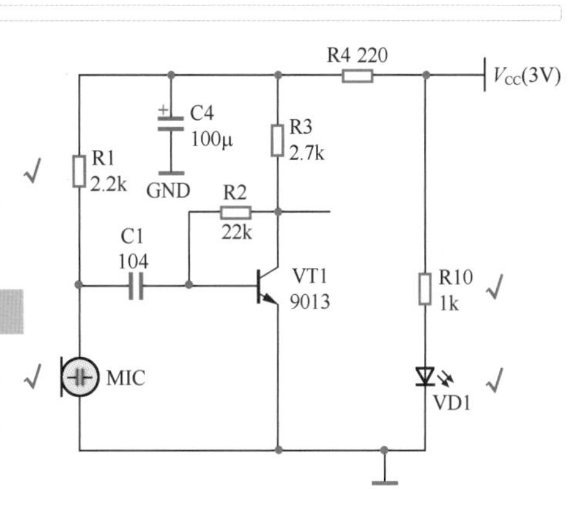

图 2-82　话筒放大器电路

2.5.2　装配操作：话筒放大器电路安装和测试

前面在电路板上已经安装了驻极体电容话筒电路，现在接着安装它的第一级放大器电路，学习三极管小信号放大器电路的装配，为三极管放大器电路与前面信号源电路进行连接打基础。

1　装配电路图和准备元器件

图 2-82 所示为话筒放大器电路，电路中已有 5 只元器件安装在电路板上，接下来需要装配的是电阻 R2、R3 和 R4，三极管 VT1，电容器 C4 等 5 只元器件。电路中其他元器件已在前面装配好。

取出 5 只需要装配的元器件，如图 2-83 所示。

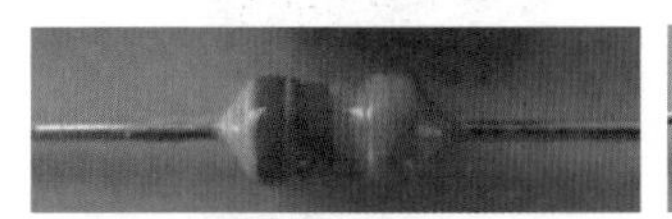

（a）R2/22kΩ

（b）R3/2.7kΩ

（c）R4/220Ω

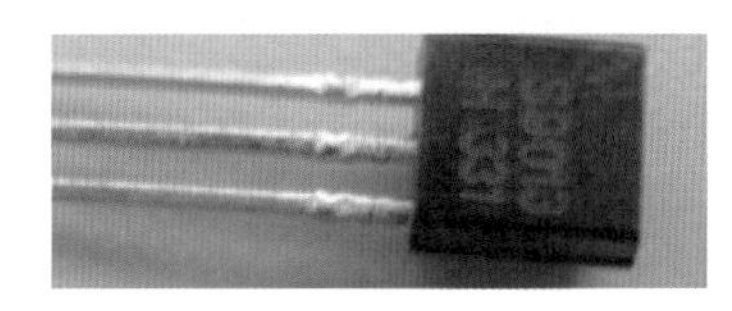

（d）VT1/S9013

（e）C4/100μF

图 2-83　5 只需要装配的元器件

2　测量电解电容器 C4

电容器 C4 是电解电容器，也是电容器中的一种，它与前面介绍的固定电容器有一个明显的不同之处，就是它的两根引脚有正、负极性之分，在电路装配时，它的正、负引脚不能接错，否则会在通电后出现爆炸的情况。在装配电解电容时一定要注意这一点。

图 2-84 所示是数字式万用表测量电解电容器 C4 示意图，将万用表拨至电容测量挡 200μF 量程，注意电解电容的两根引脚不要插错，此时万用表显示为该电容器的容量，万用表中显示 118，即为 118μF，考虑电容器本身的误差和万用表测量的误差，可以认

图 2-84　数字式万用表测量电解电容器 C4 示意图

为这只电解电容器质量良好。

同时，使用数字式万用表测量电阻 R2、R3 和 R4，并测量三极管 S9013，确认无质量问题后进行装配。

3 装配话筒放大器电路

图 2-85 所示为电阻器、电容器和三极管装配后在电路板上的分布示意图，按此图的元器件分布将各个元器件装配在电路板上，这时要注意三极管 VT1 的三根引脚，电解电容器 C4 的正、负引脚，将各个元器件引脚在电路板上按电路图连接好。右下角是电源引脚接线柱，以方便电源（电池盒）的连接。

图 2-85　电阻器、电容器和三极管装配后在电路板上的分布示意图

重点提示

本书没有采用订制的电路板，这样可以学习到更多的元器件安装知识并贴近实战，能更有效地提高大家的动手能力。

2-56：电解电容器的主要特性

4 电路测试

上述电路装配完成后，进行电路状态的测量，图 2-86 所示为测量时接线示意图。将万用表拨至直流电压挡的 20V 量程，黑表棒接电路的地线，接通电路的直流电源（3V 电池盒），首先测量电路中 1 点处直流电压，应该为 2.79V 左右，这样说明 3V 直流电压已通过电阻 R4 加到了电路中。

2-57：指针式万用表测量有极性电解电容器的方法

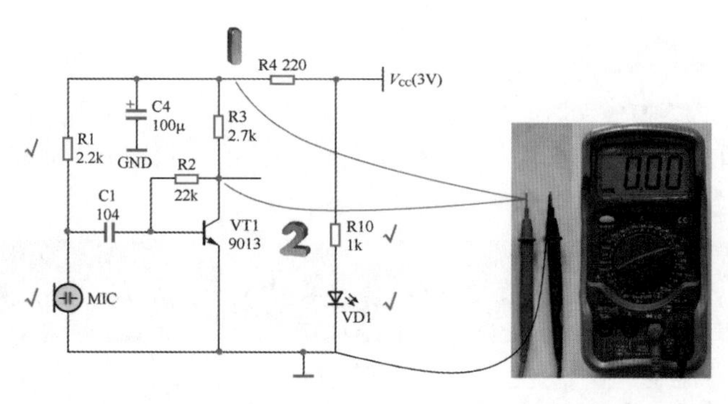

图 2-86　测量话筒放大器接线示意图

黑表棒不变，量程转换到 2V 直流电压挡，红表棒移至电路中 2 点处，这时万用表中应该显示 0.73V 左右，这样说明整个直流电路工作基本正常，否则需要检查电路中各个元器件的安装情况。

课堂测试 2.23

判断题：

（1）元器件装配在电路板上之前，需要对每一个元器件进行质量的检测。　（　）

（2）数字式万用表测量电容器时，通过测量它的容量大小也可以判断电容器的质量好坏。　（　）

（3）数字式万用表测量电容器时，需要根据该电容器的误差等来进行综合判断，另外万用表本身也存在测量误差。　（　）

（4）测量话筒放大器电路中三极管集电极直流电压大小，不能判断该三极管的工作状态。　（　）

答案与解析 2.23

（1）√。

（2）√。

（3）√。

（4）×。测量话筒放大器电路中三极管集电极直流电压大小，可以判断该三极管的工作状态，因为三极管集电极直流电压大小能反映该三极管的直流工作状态，从而可以判断该三极管的交流工作状态。

2-58：常见信号波形

2.6 知识扩展：信号波形知识点“微播”

重点提示

信号种类有很多，不同电路中处理和放大的信号是不同的，在同一个电路中也会出现多种信号并存的现象。

利用信号波形来理解电路的工作原理非常直观，并且容易记住。使用示波器检修电路故障的过程中，需要了解信号的波形。

2.6.1 常见信号波形知识点

2-59：电源及恒压源和恒流源知识

1 正弦信号波形

图 2-87 所示为正弦信号波形。

2 正弦波负半周削波波形

图 2-88 所示为正弦波负半周削波波形。

3 正弦波负半周被干扰的波形

图 2-89 所示为正弦波负半周被干扰的波形。

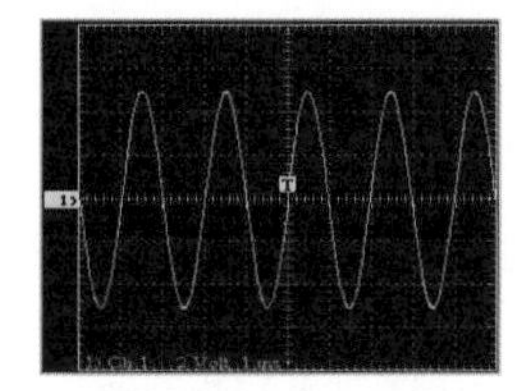

图 2-87　正弦信号波形

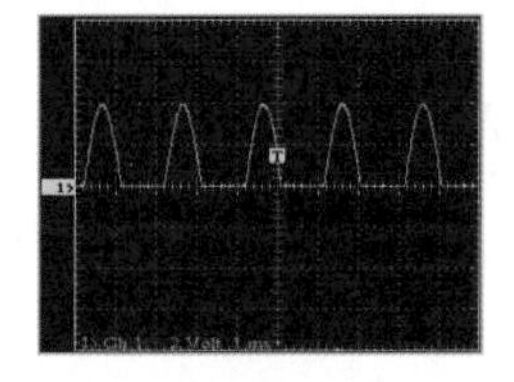

图 2-88　正弦波负半周削波波形

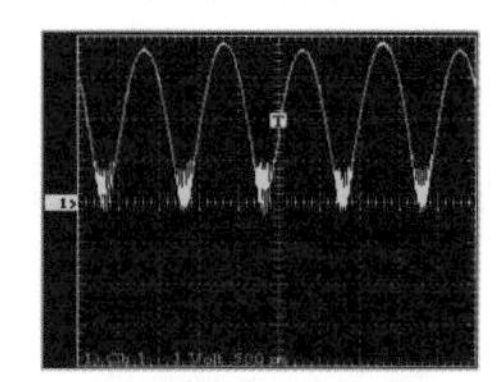

图 2-89　正弦波负半周被干扰的波形

4 三角波形

图 2-90 所示为三角波形。

5 三角波正半周波形

图 2-91 所示为三角波正半周波形。

6 矩形波形

图 2-92 所示为矩形波形。

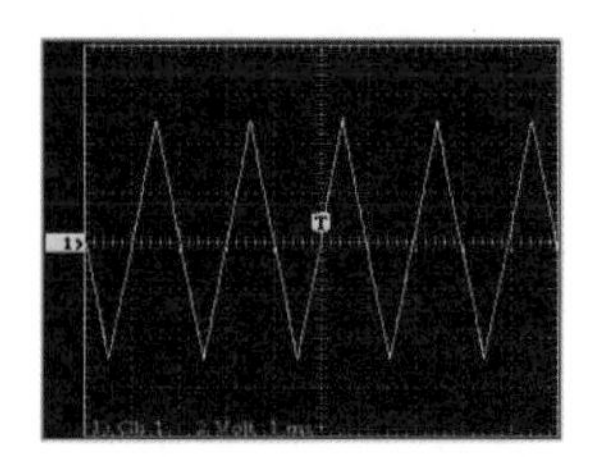

图 2-90　三角波形

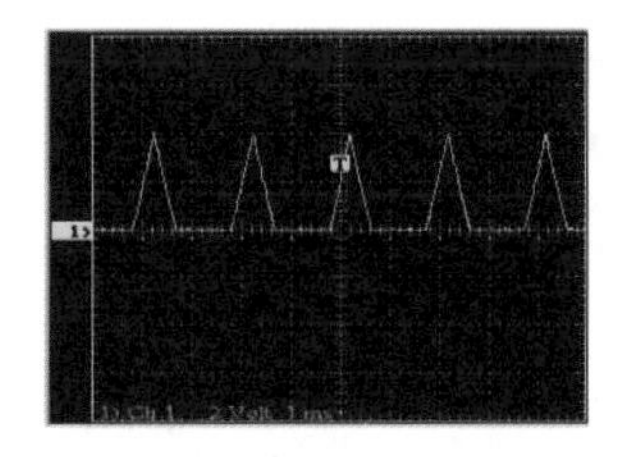

图 2-91　三角波正半周波形

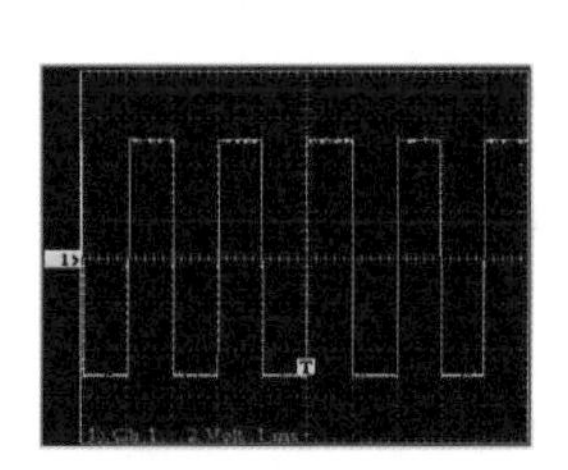

图 2-92　矩形波形

7 梯形波形

图 2-93 所示为梯形波形。

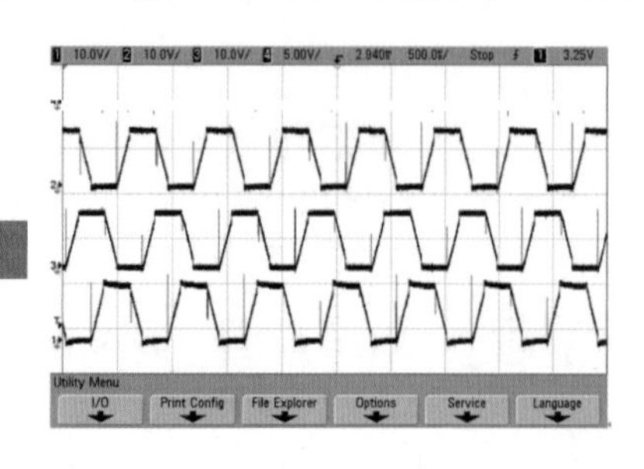

图 2-93 梯形波形

2.6.2 视频信号波形知识点

1 行同步信号波形

图 2-94 所示为行同步信号波形示意图。行同步信号是电视机同步信号中的一种同步信号，它的作用是控制行振荡器的振荡频率和相位。每行有一个行同步信号（设在行逆程期间）。

行同步信号是一个矩形脉冲，负极性图像信号中行同步信号的电平为最大，比黑电平还要大。

行同步信号又称行同步头，行同步头电平最高是为了能够方便地从全电视机信号中分离出行同步信号，电视机是通过幅度分离的方法切割出行同步头的。

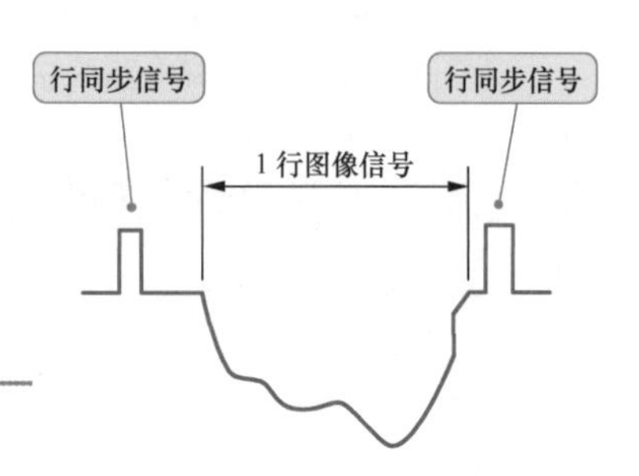

图 2-94 行同步信号波形示意图

重要提示

行同步脉冲信号的宽度为4.7ms。由于行同步信号设在行逆程期间，所以在屏幕上不会反映出行同步信号的情况。

2 场同步信号波形

图 2-95 所示为场同步信号波形示意图。场同步信号又称场同步头，它也出现在场逆程期间，屏幕上也不会反映出场同步信号的情况。场同步信号的作用是控制电视机中场振荡器的振荡频率和相位，使电视机中的场扫描与摄像机中电子束的场扫描同步。场同步信号也是一个矩形脉冲。

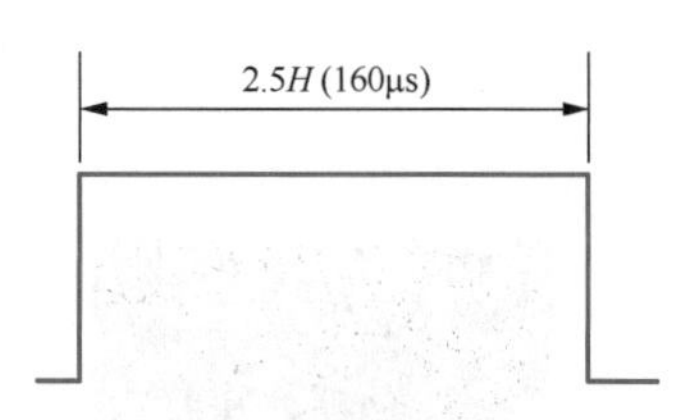

图 2-95 场同步信号波形示意图

3 复合同步信号波形

电视机中的复合同步信号通常是指行同步信号和场同步信号复合而成的信号，但实际上是行同步信号、开了五个槽的场同步信号和场同步信号前后各 5 个共 10 个均衡脉冲复合而成的信号，图 2-96 所示为偶数场和奇数场的复合同步信号的实际波形示意图。

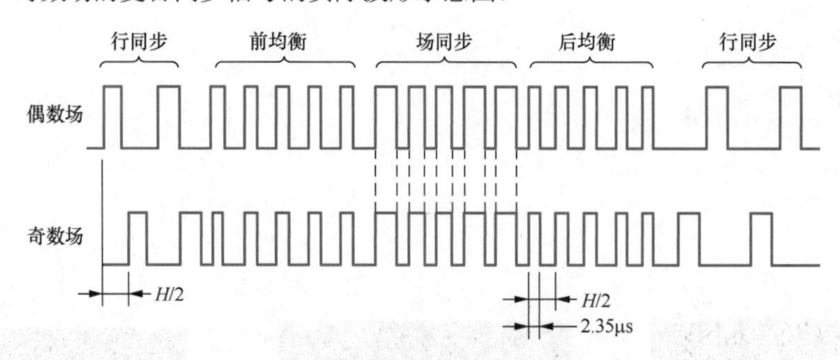

图 2-96 偶数场和奇数场的复合同步信号的实际波形示意图

重要提示

复合同步信号是全电视信号中的一部分，它从全电视信号中分离出来，这一工作由同步分离级完成。

复合同步信号是保证电视机扫描系统正常扫描的唯一控制信号，若这一信号不正常，电视机的扫描系统工作将不正常，图像也就不正常，正常地重现图像是靠电视机正常的扫描来保证的，就好比晶体放大器中，没有正常的静态工作状态就没有正常的动态工作状态，静态好比扫描，动态好比图像。

4 行消隐信号波形

图 2-97 所示为行消隐信号波形示意图。行消隐信号是复合消隐信号中的一种信号，其作用是消除行逆程期间的行回扫线。行扫描中，电子束从屏幕左侧向右侧扫描（这是正程），扫到右端后电子束要返回到左侧来，电子束的这一返回过程称为行逆程。逆程期间不传送图像，而电子束回扫在屏幕上会出现一条细的亮线，此亮线称为行回扫线。这一回扫线是没用的，而且还会干扰图像的正常重现，所以要去掉这一回扫线，此工作由行消隐信号来完成。

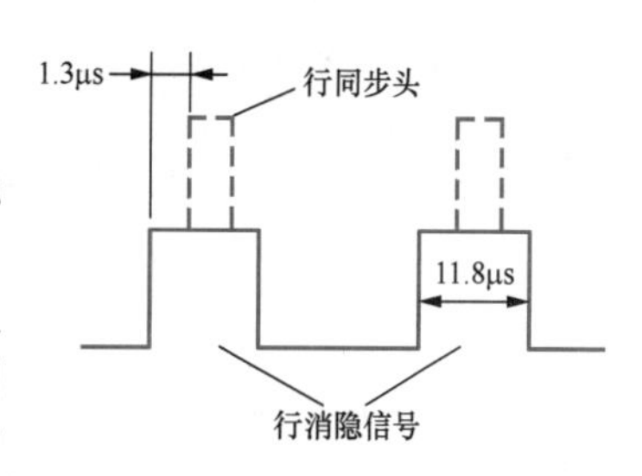

图 2-97 行消隐信号波形示意图

5 场消隐信号波形

图 2-98 所示为场消隐信号波形示意图。场消隐信号是复合消隐信号中的另一个消隐信号，其作用是消除场逆程期间的场逆程回扫线，消除这一逆程回扫线的原理与行消隐信号一样。

每一场有一个场消隐信号，场消隐电平等于黑电平。

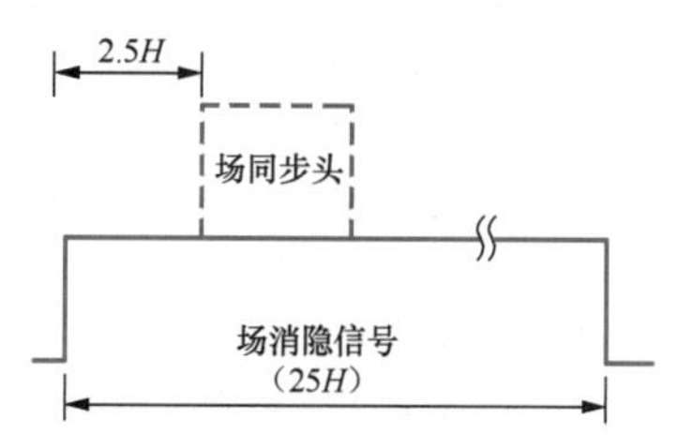

图 2-98 场消隐信号波形示意图

6 复合消隐信号波形

图 2-99 所示为复合消隐信号波形示意图。复合消隐信号是行消隐信号和场消隐信号复合而成的信号。复合消隐信号与图像信号一起送到显像管阴极（通常是阴极），以控制电子束的工作状态。

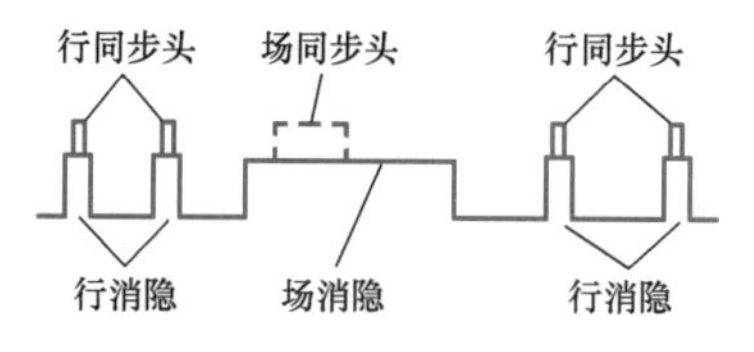

图 2-99 复合消隐信号波形示意图

7 全电视信号波形

图 2-100 所示为全电视信号波形示意图。全电视信号由三部分组成：图像信号、复合同步信号和复合消隐信号。

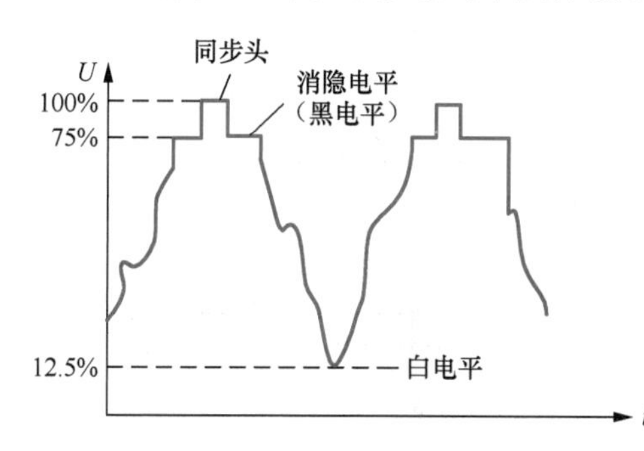

图 2-100 全电视信号波形示意图

重要提示

全电视信号在电视机中是从检波级输出的，这一信号按时间轴来讲是串联、顺序变化的。

全电视信号中的三部分信号电平大小是不同的，从图 2-100 中可以看出，同步头电平为 100%，消隐电平（黑电平）为 75%，白电平为 12.5%。

8 高频全电视信号波形

图 2-101 所示为高频全电视信号波形示意图。电视信号由全电视信号和伴音信号组成，用全电视信号去调制高频载波的幅度得到了高频全电视信号（这是调幅波信号），用伴音信号去调制高频载波的频率得到了高频伴音信号（调频波信号），这两个高频信号合起来称为高频全电视信号。

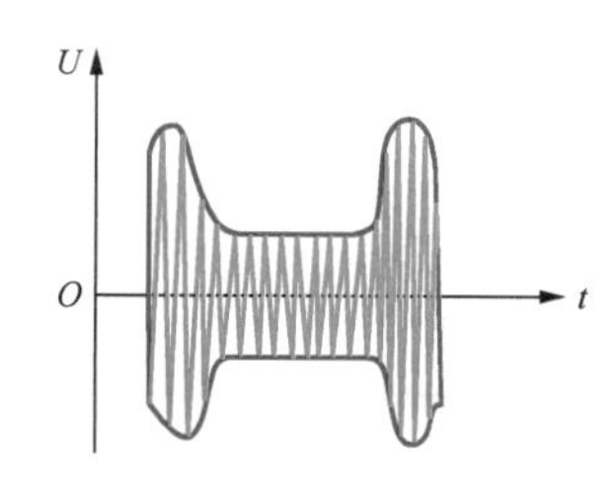

图 2-101 高频全电视信号波形示意图

9 频谱特性

图 2-102 所示为负极性调幅的频谱示意图。从频谱示意图中可以看出，f_0 是载波频率，在它的左侧为下边带，频宽为 6MHz；在它的右侧为上边带，其频宽也为 6MHz；总的频带宽度为 12MHz，比全电视信号的频带宽了一倍。

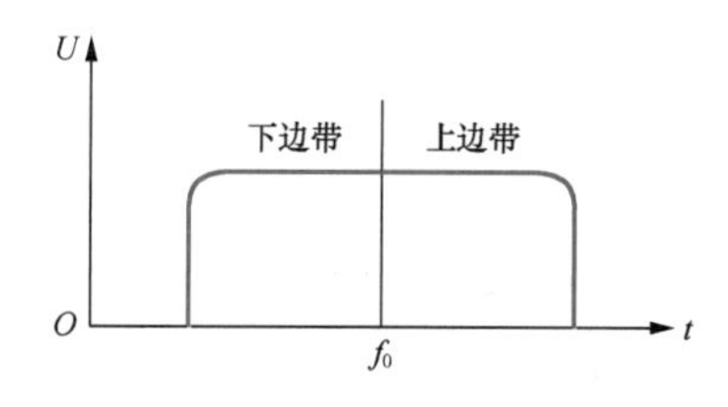

图 2-102 负极性调幅的频谱示意图

在频谱图中，靠近载波频率两侧的信号是全电视信号中的低频成分，远离载波频率的信号是全电视信号的高频成分。上边带、下边带信号所包含的全电视信号内容是完全一样的，所以理论上只要传送一个边带信号就可以了，但实际上很难将一个边带的信号全部滤除。

重要提示

在电视机中，采用残留边带发送方式，即发送上边带的全部和下边带的一部分（低频部分很难滤除），如图 2-103 所示。图中，阴影部分是被滤除的，也包括了高频伴音信号，它的载波频率 f_{02} 比高频全电视信号的载波频率 f_{01} 高 6.5MHz。采用残留边带发送方式是为了节省电视频道的带宽。

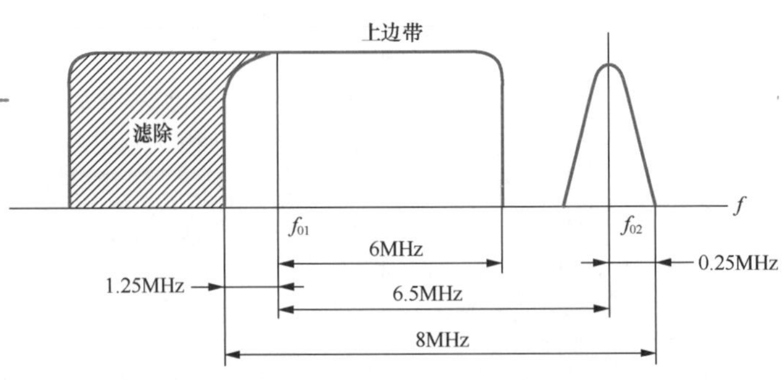

图 2-103　残留边带发送方式示意图

我国电视标准规定，每个频道占 8MHz，其中残留边带占 0.75MHz，另有 0.5MHz 的逐渐衰减过程，上边带为 6MHz。

10 色同步信号波形

彩色电视机是从黑白电视机的基础上发展起来的，它兼容黑白电视信号，所以彩色电视机中许多电路和信号与黑白电视机相同或相近。

图 2-104 所示的是色同步信号波形示意图。色同步信号是彩色电视机中所特有的信号，它是用来保证彩色电视机色度通道中副载波振荡器同步的信号。

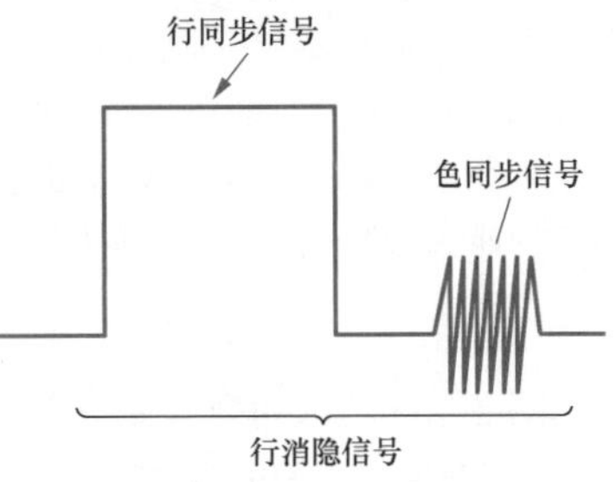

图 2-104　色同步信号波形示意图

重要提示

色同步信号是一串 8 ～ 12 个周期的正弦波，其频率和相位与发送端的副载波频率和相位相同。

色同步信号位于行消隐信号的后肩处，每行传送一个色同步信号。

11 彩色全电视信号波形

图 2-105 所示为彩色全电视信号波形示意图。彩色全电视信号用 F、B、Y、S 表示，它们分别是色度信号、色同步信号、亮度信号、复合同步与消隐信号。

色度信号 F 的作用是还原彩色图像的彩色部分信息，彩色电视机通过色度通道来放大和处理 F 信号。

B 是色同步信号。

亮度信号 Y 是表示彩色图像亮度信息的信号，它相当于黑白全电视信号中的图像（视频）信号，彩色电视机中由亮度通道来放大和处理 Y 信号。

复合同步与消隐信号 S 与黑白电视机中一样，用来保证行、场扫描的同步和扫描逆程的消隐。

白 黄 青 绿 紫 红 蓝 黑

彩色条

亮度信号波形

色度信号波形

彩色全电视信号波形

图 2-105　彩色全电视信号波形示意图

2.6.3 收音机信号波形知识点

1 调幅信号波形

调幅和调频是两个很重要的概念，对理解收音机电路、电视机电路的工作原理很有帮助。

收音机、调谐器中的中波、短波电路都是处理后的调幅信号。在分析收音机电路中的检波器电路时，要运用调幅及调幅信号波形特点的概念。

图 2-106 所示为调幅信号波形示意图。

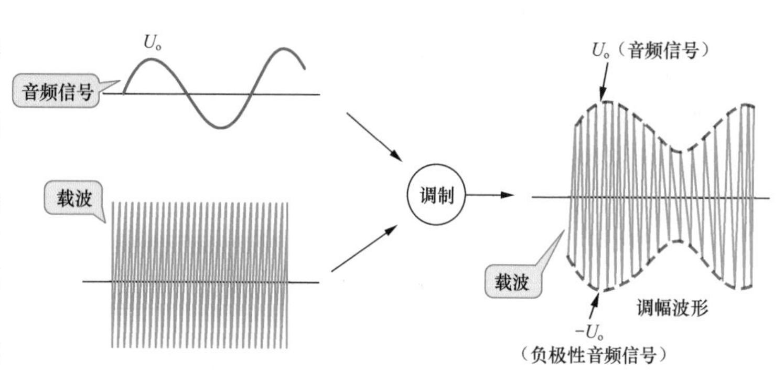

图 2-106　调幅信号波形示意图

（1）载波信号。载波是一个高频的等幅正弦波信号，各中波广播电台的载波频率是固定的且不相同。

载波的频率很高，人耳听不到，它的作用是将音频信号传送到很远的地方，所以载波相当于火箭，音频信号相当于卫星，载波用来载着音频信号进行传送。

（2）高频信号或射频信号。两个信号（所要传送的音频信号和载波信号）在广播电台发射机的调制器中进行调制（调幅），得到了在天空中传播的高频调幅信号，简称高频信号，又称射频信号。

重要提示

经过调制后的高频信号的载波频率没有改变，但是这一高频信号的幅度改变了，高频信号的幅度变化规律就是所要传送的音频信号的幅度变化规律。

高频信号的包络变化（幅度变化）是根据音频信号变化规律而变化的，它的正半周包络为 U_o，负半周包络为 $-U_o$，其中的“-”号表示这一信号与 U_o 信号相位相反，U_o 和 $-U_o$ 对称，但是不相交。

对于高频信号的包络理解要注意，包络是由载波信号的正峰点、负峰点的一个个点构成的，它是不连续的。

（3）调幅波段。中波和短波各波段都是调幅波段，载波信号的特性相同，只是频率不同，中波段载波的频率范围为 525 ～ 1605kHz，短波 1 波段载波的频率范围为 2.52 ～ 5.5MHz，短波 2 波段载波的频率范围为 5.5 ～ 12MHz。

2　调频信号波形

所谓调频就是用一个频率低的信号去改变另一个频率更高信号的频率特性，即频率的变化特性。了解调频及调频信号波形的有关特点，对理解调频收音机电路中的鉴频器电路工作原理十分重要。

图 2-107 所示为调频信号波形示意图。调频信号中的音频信号是所要传送的信号，载波信号也是一个高频等幅信号，只是载波频率更高，在没有调制前，这两个信号与调幅信号中的音频信号和载波信号特性相同。

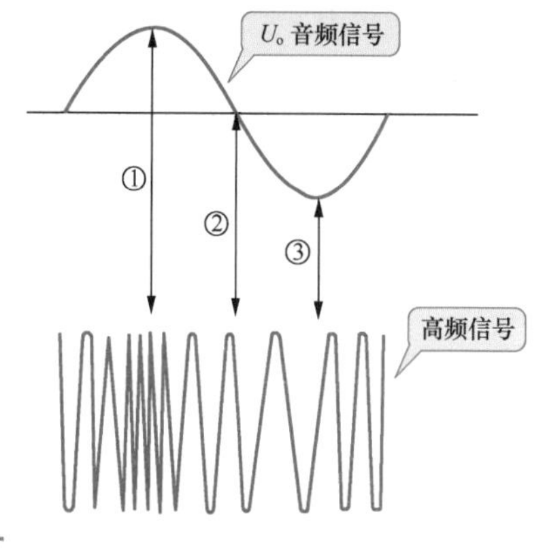

图 2-107　调频信号波形示意图

重要提示

调制后的调频信号的幅度保持不变，但载波信号的频率发生了变化，其频率改变规律与所要传送的音频信号的频率变化规律相关，即调频信号的频率变化规律就是所要传送的音频信号的频率变化规律，调幅信号的幅度变化代表音频信号不同。

图 2-107 中①时刻音频信号 U_o 的幅值最大，调频高频信号的频率最高（波形最密集），此时的频率高于载波信号的频率；图 2-107 中②时刻音频信号为零，此时高频调频信号的频率等于载波信号频率；图 2-107 中③时刻音频信号的幅度最小，所对应的调频高频信号频率最低，且低于载波信号的频率。

调频收音机电路其频率范围为 88 ～ 108MHz。

3 平衡调幅信号波形

图 2-108 所示为平衡调幅信号波形示意图。普通调幅的上包络 P 和下包络 $-P$ 是不相交的，上、下包络之间是载波。

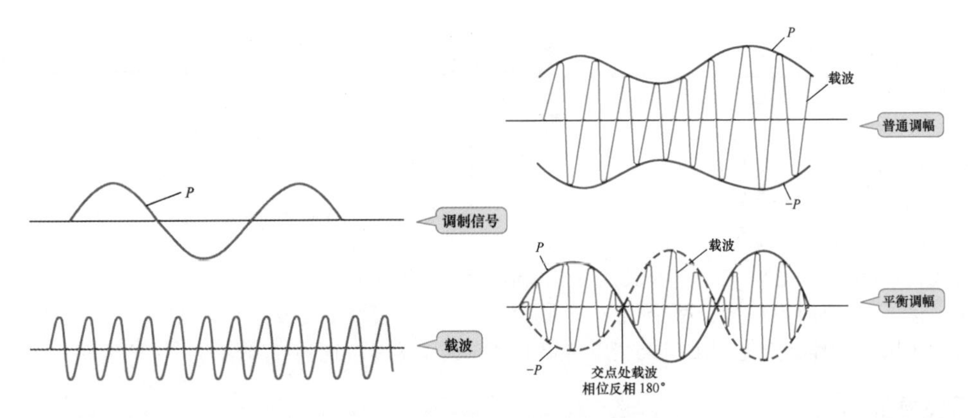

图 2-108 平衡调幅信号波形示意图

平衡调幅的上包络 P 和下包络 $-P$ 是相交的，上、下包络之间也是载波，但特性有所不同（在交点处载波相位反相），使得载波在一个周期内的平均值为零。

这样，在接收机端不能直接从平衡调幅信号中取出载波信号，这与前面介绍的普通调幅不同。

重要提示

在调频立体声收音机电路中也要加入一个导频信号。彩色电视机中为此要专门加入一个色同步信号，以恢复标准的副载波。

4 正交平衡调幅

平衡调幅中，要将两个信号 A 和 B 一起调制到一个频率较高的载波上（这个载波称为副载波），如果将这两个信号简单地合并在一起，会导致无法再将它们分开的问题，为此采用正交平衡调幅的方法来解决。

所谓正交平衡调幅就是：用两个频率相同但相位相差 90° 的副载波分别去传送 A 和 B 两个信号，具体地讲就是用 A 信号调制在相位为 $\sin\omega_S t$ 的副载波上，得到 $A\sin\omega_S t$ 信号；用 B 信号调制在相位为 $\sin(\omega_S t + 90°) = \cos\omega_S t$ 的副载波上，得到 $B\cos\omega_S t$ 信号，这样就得到两个相位差为 90° 的平衡调幅信号。

5 立体声复合信号波形

图 2-109 所示为立体声复合信号波形示意图。

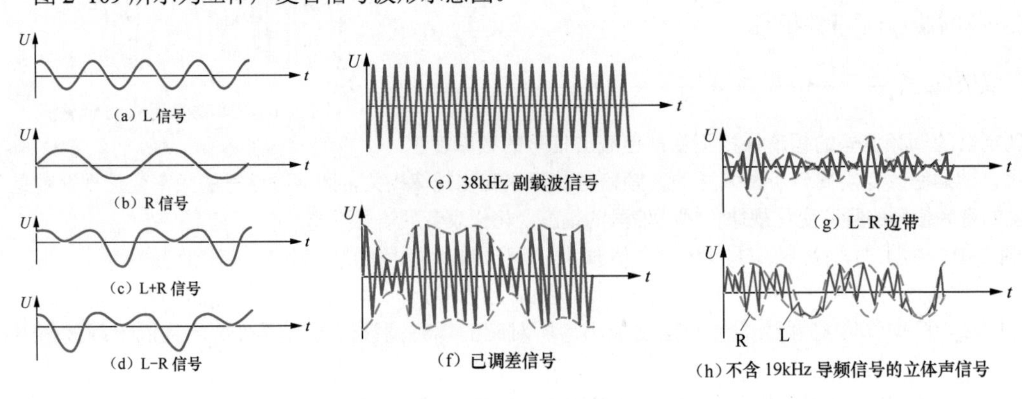

图 2-109 立体声复合信号波形示意图

没有 19kHz 导频信号时，立体声复合信号的波形具有下列特点。

（1）左声道音频信号 L 和右声道音频信号 R 是这一信号包络，L 信号与 R 信号之间是 38MHz 副载波。

（2）L 信号和 R 信号存在交点，38MHz 副载波在每过一个交点后相位反相 180° 。

（3）副载波的正半周峰点始终对准 L 信号，副载波的负半周峰点始终对准 R 信号，在第一个交点处 L 信号变化到负半周，同时副载波反相，所以仍然是副载波的正峰点对准 L 信号，副载波的负峰点对准 R 信号。了解这一点对立体声解码器电路分析最重要。对副载波正峰点进行取样，便能获得左声道信号 L；若对副载波的负峰点取样，便能得到右声道信号 R。

2.7　知识扩展：电子电路信号知识点“微播”

重要提示

从信号本身的属性来讲，信号有电信号、磁信号、光信号和声信号等，在电子电器中更多的是电信号。电子电路中的信号就是一切有用的、需要进行放大或处理的电流或电压信号。

2.7.1　模拟信号和数字信号知识点

电信号中，按照信号大小变化与时间轴之间的关系分为两大类信号：模拟信号和数字信号。

模拟信号是指信号的电压和电流大小随时间连续变化的信号。通俗地讲，模拟信号就是大小连续变化的信号，如图 2-110 所示，这种信号一般情况下不会出现信号电压或电流突然消失、突然增大的情况（但不是绝对没有）。各种常见电子电器中的信号都是模拟信号。

重要提示

数字信号的幅值要么是有（大），要么是无（小），在有与无之间没有过渡，这就是数字信号幅值的不连续特性，也是数字信号的一个重要特点。

1　数字信号

数字信号是一个离散量，数字信号的电压或电流在时间和数值上都是离散的，不连续的。图 2-111 所示为数字信号示意图。

数字信号的幅值变化只有两种：幅值为零或很小，用“0”表示；幅值为高电平或大，用“1”表示。

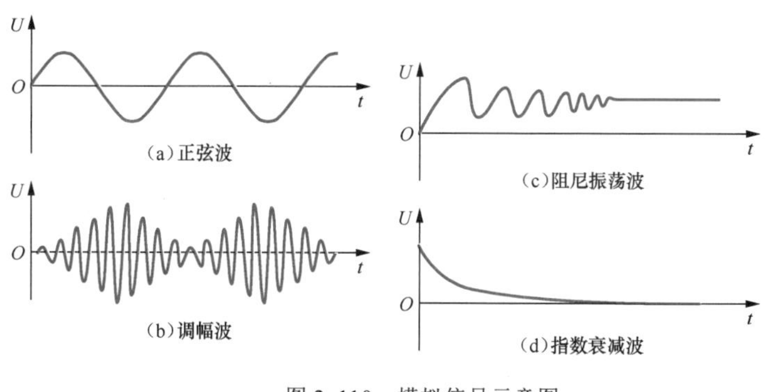

图 2-110　模拟信号示意图

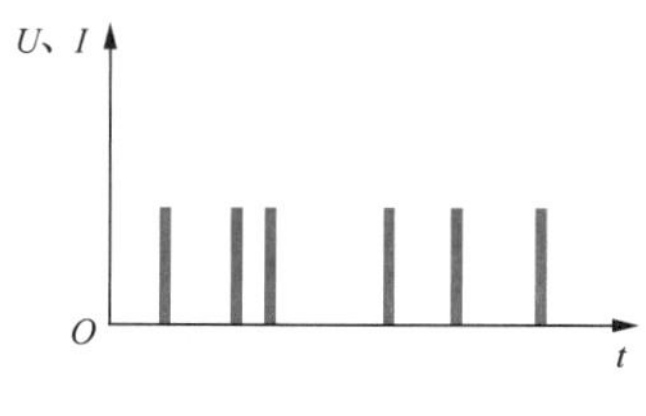

图 2-111　数字信号示意图

2　模拟电路

处理模拟信号的电子电路称为模拟电路（Analog Circuit）。

重要提示

模拟信号的特点是：函数的取值为无限多个；当图像信息和声音信息改变时，信号的波形也随之改变，即模拟信号待传播的信息包含在它的波形之中（信息变化规律直接反映在模拟信号的幅度、频率和相位的变化上）。

3 数字电路

用数字信号完成对数字量的算术运算和逻辑运算的电路称为数字电路（Digital circuit）或数字系统。由于它具有逻辑运算和逻辑处理功能，所以又称为数字逻辑电路。

重要提示

数字电路具有三大特点：一是同时具有算术运算和逻辑运算功能；二是实现简单，系统可靠；三是集成度高，功能实现容易。

集成度高、体积小、功耗低是数字电路比较突出的优点。

2.7.2 电压信号、电流信号和功率信号知识点

1 电压信号

所谓电压信号就是一种以电压形式出现的信号源，它能够输出较大的信号电压，而不能输出较大的信号电流或功率。

例如，电压放大器输出的信号电压比较大。

2 电流信号

所谓电流信号就是一种以电流形式出现的信号源，它能够输出较大的信号电流，但是信号的电压幅度不一定大。

例如，电流放大器输出的信号电流比较大。

3 功率信号

所谓功率信号就是一种以功率形式出现的信号源，它能够在输出较大的信号电压的同时还能够输出较大的信号电流，所以信号的功率比较大。

例如，功率放大器输出的信号功率比较大。

2.7.3 其他信号知识点

1 高频信号

在电路中，频率相对较高的信号称为高频信号。例如，收音机中磁棒天线接收的是高频信号。

重要提示

信号频率高低是相对的，不同电路系统中高频、中频和低频信号的频率是不同的。

2 中频信号

在电路中，频率处于中间频段的信号称为中频信号。例如，收音机中变频电路之后的是中频信号。

3 低频信号

在电路中，频率相对较低的信号称为低频信号。例如，收音机中检波电路之后的是低频信号。

4 反馈信号

图 2-112 所示为反馈信号示意图。反馈信号是从放大器输出端通过反馈电路加到放大器输入端的信号。

重要提示

如果反馈信号 U_F 与输入信号 U_i 相位相同，那么称为正反馈信号，如果反馈信号 $-U_F$ 与输入信号 U_i 相位相反，那么称为负反馈信号。

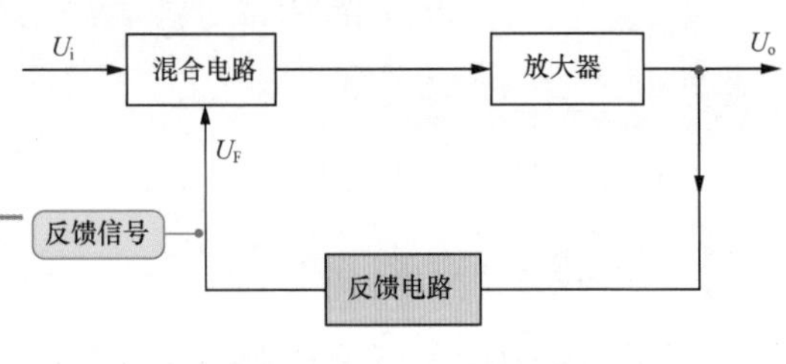

图 2-112　反馈信号示意图

5 取样信号

在自动控制等电路中，需要将电路中某些信息检测出来，这个过程由取样电路来完成。从取样电路输出的信号称为取样信号，图 2-113 所示为串联调整管稳压电路中的取样信号示意图。

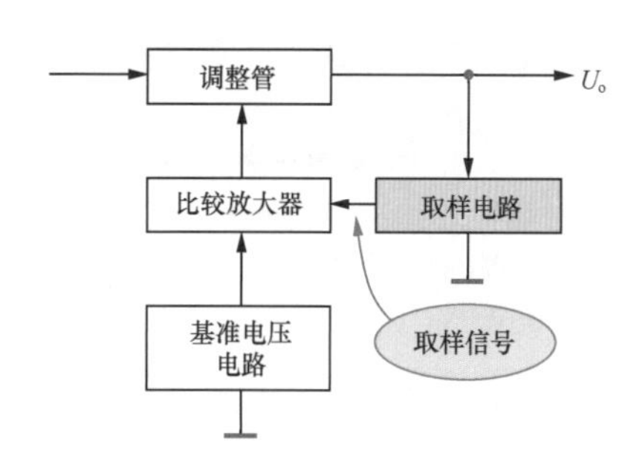

图 2-113　串联调整管稳压电路中的取样信号示意图

6 基准信号

当需要对两个信号的幅度大小进行比较时，就需要比较电路。参与比较的两个信号其中一个是基准信号，它的大小不受外界等因素影响。

图 2-114 所示为串联调整管稳压电路中的基准电压（信号）示意图，它是基准电压电路的输出电压。

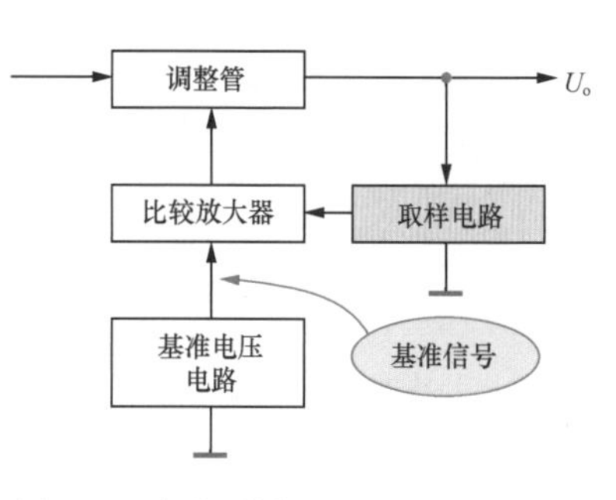

图 2-114　串联调整管稳压电路中的基准电压（信号）示意图

7 射频信号

为了能让所需要的频率较低的信号发射得更远，需要采用调制方式，用一个频率更高的信号“载”着低频信号。载着低频率信号、频率很高的信号称为射频信号。

8 振荡信号

由振荡产生的信号称为振荡信号，如由正弦振荡器产生的信号称为正弦振荡信号。

9 音频信号

人耳能够听到的频率范围内的信号称为音频信号，通常音频信号的频率范围为 0.02 ～ 20kHz。

重要提示

在电子电路中，音频电路是一个重要的领域，如音响电路就是放大和处理音频信号的电路。

比音频信号频率稍高一些的是超音频信号。

10 差模信号

所谓差模信号就是两个大小相等、方向相反的信号，如图 2-115 所示。

2-60：直流电源的串联和并联

11 共模信号

所谓共模信号就是两个大小相等、方向相同的信号，如图 2-116 所示。

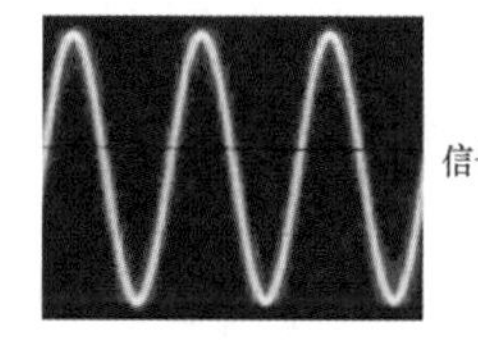

信号 1

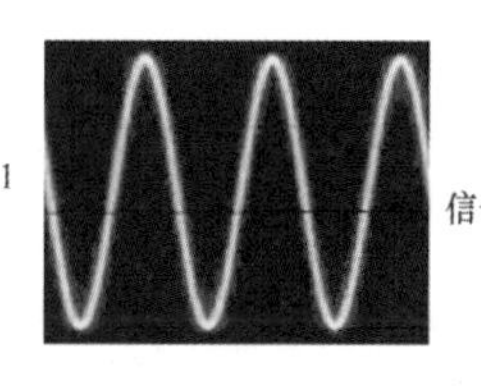

信号 2

图 2-115　差模信号

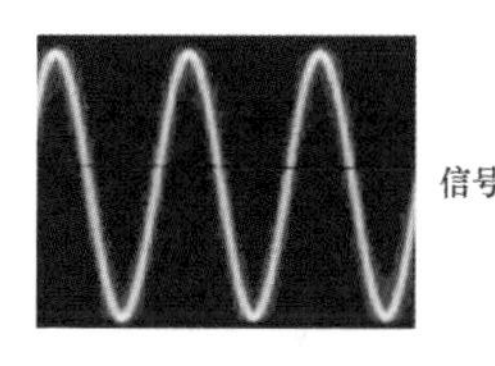

信号 1

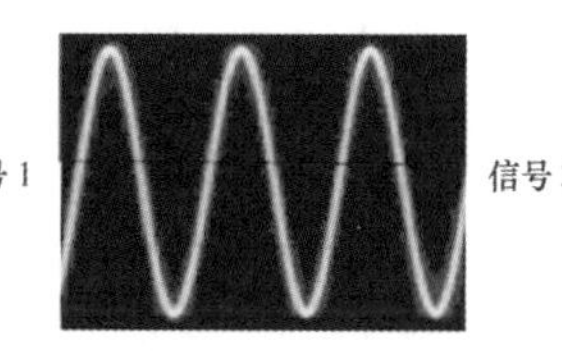

信号 2

图 2-116　共模信号

2.8 知识扩展：电源及放大器知识点“微播”

2.8.1 电源知识点

1 电源电动势

电源电动势是衡量电源转换电能能力的物理量。它的大小等于外力将单位正电荷从电源负极经电源内部移动到正极所做的功。

电源电动势用 E 表示，其单位是伏特（V），如图 2-117 所示。

图 2-117　电源电动势示意图

2 电源两端的电压

电动势的形成使正电荷移动到电源的正极，负电荷移动到电源的负极，这样就形成了电场，使电源的正、负极呈现不同的电位。

电源两端的电压等于电源正、负极之间的电位差，如图 2-118 所示。

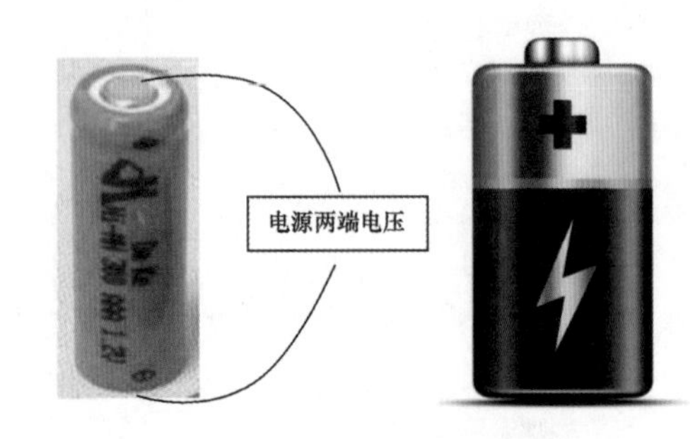

图 2-118　电源两端电压示意图

3 电源内电流和外电流

电流流动的电路由电源的外电路和电源的内电路两部分组成。外电流中的电流为流过电阻 R1 的电流 I_{R1}，内电路中的电流为流过电源 $E1$ 的电流 I_{E1}。流过电源的电流 I_{E1} 等于外电路电流 I_{R1}，如图 2-119 所示。

从电路图中可以看出，电流通过电源的内、外电路构成回路。

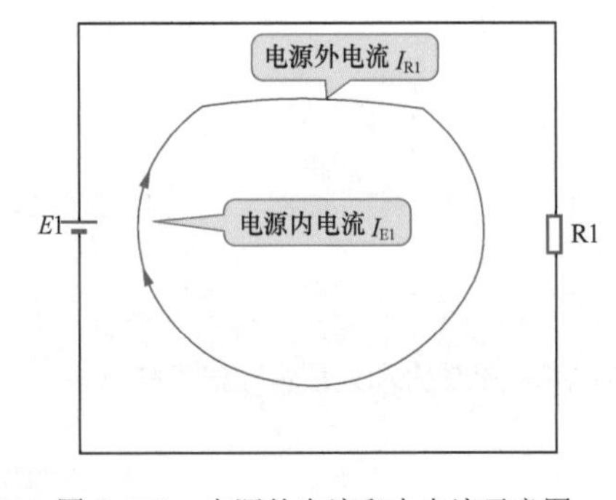

图 2-119　电源外电流和内电流示意图

4 恒压源

所谓恒压源就是当电源的输出电流大小改变时，电源的输出电压恒定不变。

（1）恒压源特性曲线。图 2-120 所示为恒压源电路图形符号和特性曲线。

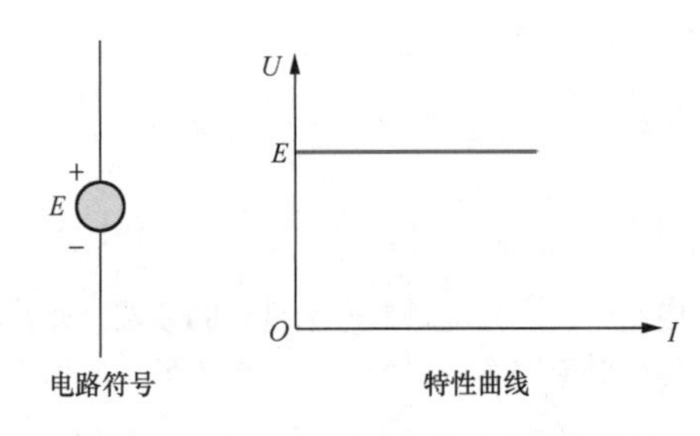

图 2-120　恒压源电路图形符号和特性曲线

重要提示

从理想的恒压源特性曲线中可以看出，当输出电流大小发生变化时，输出电压大小保持恒定不变。

当电源的内阻为零时，电源就是一个恒压源。

（2）恒压源内阻特性。图 2-121 所示为电压源等效电路，R0 是电源的内阻，R0 与 E 串联。从电路中可以看出，内阻 R0 越小，在内阻 R0 上的压降越小，对电源的输出电压影响越小。

重要提示

当电源的内阻 R0 小到为零时，就是恒压源。电源的内阻不可能为零，所以恒压源是一个理想情况的电源，电源的内阻越小，电源的恒压输出特性越好。

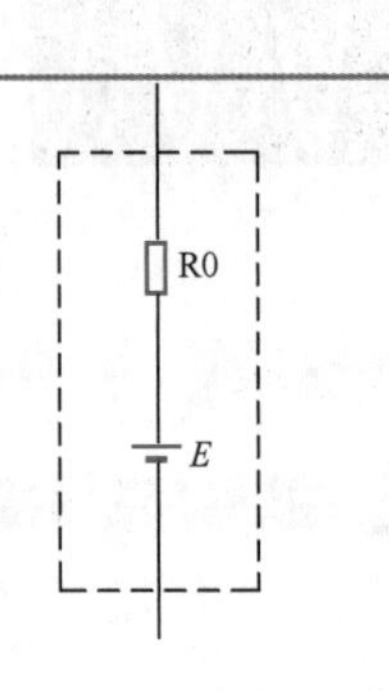

图 2-121　电压源等效电路

5 恒流源

所谓恒流源就是当电源的输出电压大小发生改变时，电源的输出电流不随电压变化而变化。

（1）恒流源特性曲线。图 2-122 所示为恒流源电路图形符号和电压 - 电流特性曲线。特性曲线是一条水平直线，这是一个理想的恒流源特性曲线，它表明电压大小发生改变时，电流源输出电流 I_o 大小不变化。

（2）恒流源内阻特性。图 2-123 所示为电流源等效电路，R0 是电源的内阻，R0 与电流源并联。从电路中可以看出，内阻 R0 越大，内阻 R0 对电流源的分流影响越小，对电源的输出电流影响越小。当内阻 R0 大到无穷大时，就是恒流源。

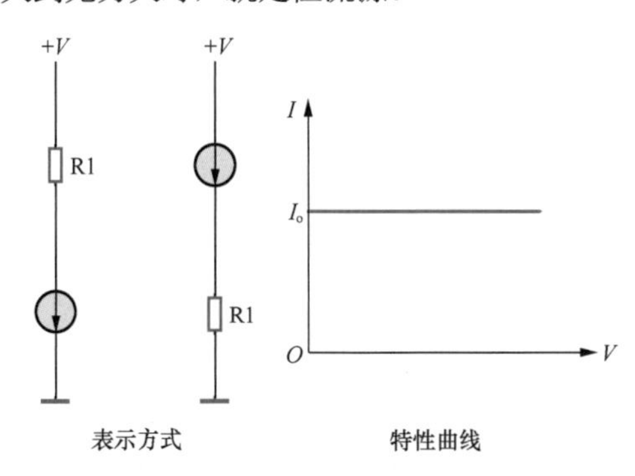

图 2-122　恒流源电路图形符号和电压 - 电流特性曲线

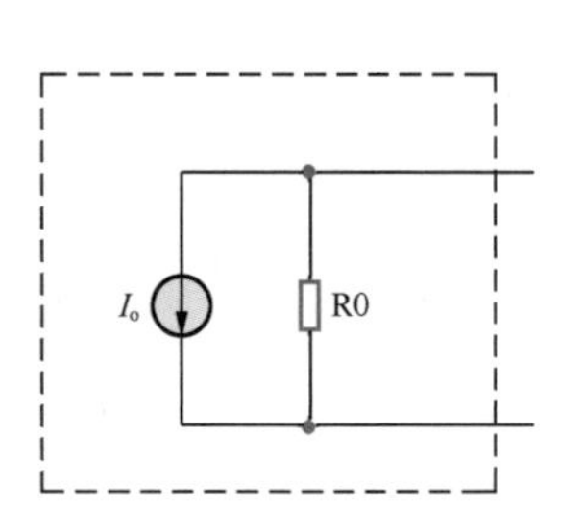

图 2-123　电流源等效电路

重要提示

电源内阻不可能为无穷大，所以恒流源也是一个理想情况的电源，电源的内阻越大时，电源的恒流输出特性越好。

6　电动势和电压比较

（1）电动势和电压的单位相同，都是伏特。

（2）电动势和电压的物理意义是不同的，电动势表示外力（非电场力）做功的能力，而电压表示电场做功的能力。

（3）电动势和电压方向示意图如图 2-124 所示。

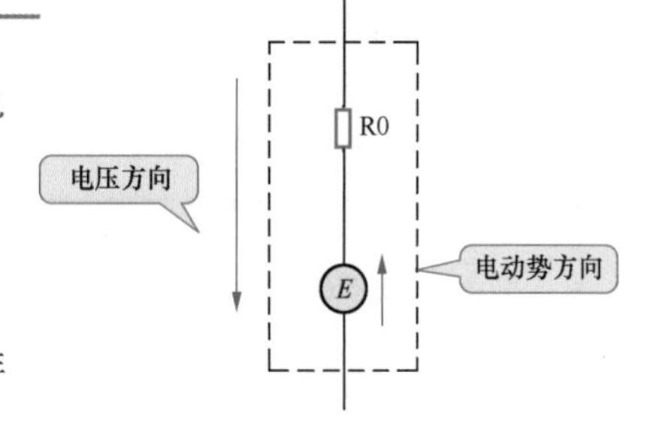

图 2-124　电动势和电压方向示意图

电动势有方向，并且与电压方向相反；电动势方向是电位升高的方向。电压方向是电位降低的方向。

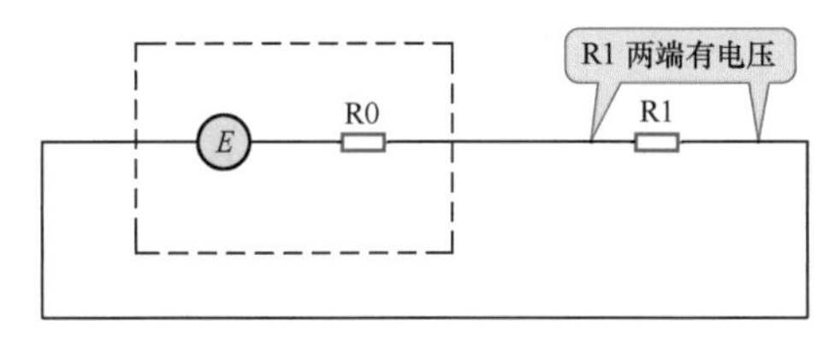

图 2-125　元器件两端都有电压示意图

（4）电动势只存在于电源的内部，而电压存在于电源的两端，并且存在于电源外部电路中。

如图 2-125 所示，电阻 R1 两端有电压，外电路中的每一个元器件两端都有电压。

（5）如图 2-126 所示，电流在电源的外部电路中（称为外电路），是从高电位流向低电位的，这是电场力在做功。在电源的内部（称为内电路），电流从低电位流向高电位，这是外力在做功。

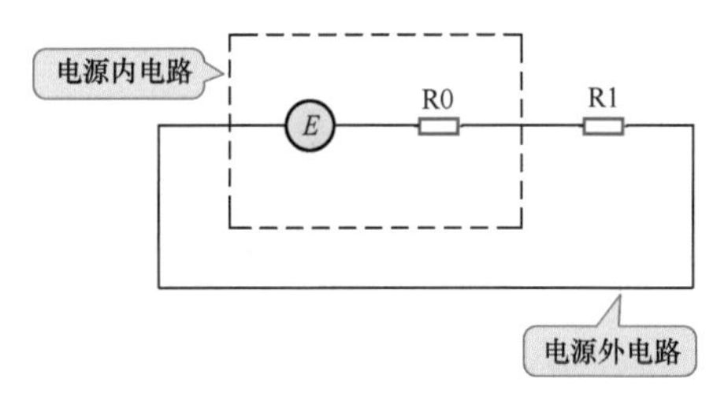

图 2-126　电源内、外电路做功示意图

（6）电源如同一个“电荷泵”，将电源负极端的电荷提升到正极，使电源正极端的电位高于负极端的电位，使外电路中有电流的流动。有电流流动的电路是由外电路和内电路组成的。

（7）当电源两端不接负载时，电源端电压在数值上等于电源电动势，如图 2-127 所示。

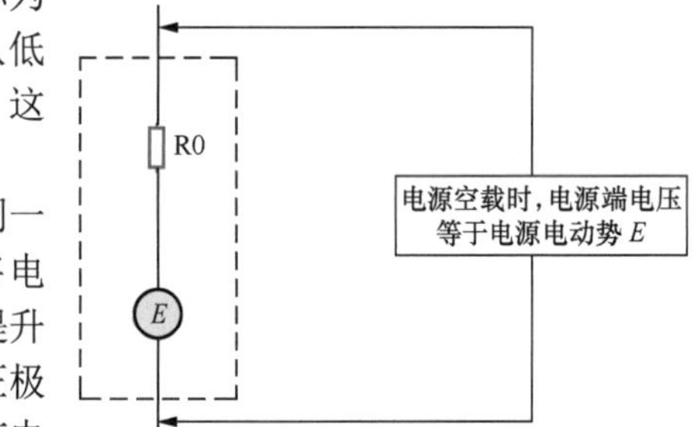

图 2-127　电源空载时，电源两端电压等于电源电动势示意图

重要提示

电源空载时，电源中没有电流，在电源内阻 R0 上没有电压，所以电源端电压等于电源电动势。

电源内部存在一个内阻，通常情况下希望电源内阻越小越好。

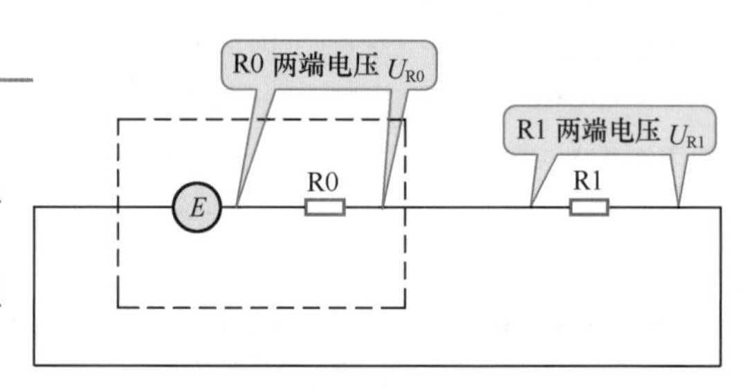

图 2-128　电源两端接上负载后各电压关系示意图

（8）当电源两端接上负载后，如图 2-128 所示，电路中的各电压之间关系是：

$$E= UR0 + UR1$$

即电源电动势等于电源内阻两端电压加上负载电阻 R1 两端电压。

重要提示

电源内阻越小，电源两端的电压就越大。新电池的内阻小，所以手电筒里的灯泡更亮。

7　直流电源串联

直流电源可以进行串联和并联使用。在采用电池供电的电子电器中通常是采用直流电源的串联方式，以提高直流工作电压，因为一节电池的电压通常只有 1.5V。图 2-129 所示为直流电源串联电路。

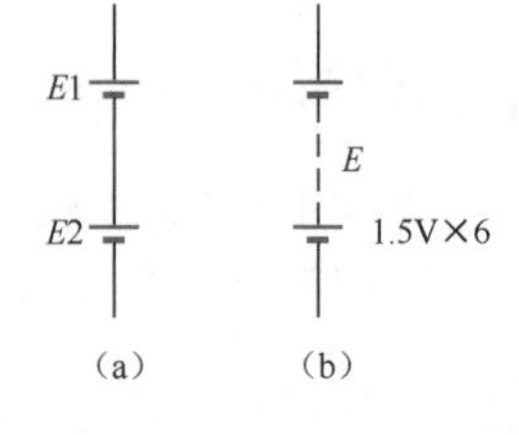

图 2-129　直流电源串联电路

电源串联是为了提高电源供电电压。

（1）图 2-129（a）电路中的 $E1$ 和 $E2$ 是电池，它们串联起来了。直流电源串联后的总电压等于各直流电源电压之和，即总电压 $E= E1+ E2$。

（2）图 2-129（b）所示的电路是多个电池串联时的电路图形符号示意图，图中标出 1.5V×6，说明是 6 节 1.5V 电池串联，所以这一电源串联电路总电压为 9V。

（3）在采用电池供电的电子电器中，由于电池电压比较低，不能符合电子电器整机直流工作电压的需求，所以要采用这种电源串联的方式，得到所需要的直流工作电压。

（4）直流电源串联时，直流电源是有极性的，正确的连接方式是一个直流电源的正极与另一个直流电源的负极相连接，若接错不仅没有正常的直流电压输出，还会造成电源的短路故障，损坏电源。

（5）为了获得更高的直流工作电压可以采用直流电源串联电路。如果两个直流电源的直流工作电压大小不同，也可以进行串联。

重要提示

流过各个串联电源的电流相等，串联电源所能提供的最大额定电流等于串联电源中额定电流小的那个电流值。

8　直流电源并联

直流电源并联是为了提高电源为外电路供给电流的能力。

图 2-130 所示为直流电源并联电路。电路中的 $E1$ 和 $E2$ 是电池，这两个电池的直流电压大小相等。直流电源并联后的总电压等于某一个直流电源的电压。

图 2-130　直流电源并联电路

直流电源的并联电路应用比较少，当电池的容量不足时，即电池所能输出的直流电流不能满足电路需求时，采用电池并联供电电路。

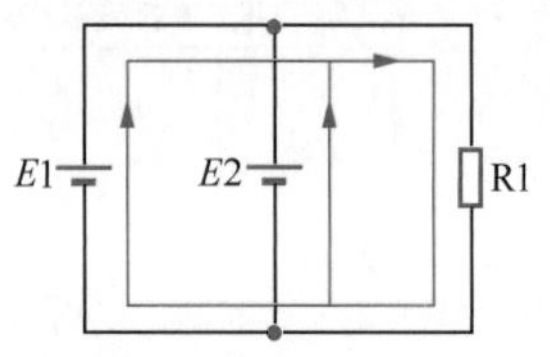

图 2-131　并联电池电流示意图

（1）直流电源并联时，直流电源也是有极性的，正确的连接方式是一个直流电源的正极接另一个直流电源的正极，把它们的负极也相连接起来。

（2）直流电源并联电路能够增加电源的输出电流，不能增大电源的直流工作电压。

（3）流过各并联电池的电流之和等于电源外电路电流之和，如图 2-131 所示。

（4）不同直流电压大小的电池之间不能进行并联，否则直流电压高的电池会对直流电压低的电池进行充电，消耗了直流电压高的电池的电能。

9 电源内阻

在电源的内部存在一个电阻，这一电阻称为电源内阻。电源内阻对电源的工作是不利的，所以希望电源内阻越小越好。

如图 2-132 所示，电路中的虚线框内是整个电源装置，E 是电源的电动势，R0 是电源的内阻，内阻存在于电源的内部。R1 是电源外电路中的电阻器，I 是流过这一电路的电流。

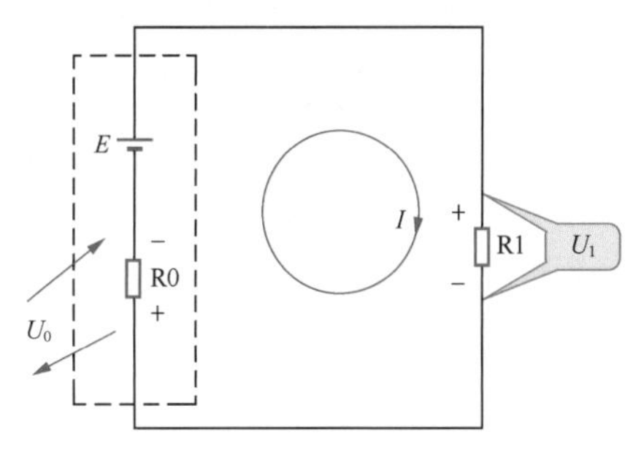

图 2-132　电源装置示意图

重要提示

由于电源存在内阻 R0，使电源两端电压不等于电源的电动势，因为有一部分电压降在了电源内阻 R0 上。

从电路中可以看出，电流 I 流过了电阻 R1 和内阻 R0，在内阻 R0 上的电压降为 U_0，在 R0 上的电压降极性为下正上负，这是在电源内部的电压降。在电阻 R1 上的电压为 U_1，其电压极性为上正下负，该电压也是这一电路中的电源两端电压。

2.8.2　放大器种类知识点

2-62：放大器的放大倍数

重要提示

放大器的种类、名称、功能繁多，能够放大电信号的都统称为放大器。下面按照名称对一些使用频率较高的放大器进行初步说明。

1 音频放大器

音频放大器是用来放大音频信号的放大器。音频放大器是一种最常见的放大器，在各种音响设备电路中应用广泛。

2 电压放大器

电压放大器是指专用于放大信号电压的放大器。例如，在音频放大器中就用到电压放大器，用来放大音频信号的电压；在视频放大器中也会用到电压放大器，用来放大视频信号的电压。

3 功率放大器

功率放大器是用来放大信号功率的放大器。例如，音响设备中的音频功率放大器是一种十分常见的功率放大器，用来放大音频信号的功率。用来放大高频信号功率的放大器称为高频功率放大器。

4 负反馈放大器

负反馈放大器是一种十分常用的放大器。放大器中采用了一种称为负反馈的电路后，这种放大器就可以称为负反馈放大器。由于一般的放大器中都加入了各种形式的负反馈电路，所以常见的放大器都可以作为负反馈放大器。

5 集成电路放大器

当放大器被做成集成电路的形式时，称为集成电路放大器，集成电路放大器广泛应用于各种电子电路中，所以这种放大器到处可见。例如，集成电路音频电压放大器、集成电路音频功率放大器等。

6 直流放大器

直流放大器是用来放大直流信号的放大器，这种放大器还可以用来放大一些频率很低的交流信号，当然也可以放大一些频率很高的信号。

7 视频放大器

视频放大器是用来放大视频信号的放大器，如电视机中的视频放大器。视频放大器用于视频设备中，由于视频信号的频率比音频信号的频率高得多，所以视频放大器的工作频率远比音频放大器的工作频率高。

8 中频放大器

中频放大器用来放大中频信号。这里的中频是指信号频率的相对高低，也是指同一个放大系统中的信号频率。

9 高频放大器

高频放大器用来放大高频信号。当高频放大器所放大信号的频率达到一定程度时，对放大器的设计等要求就会发生一些相应的变化，以适应高频信号的放大需求。

10 选频放大器

选频放大器是用来从众多频率信号中选取某一个（某一很狭窄频段内）频率信号，并进行放大的放大器，如前面介绍的中频放大器就是这种放大器，它只放大中频信号，对高于和低于中频频率的信号不进行放大。

11 脉冲放大器

脉冲放大器是放大脉冲信号的放大器。

重要提示

还有许多种放大器，如对数放大器、均衡放大器、差分放大器、数字放大器、AGC 放大器等。

2.8.3 放大器放大倍数知识点

1 放大器电压放大倍数

放大倍数是表征放大器对信号放大能力的一个重要参数。

放大器电压放大倍数表示对信号电压的放大能力。

放大器电压放大倍数的定义是：

$$A_V = \frac{U_o}{U_i}$$

式中，A_V 为放大器的电压放大倍数；U_o 为放大器的输出信号电压；U_i 为放大器的输入信号电压。

当采用上述公式计算放大器的电压放大倍数时，单位为倍。

当放大器的电压放大倍数用 dB 表示时（常说成是放大器的电压增益），由下面公式来计算：

$$A_V = 20\lg\frac{U_o}{U_i}$$

重要提示

放大器的放大倍数单位有下列两种表示方式：放大了多少倍，这种表示方式的单位为倍；用增益表示，单位是分贝（用 dB 表示）。

2-63：放大器的频率特性

2 放大器电流放大倍数

放大器电流放大倍数表示对信号电流的放大能力。

放大器电流放大倍数的定义为：

$$A_I = \frac{I_o}{I_i}$$

式中，A_I 为放大器的电流放大倍数；I_o 为放大器的输出信号电流；I_i 为放大器的输入信号电流。
当采用上述公式计算放大器的电流放大倍数时，单位为倍。
当放大器的电流放大倍数用 dB 表示时（常说成是放大器的电流增益），由下面公式来计算：

$$A_I = 20\lg\frac{I_o}{I_i}$$

3　功率放大倍数

功率放大倍数表示对信号功率的放大能力。
放大器功率放大倍数的定义为：

$$A_p = \frac{P_o}{P_i}$$

式中，A_P 为放大器的功率放大倍数；P_o 为放大器的输出信号功率；P_i 为放大器的输入信号功率。
当采用上述公式计算放大器的功率放大倍数时，单位为倍。
当放大器的功放大倍数用分贝表示时（常说成是放大器的功率增益），由下面公式来计算：

$$A_p = 20\lg\frac{P_o}{P_i}$$

4　多级放大器的放大倍数

多级放大器中，各单级放大器的放大倍数用放大多少倍表示时，总的放大倍数为各单级放大器的放大倍数之积；各单级放大器的放大倍数用增益表示时，总增益为各单级放大器的增益之和，单位仍然为分贝。

电压、电流和功率放大倍数的计算方法相同。

例如：有一个三级放大器，各级放大器的电压放大倍数均为放大 100 倍，则这个三级放大器总的电压放大倍数为 100×100×100 倍。

例如：某三级放大器，每级放大器的电压增益为 20dB，则这个三级放大器总的增益为 20dB+20dB+20dB=60dB。

2.8.4　放大器频率特性知识点

2-64：放大器的失真度

1　放大器的幅频特性

频率响应是放大器的另一个重要指标，频率响应又称频率特性，分为幅频特性和相频特性两种。

放大器的频率响应用来表征放大器对各种频率信号的放大能力、放大特性。

重要提示

频率响应具有多项具体的指标，不同用途的放大器，对这项指标的要求不同。

图 2-133 所示是放大器幅频特性曲线，X 轴方向为信号的频率，Y 轴方向为放大器的增益。关于这一放大器幅频特性曲线主要说明下列几点。

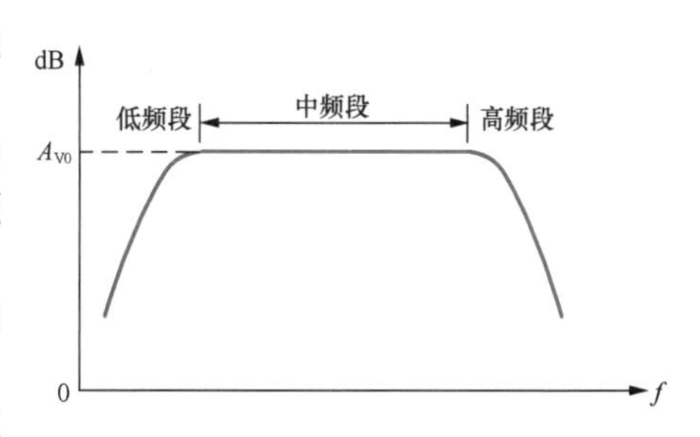

图 2-133　放大器的幅频特性曲线

（1）在曲线的中间部分（中频段）增益比较大而且比较平坦。

（2）曲线的右侧（高频段）随频率的升高而下降，这说明当信号频率高到一定程度时，放大器的增益下降，而且频率越高放大器的增益越小。

（3）曲线的左侧（低频段）随频率的降低而下降，这说明当信号频率低到一定程度时，放大器的增益开始下降，而且频率越低增益越小。

重要提示

放大器的中频段幅频特性比较好，低频段和高频段的幅频特性都比较差，且频段越高或越低，幅频特性越差。

2 放大器的通频带

由于放大器对低频段和高频段信号的放大能力低于中频段，当频率低到或高到一定程度时，放大器的增益已很小，放大器对这些低频和高频信号已经不能有效放大。这时可以用通频带来规定放大器可以放大的信号频率范围。

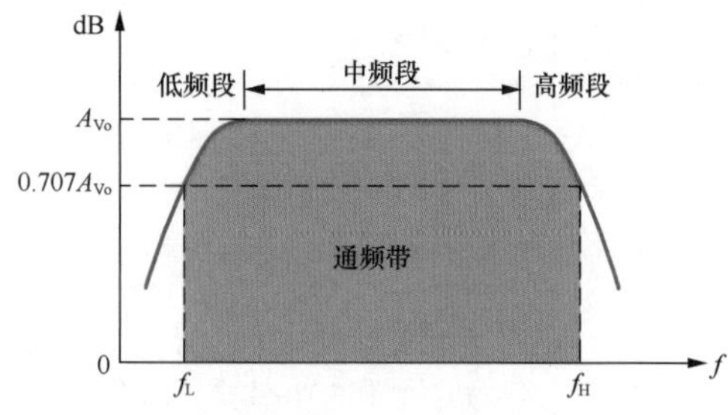

图 2-134　放大器通频带示意图

图 2-134 所示是放大器通频带示意图，设放大器对中频段信号的增益为 A_{VO}，规定当放大器增益下降到只有 $0.707A_{VO}$（比 A_{VO} 下降 3dB）时，放大器所对应的两个工作频率分别为下限频率 f_L 和上限频率 f_H。

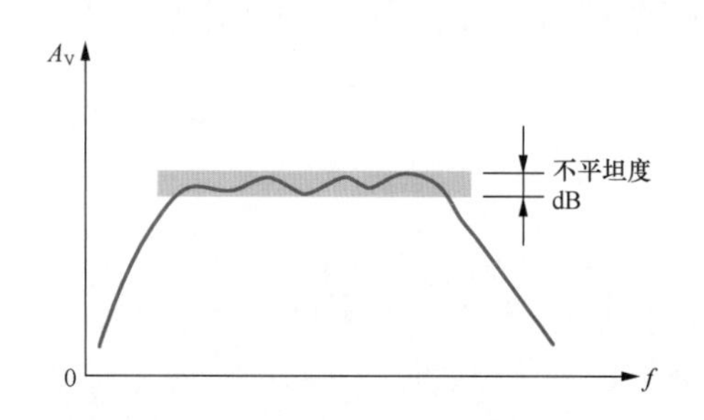

图 2-135　放大器幅频特性中频段不平坦度示意图

放大器对频率低于 f_L 的信号和频率高于 f_H 的信号不具备有效放大能力。

重要提示

放大器的通频带 $\Delta f = f_H - f_L \approx f_H$。通频带又称放大器的频带。可以这样理解放大器的通频带：某一个放大器只能放大它频带内的信号，而频带之外的信号放大器不能进行有效放大。

许多放大器幅频特性曲线在中频段是不平坦的，有起伏变化，对此有相应的要求，即不平坦度为多少分贝，如图 2-135 所示。

3 放大器的相频特性

放大器的相频特性是用来表征放大器对不同频率信号进行放大后，输出信号与输入信号之间的相位变化程度。放大器的相频特性不常用。

图 2-136 所示为放大器相频特性曲线，X 轴方向为信号的频率，Y 轴方向为放大器对输出信号相位的改变量。

放大器对中频段信号不存在相移问题，而对低频和高频信号要产生附加的相移，而且频率越低或越高，其相移量越大。

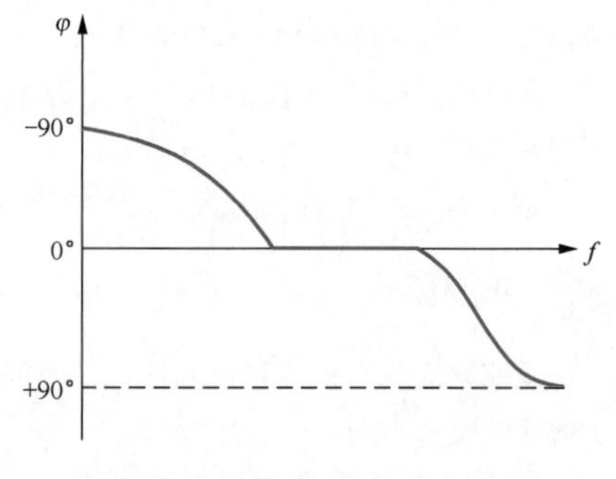

图 2-136　放大器相频特性曲线

重要提示

不同的用途对放大器的相频特性要求不同，有的要求相移量很小，有的则可以不作要求。例如，一般的音频放大器对相频特性没有严格的要求，而在彩色电视机的色度通道中，若放大器产生相移将影响彩色的正常还原。

2.8.5　放大器失真度知识点

1　放大器的幅度失真

重要提示

失真度是放大器的一项重要指标。放大器的失真度用来表征放大器在放大信号过程中，对信号产生非线性畸变的程度。

放大电路的输入信号通常是多频率信号，如果放大电路对信号的不同频率分量具有不同的增益幅值或相对相移发生变化，就会使输出波形发生失真，前者称为幅度失真，后者称为相位失真，两者统称为频率失真。由于频率失真是由电路中非线性元器件引起的，所以它又称为非线性失真。

图 2-137 所示为放大器放大信号幅度示意图。图中显示放大过程中输出信号幅度大于输入信号幅度。

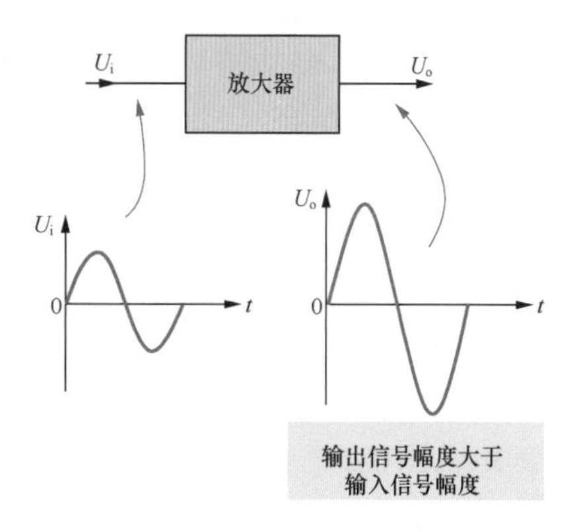

图 2-137　放大器的放大信号幅度示意图

2　放大器的相位失真

图 2-138 所示为放大器的相位失真示意图。

重要提示

频率失真是由电路中的线性电抗元件引起的，故又称为线性失真，其特征是输出信号中不产生输入信号中所没有的新的频率分量。

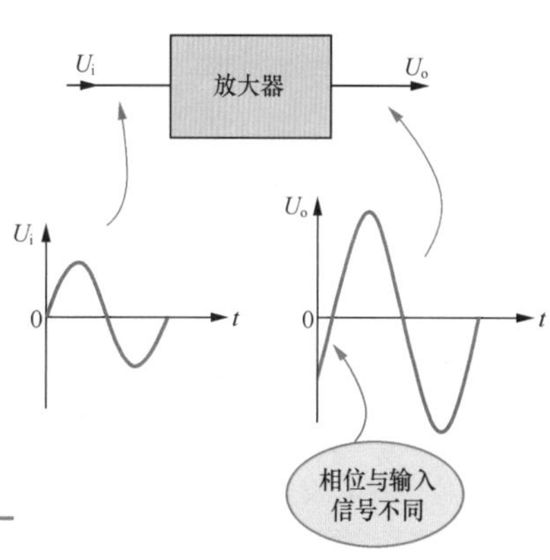

图 2-138　放大器的相位失真示意图

3　放大器的非线性失真

非线性失真亦称波形失真、非线性畸变。放大器在放大信号时，对信号产生幅度的失真过程中，还使信号的变化规律发生改变，这就是放大器的非线性失真，具体表现为放大器输出信号与输入信号不成线性关系，使输出信号中产生新的谐波成分，改变了原信号的频谱。图2-139所示为放大器产生非线性失真示意图。

重要提示

从图 2-139 中可以看出，输入放大器的是标准正弦信号，它的正半周和负半周幅度大小相等，而从放大器输出的信号已经不是一个标准的正弦信号，负半周信号幅度大于正半周信号的幅度（称这种失真为大小头失真），或其他形式的失真（如正半周波形被削去一截，称为削顶失真），它们统称为非线性失真。

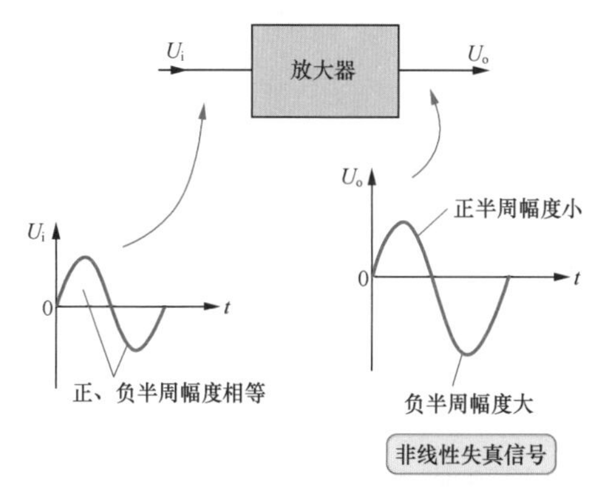

图 2-139　放大器产生非线性失真示意图

4　放大器的失真度

2-65：课堂实验演示：波形失真

失真度又称为失真系数。放大器的失真度有很多种。在不加具体说明的情况下，失真度指的是非线性失真度，这也是最常用的失真度指标。

失真度的单位是百分之多少，用 % 表示。

5　失真信号的频率成分

当一个信号产生非线性失真后，可以用一系列频率不同、幅度大小不同、不失真的正弦信号来合成失真信号。换句话说，某单一频率的失真信号，由于非线性失真而出现了许多新频率的不失真信号。

一个具有非线性失真、频率为 f_0 的信号 U_o，可以用下面公式中的不失真正弦信号来表示：

$$U_0 = A_1 f_0 + A_2(2f_0) + A_3(3f_0) + A_4(4f_0) + \cdots$$

式中，U_0 为已产生非线性失真的信号；f_0 为失真信号的频率，f_0 又称为基频；$2f_0$ 为频率是基频信号两倍的不失真正弦信号，又称为 f_0 的二次谐波；$3f_0$ 为频率是基频信号三倍的不失真正弦信号，又称为 f_0 的三次谐波；$4f_0$ 为频率是基频信号四倍的不失真正弦信号，又称为 f_0 的四次谐波；A_1 是不失真基频信号 f_0 的幅度大小；A_2 是不失真的 $2f_0$ 幅度大小；A_3 是不失真的 $3f_0$ 幅度大小；A_4 是不失真的 $4f_0$ 幅度大小。

式中只列出 4 次谐波，其实还有更多次的谐波，一直可到无数次谐波。在各次谐波中，前几次的谐波幅度为最大，是各次谐波中的主要成分。

重要提示

凡是偶数次数的谐波称为偶次谐波，凡是奇数次数的谐波称为奇数谐波。音频放大器中，奇次谐波对音质具有破坏性的影响，是非音乐性的；偶次谐波是音乐性的。

6 三次谐波失真度

各次谐波中，三次谐波的危害性最大，所以可用三次谐波失真度来表示放大器的非线性失真程度。

三次谐波失真度可以用下面公式来表示：

$$D_3 = \frac{A_3}{A_1} \times 100\%$$

式中，D_3 为三次谐波失真度，单位为 %；A_3 为三次谐波幅度大小；A_1 为基频幅度大小。

7 全谐波失真度

放大器的全谐波失真度等于各次谐波幅度大小的平方之和开根号，再与基频信号幅度之比，单位也是 %。由于全谐波失真度的测试比较困难，而三次谐波的测试比较方便，所以常用三次谐波失真度。

8 谐波失真大小与放大器输出功率也有关系

当输出功率增大时谐波失真也增大，这是显然的，因为输出功率增大时对信号的放大力度加大，同时造成信号的各种畸变也随之加大。

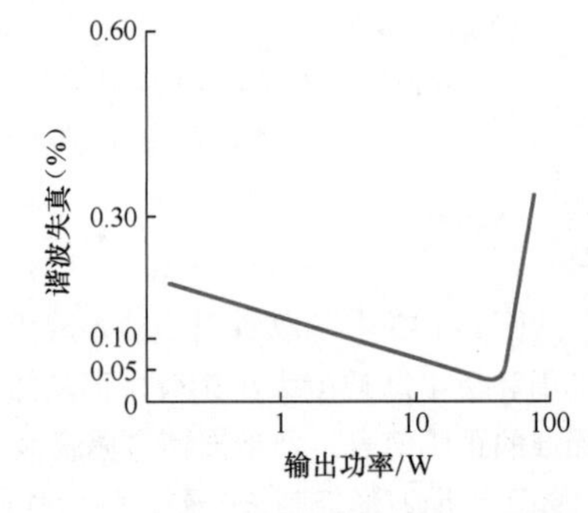

图 2-140　输出功率与谐波失真之间的关系

图 2-140 所示的曲线为输出功率与谐波失真之间的关系，可见当输出功率增大后，谐波失真明显增大，这也是放大器不采用满输出功率运行的原因之一。

9 左、右声道放大器的谐波失真特性有所不同

在双声道放大器中，左、右声道放大器电路结构对称，要求它们的各项技术性能指标一致，但左、右声道放大器的谐波失真大小还是有些不同的，如图 2-141 所示，左声道的谐波失真比右声道的大一些。

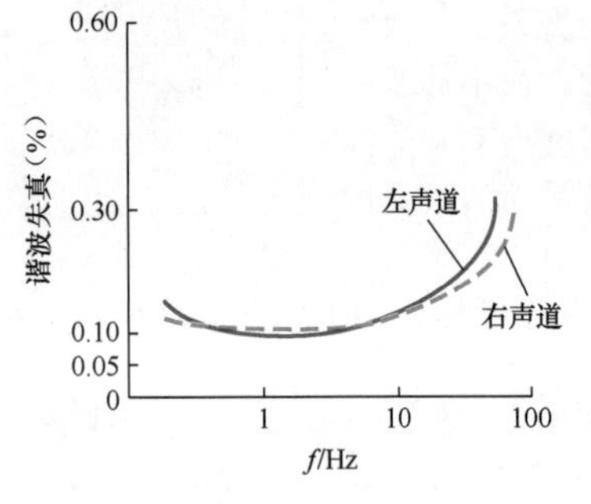

图 2-141　左、右声道放大器的谐波失真大小不同示意图

10 互调失真

互调失真用互调失真系数 D_M 来表示其失真程度，这一失真又称为互调畸变。当给放大器输入两种或两种以上不同频率的信号时，由于放大器的非线性作用，在放大器的输出信号中除了这两种频率

信号之外，还有它们的和频（200Hz + 600Hz = 800Hz）和差频（600Hz − 200Hz = 400Hz）信号，这两个新频率信号称为互调失真信号。

11　两种削波失真

削波失真在大信号出现时产生，由于大信号的正半周峰值部分会进入放大管的饱和区，同时信号的负半周进入截止区（对推动管而言，甲、乙类功放管不存在负半周信号的削顶），使大信号的正、负半周的顶部被削去一截。

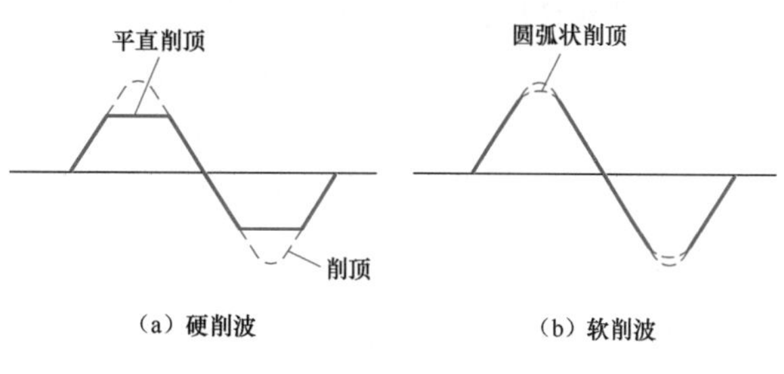

图 2-142　硬削波和软削波示意图

在晶体放大器中，这种削波失真是硬削波，即信号峰值部分被整齐地削去，如图 2-142(a)所示。此时会产生大量的奇次谐波，而奇次谐波是非音乐性的，所以会严重损害音质，使声音模糊且抖动。

2-66：电磁基本概念和同名端

重要提示

在电子管放大器中，这种削波失真是软失真，即削顶部分呈圆弧状，如图 2-142（b）所示，此时产生的谐波是偶次性的多，而偶次谐波是音乐性的，对音质破坏程度远低于奇次谐波。这也是胆机音质、音色的某些方面比石机更胜一筹的原因。

12　开关失真

开关失真是甲、乙类放大器所特有的失真。这种放大器中的功放管工作在开关状态下，当放大高频信号，功放管的开关速度跟不上高频信号变化时，就会出现相位的滞后，这就是开关失真。

13　瞬态失真

瞬态失真又称为瞬态响应，它表征了放大器对瞬态信号的跟随能力。当给放大器输入一个瞬态信号时，放大器应该能够立即响应，否则放大器输出就跟不上瞬态信号，产生所谓的瞬态失真。

测量瞬态响应要采用脉冲信号，图 2-143 所示为瞬态失真示意图，图 2-143（a）所示为输入放大器的标准脉冲测试信号波形，图 2-143（b）所示为经过放大器后已存在瞬态失真的输出信号波形，从图中可以看出脉冲前沿顶部变成了圆弧状，这说明放大器的高频响应能力差，如果瞬态响应好这一顶部也应该是方角。

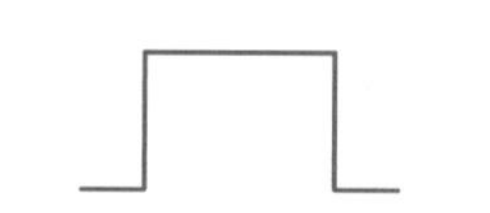

（a）输入放大器的标准脉冲测试信号波形

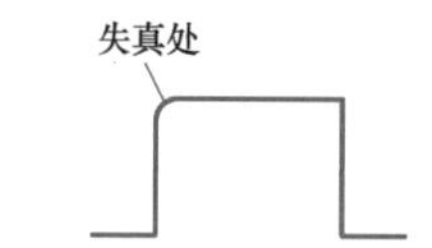

（b）经过放大器后已存在瞬态失真的输出信号波形

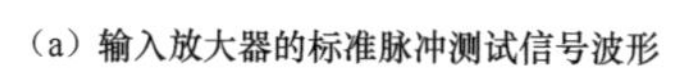

图 2-143　瞬态失真示意图

重要提示

放大器的瞬态失真与放大器的频率范围有关，所以频率范围宽是放大器高品质的基本前提。瞬态失真是放大器的动态性能指标之一。

14　瞬态互调失真

瞬态互调失真是现代电声领域中的一个重要技术性能指标。一般功率放大器都是负反馈放大器，且是加入大环路的深度负反馈，为防止负反馈放大器产生自激现象还要设置各种频率补偿电路。

重要提示

电子管的放大器（俗称“胆机”）的这一失真远比晶体管放大器低，这也是胆机的长处之一。在许多晶体管放大器中，为了降低瞬态互调失真，不采用大环路的深度负反馈电路，所以出现了许多无负反馈的功率放大器电路等。

2.8.6 放大器输出功率知识点

1 放大器的输出功率

输出功率对于音频功率放大器而言，是一项重要的指标。对于其他没有输出功率要求的放大器而言，这项指标意义不大。

放大器的输出功率用来表征放大器在规定失真度下，能够输出的最大信号功率。

重要提示

音频放大器的输出功率根据所用测试信号的种类不同、规定的失真度大小不同，有多种表示方式，而且各种表示方式之间所得到的输出功率参数相差较大。也就是说，同一个音频功率放大器，输出功率参数可以有多种表示形式，如不失真输出功率、额定输出功率、音乐输出功率和最大音乐输出功率等。

输出功率的单位是W。一般来说，放大器的输出功率越大越好。

由于对功率放大器输出功率的测量方法不同，输出功率的标注又有多种方式。

2 有效输出功率

有效输出功率是采用1000Hz连续、稳定的正弦波信号作为测试信号，测量出负载R_L上的有效电压值，再通过公式$P = U^2/R_L$计算得到的输出功率，这属于静态指标（Root Mean Square，RMS）。

3 额定输出功率

额定输出功率也采用1000Hz连续、稳定的正弦波信号作为测试信号，当谐波失真达到平均功率的10%时称为额定输出功率，或称为可用有效输出功率或不失真输出功率，这也属于静态指标。

4 音乐输出功率

音乐输出功率测量不采用正弦信号，而是用模拟音乐或语言信号或脉冲信号作为测试信号，所以音乐输出功率（Music Power Output，MPO）能够反映出爆棚性输出功率的能力，并反映出功率放大器动态输出功率的情况。这是一种输出功率的动态技术指标。

5 峰值音乐输出功率

峰值音乐输出功率（PMPO）又称为最大音乐输出功率。它的测试信号基本上与音乐输出功率的测试信号相同，它是指在不计失真的情况下，放大器所能输出的最大音乐功率。这也是一种输出功率的动态技术指标。

重要提示

上述几种输出功率的表示方式中，对同一台功率放大器而言其值也不相同，峰值音乐输出功率最大，其次是音乐输出功率，再次是额定输出功率，最小的是有效输出功率，一般来讲，峰值输出功率可为有效输出功率的5～8倍，所以在选择功率放大器时要注意采用的是何种表示方式。

2.8.7 放大器的其他特性知识点

1 动态范围

放大器的动态范围是指放大器在保证足够大信噪比情况下输出的最小信号，与规定失真度情况下最大输出信号之间的范围。

影响放大器动态范围的因素是噪声大小和输出功率大小。放大器的动态范围单位是分贝（dB），这一范围越大越好。

2 放大器信噪比

放大器信噪比是一项重要指标，用来表征放大器输出信号受其他无用信号干扰的程度。信噪比的单位是分贝（dB）。

信噪比等于信号大小与噪声大小之比，信号用 S 表示，噪声用 N 表示，信噪比用 S/N 表示。放大器的信噪比越大越好。

许多情况下，避开信噪比只谈噪声的大小是没有意义的。例如，有两个输出功率分别为 200W 和 2W 的放大器，输出功率为 200W 的放大器输出噪声肯定比输出功率为 2W 的大，但是不能说 200W 的放大器使用时的噪声性能没有 2W 的好。所以，用信噪比来说明更加科学。

重要提示

在听音实践中有一个体会，当一个很强的声音和一个很弱的声音同时存在时，只能听到强的那个声音，那个弱的声音好像不存在，这是掩蔽效应。当那个强的声音消失之后，便能听到弱的声音。

3　放大器噪声电平 N

对于功率放大器而言，即使信噪比很高，噪声也会很大。这是因为输出信号电压很大的同时噪声电压也很大，当没有输入信号时这一噪声（放大器本身的噪声）会从音箱中出现，令人讨厌。所以一些档次高的功率放大器在标出信噪比指标的同时，还标出了噪声电平指标。

对于功率放大器而言，标出噪声电平比信噪比更恰当，噪声电平 N（dB）由下式决定：

$$N = 20\lg\frac{U_{\mathrm{N}}}{775}$$

式中，N 为噪声电平，单位为 dB；U_{N} 为功率放大器输出的噪声电压的有效值，单位为 mV；775 为参考电压，单位为 mV。

噪声电平 N 值越小，说明功率放大器输出的噪声电压有效值越小。

重要提示

信噪比是一个相对值，是信号电压与噪声电压之比，而噪声电平是一个相对于 0.775 V 电压的绝对值，这两个技术指标都与噪声大小有关，是两个不同的概念。噪声电平低的放大器，在没有输入信号时的输出噪声很小，使整个音响系统像未开机一样安静。

2.8.8　放大器常见的 11 种非线性失真波形知识点

1　纯阻性负载上截止、饱和失真

纯阻性负载上截止、饱和失真的波形、说明和处理方法见表 2-7。

表 2-7　纯阻性负载上截止、饱和失真的波形、说明和处理方法

失真名称	纯阻性负载上截止、饱和失真
失真波形	
说明	这是非故障性的波形失真，可适当减小输入信号，使输出波形刚好不失真，再测量此时的输出信号电压，然后计算输出功率，若计算结果基本上达到或接近机器的不失真输出功率指标，可以认为这不是故障，而是输入信号太大了。 当计算结果表明是放大器电路的输出功率不足时，要查找失真原因，可用寻迹法查找故障出在哪级放大器电路中
处理方法	更换三极管、提高放大器电路的直流工作电压等

2　削顶失真

削顶失真的波形、说明和处理方法见表 2-8。

表 2-8　削顶失真的波形、说明和处理方法

失真名称	削顶失真
失真波形	
说明	它是推动三极管的静态直流工作电流没有调好，或某只放大管静态工作点不恰当所造成的
处理方法	在监视失真波形的情况下，调整三极管的静态直流工作电流

3 交越失真

交越失真的波形、说明和处理方法见表 2-9。

表 2-9 交越失真的波形、说明和处理方法

失真名称	交越失真
失真波形	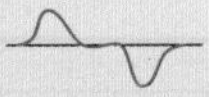
说明	它出现在推挽放大器电路中
处理方法	加大推挽三极管的静态直流工作电流

4 梯形失真

梯形失真的波形、说明和处理方法见表 2-10。

表 2-10 梯形失真的波形、说明和处理方法

失真名称	梯形失真
失真波形	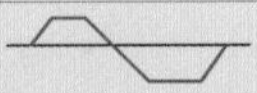
说明	它是某级放大器电路耦合电容太大，或某只三极管直流工作电流不正常所造成的
处理方法	减小级间耦合电容，减小三极管的静态直流工作电流

5 阻塞失真

阻塞失真的波形、说明和处理方法见表 2-11。

表 2-11 阻塞失真的波形、说明和处理方法

失真名称	阻塞失真
失真波形	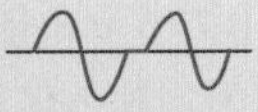
说明	它是电路中的某个元器件失效、相碰、三极管特性不良所造成的
处理方法	用代替法、直观法查出具体故障的三极管

6 半波失真

半波失真的波形、说明和处理方法见表 2-12。

表 2-12 半波失真的波形、说明和处理方法

失真名称	半波失真
失真波形	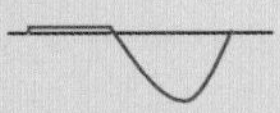
说明	它是推挽放大器电路中有一只三极管开路所造成的。当某级放大器中的三极管没有直流偏置电流而输入信号较大时，也会出现类似失真，同时信号波形的前沿和后沿还有类似交越失真的特征
处理方法	电流检查法检查各级放大器电路中的三极管直流工作电流

7 大小头失真

大小头失真的波形、说明和处理方法见表 2-13。

表 2-13 大小头失真的波形、说明和处理方法

失真名称	大小头失真
失真波形	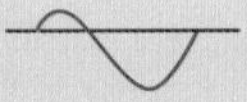
说明	这种失真可能是上半周幅度大或下半周幅度大
处理方法	代替法检查各个三极管，电流检查法检查各个三极管的直流工作电流

8 非线性非对称失真

非线性非对称失真的波形、说明和处理方法见表 2-14。

表 2-14 非线性非对称失真的波形、说明和处理方法

失真名称	非线性非对称失真
失真波形	
说明	它是多级放大器失真重叠所造成的
处理方法	用示波器检查各级放大器的输出信号波形

9 非线性对称失真

非线性对称失真的波形、说明和处理方法见表 2-15。

表 2-15 非线性对称失真的波形、说明和处理方法

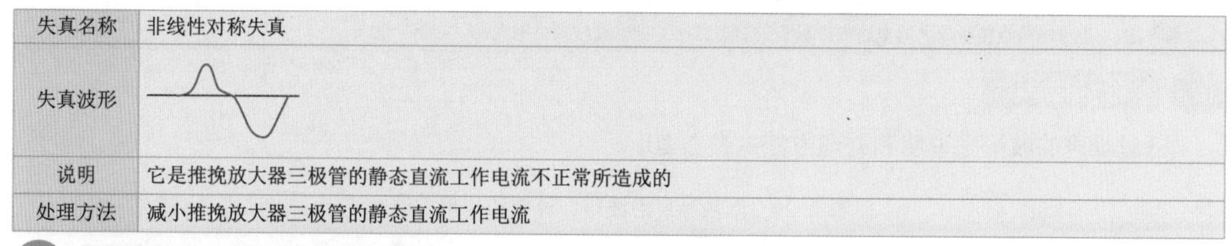

失真名称	非线性对称失真
失真波形	
说明	它是推挽放大器三极管的静态直流工作电流不正常所造成的
处理方法	减小推挽放大器三极管的静态直流工作电流

10 另一种非线性对称失真

另一种非线性对称失真的波形、说明和处理方法见表 2-16。

表 2-16 另一种非线性对称失真的波形、说明和处理方法

失真名称	另一种非线性对称失真
失真波形	
说明	它是推挽放大器电路中两只三极管的直流偏置电流一个大一个小所造成的
处理方法	使推挽放大器电路两只三极管的直流偏置电流大小一样

11 波形畸变失真

波形畸变失真的波形、说明和处理方法见表 2-17。

表 2-17 波形畸变失真的波形、说明和处理方法

失真名称	波形畸变失真
失真波形	
说明	它是扬声器故障所造成的
处理方法	更换扬声器

2.8.9 放大器常见的 9 种噪声波形知识点

1 高频噪声

高频噪声的波形、说明和处理方法见表 2-18。

表 2-18　高频噪声的波形、说明和处理方法

失真名称	高频噪声
失真波形	
说明	高频噪声波形特点是在最大提升高音、最大衰减低音后，噪声输出大且幅度整齐，噪声输出大小受音量、高音电位器的控制
处理方法	用短路法检查前级放大器的电路噪声

2 另一种高频噪声

另一种高频噪声的波形、说明和处理方法见表 2-19。

表 2-19　另一种高频噪声的波形、说明和处理方法

噪声名称	另一种高频噪声
噪声波形	
说明	另一种高频噪声波形特点是不受音量、高音电位器的控制
处理方法	电流法检查推挽放大器电路中三极管的静态直流工作电流，减小电流

3 低频噪声

低频噪声的波形、说明和处理方法见表 2-20。

表 2-20　低频噪声的波形、说明和处理方法

噪声名称	低频噪声
噪声波形	
说明	低频噪声波形特点是受音量电位器的控制
处理方法	更换电动机

4 杂乱噪声

杂乱噪声的波形、说明和处理方法见表 2-21。

表 2-21　杂乱噪声的波形、说明和处理方法

噪声名称	杂乱噪声
噪声波形	
说明	杂乱噪声波形特点是受音量电位器的控制，关死高音电位器后以低频噪声为主，出现了更加清晰的低频杂乱状噪声波形
处理方法	短路法检查前级放大管，更换三极管

5 交流声噪声

交流声噪声的波形、说明和处理方法见表 2-22。

表 2-22　交流声噪声的波形、说明和处理方法

噪声名称	交流声噪声
噪声波形	
说明	交流声噪声波形特点是不受音量电位器的控制，或受的影响较小
处理方法	检查整流、滤波电路，加大滤波电容

6 低频调制噪声

低频调制噪声的波形、说明和处理方法见表 2-23。

表 2-23　低频调制噪声的波形、说明和处理方法

噪声名称	低频调制噪声
噪声波形	
说明	低频调制噪声波形特点是波形在示波器上滚动，不能稳定
处理方法	检查退耦电容器，减小电源变压器漏感，三极管的工作不稳定

7 交流调制噪声

交流调制噪声的波形、说明和处理方法见表 2-24。

表 2-24　交流调制噪声的波形、说明和处理方法

噪声名称	交流调制噪声
噪声波形	
说明	交流调制噪声波形特点是用电池供电时无此情况
处理方法	检查电源内阻，加大滤波电容

8 高频寄生调制噪声

高频寄生调制噪声的波形、说明和处理方法见表 2-25。

表 2-25　高频寄生调制噪声的波形、说明和处理方法

噪声名称	高频寄生调制噪声
噪声波形	
说明	高频寄生调制噪声是叠加在音频信号上的高频干扰波形，表现为高频噪声“骑”在音频信号上
处理方法	电流检查法检查各级三极管的静态直流工作电流，特别是末级三极管。另外，可以采用高频负反馈来抑制寄生调制

9 另一种高频寄生调制噪声

另一种高频寄生调制噪声的波形、说明和处理方法见表 2-26。

表 2-26　另一种高频寄生调制噪声的波形、说明和处理方法

噪声名称	另一种高频寄生调制噪声
噪声波形	
说明	另一种高频寄生调制噪声波形表现为在音频信号上出现亮点，并中断信号的连续
处理方法	电流检查法检查各级三极管的静态直流工作电流，特别是末级三极管。另外，可以采用高频负反馈来抑制寄生调制

2.9 知识扩展：电磁学基础知识点“微播”

重要提示

电和磁是不可分割的统一体，有电就有磁，有磁就有电。无线电中经常用到电磁学中的概念，还有许多电与磁的换能器件。

2.9.1 磁场与磁力线知识点

1 磁性

能够吸引铁等物质的性质称为磁性。

2 磁体

具有磁性的物体称为磁体，最常见的扬声器其背面的磁钢就是磁体。

3 磁极

磁铁两端磁性最强的区域称为磁极。一个磁铁有两个磁极：一个是南极，用S表示；另一个是北极，用N表示。当一块磁铁分割成几块后，每一小块磁铁上都有一个S极和一个N极，如图2-144所示，也就是说，S、N极总是成对出现的。

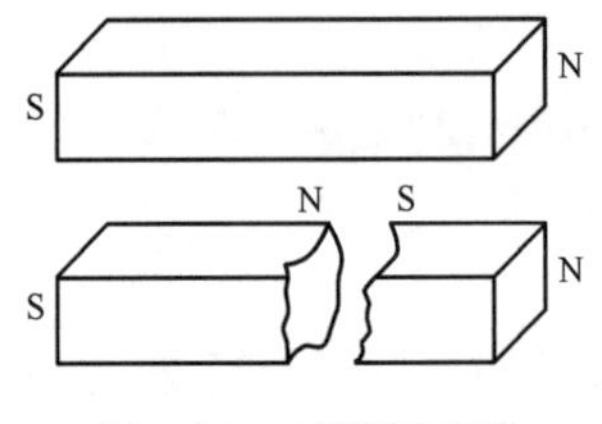

图2-144 磁极示意图

4 磁力

2-67：课堂实验演示：变压器同名端和异名端电压波形相估

磁极间的相互作用力称为磁力。同极性之间相斥，异极性之间相吸。

5 磁场

磁场和电场一样是一种特殊的物质，它看不见也摸不着，但的确存在。磁体周围存在的磁力作用的空间称为磁场，互不接触的两个磁体之间相互作用的力是由磁场传递的。

6 磁力线

关于磁力线要说明以下几点。

（1）磁力线有时还称为磁感线或磁通线。

（2）磁力线是闭合的。

（3）磁力线有方向，规定在磁体的外部，磁力线由N极指向S极，在磁体内部则是由S极指向N极，如图2-145所示。

（4）磁力线的方向可以用来表示磁场方向。

（5）在磁极附近磁力线最密，表示磁场最强；在磁体中间磁力线最稀，表示磁场最弱。用磁力线的多少来表征磁场的强弱。

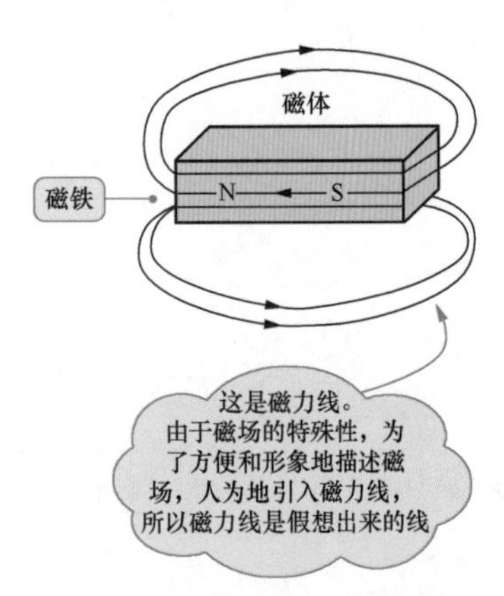

图2-145 磁力线方向示意图

7 直导线电流磁场

重要提示

电流周围存在磁场。磁场总是伴随着电流而存在的，电流永远被磁场所包围。

一根直的导线，当导线中有电流流经时，在导线的周围就会存在磁场，判断这一磁场方向用右手螺旋定则，具体方法是：右手握住直的导线，并将大拇指指向电流流动的方向，四指所指的方向就是磁场方向，如图2-146所示。

8 环形电流磁场

将导线绕成环形（称为螺线管或线圈），并给线圈通电，此时的磁场方向也是用右手螺旋定则来判断，具体方法是：右手握住螺线管，让四指指向线圈中的电流流动方向，大拇指所指方向为磁场方向，如图2-147所示。

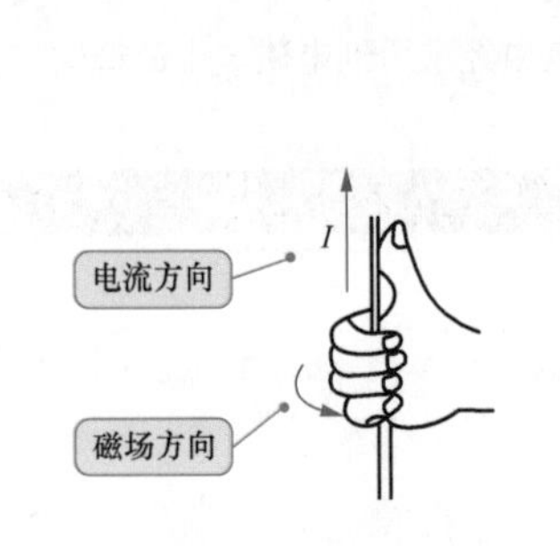

图2-146 直导线电流磁场示意图

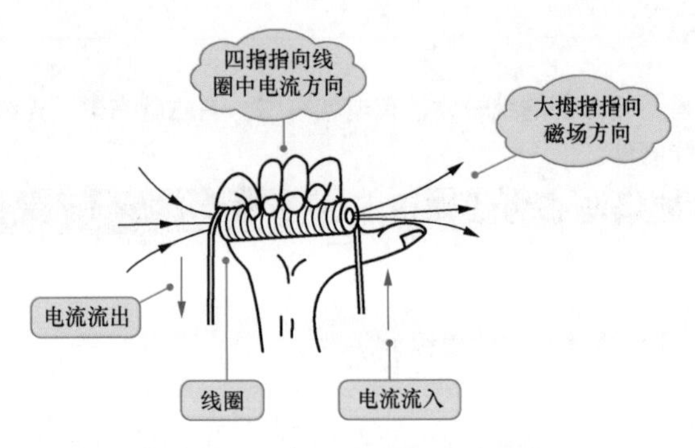

图2-147 环形电流磁场示意图

2.9.2　磁通、磁感应强度、磁导率和磁场强度知识点

1　磁通

磁通是磁通量的简称。通过与磁场方向垂直的某一面积上的磁力线总数，称为磁通。磁通用 Φ 表示。当面积一定时，垂直通过该面积的磁力线越多，说明磁场越强，反之则弱。

2　磁感应强度

垂直通过单位面积上的磁力线数称为磁感应强度，可见磁场强度能够表示磁场的强弱。磁感应强度用 B 表示。关于磁感应强度还要说明以下几点。

（1）磁感应强度也称为磁通密度。

（2）磁感应强度是一个矢量，它不仅表示了磁场中某点的磁场大小，也表示了该点的磁场方向。磁力线上某点的切线方向就是该点的磁感应强度方向。

（3）磁场中各点的磁感应强度大小和方向相同时，这种磁场称为均匀磁场。

3　磁导率

为了表征物质的导磁性能，引入磁导率这个物理量，磁导率用 μ 表示。

由实验测得真空中的磁导率（用 μ_0 表示）为一个常数。

为了比较物质的导磁性能，将任一物质的磁导率与真空中磁导率的比值作为相对磁导率，用 μ_r 表示。

重要提示

根据物质的磁导率不同，可将物质划分成下列三类。

μ_r <1 的物质称为反磁物质，如铜。

μ_r >1 的物质称为顺磁物质，如锡。

μ_r >>1 的物质称为铁磁物质，如铁、钴。

4　磁场强度

磁场强度的定义是：磁场中某点的磁感应强度与介质的磁导率的比值称为该点的磁场强度。磁场强度用 H 表示。

磁场强度也是一个矢量，在均匀磁场中它的方向同磁感应强度的方向相同。

2.9.3　磁化、磁性材料和磁路知识点

1　磁化

使原来没有磁性的物质具有磁性的过程称为磁化。凡是铁磁物质都能被磁化。

2　磁性材料

磁性材料通常可以划分成以下三类。

（1）软磁材料。这种铁磁材料在磁化后，保留磁性的能力很差。

（2）硬磁材料。这种铁磁材料在磁化后，保留磁性的能力很强。

（3）矩磁材料。这种铁磁材料只要有很小的磁场就能磁化，且一经磁化就达到饱和状态。

3　磁路

磁通（或磁力线）集中通过的路径称为磁路，类似于电路的概念。图 2-148 所示的是磁路示意图。

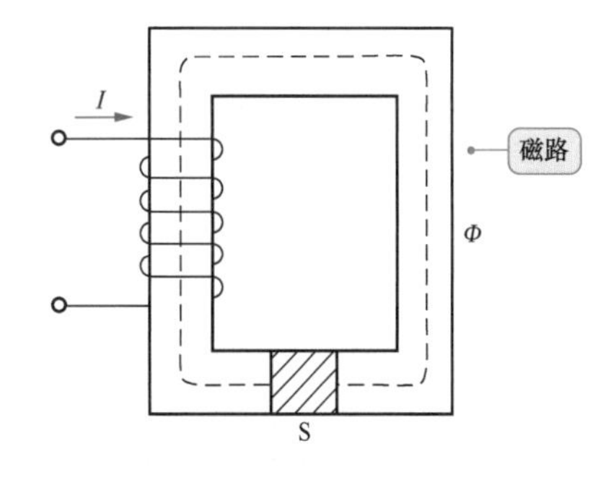

图 2-148　磁路示意图

关于磁路说明以下几点。

（1）为了获得较强的磁场，需要将磁通集中在磁路中。形成磁路的最好方法是用铁磁材料做成磁芯，线圈绕在磁芯上。

（2）由于铁磁材料制成的磁芯其磁导率 μ 远大于空气的磁导率，所以磁通主要是沿磁芯闭合的，只有很少部分通过空气或其他材料。

（3）通过磁芯的磁通称为主磁通，磁芯外的磁通称为漏磁通，漏磁通越小越好。

（4）磁路按其结构不同分为无分支磁路和分支磁路两种，其中分支磁路又分为不对称分支磁路和对称分支磁路两种，这相当于电路中的并联电路。

（5）磁路不同于电路，电路可以有开路状态，可磁路没有开路状态，因为磁力线是不可能中断的闭合曲线。

2.9.4 电磁感应知识点

1 电磁感应

电能够产生电磁感应说明磁也能够产生电。

图 2-149 所示的为电磁感应现象示意图。当磁铁从上端向下插入时，会在线圈两端得到一个感应电动势，其极性为上正下负。如果磁铁在线圈中静止不动，则没有电动势。当磁铁从下向上插入时，感应电动势的方向为下正上负。

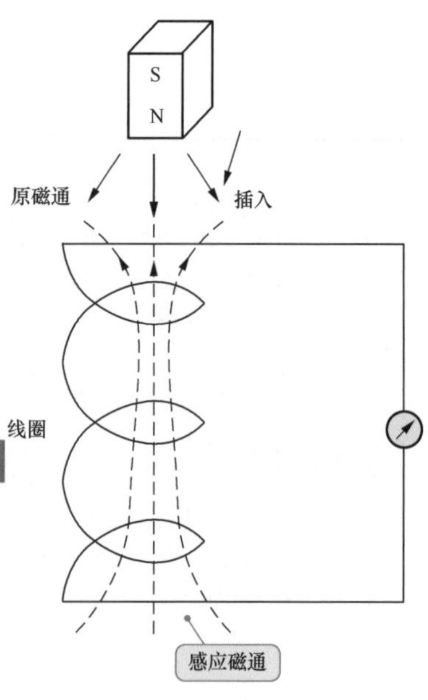

图 2-149 电磁感应现象示意图

重要提示

关于电磁感应主要说明以下几点。

（1）感应电动势又称感生电动势、感应电势、感生电势。

（2）产生电磁感应的条件是线圈中的磁通必须发生改变。当磁铁从上或从下插入线圈时都有感应电动势产生，这是因为磁铁运动引起线圈中的磁通发生改变。当磁铁在线圈中不运动时，没有感应电动势的产生，因为磁铁不运动，线圈中的磁通没有改变。

（3）当线圈闭合时，由感应电动势产生的电流称为感应电流或感生电流。

2 电磁感应定律

法拉第电磁感应定律：感应电动势的大小与穿过线圈磁通的变化率成正比。

磁铁插入线圈中的速度越快，磁通变化率越高，感应电动势越大，反之则越小。

这一定律只能说明感应电动势的大小，不能说明感应电动势的方向。

2.9.5 自感、互感和同名端知识点

1 自感

由于流过线圈本身的电流发生变化而引起的电磁感应称为自感应，简称自感。

图 2-150 所示的电路可以说明自感现象。电路中的 E 是电源，DX 是灯泡，L1 是线圈（线圈的电阻很小，远小于灯泡的电阻），S1 是开关。

当开关 S1 刚接通时，由于 L1 的电阻远小于灯泡的电阻，所以电流只流过 L1 所在的支路，没有电流流过灯泡，这样灯泡不亮。但是，当开关 S1 突然断开时，灯泡却突然很亮后熄灭，这一现象称为自感现象。

这一现象是因为开关断开时，L1 中的磁通突然从有突变到零，这时 L1 两端要产生感应电动势，这一感应电动势加在灯泡的两端，使灯泡突然很亮。

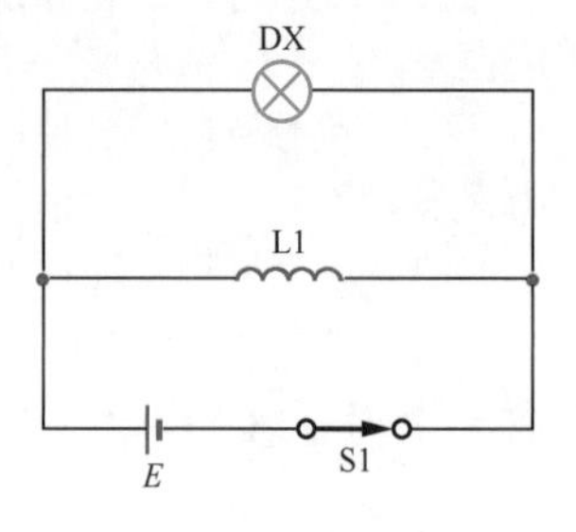

图 2-150 自感现象

重要提示

对于自感说明以下几点。

（1）由自感产生的电动势称为自感电动势，简称自感电势。

（2）自感电动势与线圈本身的电感量成正比关系。线圈电感量是线圈的固有参数，电感量用 L 表示，L 与线圈匝数和结构等因素有关。

（3）自感电动势还与线圈中电流的变化率成正比关系，当 L 一定时，电流变化越快，自感电动势越大，反之则越小。

（4）对某一个具体线圈而言，L 的大小反映了线圈产生自感电动势的能力。

（5）自感系数的定义是：当一个线圈流过变化的电流时，电流产生的磁场使每匝线圈具有的磁通叫作自感磁通，整个线圈具有的磁通称为自感磁链，将线圈中通过单位电流所产生的自感磁链称为自感系数。

2　互感

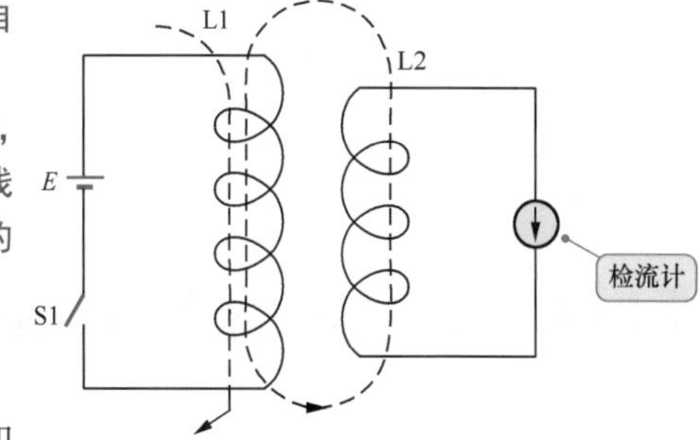

图 2-151　互感现象示意图

图 2-151 所示的为互感现象示意图。图中有线圈 L1 和线圈 L2，其中在线圈 L1 回路中接入电池 E 和开关 S1，在线圈 L2 回路中接入检流计。

当开关接通后，检流计指针偏转一下后又停止，检流计的指针偏转说明有电流流过线圈 L2。

开关 S1 接通后，线圈 L1 中的电流从无到有，在线圈 L1 中产生了变化的磁通，这一变化的磁通穿过了线圈 L2。由于线圈 L2 中存在变化的磁通，所以在线圈 L2 两端要产生感应电动势，便有了感应电流。当开关接通一段时间后，由于是直流电源，线圈 L1 中的电流大小不变，其磁通也不再变化，线圈 L2 中没有变化的磁通就不能产生感应电动势，所以检流计的指针不再偏转。一个线圈中的电流变化引起另一个线圈中产生感应电动势的现象称为互感现象，简称互感。

重要提示

关于互感说明以下几点。

（1）互感现象说明线圈 L1 和线圈 L2 之间存在磁耦合，又称为互感耦合。

（2）为了定量表征互感耦合情况，引入了互感系数这个物理量，用 M 表示。它的大小等于一个线圈中通过单位电流时，在另一个线圈中产生的互感磁链。互感系数 M 表征了磁交链的能力。

（3）线圈间具有的互感系数 M 是互感线圈的固有参数，它的大小与两个线圈的匝数、相互间位置、几何尺寸等因素有关。

（4）由互感所产生的电动势称为互感电动势，简称互感电势。当两个线圈确定后，一个线圈上互感电动势的大小与另一个线圈中的电流变化率成正比。

（5）互感电动势不仅有大小还有方向，其方向可以用同名端方法来确定。

2-68：屏蔽

3　互感线圈同名端

图 2-152 所示为同名端示意图，将线圈绕向一致且感应电动势极性一致的端点称为同名端。如图 2-152(a)所示，线圈 L1 和线圈 L2 绕在同一个铁芯上，从图中可以看出，1 端和 4 端是两线圈的头，且两线圈的绕向相同，所以是同名端，电动势的极性一致。2、3 端也是同名端，1、2 端之间极性相反，称为异名端。

同名端常用黑点表示，如图 2-152 所示，标有黑点的端是同名端，在电路图中的表示方式如图 2-152（b）所示。

在同名端上的电压方向相同，如图 2-153 所示，即同时增大，同时减小。异名端的电压则是方向相反。

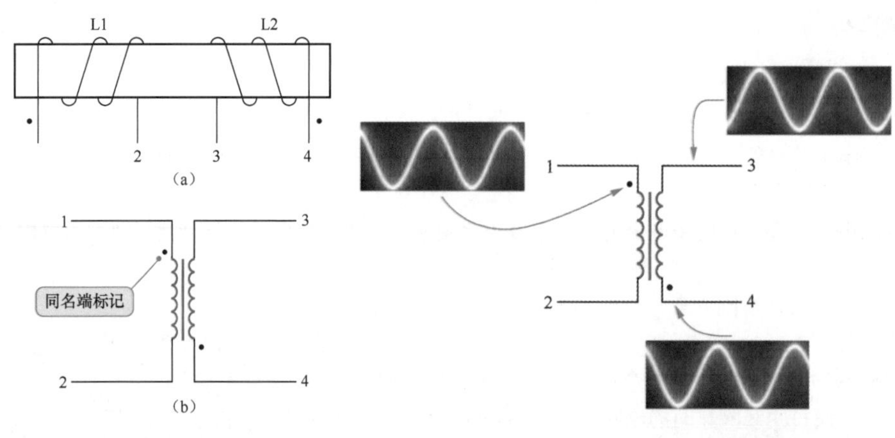

图 2-152　同名端示意图　　　　图 2-153　同名端上的电压方向示意图

2.9.6 屏蔽知识点

2-69：接地基础知识

1 屏蔽

给变压器的初级线圈通入交流电后，在线圈周围产生了磁场，尽管由铁芯给绝大部分磁力线构成了磁路，但是仍有一小部分磁力线散发在变压器附近的一定空间范围内。

如果变压器散发的这些残余磁力线穿过变压器附近的其他线圈（或电路），在其他线圈中也会产生感生电动势，这便是磁干扰，是不允许的。为此，要给变压器加上屏蔽壳，使变压器中的磁场不向外辐射。

2 低频屏蔽

变压器的屏蔽壳不仅可以防止变压器干扰其他电路的正常工作，同时也可以防止其他散射磁场干扰变压器的正常工作。

在低频变压器中，采用铁磁材料制成一个屏蔽盒（如铁皮盒），将变压器包起来。由于铁磁材料的磁导率高，磁阻小，所以变压器产生的磁力线与屏蔽壳构成回路，阻止了磁力线穿出屏蔽壳，使壳外的磁场大大减小，达到屏蔽的目的。

同理，外界的杂散磁力线也被屏蔽壳所阻挡，不能穿到壳内来。

3 高频屏蔽

在高频变压器中，由于铁磁材料的磁介质损耗大，所以不用铁磁材料作为屏蔽壳，而是采用电阻很小的铝、铜材料制成屏蔽壳。当高频磁力线穿过屏蔽壳时，产生感生电动势，此电动势又被屏蔽壳所短路（屏蔽壳电阻很小），产生涡流，此涡流又产生反向磁力线去抵消穿过屏蔽壳的磁力线，使屏蔽壳外的磁场大大减小，达到屏蔽的目的。

2.10 知识扩展：接地知识点“大全”

重要提示

接地技术在现代电子领域得到快了广泛而深入的应用。

2.10.1 接地的基础知识

2-70：安全接地和防雷接地

1 两大类接地

电子设备的“地”通常有两种含义：“大地”（安全地）和“系统基准地”（信号地，一般接机壳或底板）。

接地技术早期主要应用在电力系统中，后来接地技术延伸应用到弱电系统中。

接“大地”是以地球的电位为基准，并以大地作为零电位，把电子设备的金属外壳、电路基准点与大地相连。由于大地的电容非常大，一般认为大地的电动势为零。

接“系统基准地”就是指在系统与某个电位基准面之间建立低阻的导电通路，在弱电系统中的接地一般不是指真实意义上与地面相连的接地。

2　接地

电子设备将接地线接在一个作为参考电位的导体上，当有电流通过该参考电位时，接地点是电路中的共用参考点，这一点的电位为零。

电路中，其他各点的电位高、低都是以这一参考点为基准的，一般在电路图中所标出的各点电压数据都是相对接地端的大小，这样可以大大方便修理过程中的电压测量。

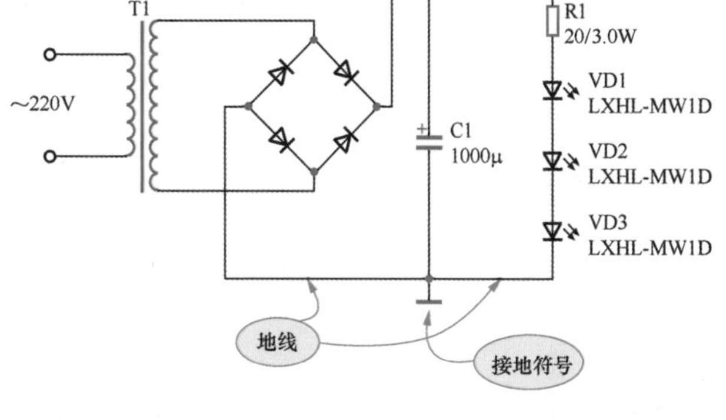

图 2-154　电子电路图中的地线示意图

3　地线

相同接地点之间的连线称为地线。图 2-154 所示为电子电路图中的地线示意图。

4　接地目的

把接地平面与大地连接，往往是出于三个方面考虑：提高设备电路系统工作的稳定性，静电泄放，为工作人员提供安全保障。

2-71：工作接地

接地的目的是出于安全考虑，即保护接地，为信号电压提供一个稳定的零电位参考点（信号地或系统地），起屏蔽保护作用。

2.10.2　安全接地、防雷接地和工作接地

1　安全接地

安全接地即将高压设备的外壳与大地连接。图 2-155 所示为电冰箱的保护接地示意图。

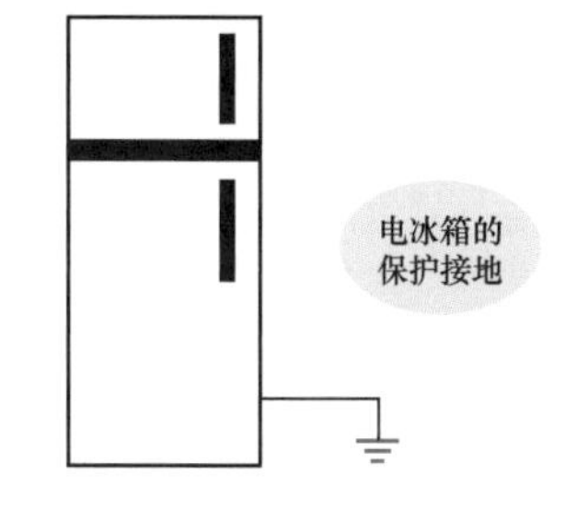

图 2-155　电冰箱的保护接地示意图

这种接地出于以下几个方面的保护目的。

（1）防止机壳上积累电荷，产生的静电放电时危及设备和人身安全。例如，计算机机箱的接地，油罐车那根拖在地上的尾巴，都是为了使积聚在一起的电荷释放，防止出现事故。

（2）当设备的绝缘层损坏而使机壳带电时，促使电源的保护电路动作从而切断电源，以保护工作人员的安全，如电冰箱、电饭煲的外壳。

（3）可以屏蔽设备巨大的电场，起到保护作用，如民用变压器的防护栏。

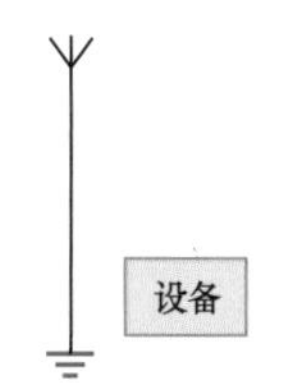

图 2-156　避雷针与大地相连示意图

2　防雷接地

当电力电子设备遇雷击时，不论是直接雷击还是感应雷击，如果缺乏相应的保护措施，电力电子设备都将受到很大损害甚至报废。为防止雷击，一般在高处（如屋顶、烟囱顶部）设置避雷针与大地相连，如图 2-156 所示，以防雷击时危及设备和人身安全。

接地电阻是接地体的流散电阻与接地线的电阻之和。接地电流流入地下后，通过接地体向大地以半球形散开，这一接地电流就称为流散电流。流散电流在土壤中遇到的全部电阻称为流散电阻。流散电阻需用专门的接地电阻测量仪测量。

接地电阻的阻值要求是：安全接地小于 4Ω，防雷装置小于 1Ω。

3 工作接地

工作接地是为电路正常工作而提供的一个基准电位。这个基准电位一般设定为零。该基准电位可以设为电路系统中的某一点、某一段或某一块等。

（1）未与大地相连。当该基准电位不与大地连接时，视为相对的零电位。但这种相对的零电位是不稳定的，它会随着外界电磁场的变化而变化，使系统的参数发生变化，从而导致电路系统工作不稳定。

（2）与大地相连。当该基准电位与大地连接时，基准电位视为大地的零电位，而不会随着外界电磁场的变化而变化。但是不合理的工作接地反而会增加电路的干扰，如接地点不正确引起的干扰、电子设备的共同端没有正确连接而产生的干扰。

重要提示

为了有效控制电路在工作中产生的各种干扰，使之符合电磁兼容原则，设计电路时，根据电路的性质可以将工作接地分为不同的种类，如直流地、交流地、数字地、模拟地、信号地、功率地、电源地等。

2-72：课堂实验演示：助听器装配全过程 1（话筒）

2.10.3 电子电路中接地

1 信号地

信号地是各种物理量信号源零电位的公共基准地线。由于信号一般都较弱，易受干扰，不合理的接地反而会使电路产生干扰，因此对信号地的要求较高。

2 模拟地

模拟地是模拟电路零电位的公共基准地线。模拟电路中有小信号放大电路、多级放大电路、整流电路、稳压电路等，不合理的接地反而会引起干扰，影响电路的正常工作。

2-73：课堂实验演示：助听器装配全过程 2（放大）

重要提示

模拟电路中的接地对整个电路来说有很大的意义，它是整个电路正常工作的基础之一。所以在模拟电路中，合理地接地对整个电路的作用不可忽视。

3 数字地

数字地是数字电路零电位的公共基准地线。由于数字电路工作在脉冲状态，特别是脉冲的前、后沿较陡或频率较高时，会产生大量的电磁波干扰。

重要提示

如果接地不合理，会使干扰加剧，所以对数字地的接地点选择和接地线的敷设也要充分考虑。

4 电源地

电源地是电源零电位的公共基准地线。由于电源往往同时供电给系统中的各个单元，而各个单元要求的供电性质和参数可能有很大差别，既要保证电源稳定可靠地工作，又要保证其他单元稳定可靠地工作，因此电源地一般是电源的负极。

5 功率地

功率地是负载电路或功率驱动电路零电位的公共基准地线。由于负载电路或功率驱动电路的电流较强、电压较高，如果接地的地线电阻较大，会有显著的电压降从而产生较大的干扰，所以功率地线上的干扰较大。因此，功率地必须与其他弱电地分别设置，以保证整个系统稳定可靠地工作。

2.10.4 屏蔽接地

1 屏蔽接地

屏蔽与接地要配合使用才能有良好的屏蔽效果，主要是出于电磁兼容问题的考虑。典型的两种屏蔽是静电屏蔽与交变电场屏蔽。

（1）交变电场屏蔽。为了降低交变电场对敏感电路（如多级放大电路、RAM 和 ROM 电路）的耦合干扰电压，可以在干扰源和敏感电路之间设置导电性良好的金属屏蔽体，或将干扰源、敏感电路分别屏蔽，并将金属屏蔽体接地，如图 2-157 所示。

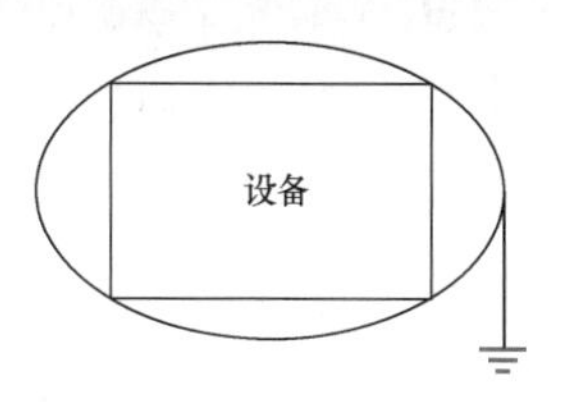

图 2-157 交变电场屏蔽示意图

重要提示

只要金属屏蔽体良好接地，就能极大地减小交变电场对敏感电路的耦合干扰电压，以保证电路可以正常工作。

（2）静电屏蔽。当用完整的金属屏蔽体将带电导体包围起来时，在屏蔽体的内侧将感应出与带电导体等量的异种电荷，外侧出现与带电导体等量的同种电荷。因此，外侧仍有电场存在。

如果将金属屏蔽体接地，如图 2-158 所示，外侧的电荷将流入大地，金属壳外侧将不会存在电场，相当于壳内带电体的电场被屏蔽起来了。

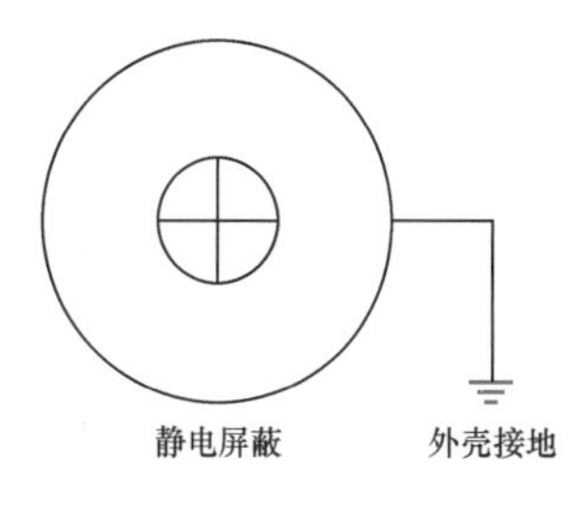

图 2-158 静电屏蔽示意图

2 电路的屏蔽罩接地

各种信号源和放大器等易受电磁辐射干扰的电路应设置屏蔽罩。

重要提示

由于信号电路与屏蔽罩之间存在寄生电容，因此要将信号电路的线末端与屏蔽罩相连，以消除寄生电容的影响，并将屏蔽罩接地，以消除共模干扰。

3 电缆的屏蔽层接地

在一些通信设备中的弱信号传输电缆中，为了保证信号传输过程中的安全性和稳定性，可以使用外面带屏蔽网的电缆。图 2-159 所示为同轴电缆示意图。它的作用是防止干扰其他设备并防止本身被干扰。

例如，闭路电视使用的是同轴电缆和音频线，它们外面的金属网用来起屏蔽作用。

为了进一步提高同轴电缆的抗干扰效果，同轴电缆的接线要采用专门的接线头，图 2-160 所示为同轴电缆接线头实物图。

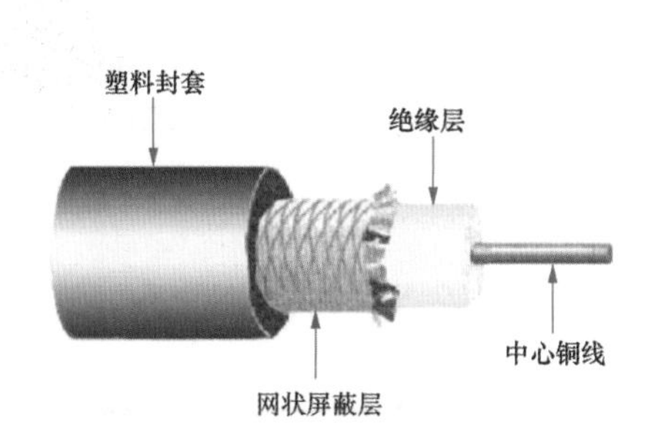

图 2-159 同轴电缆示意图

图 2-160 同轴电缆接线头实物图

2-74：课堂实验演示：助听器装配全过程 3（调试）

重要提示

屏蔽电缆分类：普通屏蔽线适用于频率低于 30kHz 的电缆；屏蔽双绞线适用于频率低于 100kHz 的电缆；同轴电缆适用于频率低于 100MHz 的电缆。

4 电缆的屏蔽层双端接地

图 2-161 所示为电缆的屏蔽层双端接地示意图。它在电缆的信号源和负载端同时将屏蔽层接地。

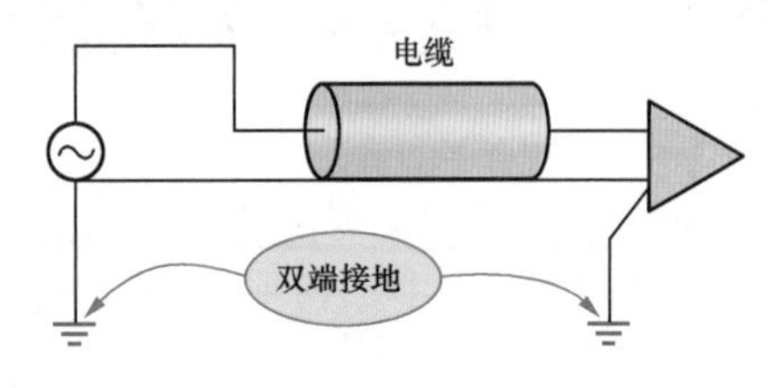

图 2-161　电缆的屏蔽层双端接地示意图

重要提示

如果周围环境的噪声干扰比较大，则应该采用这种双端接地方式。

5 电缆的屏蔽层单端接地

图 2-162 所示为电缆的屏蔽层单端接地示意图。它只在电缆的信号源端将屏蔽层接地。

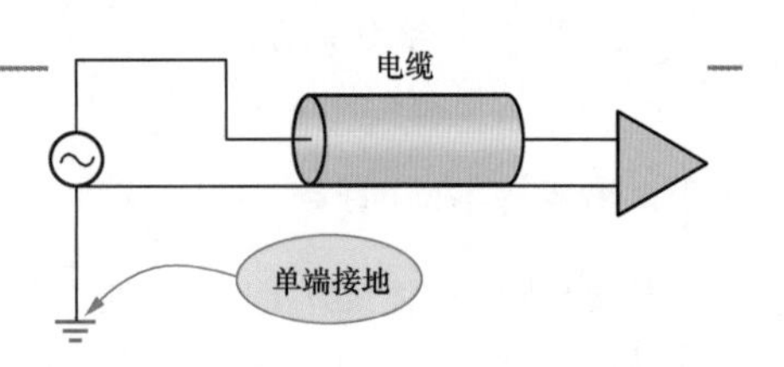

图 2-162　电缆的屏蔽层单端接地示意图

重要提示

如果信号传输距离大于几百米，周围环境的噪声干扰比较小，为了抑制低频共模干扰（电源纹波干扰），也可以采用这种单端接地方式。

6 低频电路电缆的屏蔽层接地

频率低于 1MHz 的电缆屏蔽层应采用单端接地的方式，屏蔽层接地点应当与电路的接地点一致，一般是电源的负极。图 2-163 所示为几种低频电缆单端接地方式示意图。

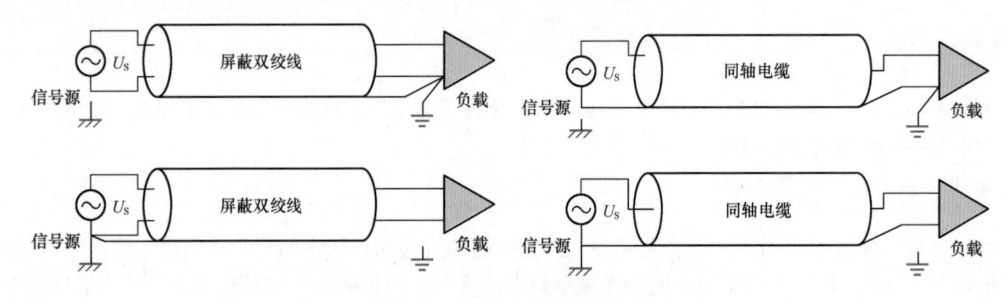

图 2-163　几种低频电缆单端接地方式示意图

图 2-164 所示为屏蔽双绞线实物图。双绞线是两根线缠绕在一起制成的，双绞线的绞扭若均匀，所形成的小回路面积相等而法线方向相反，这时其磁场干扰可以相互抵消。屏蔽双绞线则是在双绞线基础上再加屏蔽层。

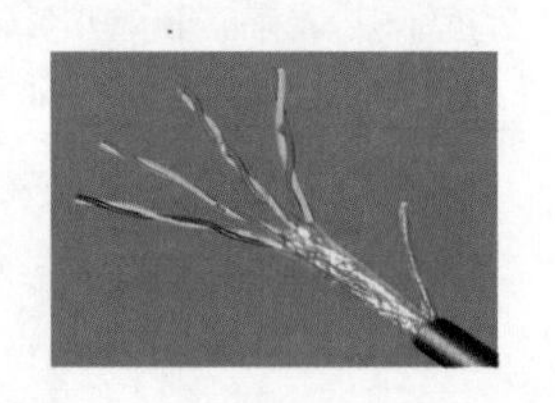

图 2-164　屏蔽双绞线实物图

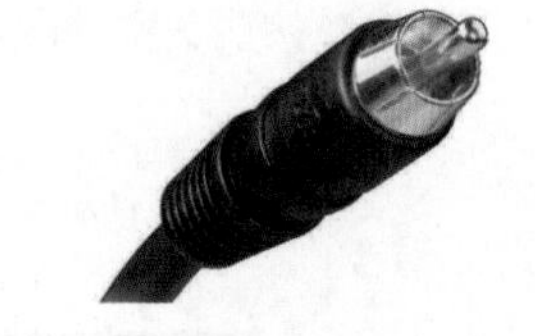

图 2-165　针型插头实物图

7 屏蔽线的屏蔽层接地

普通屏蔽线采用针型插头连接（又称莲花插头、RCA 插头），如图 2-165 所示，可以提高屏蔽效果，这种连接头可以进行音频和视频连接。

在实现屏蔽层与电路板直接焊接时，接地时应尽量避免所谓的“猪尾巴”效应，如图 2-166 所示，屏蔽电缆的一端在与电路板连接时屏蔽层的编织网被集中在一侧，扭成“猪尾巴”状的辫子，而芯线有相当长的一段露出屏蔽层，这种做法在很大程度上会降低屏蔽效果。芯线不能暴露在外界电磁场中。

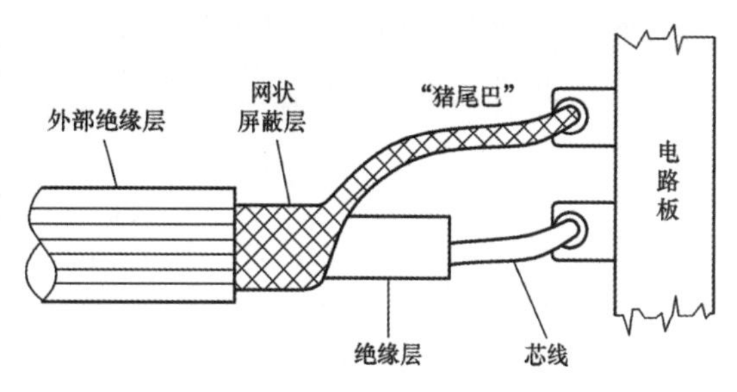

图 2-166　“猪尾巴”效应示意图

8　多层屏蔽电缆的屏蔽层接地

对于多层屏蔽电缆，每个屏蔽层应在同一点接地，但各屏蔽层之间应相互绝缘。

9　高频电路电缆的屏蔽层接地

高频电路电缆的屏蔽层接地应采用多点接地的方式。高频电路的信号在传递过程中会产生严重的电磁辐射干扰，数字信号的传输会衰减，缺少良好的屏蔽会使数字信号发生错误。

重要提示

接地一般采用的原则是当电缆长度大于工作信号波长的 0.15 倍时，采用工作信号波长 0.15 倍的间隔多点接地。如果不能实现，则至少将屏蔽层两端接地。

10　电缆差模辐射和共模电流回路辐射

图 2-167 所示为电缆产生的差模辐射和共模电流回路产生的共模辐射示意图。

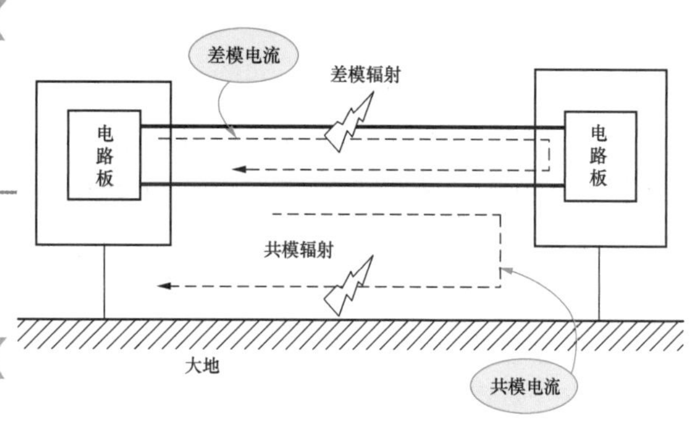

图 2-167　电缆产生的差模辐射和共模电流回路产生的共模辐射示意图

重要提示

差模电流回路就是电缆中的信号电流回路，而共模电流回路是电流与大地形成的回路。

11　屏蔽电缆各种接地方式抗干扰效果

屏蔽电缆单端接地方式能够很好地抑制磁场干扰，同时也能很好地抑制磁场耦合干扰。屏蔽电缆双端接地方式抑制磁场干扰的能力比单端接地方式要差。

对于屏蔽电缆屏蔽层不接地方式，其屏蔽电缆的屏蔽层悬空，只有屏蔽电场耦合干扰的能力，没有抑制磁场耦合干扰的能力。

12　系统的屏蔽体接地

当整个系统需要抵抗外界电磁干扰，或需要防止系统对外界产生电磁干扰时，应将整个系统屏蔽起来，并将屏蔽体接到系统地上，如计算机的机箱、敏感电子仪器、某些仪表等。

2.10.5　电源变压器屏蔽层和电源线共模扼流圈

1　电源变压器屏蔽层

图 2-168 所示为电源变压器屏蔽层示意图，屏蔽层通常只有一层，设置在一次绕组和二次绕组之间。

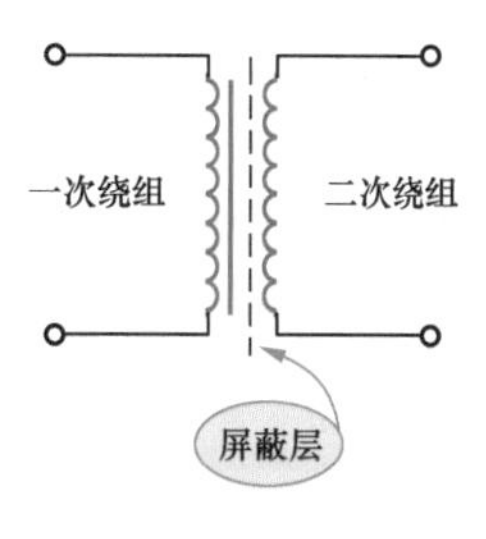

图 2-168　电源变压器屏蔽层示意图

重要提示

共模干扰是一种相对于大地的干扰，主要通过变压器绕组间的耦合电容来传输。在一次绕组和二次绕组之间插入屏蔽层，并使之良好接地，便能使干扰电压通过屏蔽层被旁路掉，从而减小输出端的干扰电压。屏蔽层对变压器的能量传输并无不良影响，但是会影响绕组间的耦合电容，即减小分布电容，达到抑制共模干扰的目的。

图 2-169 所示为电源变压器屏蔽层的几种接地电路示意图。

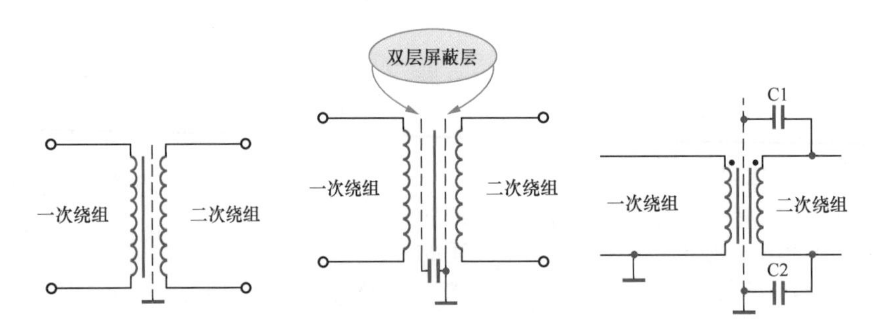

图 2-169　电源变压器屏蔽层的几种接地电路示意图

2　电源线共模扼流圈

图 2-170 所示为直流电源线实物图，铁氧体磁环套在两根导线上，也可起到抑制共模干扰的作用。

重要提示

利用光电耦合器只能传输差模信号，不能传输共模信号，完全切断了两个电路之间的地环路，可传输直流和低频信号，但是抑制了共模干扰。

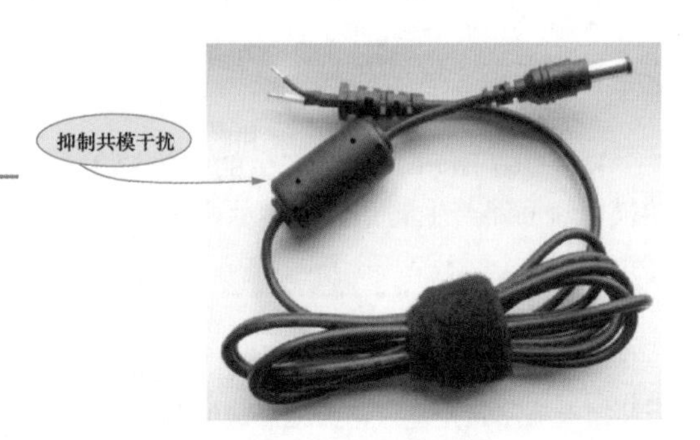

图 2-170　直流电源线实物图

3　设备金属外壳接地

电子设备中，往往含有多种电路，如低电平的信号电路（如高频电路、数字电路、小信号模拟电路等）、高电平的功率电路（如供电电路、继电器电路等）。为了安装电路板和其他元器件，并抵抗外界电磁干扰，设备需要一个具有一定机械强度和屏蔽效能的外壳。

这些较复杂的设备接地时一般要遵循以下原则。

50Hz 电源零线应接到安全接地螺栓处，对于独立的设备，安全接地螺栓设在设备金属外壳上，并有良好的电气连接；为防止机壳带电危及人身安全，绝对不允许把电源零线作为地线代替机壳地线。

为了防止高电压、大电流和强功率电路（如供电电路、继电器电路等）对低电平电路（如高频电路、数字电路、模拟电路等）的干扰，一定要将它们分开接地，并保证接地点之间的距离。信号地分为数字地和模拟地，数字地与模拟地要分开接地，最好采用单独电源供电并分别接地，信号地线应与功率地线和机壳地线相绝缘。

信号地线可另设一个和设备外壳相绝缘的信号地接地螺栓，该信号地接地螺栓与安全接地螺栓的连接有 3 种方法，其选用取决于接地的效果。

（1）不连接而成为浮地式，浮地的效果不好，一般不采用。

（2）直接连接成为单点接地式，注意是在低频电路中采用单点接地方式。

（3）通过 1~3μF 电容器连接，这是直流浮地、交流接地方式。

其他的接地最后全部汇聚在安全接地螺栓上，该点应位于交流电源的进线处。

2.10.6　单点接地和多点接地

1　单点接地

工作接地根据工作频率等实际情况，可以分为很多种。

工作频率低（低于 1MHz）的系统一般采用单点接地方式，如图 2-171 所示，就是把整个电路系统中的一个结构点看成一个接地参考点，所有对地连接都接到这

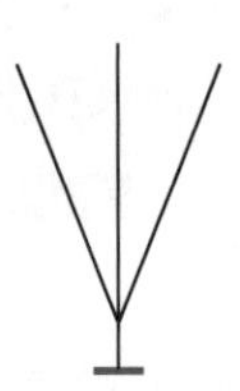

图 2-171　单点接地方式示意图

一点上，最好设置一个安全接地螺栓，以防两点接地之间产生共地阻抗引起的电磁干扰。

多个电路的单点接地方式又分为串联和并联两种，由于串联接地会产生共地阻抗引起的电磁干扰，所以低频电路最好采用并联的单点接地方式。

重要提示

为防止电路自身的工频和其他杂散电流在信号地线上产生干扰，信号地线应与功率地线和安全地线相绝缘，且只在功率地、安全地和接地线的安全接地螺栓上相连，这里不包括浮地连接方式。

2　多点接地

多点接地是指设备中各个接地点都直接接到距它最近的接地平面上，以使接地引线的长度最短，如图 2-172 所示。

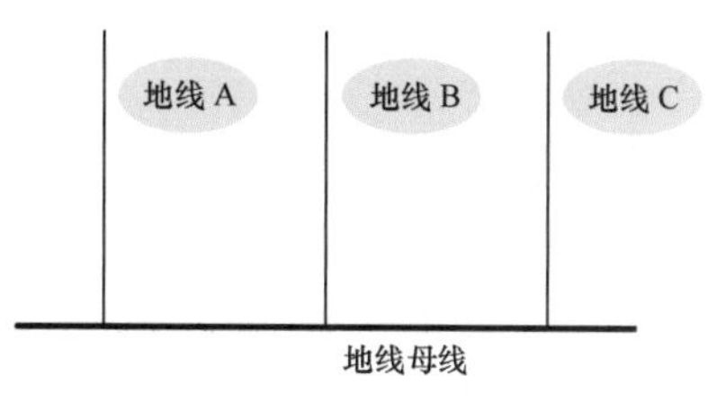

图 2-172　多点接地方式示意图

在该电路系统中，用一块接地平板代替电路中每部分各自的地回路。因为接地引线的感抗与频率、长度成正比，工作频率高将增加共地阻抗，从而增加共地阻抗产生的电磁干扰，所以要求地线的长度尽量短。

重要提示

采用多点接地方式时，尽量找最低阻值接地面接地，一般用在工作频率高于 30MHz 的电路中。这种电路一般是工作频率高的弱电电路，如果接地点安排不当，会产生严重的干扰。例如要分开接，以避免数字电路与模拟电路的共模干扰。

2.10.7　混合接地和浮地

1　混合接地

工作频率介于 1~30MHz 的电路采用混合接地方式。当地线的长度小于工作信号波长的 1/20 时，采用单点接地方式，当地线的长度大于工作信号波长的 1/20 时，采用多点接地方式。有时可视实际情况灵活处理。

2　浮地

浮地是指设备地线系统在电气上与大地绝缘的一种接地方式。其优点是电路不受大地电性能的影响；缺点是电路易受寄生电容的影响，从而使地电位变动并增加了对模拟电路的感应干扰。

由于电路的地与大地无导体连接，易产生静电积累而导致静电放电，甚至可能造成静电电击。

2.10.8　电源接地符号

1　正极性和负极性电源的接地符号

图 2-173 所示为正极性和负极性电源电路的接地示意图。正电源供电时出现了接地符号，电池负极用接地符号表示，正极用 $+V$ 表示，显然电路图比较简捷，方便识图。

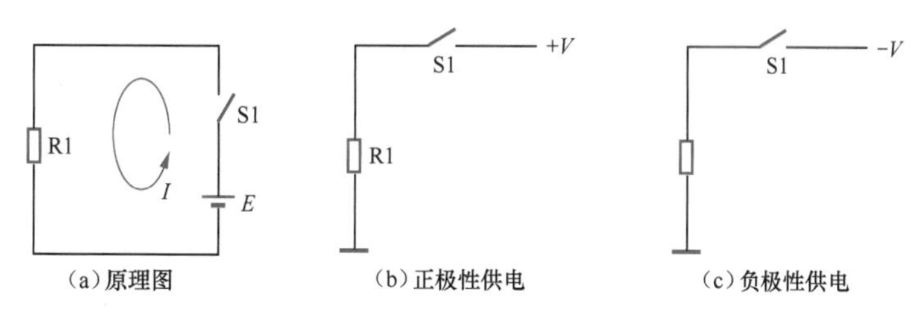

图 2-173　正极性和负极性电源电路的接地示意图

重要提示

负电源供电时，-V 端是电池的负极，接地点是电池的正极。

2 正、负极性电源同时供电时的接地符号

图 2-174 所示为正、负极性电源同时供电时的接地示意图。

原理图中没有接地的电路符号，电路中的 E1 和 E2 是直流电源，a 点是两电源的连接点，将 a 点接地就是标准形式的电路图，+V 表示正电源（E1 的正极端），-V 表示负电源（E2 的负极端）。电路中的接地点，对 E1 而言是与负极相连的，对 E2 而言是与正极相连的。

3 电路中接地处处相通

图 2-175 所示为电子电路中接地符号示意图。接地点电压为零，电路中其他各点的电压高、低都是以这一参考点为基准的，电路图中标出的各点电压数据是相对地端的大小。

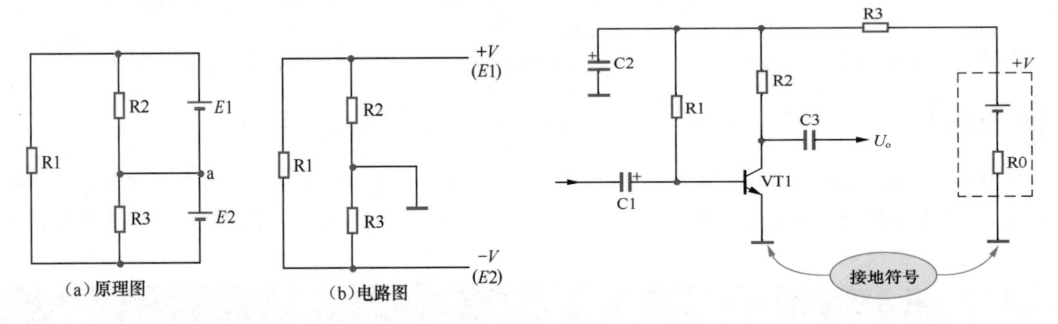

图 2-174 正、负极性电源同时供电时的接地示意图

图 2-175 电子电路中接地符号示意图

重要提示

少量电路图中会出现两种不同的接地符号，如图 2-176 所示，这时一定要注意，这表示电路中存在两个彼此独立的直流电源供电系统，两个接点之间高度绝缘，切不可用导线将两个接地点接通。

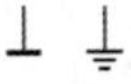

图 2-176 两种不同的接地符号

第3章 万用表检测电路板上数十种元器件的方法

3.1 快速了解：众多的常用工具和材料

3-1：动手能力是学习电子技术的重要一环

 **重要提示**

电子技术是一门理论与实践紧密结合的学科。动手实践过程可增强对电子技术的感性认识，从而更加快捷和有效地掌握电子技术。

3.1.1 常用工具

 **多种规格的螺丝刀**

3-2：常用工具

 **重要提示**

螺丝刀俗称起子，它是用来拆卸和装配螺钉必不可少的工具，使用时要多准备几种规格的螺丝刀，以方便各种情况下的操作。

常用螺丝刀的名称、示意图和说明见表3-1。

表3-1 常用螺丝刀的名称、示意图和说明

名称	示意图	说明
扁口螺丝刀		要准备几种长度的，现在有少数电子电器中的固定螺钉仍然为一字形的螺钉
十字头螺丝刀		要准备几种长度的，且要注意螺丝刀头的大小要有多种规格。目前电子电器中主要使用十字头的固定螺钉。 还要准备加长细干十字头螺丝刀，主要用于音箱的拆卸和装配
钟表小螺丝刀		钟表小螺丝刀主要用于一些小型、微型螺钉的拆卸和装配
无感螺丝刀		在调整中频变压器的磁芯时，不能使用普通的金属螺丝刀，因为金属螺丝刀对线圈的电感量大、小有影响。当用金属螺丝刀调整电路使电路达到最佳状态后，螺丝刀一旦移开，线圈的电感量又会发生变化，使电路偏离最佳状态，所以要使用无感螺丝刀。无感螺丝刀可以用有机玻璃棒制作，将它的一头用锉刀锉成螺丝刀状即可；也可以用塑料材料制作，市场上也有成品无感螺丝刀出售，但价格比较贵
缺口螺丝刀		缺口螺丝刀可以自制，即用一般的“一”字头螺丝刀，将中间部分锉掉，如左图（a）所示。这种螺丝刀用来调整机芯上的倾斜导带柱，如左图（b）所示

3-3：专用工具

重要提示

螺丝口在使用中要注意以下几点。

（1）根据螺丝口的大、小选择合适的螺丝刀，螺丝刀口太小会拧毛螺丝口而导致无法拆下螺钉。

（2）在拆卸螺钉时，若螺钉很紧，不要硬去拆卸，应先顺时针方向拧紧该螺钉，以便让螺钉先松动，再逆时针方向拧下螺钉。

（3）将螺丝刀口在扬声器背面的磁钢上擦几下，以便刀口带些磁性，这样在拆卸和装配螺钉时能够吸住螺钉，可防止螺钉落到机壳底部。

（4）在装配螺钉时，不要装一个就拧紧一个，应注意在全部螺钉装上后，再将对角方向的螺钉均匀拧紧。

3-4：主要材料

2 辅助工具

在电子电路故障检修中，许多情况下需要一些针对性强的辅助工具。

常用的辅助工具包括注射器、钢针、刀片、镊子、剪刀、钳子、针头、刷子、盒子、工具箱、灯光和放大镜，它们的名称示意图和说明见表3-2。

表3-2　常用辅助工具的名称示意图和说明

名称	示意图	说明
注射器		这是医用的注射器，清洗工具时比较方便。当所要清洗的部位在机器底部时，可以不拆卸机器部件，用注射器吸一些清洗液后，对准所要清洗部位挤出清洗液即可
钢针		钢针用来穿孔，即在拆下元器件后，电路板上的引脚孔会被焊锡堵住，此时用钢针在电烙铁的配合下穿通引脚孔。 钢针可以自制，方法如下：取一根约20cm的自行车钢条，一端弯个圆圈，另一端锉成细细针尖，以便能够穿过电路板上的元器件引脚孔
刀片		刀片主要用来切断电路板上的铜箔电路，因为在修理中时常要对某个元器件进行脱开电路的检查，此时用刀片切断该元器件一根引脚的铜箔电路，可以省去拆下该元器件的环节。 提示：刀片可以用钢锯条自己制作，要求刀刃锋利，这样切割时就不会损伤电路板上的铜箔电路；也可以用刮胡刀片，只是比较容易断裂；还可以用手术刀
镊子		镊子是配合焊接不可缺少的辅助工具，它可以用来拉引线、送引脚，方便焊接。另外，镊子还有散热功能，可以降低元器件烫坏的可能性。 当镊子镊住元器件引脚后，烙铁焊接时的热量通过金属的镊子传递散热，防止元器件承受更多的热。要求镊子的钳口要平整，弹性适中
剪刀		剪刀用来剪引线等软的材料，另外剥引线皮时也常用到剪刀。剥引线皮的方法如下：用剪刀口轻轻夹住引线头，抓紧引线的一头，将剪刀向外拔，便可剥下引线头的外皮，也可以先在引线头处轻轻剪一圈，割断引线外皮，再剥引线皮。 提示：一是剪刀刀口要锋利，二是剪刀夹紧引线头时不能太紧也不能太松，太紧会剪断或损伤内部的引线，太松又剥不下外皮，通过几次实践就可以掌握剥引线皮技术。用这种方法剥引线皮比用电烙铁烫引线皮更美观。另外，剥线皮还可以采用专用的剥线钳
钳子		钳子用来剪硬的材料和作为紧固工具。准备一把尖嘴钳用来修整一些硬的零部件，如开关触点、簧片等。 另外，准备一把偏口钳用来剪元器件引脚，还可以用来拧紧一些插座的螺母，因为这种螺母比较特殊，其他方法不行。 提示：偏口钳拆卸和紧固这种螺母时，用钳口咬紧螺母，旋转钳子，便可以紧固或拧下这种插座的螺母

续表

名称	示意图	说明
针头		针头是医用挂水的针头，用来拆卸集成电路等多引脚的元器件，应当注意拆卸不同粗细引脚的元器件时，要选用不同口径的针头
刷子		刷子用来清除电路板和机器内部的灰尘等，绘画用的排笔可以作为刷子使用。在清扫机器时要注意，不要弄倒元器件，以避免元器件引脚之间相互碰撞。 另外，对于电路板上的一些小开关，在清扫过程中不要改变它们的开关状态，以免引起不必要的麻烦
盒子		盒子可以是金属的，也可以是纸质的或塑料的，它主要用来装从机器上拆下的东西，如固定螺钉等。在同时检修几台机器时，应准备几只盒子，从各机器上拆下的东西分别装在不同的盒子内，以免混淆
工具箱		工具箱用来盛放修理工具，这样工具不容易丢失，同时也方便外出检修
灯光	观察方向 灯泡	灯光用来照明。修理中，在检查机壳底部的元器件时，可以使用灯光照明，以方便检修。另外，在进行电路板观察时也要用到灯光，将灯光放在电路板的铜箔电路一面，在装有元器件的一面可以清楚地看出铜箔电路的走向，铜箔电路与哪些元器件相连等。 没有原理图而要进行实测，即根据电路板实际元器件、铜箔电路走向画出原理图时，用灯光观察十分方便，可以省去不断翻转电路板的麻烦。在查看机器内部元器件或电路时，使用手电筒很方便
放大镜		在检修电路故障中，现代电子仪器大量使用微型元器件和贴片元器件，它们体积非常小，为了便于观察电路板中的这些元器件，需要备一个放大镜。 提示：在检查电路板上铜箔电路是否开裂时也需要一个放大镜，这样观察更加仔细

3 专用工具铜铁棒

专用工具铜铁棒的名称、示意图和说明见表 3-3。

表 3-3　专用工具铜铁棒的名称、示意图和说明

名称	铜铁棒
示意图	铜棒　绝缘棒　磁棒
说明	在进行收音机跟踪校验时，要用到试验棒即铜铁棒。 这种铜铁棒可以自己制作，具体方法如下：取一根绝缘棒（只要是绝缘的材料即可），在一头固定一小截铜棒，这作为铜头；在另一头固定一小截磁棒（收音机中所用的磁棒），这作为铁头

4 热熔胶枪

热熔胶枪的名称、示意图、说明和提示见表 3-4。

表 3-4　热熔胶枪的名称、示意图、说明和提示

名称	热熔胶枪
示意图	
说明	热熔胶枪由热熔胶枪与热熔胶棒两部分组成，枪体融化胶棒实现对元器件的粘贴，是电子制作中常用的一种工具
提示	对一些体积较大且难以固定的元器件以及电路板中的引线进行固定操作时可选用热熔胶枪

5　离子风机

离子风机的名称、示意图、说明和提示见表 3-5。

表 3-5　离子风机的名称、示意图、说明和提示

名称	离子风机
示意图	
说明	离子风机的主要作用是除静电，具有出众的除静电性能，防止静电污染及破坏
提示	用于电子生产线、维修台等个人型静电防护区域

3-5：多种电烙铁

6　热风枪

图 3-1 所示为热风枪示意图。热风枪主要由气泵、气流稳定器、线性电路板、手柄、外壳等基本组件构成。

热风枪的主要作用是拆焊小型贴片元件和贴片集成电路。

（1）吹焊片状电阻、片状电容、片状电感及片状晶体管等小型元器件时，掌握好风量、风速和气流的方向。如果操作不当，不但会将小型元器件吹跑，而且还会损坏大型的元器件。

图 3-1　热风枪示意图

焊接小型元器件时，要将元器件放正，如果焊点上的锡不足，可用烙铁在焊点上加注适量的焊锡，焊接方法与拆卸方法一样，只要注意温度与气流方向即可。

（2）吹焊贴片集成电路时，首先应在芯片的表面涂放适量的助焊剂，这样既可防止干吹，又能帮助芯片底部的焊点均匀熔化。

重要提示

由于贴片集成电路的体积相对较大，在吹焊时可采用大嘴喷头，热风枪的温度可调至 3 或 4 挡，风量可调至 2 或 3 挡，风枪的喷头离芯片 2.5cm 左右为宜，吹焊时应在芯片上方均匀加热，直到芯片底部的锡珠完全熔化，再用镊子将整块集成电路片取下。吹焊贴片集成电路时，一定要注意是否会影响周边元器件。另外，芯片取下后，电路板会残留余锡，可用烙铁将余锡清除。

焊接贴片集成电路时，应将芯片与电路板相应位置对齐，焊接方法与拆卸方法相同。

3.1.2　主要材料

主要材料包括焊锡丝、助焊剂、清洗液、润滑油和硅胶。它们的名称、示意图、说明和提示见表 3-6。

表 3-6　主要材料的名称、示意图、说明和提示

名称	示意图	说明	提示
焊锡丝		焊锡丝最好使用低熔点的、细的焊锡丝，细焊锡丝管内的助焊剂含量正好与焊锡用去量一致，而粗焊锡丝焊锡的量较多	焊接过程中若发现焊点成为豆腐状态，这很可能是焊锡质量不好，或是焊锡丝的熔点偏高，或是电烙铁的温度不够，这种焊点质量是不过关的
助焊剂	助焊剂　松香	助焊剂用来帮助焊接，可以提高焊接的质量和速度，是焊接中必不可少的。在焊锡丝的管芯中有助焊剂，用电烙铁头去熔化焊锡丝时，管芯内的助焊剂便与熔化的焊锡熔合在一起。焊接中，只用焊锡丝中的助焊剂还是远远不够的，需要有专门的助焊剂。助焊剂主要有以下几种。 （1）成品的助焊剂店里有售，它是酸性的，对电路板存在一定的腐蚀作用，用量不要太多，焊完焊点后最好擦去多余的助焊剂。 （2）平时常用松香作为助焊剂，松香对电路板没有腐蚀作用，但使用松香后的焊点有斑点，不美观，可以用酒精棉球擦净	使用助焊剂过程中要注意以下几个方面的问题。 （1）最好不用酸性助焊剂。 （2）松香是固态的，成品助焊剂是液态的。 （3）助焊剂在电烙铁上会挥发，在搪过助焊剂后要立即去焊接，否则助焊剂挥发后就没有助焊作用。 （4）松香可以单独盛在一个铁盒子里。搪助焊剂时，烙铁头在助焊剂上短时间接触即可
清洗液	滴瓶	修理中的清洗液有以下几种。 （1）纯酒精可以用来作为清洗液，这是一种常用的清洗液。 （2）专用的高级清洗液的清洗效果很好，但价格比较贵。 使用纯酒精作为清洗液时要注意以下几个方面的问题。 （1）一定要使用纯酒精，不可以使用含水分的酒精，否则会由于水的导电性而引起电路短路。 （2）纯酒精不含水分，所以它是绝缘的，不会引起电路短路，也不会使铁质材料生锈。另外，它挥发快，成本低	纯酒精由于易挥发，所以保管时要注意密封，可使用滴瓶来装纯酒精，这种瓶子是密封的，另外它还有一个滴管，清洗时用滴管吸一些纯酒精，再对准所要清洗的部位挤出纯酒精即可，操作十分方便
润滑油		润滑油可以使用变压器油或缝纫机油，它是用来润滑传动机械的。使用润滑油过程中要注意以下几个方面的问题。 （1）在机械装置中，不是所有的部位都需要加润滑油的，对于摩擦部件是绝对不能加润滑油，否则会适得其反。 （2）加润滑油的量要严格控制，太多则会流到其他部件上，影响这些部件的正常工作。 （3）润滑油也可以用滴瓶来装，用滴管来加油	橡胶和塑料部件上不要擦油，否则它们会老化，倘若沾上油应立即擦净
硅胶		硅胶用于电子或电路板上部分电子元件的涂敷保护、黏结、密封及加固，还会用于电子工业中零件和表壳等的黏结、密封	主要用于有阻燃要求部位的电子元件的黏结、密封

3.1.3　重要工具电烙铁

重要提示

电烙铁是用来焊接的。为了获得高质量的焊点，除需要掌握焊接技能、选用合适的助焊剂外，还要根据焊接对象和环境温度合理选用电烙铁。

3-6：指针式万用表交流电压挡

图 3-2　无源吸锡电烙铁

1 无源吸锡电烙铁和电烙铁支架

（1）无源吸锡电烙铁

图 3-2 所示为无源吸锡电烙铁。吸锡电烙铁主要用于拆卸集成电路等多引脚元器件。它需要普通电烙铁配合才能完成吸锡工作。其方法是：用普通电烙铁熔化焊点上的焊锡，再用吸锡电烙铁吸掉焊点上的焊锡。

图 3-3　电烙铁支架

（2）电烙铁支架

图 3-3 所示为电烙铁支架，它是用来放置电烙铁的，有了这个支架电烙铁就不会随便乱放在桌子，这样可避免电烙铁烫坏桌子上的设备。

3-7：指针式万用表直流电流挡

2 其他专用型电烙铁

在一些专业场合和工作中需要专业型的电烙铁，可以提高工作效率和实现专业焊接。专业型电烙铁包括有源吸锡电烙铁、电焊台、无绳电烙铁和镊子电烙铁。专业型电烙铁的名称示意图和说明见表 3-7。

表 3-7　专业型电烙铁的名称示意图和说明

名称	示意图	说明
有源吸锡电烙铁		有源吸锡电烙铁是将普通电烙铁与吸锡器结合起来，在熔化电路板上焊点焊锡的同时，按动吸锡开关就能自动吸掉焊点上的焊锡，操作比无源吸锡电烙铁更为方便
电焊台		这是由电烙铁和控制台组成的焊接工具，控制台控制电烙铁的工作温度，并保持烙铁头工作温度的恒定。此外，电焊台还有多种保护功能，如防静电等
无绳电烙铁		它是由无绳电烙铁单元和红外线恒温焊台（专用烙铁架）单元两部分组成的，是一种新型无线恒温、无任何静电、无电磁辐射、不受操作距离限制的专用高档无绳（线）焊接工具。 技术指标：功率可调范围为 15 ～ 150W，温度在 160 ～ 400℃范围内可调，设置温度恒温自动保持在 ±2℃，输入电压范围为 160 ～ 260V，无绳活动范围为 1 ～ 100m，烙铁架（焊台）上设有电源开关、指示灯、调温旋钮和松香焊锡槽。 每套设备包括一台烙铁架（焊台）和两把无绳电烙铁，并配有各种规格的长寿命合金电烙铁头
镊子电烙铁		这种电焊台的电烙铁部分比较特殊，它的电烙铁头是镊子形状的，操作时镊子型的电烙铁头将焊点熔化，然后就可以直接将元器件镊出来

3.2 深入掌握：万用表交流电压挡和直流电流挡的操作方法

3.2.1 万用表交流电压挡的操作方法和测量项目

重要提示

交流电压与直流电压测量有一个最大的不同点是红、黑表棒不分正、负。测量交流电压时将万用表拨至交流电压挡的适当量程即可。另外，在电子电路中交流电压的测量项目比直流电压少许多。

指针式万用表可以用来测量交流电压，但主要是测量 50Hz 交流电，数字式万用表的交流电压测量频率则很宽。

1 万用表交流电压挡测量交流市电电压的方法

图 3-4 所示为万用表交流电压挡测量交流市电电压的方法示意图。测量 220V 交流电时要注意安全，身体不能接触万用表表棒的金属部分和其他部分，否则会有生命危险。将万用表拨至交流电压挡的 250V 量程，量程不能太小，否则会有损坏表头的危险。

首次测量室内电源插座上的 220V 交流电压。图 3-5 所示是指针式和数字式万用表测量时显示示意图，表针指示和数字显示为 220V。

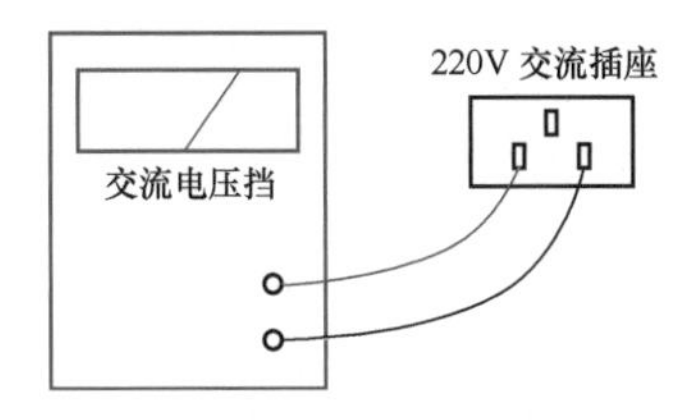

图 3-4　万用表交流电压挡测量交流市电电压的方法示意图

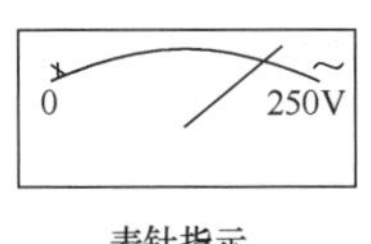

图 3-5　指针式和数字式万用表测量时显示示意图

2 万用表交流电压挡测量电源变压器初级线圈交流电压的方法

3-8：数字式万用表的直流电压挡和交流电压挡

图 3-6 所示为万用表交流电压挡测量电源变压器初级线圈交流电压的方法示意图。测量电源变压器初级线圈两端的交流电压时，将万用表拨至交流电压挡的 250V 量程，因为电源变压器的初级线圈两端加上的是 220V 交流市电电压。

电源变压器初级线圈两端的交流电压应该等于 220V，图 3-7 所示为指针式和数字式万用表测量时显示示意图，表针指示和数字显示为 220V。测量时身体不可接触初级线圈和表棒金属部分，否则会有生命危险。

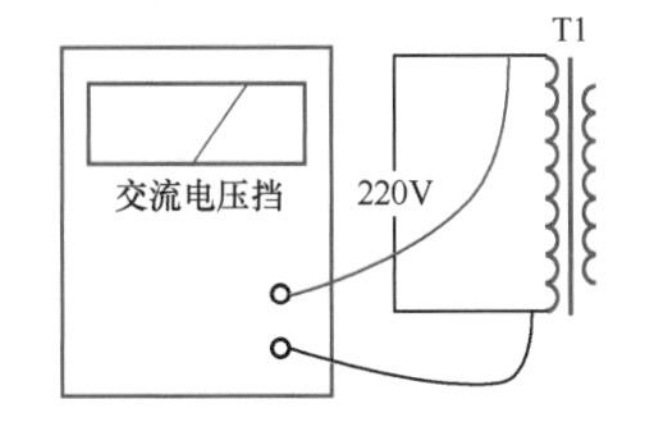

图 3-6　万用表交流电压挡测量电源变压器初级线圈交流电压的方法示意图

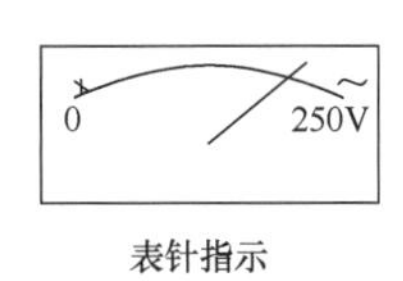

图 3-7　指针式和数字式万用表测量时显示示意图

3 万用表交流电压挡测量电源变压器次级线圈交流电压的方法

3-9：数字式万用表的直流电流挡和交流电流挡

图 3-8 所示为万用表交流电压挡测量电源变压器次级线圈交流电压的方法示意图。测量电源变压器次级线圈两端的交流电压时，给电源变压器初级线圈两端加上 220V 的交流市电电压，将万用表拨至交流电压挡适当量程。

图 3-9 所示为指针式和数字式万用表测量时显示示意图，表针指示和数字显示为 9V。

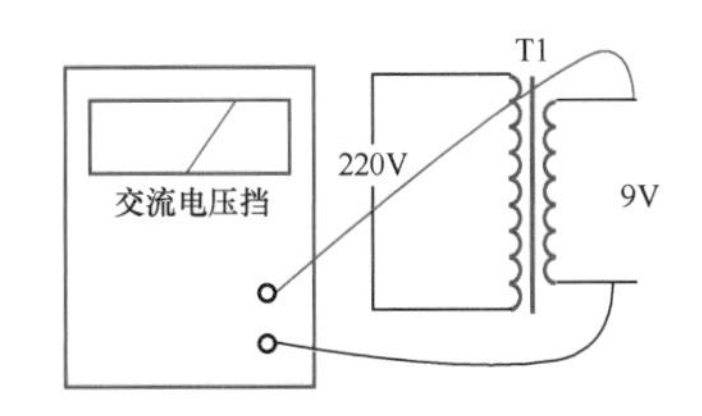

图 3-8　万用表交流电压挡测量电源变压器次级线圈交流电压的方法示意图

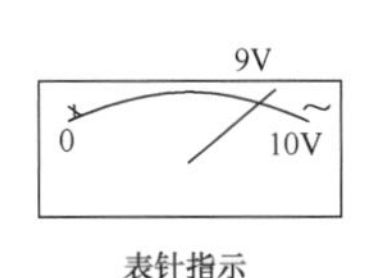

图 3-9　指针式和数字式万用表测量时显示示意图

3-10：指针式万用表其他测量挡

电源变压器是降压变压器，通电时，220V 交流电压只能加到初级线圈两端，不能加到次级线圈上，否则另一组线圈输出电压将会非常高。

4 万用表交流电压挡测量电源变压器次级线圈抽头交流电压的方法

图 3-10 所示为万用表交流电压挡测量电源变压器次级线圈抽头交流电压的方法示意图。测量电源变压器次级线圈抽头交流电压时方法与前面一样，只是红、黑表棒分别接在次级线圈的抽头与下端。

图 3-11 所示为指针式和数字式万用表测量时显示示意图，表针指示和数字显示为 7V。

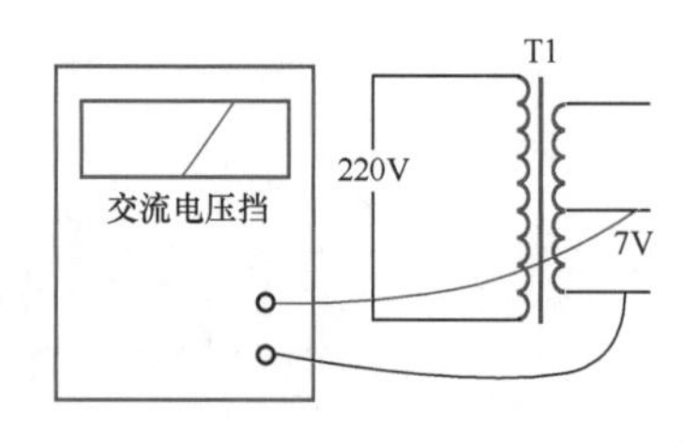

图 3-10　万用表交流电压挡测量电源变压器次级线圈抽头交流电压的方法示意图

图 3-11　指针式和数字式万用表测量时显示示意图

此时测量的交流电压值是次级线圈抽头以下部分线圈的交流输出电压。

5 万用表交流电压挡测量电源变压器次级线圈抽头以上部分线圈的交流电压的方法

图 3-12 所示为万用表交流电压挡测量电源变压器次级线圈抽头以上部分线圈的交流电压的方法示意图。测量次级线圈抽头以上部分线圈的交流电压时，按图 3-12 所示接上红、黑表棒。

图 3-13 所示为指针式和数字式万用表测量时显示示意图，表针指示和数字显示为 7V。

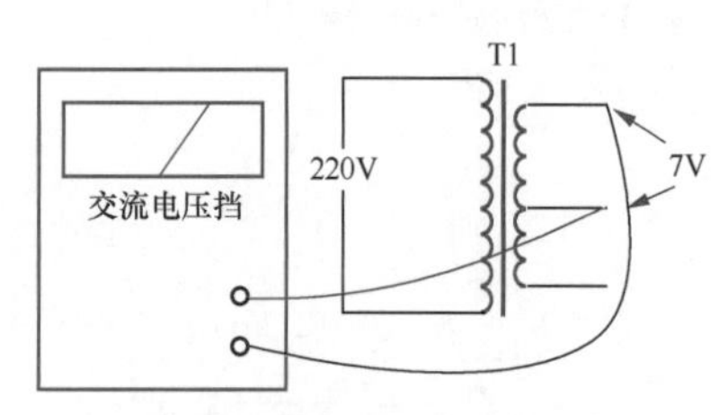

图 3-12　测量电源变压器次级线圈抽头以上部分线圈的交流电压的方法示意图

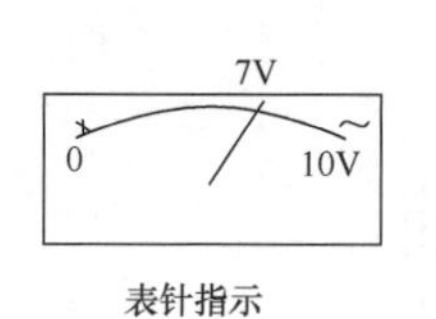

图 3-13　指针式和数字式万用表测量时显示示意图

3.2.2 整机电路中的交流电压关键测试点

3-11：数字式万用表其他测量挡

电子电器整机电路中的交流电压关键测试点主要有两个。

（1）电源变压器次级线圈输出端是关键测试点，如图 3-14 所示，如果次级线圈输出的交流电压正常，则说明电源变压器工作正常，否则说明电源变压器有故障。

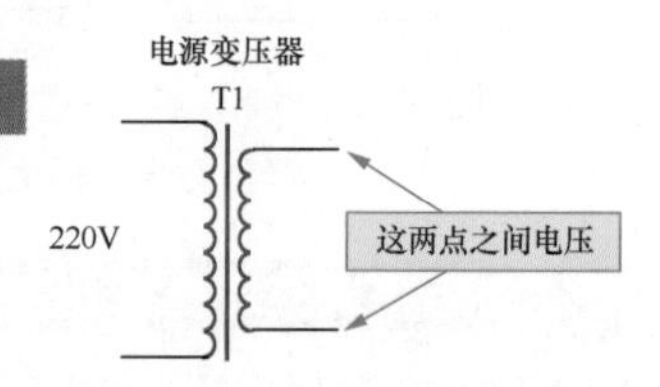

图 3-14　电源变压器次级线圈输出端是关键测试点示意图

（2）电源变压器初级线圈两端是另一个关键测试点，如图 3-15 所示，应该有 220V 交流电压，否则说明电源变压器输入回路存在开路故障。

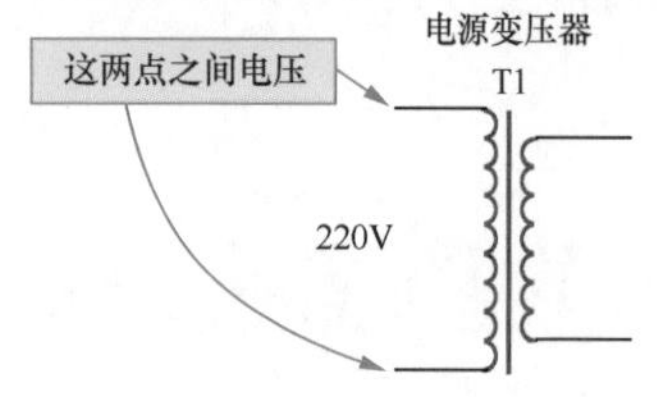

图 3-15　电源变压器初级线圈两端是另一个关键测试点示意图

3.2.3 万用表直流电流挡的操作方法和测量项目

重要提示

许多普通指针式万用表只有直流电流测量功能，没有交流电流测量功能。但是，一些数字式万用表具有交流电流测量功能。直流电流测量功能经常使用，交流电流测量功能使用量较少。

3-12：万用表交流电压挡和交流市电的测量方法

1 万用表直流电流挡测量整机直流电流的方法

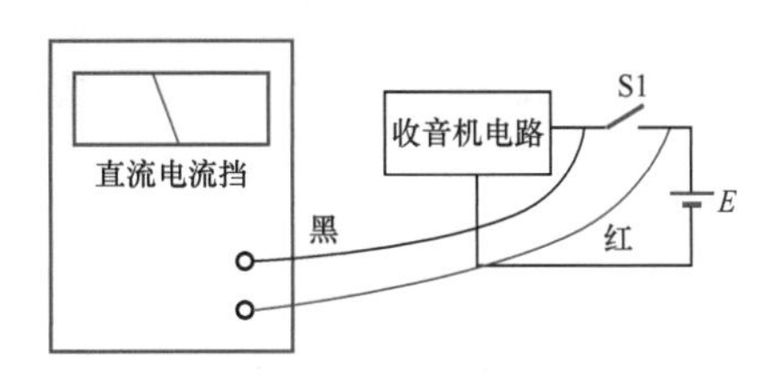

图 3-16　万用表直流电流挡测量整机直流电流方法示意图

图 3-16 所示为万用表直流电流挡测量整机直流电流的方法示意图。测量整机直流电流时，可以利用整机直流电源开关 S1，在开关断开状态下测量，红表棒接电源正极端的开关引脚，黑表棒接另一个开关引脚。注意，整流电流较大，必须选择好测量的量程。如果电源开关是交流电源开关，这种测量方法不行。

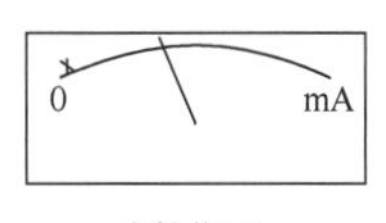

表针指示

数字显示

图 3-17　指针式和数字式万用表测量时显示示意图

图 3-17 所示为指针式和数字式万用表测量时显示示意图，表针指示和数字显示整机静态电流为 9mA。

2 万用表直流电流挡测量集成电路电源引脚直流电流的方法

3-13：万用表交流电压挡测量电源变压器各级线圈交流电压的方法

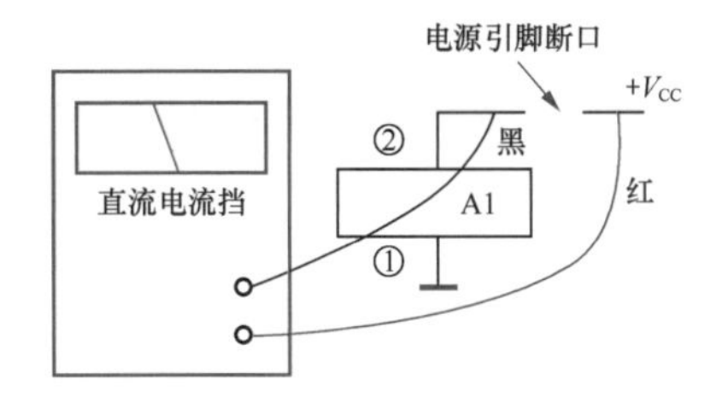

图 3-18　万用表直流电流挡测量集成电路电源引脚直流电流方法示意图

图 3-18 所示为万用表直流电流挡测量集成电路电源引脚直流电流的方法示意图。测量集成电路直流工作电流时，要先找到电源引脚，且断开该引脚的铜箔电路，然后接入直流电流挡。

在正极性直流电源供电的集成电路中，黑表棒接集成电路电源引脚断口这一端。测量时，不给集成电路加入信号，否则表针会左右摆动。图 3-19 所示为指针式和数字式万用表测量时显示示意图，表针指示和数字显示集成电路静态电流为 9mA。

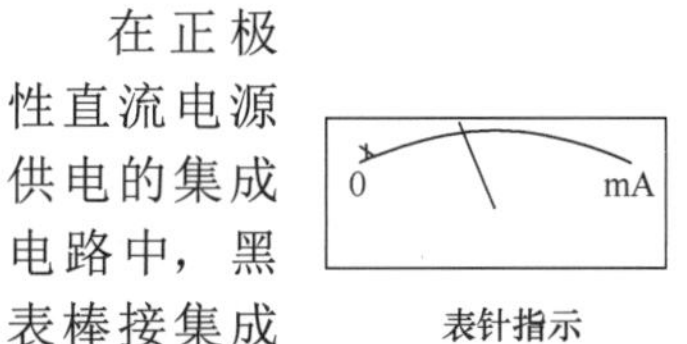

表针指示　　数字显示

图 3-19　指针式和数字式万用表测量时显示示意图

3 万用表直流电流挡测量三极管集电极直流电流的方法

3-14：整机电路交流测试点

图 3-20 所示为万用表直流电流挡测量三极管集电极直流电流的方法示意图。测量三极管集电极直流工作电流时，要先找到集电极引脚，且断开该引脚的铜箔电路，然后接入直流电流挡。

测量直流电流时，让电流从红表棒流入表内，从黑表棒流出。所以，在采用正极性直流电源供电的 NPN 型三极管电路中，黑表棒接集电极断口这一端。图 3-21 所示为指针式和数字式万用表测量时显示示意图，表针指示和数字表显示三极管集电极静态电流为 2mA。

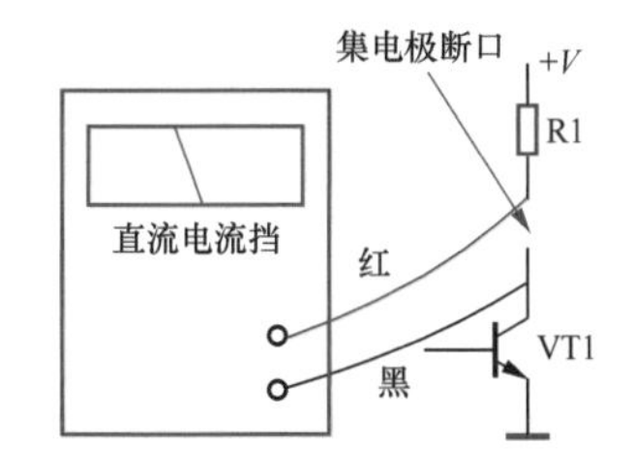

图 3-20　万用表直流电流挡测量三极管集电极直流电流方法示意图

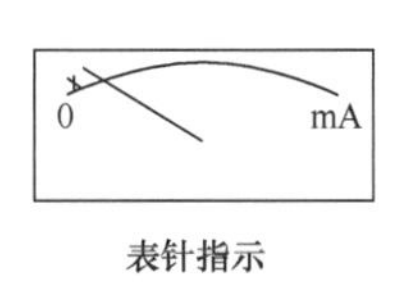

表针指示

数字显示

图 3-21　指针式和数字式万用表测量时显示示意图

4 测量有信号时的直流电流情况

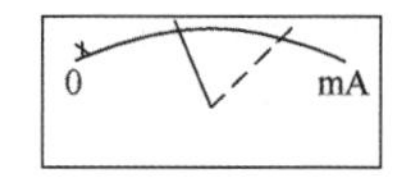

图 3-22 表针左右摆动示意图

在测量直流电流时，如果电路中加有交流信号，此时直流电流会有波动，表针左右摆动，如图 3-22 所示，摆动的幅度越大，说明交流信号的幅度越大。

3.2.4 电路板上的 4 种电流测量口

由于测量电流需要断开电路，所以在测量电流前要开一个测量口，常用的电流测量口有以下 4 种情况。

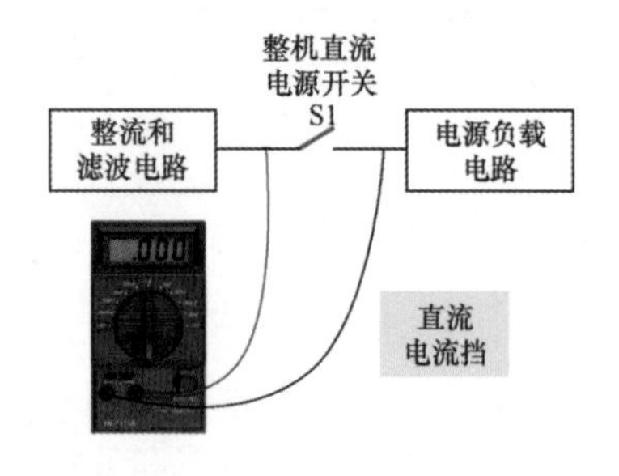

图 3-23 测量整机直流电流测量口示意图

1 测量整机直流电流测量口

3-15：万用表直流电流挡测量整机电路直流电流

测量整机直流电流时，要在电源开关断开的状态下进行测量，如图 3-23 所示，电源开关断开相当于将整机电路的供电电路断开，将万用表直流电流挡接入其中进行测量。注意，如果整机的电源开关设在交流电源电路中，由于一般万用表没有交流电流测量挡，所以这种方法不适合。

2 三极管集电极电流测量口

图 3-24 所示为断开铜箔电路示意图，这是测量三极管 VT1 集电极电流的测量口，切断集电极引脚上的铜箔电路。

图 3-24 断开铜箔电路示意图

在一些整机电路中，如收音机电路中，为了方便测量三极管集电极电流，在设计铜箔电路时已经预留了测量口，如图3-25所示。

3-16：万用表直流电流挡测量集成电路电源引脚直流电流

在需要测量三极管集电极电流时，用电烙铁将测量口上的焊锡去掉，就能露出测量口，将万用表表棒接在测量口两端的铜箔上，就可以进行直流电流的测量。注意，测量完毕要焊好这个测量口，否则电路不通。

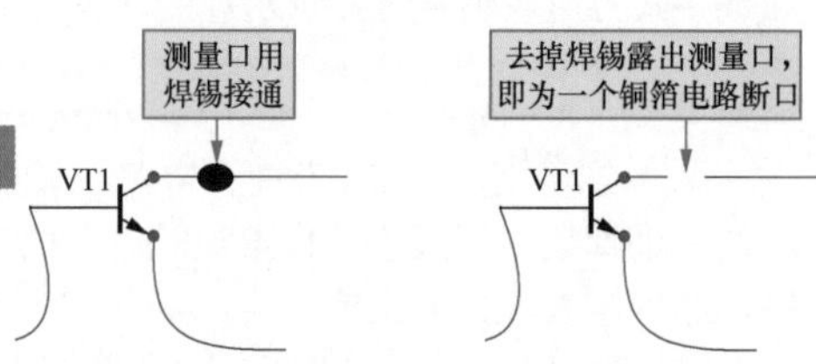

图 3-25 三极管集电极电流预留测量口示意图

3 集成电路电源引脚电流测量口

图 3-26 所示为集成电路电源引脚电流测量口示意图。在电路板上先找到集成电路 A1，再找出它的电源引脚⑤脚，然后沿⑤脚铜箔电路用刀片切开一个断口，表棒串入这个测量口，黑表棒连接着⑤脚一侧的铜箔电路断口，红表棒接断口的另一侧。

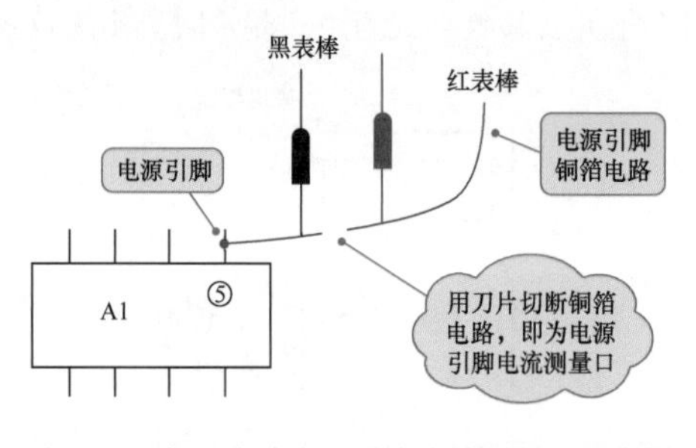

图 3-26 集成电路电源引脚电流测量口示意图

4 拆下元器件引脚测量电流法

3-17：万用表直流电流挡测量三极管集电极直流电流

拆下元器件一根引脚也可以形成电流测量口，如拆下三极管的集电极，其他两根引脚仍然焊在电路板上，如图 3-27 所示，将万用表直流电流挡拨至适当的量程，红表棒接电路板上集电极引脚焊孔，黑表棒接拆下的集电极引脚。

这种方法不适合集成电路这样的元器件，因为集成电路电源引脚无法拆下。

当无法用简单的方法切断电路板上铜箔电路时，可以采用这种拆下元器件一根引脚的方法，制造一个电流测量口。

图 3-27　拆下元器件引脚示意图

5　数字式万用表测量电流时插孔

使用指针式万用表测量电流时，红、黑表棒插座不必转换，与欧姆挡时一样，但是数字式万用表需要进行转换，要将红表棒插入“A”插孔中，如图 3-28 所示。

这时要注意一点，测量安培级大电流时红表棒插入“A”插孔，较小的电流时红表棒插入“μA mA”孔中。

3-18：万用表直流电流挡的四种电流测量口

3.2.5　数字式万用表的其他测量功能

指针式和数字式万用表除上述几种主要测量功能外，还有许多其他测量功能，特别是数字式万用表的测量功能更为丰富。

1　数字式万用表的交流电流测量功能

3-19：万用表直流电流挡的操作注意事项

数字式万用表的交流电流测量功能基本上与直流电流测量功能一样，只是选择的是交流电流挡位而不是直流电流挡位。

交流电流挡用来测量正弦交流电流，它所显示的是交流电流的有效值。交流电流测量功能主要用来测量电源变压器的初级和次级线圈交流电流，图 3-29 所示为测量时的接线示意图。

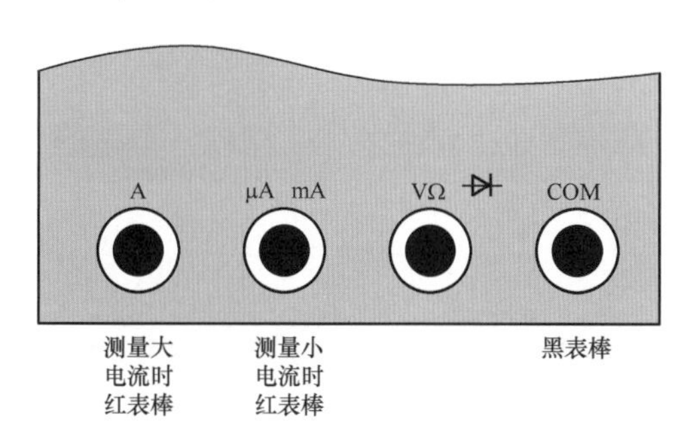

图 3-28　数字式万用表电流测量插孔示意图

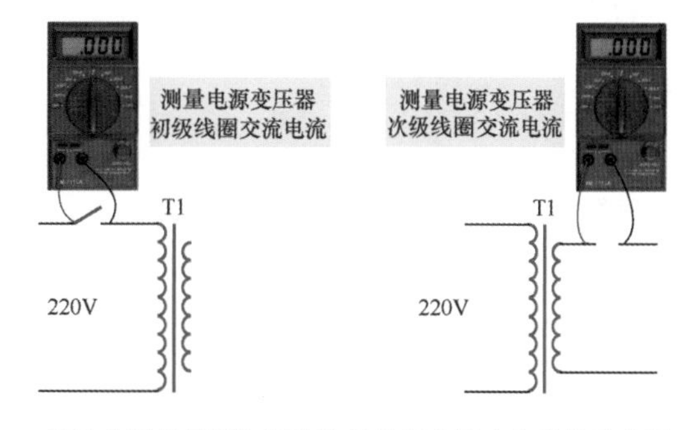

图 3-29　测量电源变压器初级和次级线圈交流电流接线示意图

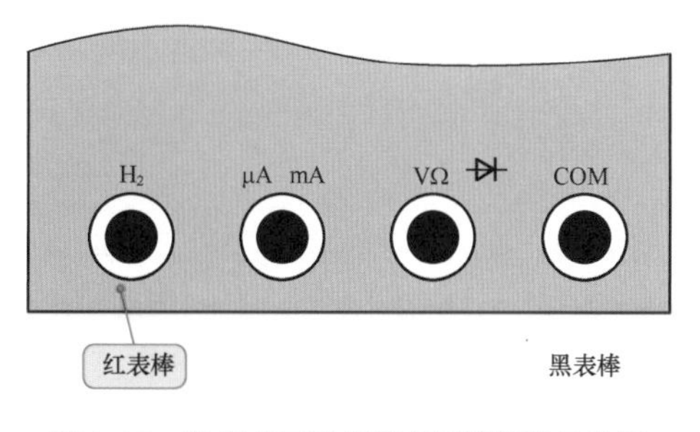

图 3-30　数字式万用表频率测量插孔示意图

2　数字式万用表的频率测量功能

部分数字式万用表具有频率测量功能，这种万用表面板上有一个“Hz”挡位，测量频率时，红表棒插入该插孔，黑表棒插入“COM”插孔中，如图 3-30 所示。

将红、黑表棒并联在被测信号源上，如图 3-31 所示。将万用表转换到频率测量挡位“Hz”后，便能在显示屏上直接读取信号频率。当然，不同的万用表这一测量频率范围也是有所不同的，但通常都能测量音频范围内的信号频率。

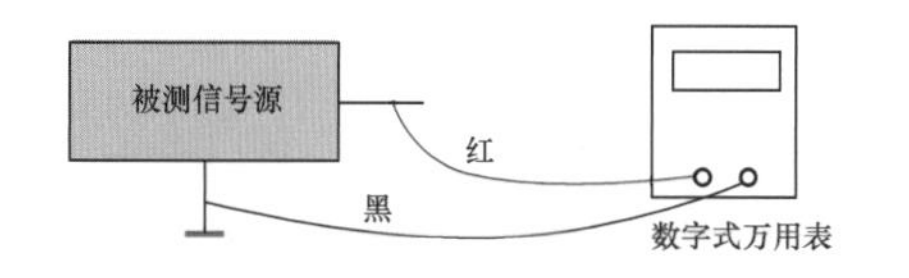

图 3-31　数字式万用表测量信号频率接线示意图

另外，被测信号的幅度也有一定要求，不能太小也不能太大，不同的万用表有不同的要求，如有的数字式万用表要求输入的被测信号幅度不小于 30mV（rms），有的要求不大于 30V（rms）。

3-20：数字式万用表交流电流挡的操作方法

3 测量电池电压功能

3-21：万用表通断测试挡的操作方法

利用万用表的直流电压挡可以测量电池电压，但是会出现一个现象：所测量的电池其电压值并不低，可是在手电筒中就是无法使小电珠发亮。这是因为该节电池虽有电压但内阻太大，无法输出电流。采用万用表的直流电压挡测量电池电压时，没有给电池加上负载，所测量的电压是该电池空载下的电压，所以它不能准确说明电池带负载的能力。

一些数字式万用表具有专门测量电池电压的功能，它在测量电池电压时会给电池加上适当的负载，模拟电池供电状态，所以更能反映电池的供电能力。例如，某数字式万用表在测量1.5V电池电压时，给电池配置38Ω负载；在测量9V电池电压时，给电池配置450Ω负载。

测量电池电压时，将数字式万用表拨至电池电压测量状态，红、黑表棒插入相应插孔内（不同数字式万用表不同），红表棒接电池正极，黑表棒接电池负极，此时显示的数值即为电池电压值。

4 数据保持功能

一些数字式万用表具有数据保持功能，即测量过程中按下万用表面板上的“HOLD”键，表棒离开测试点之后测量所显示的数值仍然保持在显示屏上，以便观察。

3-22：指针式万用表电池容量挡的操作方法

5 测量负载电压和负载电流参数功能

一些万用表中设置了测量负载电压*LV*（V）和负载电流*LI*（mA）参数的功能，它用来测量在不同电流下非线性器件的电压降性能参数或反向电压降（稳压）性能参数。

例如，发光二极管、整流二极管、稳压二极管及三极管等在不同电流下的电压曲线，稳压二极管的稳压性能。

6 音频电平测量功能

3-23：数字式万用表数据保持功能键的操作方法

一些万用表上设置了音频电平测量功能，它用来测量在一定负载阻抗下放大器的增益或线路传输过程中的损耗，测量单位用分贝（dB）表示。

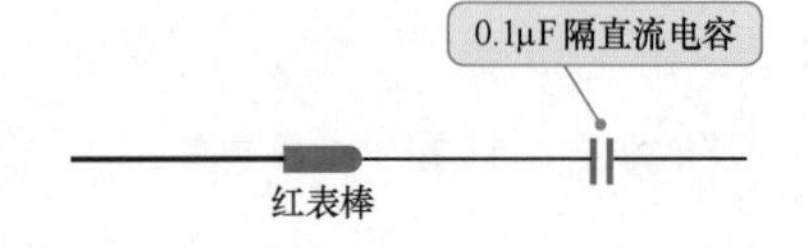

图3-32　红表棒回路串联隔直流电容示意图

测量方法与测量交流电压很相似。当被测量电路中含有直流电压成分时，可以在红表棒回路中串联一只0.1μF的隔直流电容，如图3-32所示，测量中的读数以刻度盘中的dB值为准。

3.2.6 万用表操作注意事项小结

1 使用注意事项小结

3-24：指针式万用表负载电压与负载电流功能

万用表在使用过程中要注意以下几点。

（1）正确插好红、黑表棒，有些万用表的表棒孔多于两个，在进行一般测量时，红表棒插入“+”标记的孔中，黑表棒插入“-”标记的孔中，红、黑表棒不要插错，否则表针会反向偏转。

（2）在测量前要正确选择好挡位开关，如测量电阻时不要将挡位开关拨至其他挡位上。

（3）选择好挡位开关后，正确选择量程，所选择的量程应使被测值落在刻度盘的中间位置，这时的测量精度最高。

（4）在测量220V交流电压时，要注意人身安全，手不要碰到表棒头部金属部位，表棒线不能有破损（常会出现表棒线被电烙铁烫坏的情况）。测量时，应先将黑表棒接地端，再去连接红表棒，若红表棒连接后而黑表棒悬空，手碰到黑表棒时同样有触电危险。

（5）在测量较大电压或电流过程中，不要去转换万用表的量程开关，否则会烧坏开关触点。

（6）特别注意在直流电流挡时不能去测量电阻或电压，否则大电流流过表头会烧坏万用表，因为在直流电流挡时表头的内阻很小，红、黑表棒两端只要有较小的电压就会有很大的电流流过表头。

（7）万用表在使用中不应受振动，保管时不应受潮。

（8）万用表使用完毕，应养成习惯将挡位开关拨至空挡，没有空挡时拨至最高电压挡，千万不要拨至电流挡，以免下次使用时不注意就去测量电压。也不要拨至欧姆挡，以免表棒相碰而造成表内电池放电。

2 直流电压挡、直流电流挡、交流电压挡的注意事项小结

使用万用表的直流电压挡、直流电流挡、交流电压挡时要注意以下几个方面的问题。

3-25：指针式万用表音频电平挡的操作方法

（1）先将万用表的测量功能转换开关拨至直流电压挡或直流电流挡或交流电压挡上，再根据所要测量的电压或电流的大小选择合适的量程。

（2）测量直流电压、直流电流、交流电压之前，要先看一下表针是否在左侧的零处，当表针不在零处时可以调整表针回零螺钉，这一校零与欧姆挡的校零是不同的。

（3）直流电压挡、直流电流挡和交流电压挡的刻度盘与欧姆挡不同，它们的零点在最左侧，表针向右偏转时说明电压或电流在增大。

（4）关于测量直流电流、直流电压和交流电压时的表针读数方法与欧姆挡读数方法相同，在不同量程时要乘上相应的量程值。

（5）在测量直流电压时，红、黑表棒要分清，红表棒接电路中两个测试点的高电位点，黑表棒接低电位点，若红、黑表棒接反，表针将反方向偏转，这不仅不能读取数值，而且容易损坏万用表，所以在测量时一定要注意这一点。测量交流电压时，不需要区分红、黑表棒。

（6）测量电压时，直接将红、黑表棒接在所要测量的两个测试点上，电压测量是并联测量。当测量流过电路中某一点的电流时，要将该点断开，将红、黑表棒串联在断开处的两点之间，高电位点接红表棒，低电位点接黑表棒。测量电压或电流时，要给电路通电。

3.3 万用表检测电路板上的电阻器、电容器、电感器和扬声器

3.3.1 万用表检测熔断电阻器

重要提示

熔断电阻器的主要故障是熔断后开路，使熔断电阻器所在的电路中无电流。

由于熔断电阻器通常用于直流电路中，所以当熔断电阻器熔断后，有关电路中的直流电压为零。

3-26：万用表的操作注意事项

1 熔断电阻器的检测

检测熔断电阻器的具体方法：采用万用表的欧姆挡，测量它的两根引脚之间的电阻大小，当熔断电阻器熔断时，所测量的阻值为无穷大。

如果测量的阻值远大于它的标称阻值，说明这一熔断电阻器已经损坏。熔断电阻器不会出现短路故障。

重要提示

如果采用在路检测法，要先给电路通电，然后分别测量熔断电阻器的两端对地直流电压，当测量到一端电压为 0V，另一端电压正常时，说明熔断电阻器已经开路。

在路检测也可以测量它的阻值，此时要给整机电路断电。由于它本身电阻较小，外电路对检测结果影响较小。

3-27：万用表检测熔断电阻器的方法

2 熔断电阻器代换

3-28：万用表检测可变电阻器的方法

故障检修中发现熔断电阻器烧坏，要先查明熔断电阻器烧坏的原因，不允许盲目更换，更不能用普通电阻器代换，否则，轻则更换的熔断电阻器继续烧坏，重则进一步烧坏电路中的其他元器件。

熔断电阻器应用原规格的熔断电阻器更换。如果无相同规格的熔断电阻器，可按以下方法进行应急代换。

R1　F1

图 3-33　普通电阻器和保险丝管串联

（1）用电阻器和保险丝管串联代替。用一个普通电阻器和一只保险丝管串联起来代替，如图 3-33 所示。

所选用的普通电阻器的阻值、功率与保险丝管的规格有具体要求。例如，原熔断电阻器的规格为 10Ω、25W，则普通电阻器可选用 10Ω、2W，保险丝管的额定电流 I 由下列公式计算：

$$I^2R=56\%\ P$$

式中，R 为电阻值（Ω），P 为额定功率（W）。将上述数值代入计算后可知保险丝管的额定电流应为 0.3A。

（2）直接用保险丝管代替。一些阻值较小的熔断电阻器损坏后，可直接用保险丝管代替。这种方法适合于 1Ω 以下的保险电阻器，保险丝管的额定电流值可按上述公式计算。

图 3-34　保险丝管实物图

重要提示

图 3-34 所示为保险丝管实物图，用保险丝管代替熔断电阻器时，可以将保险丝管直接焊在电路板上。

3.3.2 万用表检测可变电阻器

重要提示

3-29：可变电阻器修理和更换的方法

可变电阻器是一种比较容易损坏的元器件。造成可变电阻器损坏的原因主要有以下几个方面。

（1）使用时间较长，氧化了。

（2）电路出故障使可变电阻器过流而烧坏碳膜，此时从外观上也能看出可变电阻器的烧坏痕迹。

1 可变电阻器的故障特征

使用时间较长的可变电阻器容易发生故障。

（1）可变电阻器碳膜损坏故障。可变电阻器的碳膜磨损或烧坏，此时动片与碳膜之间接触不良或不能接触上。

（2）可变电阻器动片与碳膜之间接触不良故障。可变电阻器动片与碳膜之间接触不良，造成动片与碳膜的接触电阻增大。

（3）可变电阻器引脚折断故障。一个定片与碳膜之间断路，此时如果用作可变电阻器（不作为电位器使用），可不用断路的这个定片，而用另一个定片与动片之间的阻值。

2 万用表检测可变电阻器

重要提示

可变电阻器的检测方法与电阻器的检测方法基本一样，用万用表的欧姆挡测量有关引脚之间的阻值大小，可以在电路中直接进行测量，也可以将可变电阻器脱开电路后再测量。

（1）测量可变电阻器标称阻值。图 3-35 所示为测量可变电阻器标称阻值时接线示意图。将万用表拨至欧姆挡适当的量程，两根表棒接可变电阻器两根定片引脚，这时测得的阻值应该等于该可变电阻器的标称阻值，否则说明该可变电阻器已经损坏。

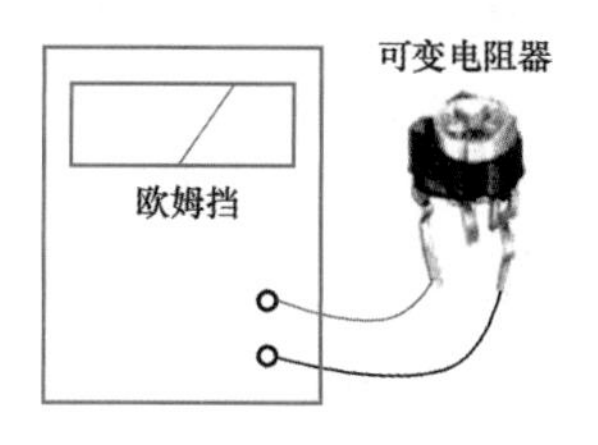

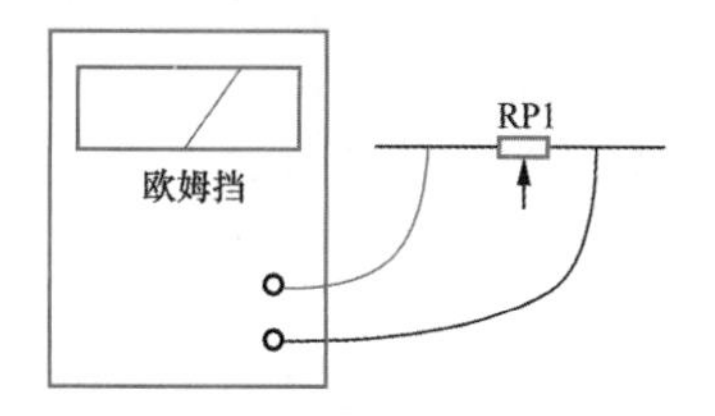

图 3-35　测量可变电阻器标称阻值时接线示意图

（2）测量可变电阻器动片与定片之间阻值。图 3-36 所示为测量可变电阻器动片与定片之间阻值时接线示意图。将万用表拨至欧姆挡适当的量程，一根表棒接定片，另一根表棒接动片。在这个测量状态下，转动可变电阻器动片时，表针偏转，阻值从零增大到标称阻值，或从标称阻值减小到零。

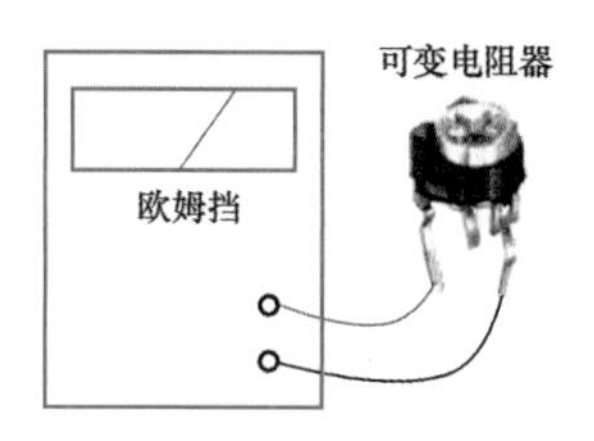

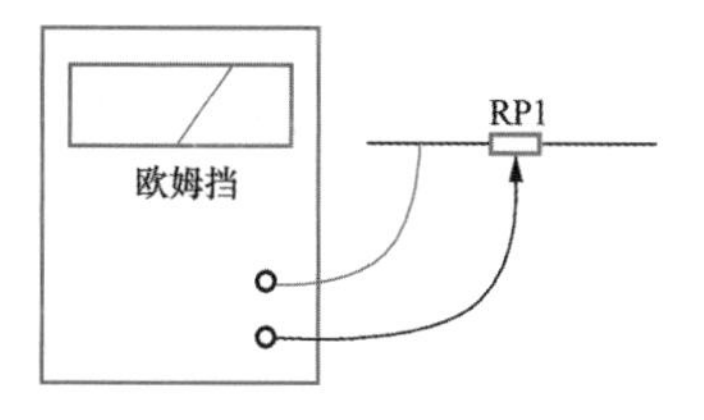

图 3-36　测量可变电阻器动片与定片之间阻值时接线示意图

重要提示

由于可变电阻器的特殊性，在检测过程中要注意以下几个方面的问题。

（1）若测得动片与某定片之间的阻值为 0Ω，此时应看动片是否已转动至所测定片这一侧的端点，否则可认为该可变电阻器已损坏（在路测量时要排除外电路的影响）。

（2）若测得动片与任一定片之间的阻值已大于标称阻值，说明该可变电阻器已出现了开路故障。

（3）测量中，若测得动片与某一定片之间的阻值小于标称阻值，并不能说明它已经损坏，而应看动片处于什么位置，这一点与普通电阻器不同。

（4）可变电阻器脱开电路进行测量时，可用万用表欧姆挡的适当量程，一支表棒接动片引脚，另一支表棒接某一个定片，再用平口螺丝刀顺时针或逆时针缓慢旋转动片，此时表针应从 0Ω 连续增大到标称阻值，或从标称阻值连续减小到 0Ω。

同样的方法再去测量另一个定片与动片之间的阻值变化情况，测量方法和测试结果应相同，否则说明该可变电阻器已损坏。

3　可变电阻器故障修理的方法

可变电阻器的有些故障可以通过修理使之恢复正常功能，主要有以下几种情况。

（1）动片触点脏，可用纯酒精清洗触点。

（2）碳膜上原动片触点的轨迹因磨损而损坏时，可以将动片上的触点向里弯曲一些，以改变动片触点的轨迹。

（3）一个定片与碳膜之间断路，此时若用作可变电阻器（不作电位器使用），可不用断路的这个定片，而用另一个定片与动片之间的阻值。

（4）一根引脚由于扭折而断了，此时可焊上一根硬导线作为引脚。

4　可变电阻器的选配原则

可变电阻器因过流而烧坏或碳膜严重磨损时必须进行更换处理。更换时注意以下几个方面的问题。

（1）标称阻值应与原件相同或十分相近。

（2）只要安装条件允许，卧式、立式可变电阻器均可。

（3）如果新换上的可变电阻器其标称阻值比原来的大时，动片调节的范围要小一些。如果新换上的可变电阻器标称阻值略小时，可再串联一只适当阻值的普通电阻器，如图 3-37 所示。R1 的阻值应远小于原可变电阻器的标称阻值，否则可变电阻器的阻值调节范围会大大缩小。

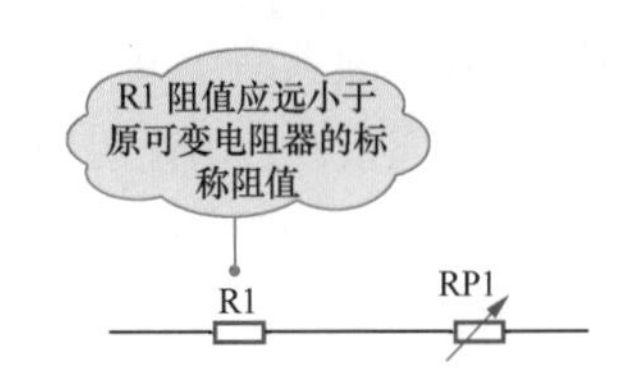

图 3-37　新换上的可变电阻器标称阻值略小时串联一只普通电阻器示意图

（4）精密可变电阻器损坏后只能用精密可变电阻器代替，不可以用普通可变电阻器代替，否则调节精度不够。

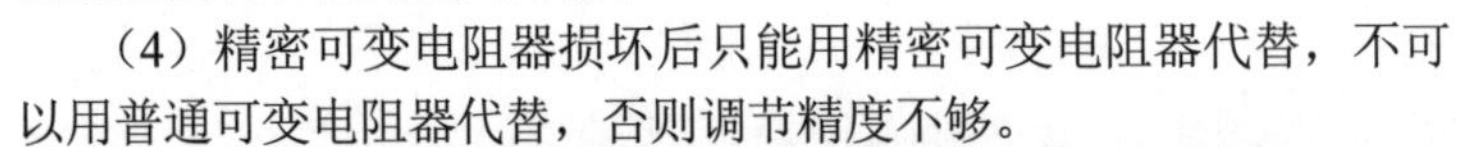

3.3.3　万用表检测电位器

电位器是一个故障发生率比较高的元器件。

1　电位器的故障特征

3-34：万用表检测 PTC 热敏电阻器的方法

（1）电位器转动噪声大。这种情况最主要出现在音量电位器中，因为音量电位器经常转动。其次出现在音调电位器中。

（2）电位器内部引脚断路故障。这时电位器所在的电路不能正常工作，对于音量电位器而言，可能出现无声故障现象，或出现音量关不死故障（音量电位器开关在最小音量位置时，扬声器中仍然有声音）。

（3）电位器碳膜因过流而严重烧坏故障。这时电位器被烧成开路。

重要提示

3-35：万用表检测消磁电阻器的方法

一般音量电位器或音调电位器使用一段时间后或多或少地会出现转动噪声大的故障，这主要是因为动片触点与电阻体（碳膜）之间经常摩擦，造成碳膜损坏，使动片与碳膜之间接触不良。

调节音量时扬声器中会出现“喀啦、喀啦”的响声，停止转动电位器时，噪声便随之消失，说明音量电位器出现转动噪声大的故障。故障比较严重时，动片转动到某一个位置时，扬声器会出现无声故障。

2　电位器的检测方法

电位器的检测方法可分为试听检查方法和阻值检测方法两种。根据电位器在电路中的具体作用不同，分别采取相应的检测方法。

（1）电位器故障的试听检查方法。这种检查方法主要用于音量电位器、音调电位器的噪声故障检查，具体方法是：让电路处于通电工作状态，然后左、右旋转电位器转柄，让动片触点在碳膜上滑动。

若在转动时扬声器中有“喀啦、喀啦”的噪声，则说明电位器存在转动噪声大故障。若转动过程中几乎听不到什么噪声，则说明电位器基本良好。

重要提示

要理解和记忆这种检查方法的原理。图 3-38 所示为电位器故障的试听检查方法原理示意图。

如果电位器已产生故障，存在转动噪声，那么这一转动噪声将加到低放电路中得到放大，所以在扬声器中会出现“喀啦、喀啦”的转动噪声。

3-36：万用表检测 NTC 热敏电阻器的方法

这种故障检查方法就是利用了电路本身的特点，以便故障检查。

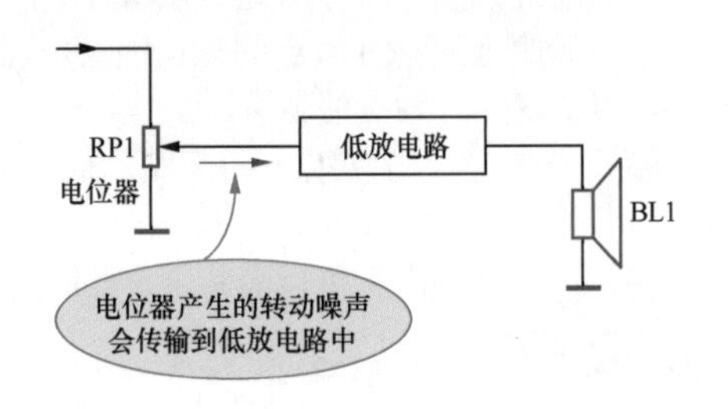

图 3-38　电位器故障的试听检查方法原理示意图

（2）电位器阻值检测方法。电位器阻值检测方法分为在路检测方法和脱开检测方法。由于一般电位器的引脚是用引线与电路板上的电路相连的，焊下引线比较方便，故常用脱开检测方法，这样测得的结果能够准确说明问题。

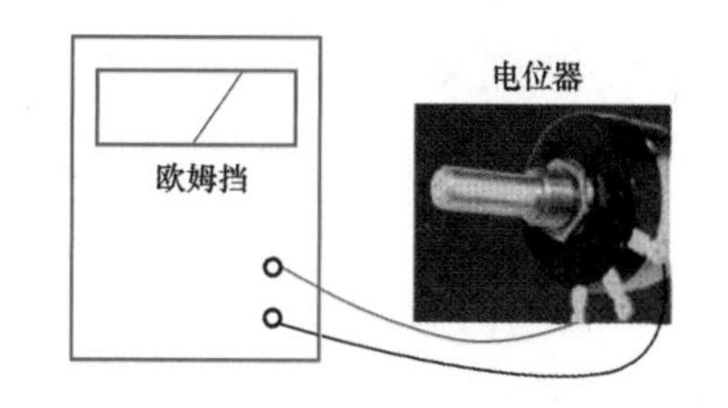

图 3-39　万用表检测电位器时的接线示意图

电位器的阻值检测方法可分为以下两种情况。

一是测量两固定引片之间的阻值，应等于该电位器外壳上的标称阻值，远大于或远小于标称阻值都说明电位器有问题。

二是检测阻值变化情况，方法是：将万用表拨至欧姆挡相应的量程，一支表棒接动片，另一支表棒接一个定片，缓慢地左、右旋转电位器的转柄，表针指示的阻值应从零连续变化到最大值（等于标称阻值），再从最大值连续变化到零。在上述测量过程中，转动转柄时要均匀，表针偏转也应该是连续的，即不应该出现表针跳动的现象。

图 3-39 所示为万用表检测电位器时的接线示意图。万用表测量电位器的方法与测量可变电阻器一样，要测量它的标称阻值和动片至每一个定片之间的阻值。

3-37：万用表检测压敏电阻器的方法

重要提示

测量动片至某一个定片之间的阻值时，旋转电位器转柄过程中，表针指示不能有突然很大的变化现象，否则说明电位器的动片存在接触不良故障。

3　电位器转动噪声大故障清洗方法

电位器最大的故障是转动噪声大，通过清洗能够解决噪声大的问题，具体方法是：将纯酒精清洗液流到电位器内部的碳膜上，不断转动转柄，使触点在碳膜上滑动，达到清洗碳膜和触点的目的。这种清洗可以在通电的情况下进行。注意，一定要用纯酒精。不断转动转柄，试听噪声大小，直到转动噪声消失为止。

让清洗液流到碳膜上的方法有多种，根据电位器的结构情况不同，主要有 5 种方法，见表 3-8。

表 3-8　让清洗液流到碳膜上的 5 种方法

电位器的结构情况	示意图	清洗方法
转柄处有较大缝隙的电位器	从转柄缝隙处滴入	可让清洗液从此缝隙处滴入
引脚处有较大缝隙的电位器	从引脚缝隙处滴入	可让清洗液从此缝隙处滴入
直滑式电位器	从操纵柄槽中滴入	大多数情况下应从直滑式电位器背面的孔中滴入清洗液，但有些直滑式电位器应从正面操纵柄槽中滴入清洗液
无法从外部流入的电位器		可打开电位器的外壳后进行清洗
小型电位器		小型电位器拆下外壳比较方便，故可打开外壳后彻底清洗

重要提示

电位器通过清洗后，转动噪声会全部消失，最好滴入一滴润滑油在碳膜上，以减小摩擦。经验表明，清洗后若不滴油，该电位器使用不久后会再度出现转动噪声大的故障。

在机器中，一般电位器的转柄伸出机壳外，在清洗时可只卸下旋钮而不必打开机壳，让清洗液从转柄缝隙处流入。这种清洗方法无效时，再打开机壳用其他方法清洗。

一些音量电位器带电源开关（不是指小型电位器），但开关内部结构较复杂，拆开外壳虽简便，装配起来却十分麻烦，对此应尽可能考虑在不拆开外壳的情况下处理电位器转动噪声大的故障。

4 电位器故障处理的方法

对碳膜已磨损严重的电位器，通过清洗往往不能获得良好的效果。此时应打开电位器的外壳进行修整，具体方法是：用尖嘴钳将动片触点的簧片向里侧弯曲一些，使触点离开原来已磨损的轨迹而进入新的轨迹。

在修整时要打开电位器的外壳，电位器的外壳是用铁卡夹固定的，可用螺丝刀撬开外壳上的三个铁卡夹，便能拆下外壳。注意，不可将电位器上的铁卡夹弄断，否则无法重新固定电位器。

5 电位器的选配原则

电位器除了转动噪声大故障外，出现其他故障时一般不能修复，如碳膜严重磨损、电位器过流烧坏等，此时需更换新的电位器。当然，最好是更换原型号的电位器。

3-38：万用表检测光敏电阻器的方法

在无法配到原型号的电位器时应尽力修复，无法修复情况下，可按下列原则进行电位器的选配。

（1）不同型号的电位器，如X型、Z型、D型电位器之间不可互相代替使用，否则控制效果不好。

（2）其他条件满足，在标称阻值很相近时可以代用。

（3）其他条件满足，额定功率相同，或新换上的电位器额定功率略大些时可以代用。

（4）转柄式、直滑式电位器之间不能相互代替使用，因为安装方式不同。对于转柄式电位器而言，其操纵柄长度要相同，否则转柄上的旋钮无法正常安装。

在选配电位器时，上述几个条件要同时满足。

6 电位器更换的操作方法

电位器有多根引脚，为了防止在更换时接错引脚，可以按照如下的步骤和方法进行操作。

（1）将原电位器的固定螺钉取下，但不要焊下原电位器引脚片上的引线，将引线与电位器连接。

（2）将新电位器装上，并固定好。

（3）在原电位器引脚片上焊下一根引线，将此引线焊在新电位器对应引脚片上，新、旧电位器对照地焊接。

（4）采用同样的方法，将各引脚线焊好。采用这种焊下一根再焊上一根的方法可避免引线之间相互焊错位置。

重要提示

在非线性电位器中，两个定片上的引线不能相互接错，否则将影响电位器在电路中的控制效果。例如，音量电位器的两个固定引脚片上的引线相互接反后，稍微转动转柄，音量就会很大，再转动音量旋钮时音量几乎不再增大，失去音量控制器的线性控制特性。

3-39：指针式万用表测量有极性电解电容的方法

3.3.4 万用表检测热敏电阻器

重要提示

敏感类电阻器的万用表检测方法与普通电阻器有所不同，因为这类电阻器的阻值会随一些因素的变化而发生改变，但是检测的基本方法就是测量电阻器的阻值大小，以判断电阻器的质量好坏。

1　PTC 热敏电阻器的检测方法

检测 PTC 热敏电阻器的方法是：常温下用万用表的 R×1kΩ 挡测量其电阻值，应该接近该 PTC 热敏电阻器的标称阻值。图 3-40 所示为测量 PTC 热敏电阻器时的接线示意图。

用手握住该电阻器，这时表针向左偏转，如图 3-41 所示，说明阻值开始增大，当阻值增大到一定值后不再增大，因为此时电阻器的温度已接近人体的体温。

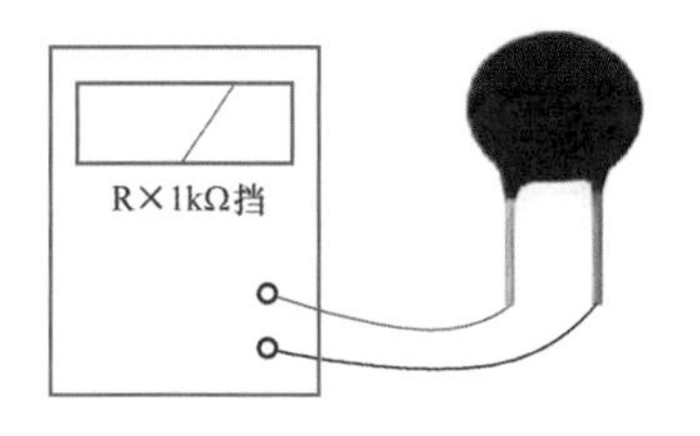

图 3-40　测量 PTC 热敏电阻器时的接线示意图

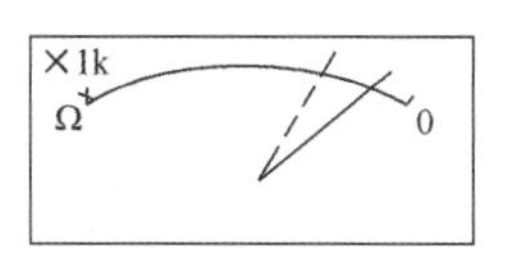

图 3-41　表针偏转示意图

3-40：指针式万用表检测电解电容器的方法

这时可以用电烙铁靠近 PTC 热敏电阻器，给它加温后再测量阻值，阻值应该会增大许多。如果测量过程中没有上述阻值增大的情况，则说明该 PTC 热敏电阻器已损坏。

2　消磁电阻器的检测方法

彩色电视机中所使用的消磁电阻器是 PTC 热敏电阻器。

彩色电视机中消磁电阻器的阻值常见有几种：12Ω、18Ω、20Ω、27Ω 和 40Ω。不同的彩色电视机机型中所使用的消磁电阻器不同。

消磁电阻器的好坏可以通过常温检测方法和加温检测方法来进行判别。

（1）常温检测方法。将万用表拨至 R×1Ω 挡，正常情况下所测得的阻值应与标称阻值一致，最大偏差不超过 ±2Ω，若测得的结果小于 5Ω，或是大于 50Ω 时，说明该消磁电阻器已损坏。

重要提示

检测时，要拔下印制电路板上的消磁线圈插头，以免测量的结果受消磁电路的影响。

要在断电后隔一会儿再进行检测，因为刚断电时消磁电阻器的温度比较高，所测得的阻值会明显大于标称阻值，应该待消磁电阻器的温度和室温一致时再测量。

消磁电阻器焊接后不要立即测量其阻值，原因也是一样的，因为焊接时会使消磁电阻器的温度升高。

3-41：指针式万用表检测电容器的几点说明

（2）加温检测方法。在室温下，测量消磁电阻器的阻值正常，加温后再进行阻值的测量，具体方法是：在测量消磁电阻器的阻值状态下，用电烙铁对其进行加温，注意不要碰到电阻器，若阻值随着电阻器的温度升高而增大，说明消磁电阻器正常；如果阻值不再增大，说明该消磁电阻器已损坏。

消磁电阻器选配提示

3-42：指针式万用表在路检测电解电容器

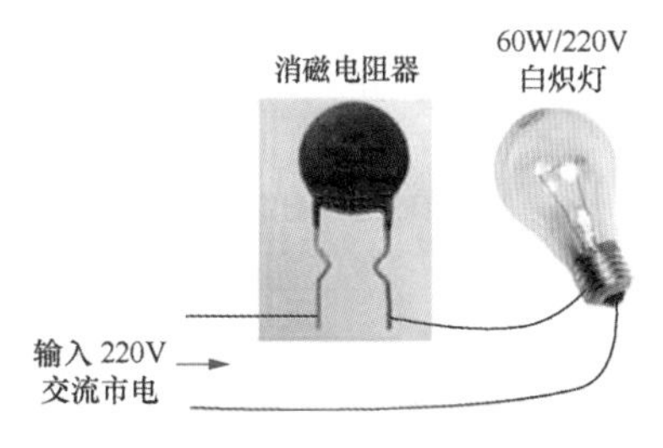

图 3-42　测量消磁电阻器接线示意图

彩色电视机中的消磁电阻器是一种非线性电阻器，不同参数的消磁线圈要选用不同型号的消磁电阻器，不能弄错。

彩色电视机中的消磁电阻器损坏后，更换时最好选用同型号的消磁电阻器，也可选用阻值相近的消磁电阻器。实践证明，当标称阻值相差 3～5Ω 时，不影响正常的使用。

（3）灯泡检测方法。有的消磁电阻器还可以用另一种方法进行测量和验证，具体方法是：将消磁电阻器与一只 60W/220V 灯泡串联，如图 3-42

所示，将这串联电路接入220V交流市电。然后，通电后灯泡亮一会慢慢熄灭，说明这时消磁电阻器已进入高阻状态。断电30s后再次通电，灯泡又重复上述现象，则说明该消磁电阻器性能良好。注意，断电30s是为了让消磁电阻器从高温状态回到常温状态。用这种方法可以比较直观地看出消磁电阻器的质量好坏。

3 NTC热敏电阻器的检测方法

3-43：指针式万用表检测电容器原理

NTC热敏电阻器的检测方法与PTC热敏电阻器检测方法一样，只是需要注意以下几点。

（1）NTC热敏电阻器上的标称阻值，与万用表的读数不一定相等，这是由于标称阻值是用专用仪器在25℃的条件下测得的，而万用表测量时会有一定的电流通过NTC热敏电阻器而产生热量，而且环境温度也不可能正好为25℃，所以不可避免地会产生误差。

（2）随着给NTC热敏电阻器加温，其阻值下降，表针继续向右偏转，如图3-43所示，因为NTC热敏电阻器是负温度系数的，温度升高其阻值下降。

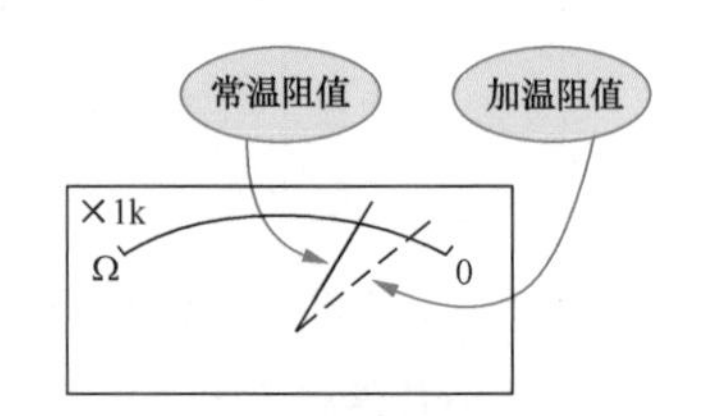

图3-43　测量NTC热敏电阻器时指针显示示意图

检测注意事项提示

（1）给热敏电阻器加热时，宜用20W左右的小功率电烙铁，且烙铁头不要直接去接触热敏电阻器或靠得太近，以防损坏热敏电阻器。

（2）万用表内的电池必须是新换不久的，而且在测量前应校好欧姆挡零点。

（3）普通万用表的电阻挡由于刻度是非线性的，为了减少误差，读数方法正确与否很重要，即读数时视线要正对表针。若表盘上有反射镜，眼睛看到的表针应与镜子里的影子重合。

（4）一般来讲，热敏电阻器对温度的敏感性高，所以不宜使用万用表来精确测量它的阻值。这是因为万用表的工作电流比较大，流过热敏电阻器时会发热而使阻值改变。但是，对于确认热敏电阻器能否正常工作，用万用表是可以进行简易判断的，也是实际操作中时常采用的方法。

3.3.5 万用表检测压敏电阻器和光敏电阻器

1 压敏电阻器的检测方法

压敏电阻器的一般检测方法是：用万用表的R×1kΩ挡测量压敏电阻器两根引脚之间的正、反向绝缘电阻，均为无穷大，否则，说明漏电流大。如果所测得的电阻很小，则说明该压敏电阻器已损坏，不能使用。

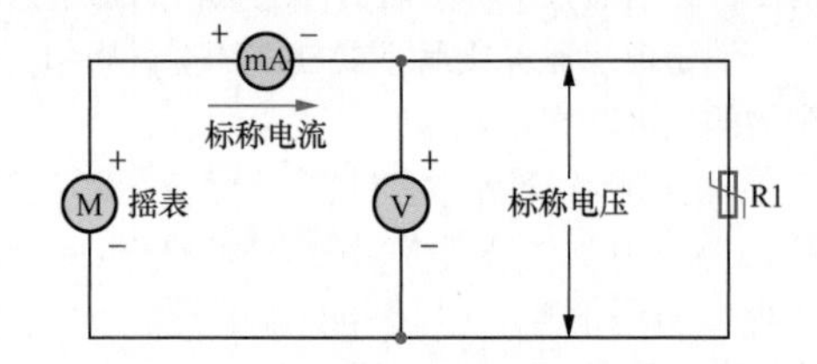

图3-44　测量压敏电阻器标称电压的接线示意图

图3-44所示为测量压敏电阻器标称电压的接线示意图。要求将万用表的直流电压挡拨至500V挡，万用表的直流电流挡拨至1mA挡。摇动摇表，在电流表偏转时读出直流电压表上的电压值，此电压即为该压敏电阻器的标称电压。

将压敏电阻器两根引脚相互调换后再次进行同样的测量，正常情况下正向和反向的标称电压值应该是相同的。

重要提示

摇表能产生比较高的电压，用这个电压作为测试电压。

当电流表中有电流流动时，说明压敏电阻器的电阻已明显下降。

2 光敏电阻器的检测方法

3-44：数字式万用表检测电容器的方法

用一张黑纸片将光敏电阻器的透光窗口遮住，万用表拨至 R×1kΩ 挡，两根表棒分别接光敏电阻器的两根引脚，阻值应接近无穷大（此时万用表的指针基本保持不动）。此时的电阻值越大说明光敏电阻器的性能越好。如果此时的电阻值很小或接近为零，说明该光敏电阻已烧穿损坏，不能再继续使用。

将光源对准光敏电阻器的透光窗口，此时万用表的指针应有较大幅度的向右摆动，阻值明显减小。阻值越小说明光敏电阻器的性能越好，若此时的阻值很大甚至为无穷大，说明该光敏电阻器内部开路损坏。

将光敏电阻器透光窗口对准入射光线，用小黑纸片在光敏电阻器的透光窗口上部晃动，使其间断受光，此时万用表指针应随着黑纸片的晃动而左右摆动，光敏电阻器的阻值随着光线照射的强弱变化而变化。如果万用表指针始终停在某一位置不随纸片的晃动而摆动，说明该光敏电阻器已经损坏。

重要提示

测量光敏电阻器的基本原理就是利用光敏电阻器本身的特性，用光线照射光敏电阻器和遮住光敏电阻器的透光窗口，通过测量这两种情况下光敏电阻器的阻值大小、变化来判断光敏电阻器的质量好坏。

3.3.6 指针式万用表检测电解电容器

重要提示

电容器在电路中的故障发生率远高于电阻器，而且故障的种类多，检测的难度大。

1 电解电容器的故障特征

电解电容器是固定电容器中的一种，所以它的故障特征与固定电容器的故障特征有一定的相似之处，但是由于电解电容器的特殊特性，它的故障特征与固定电容器的故障特征还是有一些不同之处的。

（1）击穿故障。电解电容器两根引脚之间呈现通路状态，分成两种情况：一种是常态下（未加电压）已经击穿，另一种是常态下正常，在加上电压后击穿。

（2）漏电大故障。电解电容器的漏电比较大，但是漏电太大就是故障。电解电容器漏电后，电容器仍能起一些作用，但电容量会下降，会影响电路的正常工作，严重时会烧坏电路中的其他元器件。

（3）容量减小故障。不同电路中的电解电容器容量减小后其故障表现有所不同，滤波电容器容量减小后交流声会增大，耦合电容器容量减小后信号会衰减。

（4）开路故障。电解电容器开路后已不能起一个电容作用。不同电路中的电解电容器开路后其故障表现有所不同，滤波电容器开路后交流声很大，耦合电容器开路后信号无法传输到后级，出现无声故障。

（5）爆炸故障。这种情况只出现在更换新的有极性电解电容器之后，由于正、负引脚接反而爆炸。

重要提示

在电解电容器上设有防爆设计，图3-45所示的为人字形防爆口示意图，此外还有十字形等多种，有的防爆口设在底部，形状也有多种多样。

图 3-45　人字形防爆口示意图

2 脱开电路时电解电容器的检测方法

图 3-46 所示为指针式万用表检测有极性电解电容器的接线示意图。万用表拨至 R×1kΩ 挡。检测前，先将电解电容器的两根引脚相碰一下，释放电容器内残留的电荷。

黑表棒接电容器正极，红表棒接电容器负极，在表棒接触电容器引脚时，表针迅速向右偏转一个角度，如图 3-47 所示，这时表内电池对电容器开始充电，电容器容量越大，所偏转的角度越大，若无向右偏转情况，说明该电容器已开路。

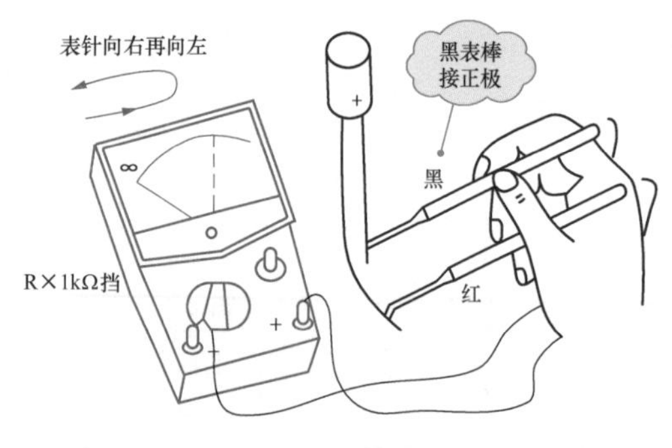

图 3-46　指针式万用表检测有极性电解电容器的接线示意图

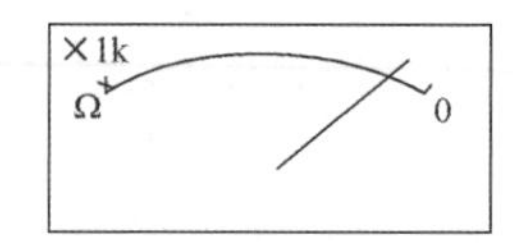

图 3-47　表针迅速向右偏转一个角度示意图

表针到达最右端之后，开始缓慢向左偏转，这时表内电池对电容器的充电电流逐渐减小，直到偏转至阻值无穷大处，如图 3-48 所示，说明该电容器质量良好。

如果表针向左偏转不能回到阻值无穷大处，如图 3-49 所示，说明该电容器存在漏电故障，所指示阻值越小，电容器漏电越严重。

3-45：万用表检测微调和可变电容器的方法

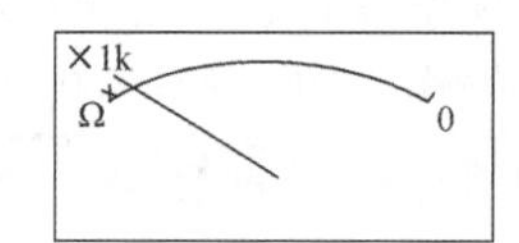

图 3-48　表针偏转至阻值无穷大处示意图

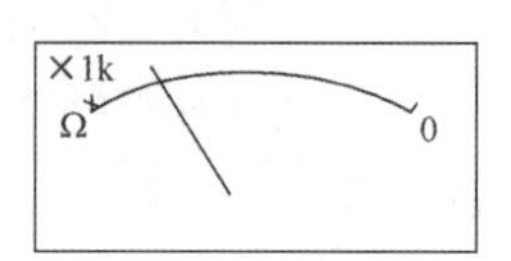

图 3-49　表针向左偏转不能回到阻值无穷大处示意图

重要提示

测量无极性电解电容器时，可以不分万用表的红、黑表棒，测量方法与测量有极性电解电容的方法一样。

3　指针式万用表在路检测电解电容器的方法

电解电容器的在路检测主要是测量它是否开路或是否已击穿，对漏电故障，由于受外电路的影响而无法准确测量。

在路检测的具体方法是：万用表拨至 R×1kΩ 挡，接线示意图如图 3-50 所示，电路断电后先用导线将被测电容器的两根引脚相碰一下，以放掉可能存在的电荷，对于容量很大的电容器则要用 100W 左右电阻器来放电。

然后红表棒接负极，黑表棒接正极进行检测。检测结果及说明见表 3-9。

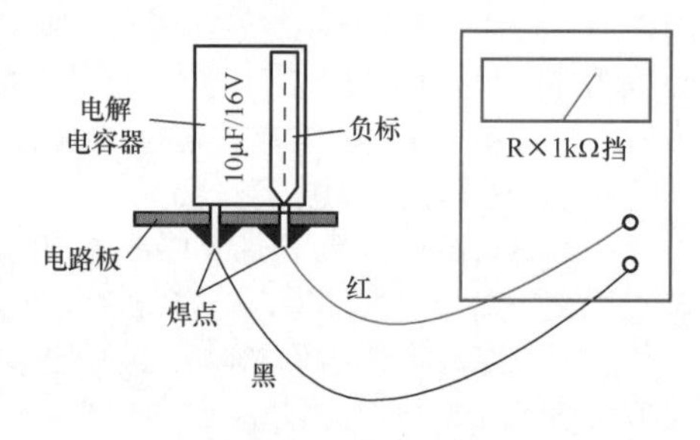

图 3-50　接线示意图

表 3-9　检测结果及说明

表针现象	说明
表针先向右迅速偏转，然后再向左回摆到底	说明该电容器正常
表针回转后所指示的阻值很小（接近短路）	说明该电容器已击穿
表针无偏转和回转	说明该电容器开路的可能性很大，应将这一电解电容器脱离电路后进一步检测

3.3.7　指针式万用表欧姆挡检测电容器的原理

万用表欧姆挡检测电容器的原理是：如图 3-51 所示，欧姆挡表内电池与表棒串联，检测电容器时，表内电池和表内电阻与被检测电容器串联，由表内电池通过表内电阻对电容器进行充电。

如果电容器没有开路，当表棒刚刚接触电容器时就会有充电现象，即表内会有电流流动，表针先向右偏转（充电电流大），再逐渐向左偏转（充电电流逐渐减小）直至阻值无穷大处（充电电流为 0），如图 3-52 所示。当表针偏转到阻值无穷大处后，说明对电容器的充电已经结束。

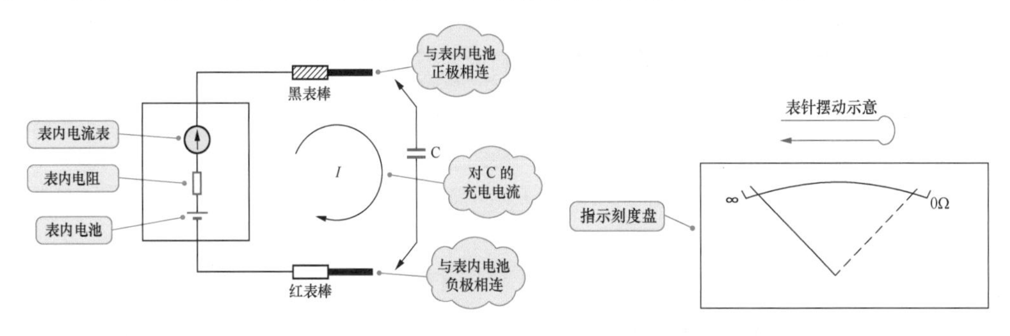

图 3-51 表内电池与表棒串联示意图

图 3-52 表针偏转示意图

3.3.8 电容器的修复和选配方法

1 固定电容器的修复方法

固定电容器损坏的形式有多种，大多数情况下固定电容器损坏后不能修复，只有电容器的引脚折断故障，可以通过重新焊一根引脚的方法来修复，电容器的其他故障均要采取更换新的电容器的措施。

2 固定电容器的选配方法

电容器配件十分丰富，选配比较方便，一般可以选用同型号、同规格的电容器。在不能选用同型号、同规格的电容器的情况下，可按下列原则进行选配。

（1）标称容量相差不大时可以代用。许多情况下，电容器的容量可以有一些差别（要根据电容器在电路中的具体作用而定），但是有些场合下的电容器不仅对容量有严格要求，而且对允许偏差等参数也有严格要求，此时就必须选用同型号、同规格的电容器。

（2）在容量要求符合条件的情况下，额定电压参数等于或大于原电容器的参数即可以代用，有时略小些也可以代用。

（3）各种固定电容器都有它们各自的特性，一般情况下，只要容量和耐压等参数符合条件，它们之间即可以代替使用，但是有些场合下相互代替使用后效果不好，如低频电容器代替高频电容器使用后高频信号损耗大，严重时电容器不能起到相应的作用。但是，高频电容器却可以代替低频电容器使用。

（4）有些场合下，电容器的代用还要考虑电容器的工作温度范围、温度系数等参数。

（5）标称容量不能满足要求时，可以采用电容器串联或并联的方法来满足容量要求。

更换电容器操作过程中的注意事项如下。

（1）一般要先拆下已经坏的电容器，然后再焊上新的电容器。

（2）容量小于 1μF 的固定电容器一般是无极性的，它的两根引脚可以不分正、负极。但是有极性电容器必须注意极性。

（3）需要更换的电容器在机壳附近时（拆下它很不方便），如果已经确定该电容器是开路故障或容量不足故障时，可以用一个新电容器直接焊在该电容器背面焊点上，不必拆下原电容器，但是对于击穿和漏电故障，这样的更换操作是不行的。

3.3.9 万用表检测微调电容器和可变电容器

1 微调电容器和可变电容器的故障特征

（1）瓷介质和有机薄膜介质微调电容器的主要问题是使用时间长后性能会变差，动片和定片之间有灰尘或受潮。此时会影响收音波段高端的灵敏度，波段高端收到的电台数目也会减少。

（2）拉线微调电容器的主要问题是受潮和细铜丝松动，引起容量减小，影响波段高端的收音效果。

3-46：指针式万用表测量双联可变电容器的方法

（3）密封可变电容器的主要问题是转柄松动、动片和定片之间有灰尘，此时调台时会有噪声，且调谐困难（选台困难）。

2 微调电容器和可变电容器的检测方法

（1）检测微调电容器和可变电容器的主要方法是采用万用表的 R×10kΩ 挡测量动片引脚与各定片引脚之间的电阻大小，应为开路状态；如果有电阻很小的现象，说明动片、定片之间有短路故障（相碰故障），可能是灰尘或介质（薄膜）损坏所致。当介质损坏时，要更换电容器。

（2）可变电容器的转柄是否松动可通过摇晃转柄来检查。如果很松，说明需要更换可变电容器。

3 微调电容器和可变电容器的修理方法

（1）对于动片、定片之间的灰尘故障，可滴入纯酒精加以清洗。

（2）对于受潮故障，可用灯泡或电吹风进行烘干处理。

（3）对于引脚折断故障，可以设法重新焊好引脚。

3-47：万用表检测电感器的方法

4 微调电容器和可变电容器的选配方法

（1）可变电容器损坏后应选用同型号的电容器代用，因为要求容量不能有偏差，还涉及安装尺寸是否合适的问题。

（2）对于微调电容器，只要安装位置、空间条件允许，容量相近的电容器即可以代用，不同介质的微调电容器之间也可以代用。

（3）对于拉线微调电容器，没有可代用的电容器时可以自制，具体方法是：取一根 1mm 的铜线，再取一根 0.10mm 的漆包线，将此细漆包线在粗铜线上密集排绕几十圈，绕的圈数越多，容量越大。

5 微调电容器和可变电容器的装配方法

3-48：电感器的故障修理和选配方法

（1）可变电容器是与调谐线或调谐刻度盘相连的，在拆卸可变电容器之前要先拆下调谐线或调谐刻度盘。

（2）拆卸时，要将可变电容器每一根引脚上的焊锡去掉后，才能拆下可变电容器。由于可变电容器的引脚比较粗，上面的焊锡也较多，注意不要损坏引脚附近的铜箔线路。拆下可变电容器后，要清除引脚孔中的焊锡，以便安装新的可变电容器。

（3）可变电容器的装配比较方便，由于引脚孔、可变电容器固定孔是不对称的，所以装配时方向不会弄错。

（4）使用电烙铁时，切不可烫断调谐线，否则要重绕此线，十分麻烦。

3.3.10 万用表检测电感器

1 电感器的故障特征

电感器的故障处理相对其他电子元器件而言比较容易。电感器的主要故障是线圈烧成开路或因线圈的导线太细而在引脚处断线。

当不同电路中的电感器出现线圈开路故障后，会表现出不同的故障现象，主要有下列几种情况。

（1）在电源电路中的线圈容易出现因电流太大而烧断的故障，可能是滤波电感器先发热，严重时烧成开路，此时电源的电压输出电路将为开路，故障表现为无直流电压输出。

（2）其他小信号电路中的线圈开路之后，一般表现为无信号输出。

（3）一些微调线圈还会出现磁芯松动引起的电感量改变，使线圈所在电路不能正常工作，表现为对信号的损耗增大或根本就无信号输出。

（4）线圈受潮后，线圈的 Q 值下降，对信号的损耗增大。

2 电感器的检测方法

图 3-53 所示为检测电感器时接线示意图。由于电感器的直流电阻很小，所以在路测量和脱开电路后的测量结果都是很准确的。

如果测得的阻值为无穷大，说明该电感器已开路。通常情况下，电感器的阻值只有几欧或几十欧。

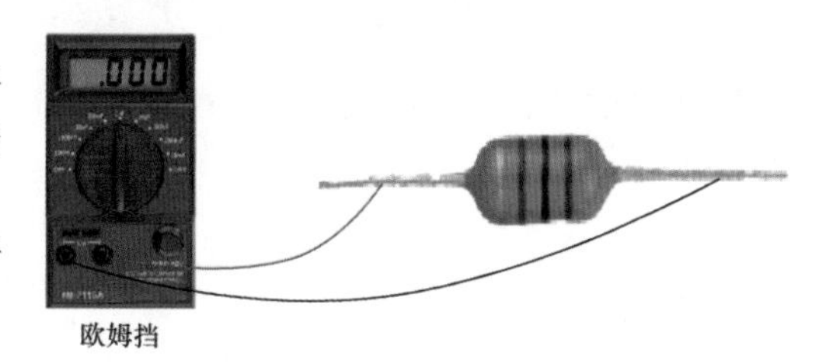

图 3-53 检测电感器时接线示意图

3 电感器的修整方法

关于电感器的修整方法主要说明以下几点。

（1）如果测量到线圈已经开路，此时可直观检查电感器的外表有无烧焦的痕迹，当发现有烧焦或变形的迹象时，不必对电感器进行进一步检查，直接更换。

（2）检查电感器外观无异常现象时，可查看线圈的引脚焊点处是否存在断线现象，对于能够拆下外壳的电感器，拆下外壳后进行检查。引线断开时可以重新焊上。有时，这种引脚线较细且有绝缘漆，很难焊好，必须格外小心不能再将引脚焊断。此时，要先刮去引线上的绝缘漆，并在刮去漆的引线头上搪上焊锡，然后去焊引线头。焊点要小，不能有虚焊或假焊现象。更不要碰伤其他引线上的绝缘漆。

（3）对于磁芯碎了的电感器，可以从相同的旧电感器上拆下一个磁芯换上；对于磁芯松动的电感器，可以用一根新橡皮筋换上。

4 电感器的选配方法

电感器可按下列原则进行选配。

（1）电感器损坏后，一般应尽力修复，因为电感器的配件并不多。

（2）对于电源电路中的电感器，主要考虑新电感器的最大工作电流应不小于原电感器的工作电流，比原电感器的工作电流大一些是可以的。另外，新电感器的电感量也可以比原电感器的电感量大一些，小于原电感器的电感量则会影响滤波效果。

（3）对于其他电路中的电感器的电感量要求则比较严格，应选用同型号、同规格的电感器。

3.3.11 万用表检测磁棒天线

1 磁棒天线的故障特征

3-49：万用表检测磁棒天线的方法

磁棒天线的故障主要有如下几种情况。

（1）磁棒断裂故障。磁棒的抗断能力较差，在轴线的垂直方向受到力很容易断裂，此时收音灵敏度下降。

（2）天线线圈断线故障。天线线圈可以是全部引线断开，也可以是部分引线断开。全部引线断开时，收音无声；只是部分引线断开时，收音灵敏度将变差。

（3）天线线圈受潮或发霉故障。这时输入谐振回路的 Q 值下降，使收音灵敏度下降。

2 磁棒天线的检测方法

检测磁棒天线的方法主要是直观检查法和万用表欧姆挡测量线圈电阻大小的方法，具体操作方法如下。

（1）磁棒断裂通过直观检查便可以发现，断裂的磁棒可以粘起来，也可以进行更换处理。

（2）天线线圈的断线故障一般发生在引线接头处，通过直观检查便能发现。

（3）对于中波天线线圈，由于采用多股绕制，不应出现 1 ～ 2 股断头的现象。

（4）天线线圈的通、断可以用万用表的 R×1Ω 挡来测量，方法是：红、黑表棒各接同一个线圈的两个引线头（引线焊点），对于中波天线的一次线圈而言，直流电阻应只有几欧姆；对于二次线圈和短波线圈而言，应该几乎呈通路状态，如有电阻很大的现象则说明该线圈存在开路故障。

（5）线圈受潮不容易发现，如有霉斑说明该线圈已受潮。

3-50：指针式万用表测量磁棒线圈的方法

3 磁棒天线故障的处理方法

磁棒天线出故障后，磁棒有备件可以进行更换；线圈没有备件，要么尽力修复，要么设法重新绕制。

磁棒断裂后，可以用胶水重新粘接起来，并且要求断口吻合良好，以减小信号损耗。如果磁棒断成几段，最好更换新磁棒。

重要提示

更换新磁棒时注意中波、短波磁棒之间不能互换，扁形、圆形磁棒之间因与线圈不匹配也不能互换。磁棒的尺寸（长、宽、高、直径）要一样，否则会出现装配问题，影响使用效果。在更换新磁棒后，要重新调整磁棒天线线圈在磁棒上的位置。

4 天线线圈的修理方法

根据天线线圈的不同故障，具体处理方法可分成以下两种情况。

（1）线圈引线断头处理方法。无论线圈引线是只断开几根还是全部断开，均要重新焊好。焊接断头时要注意先将各引线头搪上焊锡，以防止假焊。对于线圈的中间部位断线故障，没有必要将各根引线一一对接起来，整体接通即可。

（2）天线线圈受潮处理方法。用灯泡进行烘干处理，在除去线圈中的潮气后可用石蜡封在线圈上，即用电烙铁将石蜡熔化后滴在天线线圈上，短波天线线圈不需要如此处理，因为石蜡的高频损耗较大。

3-51：磁棒天线故障处理方法

重要提示

自己绕制天线线圈由于受到材料的限制和技术参数的限制而比较困难，故要尽力修复线圈。如中波天线线圈要用多股纱包线来绕制，但是这种纱包线很难找到。短波天线线圈因径较粗而不易损坏。

3.3.12 万用表检测电源变压器

1 电源变压器的检测方法

电源变压器由于工作在较高电压和较大电流下，所以它的故障发生率在各类变压器中是比较高的。

万用表检测电源变压器的具体方法如下。

（1）测量电源变压器一次线圈直流电阻。图 3-54 所示为万用表欧姆挡测量电源变压器一次线圈直流电阻接线示意图，两支表棒分别接变压器一次线圈的两根引脚。

将万用表拨至 R×1Ω 挡或 R×10Ω 挡，正常情况测得的阻值应为几十至几百欧姆，不同的电源变压器其测得的具体阻值是不同的。如果测得的阻值为无穷大，说明该电源变压器一次线圈已开路。如果测得的阻值为零，说明一次线圈已短路。如果测得的阻值为几欧姆，说明一次线圈有局部短路的可能。

（2）测量电源变压器二次线圈直流电阻。图 3-55 所示为万用表欧姆挡测量电源变压器二次线圈直流电阻接线示意图，两支表棒分别接变压器二次线圈的两根引脚。

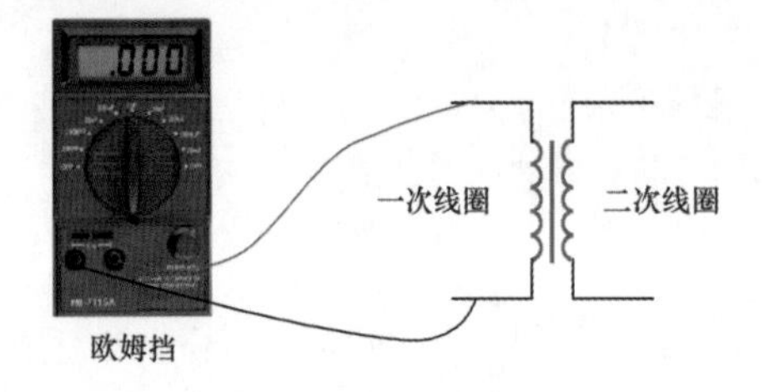

图 3-54　万用表欧姆挡测量电源变压器一次线圈直流电阻接线示意图

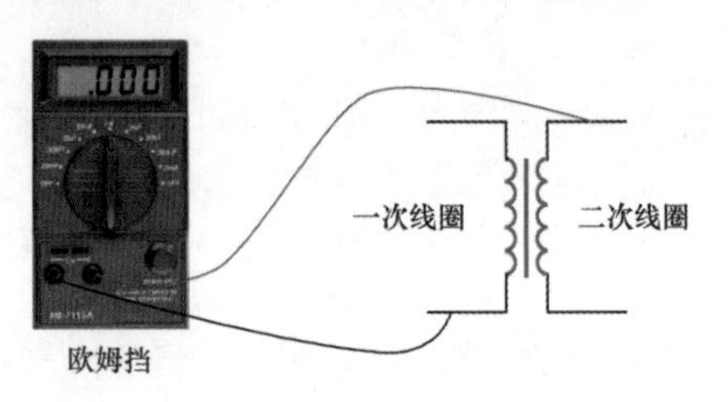

图 3-55　万用表欧姆挡测量电源变压器二次线圈直流电阻接线示意图

将万用表拨至 R×1Ω 挡，正常情况测得的阻值应为几至几十欧姆，不同的电源变压器其测得的具体阻值是不同的。如果测得的阻值为无穷大，说明该电源变压器二次线圈已开路。如果测得的阻值为零，说明二次线圈已短路。如果测得的阻值为几欧姆，说明二次线圈有局部短路的可能。

重要提示

由于电源变压器是降压变压器，它的一次线圈匝数大于二次线圈匝数，且线径细于二次线圈，所以不管测得的具体阻值大小，都有一个规律就是二次线圈直流电阻应该明显小于一次线圈直流电阻。

利用电源变压器二次线圈直流电阻应该明显小于一次线圈直流电阻这一规律，万用表可通过测量一次和二次线圈直流电阻的方法来分清电源变压器的一次和二次线圈。

（3）测量电源变压器绝缘电阻。电源变压器绝缘电阻共有三个测量项目：一次线圈与二次线圈之间的绝缘电阻、一次线圈与金属外壳之间的绝缘电阻和二次线圈与金属外壳之间的绝缘电阻。图 3-56 所示为万用表欧姆挡测量一次线圈与二次线圈之间的绝缘电阻接线示意图。

将万用表拨至 R×10kΩ 挡，一支表棒接电源变压器一次线圈，另一支表棒接电源变压器二次线圈，正常情况测得的阻值应为无穷大，如果测量到几十千欧姆或更小的阻值，说明该电源变压器绝缘损失，必须立即更换。

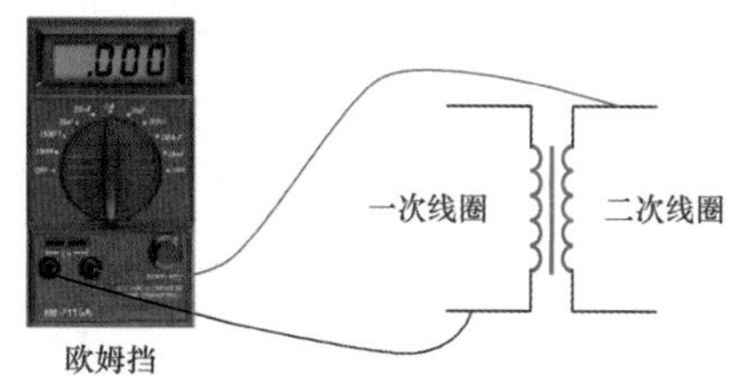

图 3-56　万用表欧姆挡测量一次线圈与二次线圈之间的绝缘电阻接线示意图

将万用表拨至 R×10kΩ 挡，一支表棒接电源变压器一次线圈，另一支表棒接金属外壳，正常情况测得的阻值应为无穷大，如果测量到几十千欧姆或更小的阻值，说明电源变压器绝缘损失，必须立即更换。

同样的方法，一支表棒接电源变压器二次线圈，另一支表棒接金属外壳，正常情况测得的阻值应为无穷大，如果测量到几十千欧姆或更小的阻值，说明该电源变压器绝缘损失，必须立即更换。

2　电源变压器的修理方法

变压器损坏后，先要确定损坏部位。变压器的故障修理方法可分为以下两种情况。

（1）引线断头故障，可以重新焊好。

（2）变压器铁芯松动而引起的响声故障。可以再插入几片铁芯，或将铁芯固定紧（拧紧固定螺钉）。

3　电源变压器的选配原则

变压器可按以下原则进行选配。

（1）主要参数相同或十分相近。例如，二次线圈的输出电压大小和二次线圈的结构必须要相同，额定功率参数可以相近，要等于或大于原变压器的额定功率参数。

（2）装配尺寸相符或相近，必要时对变压器加以修整，以便安装。

3.3.13　万用表检测音频输入变压器和输出变压器

1　音频输入变压器和输出变压器的故障特征

音频输入变压器和输出变压器的最主要故障是线圈断线，断在引脚的引线焊头处，此时收音机可能会出现无声故障，或出现声音轻、失真大故障，这要看具体是哪个变压器、哪组线圈发生断线故障。

3-52：万用表检测电源变压器的方法

2　音频输入变压器和输出变压器的检测方法

关于音频输入变压器和输出变压器的检测方法主要说明下列几点。

（1）测量一次线圈的直流电阻。一般输入变压器的一次线圈直流电阻为 250Ω 左右，输出变压器的一次线圈直流电阻为 10Ω 左右，当一次线圈有中心抽头时，一支表棒接抽头，另一支表棒分别接另两根引脚，两次测得的电阻值应相等，如果测得的阻值为零，说明该一次线圈存在短路故障，如果测得的阻值很大，说明该一次线圈存在开路故障。

（2）测量二次线圈的直流电阻。一般输入变压器的二次线圈直流电阻为100Ω左右，输出变压器的二次线圈直流电阻为1Ω左右，当二次线圈有中心抽头时，也要分别检测抽头与另外两根引脚之间是否存在开路故障。

（3）测量一次、二次线圈之间的绝缘电阻，以及测量线圈与铁芯之间的绝缘电阻。这些检测方法在前面已经介绍过，此处不再详细描述。

3 音频输入变压器和输出变压器的修理方法

3-53：万用表检测音频输入和输出变压器的方法

（1）当输入变压器和输出变压器出现引脚引线断头故障时，可以通过重新焊好断头来修复，此时要注意引线很细，容易在焊接中再次断线，若再断或断在根部则处理起来会比较麻烦，故操作时要倍加小心，当引线不够长时，可另用引线进行加长，但要注意各引线之间的相互绝缘。

（2）当出现线圈内部断线故障时，要更换变压器或重绕变压器，更换时要用同型号的变压器代用，重绕时需要对照变压器的各种技术参数，且很不方便，所以一般都是进行更换处理。

3.3.14 万用表检测振荡线圈和中频变压器

1 振荡线圈和中频变压器的故障特征

（1）引脚线断或内部线圈断线。这种故障比较常见，特别是拆卸时容易发生，此时该线圈所在电路的直流工作电压将发生改变，收音机表现为无声。

（2）线圈受潮，Q值下降。这种故障造成收音机的灵敏度下降，电路直流工作电压不变。

（3）引线与金属外壳相碰造成短路。由于金属外壳是接电路中地线的，这时该线圈所在电路的直流工作电压将发生改变，收音机表现为无声。

（4）磁帽滑牙导致磁帽松动。这种故障会影响线圈电感量的准确性和稳定性，轻则造成声音轻故障，重则造成无声故障。

（5）线圈的电感量不足。出现这种故障时，将磁帽调到最里面电感量也还是不够，造成谐振频率不在中频频率上，将出现声音轻故障或无声故障。

2 振荡线圈和中频变压器的检测方法

（1）检测振荡线圈和中频变压器的方法主要是直观检查法和万用表欧姆挡测量线圈电阻大小的方法。

（2）直观检查可以发现引脚线断、磁帽松动等故障。

（3）万用表测量线圈的直流电阻时，将万用表拨至R×1Ω挡，根据振荡线圈和中频变压器的各根引脚分布规律（接线图），分别测量一次线圈和二次线圈的电阻大小，正常时阻值应该很小。

（4）用万用表的R×1kΩ挡测量一次线圈与二次线圈之间的绝缘电阻大小，正常时阻值应该很大。

（5）分别测量一次、二次线圈与外壳之间是否短路（在路测量时要注意线圈一端是否接地，因为外壳是接地的）。

3 振荡线圈和中频变压器的修理方法

（1）当断线发生在引脚焊接处时（常见故障），应小心地将断头重新焊好，注意焊接时不要再弄断引线，否则引线长度不够，接线更麻烦，焊接时要拆下外壳。另外，注意焊点不能与外壳相碰。

（2）当断线发生在线圈内部时，若找不到断线部位，则要进行更换处理。

（3）出现磁帽松动故障时，将磁帽旋出来，用一截细橡皮筋夹在磁帽与尼龙支架之间，这样便可恢复磁帽的正常工作。

（4）线圈受潮时，可拆下金属外壳，然后用灯泡将线圈烘干。

（5）磁帽已旋到最底部时，电感量仍不够（此时声音还可以增大），可略增大并联在线圈上的谐振电容器的容量，以补偿电感量的不足。

（6）出现短路故障时，将短路点断开，并加以绝缘处理。

（7）无法修复而需要进行更换处理时，应更换同型号的元器件，因为这涉及安装、引脚分布规律、工作频率和与外部电路配合等问题。

3.3.15　数字式万用表检测扬声器

图 3-57 所示为数字式万用表检测电动式扬声器接线示意图。将万用表拨至 R×200Ω 挡，红、黑表棒分别接扬声器支架上的两个接线点，正常情况下万用表应显示 7.2Ω。如果显示数值远大于或远小于这个值，都说明该扬声器已损坏。

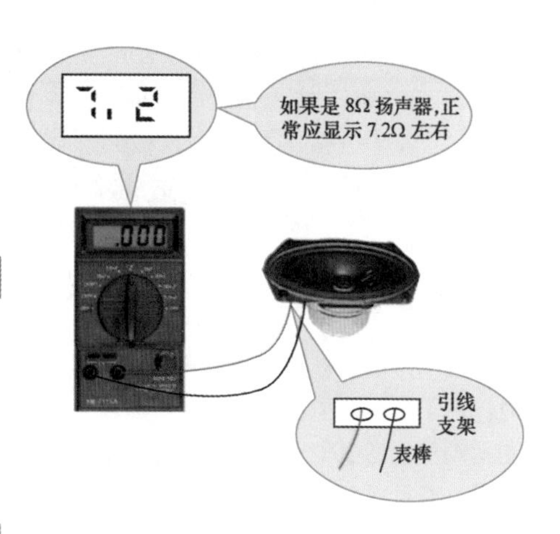

图 3-57　数字式万用表检测电动式扬声器接线示意图

3.3.16　指针式万用表检测扬声器

图 3-58 所示为指针式万用表检测电动式扬声器接线示意图。将万用表拨至 R×1Ω 挡，其他接线与采用数字式万用表检测电动式扬声器是一样的。表棒刚接触到扬声器引线时，扬声器会发出“喀啦、喀啦”的响声，但是这响声会越来越好。

重要提示

上述对扬声器的质量检测是比较粗略的，在业余条件下也只能用这种简便的方法。从检测扬声器这个角度上来讲，指针式万用表的检测结果比数字式万用表的检测结果更能说明问题，所以许多情况下并不是数字式万用表比指针式万用表更好。

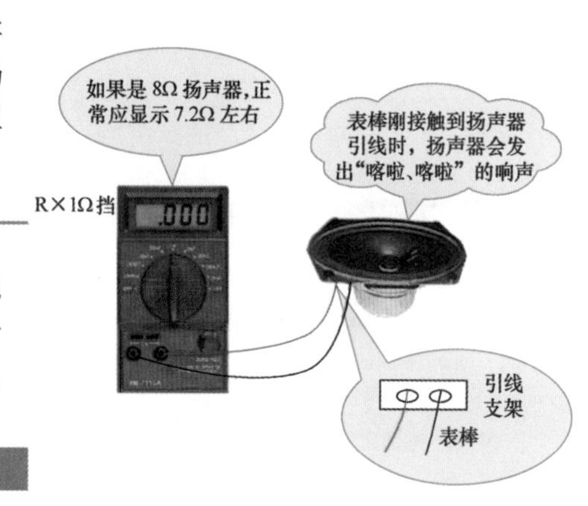

图 3-58　指针式万用表检测电动式扬声器接线示意图

3.3.17　扬声器的试听检查法和直观检查

1　扬声器的试听检查方法

扬声器是用来发声的器件，所以采用试听检查法。试听检查的具体方法是：将扬声器接在功率放大器的输出端，通过听声音来判断它的质量好坏。要注意扬声器阻抗与功率放大器的匹配问题。不过，现在一般的功率放大器电路都是具有定压输出特性的，所以扬声器一般不存在阻抗不能匹配的问题。

3-54：万用表检测振荡线圈和中频变压器

重要提示

试听检查法主要是通过听声音来判断扬声器的质量好坏的，要想声音响、音质好，试听时最好用高质量的功率放大器。

2　直观检查

检查扬声器有无纸盆破裂的现象。

3-55：指针式万用表测量扬声器

3　检查磁性

用螺丝刀去试磁铁的磁性，磁性越强越好。

3.3.18　万用表识别扬声器引脚极性的方法

1　极性识别方法

利用万用表的直流电流挡识别扬声器引脚极性的具体方法：将万用表拨至最小

3-56：万用表检测扬声器

的直流电流挡（μA 挡），红、黑表棒任意接扬声器的两根引脚，如图 3-59 所示，用手指轻轻、快速按下纸盆，此时表针有一个向左或向右的偏转。自己规定，当表针向右偏转时（如果向左偏转，将红、黑表棒互换位置），红表棒所接的引脚为正极，黑表棒所接的引脚为负极。用同样的方法和极性规定检测其他扬声器，这样各扬声器的极性就会一致。

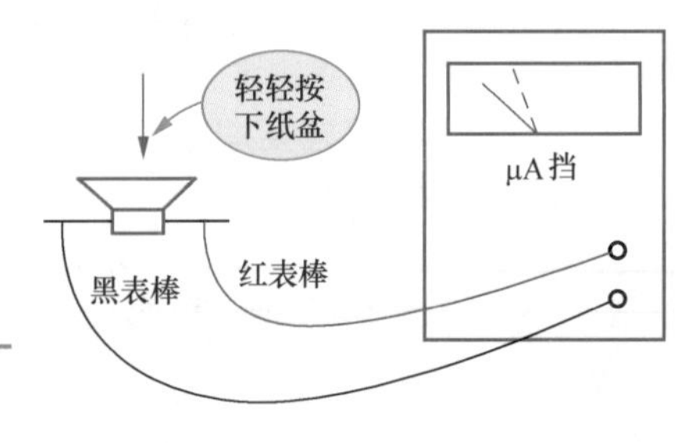

图 3-59　接线示意图

 **重要提示**

这一方法能够识别出扬声器引脚极性的原理是：按下纸盆时，由于音圈有了移动，音圈切割永久磁铁产生的磁场，在音圈两端产生感生电动势。电动势虽然很小，但是万用表处于量程很小的电流挡，电动势产生的电流流过万用表，表针便会有偏转。由于表针的偏转方向与红、黑表棒接音圈的头部还是尾部有关，这样即可以确定扬声器引脚的极性。

2 识别扬声器引脚极性的注意事项

识别扬声器引脚极性的过程中要注意以下两点。

（1）直接观察扬声器背面引线架时，对于同一个厂家生产的扬声器，它的正、负引脚极性规定是一致的，对于不同厂家生产的扬声器，则不能保证一致，最好用其他方法加以识别。

（2）采用万用表识别高音扬声器的引脚极性过程中，由于高音扬声器的音圈匝数较少，表针偏转角度小，不容易看出。此时，可以快速按下纸盆，可使表针偏转角度大些。按下纸盆时一定要小心，切不可损坏纸盆。

3.3.19　扬声器故障的处理方法

1 开路故障

两根引脚之间的电阻为无穷大，在电路中表现为无声，扬声器中没有任何响声。此时需要更换扬声器。

2 纸盆破裂故障

直观检查就可以发现这一故障。此时需要更换扬声器。

3 音质差故障

这是扬声器的软故障，通常不能发现什么明显的故障特征，只是声音不悦耳。此时需要更换扬声器。

3.3.20　扬声器的更换方法和选配原则

1 扬声器的更换方法

更换扬声器的具体方法和步骤如下。

（1）拆下坏扬声器的各个固定螺钉，不要焊下扬声器的各个引线。

（2）判断新扬声器的极性，以保持与电器上的其他扬声器极性一致，将新扬声器固定好。

（3）在坏扬声器上焊下一根引线，将此引线焊接在新扬声器的相应位置上，再去焊接另一根引线。

（4）焊好两根引线后，直观检查两根引线无相碰现象后通电试听。

3-57：万用表判断扬声器极性的方法

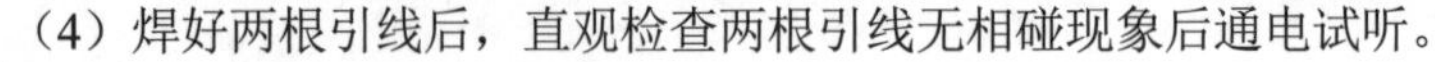

2 扬声器的选配原则

关于扬声器的选配原则主要说明以下几点。

（1）国产扬声器要尽可能地选用同型号的扬声器进行更换。

（2）扬声器代用时要考虑其安装尺寸、安装孔的位置，否则新的扬声器无法安装到机器上。

（3）可以用阻抗十分相近的扬声器代替，4Ω 扬声器不能用 8Ω 的代替，3.2Ω 和 4Ω 的扬声器可以相互代用。

（4）扬声器的额定功率指标要十分相近，新的扬声器额定功率可以比原扬声器略大些，小得太多会损坏换上的新扬声器。

（5）圆形和椭圆形扬声器由于安装问题而不能相互代用。

3.4 万用表检测电路板上的几十种三极管和二极管

重要提示

检测二极管的基本原理是：根据各类二极管的基本结构（主要是 PN 结结构），进行 PN 结正向电阻和反向电阻的测量，依据正、反向电阻的大小可以进行基本的判断。

3.4.1 普通二极管的故障特征

3-58：指针式万用表测量普通二极管

在各种二极管电路中，整流电路的二极管故障发生率比较高，因为整流二极管的工作电流较大，承受的反向电压较高。

关于普通二极管的故障主要有下列几种情况。

1 开路故障

开路故障是指二极管正、负极之间已经断开，二极管的正、反向电阻均为无穷大。二极管开路后，电路处于开路状态。

2 击穿故障

击穿故障是指二极管正、负极之间连通，正、反向电阻一样大或十分接近。

二极管击穿时并不一定表现为正、负极之间阻值为零。二极管击穿后，不同电路有不同的反应，有时还会出现电路过电流故障。

3 正向电阻变大故障

3-59：指针式万用表检测普通硅二极管的方法

正向电阻变大故障是指二极管的正向电阻太大，信号在二极管上的压降增大，造成二极管负极输出信号电压下降，且二极管会因发热而损坏。正向电阻变大后，二极管的单向导电性变差。

4 反向电阻变小故障

二极管反向电阻变小，会严重破坏二极管的单向导电特性。

5 性能变差故障

性能变差是指二极管并没有出现开路或击穿等明显故障现象，但是二极管性能变差后不能很好地起到相应的作用，如造成电路的工作稳定性差、电路的输出信号电压下降等。

3.4.2 普通二极管的检测方法

1 指针式万用表脱开检测二极管的方法

普通二极管的质量检测主要采用万用表，可以分为在路检测和脱开电路检测两种情况。下面主要介绍指针式万用表检测二极管的方法。

（1）测量二极管正向电阻方法。图 3-60 所示为指针式万用表测量二极管正向电阻时接线示意图。

万用表测量二极管正向电阻时指针指示结果分析说明见表 3-10。

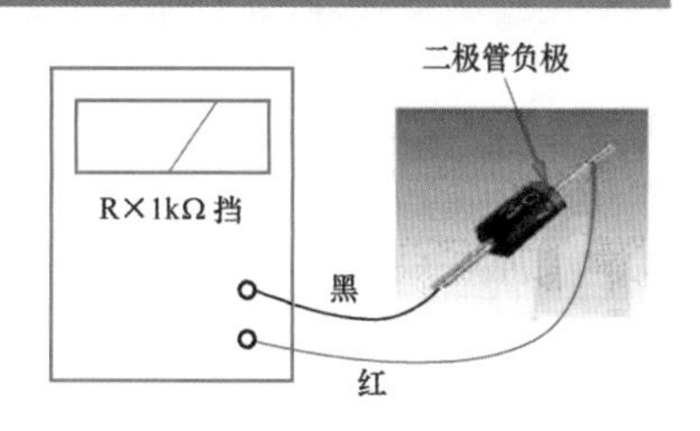

图 3-60　指针式万用表测量二极管正向电阻时接线示意图

表 3-10　万用表测量二极管正向电阻时指针指示结果分析说明

指针指示	说明
×1k Ω 0	用万用表 R×1kΩ 挡测量二极管正向电阻，阻值为几千欧姆，表针指示稳定。若表针左右有微小摆动，则说明二极管热稳定性差
×1k Ω 0	如果测量正向电阻时表针指示开路，说明该二极管已开路
×1k Ω 0	如果测量正向电阻时表针指示阻值为几十千欧姆，说明该二极管正向电阻大，性能较差

万用表测量二极管正向电阻时阻值大小情况说明见表 3-11。

表 3-11　万用表测量二极管正向电阻时阻值大小情况说明

正向电阻阻值大小情况	说明
几千欧姆	说明该二极管正向电阻正常
为零或远小于几千欧姆	说明该二极管已经击穿
几百千欧姆	正向电阻很大，说明该二极管已经开路
几十千欧姆	正向电阻较大，正向特性不好
表针不稳定	测量时表针不能稳定在某一阻值上，说明该二极管稳定性能差

（2）测量二极管反向电阻方法。图 3-61 所示为指针式万用表测量二极管反向电阻时接线示意图。

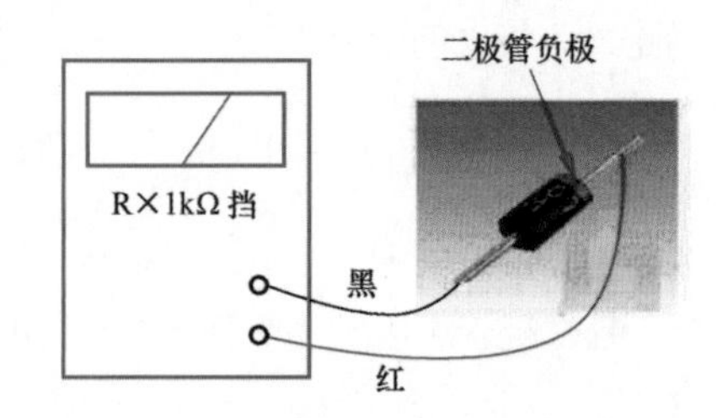

图 3-61　指针式万用表测量二极管反向电阻时接线示意图

万用表测量二极管反向电阻时指针指示结果分析说明见表 3-12。

表 3-12　万用表测量二极管反向电阻时指针指示结果分析说明

指针指示	说明
×1k Ω 0	反向电阻应为几百千欧姆，且阻值越大越好，表针指示要稳定
×1k Ω 0	如果反向电阻只有几千欧姆，说明该二极管已击穿，失去单向导电特性

万用表测量二极管反向电阻时阻值大小情况说明见表 3-13。

表 3-13　万用表测量二极管反向电阻时阻值大小情况说明

反向电阻阻值大小情况	说明
数百千欧姆	说明该二极管反向电阻正常
为零	说明该二极管已经击穿
远小于几百千欧姆	反向电阻小，说明该二极管反向特性不好
表针不动	说明该二极管已开路。注意，有的二极管反向电阻很大，看不出表针摆动，此时不能确定该二极管是否开路，应该再测量其正向电阻，若正向电阻正常则说明该二极管并未开路
表针不稳定	测量时表针不能稳定在某一阻值上，说明该二极管稳定性能差

重要提示

上述测量结果都是以硅材料二极管为例的，如果测量的是锗材料二极管，则二极管的正、反向电阻的阻值都有所下降。

2　指针式万用表断电在路检测普通二极管的方法

普通二极管的在路检测分为断电检测和通电检测两种情况。图 3-62 所示为指针式万用表断电在路检测二极管时的接线示意图。

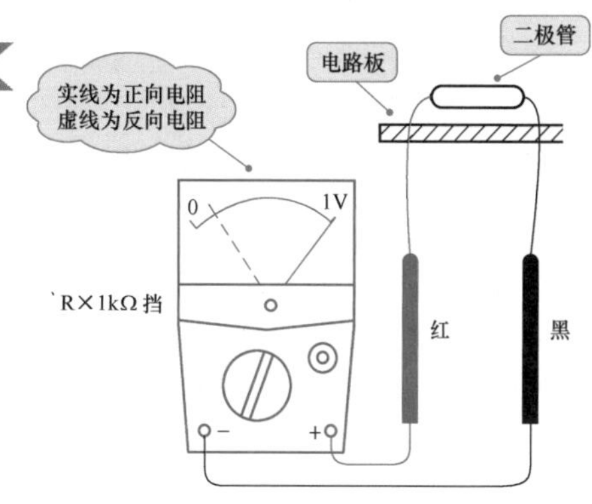

图 3-62　指针式万用表断电在路检测二极管时的接线示意图

断电在路检测二极管的具体方法和测量阻值的判断方法与单独检测二极管时基本相似，只是要注意以下几点。

（1）外电路对测量结果的影响与前面介绍的在路测量电阻器、电容器一样，测量正向电阻时受外电路的影响低于测量反向电阻时受外电路的影响。

（2）测量结果受到怀疑时，应该采用脱开电路检测的方法，以便得到准确的结果。

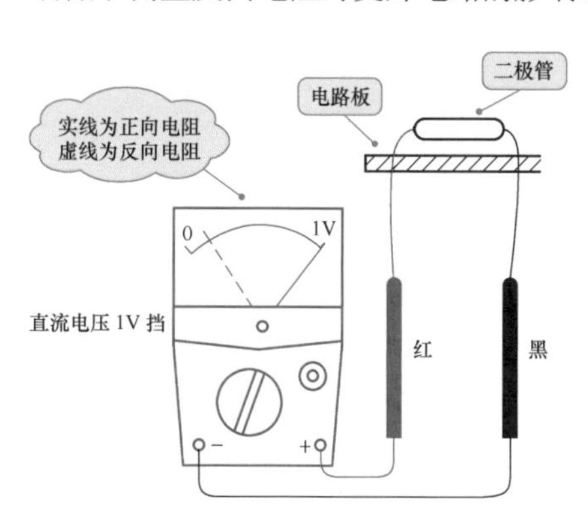

图 3-63　指针式万用表测量直流电路中二极管导通后管压降的接线示意图

3　指针式万用表通电在路检测直流电路中普通二极管的方法

通电情况下主要测量二极管的管压降。二极管有一个非常重要的导通特征：导通后的管压降基本不变。如果导通后管压降正常，可以说明二极管在电路中工作基本正常，依据这一原理来检测二极管的质量。

具体方法是：给电路通电，将万用表拨至直流电压 1V 挡，图 3-63 所示为指针式万用表测量直流电路中二极管导通后管压降的接线示意图，红表棒接二极管的正极，黑表棒接二极管的负极，表针所指示的电压值即为二极管导通后的管压降。

二极管导通后管压降测量结果分析说明见表 3-14。

表 3-14　二极管导通后压降测量结果分析说明

二极管类型及管压降大小		说明
硅二极管	0.6V	说明该二极管工作正常，处于正向导通状态
	远大于 0.6V	说明该二极管没有处于导通状态，如果电路中的二极管此时处于导通状态，那么说明该二极管有故障
	接近 0V	说明该二极管处于击穿状态，二极管所在回路电流会增大许多
锗二极管	0.2V	说明该二极管工作正常，并且处于正向导通状态
	远大于 0.2V	说明该二极管处于截止状态或该二极管有故障
	接近 0V	说明该二极管处于击穿状态，二极管所在回路电流会增大许多，该二极管无单向导电特性

重要提示

二极管的检测过程中要注意以下几个方面的问题。

（1）对于工作于交流电路中的二极管，如整流电路中的整流二极管，由于反向状态下整流二极管处于反向截止状态，二极管两端的反向电压比较大，而万用表直流电压挡测量的是二极管两端的平均电压，这时为负电压。

（2）同一只二极管用同一个万用表的不同量程测得的正、反向电阻阻值大小不同；同一只二极管用不同型号的万用表测得的正、反向电阻阻值大小也是不同的，这里的阻值大小不同指的是大小略有些差别，相差不是很大。

（3）测量二极管的正向电阻时，如果表针不能迅速停止在某一个阻值上，而是在不断摆动，说明该二极管的热稳定性不好。

（4）检测二极管的各种方法可以在具体情况下灵活选用。修理过程中，先采用断电在路检测方法或通电在路检测方法，对于已经拆下的或新的二极管，直接检测即可。

（5）目前常用硅二极管。不同材料的二极管其正向电阻和反向电阻阻值各不相同，硅二极管的正、反向电阻阻值均大于锗二极管的正、反向电阻阻值。

4 数字式万用表检测普通二极管的方法

使用数字式万用表的 PN 结测量挡检测二极管的质量，但是二极管必须脱开电路，图 3-64 所示为数字式万用表检测二极管脱开电路时接线示意图。

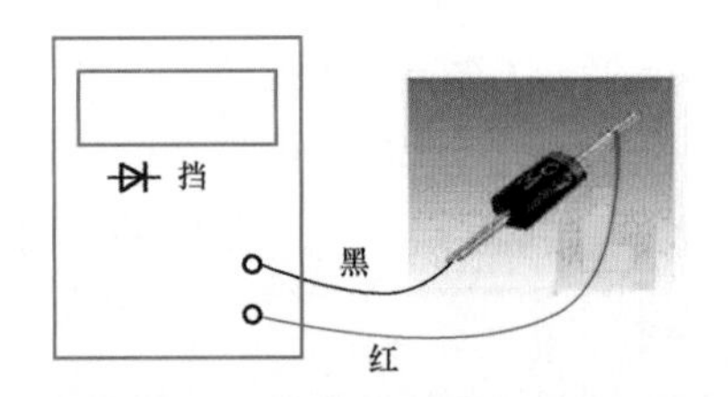

图 3-64　数字式万用表检测二极管脱开电路时接线示意图

数字式万用表检测二极管脱开电路的显示结果说明见表 3-15。

表 3-15　数字式万用表检测二极管脱开电路的显示结果说明

显示数值	说明
624	显示 600 多时，说明该二极管处于正向偏置状态，所显示的值为二极管正向导通后的管压降，单位是 mV。这时，红表棒所接引脚是正极，且说明这是一只质量好的硅二极管
1	显示“1”时，说明该二极管处于反向偏置状态，红表棒所接引脚是负极，说明二极管反向管压降正常
211	显示 200 左右时，说明该二极管处于正向偏置状态，所指示的值为二极管正向导通后的管压降，单位是 mV。这时，红表棒所接引脚是正极，且说明这是一只质量好的锗二极管

图 3-65 所示为数字式万用表反向测量二极管的实物图。将万用表拨至二极管测量挡，红表棒接二极管的负极，黑表棒接二极管的正极，这时显示“1”，说明是反向测量。

图 3-66 所示为数字式万用表正向测量二极管的实物图。将万用表拨至二极管测量挡，黑表棒接二极管的负极，红表棒接二极管的正极，这时显示“574”，这个数值是二极管正向导通后的管压降，说明是正向测量。

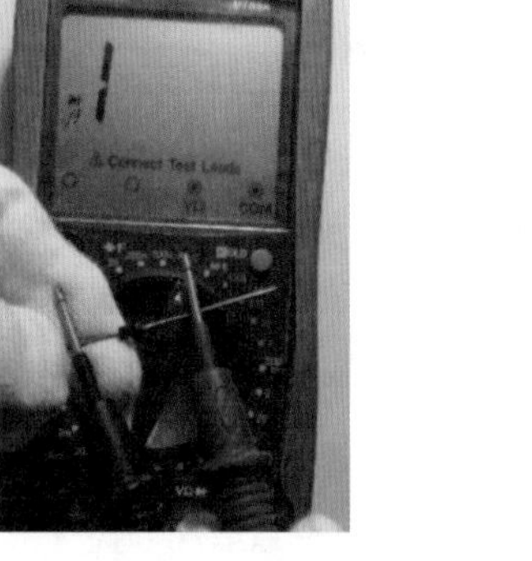

图 3-65 数字式万用表反向测量二极管的实物图

图 3-66 数字式万用表正向测量二极管的实物图

3-62：数字式万用表检测普通二极管的方法

3.4.3 二极管的选配方法和更换方法

1 二极管的选配方法

更换二极管时要尽可能地选用同型号的二极管。选配二极管时主要注意以下几点。

（1）对于进口二极管，要先查看晶体管手册，选择合适的国产二极管来代用，也可以根据二极管在电路中的具体作用以及主要参数要求，选择参数相近的二极管来代用。

（2）不同用途的二极管不宜互相代用，硅二极管和锗二极管也不能互相代用。

（3）对于整流二极管主要考虑最大整流电流和最高反向工作电压两个参数。

（4）当代用的二极管接入电路再度损坏时，考虑代用的二极管型号是否正确，还要考虑二极管所在的电路是否还存在其他故障。

（5）当代用的二极管接入电路后，工作性能不好，应考虑代用的二极管是否能满足电路的使用要求，同时也应该考虑电路中是否还有其他元器件存在故障。

2 二极管的更换方法

二极管损坏后要进行更换，更换过程中需要注意以下几点。

（1）拆下原二极管前要认清二极管的引脚极性，焊上新二极管时也要认清引脚极性，正、负引脚不能接反，否则电路不能正常工作，千万不要认为故障不在二极管上，而去其他电路中找故障部位。

（2）原二极管为开路故障时，可以先不拆下原二极管而直接用一个新二极管并联上去（焊在原二极管引脚焊点上），如图 3-67 所示，其他引脚较少的元器件在发生开路故障时，也可以采用这种更换方法，操作简单。怀疑原二极管击穿或性能不良时，一定要先将原二极管拆下再接上新二极管。

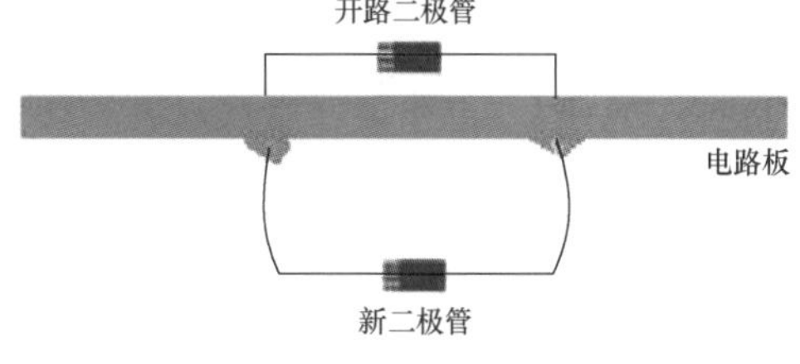

图 3-67 并联新二极管示意图

3 二极管单向导电性能的测量方法

检测二极管的单向导电性能就是测量它的正、反向电阻阻值大小。通常，锗材料二极管的正向电阻为 1kΩ 左右，反向电阻为 3000kΩ 左右。硅材料二极管的正向电阻为 5kΩ 左右，反向电阻为接近无穷大。

重要提示

二极管的正向电阻越小越好，反向电阻越大越好。正向电阻值和反向电阻值相差越大，说明二极管的单向导电性能越好。

4 普通二极管反向击穿电压的测量方法

3-63：二极管选配和更换的方法

（1）测量方法之一。使用晶体管直流参数测试仪测量二极管反向击穿电压的方法是：图 3-68 所示为晶体管直流参数测试仪实物图，测量二极管时，将测试仪的“npn/pnp”选择键设置在“npn”状态，将被测二极管的正极插入测试仪的“C”插孔，负极插入测试仪的“E”插孔，然后按下“V（BR）”键，测试仪即可显示出二极管的反向击穿电压值。

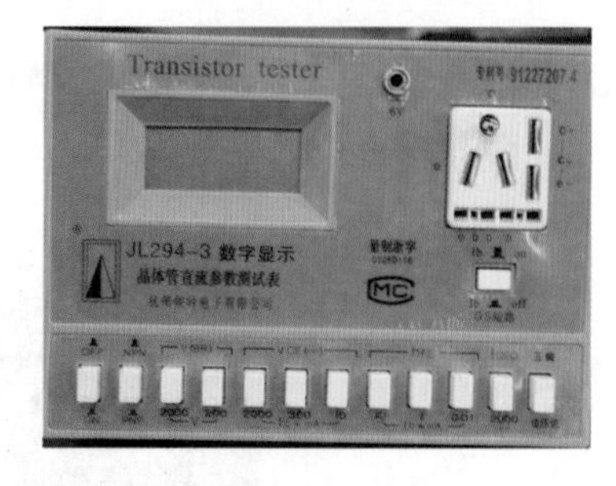

图 3-68　晶体管直流参数测试仪实物图

（a）数字式兆欧表

（b）普通兆欧表

图 3-69　两种兆欧表实物图

（2）测量方法之二。使用兆欧表（又称摇表）和万用表测量二极管反向击穿电压的方法是：图 3-69 所示为两种兆欧表实物图，测量时将被测二极管的负极与兆欧表的正极相接，正极与兆欧表的负极相接，将万用表拨至合适的直流电压挡，接在二极管两端以监测其反向击穿电压。

缓慢摇动兆欧表手柄，再逐渐加快摇动的速度，同时观察万用表表中的电压值，当二极管两端电压稳定且不再上升时的电压值即是二极管的反向击穿电压。注意：不可快速摇动兆欧表手柄，以免加到二极管两端的反向测量电压过高而损坏二极管。

3.4.4 桥堆的检测方法

3-64：万用表检测二极管单向导通性能的方法

1 桥堆的故障特征

关于桥堆或半桥堆的故障主要有下列几种情况。

（1）击穿故障，即内部有一只二极管击穿。

（2）开路故障，即内部有一只二极管或两只二极管开路。

（3）桥堆出现发热现象，即电路中有过流故障或桥堆中某只二极管的内阻太大。

重要提示

桥堆或半桥堆无论是出现开路故障还是击穿故障，它在电路中均不能正常工作，有的还会损坏电路中的其他元器件。

3-65：指针式万用表检测桥堆的方法

2 指针式万用表检测桥堆的方法

重要提示

利用万用表的 R×1kΩ 挡可以方便地检测全桥堆、半桥堆的质量好坏，其基本原理是：测量内部各只二极管的正、反向电阻阻值大小。

图 3-70 所示为指针式万用表检测桥堆时接线示意图。将万用表拨至 R×1kΩ 挡，红、黑表棒分别接相邻的两根引脚，测量一次电阻阻值，然后红、黑表棒互换后再测量一次，两次阻值中一次应为几百千欧姆（反向电阻），另一次应为几千欧姆（正向电阻），正向电阻阻值越小越好，反向电阻阻值越大越好。

测量完这两根引脚后再顺时针依次测量下一只二极管的两根引脚，测量结果应同上述一样。桥堆中共有 4 只二极管，应测得 4 组正、反向电阻阻值数据。

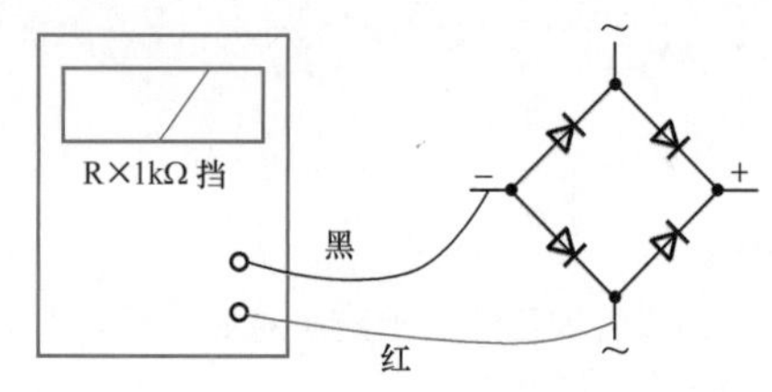

图 3-70　指针式万用表检测桥堆时接线示意图

重要提示

在上述 4 组测量数据中，若有一次为正向电阻阻值无穷大，或有一次为短路（几十欧姆以下），或有一次为正向电阻阻值大、反向电阻阻值小都可以认为该桥堆已经损坏，准确地讲是桥堆中某一只或几只二极管已经损坏。

3 数字式万用表检测桥堆的方法

采用数字式万用表检测桥堆的方法同测量二极管方法一样，用数字式万用表的 PN 结测量挡分别测量桥堆内部的 4 只二极管，判断方法也与数字式万用表检测普通二极管方法一样。

4 半桥堆的检测方法

半桥堆的检测方法比桥堆的检测方法更简单，半桥堆由两只整流二极管组成，用万用表分别检测半桥堆内部两只二极管的正、反电阻阻值是否正常，即可判断出该半桥堆是否正常。

5 高压硅堆的检测方法

重要提示

高压硅堆内部是由多只高压整流二极管（硅粒）串联组成的，所以它的特点是正向电阻和反向电阻的阻值均比普通二极管大得多。

检测时，可用万用表的 R×10kΩ 挡测量其正、反向电阻阻值。正常高压硅堆的正向电阻阻值应大于 200kΩ，反向电阻阻值应为无穷大。如果测量到正、反向电阻均有一定的阻值，则说明该高压硅堆已软击穿损坏。

3.4.5 稳压二极管的检测方法

1 稳压二极管的故障特征

稳压二极管主要用于直流电压供给电路和限幅电路，而直流电压供给电路中的稳压二极管故障率较高。

（1）击穿故障。这时稳压二极管不仅没有稳压功能，而且还会造成电路的过流故障，熔断电路中的保险丝会烧坏电路中的其他元器件。在路通电测量时，稳压二极管两端的直流电压为 0V。

（2）开路故障。这时稳压二极管没有稳压作用，但是不会造成电路的过流故障。在路通电测量时，稳压二极管两端的直流电压远大于该二极管的稳压值。

2 万用表识别稳压二极管的方法

万用表检测稳压二极管的基本原理就是测量 PN 结的正、反向电阻阻值大小，测量中如果有不正常现象，说明该稳压二极管已经损坏。

对于一些稳压值较小的稳压二极管，可以用万用表的欧姆挡进行识别并简易判断其稳压性能。具体方法是：将万用表拨至 R×1kΩ 挡，黑表棒接稳压二极管的负极，红表棒接稳压二极管的正极，此时测量的是 PN 结反向电阻，阻值应该很大。然后，在上述测量状态下将万用表转换到 R×10kΩ 挡，此时表针向右偏转一个较大的角度，说明反向电阻已经减小了许多，PN 结处于击穿状态，说明这是一只稳压二极管，且性能基本正常。

重要提示

这一测量方法的基本原理是：万用表 R×10kΩ 挡的表内电池电压比 R×1kΩ 挡的表内电池电压高出许多，表内电池电压升高后使稳压二极管的 PN 结被击穿，所以电阻减小许多，这种测量方法只能使用指针式万用表。

3-66：数字式万用表检测全桥堆的方法

对于稳压值大于万用表 R×10kΩ 挡的表内电池电压的稳压二极管，由于电池电压不足以使 PN 结被反向击穿，所以无法进行上述测量。

3 数字式万用表测量稳压二极管

3-67：指针式万用表检测半桥堆的方法

图 3-71 所示为数字式万用表测量稳压二极管正向管压降的实物图，万用表拨至 PN 结测量挡，红表棒接稳压二极管的正极，黑表棒接稳压二极管的负极，万用表显示“731”，这个数值代表二极管的正向管压降为 0.7311V，说明该稳压二极管正向管压降正常。

图 3-71　数字式万用表测量稳压二极管正向管压降的实物图

图 3-72 所示为数字式万用表测量稳压二极管反向管压降的实物图，万用表拨至 PN 结测量挡，红表棒接稳压二极管的负极，黑表棒接稳压二极管的正极，万用表显示“1”，说明该稳压二极管反向管压降正常。

图 3-72　数字式万用表测量稳压二极管反向管压降的实物图

4 稳压二极管稳压值的测量方法

（1）测量方法一。使用一台 0 ～ 30V 连续可调的直流稳压电源和一只万用表，测量时接线如图 3-73 所示。将直流稳压电源的正极串接 1 只 1.5kΩ 的限流保护电阻 R1 后与被测稳压二极管 ZD1 的负极相接，直流稳压电源的负极与稳压二极管的正极相接，用万用表直流电压挡的适当量程测量稳压二极管 ZD1 两端的电压值，此电压值即为稳压二极管的稳压值。

重要提示

如果稳压二极管的稳压值在 13V 以下，可将直流稳压电源的输出电压调至 15V；如果稳压二极管的稳压值高于 15V，可将直流稳压电源的输出电压调至 20V 以上。

（2）测量方法二。使用低于 1000V 的摇表为稳压二极管提供测试电源，图 3-74 所示为测量时接线示意图。将摇表的正极与稳压二极管的负极相接，摇表的负极与稳压二极管的正极相接，按规定匀速摇动摇表的手柄，同时用万用表的直流电压挡监测稳压二极管两端的电压值，待万用表指示的电压稳定时，此电压值就是稳压二极管的稳压值。

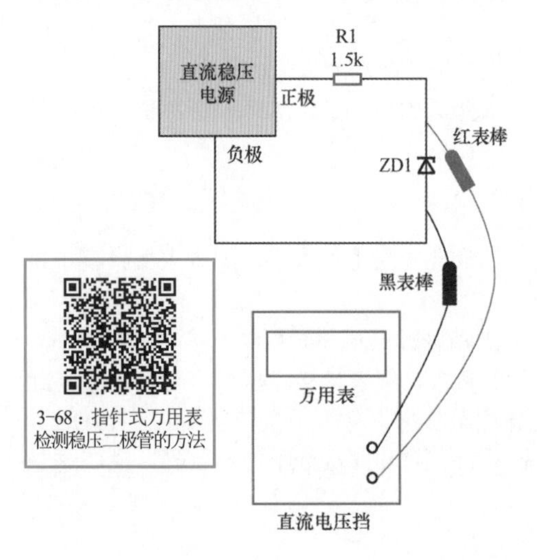

图 3-73　万用表和直流稳压电源测量二极管的稳压值接线示意图

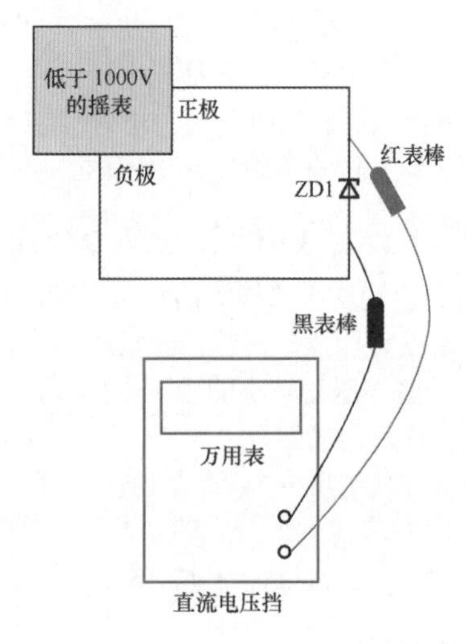

图 3-74　摇表测量二极管的稳压值接线示意图

重要提示

在上述两种测量方法中，如果测得的稳压二极管的稳压值忽高忽低，则说明该稳压二极管的稳压性能不稳定。

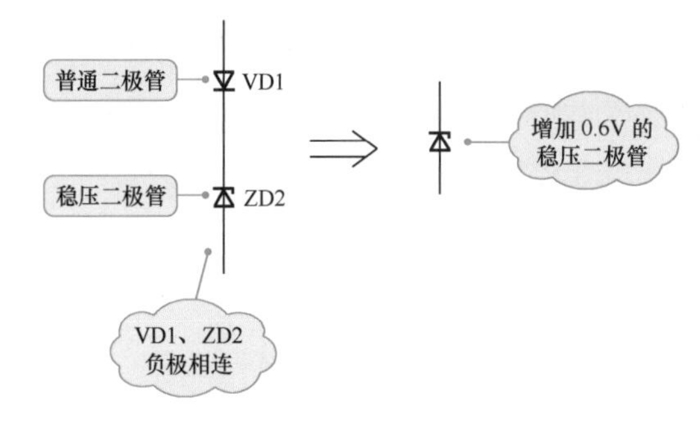

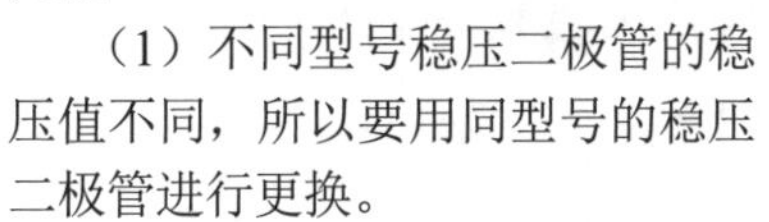

图 3-75　增大稳定电压的电路

5 稳压二极管的选配方法

3-69：数字式万用表检测稳压二极管的方法

选配稳压二极管时要注意以下几点。

（1）不同型号稳压二极管的稳压值不同，所以要用同型号的稳压二极管进行更换。

（2）如果稳压二极管的稳压值与所要求的相差一点，可以采用图 3-75 所示增大稳定电压的电路获得所需要的稳定电压。电路中的 VD1 是普通硅二极管，ZD2 是稳压二极管，两只二极管的负极相连。加上直流工作电压后，VD1 和 ZD2 均处于导通状态，VD1 和 ZD2 总的稳压值是 ZD2 的稳压值加普通硅二极管 VD1 正向导通后的 0.6V 管压降。同理，如果再串联一只普通硅二极管，稳压值还能增大 0.6V。

3.4.6 发光二极管的检测方法

发光二极管的故障主要有下列两种。

（1）开路故障，这时发光二极管不能发光。

（2）发光强度不足（不是工作电流不足引起的）。

1 普通发光二极管的检测方法

检测发光二极管的基本原理就是采用万用表测量它的正、反向电阻阻值大小，进而判断发光二极管的质量好坏。

测量正向电阻时，万用表拨至 R×10kΩ 挡，黑表棒接发光二极管的正极，红表棒接发光二极管的负极。正向电阻一般应小于 50kΩ，测量正向电阻时在暗处可以看到管芯有一个亮点。发光二极管的反向电阻应大于几百千欧姆。

如果测量中出现开路、短路或是正、反向电阻阻值相差不大的现象，说明该发光二极管已经损坏。

图 3-76　数字式万用表 测量发光二极正向管压降的实物图

2 数字式万用表测量发光二极管

图 3-76 所示为数字式万用表测量发光二极管正向管压降的实物图，将万用表拨至 PN 结测量挡，红表棒接发光二极管的正极，黑表棒接发光二极管的负极，万用表上显示“1797”，这个数值代表发光二极管的正向管压降为 1.797V，说明该发光二极管正向管压降正常。发光二极管的正向管压降比一般二极管的大，且不同发光颜色二极管的正向管压降也不同。

图 3-77　数字式万用表测量发光二极管反向管压降的实物图

图 3-77 所示为数字式万用表测量发光二极管反向管压降的实物图，将万用表拨至 PN 结测量挡，红表棒接发光二极管的负极，黑表棒接发光二极管的正极，万用表上显示“1”，说明该发光二极管反向管压降正常。

重要提示

由于数字式万用表 PN 测量挡的测量范围一般在 0~2V，所以对于管压降大于 2V 的发光二极管就无法测量其正向管压降，如无法测量蓝色和白色发光二极管的正向管压降。

3-70：稳压二极管稳压值的测量方法

3 普通发光二极管的选配方法

当发光二极管损坏后无法修理时，可以选用同型号的发光二极管进行更换。在没有同型号的发光二极管时，要按以下原则进行选配。

（1）发光颜色的要求。对发光颜色无特殊要求时，可以用其他颜色的发光二极管代替。发光二极管的外壳颜色就是它的发光颜色。

（2）注意发光二极管的外形和尺寸，这主要是考虑安装问题。

3.4.7 红外发光二极管的检测方法

1 正、负极性的判别方法之一

红外发光二极管多采用透明树脂封装，管内电极宽大的为负极，而电极窄小的为正极，如图 3-78 所示。

2 正、负极性的判别方法之二

红外发光二极管的两根引脚一长一短，长引脚为正极，短引脚为负极，如图 3-79 所示。

3-71：指针式万用表检测多种发光二极管的方法

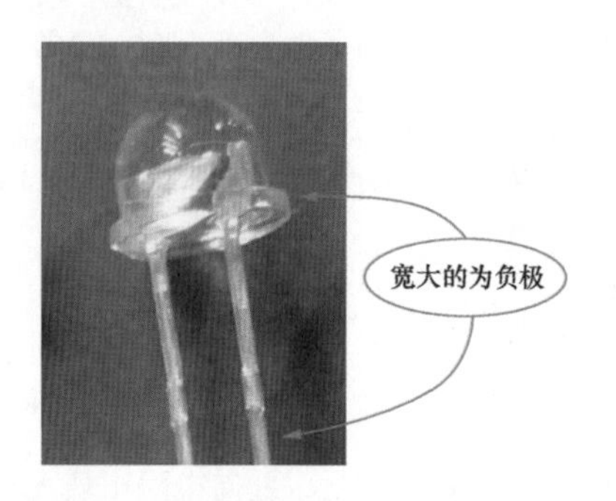

图 3-78 红外发光二极管极性判别方法示意图 1

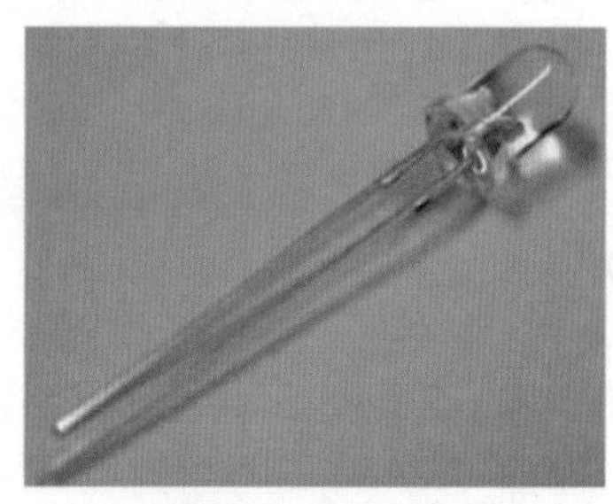

图 3-79 红外发光二极管极性判别方法示意图 2

3 红外发光二极管的检测方法

使用万用表的 R×10kΩ 挡测量红外发光二极管的正、反向电阻阻值大小。正常时，正向电阻应为 15 ～ 40kΩ，正向电阻阻值越小越好，反向电阻应大于 500kΩ（用 R×10kΩ 挡测量时反向电阻大于 200 kΩ）。

重要提示

如果测得的正、反向电阻阻值均接近零，则说明该红外发光二极管内部已击穿损坏。如果测得的正、反向电阻阻值均为无穷大，则说明该红外二极管已开路损坏。如果测得的反向电阻阻值远远小于 500kΩ，则说明该红外二极管已漏电损坏。

3.4.8 红外光敏二极管的检测方法

将万用表拨至 R×1kΩ 挡，测量红外光敏二极管的正、反向电阻阻值大小。正常时，正向电阻（黑表棒所接引脚为正极）应为 3 ～ 10 kΩ，反向电阻应为 500 kΩ 以上。如果测得的正、反向电阻阻值均为零或均为无穷大，则说明该红外光敏二极管已击穿或开路损坏。

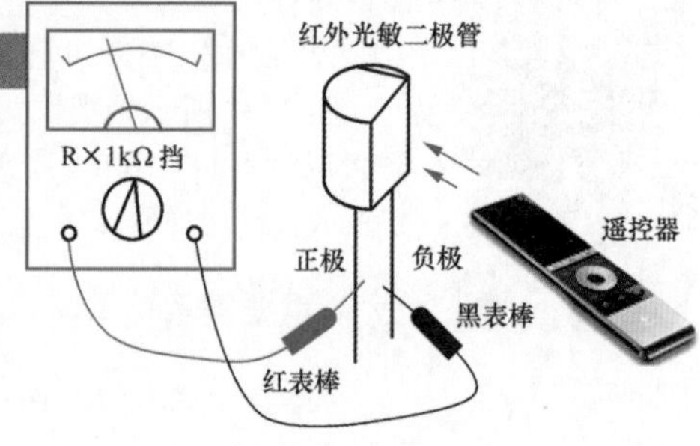

图 3-80 测试灵敏度示意图

3-72：数字式万用表测量发光二极管

在测量红外光敏二极管反向电阻的同时，将电视机遥控器对着被测红外光敏二极管的接收窗口，如图 3-80 所示。正常的红外光敏二极管，在按遥控器上的按键时，其反向电阻会由 500 kΩ 以上减小为 50 ～ 100 kΩ，且阻值减小得越多，说明该红外光敏二极管的灵敏度越高。

3.4.9　普通光敏二极管的检测方法

1　测量普通光敏二极管正、反向电阻阻值的方法

用黑纸或黑布遮住光敏二极管的光信号接收窗口，然后用万用表 R×1kΩ 挡测量光敏二极管的正、反向电阻阻值。正常时，正向电阻阻值应为 10 ～ 20kΩ，反向电阻阻值应为无穷大。如果测得的正、反向电阻阻值均很小或无穷大，则说明该光敏二极管漏电或开路损坏。

再去掉黑纸或黑布，使光敏二极管的光信号接收窗口对准光源，然后观察其正、反向电阻阻值的变化。正常时，正、反向电阻阻值均应减小，且阻值减小得越多，说明该光敏二极管的灵敏度越高。

2　测量电压的方法

3-73：指针式万用表检测激光二极管的方法

将万用表拨至 1V 直流电压挡，黑表棒接光敏二极管的负极，红表棒接光敏二极管的正极，将光敏二极管的光信号接收窗口对准光源。正常时，光敏二极管应有 0.2 ～ 0.4V 的输出电压，且光照越强，其输出电压越大。

3　测量电流的方法

将万用表拨至 50μA 或 500μA 电流挡，红表棒接光敏二极管的正极，黑表棒接光敏二极管的负极，正常的光敏二极管在白炽灯光下，随着光照强度的增加，其电流会从几微安增大至几百微安。

3.4.10　激光二极管的检测方法

3-74：万用表检测变容二极管的方法

用万用表 R×1kΩ 或 R×10kΩ 挡测量其正、反向电阻阻值。正常时，激光二极管的正向电阻阻值应为 20 ～ 40kΩ，反向电阻阻值应为无穷大。如果测得的激光二极管的正向电阻阻值超过 50kΩ，则说明该激光二极管的性能已下降。如果测得的激光二极管的正向电阻阻值大于 90kΩ，说明该激光二极管已严重老化，不能再使用。

重要提示

由于激光二极管的正向管压降比普通二极管的要大，所以正向电阻也比普通二极管的正向电阻大。

3.4.11　变容二极管的检测方法

1　指针式万用表检测变容二极管的方法

变容二极管也是一个 PN 结的结构，所以可以通过测量它的正、反向电阻阻值大小来判断其质量好坏，图 3-81 所示为指针式万用表检测变容二极管时接线示意图。变容二极管的反向电阻从表针上看接近无穷大，表针几乎不动。这种方法无法确定变容二极管的软故障，可以用代替检查法进行检查。

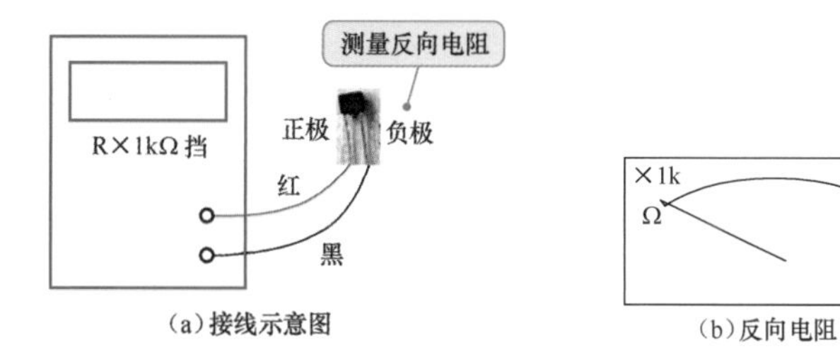

图 3-81　指针式万用表检测变容二极管时接线示意图

3-75：万用表检测其他多种二极管的方法

2　数字式万用表检测变容二极管的方法

使用数字式万用表检测变容二极管时，选择 PN 结测量挡。在测量正向管压降时，红表棒接变容二极管的正极，黑表棒接变容二极管的负极。正常时，变容二极管的正向管压降应为 580 ～ 650（0.58 ～ 0.65V）；测量其反向管压降时，万用表的读数显示为溢出符号“1”。

3 变容二极管的选配方法

变容二极管损坏后应该选用同型号、同规格的变容二极管进行更换，因为在电调谐高频头中三个电调谐回路使用同一个调谐电压，要求这三个回路中变容二极管的电压－容量特性一致，否则不能准确调谐而影响接收效果。

在变容二极管中，同型号不同规格的二极管之间用不同的色点颜色表示，或用字母A、B等表示，字母的具体含义见表3-16。

表3-16　字母的具体含义

字母	容量（pF）范围	字母	容量（pF）范围
A	0～20	G	70～80
B	20～30	H	80～90
C	30～40	J	90～100
D	40～50	K	100～110
E	50～60	L	110～120
F	60～70	M	120～130

重要提示

变容二极管更换时要求同型号、同色点或同字母。在高频头三个调谐回路中，本振回路中的变容二极管要求可以低一些，这是因为该回路中加有AFT电压，可以自动调整频率；当高频头中有一只变容二极管损坏时，可以将本振回路中的这一只拆下安装到已损坏的位置，将新的变容二极管装到本振回路中。

3.4.12 肖特基二极管的检测方法

1 二端型肖特基二极管的检测方法

二端型肖特基二极管可以用万用表R×1Ω挡进行检测。正常时，其正向电阻阻值（黑表棒接正极）应为2.5～3.5Ω，反向电阻阻值为无穷大。如果测得的正、反电阻阻值均为无穷大或均接近0，则说明该二极管已开路或击穿损坏。

2 三端型肖特基二极管的检测方法

三端型肖特基二极管检测时，应先测出其公共端，判别出该二极管是共阴对管还是共阳对管，然后再分别测量两只二极管的正、反向电阻阻值。

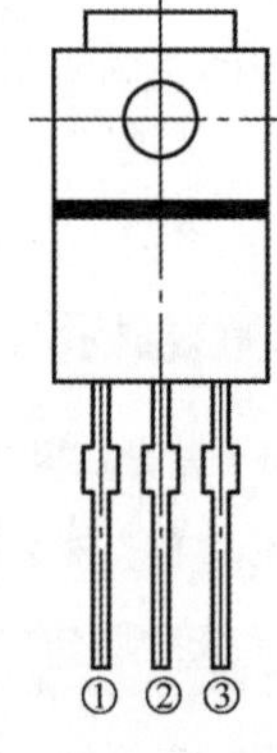

图3-82　三端型肖特基二极管示意图

图3-82所示为三端型肖特基二极管示意图。测得的正常阻值见表3-17。

表3-17　测得的正常阻值

电阻挡	黑表笔所接管脚	红表笔所接管脚	阻值（Ω）
R×1Ω	①	②	2.6
	②	①	∞
	③	②	2.8
	②	③	∞
	①	③	∞
	③	①	∞

重要提示

根据①-②、③-②管脚间均可测出三端型肖特基二极管的正向电阻，判定被测管为共阴对管，①、③管脚为两个阳极，②管脚为公共阴极。

①-②、③-②管脚间的正向电阻只有几欧姆，而反向电阻为无穷大。

3.4.13 双基极二极管的检测方法

3-76：三极管的四种故障

1 双基极二极管电极的判别方法

将万用表拨至 R×1kΩ 挡，测量双基极二极管三个电极中任意两个电极间的正、反向电阻阻值，会测量到有两个电极之间的正、反向电阻阻值均为 2 ～ 10kΩ，说明这两个电极即是基极 B1 和基极 B2，而另一个电极即是发射极 E。

再将黑表棒接发射极 E，用红表棒依次去接触另外两个电极，一般会测量出两个不同的阻值。阻值较小的一次测量中，红表棒所接的是基极 B2，另一个电极即是基极 B1。

2 双基极二极管的检测方法

双基极二极管性能的好坏可以通过测量其各极间的电阻阻值来进行判断。

将万用表拨至 R×1kΩ 挡，黑表棒接双基极二极管的发射极 E，红表棒依次接两个基极（B1 和 B2），正常时均应有 2 ～ 10kΩ 的阻值。

再将红表棒接双基极二极管的发射极 E，黑表棒依次接两个基极，正常时阻值应为无穷大。

重要提示

双基极二极管两个基极（B1 和 B2）之间的正、反向电阻阻值均应为 2 ～ 10kΩ，如果测量到某两极之间的阻值与上述正常值相差较大时，则说明该二极管已损坏。

3-77：指针式万用表测量 NPN 型三极管

3.4.14 双向触发二极管的检测方法

双向触发二极管的检测方法：将万用表拨至 R×1kΩ 挡，测量双向触发二极管的正、反向电阻阻值，正常时都应为无穷大。如果测量中有万用表指针向右摆动的现象，说明该双向触发二极管有漏电故障。

3.4.15 双向触发二极管转折电压的测量方法

测量双向触发二极管的转折电压有多种方法。

1 测量方法之一

使用直流稳压电源和万用表进行测量，图 3-83 所示为测量时接线示意图。使用 0 ～ 50V 连续可调的直流稳压电源，将直流稳压电源的正极串接 1 只 20kΩ 电阻器 R1 后与双向触发二极管 VD1 的一端相接，将电源的负极串接万用表电流挡（将其拨至 1mA 挡）后与双向触发二极管的另一端相接。

将直流稳压电源的直流输出电压从 0V 逐渐增大，当万用表的指针有较明显的摆动时（几十微安以上），说明此双向触发二极管已导通，此时直流稳压电源的输出电压值即是双向触发二极管的转折电压。

2 测量方法之二

使用摇表和万用表进行测量，图 3-84 所示为测量时接线示意图。将摇表的正极和负极分别接双向触发二极管 VD1 两端，用摇表的输出电压提供击穿电压。同时用万用表直流电压挡监测摇表的输出电压值，按规定匀速摇动摇表的手柄，当万用表测量到直流电压稳定在一个数值上时，记下这个电压值。

将双向触发二极管的两根引脚对调后再次测量，又得到一个电压值。比较这两次测得的电压值偏差（一般为 3 ～ 6V），此偏差值越小，说明该双向触发二极管导通性能的对称性越好，其整体性能也越优良。

3-78：指针式万用表检测 NPN 型三极管的方法

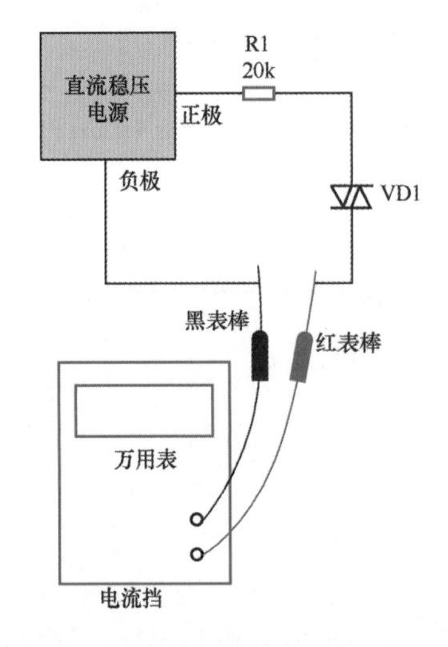

图 3-83　测量时接线示意图 1

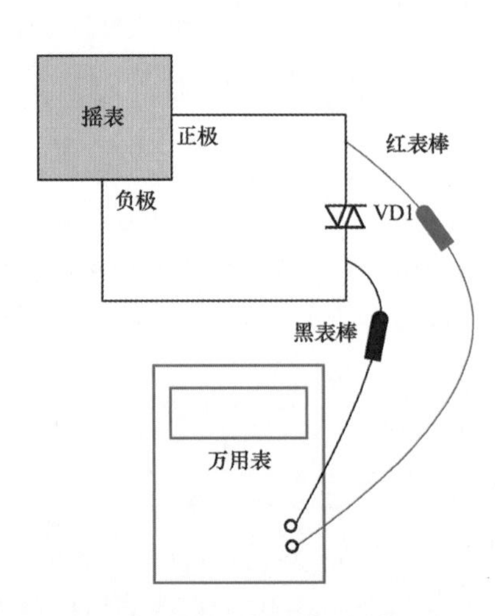

图 3-84　测量时接线示意图 2

3.4.16　其他 4 种二极管的检测方法

3-79：三极管各引脚的判断方法

1　快恢复、超快恢复二极管的检测方法

用万用表检测快恢复、超快恢复二极管的方法与检测普通硅整流二极管的方法一样。用万用表的 R×1kΩ 挡测量快恢复、超快恢复二极管的正、反向电阻阻值。正常时，其正向电阻一般应为 4 ～ 5kΩ，反向电阻应为无穷大。再用万用表的 R×1Ω 挡复测一次，其正向电阻应为几欧姆，反向电阻应为无穷大。

2　瞬态电压抑制二极管（TVS）的检测方法

对于单极型瞬态电压抑制二极管，按照测量普通二极管的方法即可测出其正、反向电阻的阻值，一般正向电阻应为 4kΩ 左右，反向电阻应为无穷大。

对于双极型瞬态电压抑制二极管，任意调换红、黑表棒测量其两根引脚间的电阻，阻值均应为无穷大，否则说明该二极管性能不良或已经损坏。

3-80：指针式万用表检测 PNP 型三极管的方法

3　高频变阻二极管的检测方法

高频变阻二极管与普通二极管在外观上的区别是它们的色标颜色不同，普通二极管的色标颜色一般为黑色，而高频变阻二极管的色标颜色为浅色。

高频变阻二极管的极性规律与普通二极管的相似，即带绿色环的一端为负极，不带绿色环的一端为正极。

检测高频变阻二极管的方法与检测普通二极管的方法相同，当使用 500 型万用表的R×1kΩ挡进行测量时，正常的高频变阻二极管的正向电阻应为5kΩ左右，反向电阻应接近无穷大。

4　硅高速开关二极管的检测方法

检测硅高速开关二极管的方法与检测普通二极管的方法相同。这种二极管的正向电阻较大，用万用表的 R×1kΩ 挡进行测量，一般正向电阻应为 5 ～ 10kΩ，反向电阻应接近无穷大。

3-81：指针式万用表判断高频和低频三极管的方法

3.4.17　三极管的故障特征

1　三极管的开路故障

三极管的开路故障可以出现在集电极与发射极之间、基极与集电极之间、基极与发射极之间。各电路中三极管开路后具体的故障现象会有所不同，但有一点是相同的，即电路中有关点的直流电压大小会发生改变。

2　三极管的击穿故障

三极管的击穿故障主要发生在集电极与发射极之间。三极管发生击穿故障后，电路中有关点的直流电压会发生改变。

3　三极管的噪声大故障

三极管在工作时要求它的噪声很小，一旦三极管本身的噪声增大，放大器将出现噪声大故障。三极管发生这一故障时，对电路中的直流电路工作影响不太严重。

4　三极管的性能变差故障

三极管的性能变差故障包括穿透电流增大、电流放大倍数β变小等。三极管发生这一故障时，对电路中的直流电路工作影响不太严重。

3.4.18　NPN 型硅三极管的检测方法

指针式万用表检测 NPN 型硅三极管的基本原理就是测量发射结正向电阻，发射结反向电阻，集电结正向电阻，集电结反向电阻，集电极与发射极间正、反向电阻，以及估测三极管的放大倍数。它们的测量接线图和表针指示见表 3-18。

表 3-18　指针式万用表检测 NPN 型硅三极管的测量接线图和表针指示

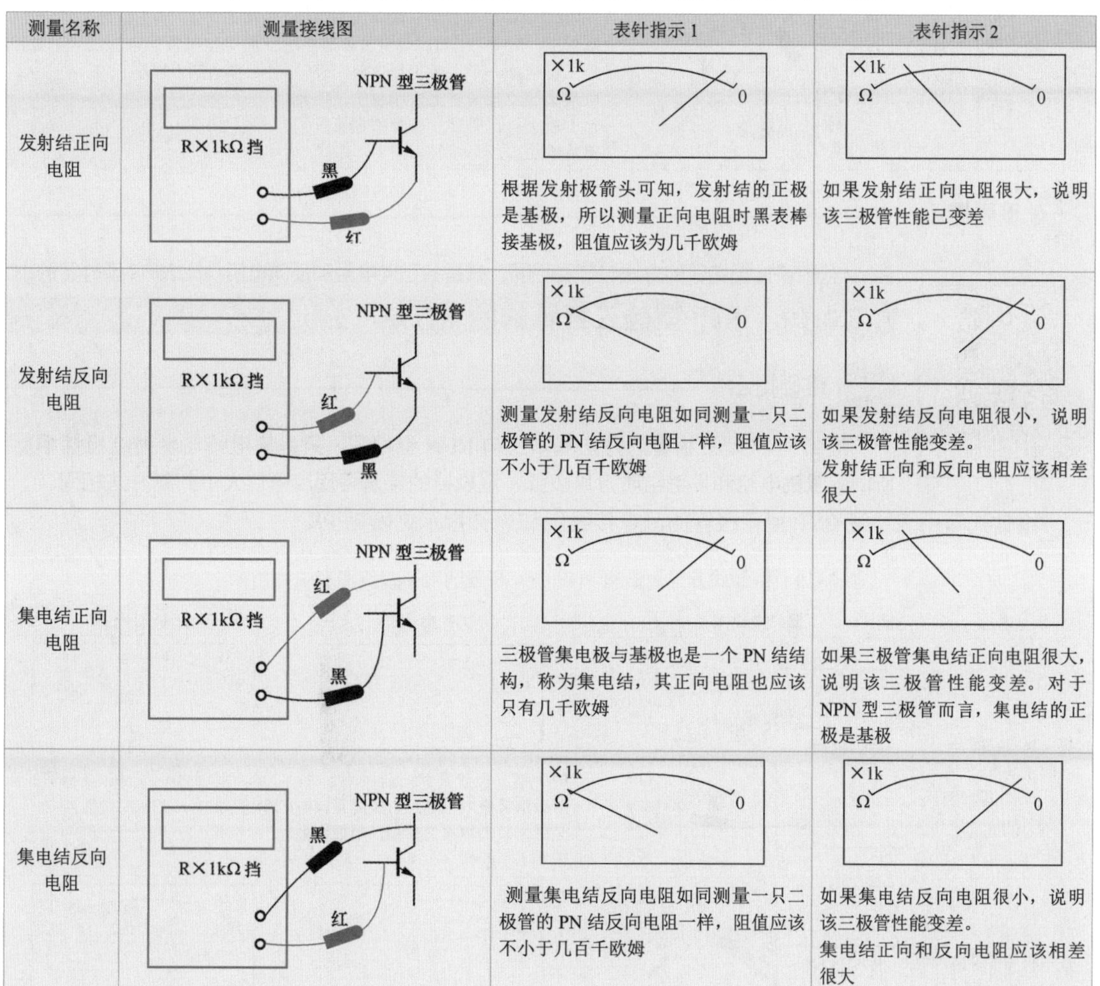

测量名称	测量接线图	表针指示 1	表针指示 2
发射结正向电阻	NPN 型三极管；R×1kΩ 挡；黑；红	×1k Ω 0 根据发射极箭头可知，发射结的正极是基极，所以测量正向电阻时黑表棒接基极，阻值应该为几千欧姆	×1k Ω 0 如果发射结正向电阻很大，说明该三极管性能已变差
发射结反向电阻	NPN 型三极管；R×1kΩ 挡；红；黑	×1k Ω 0 测量发射结反向电阻如同测量一只二极管的 PN 结反向电阻一样，阻值应该不小于几百千欧姆	×1k Ω 0 如果发射结反向电阻很小，说明该三极管性能变差。 发射结正向和反向电阻应该相差很大
集电结正向电阻	NPN 型三极管；R×1kΩ 挡；红；黑	×1k Ω 0 三极管集电极与基极也是一个 PN 结结构，称为集电结，其正向电阻也应该只有几千欧姆	×1k Ω 0 如果三极管集电结正向电阻很大，说明该三极管性能变差。对于 NPN 型三极管而言，集电结的正极是基极
集电结反向电阻	NPN 型三极管；R×1kΩ 挡；黑；红	×1k Ω 0 测量集电结反向电阻如同测量一只二极管的 PN 结反向电阻一样，阻值应该不小于几百千欧姆	×1k Ω 0 如果集电结反向电阻很小，说明该三极管性能变差。 集电结正向和反向电阻应该相差很大

续表

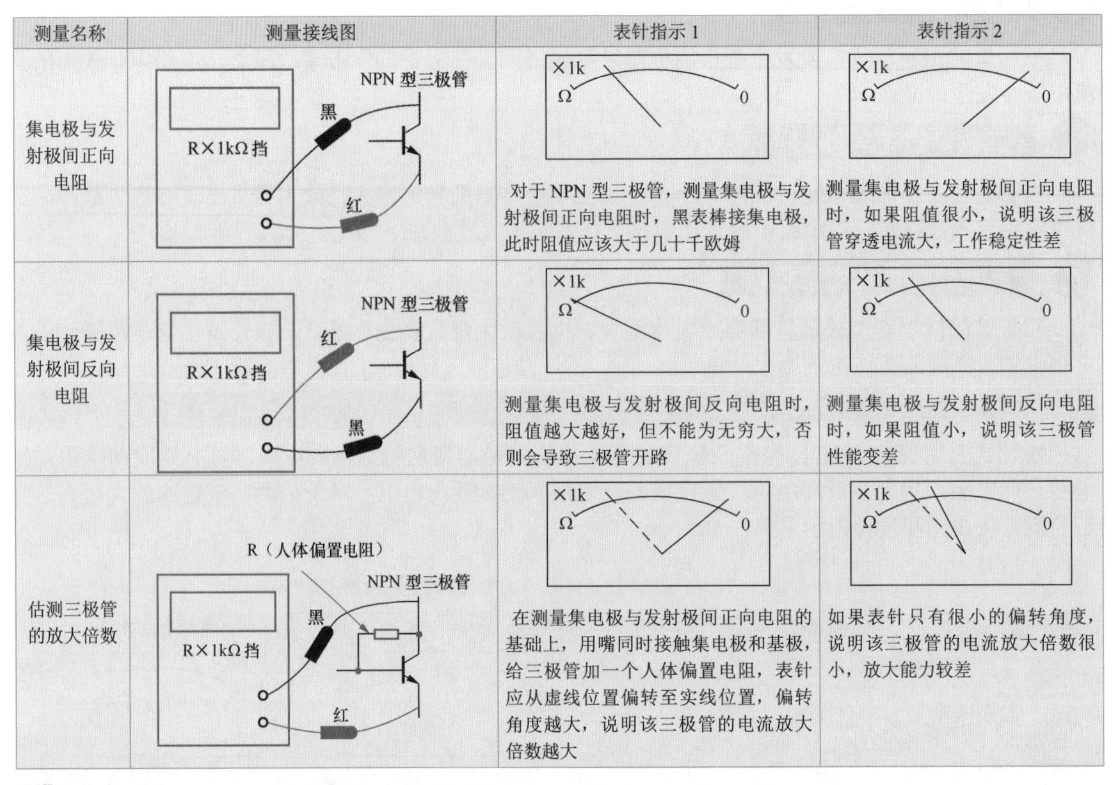

测量名称	测量接线图	表针指示 1	表针指示 2
集电极与发射极间正向电阻	NPN 型三极管 黑 R×1kΩ 挡 红	×1k Ω 0 对于 NPN 型三极管，测量集电极与发射极间正向电阻时，黑表棒接集电极，此时阻值应该大于几十千欧姆	×1k Ω 0 测量集电极与发射极间正向电阻时，如果阻值很小，说明该三极管穿透电流大，工作稳定性差
集电极与发射极间反向电阻	NPN 型三极管 红 R×1kΩ 挡 黑	×1k Ω 0 测量集电极与发射极间反向电阻时，阻值越大越好，但不能为无穷大，否则会导致三极管开路	×1k Ω 0 测量集电极与发射极间反向电阻时，如果阻值小，说明该三极管性能变差
估测三极管的放大倍数	R（人体偏置电阻） NPN 型三极管 黑 R×1kΩ 挡 红	×1k Ω 0 在测量集电极与发射极间正向电阻的基础上，用嘴同时接触集电极和基极，给三极管加一个人体偏置电阻，表针应从虚线位置偏转至实线位置，偏转角度越大，说明该三极管的电流放大倍数越大	×1k Ω 0 如果表针只有很小的偏转角度，说明该三极管的电流放大倍数很小，放大能力较差

重要提示

检测 NPN 型锗管的方法与硅管相同，只是各正向电阻和反向电阻均比 NPN 型硅管的小。

3-82：指针式万用表区别硅管和锗管的方法

3.4.19 PNP 型硅三极管的检测方法

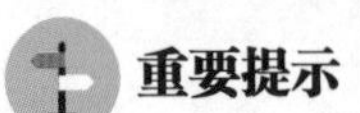

重要提示

检测 PNP 型三极管的方法基本上与 NPN 型相同，只是集电结与发射结极性相反，所以测量集电结和发射结时万用表红、黑表棒的接法相反，阻值大小判断方法相同。

指针式万用表检测 PNP 型三极管的测量接线图和表针指示见表 3-19。

表 3-19 指针式万用表检测 PNP 型三极管的测量接线图和表针指示

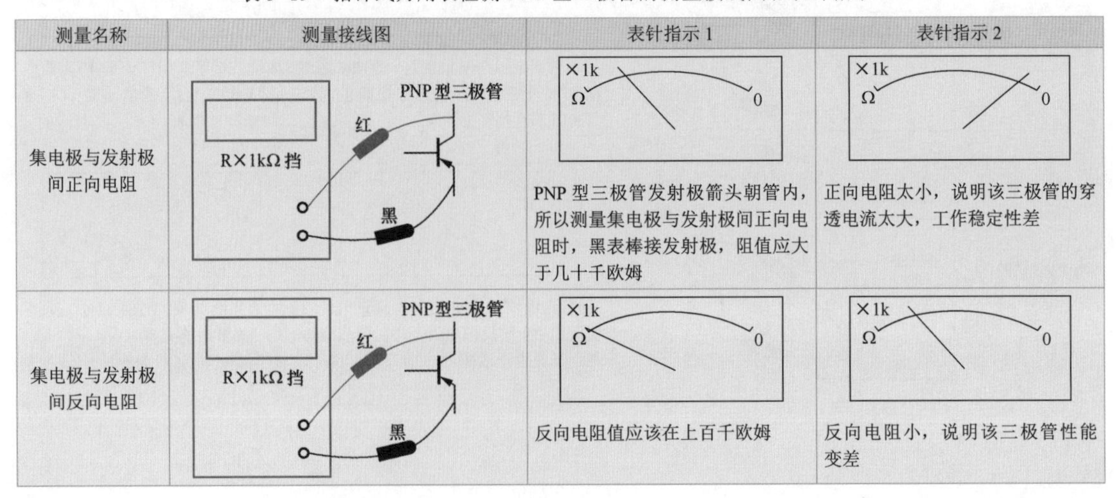

测量名称	测量接线图	表针指示 1	表针指示 2
集电极与发射极间正向电阻	PNP 型三极管 红 R×1kΩ 挡 黑	×1k Ω 0 PNP 型三极管发射极箭头朝管内，所以测量集电极与发射极间正向电阻时，黑表棒接发射极，阻值应大于几十千欧姆	×1k Ω 0 正向电阻太小，说明该三极管的穿透电流太大，工作稳定性差
集电极与发射极间反向电阻	PNP 型三极管 红 R×1kΩ 挡 黑	×1k Ω 0 反向电阻值应该在上百千欧姆	×1k Ω 0 反向电阻小，说明该三极管性能变差

续表

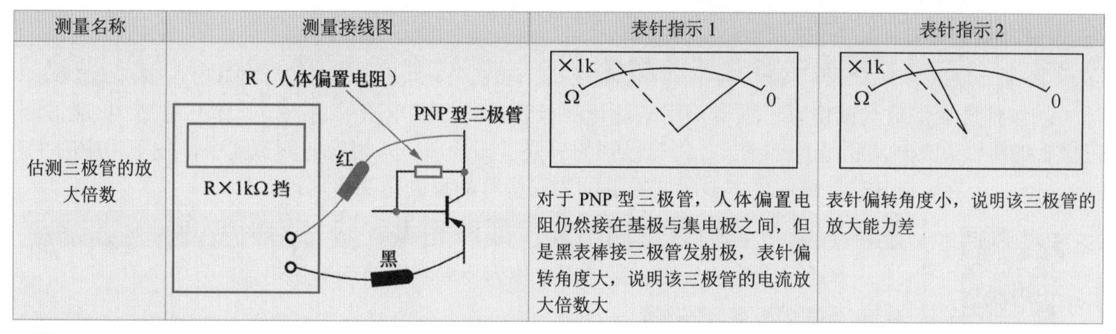

测量名称	测量接线图	表针指示 1	表针指示 2
估测三极管的放大倍数	R（人体偏置电阻） PNP 型三极管 红 R×1kΩ 挡 黑	×1k Ω 0 对于 PNP 型三极管，人体偏置电阻仍然接在基极与集电极之间，但是黑表棒接三极管发射极，表针偏转角度大，说明该三极管的电流放大倍数大	×1k Ω 0 表针偏转角度小，说明该三极管的放大能力差

重要提示

检测 PNP 型锗管的方法与硅管相同，只是各正向电阻和反向电阻均比 PNP 型硅管的小。

3.4.20　指针式万用表判断高频和低频三极管的方法

通常情况下，可以通过三极管的型号判断其是高频三极管还是低频三极管，当型号不清楚时，可以通过测量三极管的发射结反向电阻来进行判断。

具体方法是：使用指针式万用表的 R×1kΩ 挡测量三极管发射结反向电阻，黑表棒接 NPN 型三极管的发射极，红表棒接 NPN 型三极管的基极；红表棒接 PNP 型三极管的发射极，黑表棒接 PNP 型三极管的基极，这时测得的反向电阻为几百千欧姆。

保持上述测量状态不变，将万用表转换到 R×10kΩ 挡，如果测得的反向电阻阻值基本不变则是低频三极管，如果阻值明显减小则是高频三极管。

重要提示

指针式万用表 R×10kΩ 挡的工作电压比 R×1kΩ 挡的工作电压高得多。

低频三极管的发射结反向击穿电压比高频三极管的发射结反向击穿电压高得多，所以万用表转换到 R×10kΩ 挡进行测量时，低频三极管的发射结反向电阻基本没有变化，而高频三极管的发射结反向击穿电压比较低，此时发射结处于电击穿状态，所以反向电阻会大幅度减小。

3.4.21　指针式万用表判断硅管和锗管的方法

万用表判断三极管是硅管还是锗管的具体方法是：将万用表拨至 R×1kΩ 挡，测量发射结的正向电阻大小，对于 NPN 型三极管，黑表棒接基极，红表棒接发射极；对于 PNP 型三极管而言，则是黑表棒接发射极，红表棒接基极。

如果测得的正向电阻为 3 ～ 10kΩ，说明该三极管是硅管；如果测得的正向电阻为 500 ～ 1000Ω，说明该三极管是锗管。另外，测量三极管集电结或发射结的反向电阻大小也可以判断其是硅管还是锗管，硅管反向电阻为 500kΩ，锗管反向电阻为 100kΩ。

判断原理：硅管和锗管的集电结和发射结的正、反向电阻大小是有较大区别的，硅管的正、反向电阻都比锗管的大。

3.4.22　数字式万用表判断硅管和锗管的方法

用数字式万用表的 PN 结测量挡测量三极管的发射结反向电阻大小，黑表棒接 NPN 型三极管的发射极，红表棒接 NPN 型三极管的基极；红表棒接 PNP 型三极管的发射极，黑表棒接 PNP 型三极管的基极。如果测得的反向电阻为 200Ω，说明该三极管为锗管；如果测得的反向电阻为 600Ω，说明该三极管为硅管。这是因为硅管的 PN 结正向导通电压大于锗管的 PN 结正向导通电压。

3.4.23　大功率三极管的检测方法

检测大功率三极管的方法与检测中、小功率三极管的方法基本一样，只是通常使用万用表的 R×10Ω 或 R×1Ω 挡来检测大功率三极管。这是因为大功率三极管的工作电流比较大，因而其 PN 结的面积也较大。PN 结面积较大，其反向饱和电流也必然增大。所以，使用万用表的 R×1kΩ 挡测得的正、反向电阻阻值均较小。

3.4.24　三极管反向击穿电压的测量方法

晶体管直流参数测试仪有一项专门用来测量三极管反向击穿电压的功能，具体方法是：按照被测三极管的极性（PNP 型还是 NPN 型），将三极管的三根引脚分别插入相应的测试孔中，按下相应的“V（BR）”键，表中显示的数值即为三极管的反向击穿电压值。

3-83：指针式万用表检测大功率三极管的方法

3.4.25　三极管反向击穿电流的测量方法

普通三极管的反向击穿电流也称为反向漏电流或穿透电流。

1　测量方法之一

使用晶体管直流参数测试仪的 I_{CEO} 挡来测量三极管的反向击穿电流。测量时，先将选择开关“hFE/I_{CEO}”拨至 I_{CEO} 挡，然后根据被测三极管的极性，将三极管的三根引脚分别插入相应的测试孔中，按下“I_{CEO}”键，表中显示的数值即为三极管的反向击穿电流值。

2　测量方法之二

使用万用表的欧姆挡，通过测量三极管发射极与集电极之间的电阻大小来进行估测，具体方法是：图 3-85 所示为测量时接线示意图，将万用表拨至 R×1kΩ 挡，NPN 型三极管的集电极接红表棒，发射极接黑表棒。

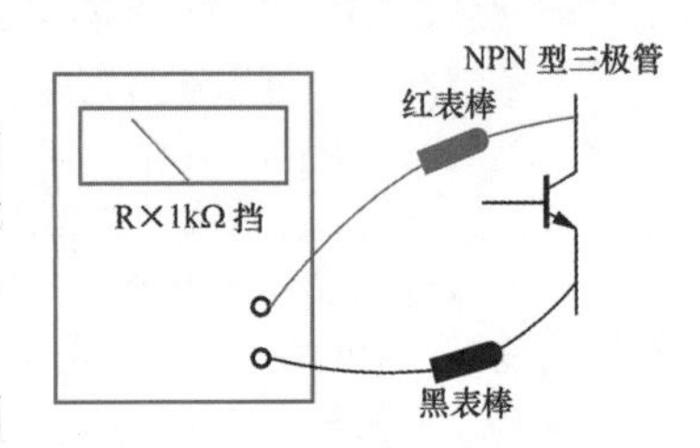

图 3-85　测量时接线示意图

测量时，不同材料三极管和不同功率三极管的电阻大小是不同的，且与测量的量程相关。

正常时，锗材料小功率三极管和中功率三极管的电阻一般大于 10kΩ（用 R×100Ω 挡测量时，电阻大于 2kΩ），锗材料大功率三极管的电阻大于 1.5kΩ（用 R×10kΩ 挡测量）。硅材料三极管的电阻应大于 100kΩ（用 R×10kΩ 挡测量），实测值一般为 500kΩ 以上。

3-84：测量三极管反向击穿电压和电流的方法

重要提示

如果测得三极管 C、E 极之间的电阻偏小，则说明该三极管的漏电流较大。

测量中用手捂着三极管，用体温使三极管的温度升高，如果此时测得三极管 C、E 极之间的电阻随着管壳温度的升高而明显减小，则说明该三极管的热稳定性不良。

3.4.26　三极管放大倍数的测量方法

1　测量方法之一

许多万用表中设置专门用来测量三极管放大倍数的挡位，即 hFE 测量挡，具体测量方法是：先将万用表拨至 ADJ 挡进行调零，再将万用表拨至 hFE 挡，将被测三极管的三根引脚分别插入相应的测试孔中，万用表中显示的数值即为该三极管的放大倍数。

重要提示

对于采用 TO-3 封装的大功率三极管，因为无法将引脚直接插入测试孔中，可以将其 3 个电极接出 3 根引线后，再分别插入相应的测试孔中。

通过测量放大倍数的方法可以检测三极管的质量好坏，如果能够到正常的放大倍数，说明该三极管正常，否则说明该三极管有问题。

图 3-86 所示为数字式万用表测量三极管放大倍数的实物图。

挡位

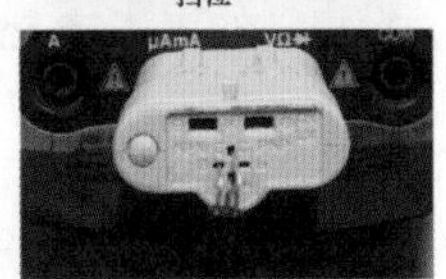

图 3-86　数字式万用表测量三极管放大倍数的实物图

万用表拨至 hFE 测量挡，将三极管的各根引脚插入相应的测试孔中，万用表上显示“176”，此数值即为三极管的放大倍数。注意，三极管的各跟引脚不能插错，否则无法测量。

2 测量方法之二

晶体管直流参数测试仪中有专门的三极管放大能力测量挡，即 hFE/I_{CEO} 挡，具体方法是：将晶体管直流参数测试仪的 hFE/I_{CEO} 挡拨至 hFE-100 挡或 hFE-300 挡，根据三极管的极性，将三极管的三根引脚分别插入相应的测试孔中，按下相应的“V（BR）”键，再从万用表中读出显示的电压值，此电压值越高，说明该三极管的放大能力越强。

3.4.27　三极管的选配和更换操作方法

1 三极管的选配方法

选配三极管的基本原则和方法主要有以下几点。

（1）高频电路选用高频三极管。要求其特征频率是工作频率的 3 倍，放大倍数适中，不应过大。

（2）脉冲电路应选用开关三极管。要求其具有电流大，大电流特性好，饱和压降低的性能。

（3）直流放大电路应选用对管。要求三极管的饱和压降、直流放大系数、反向截止电流等直流参数基本一致。

（4）功率驱动电路应按电路功率、频率选用功率管。

（5）根据三极管的主要性能优势进行选用。一只三极管一般有十多项参数，有的特点是频率特性好、开关速度快；有的特点是具有自动增益控制功能、高频低噪声；有的特点是频率高、功率增益高、噪声系数小。

选配三极管的过程中要注意以下几点。

（1）对于进口三极管，可查询有关的手册，也可以用国产三极管代替。

（2）NPN 型和 PNP 型三极管之间不能代用，硅管和锗管之间不能相互代用。

（3）对三极管的性能参数要求不严格时，可以根据三极管在电路中的作用和工作情况进行选配，主要考虑极限参数不能低于原三极管。

（4）对于功率放大管一定要严格掌握，推挽电路中的三极管有配对要求，最好是一对（两只）一起更换。

（5）其他条件符合时，高频三极管可以代替低频三极管，但这很浪费。

（6）更换上的三极管再度损坏后，要考虑电路中是否还存在其他故障，也要考虑新装上的三极管是否合适。

3-85：指针式万用表测量三极管的放大倍数

2 更换三极管的操作方法

更换三极管的操作方法如下。

（1）从电路板上拆下三极管时要一根一根引脚地拆下，并注意电路板上的铜箔电路，不能损坏它。

（2）三极管的三根引脚不能弄错，拆下坏三极管时要记住电路板上各个引脚孔的位置，安装新三极管时，先区分好各根引脚，核对无误后再焊接。

（3）有些三极管的引脚材料不好，不容易搪上锡，此时要刮干净引脚，先给引脚搪上锡后再安装到电路板上。

（4）安装好三极管后将伸出的引脚过长部分剪掉。

3.4.28　达林顿管的检测方法

1 普通达林顿管的检测方法

3-86：数字式万用表测量三极管的放大倍数

检测普通达林顿管的方法与检测普通三极管的方法基本一样，主要包括识别电极（基极、集电极和发射极）、区分 PNP 和 NPN 型、估测放大能力等内容。

用万用表测量普通达林顿管的基极与发射级之间的 PN 结电阻大小时要选用 R×10kΩ 挡，因为达林顿管的基极与发射极之间有两个 PN 结，采用 R×10kΩ 挡测量时，表内电池电压比较高。

2 大功率达林顿管的检测方法

检测大功率达林顿管的方法与检测普通达林顿管的方法基本相同。但是由于大功率达林顿管内部设置有保护稳压二极管及电阻，所以测得的结果与普通三极管有所不同。

（1）用万用表的 R×10kΩ 挡测量大功率达林顿管的基极与集电极之间 PN 结电阻大小时，应有明显的单向导电性，即正向电阻应该明显小于反向电阻。

（2）在大功率达林顿管的基极与发射极之间有两个 PN 结，并且接有两只电阻。用万用表欧姆挡测量正向电阻时，测得的阻值是发射结正向电阻与两只电阻并联的结果。当测量发射结反向电阻时，发射结截止，测得的结果是两只电阻阻值之和，为几百欧姆，且阻值固定，此时将万用表转换到 R×1kΩ 挡再次测量时，阻值不变。

重要提示

最好根据达林顿管的内部电路来指导检测，检测思路就会比较清楚。

3.4.29 带阻尼行输出三极管的检测方法

行输出三极管是电视机中的一个重要三极管，由于它工作在高频、高压、大功率状态下，所以其故障率比较高。

3-87：三极管的选配和更换方法

1 带阻尼行输出三极管

图 3-87 所示为带阻尼行输出三极管的内电路示意图，在一些行输出三极管内部设置有阻尼二极管，在电路中的行输出管电路符号中会表示出来。也有一些行输出三极管与阻尼二极管分开的情况，这时从电路符号中可以看出它们是分开的。

图 3-88 所示为带阻尼行输出三极管内电路的等效电路，这种三极管内部在基极和发射极之间还接有一只 25Ω 的小电阻 R。将阻尼二极管设置在行输出管的内部，可减小引线电阻，有利于改善行扫描线性和减小行频干扰。基极与发射极之间接入电阻是为了使行输出三极管适应高反向耐压的工作状态。

3-88：万用表检测达林顿管方法

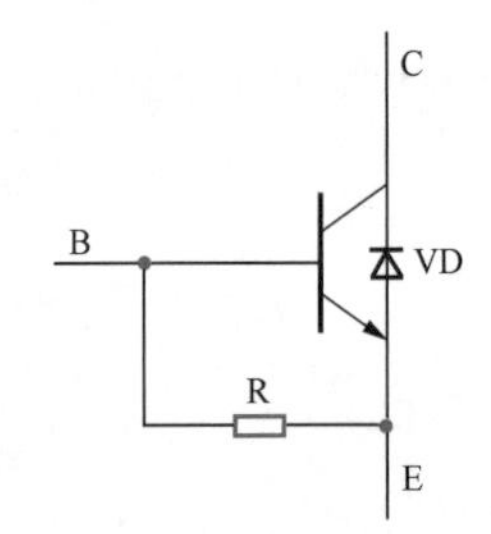

图 3-87　带阻尼行输出三极管的内电路示意图

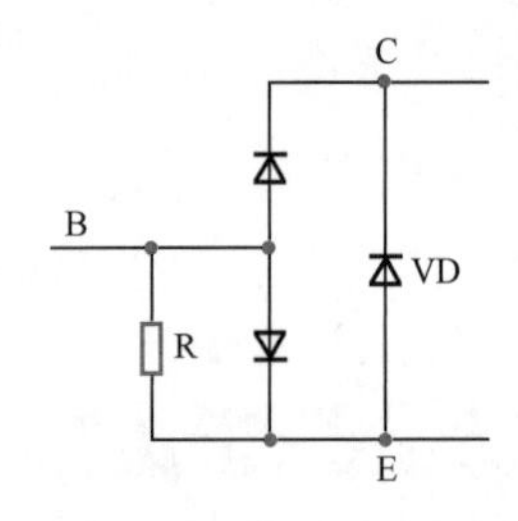

图 3-88　带阻尼行输出三极管内电路的等效电路

2 行输出三极管损坏的原因

行输出三极管是一个故障发生率较高的元器件，它损坏后将出现无光栅现象。同时，由于电路结构和行输出三极管损坏的具体特征不同，还会出现其他一些故障，如整机直流电压下降、电源开关管损坏（无保护电路）等。

造成行输出三极管损坏的原因除三极管本身的质量外，还有下列一些具体原因。

（1）行输出变压器的高压线圈短路，造成行输出级电流增大，使行输出管过流而发热而损坏，这是最常见的行输出三极管损坏的原因之一。

（2）行逆程电容开路或某一只行逆程电容开路（导致行逆程电容的总容量减小），致使行输出三极管集电极上的行逆程脉冲电压升高许多，造成行输出三极管被击穿。在修理过程中要小心，不能在行逆程电容开路的状态下通电。

（3）行频太低，造成行输出三极管的工作电流太大。因为行频越低，行输出三极管的工作电流就越大。

（4）行激励电流不足，造成行输出三极管在导通时导通程度不足，内阻大，使行输出三极管的功耗增大。行偏转线圈回路中的 S 校正电容被击穿或严重漏电，造成行输出三极管的电流太大。

3　行输出三极管电流的测量方法

测量行输出三极管的电流大小可以有多种方法。

（1）开机几分钟后关机，用手摸一摸行输出三极管的外壳，若很烫手，说明该行输出三极管存在过流故障。

（2）将万用表直流电流挡串联在行输出三极管回路中进行测量。

（3）测量行输出级直流电源供给电路中电阻上的电压降，然后除以电阻值，即可得到行输出级的工作电流。

更换行输出三极管之后要进行行输出三极管的电流检查，以防止行输出三极管仍然存在过流故障而继续损坏行输出三极管，如果电流仍然很大，要按上述方法去检查过流的原因。

4　带阻尼管的行管的检测方法

指针式万用表检测带阻尼管的行管的基本原理就是测量基极与集电极间正向电阻、基极与集电极间反向电阻、集电极与发射极间正向电阻、集电极与发射极间反向电阻、基极与发射极间正向电阻、基极与发射极间反向电阻。它们的测量接线图、表针指示和说明见表 3-20。

表 3-20　指针式万用表检测带阻尼管的行管的测量接线图、表针指示和说明

测量名称	测量接线图	表针指示	说明
基极与集电极间正向电阻	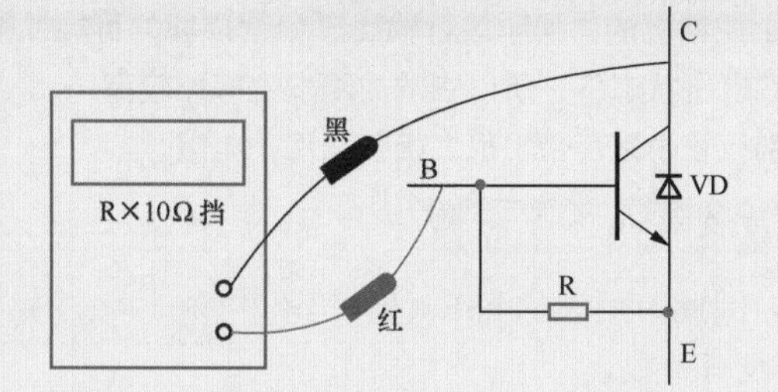 R×10Ω 挡；黑 C；红 B；VD；R；E	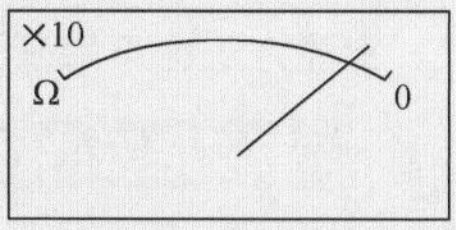 ×10；Ω；0	用 R×10Ω 挡测量基极与集电极之间的正向电阻。 正向电阻应该很小
基极与集电极间反向电阻	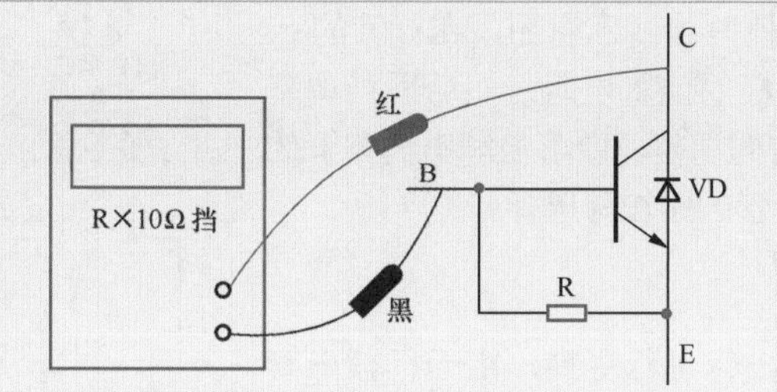 R×10Ω 挡；红 C；黑 B；VD；R；E	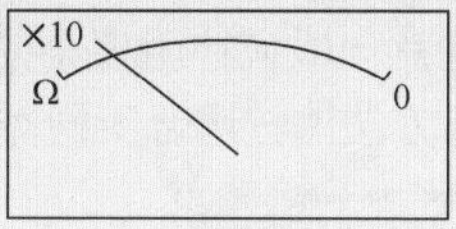 ×10；Ω；0	用 R×10Ω 挡测量基极与集电极之间的反向电阻。 正向电阻明显小于反向电阻时，说明该带阻尼管的行输出三极管的集电结正常
集电极与发射极间正向电阻	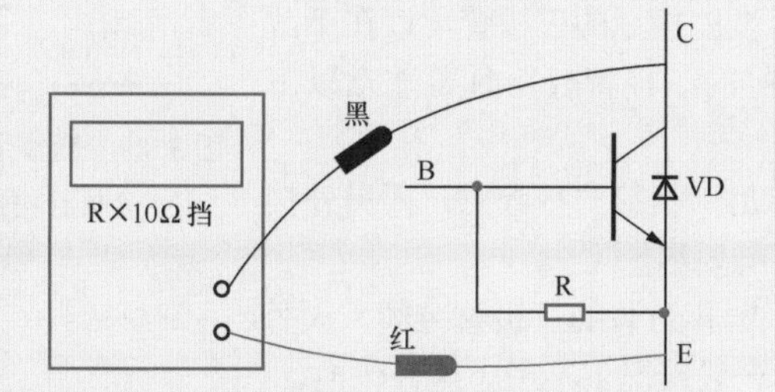 R×10Ω 挡；黑 C；B；VD；R；红 E	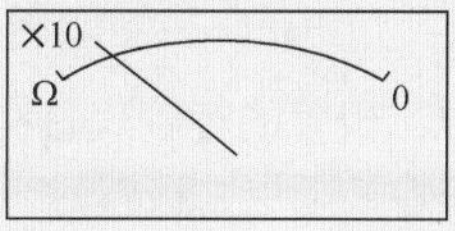 ×10；Ω；0	用 R×10Ω 挡测量集电极与发射极之间的正向电阻。 测得的阻值应该很大，因为此时测量的是阻尼管的反向电阻，阻值应大于 300kΩ
集电极与发射极间反向电阻	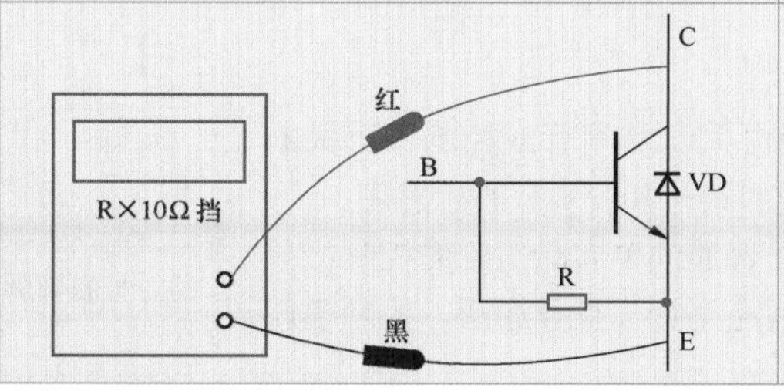 R×10Ω 挡；红 C；B；VD；R；黑 E	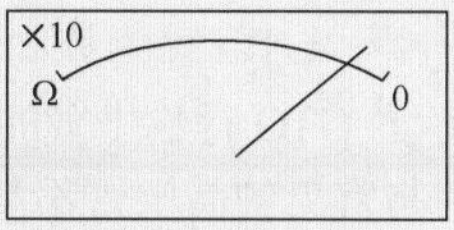 ×10；Ω；0	用万用表的 R×10Ω 挡测量集电极与发射极之间的反向电阻。 测得的阻值应该很小，因为此时测量的是阻尼管的正向电阻

续表

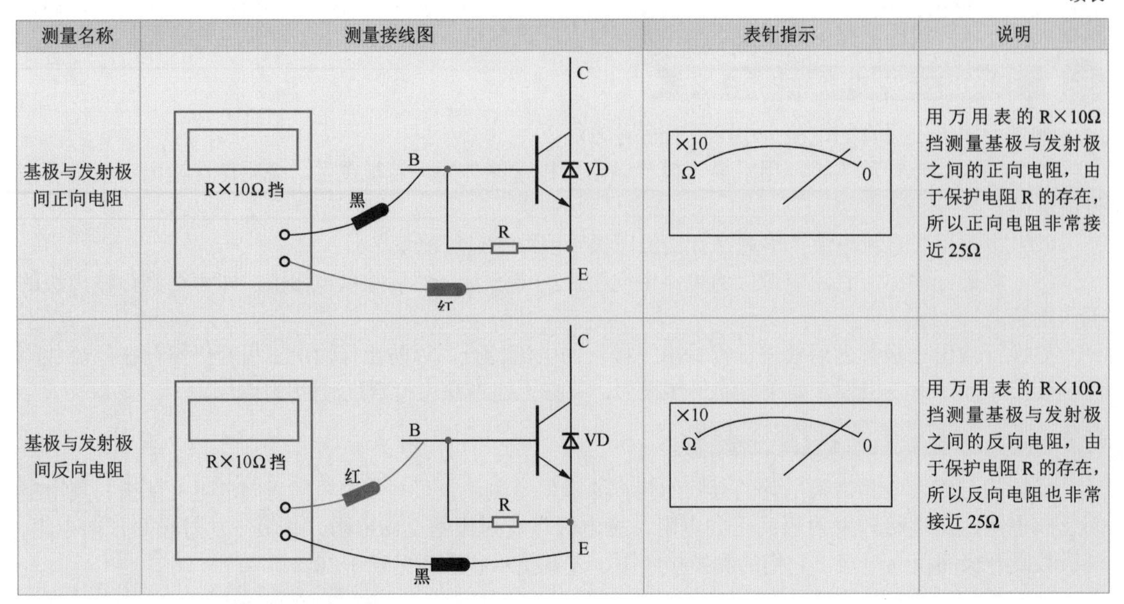

测量名称	测量接线图	表针指示	说明
基极与发射极间正向电阻			用万用表的R×10Ω挡测量基极与发射极之间的正向电阻，由于保护电阻R的存在，所以正向电阻非常接近25Ω
基极与发射极间反向电阻			用万用表的R×10Ω挡测量基极与发射极之间的反向电阻，由于保护电阻R的存在，所以反向电阻也非常接近25Ω

3-89：指针式万用表测量带阻尼管的行管

重要提示

测量中如果有不符合上述情况的，说明该行输出三极管损坏的可能性很大。行输出三极管由于工作在高频、高电压状态下，所以它的故障发生率比较高。

上述方法也可用来识别行管中是否带阻尼二极管及保护电阻。

5 带阻尼管的行管 β 值的测量方法

自带阻尼管的行管中还接有保护电阻，因此万用表的hFE（β）挡不能直接去测量这类行管的β值，否则一般都没有读数。

图3-89所示为测量带阻尼管的行管β值时接线示意图，在行管的c、b极间加接一只30kΩ的可调电阻，作为基极的偏置电阻，然后适当调整可调电阻的阻值，注意一般应往阻值小的方向调整，即可估测出被测管的放大倍数，这种测量方法比较适合于同类型管的比较与选择。

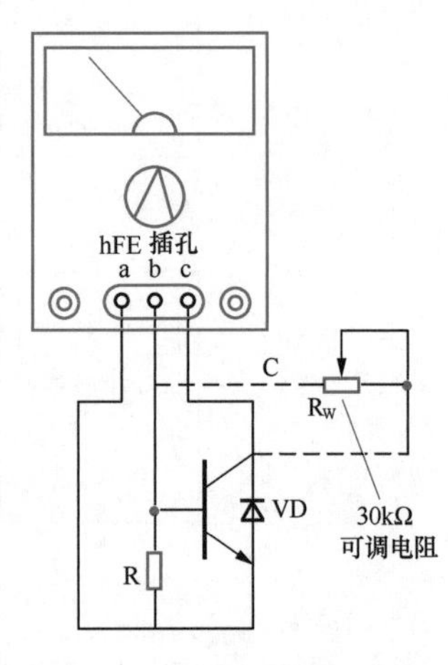

图3-89 测量带阻尼管的行管β值时接线示意图

6 行输出管的选配方法

行输出管损坏后可以用同型号的行输出管进行更换，由于行输出管的备件较多，一般情况下是不困难的。对于性能相近的三极管可以在不改动电路的情况下直接代用，在选配不同型号的三极管代用时要注意以下两点。

（1）采用无阻尼二极管的行管代替有阻尼二极管的行管时，要另外接一只阻尼二极管，在焊接阻尼二极管时，引脚要尽量短。

（2）注意安装方式，特别是金属封装、塑料封装的三极管之间，因外形不同，其散热片形状、安装方式也不同，一般情况下不考虑这种代换。

7 特殊类型行输出管

（1）GTO行输出管。GTO意为控制极可关断晶闸管或控制极可关断可控硅。图3-90所示为GTO行输出管的电路符号和管脚分布示意图。

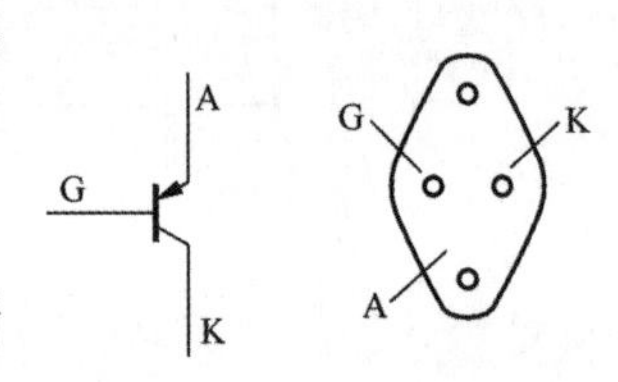

图3-90 GTO行输出管的电路符号和管脚分布示意图

这种器件的特性与常见的晶闸管不同。普通的单向晶闸管的控制极只能使晶闸管从关断状态转变成导通状态，且晶闸管一旦导通后，控制极就无法对晶闸管进行控制，即无法再将晶闸管关断。

重要提示

3-90：万用表检测带阻尼行输出管的方法

GTO 器件的独特之处就是，它能根据控制极电流或电压的极性来改变晶闸管的导通与关断状态。当控制极上加有正向控制信号时，GTO 被触发导通。当控制极上加有反向控制信号时，GTO 则从导通状态转变成关断状态。GTO 器件在作为行输出管时，就与普通的三极管一样，主要用作大功率的高速开关器件。

GTO 行管在索尼彩色电视机中的应用比较多。

（2）高 h_{FE} 行输出管。高 h_{FE} 行输出管是一种 h_{FE} 值大于 100（大电流状态下的 h_{FE}）的高反压大功率管，常见的型号有 BU806、BU807、BU910、BU911、BU184 等。

高 h_{FE} 行输出管一般都是达林顿管，内含阻尼二极管。这类行输出管损坏后，不能用普通的行输出管直接代换，因为在采用高 h_{FE} 行输出管的扫描电路中，一般都没有设置能够输出足够推动功率的行激励级电路。如果直接代换，时间一长就会损坏。

（3）超高反压行输出管。某些黑白和彩色电视机中，采用 200V 以上的直流工作电源供电，因此其行输出管一定要能够承受 2000V 左右的超高反峰电压，这就需要采用超高反压行输出管，如三洋 79P 机芯彩色电视机中的行输出管 2SD995。

3.4.30　光敏晶体三极管的测量方法

万用表的欧姆挡可以用来检测光敏晶体三极管的质量好坏。光敏晶体三极管只有集电极和发射极两根引脚，基极为受光窗口。测量项目包括暗电阻和亮电阻两项。

1　暗电阻的测量方法

图 3-91 所示为测量暗电阻时接线示意图，将光敏晶体三极管的受光窗口用黑纸或黑布遮住，万用表拨至 R×1kΩ 挡，红表棒和黑表棒分别接光敏晶体管的两根引脚，测得一个阻值，然后红、黑表棒调换位置再测得一个阻值。正常时，正、反向电阻均应为无穷大。如果测得一定的阻值或阻值接近 0，说明该光敏晶体三极管漏电或已击穿短路。

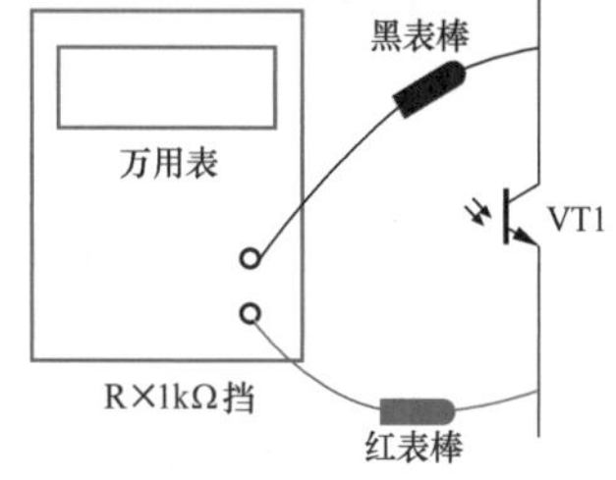

图 3-91　测量暗电阻时接线示意图

2　亮电阻的测量方法

在暗电阻的测量状态下，将遮挡受光窗口的黑纸或黑布移开，将受光窗口靠近光源，正常时应有 15 ～ 30kΩ 的阻值。如果光敏晶体三极管受光后，其集电极和发射极之间阻值仍为无穷大或阻值较大，说明该光敏晶体三极管已开路损坏或灵敏度偏低。

3.5　万用表检测电路板上场效应晶体管和其他多种元器件

3.5.1　结型场效应晶体管电极和管型的判别方法

3-91：万用表检测光敏三极管的方法

重要提示

使用万用表的欧姆挡可以判别结型场效应晶体管的三个电极，同时也可判别其是 P 沟道结型场效应晶体管还是 N 沟道结型场效应晶体管。

1　栅极的判别方法

具体方法是：图 3-92 所示为测量栅极时接线示意图，万用表拨至 R×100Ω 挡或 R×1kΩ 挡，黑表棒接结型场效应晶体管的任意一个电极，红表棒依次接触结型场效应晶体管的另外两个电极。如果测得某一电极与另外两个电极间的阻值均很大（无穷大）或均较小（几百欧姆至 1000Ω），说明此时黑表棒接的是栅极 G，另外两个电极分别是源极 S 和漏极 D。

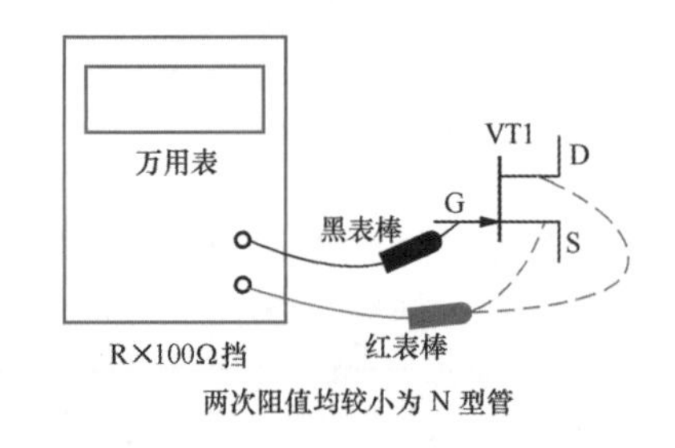

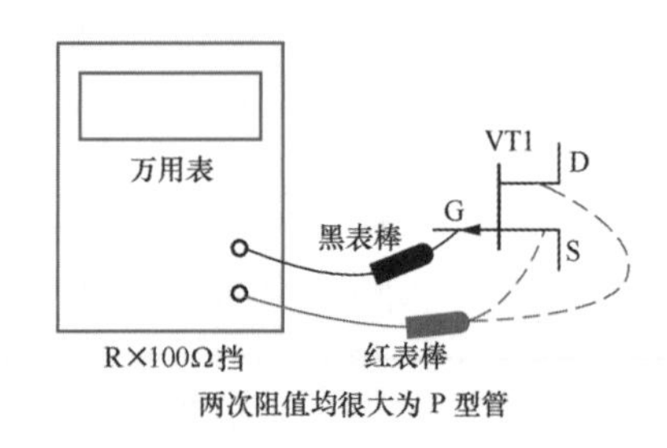

图 3-92　测量栅极时接线示意图

在两个阻值均为高阻值的一次测量中，被测管为 P 沟道结型场效应晶体管；在两个阻值均为低阻值的一次测量中，被测管为 N 沟道结型场效应晶体管。

2　漏极和源极的判别方法

具体方法是：图 3-93 所示为测量漏极和源极时接线示意图，将万用表拨至 R×100Ω 挡或 R×1kΩ 挡，测量结型场效应晶体管的任意两个电极间的正、反向电阻。如果测得某两个电极间的正、反向电阻相等，且为几千欧姆，说明此时的两个电极分别为漏极 D 和源极 S，另一个电极则为栅极 G。

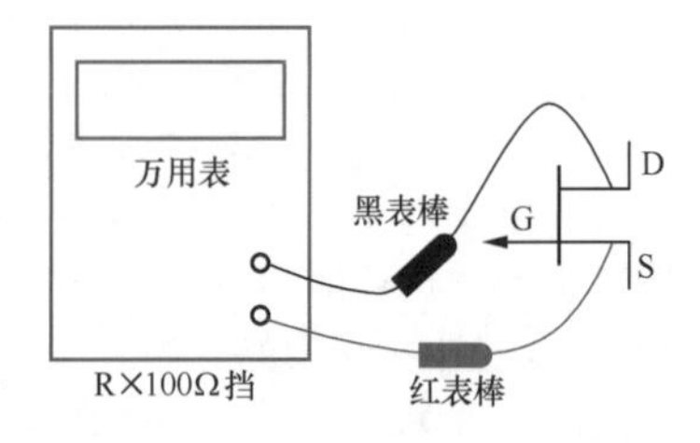

图 3-93　测量漏极和源极时接线示意图

重要提示

结型场效应晶体管的源极和漏极在结构上具有对称性，可以互换使用。

如果测得场效应晶体管某两个电极间的正、反向电阻为 0 或无穷大，说明该管已击穿或开路损坏。

不能用这种方法判别绝缘栅型场效应晶体管的栅极。因为绝缘栅型场效应晶体管的输入电阻极高，栅极与源极之间的极间电容又很小，测量时只要有少量的电荷，就会在极间电容上形成很高的电压，容易将绝缘栅型场效应晶体管损坏。

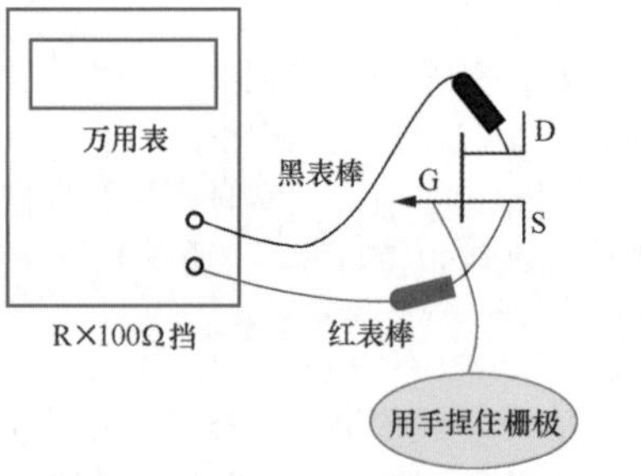

3.5.2　结型场效应晶体管放大能力的测量方法

万用表的欧姆挡测量结型场效应晶体管放大能力的具体方法是：图 3-94 所示为测量时接线示意图，将万用表拨至 R×100Ω 挡，红表棒接场效应晶体管的源极 S，黑表棒接场效应晶体管的漏极 D，测得漏、源极间的电阻后，再用手捏住栅极 G，万用表指针会向左或向右摆动，只要表针有较大幅度的摆动，即说明该被测管有较大的放大能力。

图 3-94　测量结型场效应晶体管放大能力时接线示意图

重要提示

多数场效应晶体管的漏极与源极间的电阻会增大，表针会向左摆动；少数场效应晶体管的漏极与源极间的电阻会减小，表针会向右摆动。

3.5.3　双栅型场效应晶体管的检测方法

1　电极的判别方法

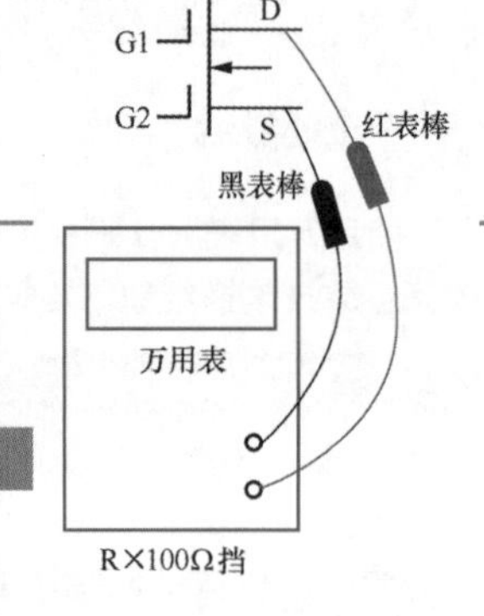

图 3-95　测量双栅型场效应晶体管的 4 根电极引脚时接线示意图

万用表欧姆挡判别双栅型场效应晶体管的 4 根电极引脚（源极 S、漏极 D、栅极 G1 和栅极 G2）的具体方法是：图 3-95 所示为测量时接线示意图，将万用表拨至 R×100Ω 挡，测量任意两根引脚间的正、反向电阻。如果测

得某两根引脚间的正、反向电阻均为几十欧姆至几千欧姆，这两个电极便是漏极 D 和源极 S，另两个电极为栅极 G1 和栅极 G2。注意，两个栅极间的电阻均为无穷大。

2 放大能力的测量

万用表欧姆挡测量双栅型场效应晶体管放大能力的具体方法是：图 3-96 所示为测量时接线示意图，万用表拨至 R×100Ω 挡，红表棒接源极 S，黑表棒接漏极 D，这时相当于给双栅型场效应晶体管的源极和漏极之间加了一个 1.5V 的直流工作电压（万用表欧姆挡表内电池电压），测量漏极 D 与源极 S 间电阻的同时，用手握住螺丝刀绝缘柄（手不要接触螺丝刀金属部分），用螺丝刀头部同时接触场效应晶体管的两个栅极，加入人体感应信号。如果加入人体感应信号后，双栅型场效应晶体管的源极和漏极间的阻值由大变小，则说明该管有一定的放大能力。万用表指针向右偏转的角度越大（阻值减小得越多），说明其放大能力越强。

3 双栅型场效应晶体管的检测方法

万用表欧姆挡检测双栅型场效应晶体管质量好坏的具体方法是：图 3-97 所示为测量时接线示意图，将万用表拨至 R×10Ω 挡或 R×100Ω 挡，测量双栅型场效应晶体管源极 S 和漏极 D 间的电阻。正常时，正、反向电阻均应为几十欧姆至几千欧姆，而且黑表棒接漏极 D、红表棒接源极 S 时所测得的阻值比黑表棒接源极 S、红表棒接漏极 D 时所测得的阻值略大。如果测得漏级 D 与源极 S 间的电阻为 0 或无穷大，说明该管已击穿或开路损坏。

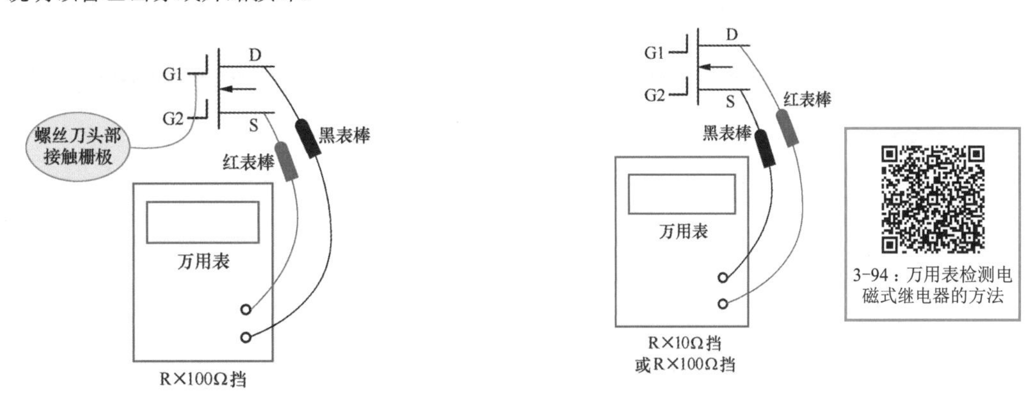

图 3-96　测量双栅型场效应晶体管放大能力时接线示意图　　图 3-97　测量双栅型场效应晶体管质量好坏时接线示意图

再将万用表拨至 R×10kΩ 挡，测量其余各根引脚（漏极 D 和源极 S 之间除外）之间的电阻大小。正常时，G1 与 G2、G1 与 D、G1 与 S、G2 与 D、G2 与 S 之间的电阻均应为无穷大。如果测得的阻值不正常，则说明该管性能变差或已损坏。

3.5.4 电磁式继电器的检测方法

重要提示

（1）触点电阻的测量

用万用表的欧姆挡测量电磁式继电器常闭触点与动触点之间的电阻，正常时其阻值应为 0Ω；测量常开触点与动触点之间的电阻，正常时其阻值应为无穷大。

通过上述测量可以区别出哪个是常闭触点，哪个是常开触点，同时也能检测出继电器是否正常。

（2）线圈电阻的测量

用万用表的 R×10Ω 挡测量继电器的线圈电阻，正常时其阻值应为几百欧姆。如果出现短路或开路，都可以说明该继电器已经损坏。

万用表可以检测多种继电器的质量好坏。

1 触点接触电阻的测量方法

用万用表欧姆挡测量电磁式继电器触点的接触电阻，具体方法是：图 3-98 所示为测量时接线示意图，用万用表的 R×1Ω 挡测量继电器常闭触点的接触电阻，正常时阻值应为 0。如果测得的接触电阻有一定的阻值或阻值为无穷大，则说明该触点已氧化或触点已被烧坏。

2 触点断开电阻的测量方法

具体方法是：图 3-99 所示为测量触点断开电阻时接线示意图，用万用表的 R×10kΩ 挡测量继电器常开触点的断开电阻，正常时阻值应为无穷大。如果测得的断开电阻有一定的阻值，说明该触电存在漏电故障。

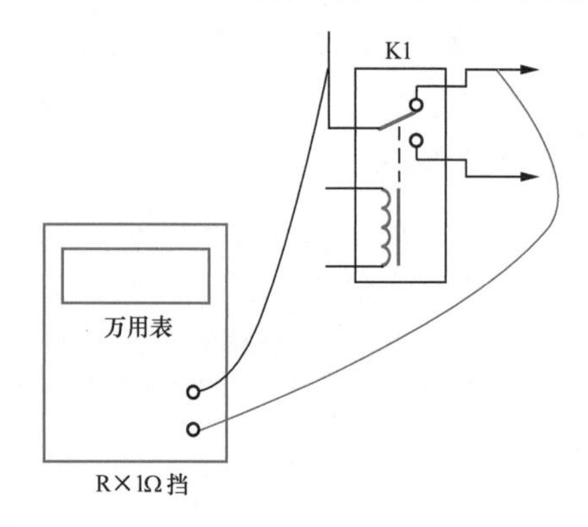

图 3-98　测量电磁式继电器触点的接触电阻时接线示意图

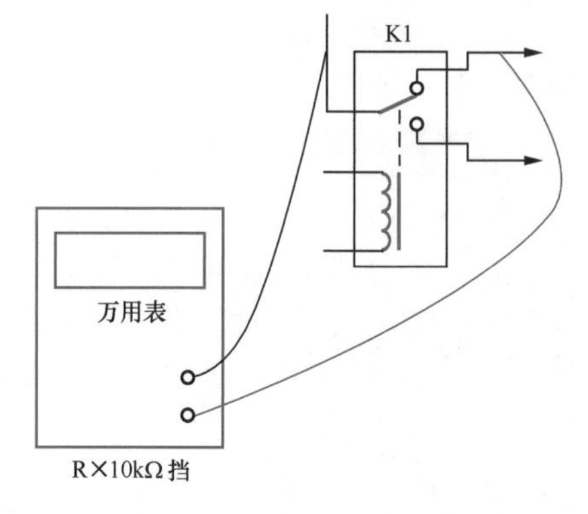

图 3-99　测量触点的断开电阻时接线示意图

重要提示

如果继电器有多组触点，可用同样的方法分别测量每一组触点的电阻大小。

对于触点常开式的继电器，要在给线圈通电的情况下测量触点的接触电阻和断开电阻，如图 3-100 所示。

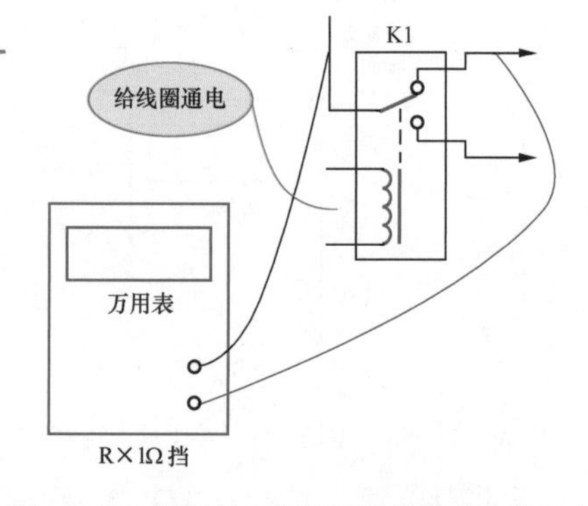

图 3-100　线圈通电情况下测量触点的接触电阻和断开电阻时接线示意图

3 电磁线圈电阻的测量方法

具体方法是：图 3-101 所示为测量电磁线圈电阻时接线示意图，继电器正常时，其电磁线圈的电阻应为 25Ω ～ 2kΩ。额定电压较低的电磁式继电器，其线圈的阻值较小；额定电压较高的电磁式继电器，其线圈的电阻相对较大。

重要提示

如果测得继电器电磁线圈的电阻为无穷大，说明该继电器的线圈已开路损坏。如果测得电磁线圈的电阻低于正常值许多，则说明该继电器的线圈内部有短路故障，也已损坏。

4 吸合电压与释放电压的测量方法

使用可调式直流稳压电源测量电磁式继电器的吸合电压与释放电压的具体方法是：图 3-102 所示为测量时接线示意图，将被测继电器电磁线圈的两端接上 0 ～ 35V 可调式直流稳压电源（电流为 2A）后，将直流稳压电源的电压从低缓慢调高，当听到继电器触点吸合的声音时，此时的电压值即为（或接近）继电器的吸合电压。电磁式继电器的额定工作电压一般为吸合电

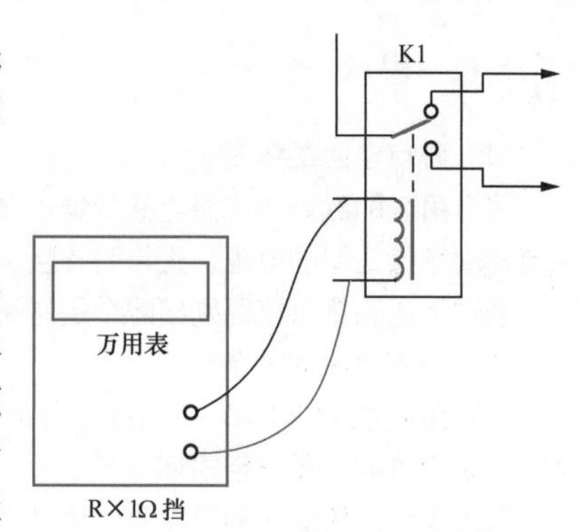

图 3-101　测量电磁线圈电阻时接线示意图

压的 1.3 ～ 1.5 倍。

在继电器触点吸合后，再缓慢调低直流稳压电源的电压，当调至某一电压值时，继电器触点释放，此电压值即为继电器的释放电压，一般为吸合电压的 10% ～ 50%。

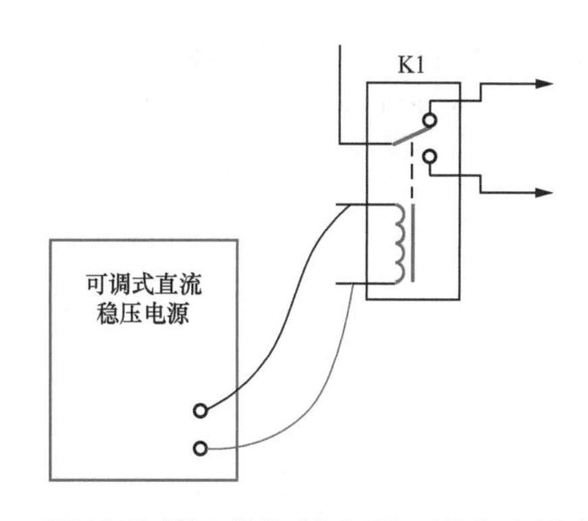

图 3-102　测量电磁式继电器的吸合电压与释放电压时接线示意图

5　吸合电流和释放电流的测量方法

使用直流稳压电源和万用表测量电磁式继电器的吸合电流和释放电流的具体方法是：图 3-103 所示为测量时接线示意图，将被测继电器电磁线圈的一端串接 1 只毫安电流表（万用表毫安挡）后与直流稳压电源（25 ～ 30V）的正极相连，将电磁线圈的另一端串接 1 只 10kΩ 的线绕电位器后与直流稳压电源的负极相连。

接通直流稳压电源后，将电位器 RP1 的电阻由最大逐渐调小，当调至某一阻值时，继电器的常开触点闭合，此时万用表电流挡的读数即为继电器的吸合电流。继电器的工作电流一般为吸合电流的两倍。

在此测量基础上，再缓慢调大电位器的阻值，当继电器的触点由吸合状态突然释放时，万用表电流挡的读数即为继电器的释放电流。

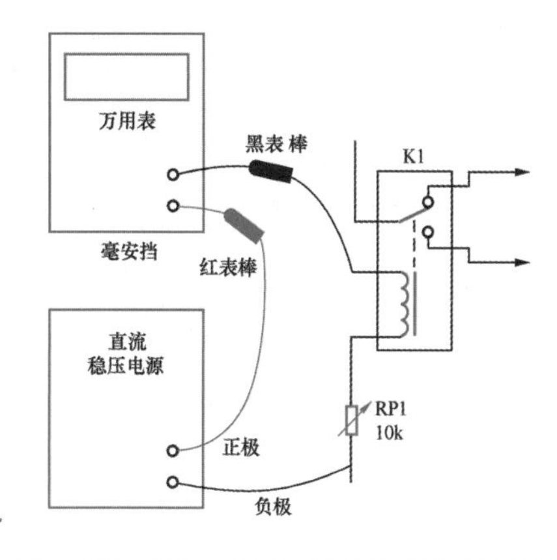

图 3-103　测量电磁式继电器的吸合电流和释放电流时接线示意图

重要提示

用万用表的欧姆挡测量电磁线圈的直流电阻，将测得的这一阻值乘以继电器的工作电流，得到的即是继电器的工作电压值。

3.5.5　干簧式继电器的检测方法

使用万用表欧姆挡测量干簧式继电器质量好坏的具体方法是：图 3-104 所示为测量时接线示意图，万用表拨至 R×1Ω 挡，两表棒分别接干簧式继电器的两端。

用一块永久磁铁（如外磁式扬声器的磁铁）靠近将干簧式继电器，如果万用表指示阻值为 0Ω，说明该干簧式继电器内部的干簧管开关吸合良好。然后，将永久磁铁离开干簧式继电器后，万用表的指针返回，阻值变为无穷大，说明该干簧式继电器内部的干簧管开关断开正常，其触点能在磁场的作用下正常接通与断开。

重要提示

如果将干簧式继电器靠近永久磁铁后，其触点不能闭合，则说明该干簧式继电器已损坏。

再用万用表 R×1Ω 挡测量线圈电阻时，不应该出现开路和短路故障。

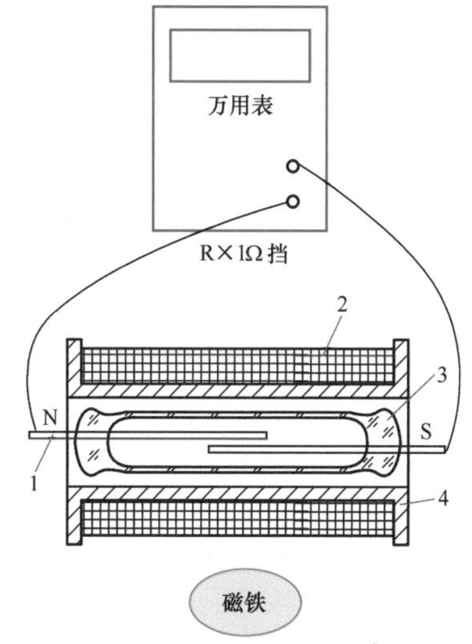

图 3-104　检测干簧式继电器质量好坏时接线示意图

3.5.6　开关件的故障特征和检测方法

重要提示

开关件的故障主要是接触不良故障，对它的检测方法十分简便，使用万用表的欧姆挡测量触点间的电阻即可。

不同电路中的开关件出现故障时，对电路造成的影响是不同的，如电源开关电路中的电源开关出现接触不良故障后，将出现整机不能正常工作的故障。

1 开关件的故障种类和故障特征

在电子元器件中，开关件的使用频率比较高（时常进行转换），还有一些开关工作在大的电流状态下，所以它的故障发生率就比较高。开关件的故障种类和故障特征见表 3-21。

表 3-21 开关件的故障种类和故障特征

故障种类	故障特征
漏电故障	（1）外壳漏电故障，这时开关的金属外壳与内部的某触点之间绝缘不够，对于 220V 电源开关，这是非常危险的，要立即更换。 （2）开关断开时两触点之间的断开电阻小，将影响开关断开时的电路工作状态，这是受潮等原因会造成这一故障
接触不良故障	开关最常见的故障之一，出现这种故障时开关的接通性能不好。 （1）开关处于接通状态时，两触点时通时断，在受到振动时这种故障发生率会明显升高。 （2）接通状态时两触点之间的接触电阻大。造成接触不良的原因有许多，如触点氧化、触点工作表面脏、触点受打火而损坏、开关操纵柄故障等
不能接通故障	开关处于接通状态时，两触点之间的电阻却为无穷大
操纵柄断裂或松动故障	当操纵柄断裂或松动时，开关将无法转换

2 开关件的检测方法

检测开关件的具体步骤和方法如下。

（1）直观检查开关操纵柄是否松动、能否正常转换到位。

（2）可用万用表的 R×1Ω 挡测量其接触电阻，具体方法是：一支表棒接开关的一根引脚，另一支表棒接开关的另一根引脚。开关处于接通状态时，所测得的阻值应为 0Ω，至少要小于 0.5Ω，否则可以认为该开关存在接触不良故障，图 3-105 所示为测量开关的接触电阻时接线和表针指示结果示意图。

（3）在测量接触电阻的基础上表棒接线不变，将量程转换到 R×10kΩ 挡，同时将开关转换到断开状态，此时所测得的电阻应为无穷大，至少要大于几百千欧姆，图 3-106 所示为测量开关的断开电阻时接线和表针指示结果示意图。

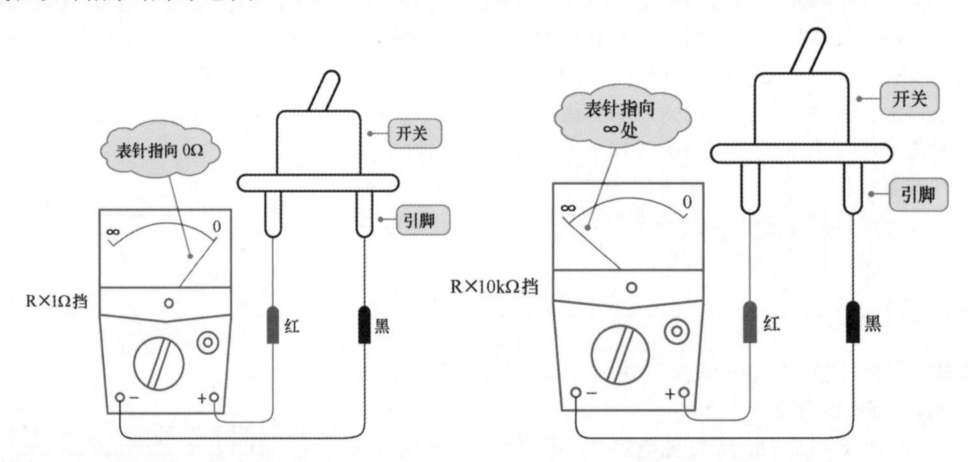

图 3-105 测量开关的接触电阻时接线和表针指示结果示意图

图 3-106 测量开关的断开电阻时接线和表针指示结果示意图

3 单刀多掷开关的检测方法

检测单刀多掷开关的方法是：图 3-107 所示为检测单刀多掷开关时接线示意图，测量方法与上述方法基本相同，只是接通电阻和断开电阻要分别测量两次，图示实线所示位置测量一次，然后将红表棒转换到虚线所示的第二根定片引脚上，黑表棒所接动片引脚不变，同时将开关操纵柄转换到另一个挡位上，再测量一次。

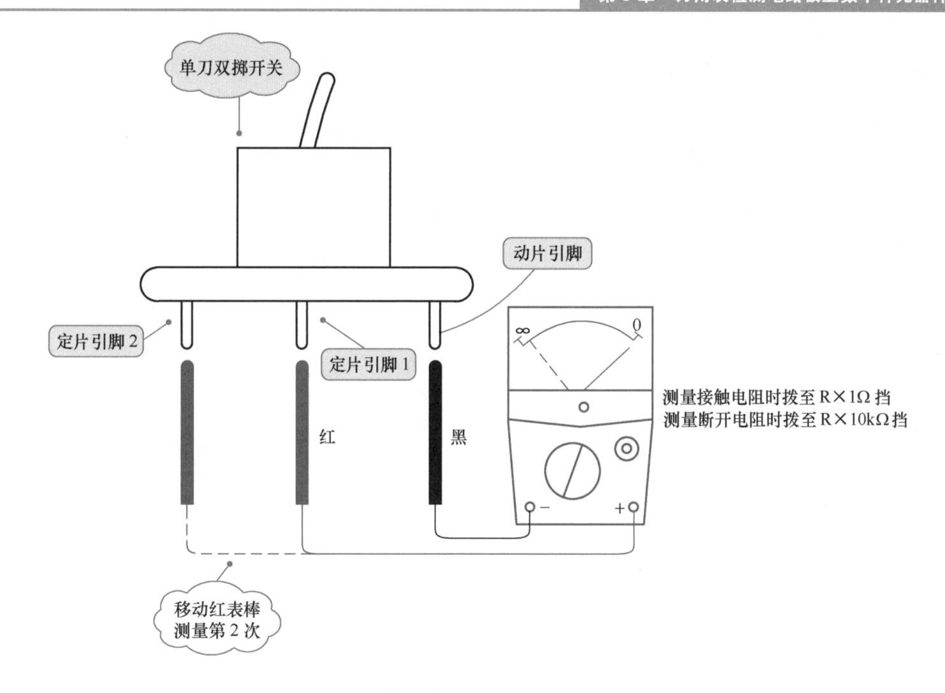

图 3-107 检测单刀多掷开关时接线示意图

对于多掷开关和多刀组开关，用同样的方法测量一个刀组，然后转换到另一个刀组再进行一次测量。

4 检测开关件的注意事项

判断开关件是否正常的基本原则是：如果测量中出现接触电阻大于 0.5Ω 的情况，说明该开关件存在接触不良故障；如果出现断开电阻小于几百千欧姆时，说明该开关件存在漏电故障。

关于开关件的检测方法说明以下几点。

（1）检测开关件时可以在路测量，也可以将开关件脱开电路后测量，具体方法同上。

（2）在路测量时，对开关件接触电阻的测量要求相同，因为测量接触电阻时，外电路对测量结果基本没有影响；在路测量开关断开电阻时，外电路对测量结果有影响。

（3）测量中，如有表针向右偏转后又向左偏转的情况，最后确认的阻值应是表针向左偏转停止后的阻值。如果测得的断开电阻比较小，很可能是外电路影响的结果，此时可断开开关件一根引脚的铜箔电路后再进行测量。

3.5.7 开关件故障的处理方法

重要提示

开关件的主要故障是接触不良故障。

1 开关件接触不良故障的处理方法

开关件的接触不良故障是一个常见、多发的故障，当故障不是十分严重时通过清洗处理就能够修复，具体处理方法是：用纯酒精注入开关件内部，不断拨动开关操纵柄，这样可以清洗到开关件的各个触点，消除触点上的污渍，使之光亮。

许多开关件是密封的（不能打开外壳），此时可让清洗液从开关件的外壳孔中流入开关内部的触点上，并不断拨动开关操纵柄，使之充分清洗。

重要提示

经过上述清洗处理后，一般开关件的接触不良问题可以得到解决，清洗后最好再滴一滴润滑油到开关件的各个触点上，这样处理后的开关件能再使用好几个月。这种清洗方法对于小信号电路中的多刀组开关非常有效。

2 修复电源开关的绝招

对于电源开关，由于流过该开关的电流较大，接触不良故障的发生率较高，清洗处理后的效果也不是很好，如果动片触点没有损坏，可以采取调换定片触点的方法来处理。

图 3-108 所示为修复电源开关示意图。电路中的 S1 是电源开关，它是单刀双掷开关，它的定片触点 3 原来是不用的，当触点 1、2 之间发生接触不良故障后，可通过修改印制电路图来使用触点 1、3 之间的开关。

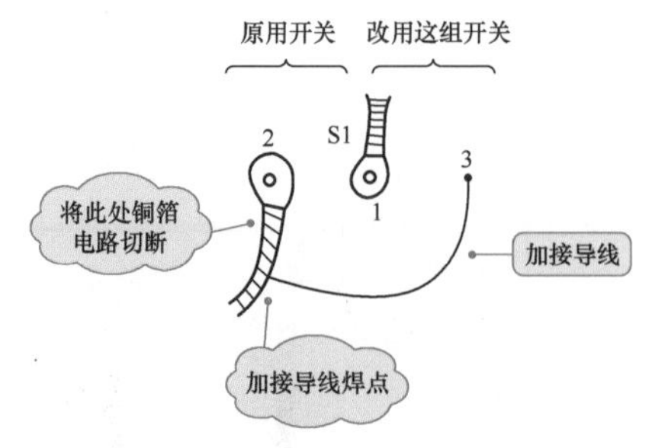

图 3-108 修复电源开关示意图

正式改动前，要先检测开关 S1 的触点 1、3 之间的接触电阻和断开电阻是否正常，以防止开关 S1 的刀片触点存在故障，如果是刀片触点故障就无法修复。

具体方法是：在图 3-108 中，用锋利的刀片将触点 2 上的铜箔电路切断，再将触点 3 和图示断开铜箔电路的位置之间用一根导线连接上，这样便能使用触点 1、3 之间的这组开关作为电源开关。

重要提示

这样处理后，操纵柄的位置与原来的位置恰好相反，即原来的断开位置是改动后的接通位置，这并不影响使用效果。

3 开关件的选配方法

由于开关件的更换涉及装配问题，如引脚多少、引脚之间的间距大小、安装位置和方式等，所以应选用同型号的开关件更换代替，实在无法配到同型号的开关件时要注意下列几点选配原则和操作方法。

（1）将换上的新开关件固定好，不要影响使用，也不要影响机内电路板和机器外壳的装配。

（2）各根引脚的连线可用导线接通，但是对于引脚数目很多的开关件这样做不妥当。

4 开关件的拆卸和焊接方法

开关件的操纵柄断裂或触点严重损坏且无法修复时要进行更换处理。

更换开关件时要注意，有些开关件引脚很多，拆卸和焊接都很麻烦，此时应采用吸锡电烙铁进行拆卸，这里主要说明以下几点。

（1）拆卸时，先将开关件各根引脚上的焊锡去掉，这样可以整体脱出开关件。

（2）拆卸过程中，要小心，切不可将引脚附近的铜箔电路损坏。

（3）焊接时，电烙铁头上焊锡不要太多，注意不要将相邻引脚上的焊锡连在一起，因为一些多引脚开关件各根引脚之间的间隔很小，容易造成相邻引脚短路故障。

3.5.8 波段开关的检测方法

波段开关由于使用频繁，故障发生率比较高；由于引脚多，检测起来比较困难。

1 波段开关的故障特征

关于波段开关的主要故障及具体特征说明以下两点。

（1）波段开关的主要故障是接触不良故障，且故障发生率较高。当波段开关接触不良时，表现为收音无声（某个波段或各波段均无声）、收音轻、噪声大等故障。

（2）杠杆式波段开关还有一个不常见的故障是操纵柄断裂故障，这是由于开关质量不好或操作不当所导致的。

2 波段开关的检测方法

用万用表的欧姆挡检测波段开关的具体方法如下所示。

（1）可以通过万用表测量波段开关接通电阻的方法来判别是否是接触不良故障，实际修理中往往是先对波段开关进行清洗处理（因为测量开关接触电阻的工作量很大），如果仍然没有改善才用测量接触电阻的方法。

重要提示

用万用表的 R×1Ω 挡分别测量各组开关中刀触片与定片之间的接触电阻，由于引脚太多，测量波段开关接触电阻的操作比较麻烦。

（2）对于旋转式波段开关，可直接观察各触点的接触状态，对所怀疑的触点用万用表进行测量。

（3）对于杠杆式波段开关，可按引脚分布规律来进行测量，接触电阻应小于 0.5Ω。

（4）必要时可测量断开电阻，以防止各根引脚的触点簧片之间相碰。

3 杠杆式波段开关接触不良故障的修理方法

首先采取清洗处理方法，由于这种开关为一次性密封开关，外壳不便打开，所以纯酒精清洗液只能设法从外壳孔中滴入开关内部，再不断拨动转柄，使各触点充分清洗。

重要提示

经过上述清洗处理后，波段开关能恢复正常工作，有可能在使用数个月后再度发生接触不良故障。清洗时要反复、彻底。

4 波段开关的选配方法

杠杆式波段开关要求用同规格的波段开关进行代换，因为这种开关除刀数和掷数可能不同外，引脚分布规律、引脚间的间距、安装尺寸等也可能不同，不同规格的开关可能无法安装在电路板上，也无法与原电路相配合。

3.5.9　插头和插座的故障特征

插头和插座的故障主要有以下两种。

（1）插头的故障主要是引线断裂、相邻引线焊点之间相碰故障。

（2）插座的主要故障是簧片弹性不好，造成接触不良故障。另外，插座由于经常使用会出现机壳松动故障。

3.5.10　插头和插座的检测方法

1 单声道插头和插座的检测方法

检测插头和插座的主要方法是直观检查法和用万用表测量触点接通时的接触电阻大小的方法。用直观检查法可以查出插头的引脚断线、焊点相碰故障，旋开插头外壳后就可以直接观察，对于插座则要打开机器的外壳才能进行观察。

万用表检测单声道插头和插座的方法是：如图 3-109 所示，不插入插头，将万用表拨至 R×1Ω 挡，两支表棒分别接插座的①脚和②脚，此时应为通路，否则说明该插座有故障。然后，将插头插入插座后测量①脚和②脚之间的电阻，阻值应为无穷大。

在插头插入插座的状态下，分别测量①脚和④脚、③脚和⑤脚之间的电阻，均应为通路，即阻值均小于 0.5Ω，否则说明插头和插座之间有接触不良故障。

然后，将万用表转换到 R×1kΩ 挡，测量①脚和③脚之间的电阻，此时应该为开路，如果是在路测量，阻值应该大于几十千欧姆，在路测量中有怀疑时要断开③脚上的铜箔电路后，再进行这样的断开电阻测量。

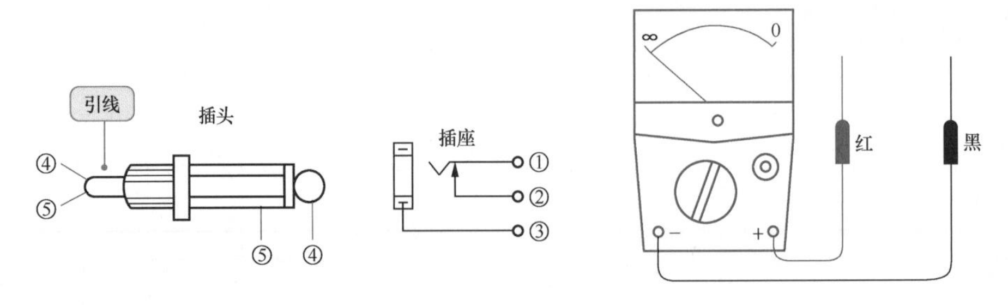

图 3-109　检测单声道插头和插座示意图

2　双声道插头和插座的检测方法

双声道插头、插座的检测方法同单声道的一样，只是需要分别测量两组单声道插座，如图 3-110 所示。

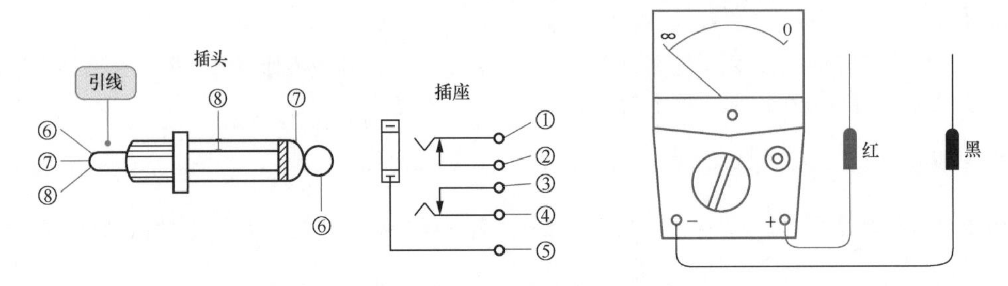

图 3-110　检测双声道插头和插座示意图

插头没有插入插座时，①脚和②脚之间的接触电阻应该为零，③脚和④脚之间的接触电阻也应该为零，此外这两组触点与⑤脚之间的断开电阻均应该为无穷大。

当插头插入插座后，⑥脚和①脚之间、⑦脚和④脚之间、⑧脚和⑤脚之间的接触电阻均应该为零。

3　检测插头和插座的注意事项

（1）检测时，先进行直观检查，再用万用表进行接通和断开电阻的测量。

（2）所有的接触电阻均应该小于 0.5Ω，否则可以认为该接插件存在接触不良故障；所有的断开电阻均应该为无穷大，如果测量中有一次断开电阻为零，说明两个簧片之间相碰。

（3）在路测量接触电阻时，接插件所在的外电路不影响测量结果，而测量断开电阻时可能会有影响。

3.5.11　插头和插座故障的处理方法

1　插头断线的焊接方法

单声道、双声道插头断线的焊接方法是：先将插头外壳旋下，将引线穿过外壳的孔，插头用钳子夹住，给引线断头搪上锡，套上一小段绝缘套管，将引线焊在插头的引片上，注意焊点要小，否则外壳不能旋上，或焊点会与其他引脚的焊点相碰而造成新的短路故障。

焊好引线后，将套管套好，旋上插头外壳。

2　插座内部簧片的处理方法

单声道、双声道插座内部簧片的处理方法是：当插座出现接触不良故障时，非密封型插座可用砂纸打磨触点，并用尖嘴钳修整簧片的弧度使之接触良好。密封型插座为一次性封装结构，一般不便进行修理，需要更换插座。

3.5.12　接插件的选配方法

各种接插件损坏时，首先是设法修复，无法修复时进行更换处理。关于接插件的选配方法主要说明以下几点。

（1）选配的接插件必须是同规格的，做到这一点对单声道、双声道插头和插座并不困难，因为配件较多。

（2）对于单声道、双声道插座的代换还可以这样，在一台机器上同规格的插座可能有好几个，此时可将不常用的插座拆下换在已经损坏的插座位置上，将已损坏的插座换在不常用的位置上，并对已损坏的插座进行适当处理，如直接接通接触不良的触点，实践证明这样的处理方法是可行的。

3.5.13　插座的拆卸和装配方法

单声道、双声道插座的拆卸方法是：插座是用槽纹螺母固定在机壳上的，先用偏口钳咬住槽纹螺母的螺纹，旋下此螺母。插座的各根引脚是焊在印制电路板上的，此时要先吸掉各引脚上的焊锡，然后再拆下插座。

新插座装上后一定要拧紧螺母，使插座固定紧，因为插头经常插入、拔出，这会使插座扭动而导致与引脚相连的铜箔电路断裂。插座引脚附近的铜箔电路断裂是一种常见故障。

3.5.14　针型插头插座和电路板接插件的故障

1　针型插头和插座的故障特征

关于针型插头和插座的故障主要说明下列几点。

（1）针型插座由于结构牢固的原因，其故障发生率非常低。

（2）针型插头的主要故障是插头内部引线断裂或由于焊接不当造成的引线焊点之间相碰故障。

2　电路板接插件故障的处理方法

关于电路板接插件故障的处理方法主要说明下列几点。

（1）电路板接插件的拆卸方法是：在拆卸电路板上引线接插件的插头时，不要直接拉住引线向外拔，这样拔不下来，因为这类接插件中经常设有一个小倒刺勾住插座，应先用小螺丝刀拨开倒刺后再用手指抓住插头两侧向外拔。

（2）电路板接插件中插座的故障比较少，主要是插头的故障，多数情况是断线故障，有时也会出现插座和插头之间的接触不良故障。引线断裂故障很可能是人为造成的，即在拔下插头时拉断的。

（3）电路板接插件插头引线断裂比较麻烦，因为插头的接线管设在插头内部，不容易将接线管取出（接线管上设有倒刺），而重新焊线必须要将接线管取出。拆卸这种接线管的方法是：用一根大头针将倒刺顶出去，再用另一根大头针将接线管顶出来。然后将引线焊在接线管上，注意焊点一定要小，否则接线管无法装入插头的管孔中。

（4）当电路板接插件损坏时，必须设法修复，无法修复时可以省去该接插件，用导线直接焊通，也可以在坏的机器上拆下一个同规格的接插件来代用。

3.5.15　晶振的检测方法

1　晶振的检测方法

晶振的常见故障是内部接触不良或石英破碎故障，此故障会造成遥控器无法遥控，彩色电视机中无彩色图像，振荡器中无振荡信号输出故障。万用表检测晶振的接线示意图、表针指示和说明见表 3-22。

表 3-22　万用表检测晶振的接线示意图、表针指示和说明

接线示意图	表针指示	说明
R×1kΩ挡	×1k Ω 0	在常规条件下，可用万用表的 R×1kΩ 挡测量晶振的两引脚之间的电阻，应呈开路特性
	×1k Ω 0	如果有阻值则说明该晶振已损坏

可用代替检查法准确检测晶振的质量好坏。

2 晶振的修理方法

3-95：数字和指针式万用表检测石英晶振的方法

无法配到同规格的晶振时，可以通过修理使晶振恢复正常的工作，具体方法如下。

（1）用小刀片沿着边缘将有字母的侧盖剥开，将电极支架及晶片从另一盖中取出。

（2）用镊子夹住晶片从两个电极之间取出来。

（3）将晶片倒置或转动90°后，再放入两个电极之间，使晶片漏电的微孔离开电极触点。

（4）测量两个电极之间的电阻，阻值应该为无穷大，然后重新组装好，边缘用502胶水粘好。

3.5.16 动圈式话筒的检测方法

1 动圈式话筒的故障特征和检测方法

动圈式话筒的主要故障是断线故障，一是话筒的插头处断线，二是话筒引线本身断线，三是音圈处断线。

使用万用表欧姆挡对动圈式话筒进行检测，可以发现断线故障。

断线故障的处理方法是重焊断线，当断线断在音圈连接处时，焊接比较困难，有时甚至无法修复。

2 动圈式话筒的选配方法

动圈式话筒的输出阻抗一般为600Ω，在需要更换新的话筒时，应选择相同输出阻抗的话筒。

3.5.17 霍尔集成电路的检测方法

3-96：万用表检测霍尔集成电路的方法

万用表检测霍尔集成电路的具体方法是：将数字式万用表拨至直流电压挡（较低电压挡位），用永久磁铁接近霍尔集成电路，这时数字式万用表电压挡应该能够测量到它的输出电压，如果没有电压输出，则说明该霍尔集成电路已损坏。

对于装配在电机上的霍尔集成电路，可以采用数字式万用表的交流电压挡来进行测量，转动电机的转子，如果测量到霍尔集成电路有交流电压输出，则说明该霍尔集成电路没有问题，否则已损坏。

3.5.18 干簧管的检测方法

万用表检测干簧管的方法是：对于常闭式干簧管，使用万用表的R×1Ω挡测量它的两根引脚之间的电阻，阻值应该为0Ω，然后用一块永久磁铁接近干簧管，此时测得的阻值应该为无穷大，否则说明该干簧管有问题。

对于常开式干簧管，使用万用表的R×1Ω挡测量它的两根引脚之间的电阻，阻值应该为无穷大，然后用一块永久磁铁接近干簧管，此时测得的阻值应该为0Ω，否则说明该干簧管有问题。

第4章 电路板故障检修技术

4.1 “一目了然”的直观检查法

电子技术是一门综合性很强的技术，它涉及电子电路工作原理、修理理论、操作技术和动手能力等诸多层面，并要求灵活运用各方面知识。修理理论包括检查方法和故障机理两方面的内容，这里先介绍修理理论中的各种检查方法（共20种），这是检查电子电路故障所必须掌握的“软件”。

重要提示

修理过程中的关键是找出电路中的故障部位，即哪一只元器件发生了故障。在查找故障部位的过程中，要用到各种方法，这些方法就是检查方法。

4-1：直观检查法的原理

重要提示

所谓直观检查法，顾名思义就是直接观察电子电路在静态、动态、故障状态下的具体现象，从而直接发现故障部位或原因，或进一步确定故障现象，为下一步检查提供线索，是一种能够通过观察直接发现故障部位、原因的检查方法。

4.1.1 直观检查法的基本原理

直观检查法凭借修理人员的视觉、嗅觉和触觉等感觉，通过对故障机器的仔细观察，再与电子电器正常工作时的情况进行比较，缩小故障范围或直接查出故障部位。

重要提示

直观检查法是一种最基本的检查方法，同时也是一种综合性、经验性、实践性很强的检查方法。检查故障的原理很简单，实际运用过程中要获得正确结果则并不容易，要通过不断的实际操作才能提高这一检查技能。

4-2：直观检查法的三个检查步骤

4.1.2 直观检查法的三个检查步骤

直观检查法实施过程按先简后繁、由表及里的原则，具体可分为以下三步进行。

1 打开机壳前检查

这是处理过程中的第一步。主要查看电子电器外表上的一些伤痕、故障可能发生点，如机器有无发生碰撞、电池夹是否生锈、插口有无松动等现象。对于电视机而言，还要观察光栅、图像等是否有异常现象，如有可疑点则进行下一步的检查。

打开机壳前的直观检查，还可以确定故障性质，并亲身感受故障的具体表现，为确定下一步的检查思路提供依据。

4-3：直观检查法的适用范围

2 打开机壳后检查

当上一步的直观检查不能解决问题时，就要打开机壳后再进行直观检查。打开机壳后，查看机内有无插头、引线脱落现象，有无元器件相碰、烧焦、断脚、两脚扭在一起等现象，有无他人修整、焊接过等现象。机内的直观检查可以用手拨动一些元器件，以便进行充分的观察。

打开机壳后的直观检查一般是比较粗略的，主要是大体上观察机内有无明显的异常现象，不必对每一个元器件都进行仔细的直观检查。

重要提示

如果在未打开机壳时的直观检查已经确定故障的大致范围，打开机壳后只要对所怀疑的电路部位进行较为详细的直观检查，对其他部位则可以不必去检查。

3 通电检查

若上述两步检查还是还能解决问题，就必须进行通电状态下的直观检查。通电后，查看机内有无冒烟、打火等现象，接触三极管时有无烫手的情况。如果发现异常情况，应立即切断电源。

重要提示

通过上述 3 步直观检查之后，可能已经发现故障部位，即使没有达到这一目的，对机器的故障也已经有了具体、详细的了解，为下一步所要采取的检查步骤、方法提供依据。

4.1.3 直观检查法的适用范围和特点

1 直观检查法的适用范围

4-4：直观检查法的特点

直观检查法适用于检查各种类型的故障，但比较起来更适合用于以下一些故障的检查。

（1）对于一些非常常见的故障、明显的故障采用直观检查法非常有效，因为这些故障一看故障现象就知道故障原因。例如，整机不能工作，打开熔丝盒便能看到熔丝已熔断。

（2）对于机械部件的机械故障检查很有效，因为机械机构比较直观，通过观察能够发现磨损、变形、错位、断裂、脱落等具体故障的部位。

（3）对于电路中的断线、冒烟、打火、熔丝熔断、引脚相碰、开关触点表面氧化等故障能够直接发现故障部位。

（4）对于视频设备的图像部分故障，能够直接确定故障的性质，如电视机的光栅故障、图像故障等。

2 直观检查法的特点

直观检查法具有以下一些主要特点，了解这些特点对运用这一检查方法非常有益。

（1）这是一种简易、方便、直观、易学但很难掌握并需要灵活运用的检查方法。

（2）直观检查法是最基本的检查方法，它贯穿在整个修理过程中，在修理的第一步就是用这种检查方法。

（3）直观检查法能直接查出一些故障原因，但单独使用直观检查法收效是不理想的，与其他检查方法配合使用效果更好，检查经验要在实践中不断积累。

重要提示

4-5：直观检查法的注意事项

在运用直观检查法的过程中要注意以下几点。

（1）直观检查法常常要配合拨动一些元器件，特别注意在检查电源交流电路部分时要小心，注意人身安全，因为这部分电路中存在 220V 的交流市电。

（2）在用手拨动元器件过程中，拨动的元器件要扶正，不要将元器件弄得歪歪倒倒，以免使它们相碰，特别是一些金属外壳的电解电容（如耦合电容）不能碰到。

4.2 用耳朵判断故障的试听检查法

电子电器中有以下两大类故障。

（1）电路类故障。它是指电子元器件问题造成的故障。

（2）机械类故障。它是指电子电器中的机械机构、机械零部件出问题引起的故障。

电路类和机械类故障各有特色，首先一个是电子元器件，一个是机械零部件，前者有一个通电工作的问题，后者零部件本身是不需要通电的。所以，对于电路类故障的检查有一套自己的方法，即试听检查法。

4-6：试听检查法的原理

重要提示

试听检查法是一个用得十分广泛的方法，可以这么说，凡是能发出声音的电子电器或电子设备，在修理过程中都要使用这种检查方法，此法可以准确地判断故障性质、类型，甚至能直接判断出具体的故障部位。

修理之前，通过试听来了解情况，决定对策；在修理过程中，为确定故障处理效果也要随时进行试听。所以，试听检查法是贯穿在整个修理过程中的。

4.2.1　试听检查法的基本原理

试听检查法是根据修理人员的听觉，通过试听机器发出的声音情况或音响效果判断问题。试听检查法通过试听声音的有还是没有、强还是弱，失真还是保真、噪声有还是没有来判断故障类型、性质和部位。

4-7：试听检查法的五项试听检查项目

重要提示

试听检查法的判断依据是所修理机器发出的声音。试听检查法就是认真听、仔细听，找出声音中不正常的成分。

试听检查法对各种电子电器的具体试听检查项目是不同的，对音响类电子电器的检查项目比较多。

4.2.2　试听音响效果的方法

用自己所熟悉的高音和低音成分丰富的原声音乐、歌曲节目源重放。

1　试听整体效果

适当音量下倾听音乐中的高音、中音、低音成分是否平衡；高音是否明亮、纤细，低音是否丰满、柔和；是否有高音、低音不足等现象。

2　试听乐曲背景

4-8：试听音响效果的方法

试听乐曲背景是否干净，节目的可懂度、清晰度是否高；然后试听声音是否有失真，原来熟悉的曲子是否有调门的改变等现象；最后试听节目的动态范围，试听小信号是否有噪声感觉，试听大信号是否有失真、机壳振动等现象。

3　试听立体声

对于立体声机器，还要试听立体声效果是否良好，应能分辨出左、右声道中不同的乐器声，应有声像的移动感。在立体声扩展状态，立体声效果应该有明显改变。

4.2.3　试听收音效果的方法

试听收音效果主要是检查调频、调幅两方面的收音效果。试听调频波段主要是要求它的音响效果要好，调频立体声的音响效果则要更好。

有的调频收音电路具有调谐静噪功能，即在调台过程中无任何噪声，调到电台便出现电台节目。没有这一功能的机器，在调台过程中出现调谐噪声是正常的，只要调到电台后没有噪声即可。

1　试听中波

试听中波主要是要求高、低端的灵敏度均匀，灵敏度高（能收到的电台多），其音响效果明显不如调频节目是正常的。

2 试听短波

试听短波主要是要求低端的灵敏度高些，选择性好（能方便调准电台），高端没有机振现象（在收到电台后会跑台或出现“嗡嗡”声说明存在机振现象）。

4-9：试听收音效果的方法

3 天线调整的方法

中波、短波、调频波段的天线调整对收音效果影响很大，它们的调整方法也有所不同。

中波天线在机内，天线（磁棒）轴线方向垂直于电波传播方向时接收灵敏度最高，故要通过转动机壳来改变其灵敏度。

对接收短波信号而言，要拔出机内天线，呈垂直状态。

对于调频波段来说，调整时要使天线长短伸缩，再旋转天线角度。图 4-1 所示为 3 种情况下的天线调整示意图。

4-10：试听音量大小的方法

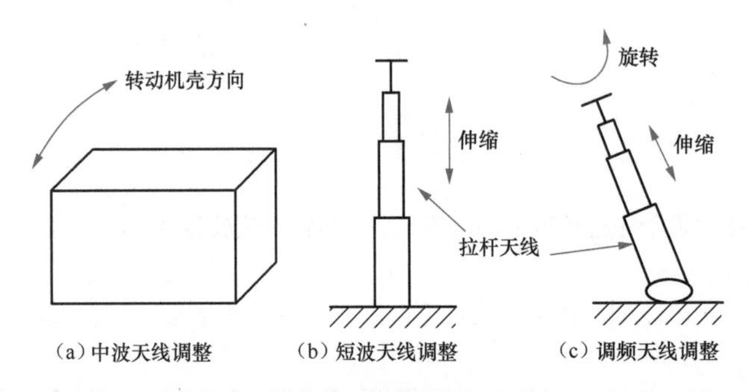

图 4-1　3 种情况下的天线调整示意图

4.2.4　试听音量大小的方法

在修理声音轻故障时，需要试听音量的大小。这一试听包括试听最大音量输出、检测音量电位器控制特性和检测音量电位器噪声 3 项。

用高质量的节目源放音，最大音量下（高、低音提升在最大状态）的输出就是该机器最大音量输出，这与该机器的输出功率指标有关。此时，要根据输出功率指标试听最大音量输出是否达标（这要靠平时多体会），在达标的情况下机壳的振动应很小，声音无严重失真，无较大噪声，无较大金属声等异常响声。

4.2.5　试听检测音量电位器和音调电位器的方法

4-11：试听检测音量电位器和音调电位器的方法

1 试听检测音量电位器

试听检测音量电位器控制特性的方法是，随着均匀旋转音量电位器转柄，声音逐渐呈线性增强，不应有音量旋钮刚转动一点儿音量就增大很多的现象。

重要提示

音量电位器在最小位置时，扬声器应无响声（无节目声、噪声很小）。

如果在转动音量电位器转柄的过程中，扬声器出现“喀啦、喀啦”的响声，这是电位器转动噪声大故障，应进行清洗处理。

4-12：试听噪声的方法

2 试听检测音调电位器

试听时要用高、低音较丰富的节目源放音。试听低音效果时，改变低音控制器的提升、衰减量（适当听音音量下），此时低音输出应有明显变化。在低音提升至最大时，机壳不应有振动、共鸣声现象。

试听高音效果时，旋转高音旋钮，高音输出应有明显变化。

4.2.6 试听噪声的方法

重要提示

试听噪声应用很广泛，它是检查噪声故障、啸叫故障的一个重要手段。试听包括试听最大噪声、信噪比、噪声频率以及判断噪声部位 4 项。

4-13：试听检查法的适用范围

1 试听最大噪声

将音量电位器开至最大，高、低音提升至最大，不给机器送入信号，此时扬声器发出的噪声为最大噪声，此噪声的大小随输出功率的大小而不同，输出功率大的机器噪声大。最大噪声中不应存在啸叫声，即不应该存在某种有规律的单频叫声。

2 试听信噪比

使机器处于重放状态下，音量控制在比正常听音电平稍大一些，然后使机器处于放音暂停状态，此时机器的噪声应很小，在距机器一尺外几乎听不到什么噪声。

如果此时噪声很大，这便是噪声大故障。

4-14：试听检查法的特点

3 判断噪声部位

对于噪声大故障要进一步进行试听，以确定噪声部位，即关死音量电位器后噪声仍然有或略有减小的话，说明噪声部位在音量电位器之后的低放电路中；若是交流声，则说明音量电位器的滤波效果不好；若噪声大小随音量电位器的旋钮转动而减小直至消失，说明噪声部位在音量电位器之前的电路中；若是交流声、汽船声，则说明前置放大器退耦效果不好。噪声越大，噪声位置越在前级（即噪声经过的放大环节越多）。

4 试听噪声频率

试听噪声频率对判断故障原因是非常有用的。关小高音、提升低音时出现的噪声为低频噪声，提升高音、关小低音时出现的噪声为高频噪声。

在试听机械传动噪声时，要关死音量电位器。这种传动噪声是由于机械结构中零部件的振动、摩擦、碰撞所引起的，并不是扬声器发出的，这一点与前面所讲的电路噪声故障有着本质的不同。

4.2.7 试听检查法的适用范围和特点

1 试听检查法的适用范围

试听检查法几乎适用于任何一种电路类故障，它在检查以下几种故障时更为有效。

（1）声音时有时无的故障，即一会儿机器工作正常，一会儿工作又不正常。

（2）声音轻故障。

（3）机械装置引起的重放失真故障，特别是轻度失真及变调失真故障。

（4）重放时的噪声故障（非巨大噪声故障）。

（5）机械噪声故障。

2 试听检查法的特点

试听检查法具有以下一些特点。

（1）试听检查法应用十分广泛，几乎所有故障的检查都需要使用试听检查法，因为各种电路故障都会破坏正常的声音效果，而通过试听检查能为分析故障原因和处理故障提供依据。

（2）试听检查法使用方便，无须什么工具。

（3）试听检查法对很多故障有较好的效果。

（4）试听检查法应用于故障检查的每个环节，在开始检查时的试听特别重要，试听是否准确关系到下一步的修理决策是否正确。

（5）常与其他检查方法配合使用。

4-15：试听检查法的注意事项

重要提示

在运用试听检查法的过程中要注意以下几点。

（1）对于冒烟、有焦味、打火等故障，尽可能地不用试听检查法，以免进一步扩大故障范围。不过，在没有其他更好的办法时，可在严格注视机内有关部件、元器件的情况下，一次性使用试听检查法，力求在通电瞬间发现打火、冒烟部位。

（2）对于巨大爆破响声故障，说明有大电流冲击扬声器，最好不用或尽可能少用试听检查法，以免损坏扬声器及其他元器件。

（3）在已知是大电流故障的情况下，要少用试听检查法，且使用时通电时间要短。

（4）在使用试听检查法时，要随时给机器接通电源进行试听，所以在拆卸机器的过程中要尽可能地做到不断开引线、不拔下电路板上的插头等。

（5）试听失真故障时要耐心、判断准确。

4.2.8 试听检验法

重要提示

试听检验用在机器修理完成之后，对修理质量和机器的音响情况进行的最后一次全面的试听检查，发现问题就得返工，试听合格就可以交付用户。

4-16：试听检验法

试听检验法与试听检查法基本相同，这里主要说明以下几点。

（1）试听检验与试听检查一样，运用听觉来辨别“是非”，检验经过修理的机器的音响效果是否达到原机器性能指标的要求。

（2）试听检验的内容很全面，凡是机器具有的功能都应进行试听检验，因为在修理过程中可能会影响到其他电路，当然重点是试听修理部分的功能。

（3）试听检验主要是关心音响效果，而不是去寻找故障部位和故障原因，所以试听检验时主要是听和比较，目的单纯，就如同购买机器时的试听。

（4）试听检验时的试听时间比较长，一般在十几分钟，对一些随机性的故障试听时间要更长一些，如处理好时响时不响故障后要反复试听检验。另外，有时一个故障会导致两个元器件出现问题，通过试听检验便能发现另一个故障原因。

（5）试听检验要保证质量，不可马虎。

（6）在重绕电源变压器以后，试听检验要长达 4h 左右，以检验电源变压器长时间通电后是否存在发热故障。

（7）试听检验适用于所有电路类故障处理后的试听，适用于大部分机械类故障处理后的试听，特别适合检验失真故障、随机故障、过电流故障的处理效果。

4.3 逻辑性很强的功能判别检查法

重要提示

在试听检查法的基础上，对于视频设备通过试看图像等了解机器的有关功能，运用整机电路结构（主要是整机电路方框图）和逻辑概念，可以将故障范围缩小到很小的范围内，这就是功能判别检查法。

4.3.1 故障现象与电路功能之间的逻辑联系

4-17：功能判别检查法的原理

在讲述试听（试看）功能判别检查法之前，需要讲解一些逻辑学上的概念，这是因为故障现象与电路功能之间存在着必然的联系，通过简单的检查确定故障现象，运用逻辑理论进行推理就能确定故障的范围。

1 举例说明

二分频音箱中，高音扬声器发声正常，低音扬声器没有声音，根据二分频扬声器电路结构和逻辑推理可知，低音扬声器损坏或低音扬声器引线回路断线。

图 4-2 所示为二分频扬声器电路，可以用这一电路为例来说明上述逻辑推理的过程，以便深入掌握逻辑推理在电路故障检修中的基本原理和思路。

高音扬声器工作正常，就可以说明功率放大器和电路中的电容 C1、C2 均正常，低音扬声器支路中因为没有信号电流流过而无声。

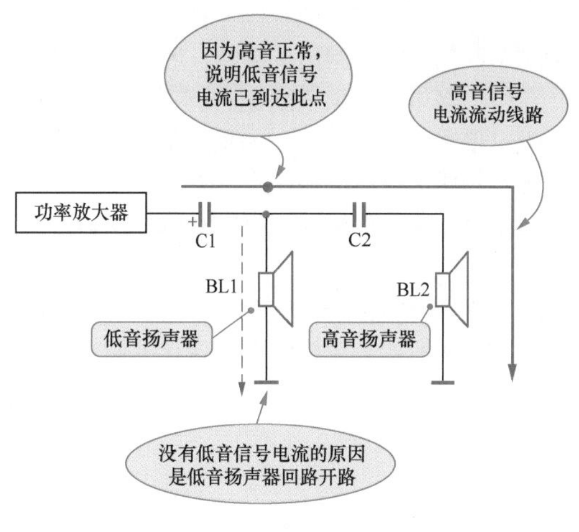

图 4-2　二分频扬声器电路

2 根本性原因分析

没有信号电流流过低音扬声器有以下两个根本性原因。

（1）无信号电压。本例中高音扬声器工作正常，说明有信号电压，所以这不是本例的故障原因所在。

（2）低音扬声器回路开路。这是本例的故障原因所在。

重要提示

本例故障检修中，只是简单地试听扬声器是否有声，便能根据电路结构和逻辑推理确定故障位置，显然掌握逻辑推理方法和熟悉电路结构对故障检修非常重要。

电路故障推理中时常运用逻辑学中的不相容、重合、包含和交叉概念，进行故障部位的逻辑推理，这一推理对故障部位的确定起着举足轻重的作用。

4.3.2　全同关系及故障检修中的运用方法

1 全同关系定义

图 4-3 所示为逻辑学中的全同关系示意图，它又称为同一关系或重合关系。

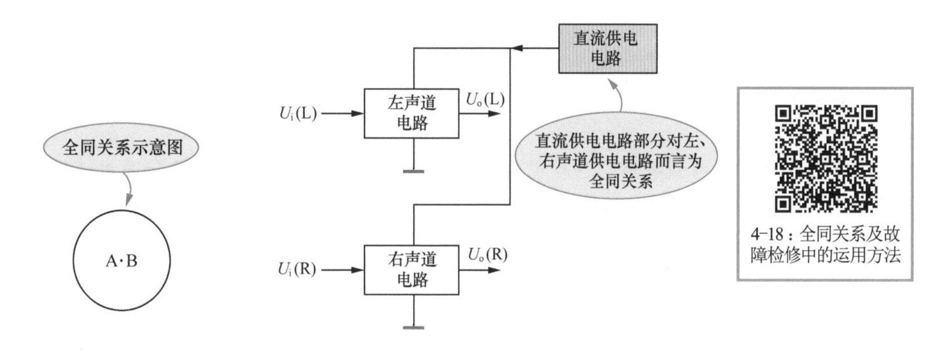

图 4-3　逻辑学中的全同关系示意图

逻辑学中的全同关系定义是：设有两个概念 A 和 B，所有的 A 都是 B，所有的 B 都是 A，那么 A 与 B 之间是全同关系。从图 4-3 中可以看出，A、B 两部分完全相同，相互影响。

2 举例说明

重要提示

左声道和右声道的电源电压供电电路是同一个电路，电源电路为左、右声道电路提供直流工作电压，这就是全同关系。

关于全同概念在电路故障检修中的运用主要说明以下几点。

（1）电源电路同时为左、右声道提供直流工作电压，这部分电路是左、右声道的完全共用电路，一旦电源电路出现故障，将同时影响到左声道电路和右声道电路，使两声道电路出现相同的故障现象。

（2）运用逻辑学的全同原理可以进行反向推理，如果左、右声道电路出现相同的故障现象，就能说明全同部分的电路出现故障，如电源电路。

（3）当电源电路出现无直流工作电压故障时，左、右声道电路同时没有直流工作电压，两声道同时没有信号输出。反之，如果只是左或右声道没有信号输出，则与电源电路无关，因为电源电路只会同时影响两个声道电路的正常工作。

4.3.3 全异关系及故障检修中的运用方法

1 全异关系定义

图 4-4 所示为逻辑学中的全异关系示意图，它又称为不相容关系。

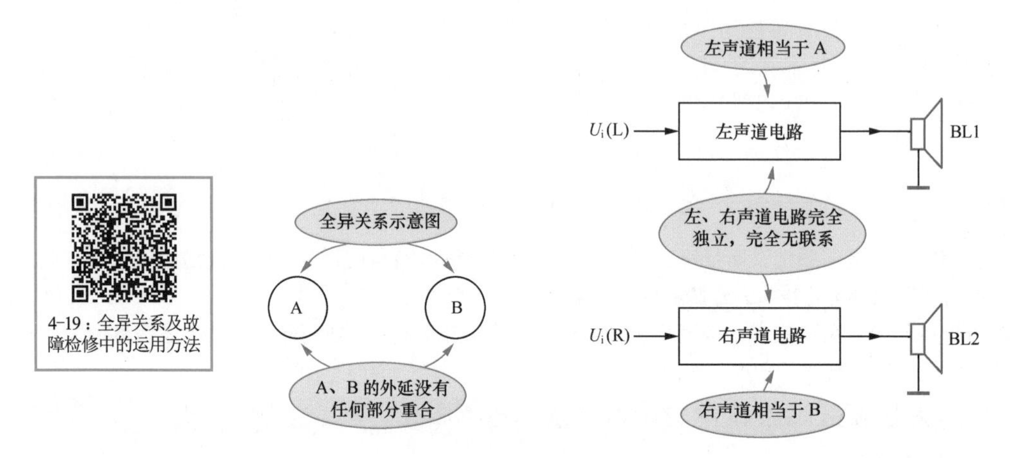

图 4-4 逻辑学中的全异关系示意图

逻辑学中的全异关系定义是：设有两个概念 A 和 B，它们的外延概念没有任何联系，所有的 A 都不是B，所有的 B 都不是 A，这样的关系称为全异关系。从图 4-4 中可以看出，A、B 两部分彼此独立，互不影响。

重要提示

双声道电路中左声道电路与右声道电路之间彼此独立，互不联系，各自放大或处理各自的信号，这样才能得到双声道的立体声音响效果。

全异关系中还有两种关系：矛盾关系和反对关系。

2 矛盾关系

图 4-5 所示为逻辑学全异关系中的矛盾关系示意图。全异关系中的矛盾关系定义是：A 属于 C，B 也属于 C，A 的外延和 B 的外延之和等于 C，这样的全异关系称为矛盾关系。

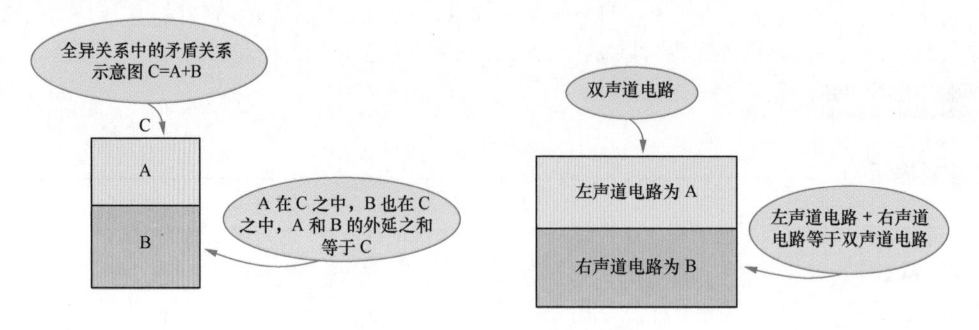

图 4-5 逻辑学全异关系中的矛盾关系示意图

重要提示

双声道电路中的左声道电路 + 右声道电路等于双声道电路，因为双声道电路等于全部的左声道电路加上全部的右声道电路。

3 反对关系

图 4-6 所示为逻辑学全异关系中的反对关系示意图。全异关系中的反对关系定义是：A 属于 C，B 也属于 C，A 的外延和 B 的外延之和小于 C，这样的全异关系称为反对关系。

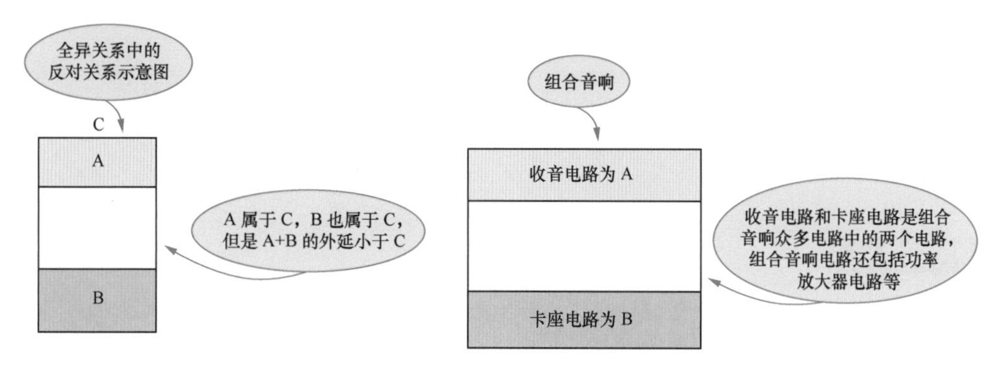

图 4-6 全异关系中的反对关系示意图

重要提示

对于组合音响装置，其中的收音电路和卡座电路只是组合音响众多电路中的两个部分，全部的收音电路加上全部的卡座电路小于组合音响的电路。

关于全异关系概念在电路故障检修中的运用主要说明以下几点。

（1）左声道电路和右声道电路是相互独立的，就是说左声道输入信号只在左声道电路中传输、处理和放大，左声道信号与右声道电路无关。右声道信号一样只与右声道电路相关，与左声道电路无关。

（2）当左声道电路出现故障时，只会影响到左声道信号的传输、处理和放大，而不会影响到右声道信号的正常传输、处理和放大。同理，右声道电路出现故障时，只会影响到右声道信号的传输、处理和放大。

（3）假设左声道出现无声故障，此时试听右声道声音正常，运用逻辑学的全异关系概念可以进行这样的推论：故障出现在左声道电路中，与右声道电路无关。

重要提示

通过上述的逻辑推理，将故障范围从左、右两个声道的电路范围压缩到左声道电路中，即只需要对左声道电路进一步检查，可见通过简单的逻辑推理能大幅度压缩故障范围，大大地简化故障判断工作，这就是逻辑推理的强大功效。

4.3.4 属种关系和种属关系及故障检修中的运用方法

1 属种关系

图 4-7 所示为逻辑学中的属种关系示意图。属种关系的定义是：A 的概念外延与 B 的全部外延重合。

从图 4-7 中可以看出，所有 B 的外延都是 A，但是所有的 A 不是 B，这种 A 与 B 之间的关系就是属种关系，又称真包含关系，即 A 包含 B。

B 是 A 的一部分，B 出现问题会影响到 A 的整体。

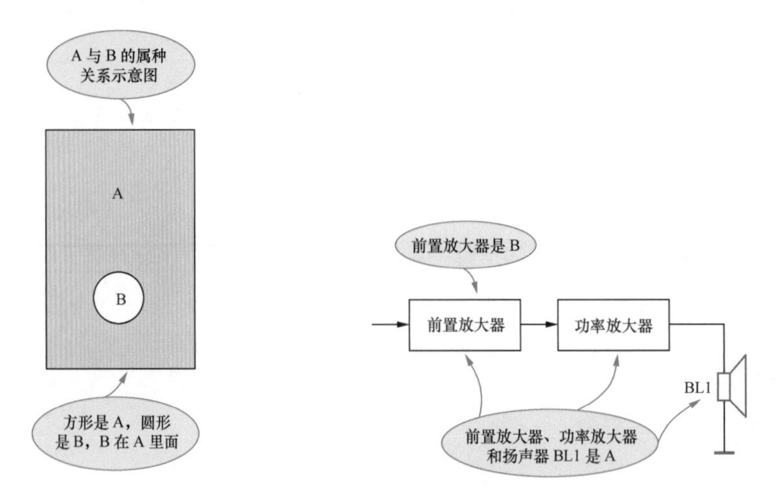

图 4-7　逻辑学中的属种关系示意图

2 种属关系

图4-8所示为逻辑学中的种属关系示意图。种属关系的定义是:A的概念外延与B的部分外延重合。

从图4-8中可以看出，所有A的外延都是B，但是所有的B不是A，这种A与B之间的关系就是种属关系，又称真包含于关系。

在属种和种属关系中，有一个外延较大的概念和外延较小的概念，外延较大的概念称为属概念，外延较小的概念称为种概念。

前置放大器、功率放大器和扬声器BL1构成电路A，功率放大器是电路B（或前置放大器是电路B）。

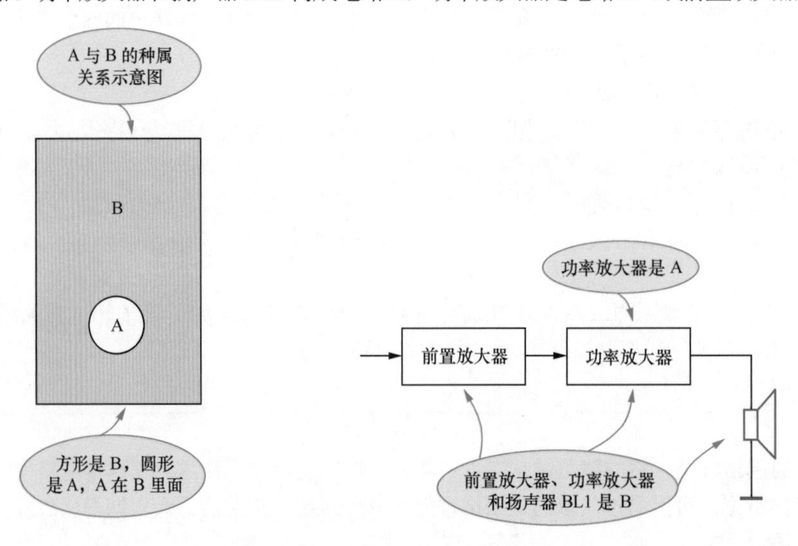

图 4-8　逻辑学中的种属关系示意图

重要提示

关于包含概念在电路故障检修中的运用主要说明下列两点。

（1）B电路只是A电路其中的一部分电路，它出现任何故障都将影响A电路的整体工作性能。例如，功率放大器出现故障导致信号无法通过时，那么整个电路将无信号输出；功率放大器出现故障导致噪声增大时，那么整个电路将出现噪声大故障。

（2）反向逻辑推理时要注意，如果整个A电路出现噪声大故障时，不一定就是功率放大器B电路出现故障，A电路中的前置放大器出现故障也可能会导致噪声大。所以在进行这种反向逻辑推理时要从A电路整体出发，考虑A电路中的各部分电路。

4.3.5　交叉关系及故障检修中的运用方法

图 4-9 所示为逻辑学中的交叉关系示意图。

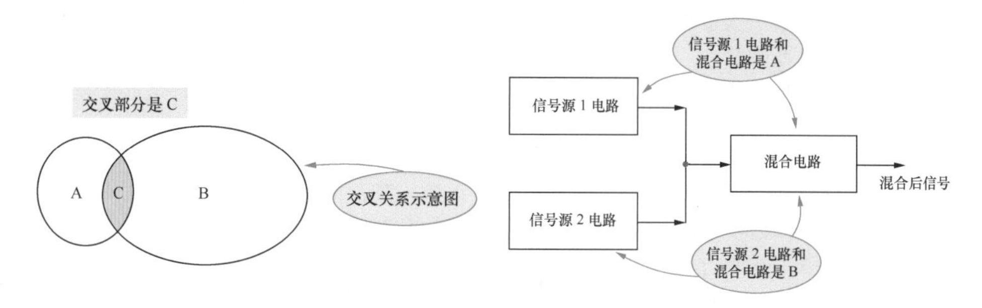

图 4-9　逻辑学中的交叉关系示意图

交叉关系的定义是：一个 A 概念的外延部分与另一个 B 概念的外延部分相重合的关系。

C 部分是 A 和 B 共用的，A、B 其余部分是彼此独立的，混合电路是 A 和 B 的交叉部分电路。当交叉部分 C 电路出现故障时，将同时影响 A 电路和 B 电路的功能。

4.3.6　第一种电路结构下功能判别检查法的实施方法

功能判别检查法可以用于多种故障的检查，这里举数例来说明。

这里以图 4-10 所示的电路为例，介绍功能判别检查法的具体实施过程，电路中两路放大器电路彼此独立，但电源电路是共用的，两部分电路分别放大、处理各自的信号。

在试听无声或声音轻故障时，要让电路进入工作状态，且信号要加到电路的输入端。先试听或试看两路放大器电路有没有正常信号输出，对于视频设备则是试看，将试听或试看的结果分成以下两种情况。

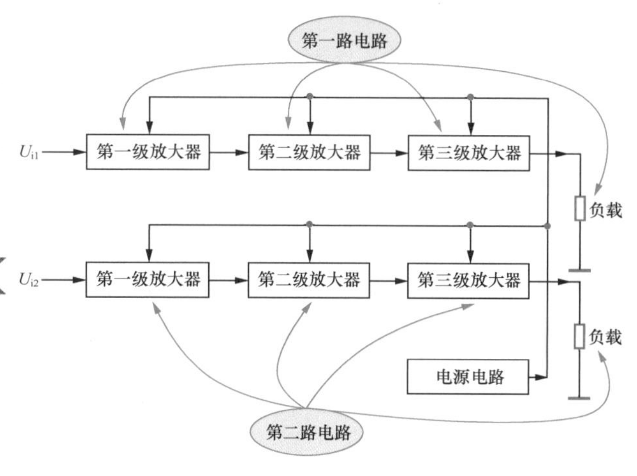

图 4-10　第一种电路结构下功能判别检查法示意图

1　两路放大器电路均没有信号输出

由于两路放大器电路彼此独立，同时出现相同故障的可能性很小，所以可排除放大器出故障的可能性。

电路中，电源电路是两路放大器电路共用的，当电源电路出现故障时，两路放大器电路同时不能工作，将出现没有信号输出的故障，所以此时的重点检查部位是电源电路，由于是没有信号输出故障，所以是电源电路没有直流工作电压或电压太低。

重要提示

对于声音轻（输出信号小）故障，试听方法和故障部位判断方法相同，但由于有信号输出只是输出信号小，这说明直流工作电压是有的，只是比正常值低，因为直流电压低会导致放大器的增益不足。

2　只是一路放大器电路没有信号输出

只是一路放大器电路没有信号输出，另一路信号输出正常。由于有一路信号输出正常，就说明电源电路是正常的，故障出在有故障的这一路放大器电路中。当然，直流工作电压是否加到这一路电路中也要检查。

对于声音轻故障的处理方法与上述方法相同，也是出在有故障的这一路电路中。

3 噪声大故障检查中的实施方法

在试听或试看噪声大（杂波多）故障时，不要给电路输入信号，噪声本身作为一种“信号”会从负载上反映出来。在检查放大器电路的非线性失真故障时，要给放大器输入正弦信号，在负载上用示波器观察信号波形的失真情况。

先试听或试看两路放大器电路有没有噪声大现象，对于视频设备试看有没有杂波干扰，将试听或试看的结果分成以下两种情况。

（1）两路放大器电路均噪声大。由于两路放大器电路彼此独立，同时出现相同故障的可能性很小，所以可排除放大器电路出故障的可能性。这样，电源电路出现故障的可能性很大，如直流工作电压太高会导致噪声输出增大，以及电源滤波性能不好会导致交流声大等。

对于信号失真故障，试听方法和故障部位判断方法相同。

（2）只有一路放大器电路噪声大。由于有一路放大器电路工作正常，就说明电源电路是正常的，故障出在有故障的这一路放大器电路中。另外，没有直流工作电压不会出现噪声大故障。对于失真故障的处理方法相同，也是检查有失真故障的这一路电路。

4.3.7 第二种电路结构下功能判别检查法的实施方法

图 4-11 所示为另一种电路结构情况，电路中的第一级、第二级放大器电路是共用的，指示器电路和第三级放大器电路是独立的，这一电路只放大、处理一个信号。此时分别试听或试看负载和指示器上有没有输出信号，将试听或试看的结果也分成以下两种情况。

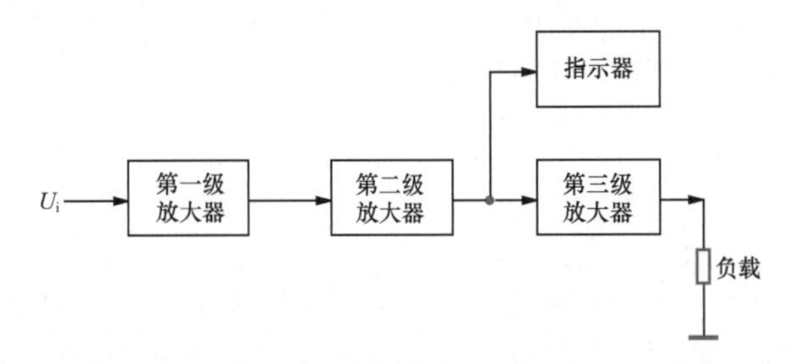

图 4-11 第二种电路结构下功能判别检查法示意图

1 负载上输出无信号但指示器正常指示信号

负载上无输出信号但指示器正常指示信号说明故障出在第三级放大器电路中。根据负载上没有输出信号这一故障现象，可以说明第一级、第二级、第三级放大器电路都有存在故障的可能性，如图 4-12 所示。

但是，指示器指示正常可以说明第一级、第二级放大器电路工作正常，如图 4-13 所示，因为到达指示器和第三级放大器电路的信号都是经过第一级、第二级放大器电路的，这样出问题的只能是第三级放大器电路。

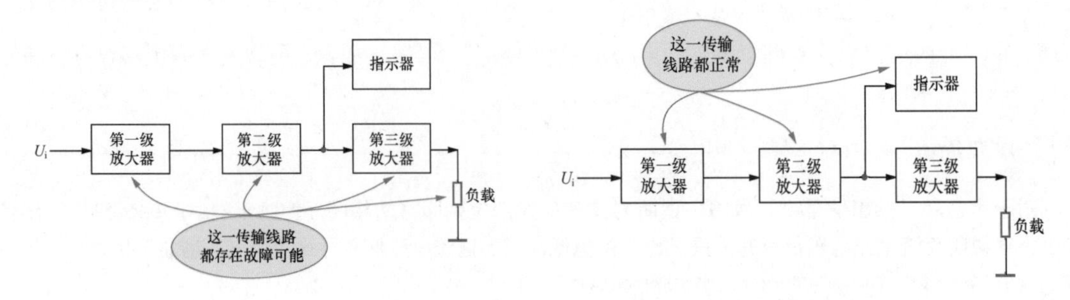

图 4-12 负载上无信号示意图

图 4-13 指示器指示正常示意图

对于负载上输出信号小故障的推理过程与此相同。

2 负载上输出信号正常但指示器不指示信号

由于负载上输出信号正常，说明第一级、第二级、第三级放大器电路均工作正常，问题只可能出在指示器电路本身。

对于指示器指示信号小故障的推理过程也一样。

3　噪声大和非线性失真故障检查中的实施方法

处理这种电路结构的噪声大和非线性失真故障时，要分别试听或试看负载和指示器上有没有噪声，将试听或试看的结果也分成以下两种情况。

（1）负载上噪声大但指示器无噪声指示。这说明噪声故障出在第三级放大器电路中，若第一或第二级放大器电路存在噪声大问题，指示器也会指示噪声信号。

对于负载上出现非线性失真故障的推理过程与此相同。

（2）负载输出信号正常但指示器指示噪声信号。由于负载上的信号正常，说明第一级、第二级和第三级放大器电路工作均正常，只有指示器指示噪声信号，根据电路结构进行逻辑判断可知，问题出在指示器电路本身，因为只有指示器电路独立于第三级放大器电路。

4.3.8　功能判别检查法的适用范围和特点

1　功能判别检查法的适用范围

4-20：功能判别检查法的适用范围

功能判别检查法适用于电路类除完全无声故障之外的各种故障，特别适用于以下几种故障的检查。

（1）声音轻故障。

（2）噪声大故障。

（3）一些机械类故障的检查。

2　功能判别检查法的特点

4-21：功能判别检查法的特点

功能判别检查法具有以下几个特点。

（1）功能判别检查法操作简单，十分有效，但只能起到缩小故障范围的作用，不能直接找到具体的故障部位。缩小故障范围，就能够减少后续的检查工作量。

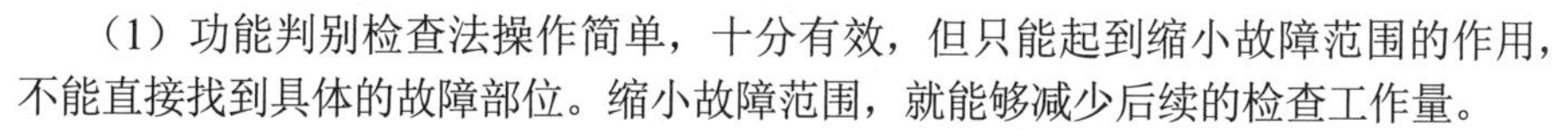

（2）在确定故障类型之后，就采用功能判别检查法缩小故障范围。

（3）在了解整机电路结构框图的情况下，可以不看电路原理图直接进行推理、检查。对于一些高档机器，各种信号的馈入部位变化多，在参照电路原理图时能准确地推断出故障范围（如精确到放大级或转换开关）。

重要提示

在运用功能判别检查法的过程中要注意如下事项。

（1）如果试听或试看机器功能的结果不正确，会在推理时出差错，甚至导致推理的结果相互矛盾，所以试听或试看的结果一定要正确。

4-22：功能判别检查法的注意事项

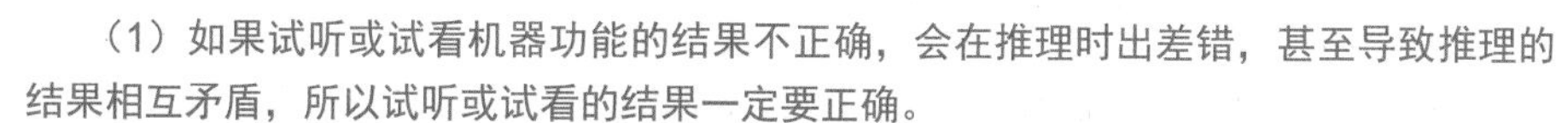

（2）不要用于一些恶性故障的处理，如冒烟、打火、巨大爆炸声等。

4.4　操作简单行之有效的干扰检查法

重要提示

干扰检查法是信号注入检查法的简化形式，它是一种检查电路某些故障十分有效的好方法。它利用人体感应信号作为注入的信号源，根据扬声器有无响声，示波器屏幕上有无杂波，以及响声、杂波的大与小等情况来判断故障部位。

4.4.1　干扰检查法的基本原理

人体能感应许多信号，当用手握住螺丝刀去接触放大器的输入端时，人身上的杂乱感应信号便被送入放大器中进行放大。图 4-14 所示为干扰检查法接线示意图。

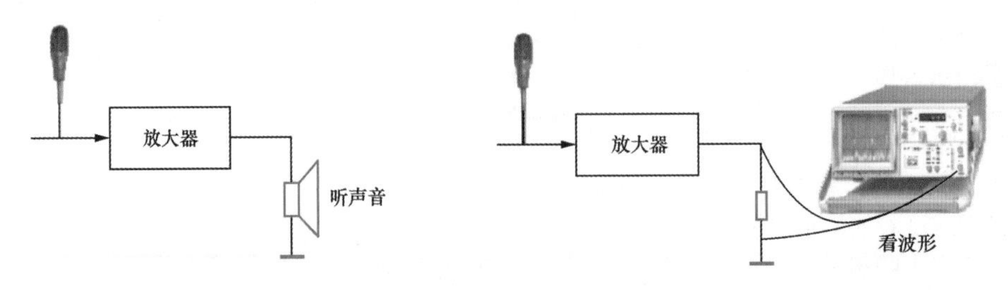

图 4-14　干扰检查法接线示意图

若放大器工作在正常状态，当人身上的这些感应信号施加到放大器传输线路的热端时，如耦合电容的一根引脚上，或三极管的基极、集电极、发射极上，或集成电路的输入引脚上，放大器会放大这些干扰信号，被放大的干扰信号加到扬声器中，扬声器便能发出人身感应响声，加到示波器上，示波器上便会显示杂波干扰。

重要提示

放大器出现故障后，就不能再放大干扰信号，扬声器中就会没有声音或声音变小，示波器屏幕上也会没有杂波或杂波少。根据扬声器发声正常、无声、声轻，示波器中的杂波有无、多少等各种情况，可判断出电路中的故障部位。

4.4.2　干扰检查法的实施方法

这里以图 4-15 所示的多级放大器电路的无声故障为例，说明干扰检查法的实施步骤和具体方法。与检查视频电路的方法基本一样，只是通过观看示波器的情况来判断故障部位。

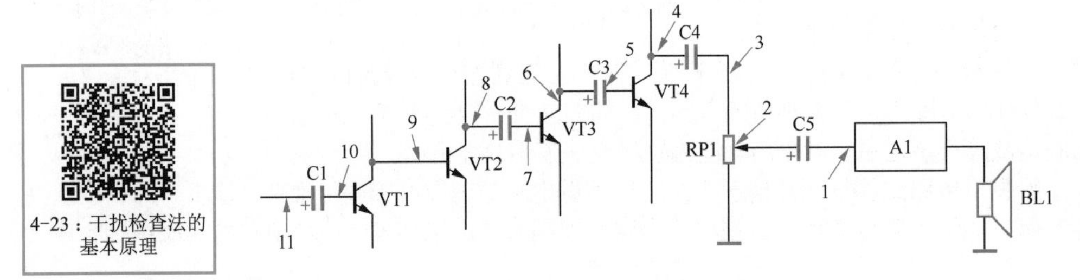

图 4-15　多级放大器电路

重要提示

对这一电路而言，系统的干扰检查点如图 4-15 所示，这些点是用来输入人体干扰信号的。检查时，使放大器电路进入通电工作状态，但不给放大器输入信号，手握螺丝刀断续接触电路中的干扰点。

具体检查过程和方法如下。

1　干扰电路中的 1 点

干扰电路中的 1 点是集成电路 A1 的信号输入引脚，1 点之后的电路具有放大功能。进行这一步检查时，要调大音量电位器 RP1，如果音量电位器 RP1 开关在最小位置，干扰信号会被 RP1 的动片短路到地端而无法加到集成电路 A1 中，如图 4-16 所示，这时就不能进行正常的干扰检查。

图 4-16　干扰信号被短路到地端示意图

如果集成电路有故障，扬声器发声应不正常：声轻，表明 A1 增益不足；无声，表明干扰点 1 到扬声器之间存在故障。

如果集成电路 A1 输出端以后的电路正常，那声轻、无声现象说明集成电路 A1 有问题。

重要提示

如果干扰 1 点时，扬声器响声很大，说明 1 点以后的电路工作正常，应继续向前进行干扰检查。

2 干扰电路中的 2 点

干扰电路中的 2 点应在干扰电路中的 1 点正常之后再进行检查，而且音量电位器 RP1 的动片应该滑到最上端，否则无法进行干扰检查。

此时如果扬声器无声，说明故障出在 1 点与 2 点之间的传输线路中，可能是耦合电容 C5 开路，或是 1 点与 2 点之间的这段铜箔电路开路。

重要提示

如果音量电位器关死，干扰 2 点等于干扰地线，扬声器无声是正常的，在干扰检查中要特别注意这一点，以免产生误判。

如果干扰 2 点时扬声器发声大小与干扰 1 点时发声大小一样，说明 2 点之后的电路工作也正常，应继续向前进行干扰检查。

3 干扰电路中的 3 点

此时如果扬声器无声，说明故障出在 2 点与 3 点之间的传输线路中。干扰电路中的 3 点时，滑动音量电位器的动片将控制扬声器发出的干扰声大小。

音量电位器的动片滑到最上端且不变动的情况下，干扰 1、2、3 点扬声器发出的响声应一样大，因为它们之间没有放大环节，也没有衰减环节。

干扰电路中的 3 点正常后，可检查干扰电路中的 4 点。干扰电路中的 4 点正常后可再检查干扰电路中的 5 点。

4 干扰电路中的 5 点

此时如果扬声器无声，说明故障出在干扰电路中的 4 点与 5 点之间的传输线路中，一般是三极管 VT4 开路；若扬声器发出的响声与干扰 4 点时差不多，甚至更小，则说明 VT4 没有放大能力。正常时，干扰电路中的 5 点时扬声器发出的响声应比干扰电路中的 4 点时大很多。

干扰电路中的 5 点正常后，再逐步向前检查干扰电路中的其他点，直至查出故障部位。

5 干扰电路中的 11 点

此时若扬声器发声很响，且与干扰电路中的 10 点时一样响，比干扰电路中的 9 点时更响，可以说明这一多级放大器电路工作正常。图 4-17 所示为干扰电路中的 11 点时的干扰信号传输线路示意图，说明这一传输线路上的各电路工作均正常。

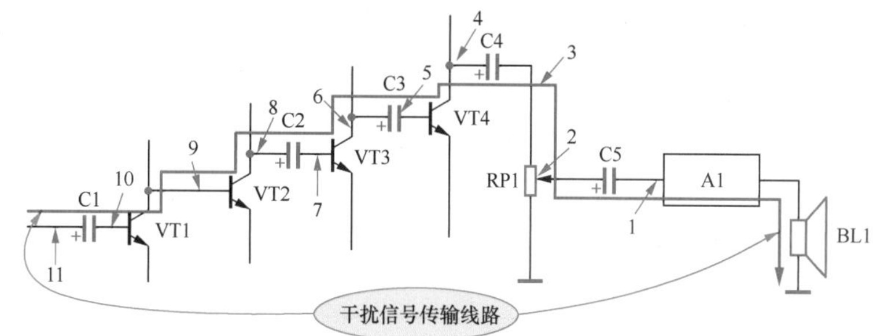

图 4-17 干扰电路中的 11 点时的干扰信号传输线路示意图

4.4.3 干扰检查法的适用范围和特点

1 干扰检查法的适用范围

干扰检查法主要适用于以下几种故障的检查。

（1）无声故障。

（2）声音很轻故障。

（3）没有图像故障。

2 干扰检查法的特点

干扰检查法具有以下一些特点。

（1）检查无声故障和声音很轻故障十分有效。

（2）干扰检查法操作方便，检查的结果能够说明问题。

（3）在通电的情况下实施干扰检查，干扰时只用螺丝刀。

（4）以扬声器响声来判断故障部位，方便。

（5）若有条件可在扬声器上接上毫伏表进行观察，比较直观。

重要提示

在运用干扰检查法的过程中要注意如下事项。

（1）对于彩色电视机的故障，切不可采用上述干扰检查法，因为许多彩色电视机的电路板上是带电的（对大地存在 220V 电压），不能用手握住螺丝刀直接去接触电路板，可以采用测量电压的方式用表棒不断接触电路中的干扰点。

（2）所选择的电路中的干扰点应该是放大器信号传输的热端，而不是冷端（地线），如干扰耦合电容器的两根引脚，不能去干扰地线，若干扰到地线时，扬声器中无响声是正常的，在检查电路时要特别注意，以免产生错误的判断。

（3）干扰检查法最好从后级向前级实施，当然也可以从前向后实施，但这样做不符合检查习惯。

（4）当两个干扰点之间存在衰减或放大环节，但是衰减或放大的量又不大时，扬声器响声大小的变化量也不大，听感不灵敏，容易误判、漏判，此时要用其他方法解决。

（5）当所检查的电路中存在放大环节时，干扰前级应比干扰后级的响声大；当存在衰减环节时，则干扰后级应比干扰前级的响声大；分别干扰耦合电容器的两根引脚时，应该一样响。

（6）对于共发射极放大器电路，干扰基极应比干扰集电极的响声大；对共集电极放大器电路，干扰基极应比干扰发射极的响声大，干扰集电极时无响声是正常的，要分清这两种放大器电路之间的不同点。

（7）干扰低放电路时，音量电位器的动片位置不影响扬声器的响声大小，但当干扰音量电位器的动片或低放电路输入端耦合电容器的两根引脚时，音量电位器应该调大，不能关死，记住这一点，以免产生误判。

3 干扰检查推挽功率放大器电路的注意事项

干扰图 4-18 所示的推挽功率放大器电路中三极管基极时，只要电路中有一只三极管能够正常工作，扬声器中就会有响声，但是响声比两只三极管都工作时稍微轻一些，凭耳朵听很难发现区别，这时往往认为功放输出级电路工作正常，而将此故障点忽略。

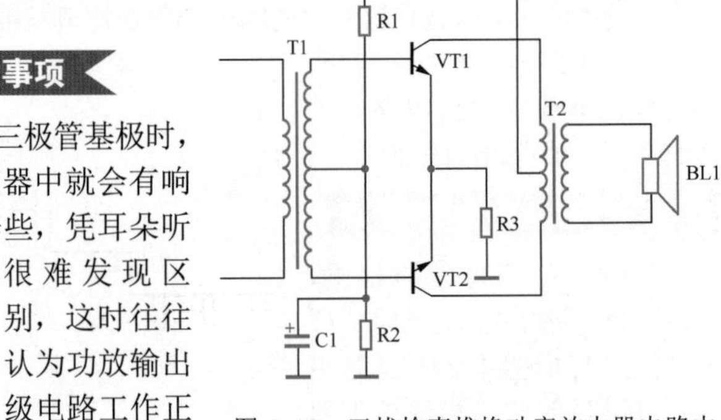

图 4-18 干扰检查推挽功率放大器电路中三极管基极时的示意图

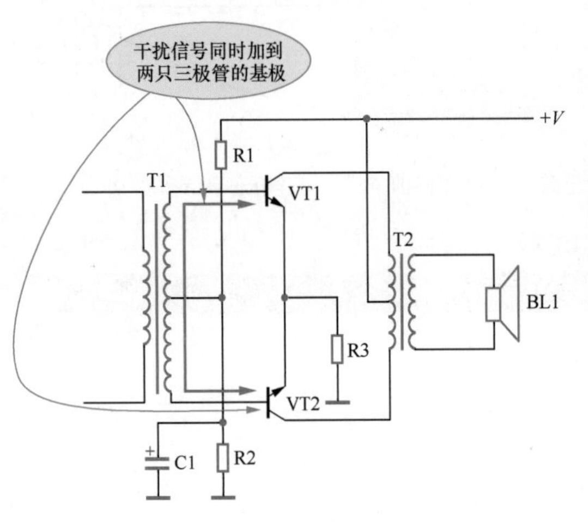

图 4-19 示意图

重要提示

这是因为两只三极管的直流工作电路是并联的，设 VT1 开路，当干扰 VT1 基极时，其干扰信号通过输入耦合变压器的二次绕组加到 VT2 基极，而 VT2 能够正常放大这一干扰信号，如图 4-19 所示，便容易出现上述错误的判断结果。

4　干扰检查集电极－基极负反馈式偏置电路的注意点

当采用集电极－基极负反馈式偏置电路时，干扰三极管基极的信号通过基极与集电极之间的偏置电阻传输到下一级电路，如图 4-20 所示，所以即使该三极管不能工作时扬声器也会发出干扰响声，但响声低，不注意就会放过这个细节。因此，对于这种偏置电路的放大器，一定要求干扰基极时的响声远大于干扰集电极时的响声，否则说明这一级放大器有问题。

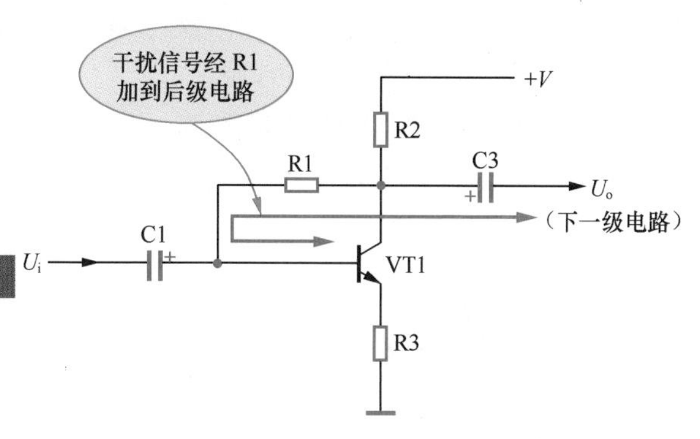

图 4-20　干扰检查集电极－基极负反馈式偏置电路中三极管基极时的示意图

5　干扰检查共集电极放大器电路的注意点

当没有被修理机器的电路原理图而采用干扰检查法时，可以只干扰三极管基极、集电极，这是干扰检查法的简化方式，这对共发射极放大器电路来说是可行的，但不适用于共集电极放大器电路，因为这种放大器电路的输出端是三极管的发射极而不是集电极。

由于没有电路原理图，不知道是什么类型的放大器，所以在干扰集电极扬声器无声后，应再干扰发射极，若干扰发射极扬声器也无响声则可判断图 4-21 所示的为共集电极放大器电路。当干扰 VT1 集电极时，就是干扰电源端，而电源端对交流信号而言是接地的（干扰信号通过 C3 旁路到地端），所以干扰集电极时不会有干扰信号输入放大器中，扬声器无声是正常现象。

6　干扰检查三极管发射极的注意点

当三极管的发射极上接有旁路电容 C4 时，干扰三极管发射极的信号就会通过 C4 旁路到地，如图 4-22 所示，这时干扰信号就不能加到后级电路中，也会造成干扰检查法的错误判断。

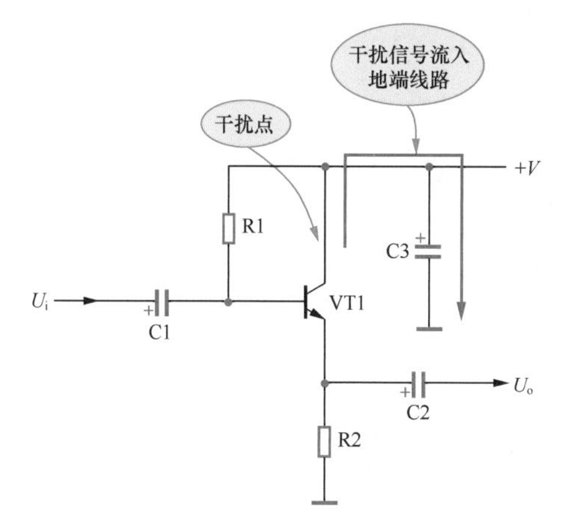

图 4-21　干扰发射极扬声器也无响声则判断为共集电极放大器电路示意图

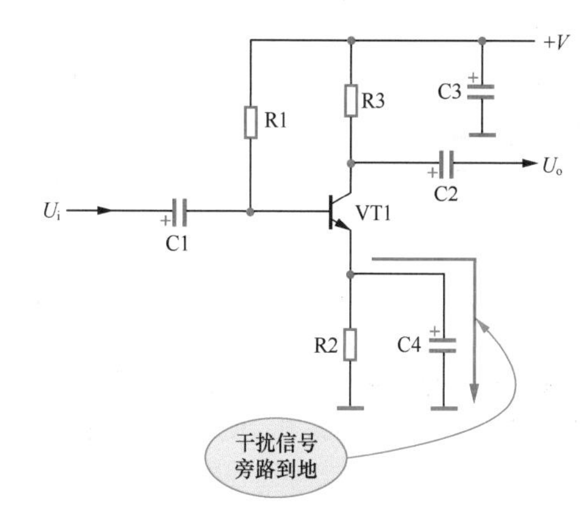

图 4-22　干扰信号旁路到地示意图

4.5　专门检修噪声大故障的短路检查法

重要提示

短路检查法是一种运用有意识的手段使电路中某测试部位对地短接，或电路某两点之间短接，不让信号从这一测试点通过，或使某部分电路暂时停止工作，然后根据扬声器中的噪声情况判断故障部位的方法。对于视频电路则是短路后通过观察图像来判断故障部位。

4.5.1 短路检查法的基本原理

短路检查法主要用于检查噪声大故障。噪声大故障的特点是电路会自发地产生“信号”，即噪声。

短路检查法通过对电路中一些测试点的短接（主要是信号传输热端与地端之间的短接），有意识地使这部分电路不工作，当它们不工作时，噪声也会随之消失，扬声器中也就不会出现噪声。这样通过短路比较便能发现产生噪声的部位。

4.5.2 短路检查法的实施方法

这里以图 4-23 所示的多级放大器电路为例，介绍短路检查法的具体实施方法。

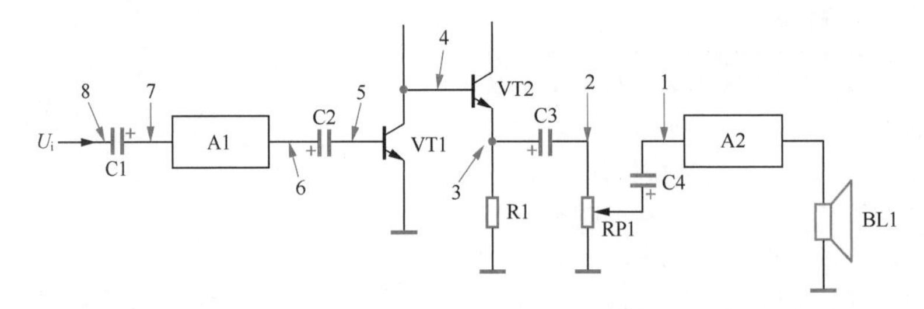

图 4-23 短路检查法实施方法示意图

短路检查法一般是将检测点对地短接，检查到三极管时则将基极与发射极之间直接短接。直接短接一般是用镊子直接将电路短接，如图 4-24 所示，此时将直流信号和交流信号同时短路。

高电位点对地短接检查时，音频放大器电路要用 20μF 以上的电解电容去短接，如图 4-25 所示；对于高频电路可以用容量很小（如 0.01μF）的电容去短接，用电容短接时由于电容的隔直作用，只有交流信号短路而不影响直流信号。

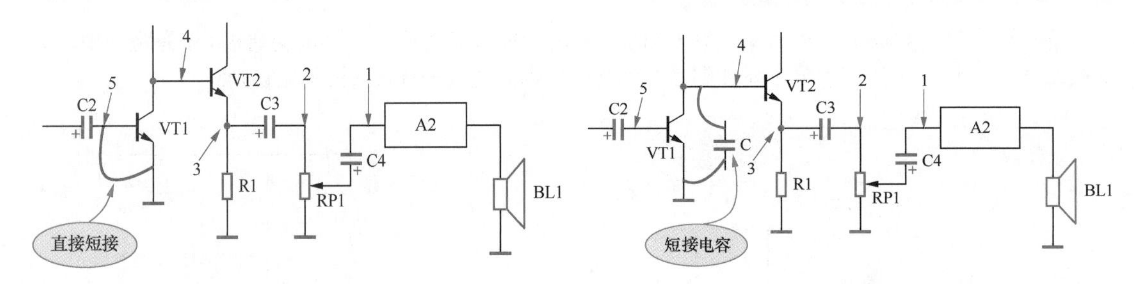

图 4-24 直接短接示意图　　图 4-25 用电容短接示意图

重要提示

短路检查法也是从后级向前级逐点短接检查。

在检查时，要给电路通电，使之进入工作状态，但不输入信号，这时只有噪声出现。

短路检查法的具体实施过程如下。

1 电路中 1 点对地短接检查

在具体电路中，可以将音量电位器的动片置于最小音量位置，此时扬声器中仍然有噪声，说明音频功放集成电路存在噪声大故障，重点的检查对象是集成电路本身及外围电路元器件、引线等。

如果短接 1 点后噪声立即消失，可向前级检查。

2 电路中 2 点对地短接检查

此时若噪声存在（只是减小或大大减小），重点怀疑对象是耦合电容器 C4 及 C4 两根引脚的铜箔电路开路。

对 2 点的短接可以用镊子直接短接，因为有 C3 隔开 VT2 发射极上的直流信号。如果短接 2 点后噪声消失，可检查下一点。

3　电路中 3 点对地短接检查

检查电路中 3 点时，音量电位器可以控制噪声大小。

若此时噪声存在，重点检查部位是 3 点与 2 点之间的这段电路。如果短接 3 点后噪声消失，说明 3 点之后的电路无噪声故障，可继续向前检查。

短接 3 点时要用隔直电容，否则 VT2 发射极直接接地会使 VT1 电流增大许多。

4　电路中 4 点对地短接检查

此时应将三极管基极和发射极之间用镊子直接短接，5 点也是这样。若 4 点短接后噪声消失，而 5 点短接后噪声仍然存在，说明是 VT2 所在放大器电路产生噪声故障。

对 6 点、7 点和 8 点处的检查方法一样。

4.5.3　短路检查法的适用范围和特点

1　适用范围

短路检查法只适用于电路类故障中的噪声大故障和图像类的杂波大故障的检查。

2　特点

短路检查法具有以下几个特点。

（1）只适用于噪声故障的检查，对啸叫故障无能为力，因为啸叫故障是一环路电路产生的，当短接这一环路中的任何一处时，都会破坏产生啸叫的条件而使叫声消失，这样就无法准确判断故障部位。

（2）能够直接发现故障部位，或可以将故障部位缩小到很小的范围内。

（3）使用方便，只用一把镊子或一只隔直电容器。

（4）在无电路原理图、印制电路图的情况下也能进行检查，此时只短接三极管的基极与发射极。

（5）用镊子直接短接结果准确，用电解电容短接时，只能将噪声输出大大降低，但不能消失，有误判的可能。

（6）电路处于通电的工作状态，短路结果能够立即反映出来，具有检查迅速的特点。

（7）无须给电路施加信号源，噪声本身就是一个被追踪的“信号源”。

重要提示

在运用短路检查法的过程中应注意以下几点。

（1）短路检查法一般只需要检查电位器之前或之后的电路，无须两部分都检查。在运用短路检查法之前应将音量电位器关死，如图 4-26 所示。若扬声器仍有噪声，说明故障部位在音量电位器之后的电路中，只需要短路检查音量电位器之后的低放电路。关死音量后，噪声消失，说明故障部位在音量电位器之前的电路中，此时调节电位器，噪声大小受到控制，只需要检查电位器之前的电路。

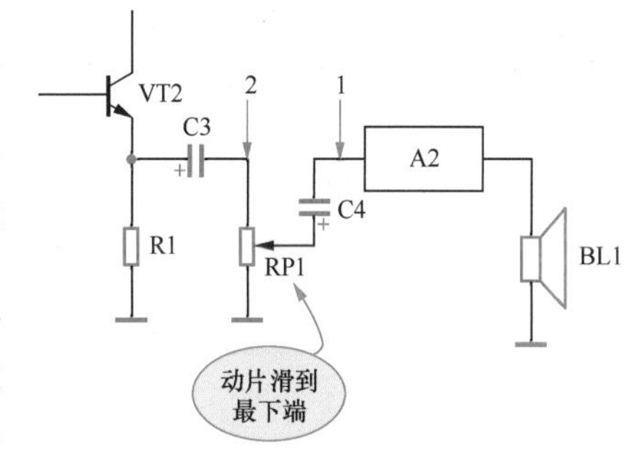

图 4-26　示意图

（2）短路检查法也有简化形式，即只短路电路中三极管的基极与发射极，当发现具体部位后再进一步细分短接点，修理中为提高检查速度往往都是这样操作的。

（3）电路中的高电位点对地短接检查时，不可用镊子进行短接，要用隔直电容对地短接交流通路，以保证电路中的直流高电位不变。所用隔直电容的容量大小与所检查电路的工作频率有关，能让噪声呈通路的电容即可。用电解电容去短接时要特别注意电容器的正、负极性，负极接地。另外，采用电容短接时要注意噪声变化，因为电容不一定能够将所有噪声信号都短接到地端，噪声有明显减小就行，这一步做不好就不能达到预期的检查目的。

（4）对电源电路（整流、滤波、稳压）切不可用短路检查法检查交流声故障。

（5）短路检查时可以在负载（如扬声器）上并接一只真空管毫伏表，如图4-27所示，用来测量噪声电平的输出大小改变情况，从量的角度上进行判断，使检查更加精准。

（6）对于噪声时有时无故障的检查，短路点应用导线焊好，或焊上电解电容，然后再检查故障现象是否还存在。

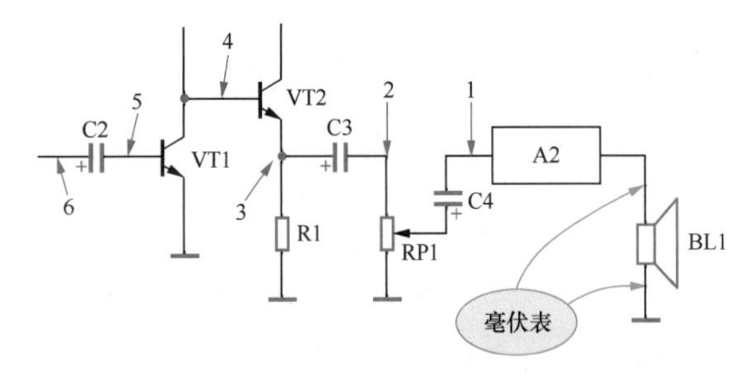

图4-27　示意图

（7）短路检查法对啸叫故障无能为力，也不能用于检查失真、无声等故障。

（8）短路检查法一般是从后级向前级检查，当然也可以倒过来，但不符合平时习惯。

4.6 效果良好的信号寻迹检查法

重要提示

信号寻迹检查法是利用信号寻迹器查找信号流程踪迹的检查方法，这是一种采用仪器进行检查的方法。

4.6.1 信号寻迹检查法的基本原理

一个工作正常的放大器电路，在信号传输的各个环节都应该测得到正常的信号（指所检查电路放大、处理的信号）。当电路发生故障时，根据故障部位的不同，在一部分测试点仍应测得到正常的信号，在另一部分电路中则测不到。信号寻迹检查法就是要查出电路在哪一个部位发生正常信号的遗失、变形等情况。

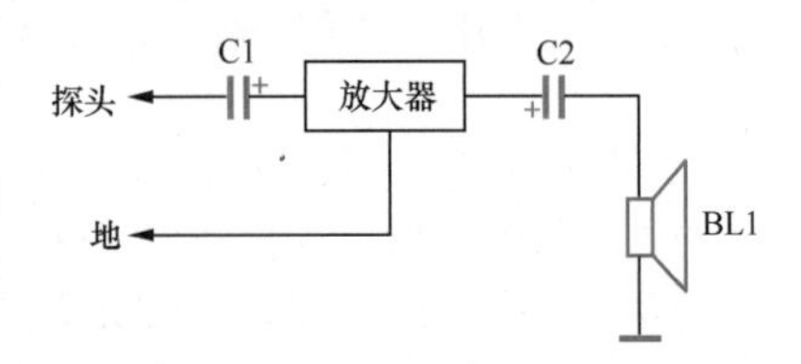

图4-28　自制信号寻迹器示意图

信号寻迹检查法需要一台信号寻迹器。信号寻迹器有专业的，也可以业余自制。图4-28所示为自制信号寻迹器示意图。它只能用来检查音频放大器电路的故障，不能检查收音机等中频、高频放大器电路的故障。

信号寻迹器中的放大器增益要足够大，这样才能检查前置电路。信号寻迹器也可以用真空管毫伏表代替，但此时不是听声音，而是看输出信号电平的大小变化。还可以用示波器作为信号寻迹器（检查电路非线性失真故障时常用），此时是看波形是否失真或信号在*Y*轴方向的幅度大小（这一大小说明了信号的大小）变化。

重要提示

信号寻迹检查法检查音频放大器电路的无声、非线性失真故障时，还需要一个音频信号发生器。对于视频放大器电路，要用专门的信号发生器。

对于噪声大故障，无须信号源，因为噪声本身就是一个有用的“信号源”，此时只需要信号寻迹器。

4.6.2 信号寻迹检查法的实施方法

下面分几种情况介绍信号寻迹检查法的具体操作过程。

1 检查放大器电路非线性失真故障的方法

这里以检查图4-29所示的音频放大器电路的非线性失真故障为例。给电路通电，使之进入工作状态，用音频信号发生器送出很小的正弦信号，地端引线接放大器的地端，信号输出引线接输入端耦合电容器C1，这样就可将信号送入放大器中。

（1）采用示波器作为信号寻迹器在电路中的1点探测正弦波信号（示波器有两根测量输入引线，地端引线接放大器的地端，另一根接电路中的1点），此时应该得到一个标准的正弦波波形，否则说明耦合电容器C1有故障。

（2）信号寻迹器再移至电路中的 2 点，如果此时示波器上的波形失真（此时应适当调整示波器输入信号衰减旋钮），说明信号经过前置放大器电路放大后失真，重点怀疑对象是这一集成电路。若在电路中的 2 点得到一个正常的波形，可检查下一个测试点。

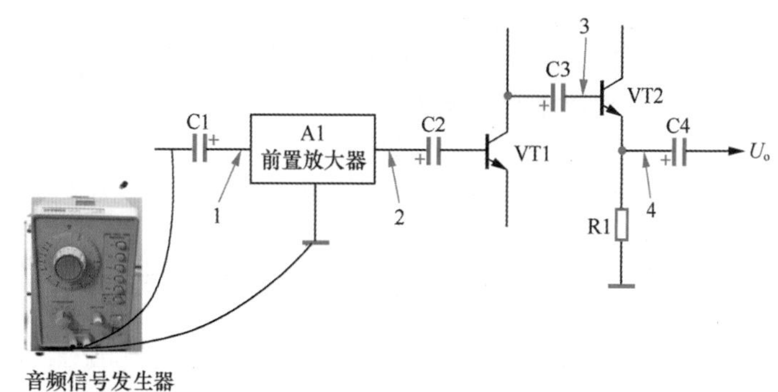

图 4-29　音频放大器电路的非线性失真故障示意图

（3）信号寻迹器再移至电路中的 3 点，此时若波形出现失真，说明 2 点与 3 点之间的电路出现故障，应检查 C2 是否漏电、VT1 工作是否失常等。用同样的方法逐步检查电路中的其他各个点，便能检查到故障部位。

2 检查放大器无声故障的方法

若检查这个电路的无声故障，应注意听信号寻迹器中的扬声器的响声。如在电路中的 2 点测得有正弦波信号响声，但移至 3 点后响声消失，说明故障出现在 2 点与 3 点之间的电路中，这是要重点检查的部位。用同样的方法对后边的检测点进行检查。

3 检查放大器噪声大故障的方法

重要提示

当检查这一电路的噪声大故障时，不必输入正弦波信号，通电让放大器工作，此时出现噪声大故障。

信号寻迹器接在电路中的 2 点处，若存在噪声，说明噪声源在 2 点之前的电路中，应重点检查这部分电路。若 2 点处无噪声出现，信号寻迹器可移至 3 点处，若 3 点处也无噪声出现，信号寻迹器再移至 4 点处，若此时信号寻迹器中的扬声器发出噪声，说明故障出现在 3 点与 4 点之间的电路中，应重点检查 VT2 放大器电路。

4.6.3 信号寻迹检查法的适用范围和特点

1 适用范围

信号寻迹检查法主要适用于电路类失真故障的检查，此外还可以用于无声故障、噪声大故障和声音轻故障的检查。

2 特点

信号寻迹检查法具有以下几个特点。

（1）采用示波器作为信号寻迹器检查放大器电路的非失真故障是比较有效且直观的。

（2）采用真空管毫伏表作为信号寻迹器，能从量的角度上判断故障部位，因为表上有 dB 挡，各级放大器之间的增益是分贝加法的关系。如前级放大器测得的增益为 10dB，后级测得的增益为 20dB，说明这两个测试点之间的放大环节增益为 10dB，利用这一点可以比较方便地检查声音轻故障。

（3）信号寻迹器能听到声音反应，在没有专用的信号寻迹器时可以自制一台，也可以用一台收音机的低放电路作为信号寻迹器。

（4）信号寻迹检查法是干扰检查法的反作用过程。

（5）信号寻迹检查法在检查无声、失真故障时需要标准的正弦波信号源。

重要提示

在运用信号寻迹检查法的过程中应注意以下几点。

（1）信号寻迹检查法对无声、声音轻、噪声大、失真故障的检查有良好的效果，不过由于操作比较麻烦和一般情况下没有专门仪器的原因，除检查电路类非失真故障外，其他场合一般不用这种检查方法，另外在遇到疑难杂症时也会使用这种。

（2）使用时要注意测试电路的大体结构，信号寻迹器的探头一根接地线，另一根接信号传输线的热端，两根都接到热端或地端，将检测不到正确的结果。另外，还要注意共集电极放大器和共发射极放大器电路的三极管输出电极是不同的。

（3）测量前置放大器电路时，信号寻迹器的增益应调整得较大。测试点在后级放大器电路中时，寻迹器增益可以调小些。

（4）注意信号寻迹器、示波器、真空管毫伏表的正确操作，否则容易得到错误的结果，从而影响正确判断。

4.7 “立竿见影”的示波器检查法

重要提示

示波器检查法是利用示波器作为检查仪器的检查方法。检查音频放大器电路时，一台普通示波器和一台音频信号发生器就能胜任。在一般的专业修理部门，示波器是必不可少的仪器。

在检查视频电路时，要用到频率更高的示波器和其他信号发生器。

4.7.1 示波器检查法的基本原理

利用示波器能够直观显示放大器电路输出波形的特点，根据示波器上所显示信号波形的情况（是否有波形，是否失真，Y轴幅度大小，有无噪声及频率高低），判断故障部位。

4.7.2 示波器检查法检查无声或声音轻故障的方法

示波器检查法在检查音频放大器电路时需要一台音频信号发生器作为信号源，检查电视机电路时需要电视信号发生器作为信号源。

检查时，示波器接在某一级放大器电路的输出端。根据不同的检查项目，示波器的接线位置也有所不同，图4-30所示为检查音频放大器电路时的示意图。

示波器检查法主要是通过观察放大器电路输出端的输出波形来判断故障性质和部位。检查时，给放大器电路通电，使之进入工作状态，在被检查电路的输入端送入标准测试信号，示波器接在某一级放大器电路的输出端，观察输出信号波形。

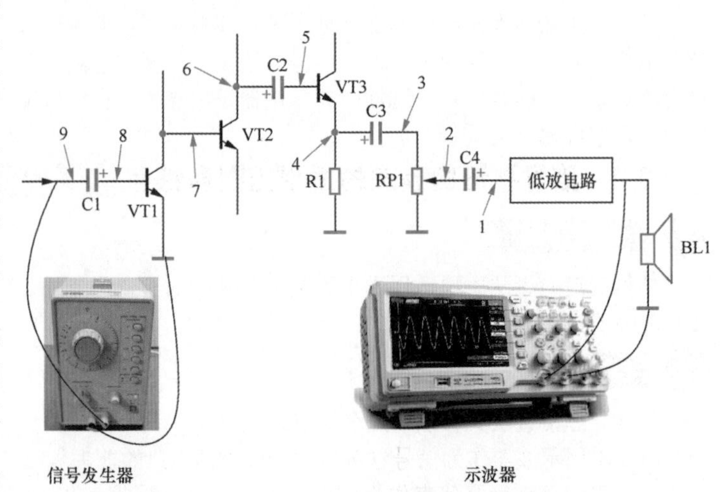

图4-30 检查音频放大器电路时的示意图

为了查出具体是哪一级电路发生故障，可将示波器逐点向前移动，见图4-30中的各个测试点，直至查出故障部位。如在4点没有测到信号波形，再测5点，若信号波形显示正常，说明故障出在4点和5点之间的电路中，重点检查VT3放大器电路。这一检查过程与信号寻迹检查法相同。

4.7.3 示波器检查法的适用范围和特点

1 适用范围

示波器检查法主要适用于电路类失真故障的检查，此外还可以用于无声故障、声音轻故障、噪声大故障和振荡器电路故障等的检查。

2 特点

示波器检查法具有以下一些特点。

（1）示波器检查法非常直观，能直接观察到故障信号的波形，易于掌握。

（2）示波器检查法在寻迹检查法的配合下，可以进一步缩小故障范围。

（3）为检查振荡器电路提供了强有力的手段，能客观、醒目地指示振荡器的工作状态，比用其他方法检查更为方便和有效。

（4）示波器检查法需要一台示波器及相应的信号源。

重要提示

在运用示波器检查法的过程中应注意以下几点。

（1）仪器的测试引线要经常检查，因为经常扭折容易在皮线内部发生断线，会给检查、判断带来麻烦。

（2）要正确掌握示波器的操作方法，信号源的输出信号电压大小调整要恰当，输入信号电压太大将会损坏放大器电路，造成额外故障。

（3）示波器检查法的操作过程比较麻烦，一定要耐心、细心。

（4）示波器 Y 轴方向幅度表征信号的大小，幅度大信号就强，反之则弱。当然，在不同的衰减条件下是不能一概而论的。

（5）射极输出器电路中三极管基极和发射极上的信号电压大小是基本相等的，要注意到这一特殊情况。

4.8 全凭“手上功夫”的接触检查法

重要提示

所谓接触检查法就是通过对所怀疑部件、元器件的手感接触，来判断故障部位的方法，这是一个经验性比较强的检查方法。

4.8.1 接触检查法的基本原理

接触检查法通过接触所怀疑的元器件、机械零部件时的手感，如烫手、振动、拉力大小、压力大小、平滑程度、转矩大小等情况，来判断故障部位。

这种方法存在一个经验问题，如拉力正常值和非正常值、振动达到什么程度可以判断其不正常等。解决这些问题要靠平时积累的经验，也可以通过对比同类型机器的手感来确定。

4.8.2 接触检查法的实施方法

接触检查法的具体实施方法主要有以下几种。

1 拉力手感检查法

拉力手感检查法主要是针对电子电器中的机械类故障，如对电动机传动皮带张力的检查，方法是：沿皮带法线方向用手指拉皮带，如图 4-31 所示，以感受皮带的松紧，正常情况下，手指稍微用力，皮带应变形不大。初次采用此方法时可在工作正常的机器上试一试。

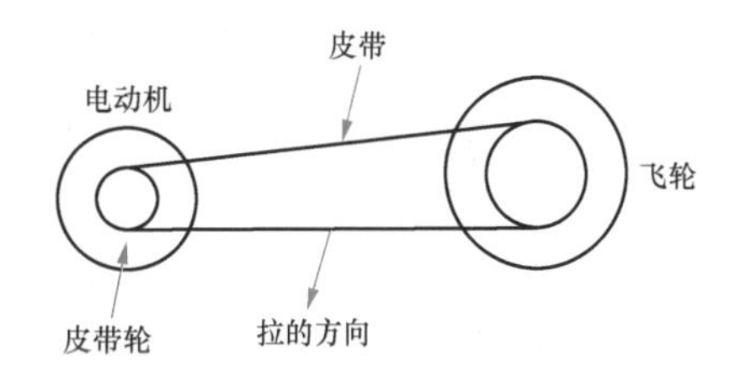

图 4-31 沿皮带法线方向用手指拉皮带示意图

当皮带设在机壳的下面时，可用螺丝刀代替手指去感受皮带松紧。拉力手感检查法还适用于录音机中的录放小轴传动带、计数器传动带，以及收音机中的调谐打滑时的调盘拉线等的检查。

2 振动手感检查法

振动手感检查法主要适用于电动机的振动检查。可以直接接触电动机外壳、电动机皮带轮，检查它们是否存在振动。

一些振动幅度不大的部件，用肉眼观察是不易发现的，而用这种接触检查法能方便、快速地发现故障部位。

3 阻力手感检查法

阻力手感检查法主要适用于机械故障的检查。对机械机构上的一些平动件进行检查时，用手指拨动这些平动件，在其滑动过程中根据受到阻力的大小来判断故障部位。此外，这种检查方法还用于转动件转动灵活性的检查。

4 温度手感检查法

温度手感检查法主要适用于电动机、功放管、功放集成电路、通过大电流的元器件的温度检查。当用手接触到这些元器件时，如果发现有烫手的现象便可以说明有大电流流过这些元器件，故障就在这些元器件所在的电路中。

重要提示

电动机外壳烫手，那是转子摩擦定子引起的；三极管、集成电路、电阻烫手，那是过电流引起的；电源变压器烫手，那是二次侧负载存在短路故障引起的。烫手的程度能反映出故障的严重程度。

4.8.3 接触检查法的适用范围和特点

1 适用范围

接触检查法主要适用于机械类故障的检查，此外还适用于电路中的过电流故障的检查。

2 特点

接触检查法具有以下一些特点。

（1）接触检查法方便、直观、操作简单。

（2）要求手感经验比较丰富，否则很难正确地判断故障部位。

（3）在进行有些手感检查时，若不能准确判断故障部位，则需其他方法协助。

（4）接触检查法能够直接找出故障的具体部位。

（5）具有直接发现、确定故障部位的特点。

（6）对元器件发热故障的检查效果最好。

重要提示

在运用接触检查法的过程中要注意以下几点。

（1）检查元器件温度时，要用手指的背面去接触元器件，这样比较敏感。注意温度太高会烫伤手指，所以第一次接触元器件时要加倍小心。

（2）检查电源变压器时要注意人身安全，在断电的情况下进行检查。另外要用手指背面迅速碰一下变压器外壳，以防止烫伤手指。

（3）温度手感检查能够直接确定故障部位，当元器件的温度很高时，说明流过该元器件的电流很大，但该元器件还没有烧成开路。

（4）在进行接触检查时要注意安全，一般情况下要在断电后才能进行。对于彩色电视机切不可在通电状态下进行接触检查。

4.9 “以毒攻毒”的故障再生检查法

重要提示

故障再生检查法就是设法让机器的故障现象反复再生（即反复出现故障），以便发现更多的与故障相关的现象和问题，为判断故障部位提供线索。

4.9.1　故障再生检查法的基本原理

故障再生检查法的基本原理是：有意识地让故障重复发生，并设法让故障缓慢发生、变化、发展，以便提供充足的观察机会、次数、时间，在观察中寻找异常现象，力求直接发现故障原因。所以，故障再生检查法要在直观检查法的配合下进行。

4.9.2　故障再生检查法的实施方法

故障再生检查法主要用于两类故障的检查：一是机械类故障，二是电子电路中由不稳定因素造成的故障。

1　机械类故障的检查方法

检查机械类故障时，主要是为了抓住在操作过程中或某个杆件动作过程中影响故障出现、消失的机会，也可以是为了反复观察某个机构的工作原理而使所要检查的机构反复动作，即使它们缓慢转动、移动，以便观察它们的变化情况，如转动速度、有无振动和晃动、移动阻力和位移等。一次观察不行再来一次，这样反复让故障出现、消失，以便有充分的观察机会。

2　不稳定因素造成的故障检查方法

不稳定因素造成的故障指的是电子电路故障，如时响时不响、机器一会儿工作正常一会儿不正常等由不稳定因素造成的故障。对待它们，可以通过各种方式使故障出现、消失，让它们反复变化，以便找出哪些因素对故障的出现、消失有影响。如拨动某元器件会影响故障的发生，再拨动故障又消失，那么这一元器件就是重点检查对象，也有可能是元器件本身存在接触不良故障。

重要提示

为了使故障现象反复出现、变化，可以采取拨动元器件、拉拉引线、摇晃接插件、压压电路板、拍打一下机壳以及拆下电路板等措施。

4.9.3　故障再生检查法的适用范围和特点

1　适用范围

故障再生检查法主要适用于以下两种类型故障的检查。

（1）机械类故障，特别是对机械机构工作原理不熟悉时的故障检查。

（2）由不稳定因素造成的电子电路故障，如时响时不响、有时失真、有时噪声大等故障。

2　特点

故障再生检查法具有以下一些特点。

（1）需要有直观检查法的密切、熟练配合才能获得理想效果。

（2）故障再生检查法能够直接找出故障部位。

（3）设法让故障现象分解、缓慢变化，给检查故障提供机会，以找出影响故障现象变化的关键因素。

（4）具有一定的破坏性，有些故障出现次数太多会扩大元器件的损坏面。

（5）能够转化故障性质，即将不稳定的故障现象转化成稳定的故障现象，以方便检查。

（6）在没有电路图的情况下使用此检查方法。

重要提示

在运用故障再生检查法的过程中需要注意以下几点。

（1）对于一些打火、冒烟、发热、巨大爆破声故障，要慎重、小心地采用故障再生检查法，稍微不注意就可能扩大故障范围。不过，使用此法能够很快地确定故障的具体部位。在通电时，要严密注视机内情况，一旦发现问题要立即切断电源开关。

（2）在运用故障再生检查法转化故障性质时，要具体情况具体分析，一般以不损坏一些贵重元器件、零部件为前提。在转化过程中，动作不要过猛，尽可能不使机械零部件变形、元器件损坏。

（3）故障再生检查法并不适用于所有故障的检查，对于一些故障现象稳定的故障，不宜运用此法。

4.10 利用对标原理的参照检查法

 **重要提示**

参照检查法是一种利用比较手段来判断故障部位的方法，此法对解决一些疑难杂症具有较好的检查效果。

4.10.1 参照检查法的基本原理

参照检查法就是利用一个工作正常的同型号的电子电器、一套相同的机械机构、一张电路结构十分相近的电路原理图、立体声音响设备的一个声道电路等作为标准参照物，运用移植、比较、借鉴、引申、参照、对比等手段，查出具体的故障部位。

 **重要提示**

从理论上讲，参照检查法可以查出各种各样的故障原因，因为只要对标准参照物和故障机器进行系统性对比，必能发现工作正常机器和有故障机器在电路的某个部位上其电压或电流的不同之处，或机械装置的不同之处，这就是具体的故障部位。但是，如此使用参照检查法费功费事，必须有选择地运用参照检查法。

4.10.2 参照检查法的实施方法

参照检查法主要运用在以下几个方面。

1 图纸参照检查方法

对于没有电路原理图的电子电器，可以采用图纸参照检查方法，包括以下两种情况。

（1）利用同型号相近系列电子电器的电路原理图作为参照电路图，如同型号机器电路图等。

（2）利用在电路板上的直观检查，查出功放电路是什么类型、集成电路是什么型号等，然后去找典型应用电路图来作为标准参照图。对于集成电路，可查看集成电路手册中的典型应用电路，用这些电路图来指导修理。

2 实物参照检查方法

实物参照检查方法包括以下两种情况。

（1）修理双声道音响设备的某一个声道故障时，可以用另一个工作正常的声道作为标准参照物。例如，要知道输入级三极管集电极上的直流电压大小，可在工作正常与不正常的两个声道输入级三极管集电极上测量直流电压，两者相同，说明输入级三极管工作正常，两者不相同，说明故障部位就在输入级电路中。

（2）利用另一台同型号机器作为标准参照物。

3 机械机构参照检查方法

检查机械机构故障时，对机芯上各个机构的工作原理不够了解时，可以另找一只工作正常的机芯进行参照，对比一下它们的相同和不同之处，对不同之处再进行进一步的分析、检查。

4 装配参照检查方法

在拆卸和装配机壳或机芯上的一些部件时，装配出现困难，如某零部件不知该如何固定，此时可参照另一个相同的部件或机器，将正常的机械部件小心拆下，观察它是如何装配的。

4.10.3 参照检查法的适用范围和特点

1 适用范围

参照检查法主要适用于以下几种情况。

（1）没有电路原理图时的参照。

（2）装配十分困难、复杂时的参照。

（3）对机械故障无法下手时的参照。

（4）立体声音响设备中只有一个声道出现故障时的参照。

2 特点

参照检查法具有以下一些特点。

（1）具体参照检查的方法、内容是很多的，需要灵活、有选择地运用，才能事半功倍。

（2）参照检查法能够直接查出故障部位。

（3）需要有一定的修理资料基础，如各种电子电器电路原理图册、音响和视频集成电路应用手册等。

（4）运用此法最重要的是进行比较，去同存异，这是最大的特点。

（5）参照检查法关键是要有一个标准参照物。

重要提示

在运用参照检查法的过程中要注意以下几点。

（1）避免盲目采用参照检查法，否则工作量会很大，应在其他检查法做出初步判断后，再对某一个比较具体的部位运用参照检查法。

（2）参照检查过程的操作要正确，如果在正常的机器上采集的数据不准确，就无法进行比较，以免误判。

（3）在进行装配参照时，要小心拆卸工作正常的机械装置，否则拆下后容易损坏或不能重新装好。

4.11 十分可爱的万能检查法

万能检查法俗称代替检查法，它是一种对所怀疑部位进行代替的检查方法。

4.11.1 万能检查法的基本原理

当对电路中的某个元器件产生怀疑时，可以运用质量可靠的元器件去代替它工作（更换所怀疑的元器件）。如果代替后故障现象消失，说明怀疑、判断属实，也就找到了故障部位；如果代替后故障现象仍然存在，说明怀疑错误，同时也排除了所怀疑的部位，缩小了故障范围。

重要提示

从理论上讲，万能（代替）检查法能检查任何一种故障，即使故障十分隐蔽，只要通过一步步地代替处理，最终是一定能够找到故障部位的。但是，这样做是不切实际的，一是代替过程中的工作量大，二是代替过程中会损坏电路板等。所以，代替检查法必须坚持简便、速效、创伤小的原则，要有选择地运用。

4.11.2 万能检查法的实施方法

由于万能（代替）检查法操作过程的特殊性，它主要运用在以下几个方面。

1 只有两根引脚的元器件代替检查方法

当怀疑某个元器件的两根引脚出现开路故障时，可在不拆下所怀疑元器件的情况下，用一只质量好的元器件直接并联在所怀疑元器件的两根引脚焊点上。如果故障属实，机器在代替后应恢复正常工作，否则说明两根引脚无故障。这样代替检查操作很方便，无须用烙铁焊下元器件。

2 贵重元器件代替检查方法

为了确定一些价格较贵的元器件是否出现问题，可先进行代替检查，在确定它们确实有问题后再购买新的，以免盲目买来造成浪费。

3 操作方便的元器件代替检查方法

如果所需要代替检查的元器件、零部件暴露在外，具有足够的操作空间方便拆卸，这种情况下可以考虑采用代替检查法，但对于那些多引脚的元器件不宜轻易采用此法。

4 疑难杂症故障的代替检查方法

对于软故障，由于检查十分不方便，此时可以对所怀疑的元器件适当进行代替检查，如对电容漏电故障的检查等。

5 某一部分电路的代替检查方法

在检查故障过程中，当怀疑故障出在某一级或某几级放大器电路中时，可以将这一级或这几级电路进行整体代替，而不是只代替某个元器件，通过这样的代替检查可以缩小故障范围。

4.11.3 万能检查法的适用范围和特点

1 适用范围

万能（代替）检查法适用于任何一种故障的检查（电路类或机械类故障），对疑难杂症故障更为有效。

2 特点

万能（代替）检查法具有以下一些特点。

（1）能够直接确定故障部位，对故障检查的正确率为百分之百，这是它的最大优点。

（2）需要一些部件、元器件的备件才能方便实施。

（3）合理、有选择地运用代替检查法能获得较好的效果，否则不但没有收获，反而会进一步损坏电路。

（4）在有些场合下拆卸的工作量较大，比较麻烦。

重要提示

在运用代替检查法的过程中要注意以下几点。

（1）对于多引脚的元器件（如多引脚的集成电路等）不要采用代替检查法，应采用其他方法。

（2）坚决禁止大面积采用代替检查法，大面积代替显然是盲目的、带有破坏性的。

（3）在进行代替检查时，拆卸元器件一定要小心，操作不仔细容易会造成新的问题。代替完毕后装配元器件也一定要小心，否则会出现新的故障部位，影响下一步的检查。

（4）当所需要代替检查的元器件在机壳底部且操作不方便时，如有其他办法可不用代替检查法，只能使用代替检查法时，要先做一些拆卸工作，使所要代替的元器件充分暴露在外，以便有较大的操作空间。

（5）代替检查法若采用直接并联的方法，可以在机器通电的情况下直接临时并联，也可以在断电后用烙铁焊上。对于需要焊下的元器件的代替检查，一定要在断电情况下操作。

（6）代替检查法应该是在检查工作的最后几步才采用，即在故障范围已经缩小的情况下使用，切不可在刚开始检查时就使用。

（7）除有利于使用代替检查法的情况外，应首先考虑采用其他检查方法。

4.12 最常用且有效的电压检查法

重要提示

电子电路在正常工作时，电路中各点的工作电压表征了一定范围内元器件、电路工作的情况，当出现故障时工作电压必然发生改变。电压检查法运用电压表查出电压异常情况，并根据电压的异常情况和电路工作原理进行推断，找出具体的故障原因。

4.12.1 电压检查法的基本原理

电压检查法的基本原理是：通过检测电路某些测试点的工作电压有还是没有、偏大或偏小，判别产生电压变化的原因，这一原因就是故障原因。

电路在正常工作时，各部分的工作电压值是唯一的（也有可能在很小范围内波动），当电路出现开路、短路、元器件性能参数变化等故障时，电压值必然会产生相应的改变，电压检查法的任务就是检测这一变化，并加以分析。

重要提示

一般电压检查法主要是测量电路中的直流电压，必要时也可以测量交流电压、信号电压的大小。

4.12.2　电压检查法的实施方法

1　测量项目

各种电子电器中的电压测量项目是不同的，主要有以下几种电压类型。

（1）交流市电电压。它为 220V、50Hz。

（2）交流低电压。它为几伏至几十伏、50Hz，不同情况下有所不同。

（3）直流工作电压。在音响类设备中它为几伏至几十伏，在视频类设备中为几百伏，高压则为上万伏。

（4）音频信号电压。它为几毫伏至几十伏。

重要提示

检测上述几种电压，除电视机中的超高压之外，需要交流电压表、直流电压表和真空管毫伏表。

2　测量交流市电电压

测量方法也很简单，将万用表拨至交流 250V 挡或 500V 挡，测量电源变压器一次绕组两端，应为 220V；若没有一次绕组，则测量电源插口两端的电压，应为 220V。

3　测量交流低电压

测量交流低电压时，用万用表的交流电压挡适当量程，测量电源变压器二次绕组两端，若有多个二次绕组时，要先找出所要测量的二次绕组，再进行测量。

在交流市电电压输入正常的情况下，若没有低电压输出，绝大多数是电源变压器的一次绕组开路，二次绕组因线径较粗断线的可能性很小。

4　测量直流工作电压

测量直流工作电压时，用万用表的直流电压挡适当量程，具体测量项目如下所示。

（1）整机直流工作电压（指整流电路输出电压）。

（2）电池电压。

（3）某一放大级电路的工作电压或某一单元电路工作电压。

（4）三极管的各电极直流工作电压。

（5）集成电路各引脚工作电压。

（6）电动机的直流工作电压等。

重要提示

测量直流工作电压时，用万用表直流电压挡适当量程，黑表棒接电路板地线，红表棒分别接所要测量点。整机电路中各关键测试点的正常直流工作电压有专门的资料，在无此资料时要根据实际情况进行分析。以下几种测量结果都是正确的。

（1）整机直流工作电压在空载时比工作时要高出许多（几伏），越高说明电源的内阻越大。所以，在测量这一直流电压时要在机器进入工作状态后再进行。

（2）整机中整流电路输出端的直流电压最高，沿 RC 滤波、退耦电路逐级降低。

（3）有极性电解电容两端的电压，正极端应高于负极端。

（4）测得电容两端的电压为零时，只要电路中有直流信号工作，就说明该电容器已经短路。电感线圈两端的直流电压应十分接近零，否则必是开路故障。

（5）当电路中有直流工作电压时，电阻器两端应有电压降，否则此电阻器所在电路必有故障。

（6）测得电感器两端的直流电压不为零时，说明该电感器已经开路。

5 测量音频信号电压

音频信号是一个交变量，与交流电相同，但工作频率很高。普通万用表的交流挡是针对 50Hz 交流电设计的，所以无法用来准确测量音频信号电压，需要使用真空管毫伏表。

在一般场合下不要求测量音频信号电压，因为真空管毫伏表并不像万用表那么普及。通常，用真空管毫伏表检查故障时要测量如下几个项目。

（1）测量功率放大器的输出信号电压，以便计算输出信号功率。

（2）测量每一级放大器输入、输出信号电压，以检查放大器电路的工作状态。

（3）测量传声器输出信号电压，以检查传声器的工作状态。

4.12.3 电压检查法的适用范围和特点

1 适用范围

电压检查法适用于各种有源电路故障的检查，特别适用于交流电路故障、直流电路故障以及其他电路故障的检查。

2 特点

电压检查法具有以下一些特点。

（1）测量电压时，万用表是并联连接的，无须对元器件、电路进行任何调整，所以操作相当方便。

（2）电路中的电压数据能明确说明问题，对故障的判断非常可靠。

（3）详细、准确的电压测量需要整机电路图中的有关电压数据。

重要提示

在运用电压检查法的过程中要注意以下几点。

（1）测量交流市电电压时，注意单手操作，安全第一。测量交流市电电压之前，要先检查电压量程，以免损坏万用表。

（2）测量前要分清交、直流挡，对于直流电压还要分清表棒极性，红、黑表棒接反后指针会反方向偏转。

（3）在测量很小的音频信号电压（如测量传声器的输出信号电压）时，要选择好量程，否则测不到、测不准，影响正确判断。使用真空管毫伏表时要先预热，使用一段时间后要校零，以保证低电平信号测量的精度。

（4）在有标准电压数据时，将测得的电压值与标准值对比；在没有标准电压数据时，电压检查法的运用有些困难，要根据具体情况进行分析和判断。

4.13 准确高效的电流检查法

电流检查法是通过万用表测量电路中流过某测试点工作电流的大小来判断故障部位的方法。

4.13.1 电流检查法的基本原理

电子电器中都是采用晶体管电路，在这种电路中，直流工作电压是整个电子电路工作的必要条件，直流电路能否正常工作直接关系到整个电路的工作状态。例如，为了使放大器能够正常放大信号，要给三极管施加静态直流偏置电流，直流工作电流的大小直接关系到对音频信号的放大情况。所以，电流检查法主要是通过测量电路中流过某一测试点的直流电流的大小来推断交流电路的工作情况，从而找出故障部位。电流检查法不仅可以测量电路中的直流电流的大小，还可以测量交流电流的大小，但由于一般情况下没有交流电流表，所以通常是去测量交流电压。

4.13.2　电流检查法的实施方法

1　测量项目

电流检查法主要有下列几个测量项目，在针对不同故障时可选择使用。

（1）测量集成电路的静态直流工作电流。

（2）测量三极管的集电极静态直流工作电流。

（3）测量整机电路的直流工作电流。

（4）测量直流电动机的工作电流。

（5）测量交流工作电流。

2　测量集成电路的静态直流工作电流

测量集成电路的静态直流工作电流的具体方法是：将万用表直流电流挡串联在集成电路的电源引脚回路（断开电源引脚的铜箔电路，黑表棒接已断开的集成电路电源引脚）中，不给集成电路输入信号，此时所测得的电流即为集成电路的静态直流工作电流。

3　测量三极管的集电极静态直流工作电流

三极管的集电极静态直流工作电流能够反映三极管当前的工作状态（如是饱和还是截止），具体测量方法是：断开集电极回路，串入直流电流表（万用表的直流电流挡），使电路处于通电状态，在无输入信号的情况下所测得的直流电流即为三极管的集电极静态直流工作电流。

关于这一电流检查法还要说明以下几点。

（1）测量电流要在直流工作电压（+ *V*）正常的情况下进行。

（2）若测得的电流为零，说明三极管在截止状态；若测得的电流很大，说明三极管在饱和状态，两个都是故障，要重点检查偏置电路。

（3）具体的工作电流大小应查找有关的修理标准资料，将所测得的电流数据与标准资料进行对比，偏大或偏小均说明测试点所在的电路出现故障。

（4）在没有具体的电流标准资料时，要先了解前级放大器电路中的三极管直流工作电流比较小，以后各级逐级略有增大。

（5）功放推挽管的静态直流工作电流在整机电路的各放大管中为最大，约为 8mA，两个推挽管的直流工作电流相同。

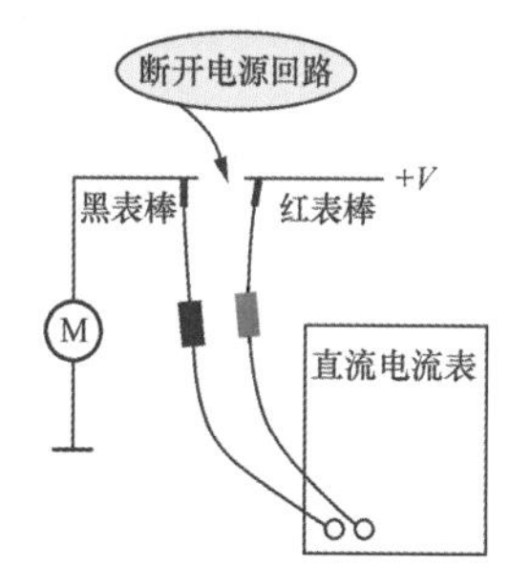

图 4-32　测量直流电动机的工作电流接线示意图

4　测量直流电动机的工作电流

图 4-32 所示为测量直流电动机工作电流接线示意图。直流电流表串联在电动机的电源回路中，电动机不同转矩下会有不同大小的电流，转矩增大电流也增大。

5　测量整机电路的直流工作电流

修理中，有时需要通过测量整机直流工作电流的大小来判断故障性质，因为这一电流大小能够大体上反映出机器的工作状态。当工作电流很大时，说明电路中存在短路故障；而工作电流很小时，说明电路中存在开路故障。整机直流工作电流大小的测量应在机器直流工作电压正常的情况下进行。

6　测量交流工作电流

测量交流工作电流主要是为了检查电源变压器空载时的损耗，一般是在重新绕制电源变压器，电源变压器空载发热的情况下才去测量，测量时将交流电流表（一般万用表上无此挡）串联在交流市电回路上，测量交流工作电流时表棒没有正负极性之分。

4.13.3　电流检查法的适用范围和特点

1　适用范围

电流检查法主要适用于过电流、无声、声音轻等故障的检查。

2 特点

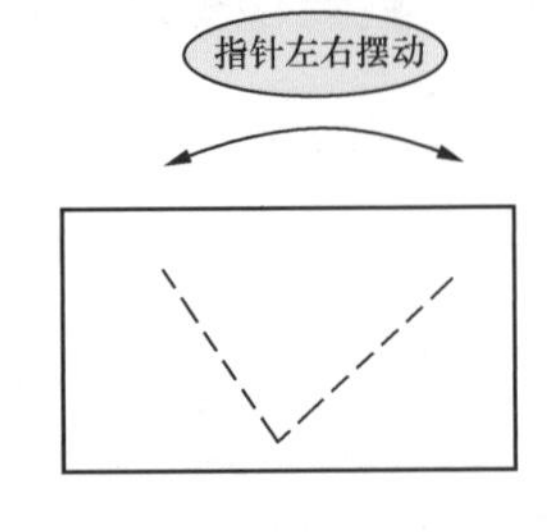

图 4-33 电流表指针左右摆动示意图

电流检查法具有以下几个特点。

（1）在用电压检查法、干扰检查法失效时，电流检查法能起决定性作用，如对一只推挽管开路故障的检查。推挽电路中的两只三极管在直流状态下是并联的，通过测量每一只三极管的集电极静态直流工作电流的大小就可以发现是哪只三极管出现开路故障。

（2）电流表必须是串接在回路中的，所以需要断开测试点电路，操作比较麻烦。

（3）电流检查法可以迅速查出三极管和其他元器件发热的原因，因为元器件异常发热时，说明它的工作电流非常大，通过测量它的工作电流大小就能确定故障部位。

（4）在测量三极管的集电极直流工作电流、集成电路的直流工作电流时，如果输入音频信号，电流表指针将忽左忽右地摆动，如图 4-33 所示，这能粗略估计三极管、集成电路的工作状况，指针摆动说明它们能够放大信号，指针摆动的幅度越大，说明信号越强。

（5）采用电流检查法需要了解一些电流资料，当有准确的电流数据时，便能迅速判断出故障的具体部位；没有准确资料时，确定故障会有些困难。

重要提示

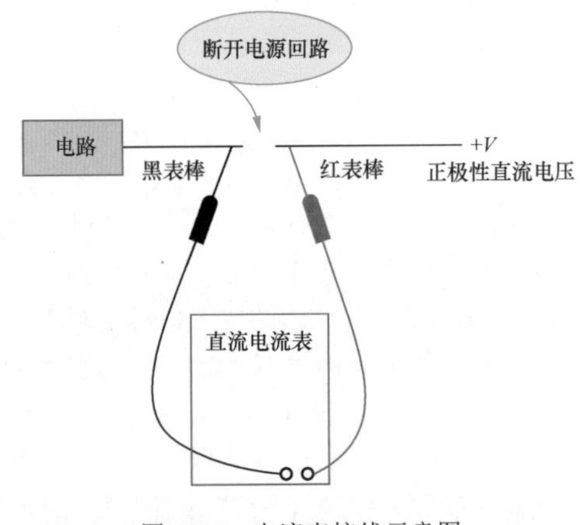

图 4-34 电流表接线示意图

在运用电流检查法的过程中应注意以下几点。

（1）因为测量中要断开电路，有时是断开铜箔电路，记住测量完毕后要焊好断口，否则会影响下一步的检查。

（2）在测量大电流时要注意电流表的量程，以免损坏电流表。

（3）测量直流电流时要注意表棒的极性，在认清电流流向后再串入电流表，电流从红表棒流入，黑表棒流出，如图 4-34 所示，以免电流表反向偏转而打弯指针，影响表头精度。

（4）对于发热、短路故障，测量电流时要注意通电时间越短越好，做好各项准备工作后再通电，以免烧坏元器件。

（5）由于测量电流比测量电压麻烦，所以应该先用电压检查法检查，无效时再用电流检查法。

4.14 频繁使用的电阻检查法

电阻检查法是一种通过万用表欧姆挡检测元器件质量、电路的通与断、电阻值的大小，来判断具体故障部位的方法。

4.14.1 电阻检查法的基本原理

一个工作正常的电路在常态时（未通电），某些电路应呈通路状态，有些应呈开路状态，有些则有一个确切的电阻值。电路工作失常时，这些电路、阻值状态会发生变化，如阻值变大或变小、电路由开路变成通路或由通路变成开路。电阻检查法要查出这些变化，然后根据这些变化判断故障部位。

另外，许多电子元器件是可以通过万用表的欧姆挡对其质量进行检测的，这也属于电阻检查法的范畴。

4.14.2 电阻检查法的实施方法

1 检测项目

电阻检查法主要有以下几个检测项目。

（1）开关件的通路与开路检测。

（2）接插件的通路与开路检测。

（3）铜箔电路的通路与开路，以及电路的通路与开路检测。

（4）元器件质量的检测。

2 铜箔电路通路与开路的检测

铜箔电路较细又薄，常有断裂故障，而且发生断裂时肉眼很难发现，此时要借助于电阻检查法。测量时，可以分段测量，当发现某一段铜箔电路开路时，先在 2/3 处刮去铜箔电路上的绝缘层，测量两段铜箔电路，然后在存在开路的那一段继续测量或分割后测量。断头一般在元器件的引脚焊点附近，或在电路板容易弯曲处。

电阻检查法还可以确定铜箔电路的走向，由于一些铜箔电路弯弯曲曲而且很长，凭肉眼不易发现电路从这端走向另一端，此时可采用测量电阻的方法来确定，电阻为零的是同一段铜箔电路，否则不是同一段铜箔电路。

3 元器件的质量检测

这是最常用的检测手段，在检测到电路板上某个元器件损坏后，也就找到了故障部位。

4.14.3 电阻检查法的适用范围和特点

1 适用范围

电阻检查法适用于所有电路类故障的检查，不适用于机械类故障的检查，这一检查方法对确定开路、短路故障有特效。

2 特点

电阻检查法具有以下一些特点。

（1）检查电路通路与开路有奇特效果，判断结果十分明确，对插口、接插件的检查很方便、可靠。

（2）电阻检查法可以在电路板上直接检测，使用方便。

（3）修理中大量用到测量通路、开路、阻值大小，电阻检查法全部胜任。

（4）某些通路时能发出响声的数字式万用表检查通路非常方便，不必查看表头，只需听声。

（5）电阻检查法可以直接找出故障部位。

重要提示

在运用电阻检查法的过程中应注意以下一些问题。

（1）严禁在通电的情况下使用电阻检查法。

（2）检测通路时用万用表的 R×1Ω 挡或 R×10Ω 挡。

（3）在电路板上测量时，应测两次，以两次中电阻较大的一次为准（或作为参考值），不过在使用数字式万用表时就不必测两次。

（4）对元器件的质量有怀疑时，可从电路板上拆下该元器件后再进行测量，对多引脚元器件则要另用其他方法先检查。

（5）检测铜箔电路时，要注意铜箔电路表面是涂上绝缘漆的，要先用刀片刮去绝缘漆进行测量。

（6）在检测接触不良故障时，表棒可用夹子夹住测试点，再摆动电路板，如果指针有断续表现电阻大时，说明存在接触不良故障。

4.15 针对性很强的单元电路检查法

4.15.1 单元电路检查法的基本原理

重要提示

单元电路检查法是一种综合性的检查方法，专门用来检查某一单元电路，具有很强的针对性。不同的单元电路所采用的具体方法是不同的，这里只介绍单元电路检查法的基本原理和有关注意事项。

单级放大器电路或单元电路具有一定的工作特性，特别是直流工作特性、未通电状态下的元器件电阻特性。检查电路的异常情况是单元电路检查法的主要目的，通过检测到的异常情况，并结合电路工作正常时的情况，便可直接找出故障部位。

单级放大器电路、单元电路中的元器件不多，又相对集中，单元电路检查法通过电阻检查法、电压检查法、电流检查法、直观检查法和代替检查法的优选采用，能直接查出故障的具体原因，这是一种综合性的检查方法。

关于这种检查方法的具体实施方法将在后面的具体单元电路故障检查中专门介绍。

4.15.2 单元电路检查法的适用范围和特点

1 适用范围

单元电路检查法适用于各种电路类故障的检查。

2 特点

单元电路检查法具有以下特点。

（1）电压、电流和电阻测量等的综合运用。

（2）能够直接查出故障原因。

（3）主要运用万用表进行检查。

（4）在给放大器电路通电、不通电的情况下分别检查有关项目，测试比较全面，针对性很强。

重要提示

在运用单元电路检查法的过程中应注意以下几点。

（1）这一检查方法是在已经将故障范围缩小到某一个单元电路之后再使用，这样才能迅速、准确地查出具体的故障原因。

（2）通电时只能测量电压、电流，测量电阻时要断电。

（3）一般应先测量电压，后测量电流或电阻，配合运用直观检查法，最后采用代替检查法证实。

（4）对于有源电路可以按上述顺序进行检查，对于无源电路不需要测量电压、电流。

4.16 “实践出真知”的经验检查法

重要提示

经验检查法是运用修理经验检查故障的一种有效方法，若运用得当、判断准确，可获得事半功倍的效果。

4.16.1 经验检查法的基本原理

经验检查法的基本原理是：运用以往的修理经验，或移植他人的修理经验，在对故障现象进行分析后，直接对某个具体部位采取措施，修好机器。

4.16.2 经验检查法的实施方法

1 直接处理

在修理一些常见、多发故障时，从试听检查中已经得知，故障现象与以前处理的某一例故障完全一样，而且以前的那例处理结果是知道的，那么本例可直接采取与那例相同的措施，省去系统的电路检查过程。这种直接处理要求判断准确，否则无效。

2 快速修理

快速修理通过试听检查，迅速判断出故障原因，并用简化的检查方法验证一下判断的正确性后便可做出处理，免去了按部就班的操作过程。

4.16.3　经验检查法的适用范围和特点

1　适用范围

经验检查法适用于任何故障的检查，特别适用于一些常见、多发故障的检查，对一些已经遇到过的特殊故障更为有效。

2　特点

经验检查法具有以下一些特点。

（1）运用经验检查法原理，可以简化其他的检查法，如快速干扰检查法、快速短路检查法等。

（2）具有迅速、见效快的特点。

（3）需要有丰富的实践经验，要善于总结自己的修理经验，又能灵活运用他人的修理经验来指导自己的修理。

重要提示

在运用经验检查法的过程中要注意以下几点。

（1）直接处理要有一定的把握，否则会变成盲目的代替检查。

（2）在不太熟练的情况下，对一些多引脚元器件不要采用直接处理的方法，以免判断不准确造成许多麻烦。

（3）要及时总结修理经验，如修理完一台机器后做修理笔记。

4.17　操作简便的分割检查法

重要提示

分割检查法主要用于噪声大故障的检查，是一种通过切断信号的传输线路来缩小故障范围的检查方法。

4.17.1　分割检查法的基本原理

当噪声出现时，说明噪声产生部位之后的电路处于正常工作状态。将信号传输线路中的某一点切断后，若噪声消失，说明噪声的产生部位在切割点之前的电路中；若噪声仍然存在，说明故障出在切割点之后的电路中。通过分段切割电路，可以将故障范围缩小很多。

4.17.2　分割检查法的实施方法

先通过试听检查将故障范围缩小，再将故障范围内的电路进行分割，如断开级间耦合电容的一根引脚，在不输入信号的情况下通电试听，若噪声消失，接好断开的电容后再将前面一级电路的耦合电容断开；若噪声仍然存在，则将后一级电路的耦合电容断开，这样可以将故障范围缩小到某一级电路中。

4.17.3　分割检查法的适用范围和特点

1　适用范围

分割检查法主要适用于噪声大故障的检查。

2　特点

分割检查方法具有以下特点。

（1）检查中要断开信号的传输线路，有时操作不方便。

（2）对噪声大故障的检查比短路检查法更为准确。

（3）有时对电路的分割要切断铜箔电路，对电路板有一些损伤。

重要提示

在运用分割检查法的过程中要注意以下几点。

（1）对于噪声大故障要先用短路检查法，当这一检查方法不能确定故障部位时再用分割检查法。

（2）在对电路进行切割、检查后，要及时将电路恢复原样，以免造成新的故障现象而影响电路正常工作。

（3）在对电路进行分割时，要在断电的情况下进行。

4.18 专查热稳定性差故障的加热检查法

加热检查法通过对电路中某元器件进行加热，然后根据加热后观察到的故障现象的变化确定该元器件是否存在问题。

4.18.1 加热检查法的基本原理

当怀疑某个元器件因为工作温度高而导致某种故障时，可以用电烙铁对其进行加热，以模拟它的故障状态，若加热后出现相同的故障，说明该元器件的热稳定性不良。

采用加热检查法可以缩短检查时间，因为通过给电路通电使该元器件工作温度升高，时间较长，而通过人为加热则可以大大缩短检查时间。

4.18.2 加热检查法的实施方法

对某元器件进行加热的方法有以下两种。

（1）用电烙铁加热，即将电烙铁头部放在被加热元器件附近使之受热。

（2）用电吹风加热，即用电吹风对准被加热元器件吹热风。

4.18.3 加热检查法的适用范围和特点

1 适用范围

加热检查法主要适用于以下几种情况。

（1）怀疑某个元器件热稳定性差，主要是三极管、电容器等。

（2）怀疑某个线圈受潮。

（3）怀疑某部分电路板受潮。

2 特点

加热检查法具有以下一些特点。

（1）加热过程的操作比较方便，能够很快验证所怀疑的元器件是否有问题。

（2）可直接处理一些由受潮而引起的故障，如可以处理线圈受潮使 Q 值下降，从而导致电路性能变差的故障。

重要提示

在运用加热检查法的过程中要注意以下几点。

（1）用电烙铁加热时，电烙铁头部不要碰到元器件，以免烫坏元器件。

（2）使用电吹风加热时，不要距元器件或电路板太近，并注意加热时间不要太长。为防止烫坏电路中的其他元器件，可以用一张纸放在电路板上，只在被加热元器件处开个孔。

（3）加热操作可以在机器通电的情况下进行，也可以断电后进行。

4.19 简便而有效的清洗处理法

这是一种利用清洗液通过清洗零部件、元器件来消除故障的方法，对有些故障此法是十分有效的，而且操作方便。

4.19.1　清洗处理法的基本原理

使用纯酒精来清洗元器件、零部件，消除脏物、锈迹和接触不良现象，达到排除故障的目的，在修理中有许多情况需要采用这种方法来处理故障。

4.19.2　清洗处理法的实施方法

清洗处理法主要在以下一些场合中使用。

1　清洗开关件

开关件的最大问题是接触不良故障，通过清洗处理是可以解决这一问题的。此时设法将清洗液滴入开关件内部，可以打开开关的外壳，或从开关操纵柄缝隙处滴入，再不断地拨动开关操纵柄，让开关触点充分摩擦、清洗。

2　清洗机械零部件

对于一些机械零部件也可用这种清洗法处理故障。

4.19.3　清洗处理法的适用范围和特点

1　适用范围

清洗处理法主要适用于能够进行清洗的开关件、电位器等电子元器件和一些机械零部件，这些元器件和零部件的主要问题是接触不良、灰尘、生锈等，会造成无声、声轻、啸叫、噪声等故障。

2　特点

清洗处理法具有以下两个特点。

（1）操作比较方便，对一些特定故障的处理效果良好。

（2）用纯酒精清洗无副作用，纯酒精挥发快、不漏电。

重要提示

在运用清洗处理法的过程中应注意以下几点。

（1）必须使用纯酒精，若酒精中含有水分会出现漏电、元器件生锈等问题，在通电状态下清洗时，会漏电而烧坏电路板及相关元器件。

（2）清洗要彻底，有时只需要简单清洗便能使故障消失，但在使用一段时间后又会重新出现故障，彻底清洗能改善这种情况。

（3）清洗时最好用滴管，操作方便。再备上一只针筒（医用针筒），以方便对机壳底部元器件、零部件的清洗。

（4）从广义角度上讲，对机内电路板上的灰尘等可用刷子清除，这也是清洗处理法范围内的措施。

4.20　专门对付虚焊的熔焊处理法

熔焊处理法是一种通过用电烙铁重新熔焊一些焊点来排除故障的处理方法。

4.20.1　熔焊处理法的基本原理

一些虚焊点、假焊点会造成各种故障现象，这些焊点有的看上去表面不光滑，有的则表面光滑而内部虚焊。熔焊处理法可以有选择性地、有目的地、有重点地重新熔焊一些焊点，以排除故障。

4.20.2　熔焊处理法的实施方法

对于一些不稳定因素造成的故障（如时常无声故障等），先用试听检查法将故障范围缩小，然后对所要检查电路内的一些重要焊点、怀疑焊点进行重新熔焊。

熔焊的主要对象是表面不光滑的焊点、有毛孔的焊点、多引脚元器件的引脚焊点、引脚很粗元器件的引脚焊点、三极管的引脚焊点等。

重要提示

在熔焊时，不要给电路通电，以防熔焊时短接电路。可以在熔焊一些焊点后先试听一次，以检验处理效果。

4.20.3 熔焊处理法的适用范围和特点

1 适用范围

熔焊处理法主要适用于一些现象不稳定的故障，如时常无声故障、时常出现噪声大故障等，对于无声、声音轻、噪声大等故障的处理也有一定的效果。

2 特点

熔焊处理法具有以下两个特点。

（1）不能准确查出故障点，但可以排除一些虚焊故障。

（2）不是主要的检查方法，只能进行辅助处理，而且成功率不高。

重要提示

在运用熔焊处理法的过程中应注意以下几点。

（1）不可毫无目的地大面积熔焊电路板上的焊点。

（2）熔焊时，焊点要光滑、细小，不要给焊点增添许多焊锡，以防止相邻的焊点相碰。另外，也不要过多地使用松香，否则电路板上不整洁。

（3）熔焊时要先切断电源。

4.21 电子电路故障和故障分类

4.21.1 电子电路故障

重要提示

检查和修理是针对电路故障而言的，电子电器中的每一个电子元器件或机械机构中的每一个零部件，都有可能出问题而造成形形色色的故障。当电子元器件或机械零部件出现不同性质的问题时，又会引起不同表现形式的故障现象。由此可知，故障的检查和修理是十分复杂的。而且电子电器中的电子元器件、机械零部件的数量很多，也会给修理工作造成一定的麻烦。

检查和修理的最终目标是要找出某一个出问题的电子元器件或机械零部件，而且是根据具体的故障表现（故障现象）来找出某一个出问题的电子元器件或机械零部件。在故障处理过程中是不是要对每一个电子元器件或机械零部件都进行地毯式检查呢？

电路故障分析理论解决了某个电子元器件出现某种特定问题后，整机电路会出现什么具体故障现象这一问题。故障机理这一修理理论要解决从具体故障现象迅速找出具体出问题的电子元器件或机械零部件。故障机理如此神奇主要是基于下列理论基础。

（1）某一个电子元器件或机械零部件出现某种特定问题后，它所引起的整机故障现象是非常具体的，甚至是唯一的。它可能会引起某种特定的故障现象，但绝不会造成其他的故障现象。

（2）某一个单元电路、某一个系统电路或某一个机械机构系统出现某种特定问题后，它所引起的整机故障现象也是非常具体的。

（3）整机电路工作的制约条件有很多，当某一个工作条件不能满足时，它也只会出现某种特定的故障现象。

（4）整机电路中的各部分单元电路、系统电路存在不相容、重合、包含、交叉等逻辑关系，各部分单元电路对故障现象的具体影响通过逻辑推断可以方便地弄清楚。

（5）整机电路出现故障后，从修理的角度出发会有许多的故障原因，在这些原因中有的是主要的、根本性的，有的则是次要的，甚至是可以不必引起注意的，抓住主要原因就是抓住了根本原因。

（6）修理经验、故障规律对于弄清故障机理是举足轻重的。

4.21.2　电子电路故障的分类

一般音频电子电路的故障可以划分为以下几种。

1　完全无声故障

为方便没有声音类故障的检修，将这一故障按具体的故障现象分成两种情况：一是完全无声故障，二是无信号声故障。对于完全无声故障而言，机器通电后扬声器中没有信号声音，同时也没有一丝电流声或其他响声。

2　无信号声故障

无信号声故障俗称无声故障，它是指扬声器中只是没有所要的节目源信号声音，但存在电流声或其他噪声。

在以后的故障分析中可以知道，这两种故障是相互对立的，故障原因彼此不相容，所以将这两种无声故障分开讨论有利于简化无声类故障的检修工作。

重要提示

这两种故障有一个共同的特点，即都是没有所需要的信号声音，分清这两种无声故障的方法很简单，开机后将耳朵贴在音箱上听声音，若什么响声都没有则是完全无声故障，若有一丝响声或噪声还很大（但没有信号的声音）则是无信号声故障。

在判别这两种无声故障的过程中，还要说明以下几点。

（1）对于完全无声故障，在机器的各种节目源工作方式下均会表现为完全无声的现象，如卡座放音完全无声、调谐器收音也完全无声。

（2）无声故障可分成两种类型：一是各种节目源的重放均表现为无声现象，如电唱盘和调谐器等重放均无声；二是只有某一个节目源重放时出现无声故障，而其他节目源重放工作均正常，如调谐器无声而卡座等重放工作均正常。

（3）通过试听检查可以判别这两种类型的无声故障，方法是：分别试听两种以上节目源的重放，若都表现为无声则是第一种类型的无声故障，若有一个节目源重放工作正常则是后一种类型的无声故障。这两种无声故障在电路中的故障部位不同，且相反。

3　声音轻故障

声音轻故障是指音频电器重放的声音大小没有达到规定的程度，通俗地讲就是重放时的声音轻，音量电位器开大后声音仍然小。

声音轻故障的判别方法是：让机器进入重放状态，用正常的节目源重放，开大音量电位器，声音不够大，将音量电位器开到最大时声音仍然不够大。重放时声音到底多大属于正常，可以与机器购买时的情况相比，同样情况下重放声音小了，就是声音轻故障。注意，下列情况之一不属于声音轻故障范畴。

（1）当将音量电位器开到某一位置时，重放声音很大而且正常。

（2）重放某一节目源（如某盒磁带或光盘）时声音轻，而重放其他磁带或光盘时正常。

4　噪声大故障

放大器电路在正常工作时，除输出信号外不应该有较大的其他信号输出，这些其他的信号被视为噪声。在放大器工作时不可避免地存在噪声，但是当放大器输出的噪声比较大时，会影响正常的信号输出，导致信噪比下降，这时的故障称为噪声大故障。噪声大故障使听音费力，声音不清晰，严重影响音响效果。

5 啸叫故障

啸叫故障从广义上讲是噪声故障中的一种特殊情况，为了便于说明对这种故障的处理方法，才将这一故障单列出来。当机器出现单频的叫声时（噪声大故障不是某单一频率的叫声），说明电路出现啸叫故障。

6 非线性失真大故障

若给放大器电路输入一个标准的正弦波信号，放大器输出的信号应仍然是标准的正弦波信号，当然信号幅度会增大但不存在信号的畸变，如正、负半周正弦波信号的幅度大小相等，这样的放大器不存在非线性失真。音频放大器在放大信号的同时，不可避免地会对信号产生非线性失真，即输出信号与输入信号相比总是存在着一点畸变，如信号的正、负半周幅度大小相差一点，但当非线性失真大到一定程度时，就是放大器电路的非线性失真大故障。

重要提示

4-24：完全无声故障与无声故障的根本区别

当音频放大器存在非线性失真大故障时，从听感上一般不能听出什么失真，只是会感觉到声音不好听，如声音发毛、声音变硬等，所以这一故障往往不是通过试听检查确定的，而是要通过示波器或失真度测试仪才能确定。

4.22 完全无声故障的机理和处理思路

4.22.1 完全无声故障的根本性原因

完全无声故障的特征是扬声器中无任何响声，造成这一现象的根本性、唯一原因是扬声器中无任何电流流过，这是对这种故障原因进行分析的第一步，也是关键的一步，这里用图 4-35 所示的电路对故障原因进行进一步分析。电路中，BL1 是扬声器，是功放电路的负载。U_i 是音频输入信号，$+V_{CC}$ 是功放电路的直流工作电压。

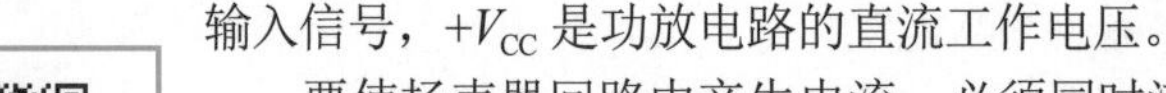

4-25：完全无声故障的机理

要使扬声器回路中产生电流，必须同时满足两个条件：一是扬声器电路要成回路，二是功率放大器输出端（扬声器电路的输入端）A 点有电压（无论是信号电压还是噪声电压，或直流电压）。若这两个条件之一不满足，扬声器电路中就没有电流，便会出现完全无声故障。所以，到这一步为止已将完全无声故障的机理推断出来，即完全无声故障有两方面根本性原因：一是扬声器回路开路，二是图中 A 点无电压。下一步就是对这两条故障线索进行深入分析。

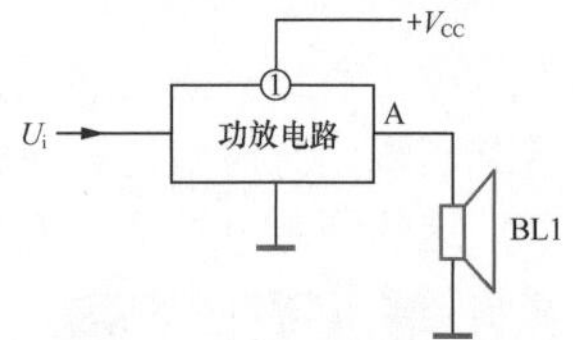

图 4-35　电路故障示意图

1 开路故障分析

在扬声器回路开路这一故障原因中，只要该回路中的任何一个部位出现开路问题，回路中就没有电流，所以具体的故障原因有以下几种。

（1）功放电路与音箱之间的连接插口接触不良，该插口的地线（铜箔电路开裂）开路。

（2）音箱的连线断线，音箱内的扬声器连线断线，扬声器的音圈断线。

（3）扬声器（音箱）保护电路动作（此时扬声器与低放电路之间被切断）。

（4）OTL 功放电路的输出端耦合电容开路、输出端铜箔电路开裂等。

2 A 点无电压故障分析

4-26：完全无声故障的两个根本原因分析

造成电路 A 点没有直流电压的原因有以下 3 个方面。

（1）功放电路的电源引脚①脚上没有直流工作电压。功放电路无直流工作电压，主要是电源电路或直流电压供给电路的故障，或电源电路存在开路或短路故障，其具体原因主要有以下几种情况。

① 电源电路中的熔丝熔断。

② 电源变压器一次侧开路。

③ 整流电路中的一对整流二极管开路。

④ 直流电压输出线路中的铜箔电路开裂。

⑤ 整机滤波电容击穿。

注意，如果只是①脚直流工作电压低不会造成完全无声故障。

（2）电路中①脚直流工作电压正常，而电路中的 A 点无电压。

这种情况说明功放电路输出端 A 点与电源引脚①脚之间的功放输出管（上功放管）开路，图 4-35 中未画出该管，它在集成电路的内电路中，由于上功放管开路而不能将直流工作电压加到 A 点。这时，功放集成电路已经损坏，要更换集成电路。

（3）电路中 A 点对地短接，致使 A 点没有直流工作电压，这种情况下必须更换功放集成电路。

4.22.2　完全无声故障的处理思路

前面介绍了产生这种故障的根本性原因和对根本性原因的故障分析，现在介绍这种故障的具体处理过程和步骤。

（1）试听检查是首步，压缩故障范围最重要。

对于音频电器因其结构的原因，对完全无声故障还可以进一步分类，分类的目的是为了缩小故障范围和简化故障处理过程，通过简单的试听检查可以达到上述目的。这里的试听检查就是在开机状态下听左、右声道音箱的声音，听某一个音箱中高音、低音和中音扬声器的声音。通过试听检查可将故障分成以下 3 种具体现象。

① 左、右声道音箱中的各扬声器均完全无声，若某个声道音箱中只要有一只扬声器有任何声音的话，均不属于这种完全无声故障。

② 一个声道正常，另一个声道中各扬声器均完全无声，无论是左声道还是右声道出问题都属于这种故障。此时可以是左声道故障，也可以是右声道故障。

③ 某一声道音箱中的某一只扬声器存在完全无声故障，其他扬声器工作正常。此时可以是高音扬声器无声，也可以是低音、中音扬声器无声。

（2）左、右声道音箱中各扬声器均存在完全无声故障的处理思路。由于两只音箱电路不太可能同时出现开路故障，所以此时的检查重点应放在主功率放大器无直流工作电压上，处理方法是：用万用表的直流电压挡测量主功率放大器集成电路电源引脚上的直流电压，若此引脚无电压则应检查电源电路，即沿主功率放大器电路的直流电压供给线路查找直流电压中断的具体部位和原因，一直查到交流电源输入端。注意，在查到电源变压器电路时，要改用万用表的交流电压挡去检查。

重要提示

若测得主功率放大器电路的直流工作电压正常，则不必再去检查电源电路，而改去检查扬声器保护电路（在一些采用 OCL、BTL 功放电路的中、高档组合音响中设有这种电路），这一电路同时对左、右声道扬声器进行保护，所以会出现两声道同时完全无声的现象。

4-27：完全无声故障的处理思路

（3）只是某一声道存在完全无声故障。由于有一个声道工作正常，说明功放电路的直流工作电压正常，所以不必去查电源电路，而是重点查该声道功放电路输出端至扬声器之间的开路故障，如音箱引线是否断线、音箱插口是否接触不良等，主要通过万用表的欧姆挡检测线路是否存在开路故障。对于扬声器保护电路也只是检查有故障声道的继电器触点是否有接触不良问题。

（4）只是某一只扬声器存在完全无声故障。这一故障的检查很简单，打开音箱后检查该扬声器的引线是否开路、该扬声器的音圈是否断线，以及该扬声器的分频元件是否开路。检查过程中用万用表的欧姆挡测量线路的通断。

4.23　无声故障的机理和处理思路

4.23.1　无声故障的 4 个主要原因

无声故障要比完全无声故障复杂得多。这里以图 4-36 所示的电路来说明无声的故障机理。根据理论分析可知，没有信号电流流经扬声器是产生无声故障的根本所在，如果扬声器中无信号声音的同时有其他噪声，可以说明扬声器回路正常，问题出在为什么功放输出级电路没有将信号输入扬声器中。造成功放输出级电路不能将信号送入扬声器中的主要原因有以下 4 个方面。

（1）前级电路无直流工作电压。这里讲的前级指功放输出级之前的任何一级，没有直流工作电压导致前级电路不能正常工作，就没有信号加到功放输出级电路中。

（2）信号传输中断。在前级电路有直流工作电压时，从信号源电路到功放输出级之间的电路中某一个部位出现故障使信号中断，这样也没有信号加到功放输出级电路中。

（3）信号传输线路的热端对地短路。从信号源电路到功放输出级之间的信号传输线路中某一个热端对地短接，使短接点之后的电路中没有信号。

（4）根本没有信号产生。这是信号源电路故障。

下面对上述 4 个方面的故障原因进行系统性分析。

1 前级电路无直流工作电压故障分析

如图 4-36 所示，由于不是完全无声故障，说明功放输出级电路有直流工作电压。当前级放大器电路没有直流工作电压时，前级电路没有输出信号加到功放输出级电路中，功放输出级电路也就无信号送入扬声器中，这样就会出现无声故障。只要是功放输出级之前的任何一级放大器电路无直流工作电压，机器都会出现无声故障。

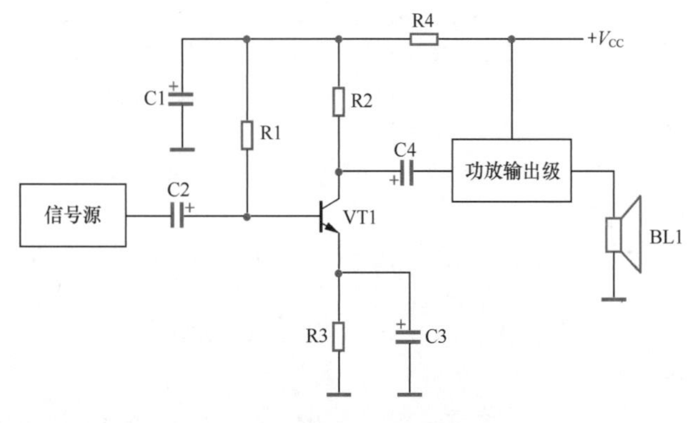

图 4-36　无声的故障机理示意图

造成前级放大器电路没有直流工作电压的具体原因主要有以下几点。

（1）前级电路中的电子滤波管发射结由于过电流而开路。

（2）前级直流电压供给电路中的退耦电阻开路。

（3）前级滤波电容严重漏电或已击穿，有时是加电压后才击穿。

2 信号传输中断故障分析

一个放大系统由许多级放大器和其他电路组成，信号是一级一级地放大、传输到功放输出级电路中的，只要其中有一级电路或一个环节中的信号传输中断，功放输出级电路中便无信号，都会导致无声故障。

引起信号传输中断的具体原因有许多，归纳起来主要有以下 3 个方面。

（1）信号传输回路开路，如耦合电容开路、后一级放大器电路输入回路开路、地线开路等。

（2）电路中某放大环节不仅不能放大信号，而且还中断了信号传输，如放大管截止或开路等。

（3）某选频调谐回路严重失谐，致使该回路无法输出信号，如调谐器电路的中频调谐回路出问题等。

3 信号传输线路中的热端对地短接故障分析

若信号传输线路的某环节与地之间短路，这相当于将后级放大器的输入端对地短接，使信号无法传输到后级电路中，造成无声故障。例如，图 4-36 所示电路中的 VT1 基极与地相碰，VT1 处于饱和状态等。

4 根本没有信号产生故障分析

如果信号源本身就有问题而无信号输出，机器当然会出现无声故障。这方面的原因主要有下列两种情况。

（1）一次信号源本身故障。如 CD 机的主轴电动机不转、激光拾音头无法拾取信号等。

（2）二次信号源电路故障。所谓二次信号源电路就是指解调器电路，如收音机中的鉴频器电路、检波器电路等，这在组合音响、电视机中很常见。这些电路出现问题后，不能输出所要的信号，造成无声故障。

4.23.2　无声故障的特征和现象

在上述 4 个方面的原因中，每种原因都会导致机器出现无声故障，但是在无声的同时其具体的故障现象也会有所不同，了解这些不同之处对故障的检查十分有利，通过这些故障现象还可以判断出无声故障的类型，对此说明以下几点。

（1）没有直流工作电压。由于机器的左、右声道电路往往采用的是同一条供电线路，所以此时机器表现为左、右声道都无声的故障现象。反之，当机器左、右声道均出现无声故障时，直流电压供给电路是一个重点检查对象。

（2）信号传输回路开路。由于后级放大器的输入端处于“悬空”状态，并且后级放大器仍然具有放大能力，这时后级放大器电路会拾取各种干扰信号，导致无声的同时还伴有噪声大现象，开路处越在放大系统的前级，此时的噪声就越大。根据这一点可知，当出现无声且噪声很大时，要重点检查信号传输回路是否存在开路现象。

（3）信号传输线路的热端与地短接。此时后级放大器的输入端被短接到地，使后级放大器不能放大信号的同时也不能拾取、输入各种干扰信号。所以，此时机器无声的同时也没有任何噪声。根据这一点可知，当出现无声且噪声很小时，应重点检查信号传输线路是否存在对地短接现象。

（4）根据无声的同时有没有噪声现象，还可以判断出究竟是开路还是短路引起的无声故障，这对判断无声故障的性质、查找故障部位非常有用。

（5）一次信号源问题引起的无声故障，可以导致左、右声道同时无声。

（6）二次信号源电路出现问题，只会导致左、右声道同时无声，如鉴频器电路出现问题会导致无立体声复合信号输出，也就没有左、右声道的音频信号。

4.23.3　故障的种类和判别方法

音频电器无声故障的范围很广，出现完全无声故障的故障范围之外的电路都是要检查的对象。为提高修理速度，压缩所要检查的电路范围十分必要。所以，对无声故障的修理首先是进行试听检查，以压缩故障电路的范围。然后，才是对已压缩范围的故障电路进行系统性检查。

重要提示

根据具体的故障现象的不同，无声故障可以划分成以下两大类。

（1）各节目源均无声，此时卡座放音、调谐器收音等均无声。

（2）只是某一节目源无声，此时其他节目源重放声音均正常。

判别方法是：先试听有故障节目源的重放，如卡座放音无声，再试听调谐器收音，若此时也无声，则说明机器存在第一种类型的无声故障，即各种节目源重放均无声。

若收音正常，则说明只是卡座放音存在无声故障，是第二种类型的无声故障。对于第二种类型的无声故障，在组合音响中有多种，除卡座放音无声外，还有调谐器无声、CD 机无声等。

根据音频电器整机电路结构可知，各节目源都有相同的故障，说明是各节目源信号所经过的共用电路出现问题，也就是功能转换电路之后的电路出现故障，这部分电路是各节目源无声故障的重点检查对象。

只有一个节目源重放无声，由于其他节目源重放正常，可以知道功能转换电路之后的电路工作正常，问题出在有故障节目源的电路中，如出在调谐器电路中。

4.23.4　无声故障的处理思路

前面已经确定了这种无声故障的电路检查范围，这里着重介绍具体的检查步骤和操作过程。

1 测量主功率放大器的直流电压

测量电路输出端的直流工作电压，可以分为以下两种情况。

① 对于采用 OTL 功放电路的机器，首先测量功放电路输出端的直流工作电压，正常时应等于功放集成电路直流工作电压的一半。若测得的电压大于一半，则可以直接更换功放集成电路；若测得的电压小于一半，则将音箱引线断开后再测量一次，若测得的结果仍小于一半，则更换集成电路。若断开音箱引线后测得的电压恢复正常（等于一半），则说明输出端的耦合电容存在漏电故障，更换之。这一步的检查判断过程可以用图 4-37 所示的电路为例来进行说明。

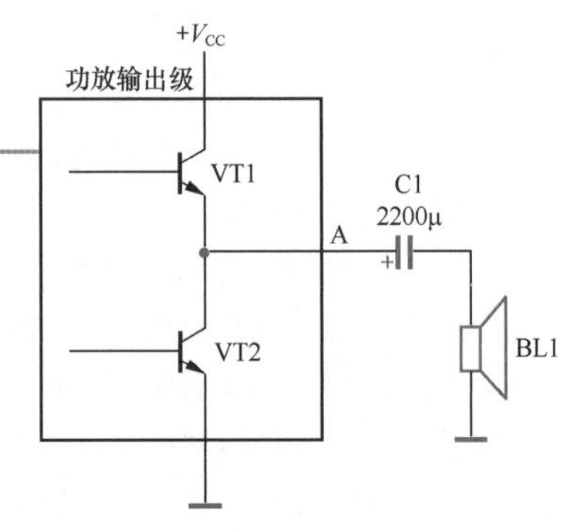

图 4-37　电路示意图

重要提示

测量 OTL 功放输出级输出端直流电压的目的是检查集成电路内部功放输出管 VT1、VT2 的直流工作状态。

输出端耦合电容 C1 漏电，说明 C1 能够通过一部分直流电流，使功放电路输出端 A 点对地之间的电阻小于 A 点与电源 $+V_{CC}$ 端之间的电阻，这样分压后的直流电压不等于电源电压的一半。在正常情况下，C1 不漏电，A 与地之间和与 $+V_{CC}$ 端之间的直流电阻应相等（VT1、VT2 集电极与发射极之间的内阻相等），所以 A 点的直流电压等于 $+V_{CC}$ 的一半。

检查中，切断音箱引线等于切断 C1 的漏电回路（通过 BL1 的直流电阻形成回路），这样 A 点的直流电压高、低才能真正反映功放输出级电路的工作情况，在检查电路故障时要注意这一点。另外，这一检查方法还适用于其他存在电容的电路的检查。一般漏电的是容量较大的电解电容，小容量电容漏电现象不多。

② 对于 OCL、BTL 功放电路不必去检查功放电路的输出端直流电压，因为这种电路的输出端直流电压出现异常时，扬声器保护电路会动作而导致机器出现完全无声故障。

2 检查主功放电路中的静噪电路

检查功率放大器中的静噪电路工作是否正常，也可以分为下列两种情况。

① 若左、右声道均出现无声故障，在检测到功放电路输出端的直流电压正常后，还要通过查阅电路图，了解该机器的主功率放大器电路中是否有静噪电路。有这一电路时，要检查这一电路是否处于静噪状态。因为这一电路处于静噪状态时，左、右声道功放输出级电路均无信号输出。

对静噪电路的检查方法是：如功放集成电路 TA7240AP 的③脚为静噪控制引脚，③脚与地之间接有静噪电容 C1。当③脚为低电位时，集成电路处于静噪状态，⑨脚、⑫脚无信号输出；当③脚为高电位时，集成电路中的静噪电路不工作，⑨脚、⑫ 脚正常输出左、右声道音频信号。

开机状态下先测量集成电路③脚的直流工作电压，若大于 3V 则说明静噪电路没有问题；若小于 3V 则断开静噪电容 C1 后再测量一次，测得的电压仍低则说明静噪电路有问题，更换集成电路；若断开③脚后，电压升高至正常情况，则说明静噪电容 C1 漏电，更换该电容。

② 若只是一个声道出现无声故障，可不必检查静噪电路，因为一般情况下这一静噪电路出问题将同时影响左、右声道，不会只影响一个声道。

3 进行系统性检查

在进行系统性检查时，根据无声故障的具体现象不同，可以分为以下两种情况。

（1）若左、右声道均出现无声故障，检查的重点是功放级之前电路的直流工作电压。图 4-38 所示为采用电子音量音调控制电路、集成电路功能转换开关电路和功率放大器电路的电路，以这一电路为例说明电路的具体检查方法和过程。

用万用表的直流电压挡分别测量 A1 和 A2 的电源引脚①脚的直流电压，若 A1 的①脚无电压，则检查 R1 是否开路和 C1 是否短路；若 A2 的①脚无电压，则检查 R2 是否开路和 C2 是否短路。

（2）若只有一个声道出现无声故障，不必去测量各集成电路的直流工作电压，有一个声道工作正常，就说明各集成电路的直流工作电压正常，因为左、右声道电路的直流工作电压是由同一条线路供给的。

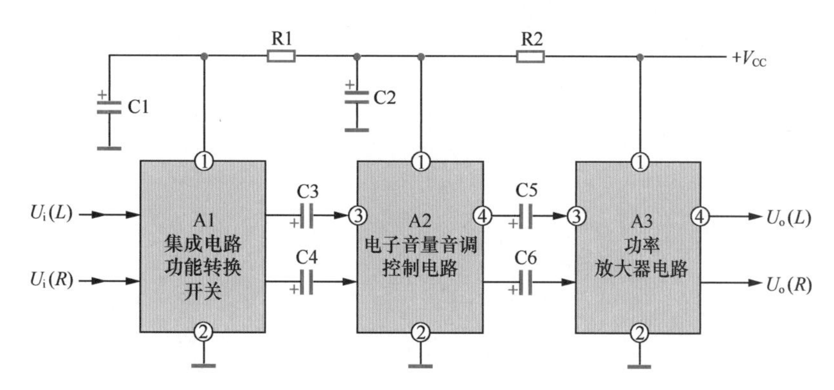

图 4-38　采用电子音量音调控制电路、集成电路功能转换开关电路和功率放大器电路的电路

重要提示

若各集成电路的直流工作电压均正常，则用万用表的欧姆挡分别检查各集成电路的地线引脚接地是否良好。

在个别机器中，左、右声道各用一块单声道的集成电路作为放大器，此时虽然直流电压供给线路是共用的一条，但仍要测量无声故障声道集成电路电源引脚上的电压，以防铜箔电路存在开裂故障。

在放大器电路的直流工作电压检查正常后，用干扰检查法进行故障范围的再压缩。这里仍以图 4-38 所示的右声道电路出现无声故障为例，介绍干扰法的具体运用过程。

首先用螺丝刀去断续接触（干扰）集成电路 A3 的输入端③脚，此时若右声道扬声器中没有“喀啦、喀啦”的响声，则说明集成电路 A3 工作不正常，故障就出在这一集成电路中，应对此集成电路进行进一步的检查。若干扰时扬声器中有较大的响声，则说明这一集成电路工作正常，应继续向前级电路检查。

在检查到 A3 正常之后，再干扰 A2 的右声道输出端④脚，若此时无声则说明耦合电容 C6 开路，或 A2 的④脚与 A3 的③脚之间的铜箔电路出现开裂故障。若干扰时扬声器中有较大的响声（与干扰 A3 的③脚时一样大小的响声），说明 A2 的④脚之后的电路工作均正常。

下一步是干扰 A2 的右声道输入端③脚，此时若无响声则说明 A2 出现问题，应对该集成电路进行进一步的检查。若干扰时的响声比干扰 A3 的③脚时还要响，则说明集成电路 A2 工作也正常。用上述干扰方法进一步向前级电路进行检查。

无声故障经上述干扰检查后，可以先将故障范围缩小到某一级分立放大器电路中，或缩小到某一集成电路中，然后再进行下一步的检查。

4 缩小范围，进入重点检查

在将故障范围缩小到某一单元电路中后，运用检查单元电路的一些方法找出故障的具体部位，并对故障进行处理，具体的检查过程和方法可以分为以下几种情况。

① 检查集成电路。检查集成电路主要是通过万用表的直流电压挡测量各引脚的直流工作电压，特别是关键测试点（引脚）的电压。

② 检查分立元器件放大器电路。这种电路造成无声故障的原因较简单，主要检查三极管是否开路或击穿、偏置电阻是否开路（导致三极管处于截止或饱和状态）、输入或输出端耦合电容是否开路等，可用代替法或用万用表的欧姆挡检测元器件的质量好坏来确定。

③ 检查电子音量音调控制电路。

④ 检查集成电路功能转换开关电路。

4.23.5 调谐器无声故障的处理思路

调谐器无声故障的处理方法与一般收音机中的收音无声故障的处理方法基本一样，对这种故障的检查应注意以下几个方面的问题。

（1）调谐器出现无声故障可分为两种情况：一是各波段均无声，此时检查的重点是各波段信号共用的电路，如直流电压供给电路、各波段共用音频信号放大器电路、静噪电路等，许多调谐器中调幅检波之后的音频信号是送入立体声解码器中的，这一电路出问题也将使各波段无声；二是某一波段收音无声（其他波段正常），此时应重点检查该波段电路和波段开关。波段开关主要是接触不良问题。电路的故障原因很多，主要原因有本振停振、该波段电路无直流工作电压、输入调谐回路故障、放大器电路故障、检波器（鉴频器、立体声解码器）电路故障等。

（2）调谐器出现无声故障的常见原因有波段开关接触不良引起的无直流工作电压和信号传输中断、四连故障、天线线圈开路、本振停振等。

（3）调谐器出现无声故障时，可先清洗功能开关和波段开关，无效后检查电路的直流工作电压是否正常，电压正常后用干扰法进行系统性检查。干扰法对调谐器无声故障的检查同样是有效的，它能将故障范围压缩到某一级电路中。

（4）中频变压器严重失谐会导致中频信号不能通过这一级中频放大器电路，在业余条件下对中频变压器的调整不方便，所以在修理中不要随意调整中频变压器的磁芯，必须调整时要尽可能地在收到某个电台信号时再调整（信号小没关系）。调整的次序是从后级中频变压器向前级去调，注意不要调整本机线圈（在外形上它同中频变压器一样，磁芯是黑色的）。

4.24 声音轻故障的机理和处理思路

4.24.1 声音轻故障的根本性原因

声音轻故障表现为扬声器中有信号声，但是在开大音量电位器后声音仍然不够大，产生这种故障的根本性原因有以下两个方面。

（1）流过扬声器的信号电流不够大。

（2）流过扬声器的信号电流正常，但扬声器将信号电流转换成声音的效率太低，造成声音轻故障。

1 声音轻故障与无声故障的不同之处

对声音轻故障与无声故障进行比较后，会发现存在以下几个方面的不同之处。

（1）声音轻故障由于有信号流过扬声器，说明从信号源电路到扬声器之间的信号回路没有开路，因为若存在开路故障，就没有信号电流流过扬声器，将出现无声故障。

（2）整个信号传输线路与地端之间也不存在短接现象。

（3）整个放大电路系统有直流工作电压，因为没有直流工作电压会造成无声故障。

2 声音轻故障的 5 个主要原因

从上述分析可知，声音轻故障的故障部位和原因与无声故障相比有着本质的不同，造成声音轻故障的主要原因有以下 5 个方面。

（1）直流工作电压偏低。放大器的直流工作电压偏低导致放大器的放大倍数偏低，对信号的放大倍数不够，使流入扬声器中的信号电流太小，从而出现声音轻故障。

（2）放大器增益不足。放大系统的电路故障导致放大器增益不足，对信号的放大倍数不够，从而出现声音轻故障。

（3）信号衰减。信号传输线路故障导致信号在传输过程中存在额外的信号衰减，使流入扬声器中的信号电流减小，从而出现声音轻故障。

（4）信号源本身的输出信号小。此时。即使放大器放大能力正常也不能使放大器的信号输出功率达到要求，出现声音轻故障。

（5）扬声器本身故障。有足够的电功率馈入扬声器但声音仍然不够大，这是扬声器本身故障所致，此时往往还会伴有音质不好等现象。

3 直流工作电压故障分析

放大器的直流工作电压偏低，会影响放大器中三极管的直流工作电流，使三极管的电流放大倍数下降，从而影响整个放大器的放大倍数，关于这一故障的原因主要说明以下几点。

（1）各级放大器电路的直流工作电压偏低对整个放大系统中各级电路的影响是有所不同的，其中功放输出级电路对整个放大系统输出功率的影响最大，功放输出级直流工作电压下降，会使放大器输出功率下降，且直流工作电压越低，放大器的输出功率越小。

造成功放输出级直流工作电压下降的原因有以下两个方面。

一是电源电路故障导致直流工作电压下降。整机电源电路输出的直流工作电压是直接加到功放输出级电路中的，且这一直流工作电压没有稳压电路，所以当电源电路有故障时就会直接影响到功放输出级的直流工作电压。

二是功放输出级电路本身故障（如功放输出管击穿造成的过电流）导致电源电路过载，使直流工作电压下降。功放输出级可以消耗电源电路绝大部分功率，若出现过电流故障必将使整机直流工作电压下降。

（2）对于前级放大器而言，当直流工作电压下降太多时，将导致三极管进入截止状态，此时就会变成无声故障而不是声音轻故障。

（3）当整机直流工作电压偏低时，除功放输出级直流工作电压偏低之外，前级电路的直流工作电压也同样偏低，此时若修理好整机直流工作电压偏低故障，各级电压均会恢复正常。

（4）对于无源电路而言，直流工作电压偏低对它没有影响，因为这种电路工作时不需要直流工作电压。

4 放大器增益不足故障分析

直流工作电压偏低会造成放大器增益不足，这里主要分析在直流工作电压正常时的放大器增益不足故障，主要说明以下几点。

（1）放大管的直流工作电流不正常，三极管的直流工作电流偏大或偏小都会造成三极管的电流放大倍数偏低。引起三极管直流工作电流偏大或偏小的主要原因是偏置电路出现故障，即偏置电路中的电阻器阻值发生改变。

（2）放大管本身性能变差，导致放大能力下降。

（3）发射极旁路电容开路或容量变小，导致放大器的负反馈量增大，使放大器增益不足。

5 信号衰减故障分析

若放大器的直流工作电压正常，放大器的增益也正常，当信号受到额外的衰减时，到达扬声器中的信号电流会偏小，造成声音轻故障，这方面的具体故障原因有以下几点。

（1）原电路中的耦合电路故障，导致对信号的衰减量增大，如耦合电容变质引起的信号衰减。

（2）耦合变压器二次绕组局部短路，导致二次绕组的信号输出电压减小，相当于增大了信号的衰减量。

（3）滤波器性能变差导致信号的输入损耗增大，增大了信号的衰减量。

（4）调谐回路的 Q 值下降，或调谐回路的调谐频率偏移，导致输出信号电压减小，相当于增大了信号的衰减量。

6 信号源本身的输出信号小故障分析

当放大系统一切正常时，若信号源本身输出的信号就小，必然导致流入扬声器中的信号电流小，从而出现声音轻故障。例如，调谐器天线折断或输入调谐回路故障导致高频信号减小，使放大器的信号输出功率减小，从而出现收音声音轻故障。

7 扬声器本身故障

当扬声器本身有故障而导致声音轻时，重放的声音质量会很差，而且往往只是其中一只扬声器有这样的故障现象。

4.24.2 声音轻故障的种类及处理思路

1 声音轻故障的种类

声音轻故障通过试听检查可以分成以下几种类型。

（1）各种节目源重放声音都轻故障。通过试听两种以上的节目源重放，若都有相同的声音轻故障，这是重放声音都轻故障。根据组合音响的电路结构可知，造成这种故障的原因是各节目源的共用电路出现故障，即从功能转换开关起之后的电路都是要进行检查的电路。

（2）某一种节目源重放声音轻故障。通过试听检查，若只是某一种节目源重放时才存在声音轻故障，说明故障只存在于有故障的这一节目源电路中。

从上述分析可知，这两种故障通过简单的试听检查便可以确定故障性质，同时还能确定所要检查的故障范围，所以检修声音轻故障的第一步是通过试听检查确定故障种类。

在上述两种故障中，通过试听检查还可以进一步将故障分为以下两类。

（1）左、右声道声音均轻故障。此时说明是两声道共用的电路发生故障，主要检查电源电路。

（2）只有一个声道存在声音轻故障。此时只要检查有故障的这一声道电路，电源电路一般工作正常。

2 声音轻故障的处理思路

关于声音轻故障的处理方法主要说明以下几点。

（1）声音轻故障的检查步骤是：先用试听检查法和功能判别检查法将故障范围压缩到功能转换开关电路之前或之后的电路中，再用干扰检查法将故障范围进一步压缩到某一级放大器电路中，之后用电压检查法、电阻检查法和代替检查法等确定具体的故障部位。

（2）在检修过程中一般通过试听检查还要确定声音到底轻到什么程度，若轻到几乎无声的地步，则可以按照无声故障的处理方法进行检修；若只是略微轻，就可以不必进行系统检查，只要适当减小放大器的负反馈量（如加一只发射极旁路电容、适当减小功率放大器的负反馈电阻等），通过提高放大器的增益来解决声音轻故障。

（3）对于声音轻故障，通过简单的几步干扰检查即可将故障范围压缩到某一级放大电路中或某一集成电路中。但是，对于声音略轻故障，由于干扰检查时的扬声器响声变化不大，通过试听不容易确定故障部位，所以对于声音略轻故障不宜采用干扰检查法。

3 功率放大器声音轻故障的处理思路

若功能转换开关之后的电路出现故障，将导致各种节目源重放时出现声音轻故障，关于这部分电路的声音轻故障的检查主要说明以下几点。

（1）测量功放输出级直流工作电压是否偏低，若偏低，可断开功放输出级电源电路后再测量整机直流工作电压，若仍然偏低，则说明电源电路出现故障，此时主要进行以下两个方面的检查：一是检查整机滤波电容是否漏电，可更换滤波电容；二是检查是否有开路的整流二极管或是否有正向电阻大的二极管。

（2）若断开功放输出级电源电路后测得的整机直流工作电压恢复正常，说明功放输出级存在短路故障，要更换功放输出级电路（更换功放集成电路）。

（3）在测得功放输出级直流工作电压正常时，可以用干扰检查法进行干扰检查，将故障范围压缩到某一级放大器电路中。

4 调谐器声音轻故障的处理思路

（1）调谐器声音轻故障可以分为以下 4 种情况。

一是各波段都存在声音轻故障，二是某一波段存在声音轻故障，三是调频或调幅波段存在声音轻故障，四是某一个声道存在声音轻故障。

（2）对于各波段均声音轻故障，可以先清洗波段开关，无效后主要检查电源电路，从测量各级电路的直流工作电压入手，没有发现问题时再重点检查立体声解码器电路、调谐器输出回路中的调谐静噪电路是否正常工作。

（3）对于某一个波段声音轻故障，可以先清洗波段开关，无效后重点检查该波段所特有的电路，主要是高频输入调谐电路和本振选频电路，检查统调是否正常。

（4）对于调幅正常而调频波段声音轻故障，可以先清洗波段开关，无效后重点检查调频波段所特有的电路，可用干扰检查法先压缩故障范围。如果此时只有一个声道存在声音轻故障，只需检查立体声解码器之后的电路；如果左、右声道都存在声音轻故障，则要检查立体声解码器之前的电路。

（5）对于调频正常而调幅各波段声音轻故障，可以先清洗波段开关，无效后重点检查调幅各波段共用的电路，即从变频电路开始检查，可用干扰检查法先压缩故障范围，对于采用中频变频器作为调谐器件的电路，可以进行中频频率调整。如果只是调幅的某一波段存在声音轻故障，则只要检查该波段的高频输入调谐电路和本振选频电路。

（6）如果只有一个声道存在声音轻故障，说明故障出在立体声解码器之后的该声道音频放大器电路中，这一电路比较简单，一般只是一级共发射极放大器电路。

（7）如果声音轻且调谐时有噪声存在（不调谐时没有噪声），应重点检查可变电容器，可进行清洗处理试一试。

4.25　噪声大故障的机理和处理思路

4.25.1　噪声大故障的 5 个主要原因

噪声大故障的 5 个主要原因如下。

（1）机器的外部干扰通过电磁辐射由电源电路窜入机器。

（2）电路中某元器件噪声变大。

（3）电路中某元器件引脚的焊接质量问题。

（4）电路的地线设计不良。

（5）交流声大则是电源电路的滤波特性不好。

下面对各种故障原因进行进一步的分析。

1　外部干扰故障分析

外部电器在工作时会产生各种频率的干扰信号，它们或是通过交流市电的电源线窜入电源电路中，或是以电磁波辐射的形式对机器产生干扰，使机器在工作时出现噪声大故障。在不同的放大器电路中，设有不同形式的抗干扰电路，当外部干扰太强时这些抗干扰电路也变得无能为力，如果机器内部的抗干扰电路出现故障失去抗干扰作用，也将导致噪声大故障。

在电路中，有些元器件用金属外壳包起来，并将外壳接电路的地端，这就是为了防止外部电磁辐射而采取的抗干扰措施，当金属外壳的接地不良时，便会产生干扰。电源电路中的抗干扰措施更多，主要有以下一些。

（1）电源变压器的一次绕组与二次绕组之间设屏蔽层。

（2）在各整流二极管两端并联小容量电容器。

（3）在滤波电容器上并联小容量的高频滤波电容器。

（4）在交流市电的输入回路中设置各种抗干扰电路。

当上述抗干扰电路中的一些元器件出现故障后，便会失去抗干扰作用，产生噪声大故障。

2　元器件噪声大故障分析

各种元器件都一定程度地存在噪声，当它们的性能变差导致噪声增大后，这些噪声将被后面的放大器放大，出现噪声大故障。这方面的原因主要有以下几个。

（1）耦合电容器漏电电流增大。由于电容器的漏电电流将被输入到下一级放大器电路中，这是不该有的电流，便是噪声，越是前级电路的耦合电容漏电，所产生的噪声越大，因为被后级放大器放大的量在增大。

（2）三极管的噪声变大。另外，工作在小信号状态下的三极管，其静态工作电流增大后噪声也会增大。

（3）控制电路中的电位器转动噪声，如音量电位器转动噪声大故障。

（4）信号传输线路中的一些开关件接触不良，造成噪声大故障。

3 元器件引脚焊接质量故障分析

元器件引脚焊点质量不好，会造成虚焊等问题，当电路板受到振动时，焊点松动将引起电路出现噪声大现象，这时噪声不一定始终出现，表现为噪声时有时无。

4 地线设计不良故障分析

整机电路中的地线是各部分电路的共用线，当地线走向、排列等设计不合理时，各部分电路中的信号会通过地线相互耦合，造成噪声大故障。

5 噪声大故障处理总思路

对于噪声大故障，先是通过试听检查和功能判别检查，将故障范围缩小，再用短路检查法对缩小后的电路范围进行检查，进一步将故障范围缩小到某一级放大器电路中，然后采用单元电路检查法进行下一步检查。

4.25.2 噪声大故障的处理思路

（1）噪声大说明故障出在前级电路中。

（2）交流声大则要重点检查电源电路中的滤波电容是否开路或容量变小。

（3）电位器噪声一般只在转动电位器时才表现出来。

（4）三极管只会在静态工作电流大时才出现噪声大故障，电流小时没有噪声大故障。

4.26 啸叫故障的机理和处理思路

4.26.1 啸叫故障的根本性原因

啸叫故障是由于电路存在自激所引起的，它在一个环路的电路范围内，输出信号通过有关正反馈路径又加到放大器的输入端，信号经过反馈、放大后越来越大，从而导致放大器出现单频的叫声。

重要提示

从产生自激的条件上讲，啸叫故障的产生有两个方面的原因：一是放大环节，二是正反馈。但由于放大器本身就存在放大作用，所以产生啸叫故障的根本性原因是出现了某一频率信号的正反馈。

产生啸叫故障的 4 个主要原因如下。

（1）消振元件开路，失去消振作用。

（2）退耦电容开路或容量变小，不能退耦，使级间出现有害的交连。

（3）集成电路性能变差，特别是功率放大集成电路性能变差，导致集成电路出现自激现象。

（4）电源内阻大，或滤波、高频滤波性能不良，都会导致功率放大器电路出现自激现象。

下面对上述各种故障原因进行进一步的分析。

1 消振元件开路故障分析

一般放大器都是负反馈放大器，为了防止这种放大器电路产生自激现象，在电路中会设有消除自激的元件，当这些元件开路后，放大器电路很可能会出现自激现象（不是一定会出现自激现象）。消振元件一般是小容量的电容器，如三极管集电极与基极之间的消振电容。

2 退耦不良故障分析

多级放大器电路中，一般会设有级间退耦电路，以防止两级放大器之间出现有害的交连，即防止后级放大器的输出信号通过电源电路又窜入到前级放大器的输入端。当退耦电容的容量下降时，退耦性能不良，特别是低频退耦性能变差，这时会出现低频叫声。

3 集成电路自激故障分析

一些集成电路由于质量问题或使用一段时间后性能变差，会出现自激故障。除音频自激故障外，还会出现超音频自激和超低频自激故障，此时听不到啸叫声，但没有给集成电路输入信号时，集成电路就会发热。在集成电路的外电路中，若消振电路工作时出现这种故障，往往需要更换集成电路。

4 电源电路性能不好故障分析

电源电路在内阻大、滤波不良、高频滤波性能不良时，对功率放大器电路的影响最大，因为功放电路的工作电流很大。这一电路的自激故障主要有以下两种情况。

（1）电源内阻大或滤波电容的容量小时，当音量较小时功放电路工作正常，但当音量较大后会出现“嘟、嘟”声，并且还会出现输出信号中断的现象。

（2）电源电路中的高频滤波电容（小电容）开路时，将出现高频自激现象。

4.26.2 啸叫故障的处理思路

啸叫故障处理的总思路是：对于低频自激故障，可以用一只大容量的电解电容（100μF）分别并在各退耦电容上试一试，如用 2200μF 的电容并联在电源滤波电容上试一试；对于高频自激故障，则是用小电容并联在高频消振电容上试一试；对于超低频或超音频自激故障，要先检查集成电路外电路中的消振电路，无效后再更换集成电路试一试。

处理啸叫故障时要注意如下几点。

（1）对于这种故障采用短路检查法是无效的，因为短路自激环路中的任何一处时，都将破坏自激的幅度条件，导致啸叫消失，这样就无法准确判断故障部位。

（2）可以先用试听检查法和功能判别检查法将故障范围缩小一些，再进行具体的检查。

（3）啸叫故障是一种比较难处理的故障，检查中主要采用上面介绍的各种代替检查方法。

4.27 非线性失真大故障的机理和处理思路

4.27.1 非线性失真大故障的 3 个主要原因

放大器是由三极管构成的，三极管是一个具有非线性特性的放大器件。当三极管工作在放大区时，三极管对信号所产生的非线性失真很小，但是当三极管进入截止区或饱和区时，三极管会使信号产生很大的非线性失真，所以放大器电路的非线性失真主要是因为三极管的工作状态不正常，而决定三极管工作状态的主要因素之一是三极管的静态工作电流的大小。非线性失真故障主要有以下一些原因。

（1）三极管的静态工作电流不正常。

（2）三极管的直流工作电压变低。

（3）三极管本身性能变差。

下面对上述各种故障原因进行进一步的分析。

1 三极管的静态工作电流不正常故障分析

三极管有 3 个工作区，只有放大区是线性的。在放大器电路中，为了克服三极管的非线性特性，要给三极管一个合适的静态工作电流，使信号落在三极管的放大区内。当三极管的静态工作电流大小不正常时，必然引起信号的全部或部分进入截止区（负半周）或饱和区（正半周），进入这两个工作区的信号将产生很大的非线性失真，使放大器的输出信号出现非线性失真大故障。

重要提示

为三极管提供静态偏置工作电流的是偏置电路，这一电路工作不正常将导致三极管不能得到合适的静态工作电流，所以当静态工作电流不正常导致非线性失真大故障时，应主要检查偏置电路。

2 三极管的直流工作电压变低故障分析

当三极管的直流工作电压变低后，三极管的动态范围会变小，本来信号可以落在较大的线性区域内，直流工作电压变低后导致这一线性区域变小，使信号的正半周顶部进入饱和区，信号的负半周顶部进入截止区，产生非线性失真大故障。

3 三极管性能不良故障分析

电路设计时要按三极管的正常特性设置静态偏置工作电流的大小，当三极管的性能变差后，仍然是这么大小的静态偏置工作电流就不能使信号全部落在放大区内，将会使信号中的一部分进入非线性区，引起非线性失真大故障。

4.27.2 非线性失真大故障的处理思路

非线性失真大故障处理的总思路是：首先测量放大器的直流工作电压大小，然后测量三极管的静态偏置工作电流大小，不正常时应重点检查偏置电路，最后对三极管进行代替检查。

处理非线性失真大故障时要注意如下几点。

（1）这一故障通过试听是很难发现的，通常只是表现为声音不悦耳，要通过示波器观察放大器的输出信号波形才能发现是非线性失真大故障。

（2）有条件用示波器检查这种故障时，应一级级地观察放大器的输出信号波形，这样检查起来比较方便。

（3）对于推挽放大器，当三极管的静态偏置电流工作太小时，会出现交越失真故障，此时要加大静态偏置工作电流。

（4）当信号的负半周出现削顶失真时，说明放大器的静态偏置工作电流太小；当信号的正半周出现削顶失真时，说明放大器的静态偏置工作电流太大，了解这一点对检查偏置电路非常有利。

（5）还有一种情况要注意，当输入放大器电路的信号太大时，也会导致放大器的输出信号出现非线性失真大故障，这不是放大器电路本身的故障。例如，电路中的信号衰减电路出现故障（如信号的分压衰减电路出现故障），使信号没有得到衰减，这时送入后级放大器的信号太大，将引起上述失真现象。

4.28 故障现象不稳定的故障机理和处理思路

所谓故障现象不稳定的故障是指机器一会儿工作正常一会儿出现故障，有故障出现时可以通过摆动机器使机器恢复正常，有的不摆动机器也能恢复正常。

4.28.1 故障现象不稳定的故障机理

1 根本性故障原因

造成故障现象不稳定的根本性原因是电路中的某元器件或电路工作不稳定，或接触不良，所以在机器遇到振动等情况时故障现象会时有时无。

2 主要故障原因

（1）机械式开关件的接触不良故障。机械式开关件接触不良是一个常见故障，当开关件的部件存在松动等情况时，开关件的触点就会发生断续接触不良现象，从而造成故障现象的不稳定。

（2）电子开关件的质量问题。电子电路中有许多电子开关件电路，有分立元器件的，也有集成电路的。一般集成电路中的电子开关件比较容易出现工作不稳定故障，表现为有时开关能接通，有时则不能接通或不能转换。

（3）铜箔电路的断裂故障。当电路板上的某处铜箔电路发生断裂故障时，随着机器的振动，铜箔电路断口处出现断续接通现象，就会造成电路工作不稳定故障。

（4）元器件焊点质量问题。当元器件的引脚焊点质量不好时，就会出现引脚接触不良现象，也会造成故障现象不稳定的故障。这种情况多见于质量较差的机器中。

4.28.2 故障现象不稳定的故障的处理思路

（1）有的故障变化表现得很频繁，一动机器故障现象就会变化，对于这种故障最好用故障再生检查法转变故障性质，将它转变成故障现象不变的故障，如将时常无声故障转变成无声故障，这样有利于故障的处理。

（2）故障现象不稳定的故障根据故障的具体现象也可以分成：一是时常无声故障，二是时常声音轻故障，三是时常噪声大故障等。当机器的故障现象出现时，根据这些故障现象用前面介绍的方法进行检查和处理。

（3）对于机械开关件的接触不良故障主要是进行清洗处理；对于电子开关件的接触不良故障则要更换电子电路元器件；对于集成电路电子开关件，要用螺丝刀轻轻振动它，若振动过程中机器功能恢复正常，说明这一电子集成电路出现故障的可能性很大。

（4）对于元器件的引脚接触不良故障，可以用熔焊法对电路板上的可疑焊点进行重焊，主要是引脚粗的元器件引脚焊点、集成电路的引脚焊点、开关件的引脚焊点等。

（5）对于电路板铜箔电路的断裂故障，可以拆下电路板，轻轻弯曲电路板使铜箔电路完全断开，使故障现象稳定。

（6）对于时常无声或时常声音轻故障，可以采用信号注入检查法，即用信号源给电路中送入信号（将信号源的输出引脚焊在电路板上），再摆动机器，若故障现象消失，说明故障部位在信号源注入点之前的电路中，用同样的方法将信号源注入点向前移动，若此时故障现象又出现，则说明故障部位在信号源注入点之后的电路中。这样，故障部位就在这两点之间的电路中。

（7）对于时常噪声大故障，可断开电路中的某一点，若断开后噪声消失，说明故障部位在断开点之前的电路中。恢复接通这一点后，往前断开电路中某一点，若断开后噪声消失，说明故障部位就在这两点之间的电路中。

重要提示

（1）先用试听、试看功能判别法将故障范围缩小，再采用具体的检查方法进行检查。

（2）在将不稳定的故障转换成稳定的故障时，不要过分摆动机器，以免损坏机器中的其他元器件。

（3）若机器内部电路板的装配不当或机器外壳的装配不当，也会引起故障现象不稳定的故障。如果装配前机器工作正常，而装配好后故障现象出现，这就是由于装配不当所引起的故障。

4.29　寻找印制电路板上的元器件

重要提示

首先要熟悉常用的元器件，如果这一点也做不到，那么在印制电路板上识别元器件的学习请暂停，因为任何学习都是分层次推进的，要学会科学的学习。

4-28：寻找电路板上地线的方法 (1)

4.29.1　寻找印制电路板上的地线

电路原理图中的地线是重要的线路，印制电路板上的地线也是非常重要的线路，在识别印制电路板线路的过程中使用率最高。

1　寻找印制电路板上地线的目的

寻找印制电路板上地线的目的主要有以下两点。

（1）测量印制电路板上的电压。在测量电路中的直流电压、交流电压、信号电压时，都需要先找出印制电路板上的地线，因为测量这些电压时，电压表的一根表棒要接印制电路板上的地线，如图 4-39 所示。使用仪器检修电路故障或进行电路调试时，需要使用各类信号发生器，这时也要将仪器的一根引线接印制电路板上的地线。

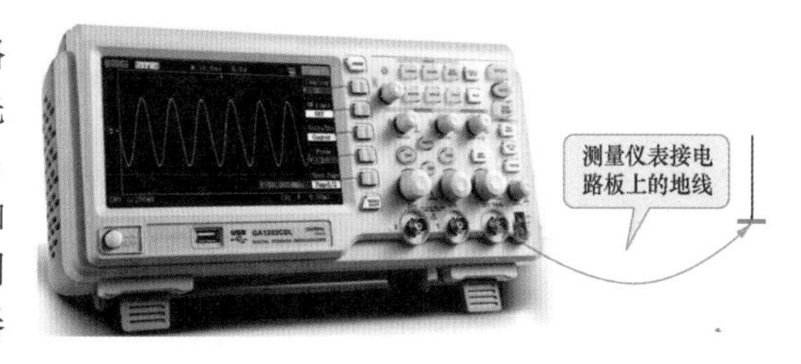

图 4-39　测量仪表接印制电路板上的底线示意图

（2）根据印制电路板画出原理图。在电路原理图中，电路中的地线是处处相连的，而在印制电路板上的地线也是处处相连的，这样，在确定电路中的地线后，就可以方便地画出电路原理图，因为只要确定某元器件接电路板上的地线时，就可以画出一个接地符号，如图 4-40 所示。

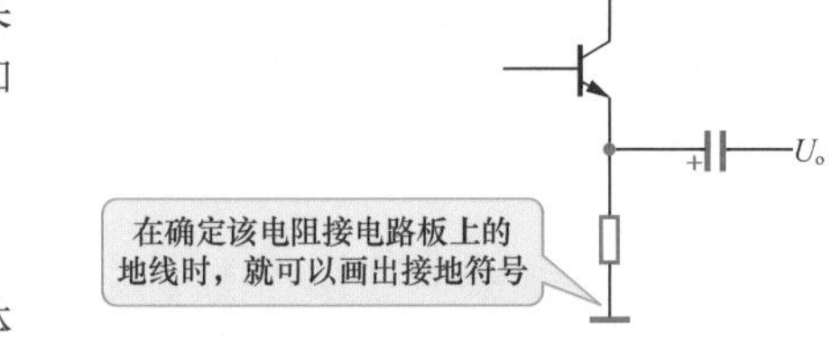

图 4-40　接地符号示意图

2 寻找印制电路板上地线的方法

根据印制电路板上地线的一些具体特征可以较方便地找到地线。

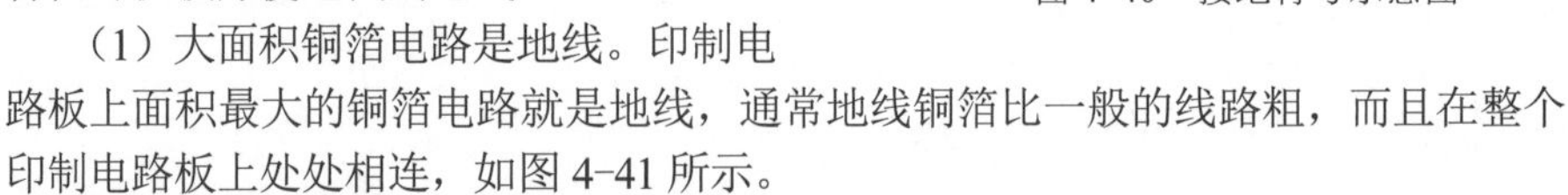

（1）大面积铜箔电路是地线。印制电路板上面积最大的铜箔电路就是地线，通常地线铜箔比一般的线路粗，而且在整个印制电路板上处处相连，如图 4-41 所示。

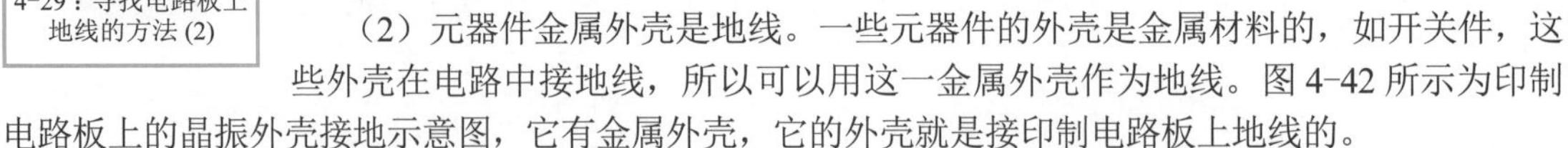

（2）元器件金属外壳是地线。一些元器件的外壳是金属材料的，如开关件，这些外壳在电路中接地线，所以可以用这一金属外壳作为地线。图 4-42 所示为印制电路板上的晶振外壳接地示意图，它有金属外壳，它的外壳就是接印制电路板上地线的。

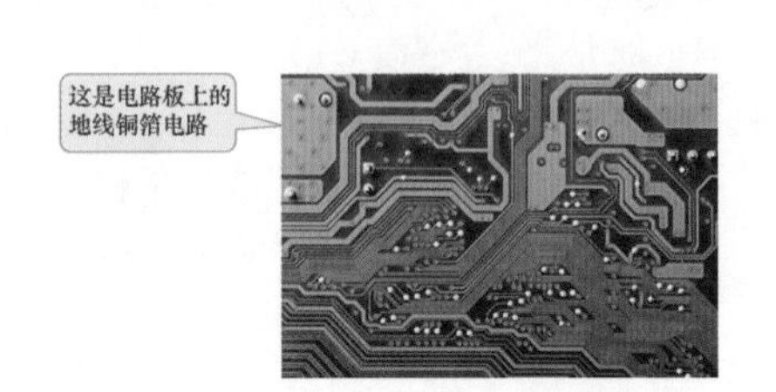

图 4-41　大面积铜箔电路是地线

图 4-42　印制电路板上的晶振外壳接地示意图

（3）屏蔽线金属网是地线。如果印制电路板上有金属屏蔽线，如图 4-43 所示，它的金属网就是印制电路板中的地线，根据这一特征也能方便地找到地线。

（4）体积最大的电解电容的负极是地线。正极性电源供电电路中，体积最大的电解电容是整机滤波电容，如图 4-44 所示，它的负极接印制电路板上的地线。因为体积最大的电解电容比较容易找到，所以找到印制电路板上的地线也比较方便。

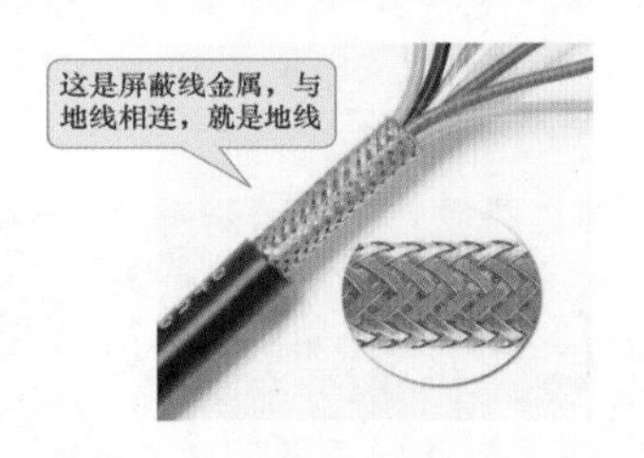

图 4-43　屏蔽线金属网是地线

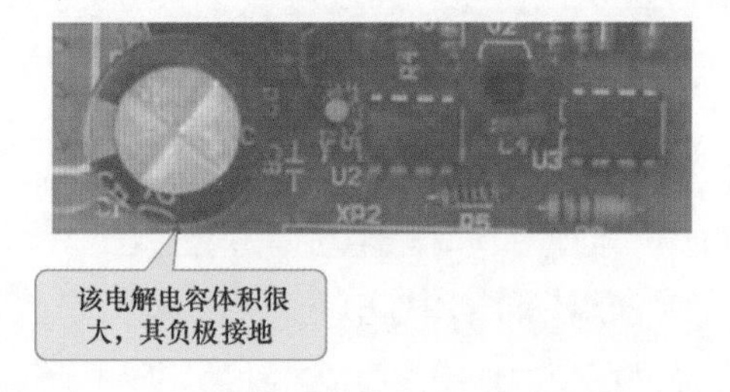

图 4-44　体积最大的电解电容的负极是地线

4.29.2　寻找印制电路板上的电源电压测试点

1 寻找印制电路板上电源电压测试点的目的

故障检修中，时常需要测量印制电路板上的电源电压，这时需要找到印制电路板上的电源电压端。另外，在故障检修中还需要找到以下几个电压测试点。

（1）集成电路的电源引脚，用来测量集成电路的直流工作电压。

（2）三极管集电极，用来测量该三极管的直流工作电压，了解其工作状态。

（3）电子滤波管发射极或集电极，用来测量电子滤波管的输出直流电压，了解其工作状态。

（4）电路中某一点的对地电压，以便了解这一电路的工作状态。

2　寻找整机直流工作电压测试点

寻找印制电路板上体积最大、耐压最高、容量最大的电解电容，它是整机滤波电容，它的正极在正极性直流电压供电电路中即为整机直流工作电压测试点，如图 4-45 所示。

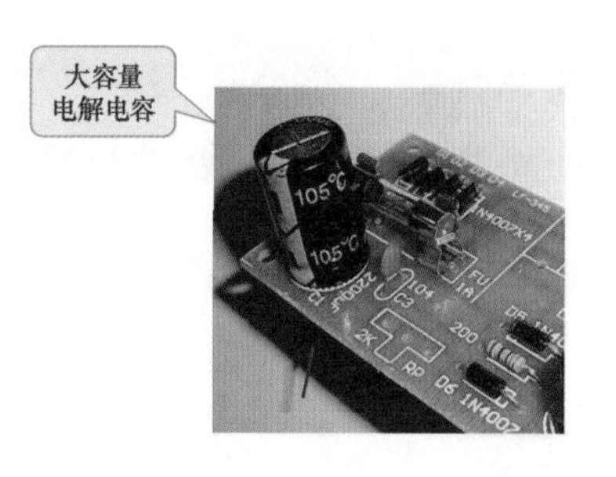

图 4-45　整机滤波电容的正极即为整机直流工作电压测试点

3　寻找三极管集电极直流工作电压测试点

在印制电路板上找到所需要测量的三极管，根据三极管的引脚分布规律确定哪根引脚是集电极（图 4-46 所示为常用的 9014 三极管示意图），然后测量三极管集电极直流工作电压。如果不知道三极管的引脚分布情况，可以分别测量 3 根引脚的直流工作电压。对于 NPN 型三极管，集电极直流工作电压最高，基极其次，发射极最低；对于 PNP 型三极管则恰好相反。

4　寻找集成电路电源引脚的电压测试点

首先在印制电路板上找到集成电路，如果知道该集成电路哪根引脚是电源引脚，就可以直接测量；如果不知道哪根引脚是电源引脚，就要测量全部引脚上的直流电压，直流电压最高的是电源引脚，如图 4-47 所示。

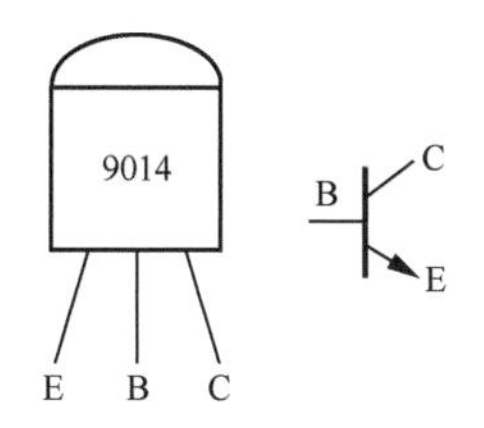

图 4-46　常用的 9014 三极管示意图

图 4-47　寻找集成电路电源引脚的电压测试点

4-31：寻找电路板上三极管的方法

5　寻找电子滤波管发射极的电压测试点

电子滤波管在电路中起着滤波作用，它输出的直流电压为整机前级电路提供工作电压。寻找时，首先在印制电路板上找出哪只三极管是电子滤波管（图 4-48 所示为 NPN 型电子滤波管）。

4-32：寻找电路板上电阻器的方法

6　寻找印制电路板上的某个电压测试点

故障检修中，往往需要通过测量电路图中某点的直流电压来判断故障。如图 4-49 所示，测量电路中 A 点的对地直流电压，A 点是 OTL 功放电路输出端，测量这一点的直流电压对判断电路工作状态有着举足轻重的作用。寻找时，首先在印制电路板上找到三极管 VT1 或 VT2，它们的发射极连接点就是电路中的 A 点。

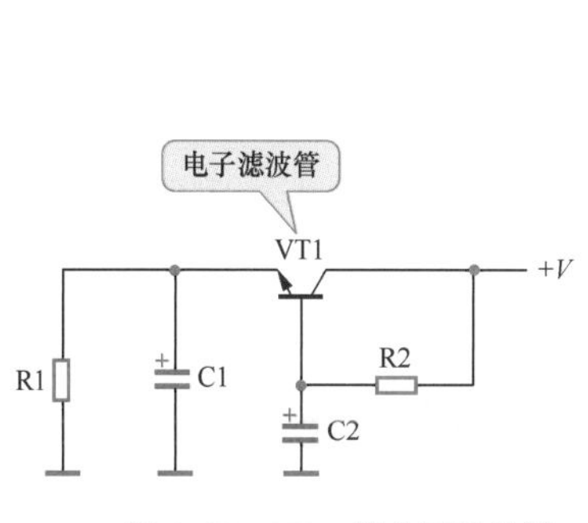

图 4-48　NPN 型电子滤波管

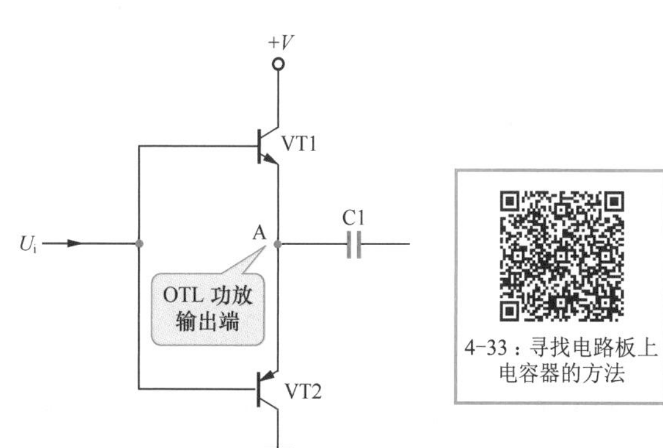

4-33：寻找电路板上电容器的方法

图 4-49　通过测量电路图中某点的直流电压来判断故障

4-34：识别电路板上不认识元器件的方法

4.29.3　寻找印制电路板上的三极管

1　根据三极管的外形特征寻找印制电路板上的三极管

重要提示

印制电路板上的三极管数量远比电阻器和电容器少，所以寻找印制电路板上的某只三极管时可以直接去找，如果电路中的三极管数量较多，可以采取一些简便的方法。

三极管的外形是很有特点的，所以根据这一点可以分清印制电路板上的哪些器件是三极管，关键的问题是如何确定印制电路板上众多三极管中哪只是所需要找的。如果很熟悉某型号三极管的外形特征，就很容易找到该三极管。图 4-50 所示为两根引脚的大功率三极管。

4-35：寻找电路板上电压测试点的方法（1）

图 4-50　两根引脚的大功率三极管

2　根据标注寻找印制电路板上的三极管

如果印制电路板上已标出各三极管的标号，如 VT1、VT2，那么就很容易确定，如图 4-51 所示。如果没有这样的标注，一是靠该三极管的外形特征来分辨，二是靠外电路的特征来确定该三极管。

3　寻找印制电路板上的贴片三极管

如果在印制电路板上的元器件中没有找到三极管，则要查看印制电路板背面，因为贴片三极管有时会装配在印制电路板背面，如图 4-52 所示。

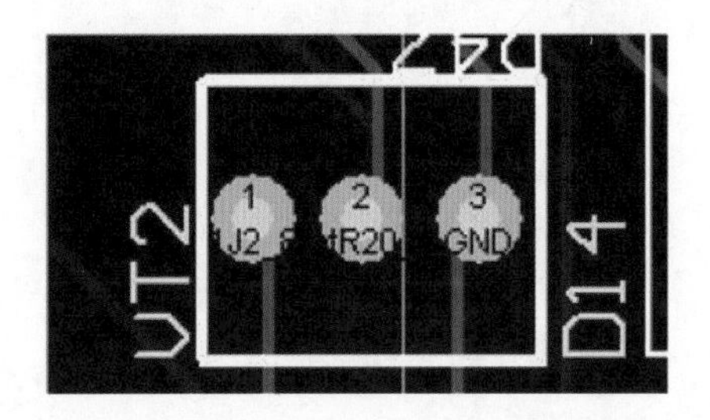

图 4-51　根据标注寻找印制电路板上的三极管

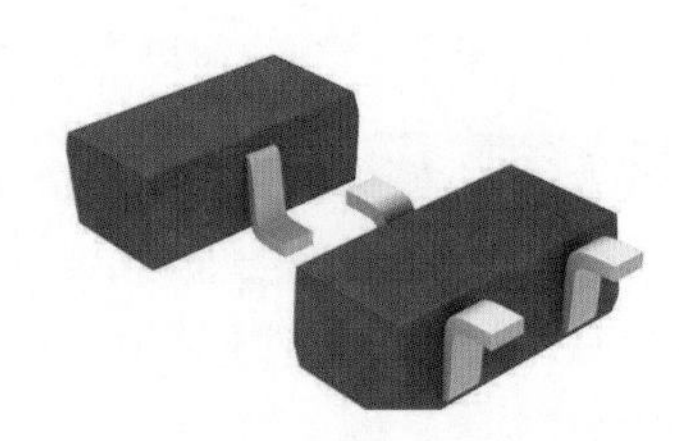

图 4-52　查看印制电路板背面

4　间接寻找印制电路板上的三极管

当印制电路板很大、印制电路板上的三极管数量比较多时，在印制电路板上直接寻找三极管就比较困难，此时可以根据原理图中三极管电路的特征，间接寻找印制电路板上的三极管，如图 4-53 所示。例如，在印制电路板上寻找三极管 VT1。首先，寻找电路中的集成电路 A1，因为印制电路板上的集成电路数量远少于三极管，而且集成电路 A1 的④脚通过电阻 R1 与所需要寻找的三极管 VT1 相连；其次，根据集成电路的引脚分布规律，在印制电路板上找到集成电路 A1 的④脚；最后，沿着集成电路 A1 的④脚铜箔电路找到印制电路板上的电阻器 R1，沿 R1 另一根引脚的铜箔电路就可以找到三极管 VT1。

4-36：寻找电路板上电压测试点的方法（2）

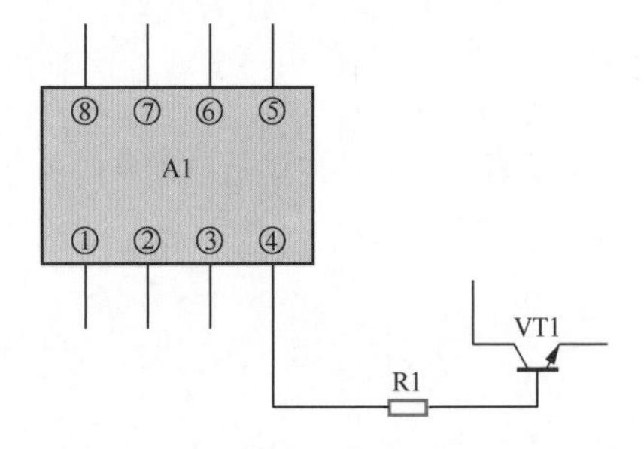

图 4-53　间接寻找印制电路板上的三极管

4.29.4　寻找印制电路板上集成电路的某引脚

当需要测量集成电路某引脚的直流电压或检查某引脚的外电路时，需要在印制电路板上寻找这一集成电路的该引脚。集成电路在印制电路板上的数量相对较少，所以可以采用直接寻找的方法。

在图 4-54 所示的电路中寻找所需要的集成电路 U1，并找出该集成电路的⑥脚。

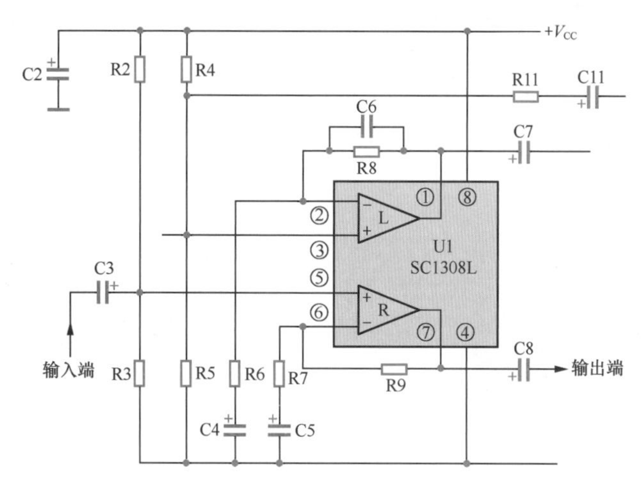

图 4-54　在电路中寻找所需要的集成电路 U1

1　找出印制电路板上的集成电路

在寻找集成电路 A1 的⑥ 脚时，首先要找出集成电路 A1。在印制电路板上可能会有许多个集成电路，此时可以在印制电路板上寻找 A1 的标注，如图 4-55 所示，当某个集成电路旁边标有 A1 标记时，该集成电路就是所需要找的集成电路。

图 4-55　在印制电路板上寻找 A1 的标注

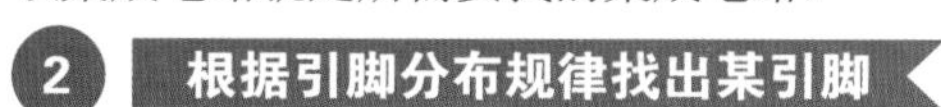

2　根据引脚分布规律找出某引脚

如图 4-56 所示，根据集成电路的引脚分布规律，可以找出集成电路 U1 的⑥脚。

重要提示

有的电路板上不会标出集成电路编号 U1 这样的标注，如图 4-57 所示，这时可以查看电路板上集成电路上面的型号，以此确定是否是所要找的集成电路。

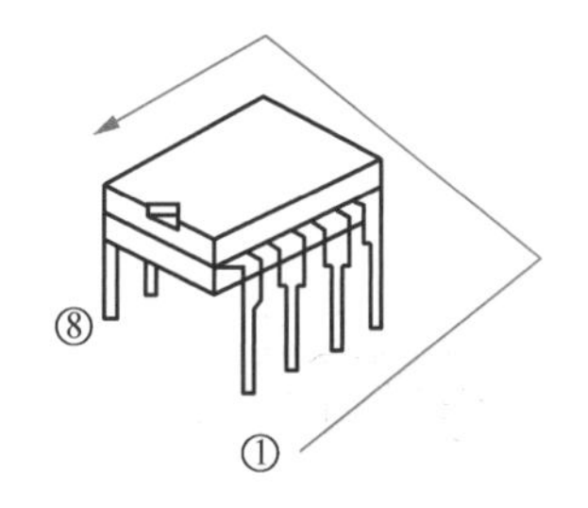

图 4-56　集成电路的引脚分布规律

图 4-57　示意图

4-37：寻找电路板上信号传输线路的方法

如果电路板上有两块相同型号的集成电路，则要根据该集成电路外电路的特征来确定。注意，如果集成电路是贴片式的，要在电路板的背面（铜箔电路面）寻找。

4.29.5　寻找印制电路板上的电阻器和电容器

电阻器在印制电路板上的数量实在太多，根据具体情况可以分成直接寻找和间接寻找两种方法。

1　电阻器分类标注时的寻找方法

许多电路图和印制电路板对整机系统中的各部分单元电路的元器件采用分类标注的方法。如

图 4-58 所示，1R2 中的 1 表示是整机电路中某一个单元电路中的元器件，这种情况下直接寻找印制电路板上的电阻器是比较方便的。

2 电阻器标注很清楚时的寻找方法

有些印制电路板上对元器件的标注非常清楚，特别是贴片式元器件，如图 4-59 所示，而电阻器在印制电路板上的标注比较有规律，这时在印制电路板上直接寻找电阻器是比较方便的。

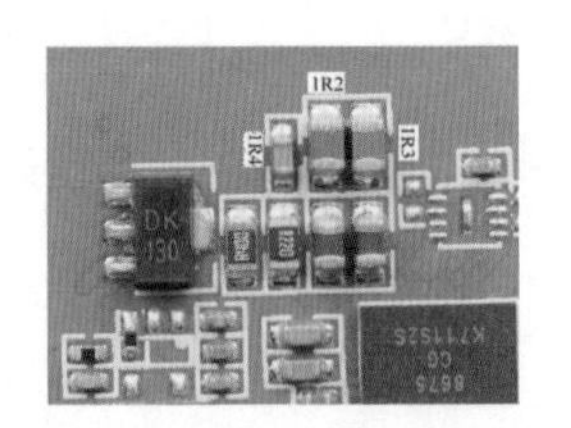

图 4-58 数字表示某一个单元电路中的元器件

图 4-59 电阻器在印制电路板上有规律的标注示意图

3 间接寻找印制电路板上的电阻器方法

例如，在印制电路板上寻找图 4-60 所示电路中的电阻 R2，此时可以首先在印制电路板上寻找集成电路 A1，然后根据集成电路的引脚分布规律，在印制电路板上找到集成电路 A1 的④脚，沿着集成电路 A1 的④脚铜箔电路找到印制电路板上的电阻器 R1，沿 R1 另一根引脚的铜箔电路就可以找到电阻 R2。

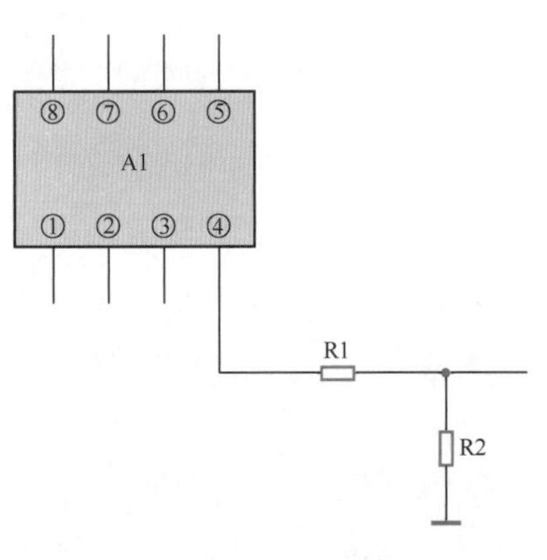

图 4-60 寻找电路中的电阻 R2

4 寻找印制电路板上的电容器方法

印制电路板上电容器的数量也相当多，寻找的方法基本上与寻找电阻器的方法相同。

（1）寻找大容量电解电容器。如果所需要寻找的电容器是大容量的电解电容器（图 4-61 中所示电路中的 C1，其容量达 2200μF），这样的电容器有一个特征，即体积相当大，且在印制电路板上的数量很少，这时可以在印制电路板上直接寻找。

（2）寻找微调电容器。如果所需要寻找的是特殊电容器，如微调电容器，如图 4-62 所示，这时也可以在印制电路板上直接寻找。

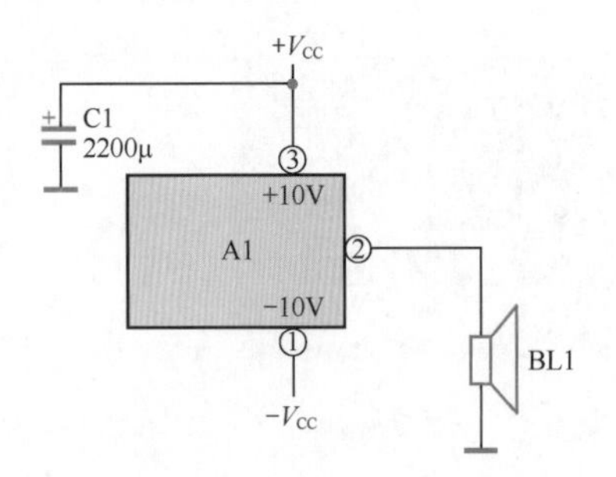

图 4-61 寻找大容量电解电容器 C1

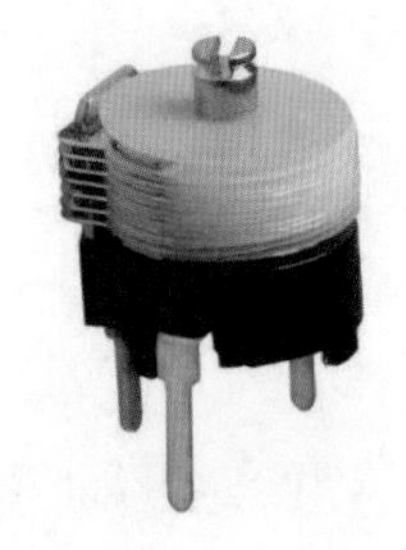

图 4-62 微调电容器

4.29.6 寻找印制电路板上的其他元器件和识别不认识元器件

1 寻找印制电路板上的其他元器件

寻找印制电路板上其他元器件的思路与前面介绍的几种一样，归纳说明如下。

（1）根据外形特征直接寻找印制电路板上的元器件。这需要了解各类元器件的具体外形特征，了解一些元器件的引脚分布规律。

（2）根据电路标注直接寻找印制电路板上的元器件。这需要了解各类电子元器件的电路符号。

（3）根据电路原理图间接寻找电路板上的元器件。根据所需要寻找的元器件在电路原理图中与其他元器件的连接关系，首先寻找其他元器件，再根据电路板上的连接关系找出所需要寻找的元器件。

2　识别印制电路板上的不认识元器件

现代电子元器件技术发展迅速，一些新型电子电器的印制电路板上会出现许多“新面孔”的元器件，给识别这些元器件增加了不少困难，识别时可参考以下几种方法。

图 4-63　空气可变电容器实物图

（1）对于印制电路板上的某些不认识的元器件，可通过电路原理图去认识它。在印制电路板上找出它在电路原理图中的电路编号，再根据此电路编号找出电路原理图中相应元器件的电路符号，通过电路符号或电路工作原理来认识该元器件。

（2）如果印制电路板上没有该元器件的电路符号，可以画出与该元器件相连接的相关电路图，根据电路工作原理去判断该元器件的作用。

（3）根据元器件的结构和工作原理进行判断。图 4-63 所示为一种外形比较特殊的空气可变电容器（单联）实物图，当转动它的转柄时动片和定片之间的相对面积在改变，根据这一原理可以判断出它是一个可变电容器。

4.29.7　寻找印制电路板上的信号传输线路

在故障检修中，时常需要寻找印制电路板上的信号传输线路，以便用仪器检测电路中的信号传输是否正常。

1　寻找集成电路的信号传输线路

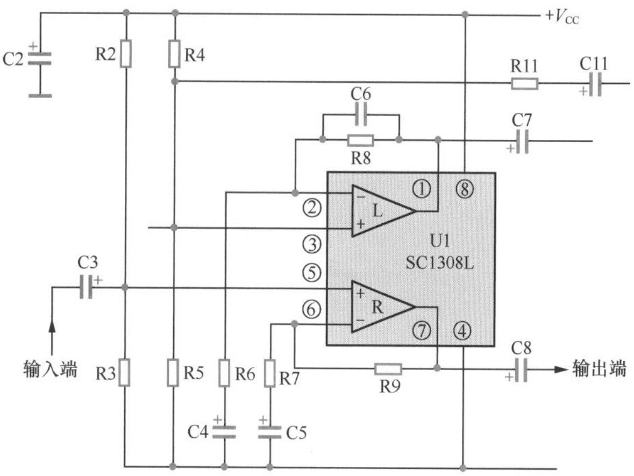

如图 4-64 所示，要检修这一集成电路的信号传输故障，就需要检测它的输入端和输出端上的信号，那么就要在印制电路板上找到这两个检测端。

首先在印制电路板上找到集成电路 U1，然后根据集成电路的引脚分布规律找到它的输入引脚⑤和输出引脚⑦，再找到引脚上的耦合电容 C3 和 C8，就能找到印制电路板上的信号输入端和信号输出端。

图 4-64　集成电路示意图

2　寻找三极管放大器的信号传输线路

图 4-65 所示为共集电极放大器电路图，电路中已标出这个放大器的信号输入端和输出端，检修中时常需要在印制电路板上找到这两个端点。

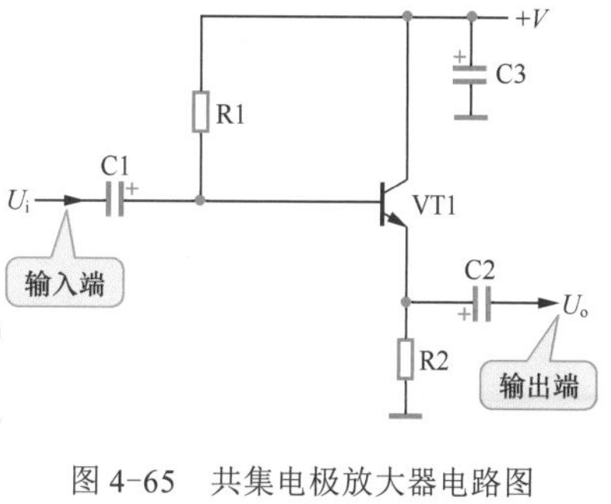

在印制电路板上找到三极管 VT1，在其基极铜箔电路上找到输入端耦合电容 C1，就能找到信号输入端。找到 VT1 发射极，在其发射极铜箔电路上找到输出端耦合电容 C2，就能找到信号输出端。

图 4-65　共集电极放大器电路图

4.30　根据印制电路板画出电路图

重要提示

故障检修中，如果没有电路原理图，而故障处理起来又比较困

4-38：根据电路板画出电路图的方法

难，此时可以根据电路板上的元器件和印制电路的实际情况画出电路原理图。

4.30.1 根据印制电路板画电路图的方法

1 画电路图的基本思路

（1）缩小画图范围。没有必要画出整机电路图，根据故障现象和可能采取的检查步骤，将故障范围确定在最小范围内，只对这一范围内的电路依据实物画图。

（2）确定单元电路类型。根据印制电路板上元器件的特征确定电路类型，如是电源电路中的整流电路还是放大器电路等，先确定出电路种类的大方向。再根据电路类型，观察印制电路板上元器件的特征，确定具体单元电路的大致种类。例如，见到一只整流二极管是半波整流电路，见到两只整流二极管是全波整流电路，见到 4 只整流二极管是桥式整流电路。

（3）选用参考电路。根据具体的电路种类，利用所学过的电路作为参考电路。例如，对于全波整流电路先画出一个典型的全波电路，然后与印制电路板上的实际电路进行核对，进行个别调整。

（4）验证方法。画出电路图后，再根据所画的电路图与印制电路板的实际情况进行反向检查，即验证所画电路图中的各元器件在印制电路板上是不是连接正确，如果有差错，说明所画电路图有误。

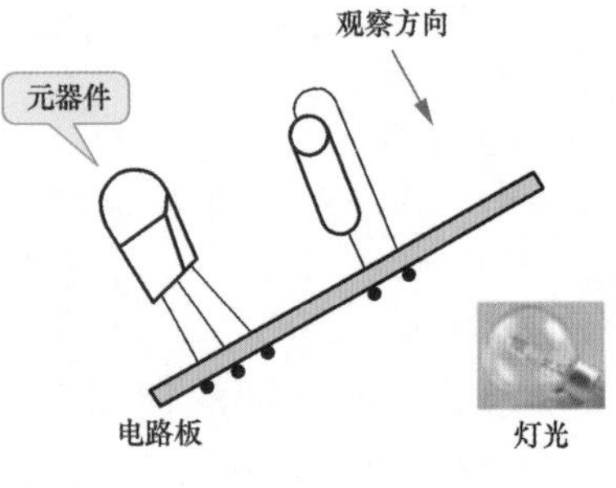

图 4-66　借助灯光观察印制电路板上铜箔的电路走向示意图

2 观察印制电路板上铜箔电路走向的方法

观察印制电路板上元器件与铜箔电路的连接和铜箔电路的走向时，可以用灯照的办法。

4-39：根据电路板上元器件画三极管电路图的方法（1）

如图 4-66 所示，用灯光照在有铜箔电路的一面，在元器件面可以清晰、方便地看到铜箔电路与各元器件的连接情况，这样可以不用来回翻转印制电路板。因为来回翻转印制电路板不仅麻烦，而且容易折断印制电路板上的引线。

3 双层印制电路板观察铜箔电路的方法

图 4-67 所示为双层印制电路板示意图，在装配元器件面（顶层）和背面（底层）都有铜箔电路，贴片元器件可以装在顶层也可以装在底层。

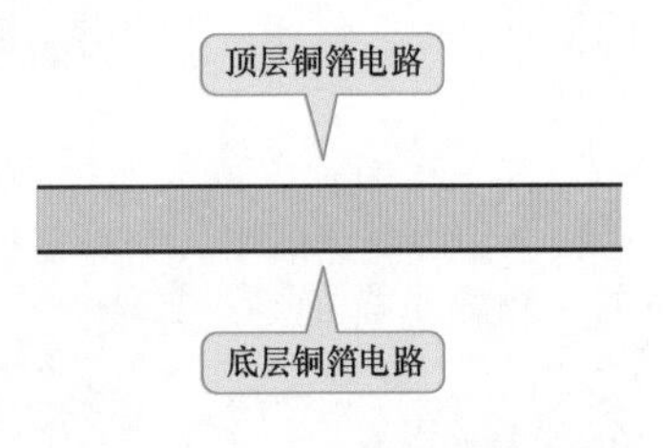

图 4-67　双层印制电路板示意图

为了连接顶层和底层的铜箔电路，在印制电路板上设置了过孔，如图 4-68 所示。凡是需要连接顶层和底层的铜箔电路处，都会设置一个过孔。

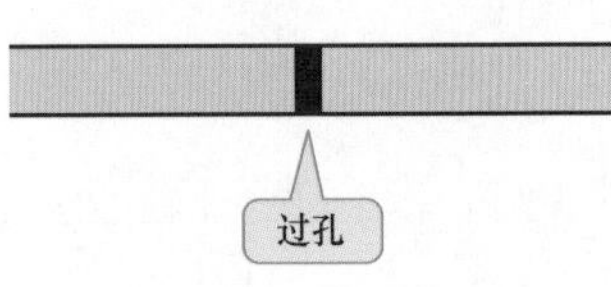

图 4-68　过孔示意图

图 4-69 所示为一个实际的双层铜箔电路示意图。

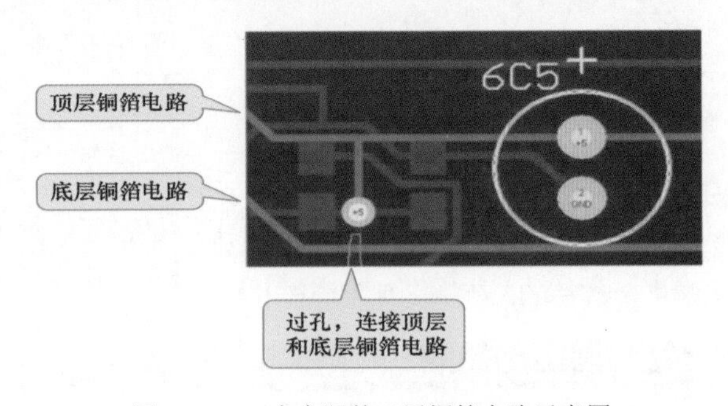

图 4-69　一个实际的双层铜箔电路示意图

4-40：根据电路板上元器件画三极管电路图的方法（2）

4.30.2　根据元器件画电路图

重要提示

分析电路的工作原理，关键是抓住单元电路的电源电压 +V 端（或 −V 端）、接地端、信号输入端和信号输出端，而根据电路板画电路图时（由于印制电路板上的印制电路图分布与电路图规律“格格不入”），要先画出各元器件之间的相互连接电路，然后再把它们分别接入各端。

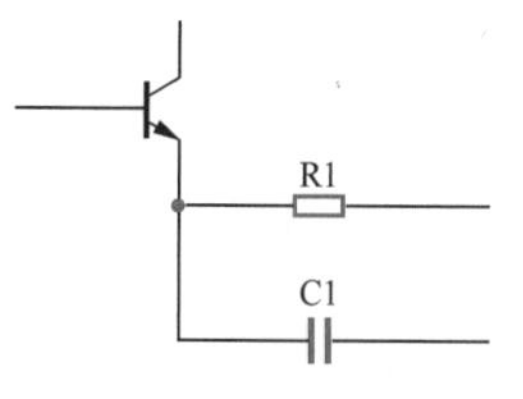

图 4-70　画出三极管以及 R1 和 C1

1　画三极管电路的方法

如图 4-70 所示，先画出三极管电路符号，发现其发射极上连接有两个元器件 R1 和 C1，就画出这两个元器件。如果三极管 VT1 发射极上有更多相连接的元器件，应全部画出。

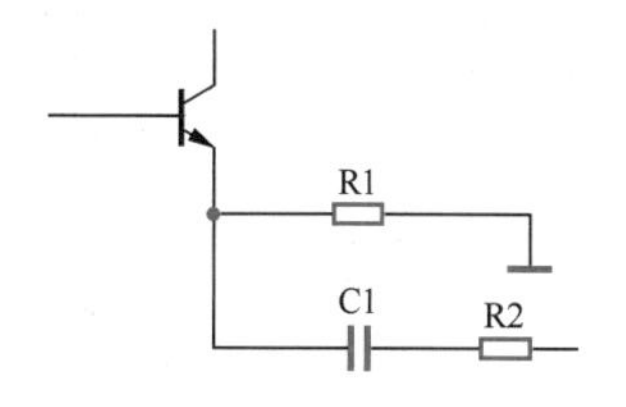

图 4-71　画出 R1 和 C1 的连接元器件

画出 R1 和 C1 之后，在印制电路板上寻找 R1 和 C1 另一端连接的元器件或电路，如图 4-71 所示，发现 R1 与地线相连，可以直接画出地线符号，发现 C1 与另一个电阻 R2 相连，画出 R2 电路符号，且它与 C1 相串联。

图 4-72　画出接地符号

继续在印制电路板上找 R2 的另一端线路，发现接地线，如图 4-72 所示。通常情况下，当一个元器件接地线或接电源时，那这一支路电路的画图就可以结束。

4-41：根据电路板上元器件画三极管电路图的方法（3）

按照习惯画法，将画出的草图进行整理，如图 4-73 所示，以便对这一电路进行分析和理解。

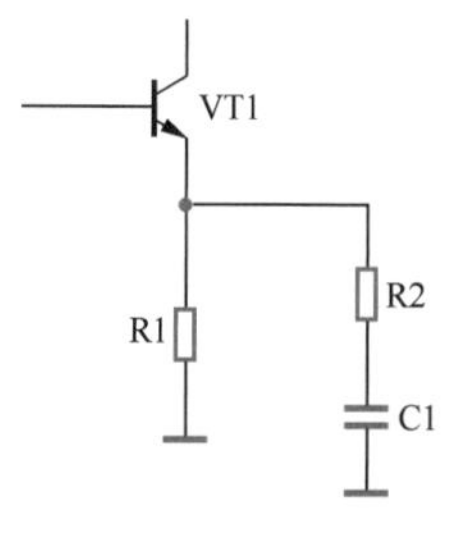

图 4-73　整理电路图

2　画三极管放大器电路的方法

重要提示

根据电路板实物画出电路图也有方法和技巧可言，关键是要熟悉各种三极管电路，这样画图就会显得比较容易。

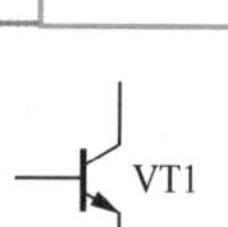

图 4-74　画出三极管电路

（1）画出三极管电路。如图 4-74 所示，首先确定印制电路板上实际的三极管是 NPN 型还是 PNP 型，现在用得最多的是 NPN 型三极管。

（2）画出集电极电路。在印制电路板上找到 VT1 集电极，然后画出与集电极相连的所有元器件，如图 4-75 所示，并注意哪个电阻器与电源电路相连（R2），哪个耦合电容与下级放大器相连（C2）。

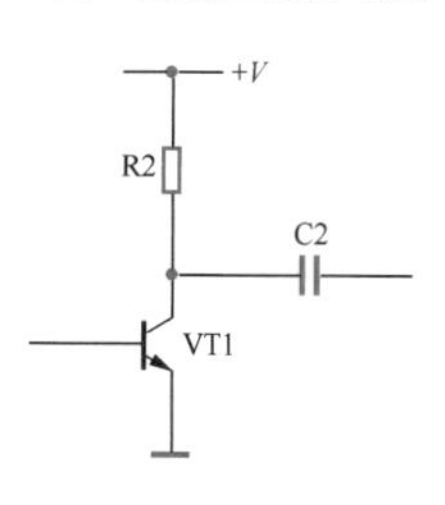

图 4-75　画出集电极电路

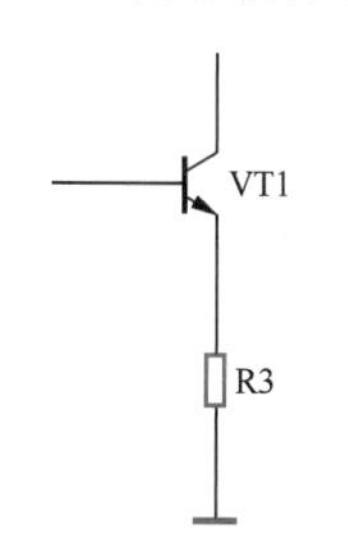

图 4-76　画出发射极电路

（3）画出发射极电路。VT1 发射极上的元器件一般是与地线方向发生联系，通常发射极与地线之间接的元器件较多，可能是电容器，也可能是电阻器，图 4-76 所示的电路中接的是电阻器（R3）。

（4)画出基极电路。VT1 基极上的元器件有 3 个方向：一是电源方向，二是地线方向，三是前级电路方向。如图 4-77 所示，电源方向接的是电阻 R1，地线方向上也有可能有电阻器（图中没有），前级方向会有耦合电容（C1）。

（5）画出整个三极管电路。将上述 4 步的电路图拼在一起就是一个完整的电路图，如图 4-78 所示。从电路中可以看出，

4-42：根据电路板上元器件画集成电路的电路图

这是一个共发射极放大器的直流电路。如果画出来的电路不符合电路常理，那有可能是画错了，也有可能是这一电路比较特殊。

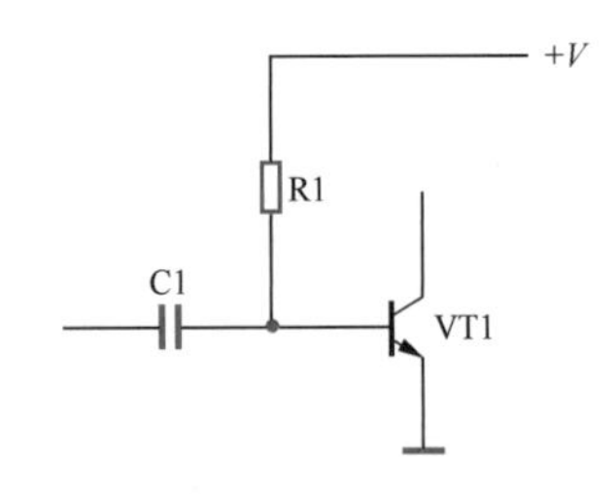

图 4-77　画出基极电路

图 4-78　整个三极管电路

3　画其他三极管电路的方法

重要提示

根据电路板上的元器件实物画其他三极管电路时，关键是弄清楚三极管的大致功能，如构成的是振荡器电路还是控制器电路，在确定好这个大方向之后再根据元器件特征确定是哪类具体的电路。

（1）画出三极管的直流电路。三极管在它的大多数应用电路中都有直流电路。如果画图过程中发现三极管没有完整的直流电路，那么该三极管很可能不是工作在放大、振荡等状态，而是构成了一种特殊的电路，如三极管式 ALC（自动电平控制）电路。这样的判断需要有扎实的电路基础知识。

（2）画出与三极管 3 个电极相连的元器件电路。

（3）将画出的草图进行整理，以方便对电路工作原理进行分析和理解。如果电路分析中发现明显的电路错误，说明很有可能是电路图画错了，需要对照印制电路板进行核实。

4　画集成电路的方法

（1）画出电路符号。首先根据实物弄清楚所画集成电路有几根引脚，再画出相应引脚数的集成电路符号，如图 4-79 所示。这是一个 8 根引脚双列集成电路，所以电路符号要画成双列形式，且为 8 根引脚，各引脚序号符合一般画图规律，即从左下角起逆时针方向依次排列。

（2）画出接地引脚电路。电路断电后，用万用表的电阻 R×1Ω 挡测得哪根引脚与地线之间的电阻为零，则该引脚就是接地引脚，在该引脚上画接地符号，如图 4-80 所示。

（3）画出电源引脚电路。在印制电路板通电状态下，用万用表的直流电压挡测量各引脚对印制电路板地线的直流电压，电压最高的引脚为电源引脚，在该引脚上画出电源 $+V_{CC}$ 符号，如图 4-81 所示。

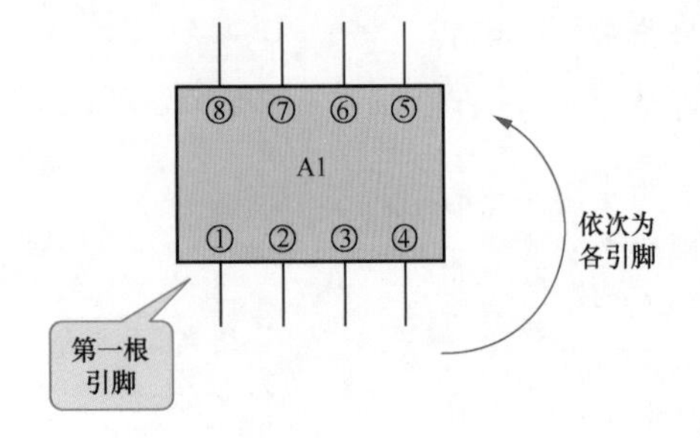

图 4-79　画出电路符号示意图

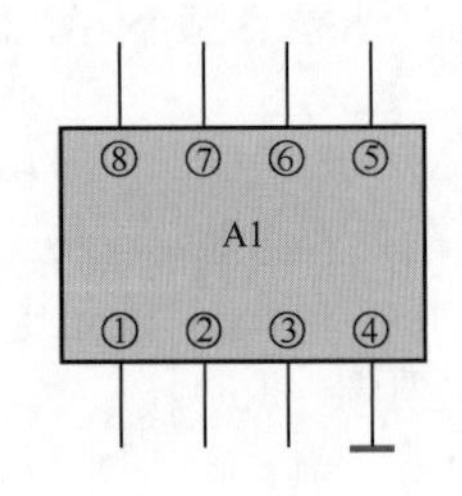

图 4-80　画出接地引脚电路示意图

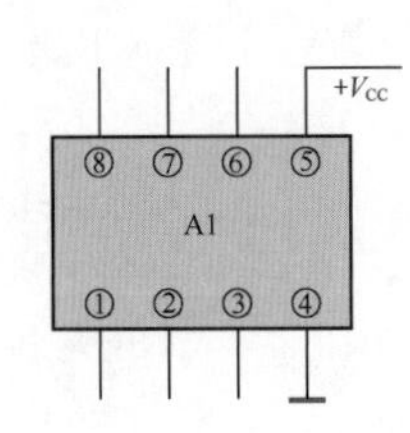

图 4-81　画出电源引脚电路示意图

（4）分别画出各引脚电路。在印制电路板上找到某引脚，如①脚，沿①脚铜箔电路画出所有与①脚相连的元器件的电路符号。如果该引脚外电路中有串联元器件，也应该一一画出，直到画出一个相对明确的电路图，如画到接地端或电源端，或是与集成电路的另一根引脚相连，如图 4-82 所示。

在画出集成电路的各引脚外电路之后，对电路图进行整理，画成平时习惯的画法，再按照从上而下、自左向右的方向给电路中的各元器件编号，如图 4-83 所示。必要时还要根据印制电路板上元器件的实物，查出它们的型号和标称值。

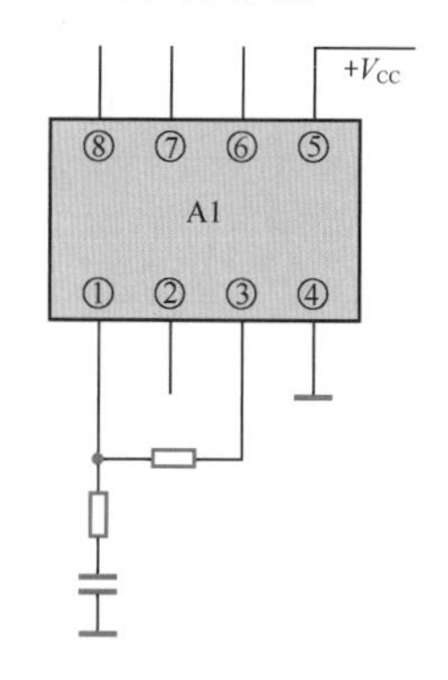

图 4-82　分别画出各引脚电路示意图

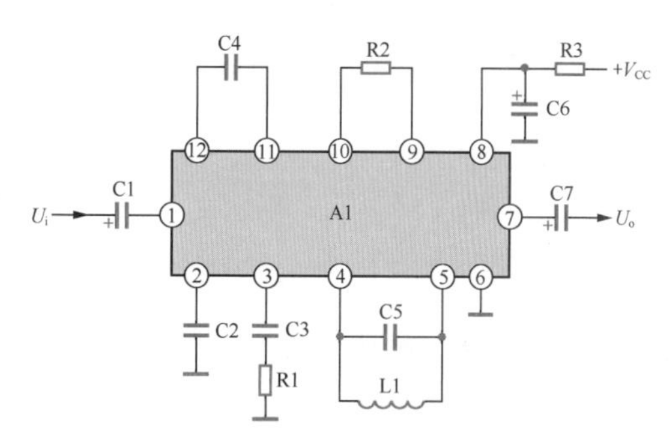

图 4-83　标注元器件编号示意图

4.31　画小型直流电源电路图

图 4-84 所示为十分常见的小型直流电源的外形图。这里通过解剖该小型直流电源的过程来学习动手操作技能。

图 4-84　小型直流电源的外形图

4.31.1　解体小型直流电源的方法

拆下小型直流电源背面的两颗固定螺钉，取下正面的标签，并拆下一颗螺钉，这样可以将外壳打开。图 4-85 所示为小型直流电源打开外壳后的内部电路图。从图中可以看出，它由一只小型电源变压器和一块印制电路板组成。

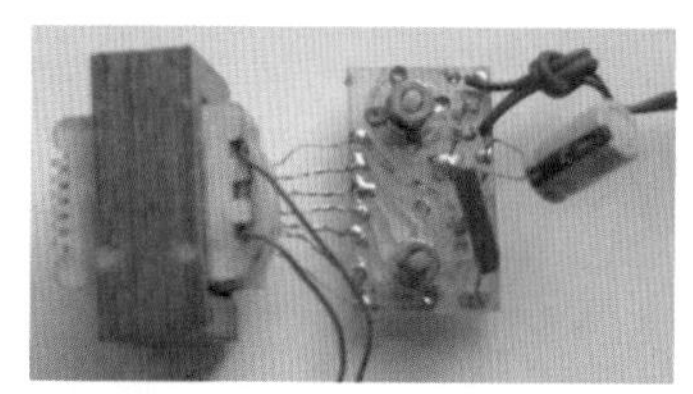

图 4-85　小型直流电源打开外壳后的内部电路图

1　初步了解情况

根据对实物的观察，这一电源变压器二次绕组共有 7 根引出线，以一根引脚为共用引脚，可以得到 6 组不同的交流输出电压。

这一小型直流电源共有 6 组直流输出电压：3V、4.5V、6V、7.5V、9V 和 12V，每一组交流输出电压对应一个相应的直流输出电压。二次绕组的抽头选择由印制电路板上的一只转换开关完成。

2　了解元器件组成

印制电路板上的主要元器件包括：两只转换开关，一只是电源变压器二次绕组抽头转换开关，另一只是输出直流电压的极性转换开关（控制是负极性还是正极性直流电压输出）；一只滤波电容；一只电阻器和 4 只二极管。

4-44：画小型直流电源电路图方法（2）变压器电路图

4.31.2　画出小型直流电源电路图

根据印制电路板上的元器件和铜箔电路画出小型直流电源电路图。

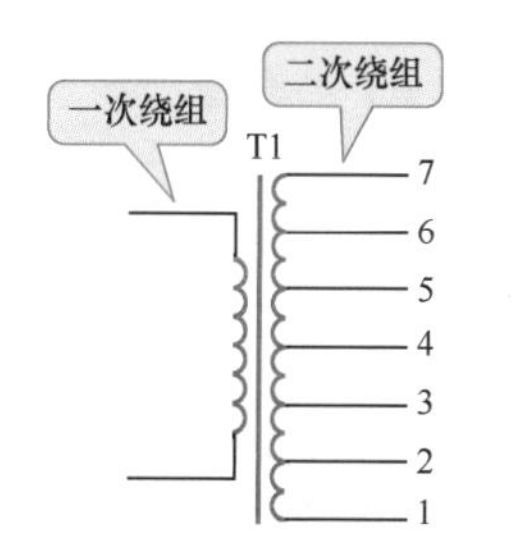

图 4-86　申源变压器电路图

1　画出电源变压器电路图

首先画出电源变压器的电路符号。根据实物可知，电源变压器有一组没有抽头的一次绕组和一组共有 7 根引脚的二次绕组，图 4-86 所示为这一电源变压器电路图。根据变压器的降压电路工作原理可知，一次绕组与 220V 交流电源线相连，二次绕组应该与整流电路相连。因为二次绕组有抽头，而且使用一组整流电路，所以二次绕组与整流电路之间还应该有一个交流电压转换开关。

2 画出整流和滤波电路图

根据实物可知，该电源中有 4 只二极管，由于这种小型直流电源不能同时输出正、负极性的直流电压，所以这 4 只二极管很可能构成的是典型的桥式整流电路。所以先画出一个典型的桥式整流电路，如图 4-87 所示。然后根据印制电路板上 4 只二极管的实际连接情况进行核对，以确定这就是典型的桥式整流电路。

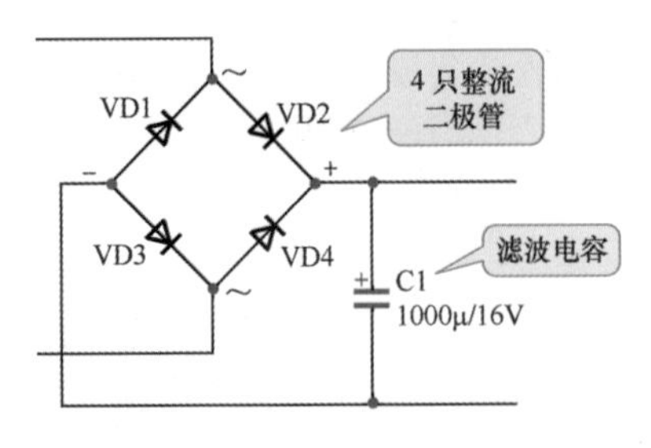

图 4-87　整流和滤波电路图

因为印制电路板上只有一只滤波电容，所以这一直流电源采用的是典型的电容滤波电路，如图 4-87 中所示的 C1。

3 画出二次绕组抽头转换开关的电路图

因为这一小型直流电源能够调整直流输出电压的极性，所以整流和滤波电路的接地端不能简单地接地线，应该与直流输出电压极性转换开关相连。将降压、整流和滤波电路拼起来是画出整个电源电路图的关键，这其中主要是通过印制电路板上铜箔电路的连接情况，画出两只极性转换开关电路。

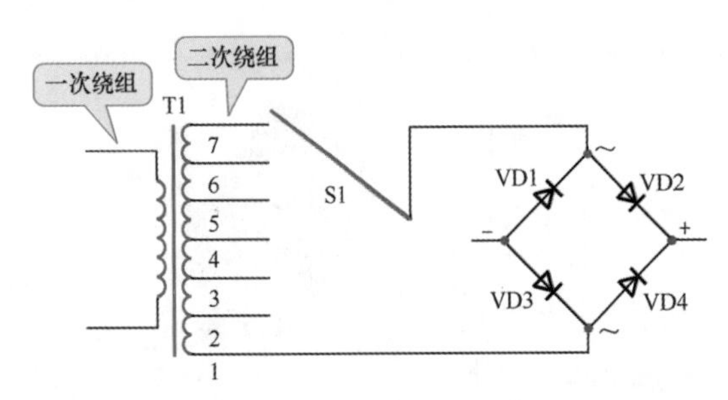

图 4-88　小型直流电源二次绕组抽头转换开关电路图

图 4-88 所示为小型直流电源二次绕组抽头转换开关电路图。根据实物画出这一电路图，主要说明以下几点。

（1）在印制电路板上找到电源变压器二次绕组，共有 7 根引脚，其中必然有一根引脚直接与桥堆的交流电压输入引脚相连，见图 4-88 中引脚 1，直接与桥堆的一个交流输入端“～”相连。

（2）桥堆的另一个交流输入端“～”必定与二次绕组抽头转换开关相连，这样就可以找到二次绕组抽头转换开关。

4-45：画小型直流电源电路图方法（3）整流电路和滤波电路图

（3）二次绕组抽头转换开关必定是一个单刀六掷开关，因为它要转换 6 挡，得到 6 种不同的交流电压。

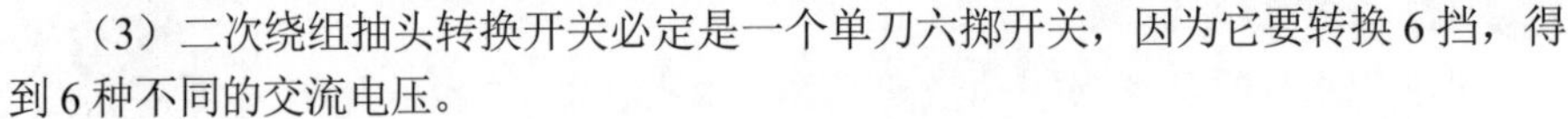

（4）根据变压器工作原理可知，当开关 S1 置于图 4-88 中的 7 位置时，小型直流电源输出的直流电压最高，因为这时输入桥堆的交流电压最大。

4 画出直流电压输出电路图和极性转换开关电路图

小型直流电源的直流输出电压极性可以转换，可以是正极性直流电压输出，也可以是负极性直流电压输出，这一功能通过直流电压极性转换开关来完成。图 4-89 所示为直流电压输出电路图和极性转换开关电路图。电路中的 S2-1、S2-2 是直流电压极性转换开关，这是一个双刀双掷开关。根据实物画出这一电路图，主要说明以下几点。

（1）画出直流电压输出电路有一个简单的方法。查看印制电路板上的滤波电容 C1，C1 是一只有极性电解电容，通过其外壳上的极性可以确定桥堆极性，C1 的正极与桥堆的“+”端相连，C1 的负极与桥堆的“-”端相连，如图 4-89 所示。

（2）电路中的 VD5 是发光二极管，是电源指示灯，它通过限流保护电阻 R1 接在滤波电容 C1 两端，VD5 正极与 C1 正极相连。

4-46：画小型直流电源电路图方法（4）次级绕组抽头转换开关电路图

（3）R1 用来保护发光二极管 VD5，它的色环顺序是棕、红、红、金，查色环电阻器资料可知 R1 为 1.2kΩ，误差为 ±5%。注意，误差色环只有金、银两种，根据这一点可确定色环顺序，金或银色环为最后一条色环。

（4）画出直流电压极性转换开关电路最为困难，开关 S2-1、S2-2 是双刀双掷开关，如图 4-89 所示。A 点和 B 点是直流电压输出端，当 A 点电压为正时，B 点电压为负。当开关转换到另一个极性时，A 点电压为负，B 点电压为正。

（5）当开关 S2-1、S2-2 在图 4-89 中的 1 位置时，A 点电压为正，B 点电压为负；当开关 S2-1、S2-2 转换到图 4-89 中的 2 位置时，A 点电压为负，B 点电压为正。

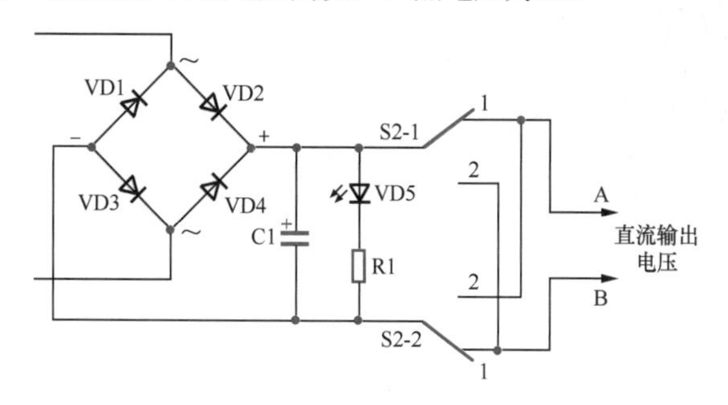

4-47：画小型直流电源电路图方法（5）极性转换开关电路图 1

图 4-89　直流电压输出电路图和极性转换开关电路图

5　画出整个电源电路图

图 4-90 所示为小型直流电源电路图。关于这一电源电路的工作原理，主要说明以下几点。

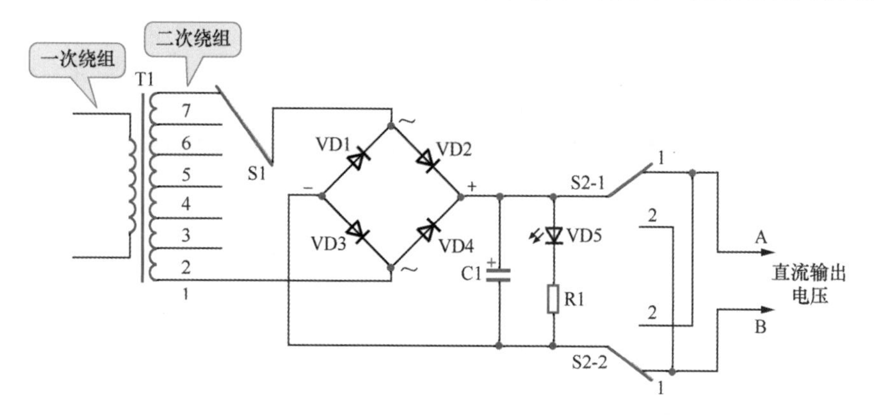

图 4-90　小型直流电源电路图

（1）将前面各部分电路图拼起来就可以得到整个电源电路图。

（2）电源电路图可以方便装配和电路故障检修。

（3）T1 是电源变压器，它能够输出 6 组交流低电压；引脚 1 为共用引脚。当开关 S1 置于不同位置时，能够得到不同的交流输出低电压，然后加到桥式整流电路中。

（4）经过整流后的电压通过滤波电容 C1 后可以得到直流工作电压。发光二极管 VD5 用来指示电源状态，它发光时表明电源已接通。

4-48：画小型直流电源电路图方法（6）极性转换开关电路图 2

（5）通过开关 S2-1、S2-2 可以转换直流输出电压的极性。

第5章 整机收音机电路详解与套件装配

重要提示

图 5-1　世界上第一代收音机实物图

整机电路是指能够完成一个完整功能的产品级电路。由于许多整机电路内容庞大且复杂，初学者很难在起步阶段就学习整机电路的工作原理。

整机电路工作原理有其系统性，初学者应从收音机电路起步，同时配备一个套件安装练习，会使理论和技能都能进步。

收音机“古老”而现代，古老是指收音机历史悠久，现代是指收音机在现代生活中无处不在，收音机可以称得上是历史最长的家用电子电器之一。图 5-1 所示为世界上第一代收音机实物图。

老一代无线电爱好者或电子专业技术人员，都是从矿石收音机起步学习电子技术的，通过系统地学习和装配矿石收音机、单管直放式收音机、五管外差式收音机，打下了扎实的理论知识基础并提高了实践动手能力。

本章通过对整机收音机电路、相关电子电路收音机套件装配与调试等诸多内容进行详细讲解，使读者掌握电路分析方法，提高实践动手技能，从而全面步入电子技术世界。

5.1 整机电路识图方法及收音机概述

5.1.1 学好收音机的“广博”作用

学习和掌握收音机电路工作原理和故障检修技术后，能达到什么样的水平呢？初学者一定会有这样的疑惑。以下的学习效果是肯定有的。

1 电路工作原理分析能力

收音机涉及的电子电路知识面比较广，初学者学好收音机电路工作原理可以掌握下列一些电子电路内容。

5-1：学习收音机重要性和收音机种类讲解

（1）基本的电子元器件，如电阻器、电容器、电感器、二极管、三极管、中频变压器、开关件、电位器、扬声器等知识，包括这些元器件的外形识别、电路符号识别、重要特性、故障特征、检测方法等。

（2）常用电子元器件的典型应用电路工作原理，可以深入掌握元器件在电路中的作用，以及各种元器件在不同电路中的具体应用。

（3）常用的串联电路、并联电路、分压电路等电路工作原理。

（4）LC 谐振电路工作原理。例如，收音机的输入调谐电路中就使用了 LC 串联谐振电路，选频放大器电路中使用了 LC 并联谐振电路。

（5）放大器电路工作原理，包括直流电路和交流电路。收音机中的中频选频放大器电路、音频功率放大器电路都采用了不同形式的放大电路。

（6）振荡器电路工作原理。例如，收音机中的本机振荡器电路就是一种正弦振荡器电路。

（7）检波电路工作原理，如调幅收音机中的检波器电路。

（8）音量控制电路工作原理。

（9）自动控制电路工作原理，如 AGC 电路工作原理。

（10）中和电路等数十种单元电路的工作原理。

（11）整机电路组成和结构、电路分析方法和过程。

2 电路装配能力的实质性提高

通过装配收音机套件，可迅速提高电路装配等技能水平。具体可以体现在以下几个方面。

（1）学会了使用万用表检测各类常用元器件，这是动手操作技能中的重要一环，这一学习过程内容丰富，实践性强，学习效果好。

（2）掌握了焊接技术。焊接技术不过关，电路设计、调试、检修等一系列的问题都会受到影响。

（3）掌握了各种元器件的装配细节，提高电子技术所需要的动手能力。

（4）对整机装配有了初步印象和了解，对电路板、机壳、电池架等机械结构有所了解。

3 电路故障检修能力

通过学习收音机电路的故障检修，可以达到以下水平。

（1）由于本书套件装配的具体电路就是书中正文详细讲解的电路，这样用理论知识武装后的检修活动更加科学，更加有效率，这才是正确的电路故障检修学习方式，而不是盲目地动手检修，少走弯路，节省大量时间。许多初学者想要在盲目的实践活动中通过自己的摸索来提高水平，这是一种错误的学习方法。

（2）掌握万用表的欧姆挡、直流电压挡、直流电流挡、交流电压挡的操作方法，并学会使用万用表检测电子元器件和电子电路的常见故障。

（3）学会各种检修工具的使用，积累了宝贵的经验。

（4）初步具备电路故障的逻辑分析和推理能力，学会从故障现象分析故障原因的方法。电路故障的逻辑分析和推理能力是一个十分重要的能力，不具备这样的能力将寸步难行。

4 学会电子电路的调试方法

收音机电路中的调试项目比较多，没有经过系统性学习很难完成各个项目的调试，否则就是盲目操作，带来的后果就是装配的失败，从而影响学习者信心。

重要提示

收音机是整机电路的基础。

在掌握了收音机整机电路工作原理之后，学习电视机等整机电路工作原理就会简单得多（电视机中的许多单元电路工作原理与收音机中的基本相同），为日后学习其他电子电器整机电路工作原理打下了扎实的基础。

同时，收音机成本较低，所以通过收音机整机电路的学习和套件的装配还能提高学习的性价比，通过较少的硬件学到更多的实用知识。

5.1.2 收音机种类概述

收音机种类繁多，图 5-2 所示为收音机简单分类示意图。

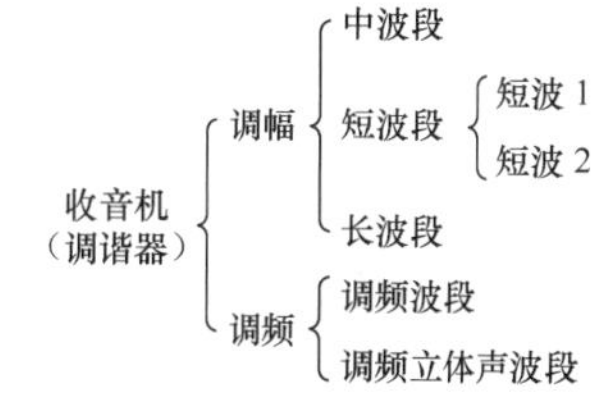

图 5-2　收音机简单分类示意图

1 调幅收音机

调幅收音机有以下几种。

（1）中波收音机。

（2）短波收音机。在短波范围内又可以分为：短波 1 和短波 2。

中波和短波收音机都是调幅收音机，这种收音机只能接收和处理调幅广播电台信号，以前还有一种长波收音机，它也是调幅收音机中的一种。

5-2：收音机方框图及单元电路作用

2 调频收音机

调频收音机又分为普通调频收音机和调频立体声收音机，前者能够接收普通调频广播电台信号和立体声调频广播电台信号，但都是单声道效果。后者也能接收两种调频广播电台信号，但只在接收立体声调频广播电台信号时才能获得左、右声道的立体声效果。

收音机一般以多波段形式出现，即将上述几种波段融于一机。

3 直放式收音机与超外差式收音机

直放式是不进行变频处理的一种方式，现在大多数收音机要进行变频处理，即将天线接收到的高频调幅信号转换成固定的中频信号后再进行放大，这样做是为了提高收音质量。

重要提示

直放式就是对天线接收到的高频调幅信号直接进行放大，没有变频环节，高频调幅信号放大到一定程度后直接送至检波电路中，这种方式的收音机性能一般。

在直放式收音机中，还有一种来复再生式直放收音机。所谓来复再生是指高频调幅信号在频放大级中引入少量正反馈，以提高高频放大器的放大倍数，用数量较少的放大管完成对高频调幅信号的放大，过量的正反馈会损害收音性能，出现啸叫故障。

外差指本振频率与接收到的高频信号在变频器中进行差频后得到465kHz的中频信号频率；超外差指本振频率高于与接收到的高频信号一个465kHz（中频信号频率），这里的超是指本振频率超出高频信号频率465 kHz的意思。

5.1.3 收音机的主要指标

1 接收频率范围

接收频率范围也称波段，是指收音机所能收听的频率范围。显然，收音机的频率范围越宽，收听到的电台就越多。

对于中波段等接收频率范围是有国标规定的，我国采用的中波频段为535 ～ 1605kHz。

2 灵敏度

灵敏度表示收音机接收微弱无线电波的能力。灵敏度高的收音机能够收到远地或微弱信号电台，而灵敏度低的收音机就做不到。通常，以输入信号的电场强度表示灵敏度，单位是毫伏 / 米（mV/m）。

例如，中波灵敏度小于1 mV/m（实际为0.2 ～ 0.3 mV/m）。

收音机要提高灵敏度就要有足够的增益。然而，在输出功率一定时，随着增益的提高，收音机内部噪声也会随之增大，如果接收的外来信号很弱时，信号就可能被噪声淹没，因为信噪比不够高。因此，无限制地提高收音机的增益并不能无限制提高灵敏度。

通常，灵敏度可分为最大灵敏度和有限噪声灵敏度两种。

（1）最大灵敏度。它是指将收音机的旋钮放在最大音量位置时，在标准输出功率下所需的最小输入信号电平。它只反映了收音机接收微弱信号的最大能力，而不考虑输出的信噪比。

（2）有限噪声灵敏度。它是指当调幅和调频收音机的信噪比分别为20dB和0dB时，在标准输出功率下所需的最小输入信号电平。它反映了收音机在正常收听条件下，接受微弱信号的能力。

3 选择性

选择性是指收音机挑选电台的能力，也就是收音机分离临近电台的能力。选择性好的收音机表现为接收信号时只收到所选电台的发音，而无其他电台杂音。

选择性是这样规定的：以输入信号失谐 ±10kHz时的灵敏度衰减程度来衡量，单位是dB。例如，选择性大于20dB（实际大于30dB）。

在超外差式调幅收音机中，选择性除了与输入调谐电路有关外，基本上取决于中频放大级的频率特性。在调频收音机中，高频电路的通频带对整机的选择性影响不大，其选择性主要取决于中频谐振电路的特性。

4 不失真输出功率

不失真输出功率是指收音机在一定失真范围内的输出功率。在规定失真度等条件下，额定功率越大越好。

例如，不失真额定输出功率大于 100mW（实际约为 200mW）。

5 整机谐波失真度

整机谐波失真度又称为整机非线性失真度，失真度小的收音机，音质优美动听，反之则声音不悦耳，有不自然的感觉。

整机谐波失真度用 % 表示，如整机谐波失真度小于 10%。

在试听收音机的失真情况时，分别将音量电位器调节到音量较轻、音量中等和音量最响三个不同音量来试听。一般情况下，音量较轻时音量失真应当较小；音量调节超过额定值时，失真就会明显增加。还要注意，在试听收音机失真情况时，必须将电台调准，否则也会导致失真。

6 整机频率特性

整机频率特性简称频响。它是指收音机对音频调制频率范围内的不同音频频率的增益特性。通常以整个收音机对各个音频调制频率所表现的增益关系，称为整机电压频率特性。如果再包括扬声器的输出电压，这就称为整机声压频率特性。收音机在各个频率上的电压（或声压）失真系数称为整机电压（或声压）谐波失真。

例如，整机频率特性为 300 ～ 3000Hz。

7 噪声电平与信噪比

噪声电平、信噪比都是用来表征收音机噪声大小的指标。

噪声电平是以标准电压或标准功率为参考的，单位是 dB，一般希望它越小越好，越小说明噪声小。

信噪比是信号与噪声之比，单位是 dB，用 *S/N* 表示，一般希望它越大越好，根据人耳的掩蔽效应，当信噪比达到一定程度后就会听不到噪声的存在。

8 假象抑制

假象抑制也称为镜像抑制，是指收音机抑制高于或低于信号频率两倍的假象干扰能力，是指在标准输出功率时，假象干扰电平与收音机实际灵敏度电平之比，单位为分贝（dB），分贝值越大越好。

超外差式收音机的本振频率比所接收的外来信号频率要高 465kHz，经过变频以后产生 465kHz 中频信号，但是变频级不论输入信号频率比本振频率高还是低 465kHz，都可以变频。变频后会产生两个信号，其中低于本振频率的信号是我们需要的，而另一个高于本振频率的信号是因为收音机抑制不够而混进来的。这两个频率对本振频率来说是互相对称的，如同照镜子，一个真像，一个假像，所以，常把比本振频率高 465kHz 或两倍 465kHz 的信号称为假象频率。

假象抑制单位为 dB，如对中波的假象抑制大于 26dB。

9 中频波道衰减

中频波道衰减也称为中频波道选择性或中频抗拒比，简称中抗。中频波道衰减就是指超外差式收音机对频率接近中频的直接输入信号的抑制能力，单位是 dB，它越大越好。

10 中频频率

中频频率是超外差式收音机的一项特有指标。我国规定调幅机中频频率为 465kHz，技术指标允许稍有偏差。这种偏差应越小越好，因偏差太大容易引起故障，如灵敏度降低，选择性差和产生自激等。

我国调幅收音机中频频率规定允许偏差为：A 类（465±3）kHz；B 类（465±4）kHz；C 类（465±5）kHz。

11 电源消耗

电源消耗表示电源接通后输出的电流大小。它包括以下两项。

（1）无信号时消耗。它是指没有接收信号时电源输出的直流电流。

（2）额定功率时消耗。它是指接收信号时不失真功率的直流消耗。

这项指标对采用电池供电的收音机显得更为重要，电源消耗低时能省电，电池供电时间长。

收音机的指标还有一些其他的，这里不再详细说明。

5.1.4 调幅收音机整机电路方框图及各单元电路作用综述

图 5-3 所示为分立元器件调幅中波收音机（套件）整机电路（图中部分元器件电路符号为旧符号），选择分立元器件收音机电路是为了能够详细讲解它的电子电路工作原理，使初学者真正“吃透”。

图 5-4 所示为本书将要重点讲述的分立元器件调幅中波收音机外形示意图。

图 5-5 所示为调幅收音机整机电路方框图，这是一个三个波段的调幅收音机电路，三个波段分别是中波、短波 1 和短波 2 。

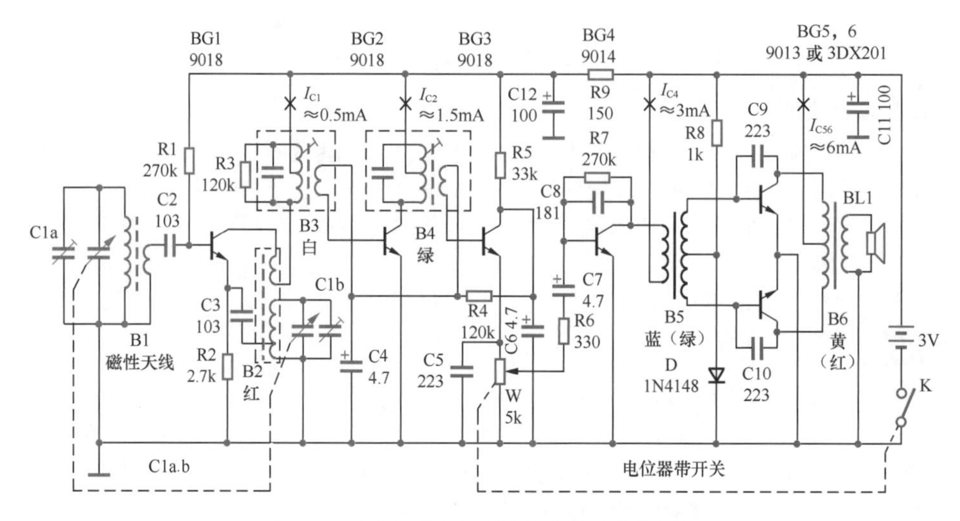

图 5-3　分立元器件调幅中波收音机整机电路

图 5-4　分立元器件调幅中波收音机外形示意图

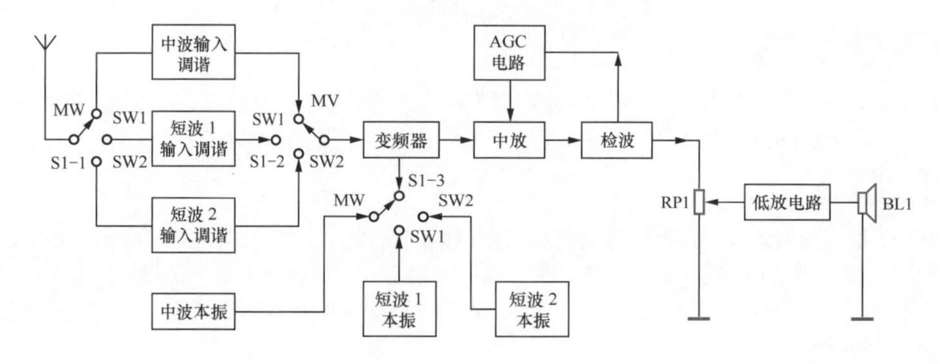

图 5-5　调幅收音机整机电路方框图

1 输入调谐电路作用

三个波段有各自独立的输入调谐电路，从天线下来的高频信号通过波段开关加到输入调谐电路。

输入调谐电路从众多的调幅广播电台中取出所需要的某一个电台高频信号。由于各波段的工作频率相差较大，所以在多波段收音机电路中各波段的输入调谐电路彼此独立，通过波段开关转换各波段的输入调谐电路。

2　本机振荡器作用

三个波段有各自独立的本机振荡器，严格地讲，只是本机振荡器中的本振选频电路是各波段独立的电路，而本机振荡器中的其他部分是各波段共用的电路。

各波段的本振选频电路通过波段开关进行转换。

3　变频器作用

变频器是调幅各波段所共用的。变频器通过变频获得中频信号。

现在的收音机电路都是外差式收音机电路。所谓外差式就是通过收音机电路中的变频器，将输入调谐电路中取出的高频信号转换成一个频率低些且固定的新的频率信号，这一信号称为中频信号。

重要提示

将高频信号转换成中频信号的目的是为了更好地放大、处理各广播电台的高频信号，以提高收音机信号的质量。

4　中频放大器作用

中频放大器用来放大中频信号。通过变频得到的中频信号其幅度比较小，为了能够对这一信号进行进一步的处理（检波），所以要对中频信号进行放大，这一任务由中频放大器完成。

重要提示

中频放大器只能用来放大中频信号，不允许放大其他频率的信号，这样才能提高收音机信号的质量。为了使中频放大器只放大中频信号，要求中频放大器具有选择中频信号的能力，所以中频放大器是一个调谐放大器。

5　检波器作用

检波器将调幅的中频信号转换成音频信号。没有检波之前，收音机电路中的信号是调幅信号，这一信号因频率远高于音频信号，人耳听不到，通过检波电路才能从调幅信号中取出音频信号。

6　AGC 电路作用

AGC 电路就是自动增益控制电路，这一电路用来自动控制中频放大器的放大倍数，使加到检波器的中频信号幅度不因高频信号的大小波动而过分波动，保持收音机电路的稳定工作。

不同的广播电台由于发射功率的不同和传送距离的不同，所以收音机电路接收到的这一电台信号大小也是不同的。

重要提示

为了使不同大小的高频信号在到达检波器时能够基本保持相同的幅度大小，收音机电路中设置了 AGC 电路。这一电路能够自动控制收音机电路中放大器的增益，使放大器自动对小信号进行大放大，对大信号进行小放大。

5.1.5　调幅收音机整机电路工作原理简述

这里以中波收音机电路为例，介绍调幅收音机电路的基本工作原理。

1　接收信号

图 5-6 所示为无线电波被天线所接收示意图。

图 5-7 所示为调幅收音机中天线输出的调幅高频信号波形示意图。

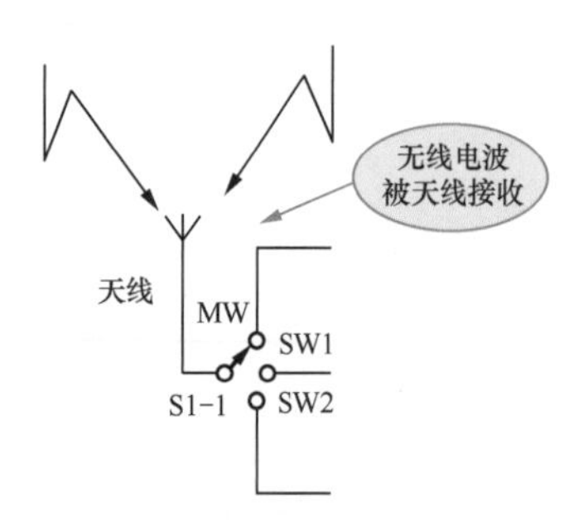

图 5-6　无线电波被天线所接收示意图

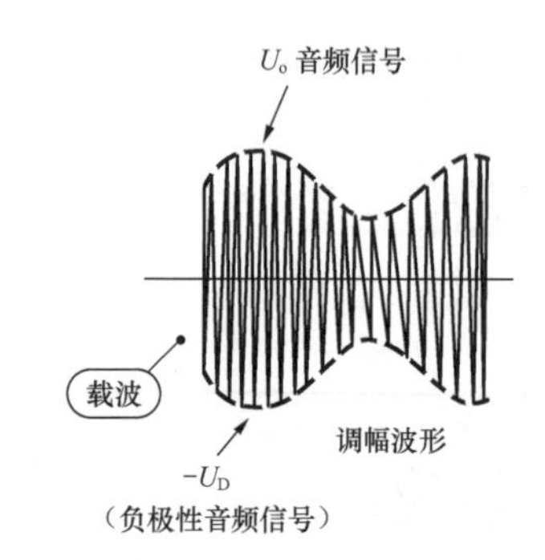

图 5-7　调幅收音机中天线输出的调幅高频信号波形示意图

2 输入调谐

如图 5-8 所示，从天线（中波的天线是磁棒线圈）下来的各电台高频信号加到中波输入调谐电路，通过调谐选出所要接收的某电台高频信号。

3 变频

如图 5-9 所示，将已经选出的某电台高频信号通过波段开关 S1-2 加到变频器。中波本振信号通过波段开关 S1-3 也加到变频器。变频器就有以下两个输入信号。

（1）来自输入调谐电路输出端的高频信号。

（2）来自本机振荡器输出端的本机振荡信号。

两个不同的输入信号加到变频器，通过变频器得到一个频率为两个输入信号频率之差的新信号（该信号频率为两个输入信号频率之差）。

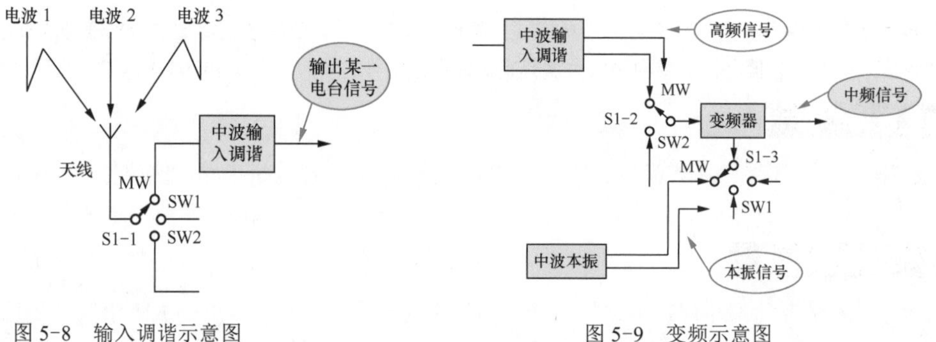

图 5-8　输入调谐示意图

图 5-9　变频示意图

重要提示

通过变频器中的选频电路，取出本振信号和高频信号的差频—465kHz 中频信号。465kHz 是调幅收音机电路中的中频信号频率，中波和各波段短波都是这一频率的中频信号。

4 中频放大

中频信号加到中频放大器中进行放大，在达到一定的幅度后送入检波器。

5 检波和音频放大

通过检波器检波，从中频信号中取出音频信号。检波输出的音频信号送到音频功率放大器进行放大，以推动扬声器。

5.1.6　调频收音机整机电路方框图及各单元电路作用综述

图 5-10 所示为立体声调频收音机整机电路方框图。

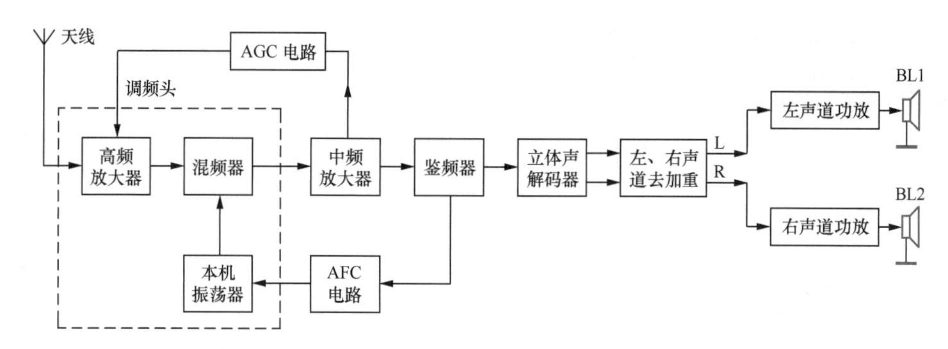

图 5-10 立体声调频收音机整机电路方框图

1 调频头

关于调频头主要说明下列几点。

（1）高频放大器、混频器和本机振荡器三部分合起来称为调频头。

（2）高频放大器用来放大高频信号，并进行调谐，以取出某一电台高频信号。

（3）本机振荡器产生本振信号。

（4）混频器用来获得中频信号。

重要提示

调频收音机电路与调幅收音机电路相比，多一个高频放大器，只有高级机器中才会设置高频放大器。

2 中频放大器

调频收音机电路中的中频放大器用来放大 10.7Hz 中频信号，使中频信号达到鉴频器所需要的幅度。

调频收音机电路的中频信号频率比调幅收音机电路的中频信号频率高出许多，单声道和立体声调频收音机电路的中频信号都是 10.7Hz。

3 AGC 电路

AGC 电路自动控制高频放大器的增益，这一点与调幅收音机电路不同，调幅收音机电路中 AGC 电路控制的是中频放大器的增益。对于调频收音机电路中的中频放大器而言，由于中放末级设有限幅放大器，所以可以不设 AGC 电路。这样，AGC 电路就可以用来控制高频放大器的增益。

4 AFC 电路

AFC 电路就是自动频率控制电路，它自动控制本机振荡器的振荡频率，以保证混频器输出的中频信号频率为 10.7Hz。

重要提示

调频收音机电路中设有 AFC 电路，是为了使调频收音机电路的中频频率更加稳定，因为频率变化将直接影响鉴频器的输出信号。

5 鉴频器

鉴频器相当于调幅收音机电路中的检波电路，将调频的中频信号转换成音频信号或立体声复合信号。当收到普通调频广播电台节目时，鉴频器输出的是音频信号；当收到立体声调频广播电台节目时，鉴频器输的是出立体声复合信号。

重要提示

对于普通调频收音机电路，鉴频器输出的音频信号直接加到去加重电路，然后送到低放电路；对于立体声调频收音机电路，鉴频器输出的立体声复合信号还要先加到立体声解码器电路。

6 立体声解码器

立体声解码器将输入的立体声复合信号转换成左、右声道音频信号。注意，左、右声道信号在大小和相位上有所不同，具有立体声信息。

若鉴频器输出的是音频信号（不是立体声复合信号），立体声解码器将音频信号从左、右声道输出，但左、右声道的音频信号大小、相位相同，虽然从两个声道输出，但仍然是单声道的音响效果。

7 去加重电路

去加重电路中左、右声道各有一个，对左、右声道高频段音频信号进行衰减，以降低高频噪声，这就是去加重处理。

8 左、右声道功放电路

这是双声道功率放大器电路，用来放大左、右声道音频信号，以推动左、右声道扬声器。

5.1.7 立体声调频收音机整机电路工作原理和调频、调幅收音机电路比较

1 立体声调频收音机整机电路工作原理简介

这里以收到立体声调频广播电台信号为例，简要说明电路的工作原理。

从天线下来的各电台高频信号加到高频放大器，经放大和调谐后取出所要收听的某电台高频信号。高频信号加到混频器，同时本机振荡器产生的本振信号也加到混频器。

经过混频得到两个输入信号的差频信号，即 10.7Hz 调频中频信号，这调频中频信号经中频放大器放大后，加到鉴频器。通过鉴频器，得到立体声复合信号。立体声复合信号经立体声解码器解码，得到左、右声道音频信号，经去加重电路处理后得到双声道音频信号。

2 调频和调幅收音机电路比较

调频收音机电路和调幅收音机电路从结构上讲有许多相似之处，如输入调谐电路、混频电路、中频放大器电路等，它们之间的不同之处主要有以下几个方面。

（1）调频收音电路设有高频放大器，所以对高频信号有放大作用。

（2）两种收音机电路所处理的高频信号不同，一个是处理调频信号，另一个是处理调幅信号。调频收音机的音质远比调幅收音机好。

（3）两种收音机电路的工作频率不同，中频频率也不同，一个是 465kHz，另一个是 10.7MHz，频率相差很大。

（4）AGC 电路有所不同，一个控制高频放大器，另一个控制中频放大器。

（5）调频收音机电路设有 AFC 电路，调幅收音机电路则没有。

（6）调幅收音机电路采用检波器，电路比较简单。调频收音机电路则采用鉴频器，电路比较复杂。

（7）立体声调频收音机电路设有立体声解码器，这种收音机电路能够获得立体声效果。

（8）立体声调频收音机电路需要两套独立的低放电路，而调幅收音机电路只有一套低放电路。

5.1.8 调谐器整机电路方框图概述

调谐器简称收音机电路，就是没有低放电路的收音机。图 5-11 所示为具有三个波段（中波、短波和立体声调频波段）的调谐器整机电路方框图。

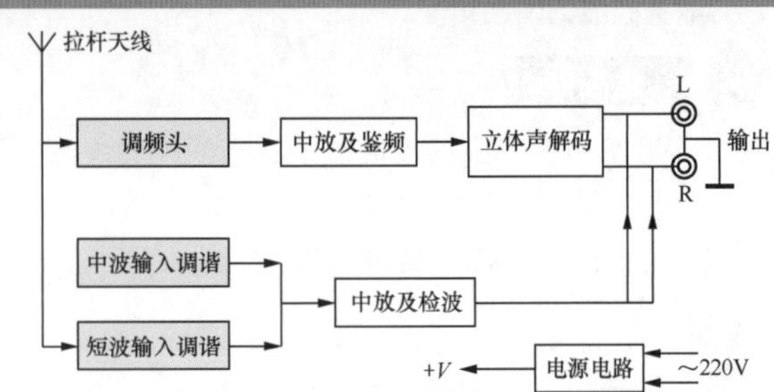

图 5-11 具有三个波段的调谐器整机电路方框图

关于这一方框图主要说明下列几点。

（1）调频收音机电路部分主要由调频头、中放及鉴频和立体声解码器组成。

（2）调幅收音机电路主要由中波输入调谐、

短波输入调谐、中放及检波构成。

（3）电源电路 220V 交流电压转换成直流工作电压，电源电路是各波段收音机电路的共用电路，输出插口电路是各波段收音机电路的共用电路。

5.2 整机电路图、印制电路图和修理识图的方法

5-3：整机电路图的识图方法

重要提示

整机电路图是所有图纸中最大的一份电路图，最为全面和复杂，也是最重要的电路图。

5.2.1 整机电路图的识图方法

1 整机电路图的作用

（1）表达整机电路的工作原理。整机电路图表明整个机器的电路结构，各单元电路的具体形式和它们之间的连接方式，从而表达整机电路的工作原理。

（2）给出各元器件的参数。它给出电路中各元器件的具体参数，如型号、标称值和其他一些重要数据，为检测和更换元器件提供依据。如图 5-12 所示，更换某个三极管时，可以查阅电路图中的三极管型号标注（BG1 为旧符号，现在三极管用 VT 表示）。

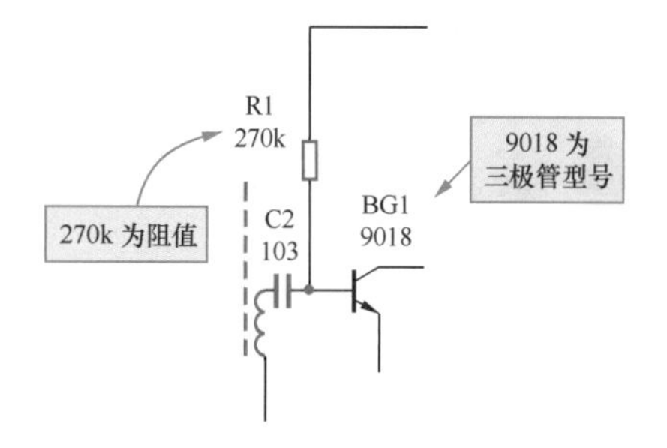

图 5-12　标注各元器件参数的示意图

（3）给出修理数据和资料。许多整机电路图还会给出有关测试点的直流工作电压，为检修电路故障提供方便。例如，标注集成电路各引脚上的直流电压、三极管各电极上的直流电压等。视频设备的整机电路图关键测试点处还会标出信号波形，为检修这部分电路提供方便。图 5-13 所示为整机电路图中的直流电流数据示意图。

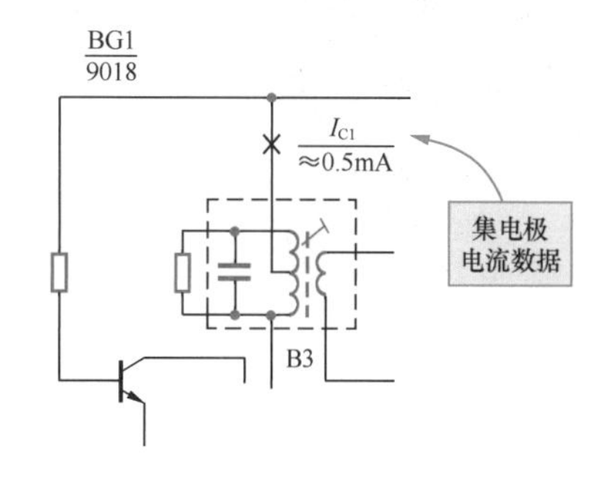

图 5-13　整机电路图中的直流电流数据示意图

（4）给出识图信息。通过各开关件的名称和图中开关件所在位置的标注，可以知道该开关件的作用和当前的开关状态。当整机电路图分为多张图纸时，引线接插件的标注能够方便地将各张图纸之间的电路连接起来。在一些整机电路图中，有时会将各开关件的标注集中在一起，标注在图纸的某处，其中还会有开关件的相关功能说明，识图中若对某个开关件不了解时就可以去查阅这部分说明。

2 整机电路图的分析内容

整机电路图的分析内容是：各部分单元电路在整机电路图中的具体位置；各单元电路的类型；直流工作电压供给电路分析；交流信号传输分析；对一些以前未见过的、比较复杂的单元电路的工作原理进行重点分析。

3 整机电路图的特点

（1）电源电路画在整机电路图右下方。

（2）信号源电路画在整机电路图的左侧。

（3）负载电路画在整机电路图的右侧。

（4）各单元电路中的元器件相对集中在一起。

（5）各级放大器电路从左向右排列。

（6）双声道电路中的左、右声道电路上下排列。

4 整机电路图的识图方法和注意事项

（1）对整机电路图的识图，可以在学会一种功能的单元电路之后，分别在几张整机电路图中去找

到这一功能的单元电路进行具体分析，由于在整机电路图中的单元电路变化较多，且电路的画法受其他电路的影响而与单个画出的单元电路不一定相同，所以加大了识图的难度。

（2）一般情况下，直流工作电压供给电路的识图方向是从右向左进行，对某一级放大电路的直流电路识图方向是从上而下。信号传输的方向是从整机电路图的左侧向右侧进行。

（3）一些整机电路图中会有许多英文标注，能够了解这些英文标注的含义，对识图是相当有利的。在某型号集成电路附近标出的英文说明就是该集成电路的功能说明。

（4）对某型号集成电路应用电路的分析有困难，可以查找这一型号集成电路的内电路方框图、各引脚作用等识图资料，以帮助识图。

5-4：印制电路图识图方法的详细讲解

5.2.2 印制电路图的识图方法

印制电路图与修理密切相关，对修理的重要性仅次于整机电路原理图，所以印制电路图主要是为修理服务的。

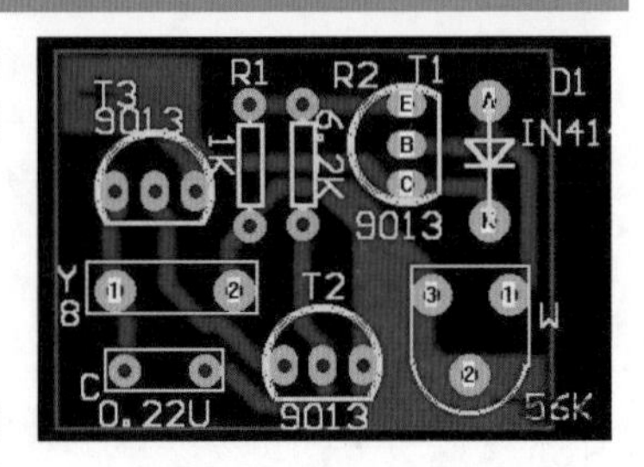

图 5-14　印制电路图示意图

1 印制电路图的种类

印制电路图有下列两种形式。

（1）图纸表示方式。此时用一张图纸（称为印制电路图），如图 5-14 所示，画出各元器件的分布和它们之间的连接情况，这是传统的表示方式，在过去大量使用。

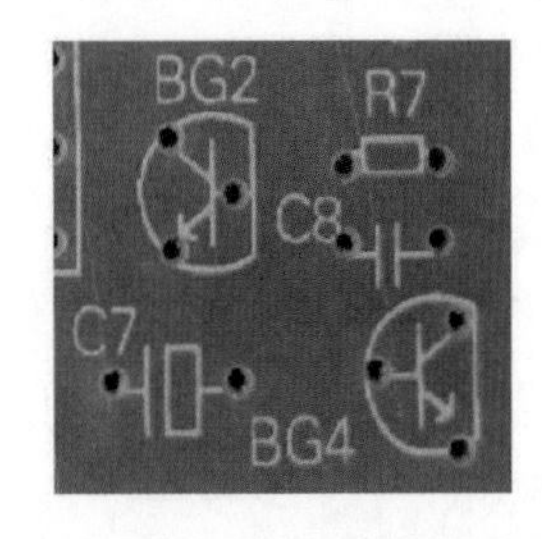

图 5-15　电路板上直接标注元器件编号示意图

（2）电路板直标方式。此时没有一张专门的印制电路图纸，而是采取在电路板上直接标注元器件编号的方式，如在电路板上某三极管旁标有 BG2，如图 5-15 所示，这 BG2 就是该三极管在电路原理图中的编号，用同样的方法将各种元器件的电路编号直接标注在电路板上。这种表示方式现在广泛使用。

这两种印制电路图各有优点和缺点。

图纸表示方式：由于印制电路图可以拿在手中，在印制电路图中找出某个所要找的元器件是方便的，但在图上找到其元器件后还要用印制电路图到电路板上对照后才能找到该元器件，有两次寻找、对照过程，比较麻烦。另外，图纸容易丢失。

电路板直标方式：在电路板上找到了某元器件编号便找到了该元器件，所以只有一次寻找过程。另外，这份“图纸”永远不会丢失。不过，当电路板较大、有数块电路板或电路板在机壳底部时，寻找就比较困难。

2 印制电路图的功能

印制电路图是专为元器件装配和机器修理服务的电路图，它与各种电路图有着本质上的区别。印制电路图的主要功能如下。

（1）印制电路图是一种十分重要的修理资料，它将电路板上的情况一比一地画在印制电路图上。

（2）印制电路图表示出电路原理图中各元器件在电路板上的分布状况和具体的位置，并给出各元器件引脚之间铜箔电路的走向。

（3）通过印制电路图可以方便地在实际电路板上找到电路原理图中某个元器件的具体位置，没有印制电路图时，查找很不方便。

（4）印制电路图起到电路原理图和实际电路板之间的沟通作用，是方便修理不可缺少的图纸资料之一，没有印制电路图将影响修理速度，甚至会妨碍正常检修思路的顺利展开。

3 印制电路图的特点

（1）从电路设计的效果出发，电路板上的元器件排列、分布不像电路原理图那么有规律，这给识读印制电路图带来诸多不便。

（2）铜箔电路排布、走向比较“乱”，而且经常会遇到几条铜箔电路并行排列，给观察铜箔电路的走向造成不便。

（3）印制电路图上画有各种引线，而且这些引线的画法没有固定的规律，给识图造成不方便。

（4）印制电路图表示元器件时用电路符号，表示各元器件之间连接关系时不用线条而用铜箔电路，有些铜箔电路之间还用跨导连接，有时又用线条连接，所以印制电路图看起来很“乱”，这些都会影响识图。

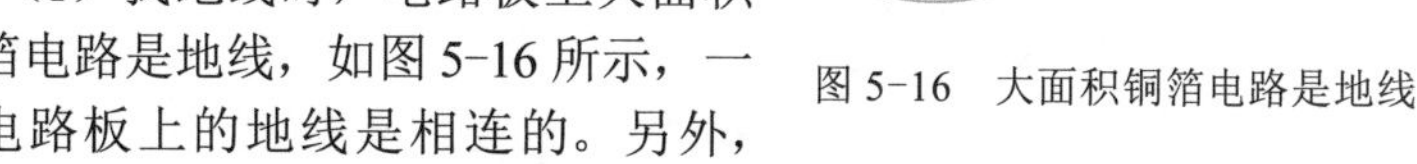

图 5-16　大面积铜箔电路是地线

4 印制电路图的识图方法和技巧

由于印制电路图比较“乱”，采用下列一些方法和技巧可以提高识图速度。

图 5-17　接插件示意图

（1）找地线时，电路板上大面积铜箔电路是地线，如图 5-16 所示，一块电路板上的地线是相连的。另外，一些元器件的金属外壳也是接地的。在找地线时，任何一处都可以。

（2）尽管元器件的分布、排列没有什么规律可言，但同一个单元电路中的元器件相对而言是集中在一起的。

（3）根据一些元器件的外形特征可以找到这些元器件，如功率放大管、开关件、接插件、变压器等。图 5-17 所示为接插件示意图。

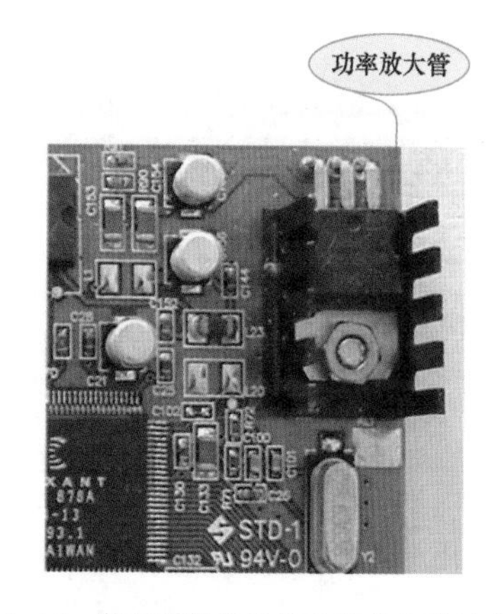

图 5-18　装配有散热片的功率放大管示意图

（4）一些单元电路是比较有特征的，根据这些特征可以方便地找到它们。例如，整流电路中的二极管比较多，功率放大管上有散热片，滤波电容的容量最大、体积最大等。图 5-18 所示为装配有散热片的功率放大管示意图。

（5）查找某个电阻器或电容器时，不要直接去找它们，因为电路中的电阻器、电容器很多，找起来很不方便，此时可以通过查找与它们相连的三极管进行间接查找。例如，要找图 5-19 所示电路中的 R1、C1 时，可以先找到三极管 VT1，再找出它的发射极，发射极上接有 R1 和 C1。因为电路板中三极管比较少，所以寻找三极管是比较方便的。

（6）观察电路板上元器件与铜箔电路连接情况、观察铜箔电路走向时，可以用灯照着，如图 5-20 所示，将灯放置在有铜箔电路的一面，在装有元器件的一面可以方便地观察到铜箔电路与各元器件的连接情况，这样可以省去电路板的不断翻转。不断翻转电路板不仅烦，而且容易折断电路板上的引线。

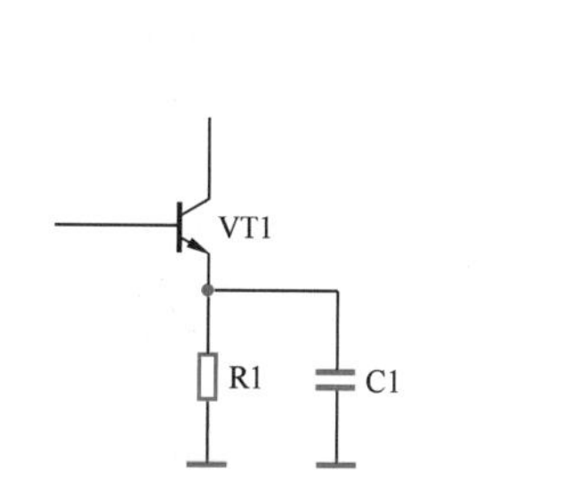

图 5-19　通过连接的三极管查找电阻器和电容器示意图

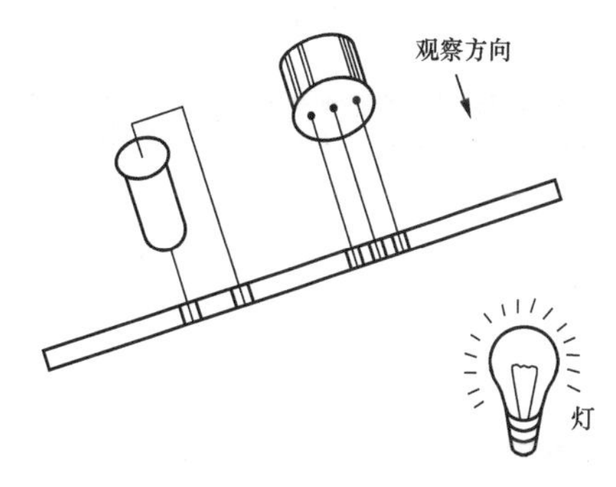

图 5-20　用灯照着电路板有铜箔电路的一面示意图

（7）印制电路图与实际电路板对照时，在印制电路图和电路板上分别画一个一致的读图方向，以便拿起印制电路图就能知道与电路板一致的读图方向，省去每次对照读图方向的麻烦。

5-5：修理识图方法的详细讲解

5.2.3 修理识图的方法

重要提示

修理识图是指在修理过程中对电路图的分析，这一识图与学习电路工作原理时的识图有很大的不同，要围绕修理进行电路的故障分析。

1 修理识图的项目

修理识图主要有以下几部分内容。

（1）在整机电路图中建立修理思路，根据故障现象，判断故障可能发生在哪部分电路中，确定下一步的检修步骤（是测量电压还是电流，在哪一点测量）。

（2）根据测量得到的有关数据，在整机电路图的某一个局部单元电路中对各元器件进行故障分析，以判断是哪个元器件出现开路或短路、性能变差故障而导致所测得的数据发生异常。例如，初步检查发现功率放大器电路出现故障，此时可找出功放电路图进行具体分析。

（3）查阅所要检修的某一部分电路图，了解这部分电路的工作原理，如信号是从哪里来的，要送到哪里去。

（4）查阅整机电路图中某一点的直流电压数据。

2 识图方法和注意事项

在进行修理识图的过程中要注意以下几个问题。

（1）修理识图是针对性很强的电路图分析，是带着问题对局部电路的识图，识图的范围不广，但要有一定深度，还要会联系实际。

（2）主要是根据故障现象和所测得的数据决定识读哪部分电路和怎样识图，如根据故障现象决定是分析低放电路还是前置放大器电路，根据所测得的有关数据决定是分析直流电路还是交流电路。

（3）测量电路中的直流电压时，主要是进行直流电压供给电路的识图；在使用干扰法时，主要是进行信号传输通路的识图；在进行电路故障分析时，主要是对某一个单元电路进行工作原理的分析。在修理识图过程中，无须对整机电路图中的各部分电路进行全面的系统分析。

（4）修理识图的基础是十分清楚电路的工作原理，不能做到这一点就无法进行正确的修理识图。

5.3 收音机电路专用元器件之可变电容器和微调电容器

5.3.1 可变电容器和微调电容器的外形特征及电路图形符号

可变电容器和微调电容器都是电容器，主要用于收音机电路，它与普通电容器的不同之处是容量可变，同时外形特征也有明显的不同。

1 可变电容器和微调电容器的外形特征

图 5-21 所示为可变电容器和微调电容器外形照片示意图。

可变电容器和微调电容器的外形特征如下。

（1）可变电容器和微调电容器体积比较大，比普通电容器要大许多。

（2）有动片和定片之分。可变电容器的引脚有多根；一只微调电容器共有两根引脚，多只微调电容器组合在一起时，各个微调电容器的动片可以共用一根引脚。

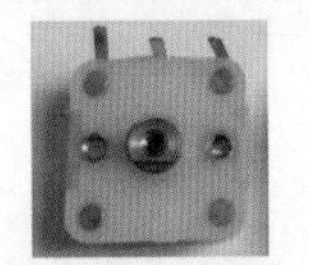

图 5-21　可变电容器和微调电容器的外形照片示意图

（3）可变电容器和微调电容器的动片可以转动，可变电容器通过转柄转动动片；微调电容器上设有调整用的螺丝刀缺口，可以转动动片。

（4）许多情况下，微调电容器固定在可变电容器上。

2　可变电容器和微调电容器的电路图形符号

可变电容器和微调电容器的电路图形符号名称及说明见表 5-1。它是在普通电容器电路图形符号的基础上，加上一些箭头等符号来表示容量可变或微调。

表 5-1　可变电容器和微调电容器的电路图形符号、名称及说明

电路图形符号及名称	说明
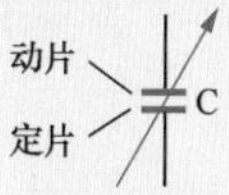 动片 定片 C 单联可变电容器电路图形符号	左图为单联可变电容器电路图形符号，俗称单联可变电容器，有箭头的一端为动片，下端则为定片。单联可变电容器主要用于直放式收音机中。 电路图形符号中的箭头形象地表示电容器的容量可变，方便电路分析
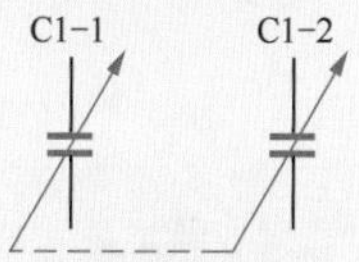 C1-1 C1-2 双联可变电容器电路图形符号	左图为双联可变电容器的电路图形符号，用虚线表示它的两个可变电容器的容量调节是同步进行的。双联可变电容器主要用于外差式收音机中。 它的两个联分别用 C1-1、C1-2 表示，以便在电路中区分调谐联和振荡联
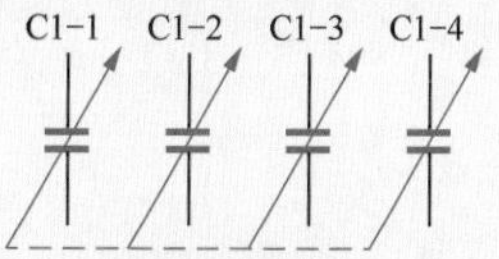 C1-1 C1-2 C1-3 C1-4 四联可变电容器电路图形符号	左图为四联可变电容器的电路图形符号，简称四联，用虚线表示它的 4 个可变电容器的容量调节是同步进行的。四联可变电容器主要用于调频 / 调幅收音机中。 4 个联分别用 C1-1、C1-2、C1-3、C1-4 表示，以示区别
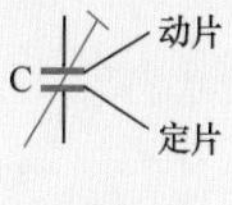 动片 C 定片 微调电容器电路图形符号	左图为微调电容器的电路图形符号，它与可变电容器电路图形符号的区别在于一个是箭头，一个不是箭头，方便电路分析。微调电容器主要用于收音机的输入调谐电路中

5.3.2　微调电容器和可变电容器的种类、工作原理

1　微调电容器的种类

微调电容器又称为半可变电容器，它的容量变化范围为几皮法到几十皮法，其容量变化范围远小于可变电容器。微调电容器的种类说明见表 5-2。

表 5-2　微调电容器的种类说明

实物图及名称	说明
 瓷介质微调电容器	瓷介质微调电容器的体积比较大，且这种微调电容器往往是单个的，不与可变电容器组合在一起

续表

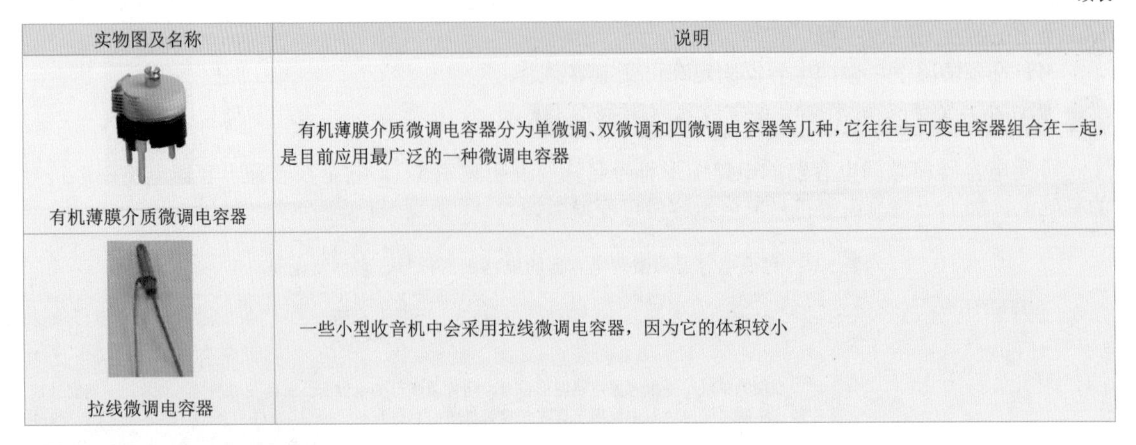

实物图及名称	说明
有机薄膜介质微调电容器	有机薄膜介质微调电容器分为单微调、双微调和四微调电容器等几种，它往往与可变电容器组合在一起，是目前应用最广泛的一种微调电容器
拉线微调电容器	一些小型收音机中会采用拉线微调电容器，因为它的体积较小

2 可变电容器的种类

可变电容器的种类说明见表 5-3。

表 5-3　可变电容器的种类说明

划分方法	说明
按照介质划分	空气介质的可变电容器。这种可变电容器的体积较大，过去用在电子管收音机中，现在几乎不用
	薄膜介质的可变电容器。这种可变电容器的体积小，现在主要使用这种可变电容器
按照联数划分	单联可变电容器，它有一个可变电容器，主要用于直放式收音机电路中。由于现在直放式收音机已经很少使用，所以这种可变电容器现在也不常见到
	双联可变电容器，它有两个联动的可变电容器，根据两个联的容量是否相等又可分成等容双联和差容双联，双联主要用于调幅收音机电路中。这是一种目前应用比较广泛的可变电容器
	四联可变电容器，它又称为调频调幅四联，主要用于具有调频、调幅波段的收音机电路中。由于这种收音机电路是目前的流行电路，故四联应用十分广泛
按照容量随转柄旋转角度的变化规律划分	有直线电容式、直线波长式、直线频率式和对数电容式可变电容器

3 瓷介微调电容器引脚分布及工作原理

图 5-22 所示为 3 种瓷介微调电容器引脚分布示意图。

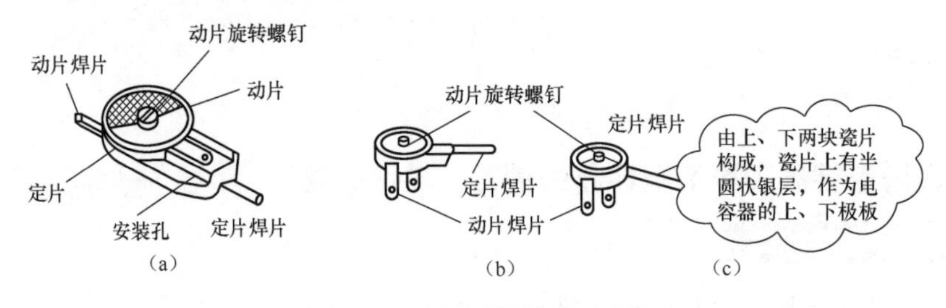

图 5-22　3 种瓷介微调电容器引脚

图 5-22（a）所示的瓷介微调电容器体积最大，图 5-22（b）所示为小型微调电容器，图 5-22（c）所示为超小型微调电容器。

重要提示

瓷介微调电容器中，中间为瓷片介质，作为电容器两极板之间的绝缘体。上片称为动片，可以随调节而转动，下片固定不动。这样调节上片时，上、下两片银层的重叠面积随之改变，即改变了电容器两极板的相对面积大小，达到改变电容器容量的目的。

实用电路中，要将动片接地，这样可消除在调节动片时产生的有害干扰，因为调节时手指（人体）与动片相接触，动片接地后，相当于人体接触的是电路中的地线，可以大大减小人体对电路工作的干扰。

4 有机薄膜微调电容器引脚分布及工作原理

图 5-23 所示为有机薄膜微调电容器引脚分布示意图。它们的结构和工作原理与瓷介微调电容器基本相同，只是它的动、定片为铜片，动、定片之间的介质为有机薄膜，当转动动片时可改变动、定片铜片的重叠面积，从而改变其容量。

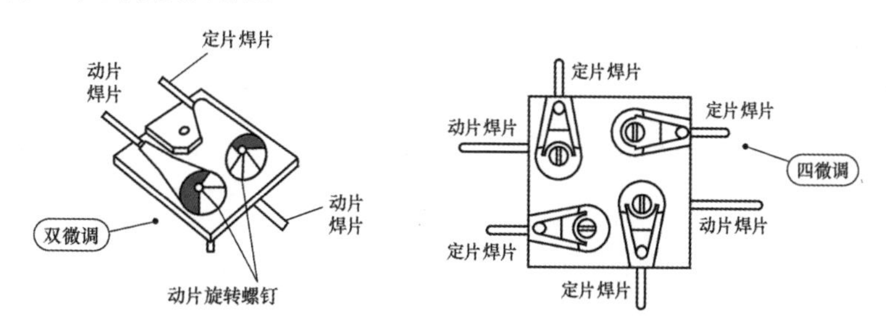

图 5-23　有机薄膜微调电容器引脚分布示意图

双微调或四微调电容器共用一个动片引脚，每个微调电容器之间彼此独立。有机薄膜微调电容器通常装在双联或四联内，与双联或四联共用动片引脚。

5 拉线微调电容器引脚分布及工作原理

图 5-24 所示为拉线微调电容器（又称拉丝微调电容器）引脚分布示意图。

当拉掉的铜丝越多时（基体上排绕的铜丝越少），动、定片之间的面积越小，容量也就越小。这种微调电容器的特点是体积小，但调节不方便，当细铜丝拉出后便不能再重新绕上，只能进行容量减小的调节，故调节不当时电容器将报废。

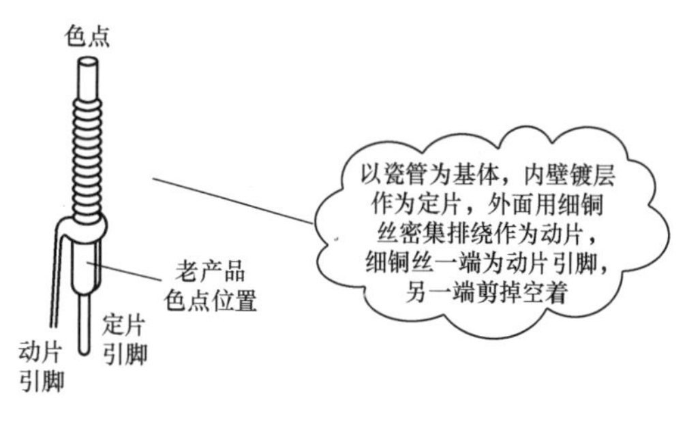

图 5-24　拉线微调电容器引脚分布示意图

6 单联可变电容器引脚分布及工作原理

图 5-25 所示为两种单联可变电容器引脚分布示意图。

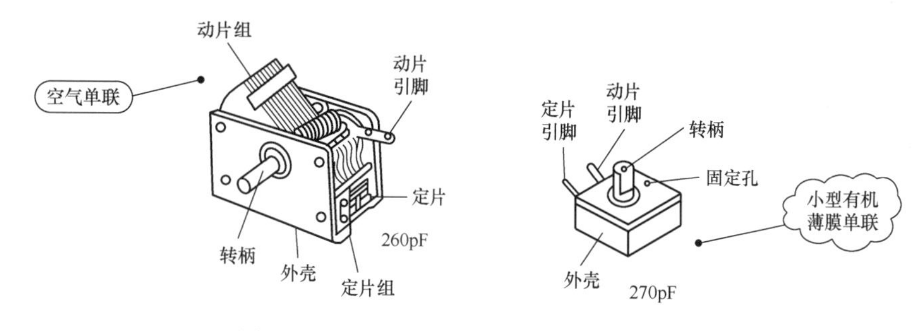

图 5-25　两种单联可变电容器引脚分布示意图

（1）空气单联。它有一个可随转柄转动的动片（由许多片组成），还有一个不能转动的定片（也由许多片组成），动片与定片之间不相碰（绝缘的），以空气为介质。

当转动转柄时，动片与定片之间的重叠面积改变，达到改变容量的目的。

当动片全部旋进时容量为最大（260pF），当动片全部旋出时容量为最小。

在实用电路中，为了减小调节动片时的干扰影响，一般将动片引脚接地。

（2）有机薄膜单联。它的动、定片全部装在塑料外壳内，只引出动片和定片引脚。在外壳内，动、定片金属层层相互交错叠压，两片之间用绝缘的有机薄膜作为介质。

当转动转柄时，动片（动片由许多片组成）随之转动，可改变动片与定片（定片也由许多片构成）

之间的重叠面积，达到改变容量的目的。在这种单联可变电容器中，定片引脚设在左侧端点，而动片引脚设在中间，以便区别动、定片引脚。

7 等容双联可变电容器引脚分布及工作原理

3 种等容双联可变电容器引脚分布示意图和工作原理说明见表 5-4。

表 5-4　3 种等容双联可变电容器引脚分布示意图和工作原理说明

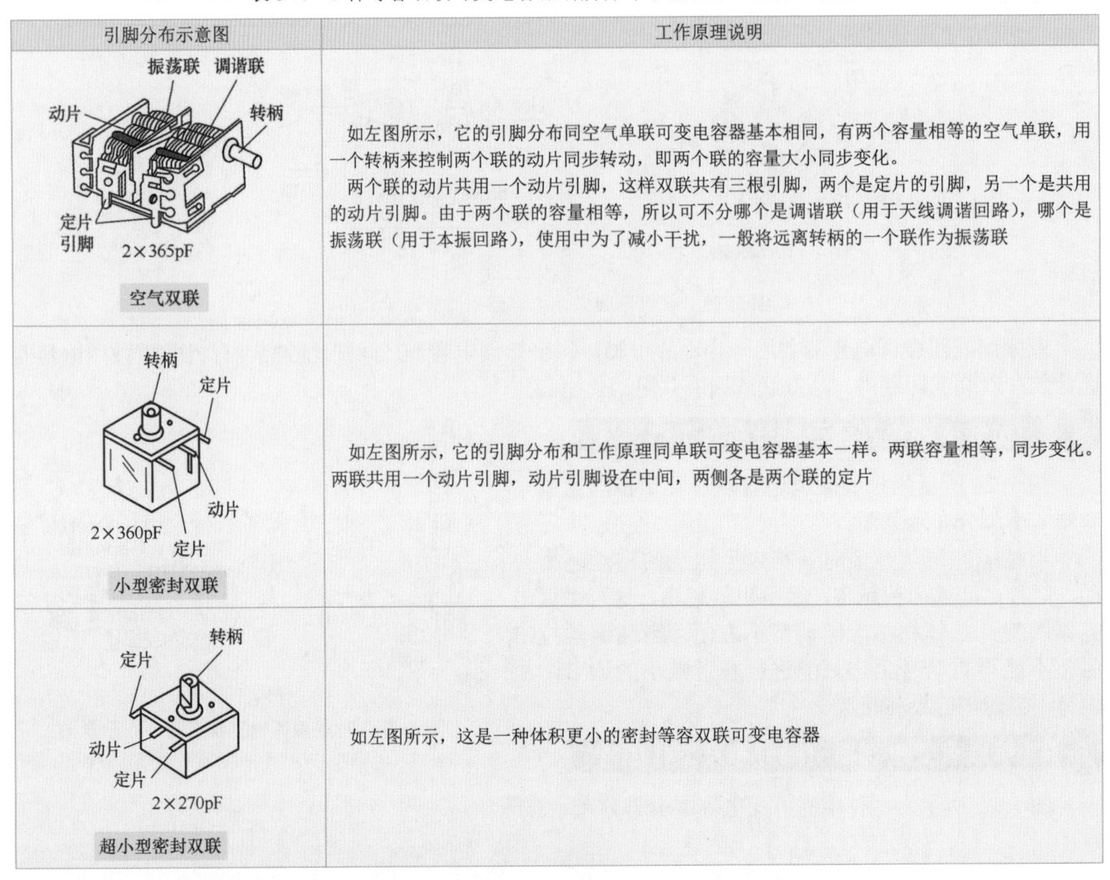

引脚分布示意图	工作原理说明
振荡联 调谐联 动片 转柄 定片引脚 2×365pF 空气双联	如左图所示，它的引脚分布同空气单联可变电容器基本相同，有两个容量相等的空气单联，用一个转柄来控制两个联的动片同步转动，即两个联的容量大小同步变化。 两个联的动片共用一个动片引脚，这样双联共有三根引脚，两个是定片的引脚，另一个是共用的动片引脚。由于两个联的容量相等，所以可不分哪个是调谐联（用于天线调谐回路），哪个是振荡联（用于本振回路），使用中为了减小干扰，一般将远离转柄的一个联作为振荡联
转柄 定片 动片 2×360pF 定片 小型密封双联	如左图所示，它的引脚分布和工作原理同单联可变电容器基本一样。两联容量相等，同步变化。两联共用一个动片引脚，动片引脚设在中间，两侧各是两个联的定片
转柄 定片 动片 定片 2×270pF 超小型密封双联	如左图所示，这是一种体积更小的密封等容双联可变电容器

8 差容双联可变电容器引脚分布及工作原理

3 种差容双联可变电容器引脚分布示意图和工作原理说明见表 5-5。

表 5-5　3 种差容双联可变电容器引脚分布示意图和工作原理说明

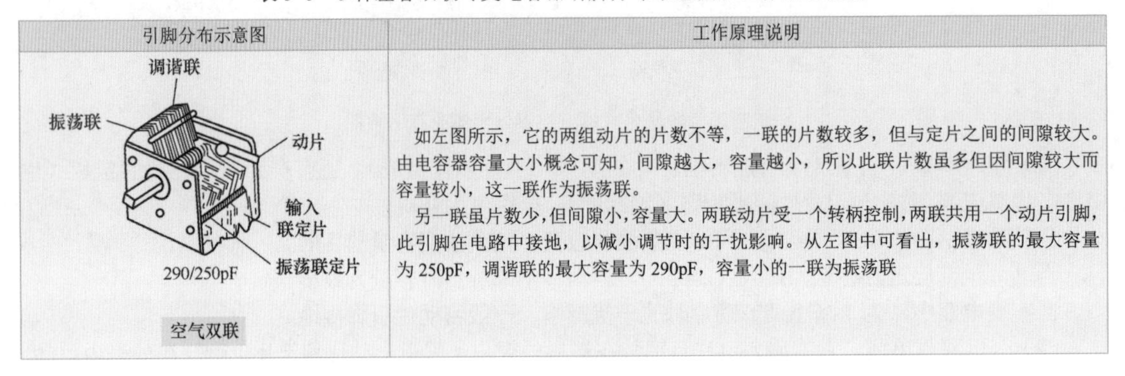

引脚分布示意图	工作原理说明
调谐联 振荡联 动片 输入联定片 振荡联定片 290/250pF 空气双联	如左图所示，它的两组动片的片数不等，一联的片数较多，但与定片之间的间隙较大。由电容器容量大小概念可知，间隙越大，容量越小，所以此联片数虽多但因间隙较大而容量较小，这一联作为振荡联。 另一联虽片数少，但间隙小，容量大。两联动片受一个转柄控制，两联共用一个动片引脚，此引脚在电路中接地，以减小调节时的干扰影响。从左图中可看出，振荡联的最大容量为 250pF，调谐联的最大容量为 290pF，容量小的一联为振荡联

续表

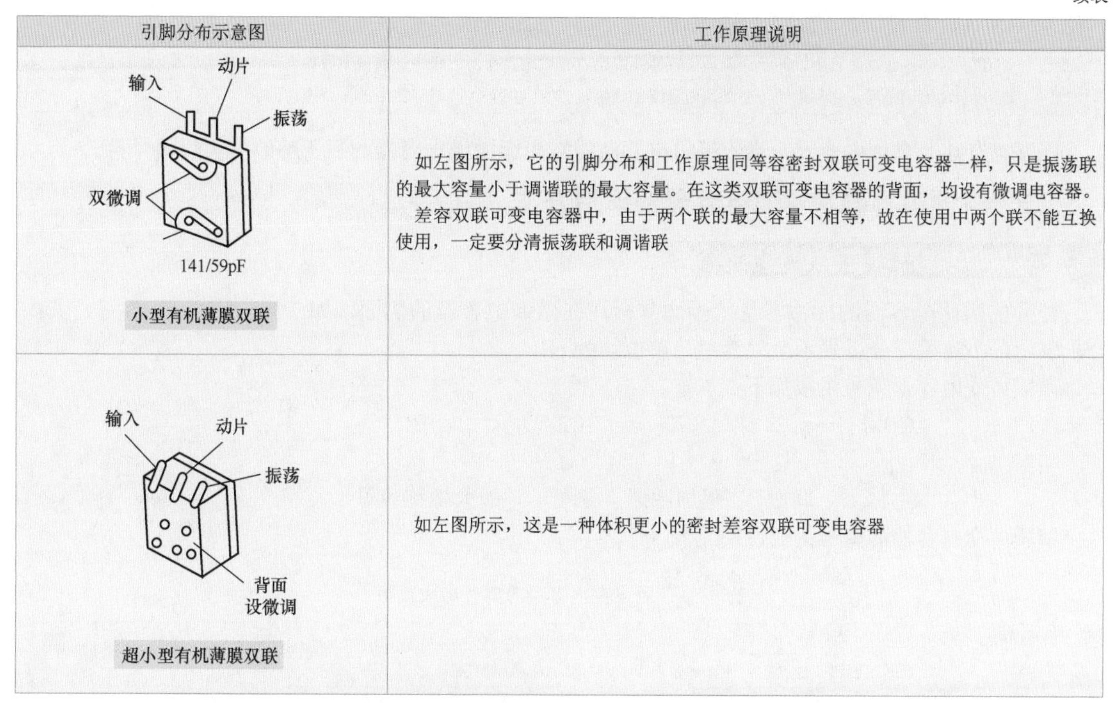

引脚分布示意图	工作原理说明
输入 动片 振荡 双微调 141/59pF 小型有机薄膜双联	如左图所示，它的引脚分布和工作原理同等容密封双联可变电容器一样，只是振荡联的最大容量小于调谐联的最大容量。在这类双联可变电容器的背面，均设有微调电容器。 差容双联可变电容器中，由于两个联的最大容量不相等，故在使用中两个联不能互换使用，一定要分清振荡联和调谐联
输入 动片 振荡 背面 设微调 超小型有机薄膜双联	如左图所示，这是一种体积更小的密封差容双联可变电容器

9　四联可变电容器引脚分布及工作原理

图 5-26 所示为四联可变电容器引脚分布示意图。

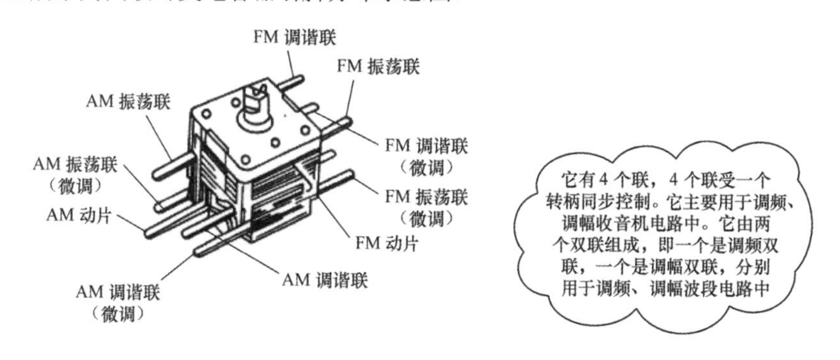

图 5-26　四联可变电容器引脚分布示意图

由于调频和调幅波段信号的频率相差甚远，要求用容量不等的双联可变电容器，故不能采用一个双联同时用于调频和调幅波段电路中。通常，调频双联的最大容量为 20pF，最小为小于等于 4.5pF；调幅双联的最大容量为 266pF，最小为小于等于 7pF，可见它们之间相差很多。

通常在四联可变电容器中设有 4 个薄膜微调电容器。图 5-26 中电容器的右侧为调频双联和用于调频波段中的两只微调电容器，它们共用一个动片引脚，此引脚接线路的地线。

四联可变电容器的背面字母及说明见表 5-6。

表 5-6　四联可变电容器的背面字母及说明

字母	说明
FC	FC 表示调频联
C	C 表示调幅联
FC1	FC1 表示调频振荡联，此联接在调频收音机的本振回路中，距离此联最近的一个微调电容器是调频振荡器回路中的微调电容器
FC2	FC2 表示调频调谐联，它附近的一个微调电容器是调频收音机电路天线调谐回路中的微调电容器

续表

字母	说明
C1	C1 表示调幅振荡联，它附近的一个微调电容器是调幅收音机电路振荡回路中的微调电容器
C2	C2 表示调幅调谐联，它附近的一个微调电容器是调幅收音机电路天线调谐回路中的微调电容器

四联只有 4 个微调电容器，当收音机电路波段较多而微调电容器数目不够时，可以再外接。

5.3.3 微调电容器和可变电容器的识别方法

1 微调电容器容量的识别方法

瓷介质微调电容器的标称容量范围通常标注在微调电容器的侧面，如 7/30、5/20、3/10 等，其中分子表示最小容量，分母表示最大容量，单位均为 pF。

薄膜可变电容器型号组成如下：

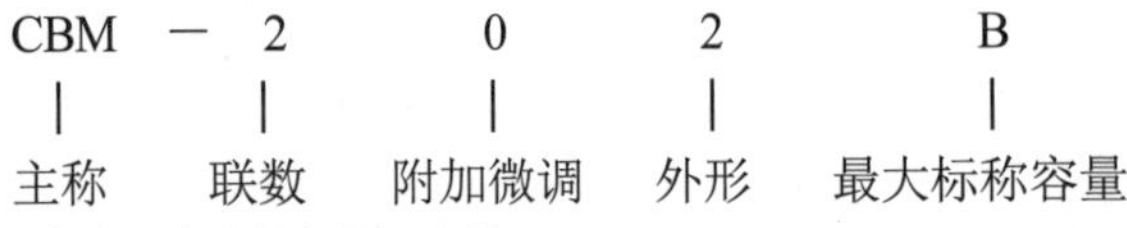

薄膜可变电容器的型号组成说明见表 5-7。

表 5-7　薄膜可变电容器的型号组成说明

型号组成	说明
主称	C 表示电容器，B 表示可变（容量可变），M 表示是薄膜介质
联数	用数字表示有多少联，如四联用 4 表示，双联用 2 表示
附加微调电容器	用数字表示有多少个附加微调电容器，0 表示没有附加微调电容器，如 CBM － 443BF 是一个四联，附有 4 个微调电容器
外形代号	数字表示外形尺寸（mm）：1 表示 30×30；2 表示 25×25；3 表示 20×20；4 表示 17.5×17.5；5 表示 15×15
最大标称容量代号	用字母表示最大标称容量

最大标称容量代号的含义说明见表 5-8。

表 5-8　最大标称容量代号的含义说明

字母代号	最大标称容量（pF）	说明
A	340	适用于调幅联、等容可变电容器
B	270	
C	170	
D	130	
P	60	适用于调幅联、差容可变电容器。其中，P 对应的调谐联最大容量为 140pF，Q 对应的为 130 pF
Q	60	
F	20	适用于调频联、等容可变电容器

2 小型薄膜可变电容器型号的命名方法

小型薄膜可变电容器的型号组成如下：

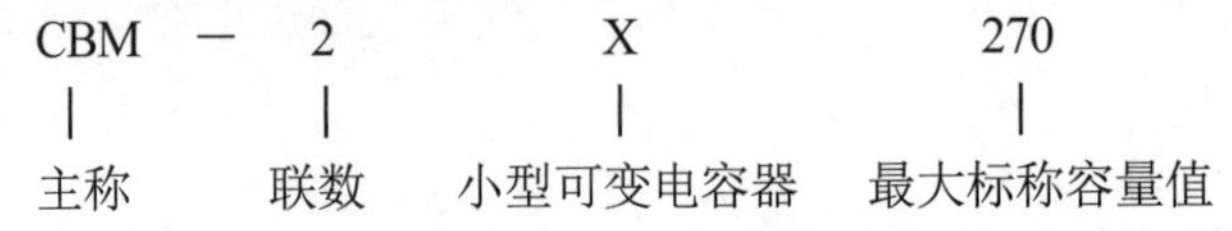

主称与前面的含义相同。联数也用数字表示，当联数一项不标注时为单联。用 X 表示小型的可变电容器。

重要提示

直放式收音机中采用的是单联可变电容器，只有中波段的超外差式收音机中采用的是差容双联可变电容器，具有多波段的调幅超外差式收音机中采用的是等容双联可变电容器，具有调幅调频波段的超外差式收音机中采用的是四联可变电容器。

5.3.4　收音机电路中电感器的电路图形符号、结构及工作原理

电感器俗称线圈，在收音机输入调谐电路中使用的是天线线圈。

利用电感器的基本原理，可以制成各种专用器件，图 5-27 所示为中波收音机中的磁棒和天线线圈示意图，本书重点讲述套件，它由磁棒和天线线圈两部分组成（其中天线线圈有两组），固定支架用来将磁棒和天线线圈固定在电路板上。

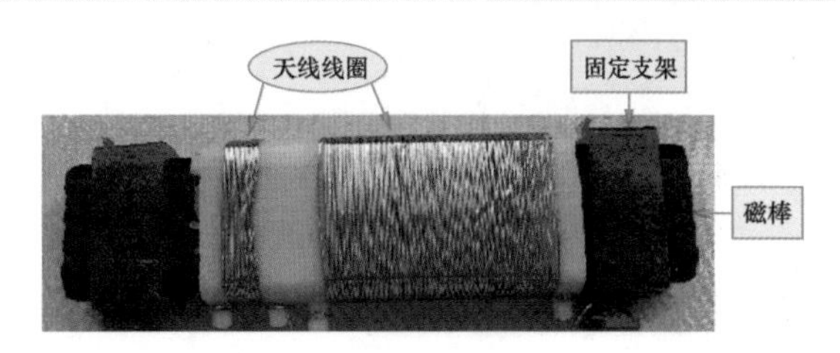

图 5-27　中波收音机中的磁棒和天线线圈示意图

输入调谐电路中线圈电路图形符号
磁棒天线
C1a

图 5-28　收音机输入调谐电路中电感器电路图形符号

天线线圈只是电感类元器件中的一种，学习电子技术需要了解更多的电感类元器件。

1　收音机电路中电感器电路图形符号的识别

图 5-28 所示为收音机输入调谐电路中电感器电路图形符号。中波收音电路中有一只输入调谐线圈，收音机还有短波电路，则还有相应的自己短波的输入调谐线圈。

磁棒天线电路图形符号说明见表 5-9。

表 5-9　磁棒天线电路图形符号说明

电路图形符号	说明
	表示最新规定的磁棒天线电路图形符号。大量的收音机电路中不采用这种电路图形符号，而是采用后面介绍的各种磁棒天线的电路图形符号
磁棒 初级　次级	表示天线线圈只有一个一次线圈，通常是这样的结构，一次线圈匝数多于二次线圈匝数，如下图所示 初级 次级
磁棒 初级　次级	表示一次线圈分两组绕制，然后再串联起来，两组一次线圈在磁棒的两端，而二次线圈设在中间，如下图所示 初级 1　2　3　4 次级
接天线 初级　次级	表示无磁棒的天线线圈，用于一些短波段收音机电路中。它由三组线圈构成，最上面一组是接外接天线的线圈

2　电感器的结构

最简单的电感器线圈就是用导线空心地绕几圈，有磁芯或铁芯的电感器是在磁芯或铁芯上用导线

绕几圈。通常情况下，电感器由铁芯或磁芯、骨架和线圈等组成。其中，线圈绕在骨架上，铁芯或磁芯插在骨架内。图 5-29 所示为几种线圈结构示意图。

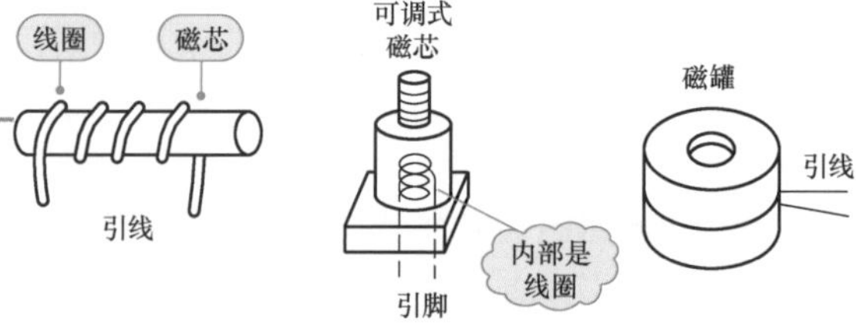

图 5-29　几种线圈结构示意图

重要提示

无论哪种电感器，都是用导线绕几圈而制成的，根据绕制的匝数不同、有无磁芯，电感器电感量的大小也不同，但是电感器所具有的特性相同。

3　电感器的工作原理

电感器的工作原理分成两个部分：电感器通电后的工作过程，此时电感器由电产生磁场；电感器在交变磁场中的工作过程，此时电感器由磁产生交流电。

关于电感器的工作原理主要说明下列几点。

（1）给线圈中通入交流电流时，在电感器的四周产生交变磁场，这个磁场称为原磁场。

（2）给电感器通入直流电流时，在电感器四周产生大小和方向不变的恒定磁场。

（3）由电磁感应定律可知，磁通的变化将在导体内引起感生电动势，因为电感器（线圈）内电流变化（因为通的是交流电流）而产生感生电动势的现象，称之为自感应。电感就是用来表示自感应特性的一个量。

（4）自感电动势要阻碍线圈中的电流变化，这种阻碍作用称为感抗。

5.3.5　磁棒天线的外形特征和种类

重要提示

磁棒天线是收音机、调谐器电路中的一个重要元件，用来接收和聚集电磁波信号能量，以供输入调谐回路之用。一般只在调幅收音机中（中波和短波均用）才设有磁棒天线，调频收音机中则用拉杆天线，机内不专门设调频波段的磁棒天线。

磁棒天线由磁棒与天线线圈两部分组成。

1　磁棒天线的外形特征

磁棒天线由磁棒、一次线圈和二次线圈组成。磁棒天线如同一个高频变压器，一次线圈和二次线圈之间具有耦合信号的作用。

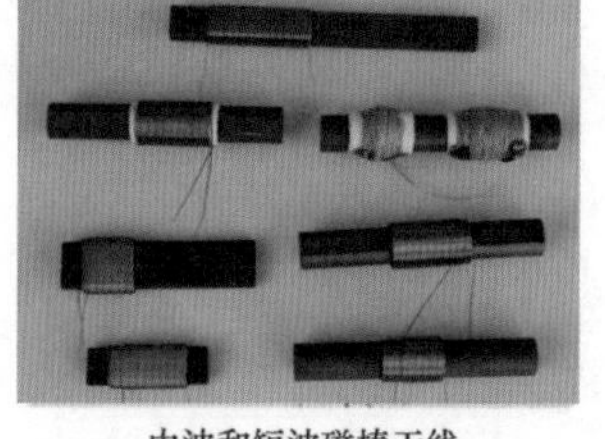

图 5-30　几种磁棒天线的外形图

在磁棒天线中，磁棒采用导磁材料制成，具有导磁特性，它能将磁棒周围的大量电磁波聚集在磁棒内，使磁棒上的线圈感应出更大的信号，所以具有提高收音机灵敏度的作用。图 5-30 所示为几种磁棒天线的外形图。

关于磁棒天线的外形特征主要说明下列几点。

（1）它的形状主要是细长形，可以是扁的，也可以是圆形等。

（2）磁棒天线在收音机、收录机和调谐器中的体积比较大，并且外形很有特点，所以容易识别。

（3）磁棒天线由磁棒和天线线圈两部分组成，线圈至少是两组，所以引线至少是 4 根。

（4）绝大多数磁棒为黑色。

2　磁棒天线的种类

磁棒天线按有无磁棒来划分，主要有有磁棒的天线和无磁棒的天线两种。

磁棒天线按工作频率来划分，主要有下列两种。

（1）中波磁棒天线。它用于中波段收音机电路中，工作频率比较低。

（2）短波磁棒天线。它用于短波段收音机电路中，工作频率高于中波磁棒天线的工作频率。

磁棒天线中，中波和短波磁棒天线中的磁棒不同，指的是磁棒的材料和工作频率不同。中波天线采用锰锌铁氧体磁棒；短波天线则采用镍锌铁氧体磁棒。

3 天线线圈

天线线圈分成一次线圈和二次线圈两组。线圈要采用高频电阻小的导线来绕制，根据集肤效应可知，当电流频率高到一定程度后，电流只在导体表面很薄一层中流动，使导线的有效截面积减小，相当于导线的电阻增大。

由于天线线圈中的电流频率很高，为了降低集肤效应的影响，一般中波天线线圈采用特制的多股纱包线来绕制，如采用7股、9股、14股，甚至是28股纱包线，由于股数变多会增大导线表面层的有效截面积，从而大大减小高频电阻。中波和短波天线线圈说明见表5-10。

表5-10 中波和短波天线线圈说明

名称	说明
中波天线线圈	它采用密集排绕方式，它的一次线圈分成几段绕制的目的是为了减小分布电容影响，如下图所示 初级 次线
短波天线线圈	由于短波段的工作频率更高，所需要的电感量较小，因而短波天线线圈的匝数较少。另外，为了减小分布电容的影响，短波天线线圈采用间隔绕制法，即没有像中波天线线圈那样密集排绕，而是每圈之间留有一定的间隙。 短波天线线圈采用线径较粗的单股线绕制，并且在导线表面镀银层，这样可大大减小高频电阻

5.3.6 磁棒

1 磁棒的种类

收音机电路中所用磁棒的种类及特点说明见表5-11。

表5-11 收音机电路中所用磁棒的种类及特点说明

名称	说明
按工作频率划分	有中波磁棒和短波磁棒
按照形状划分	有圆形磁棒和扁形磁棒两种，前者导磁率高，但体积大，后者容易断，体积小
按照长度划分	有许多规格，磁棒越长能聚集的电磁波能量越大，收音机灵敏度越高，所以在一些台式或较大的便携式机器中，均采用很长的磁棒
中波磁棒	采用锰锌铁氧体材料制成，它的导磁系数较大，但工作频率较低，一般低于1.6MHz，故只能用于中波段电路中
短波磁棒	采用镍锌铁氧体材料制成，它的导磁率低（只有锰锌铁氧体磁棒的1/10），但工作频率高，一般可达12～26MHz，故可以用于短波段电路中

中、短波磁棒之间不能互换使用。如果中波磁棒天线采用了短波磁棒，会因导磁率低而使灵敏度下降；如果短波磁棒天线采用中波磁棒，虽然导磁率较高，但会因工作频率太低而造成信号的能量损耗增大许多。图5-31所示为圆形磁棒的实物照片。

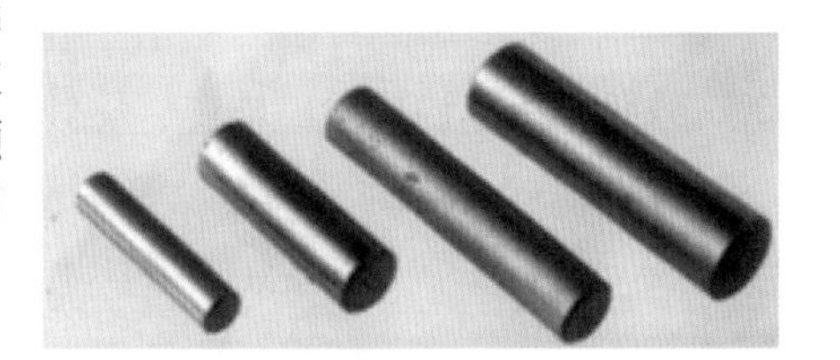

图5-31 圆形磁棒的实物照片

2 锰锌铁氧体磁棒型号的命名方法

锰锌铁氧体磁棒的型号组成如下：

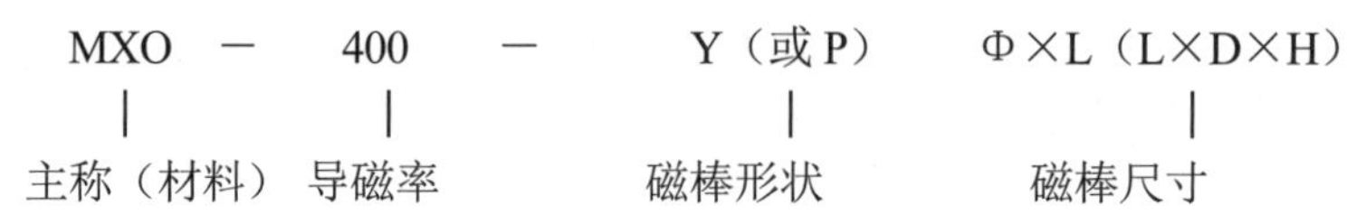

关于这种磁棒的型号说明下列几点。

（1）主称中，MXO 表示锰锌铁氧体材料。

（2）第二项中的 400 表示磁棒的导磁系数。

（3）磁棒形状中，用 Y 表示是圆形磁棒，用 P 表示是扁形磁棒。

（4）磁棒尺寸中，若是圆形磁棒用 Φ 表示直径（单位为 mm），用 L 表示长度（单位 mm）。如若是扁形磁棒，则分别用 L、D、H 表示长、宽、高（单位 mm）。

3 镍锌铁氧体磁棒型号的命名方法

镍锌铁氧体磁棒的型号组成与锰锌铁氧磁棒基本一样，如下所示：

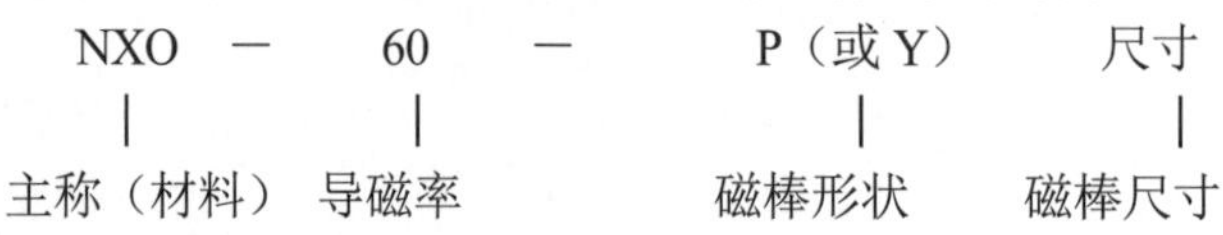

关于这种磁棒的型号说明下列几点。

（1）主称中，NXO 表示镍锌铁氧体材料。

（2）第二项中的 60 表示磁棒的导磁系数，除 60 外还有 40 的。

（3）其他各项与锰锌铁氧体磁棒的相同。

5.4 LC 谐振电路的基础知识

5.4.1 LC 并联谐振特性

在理解收音机中频选频放大器和本机振荡器电路的工作原理时，还需要掌握 LC 并联谐振电路的许多重要特性。图 5-32 所示为 LC 并联谐振电路。

1 LC 并联谐振电路的谐振曲线

图 5-33 所示为 LC 并联谐振电路的谐振曲线。

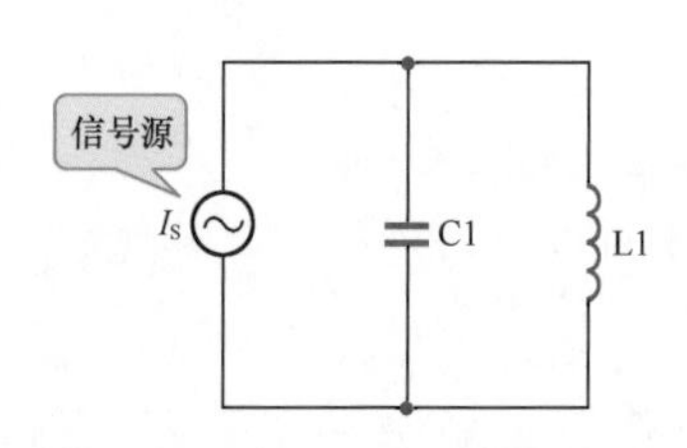

图 5-32 LC 并联谐振电路

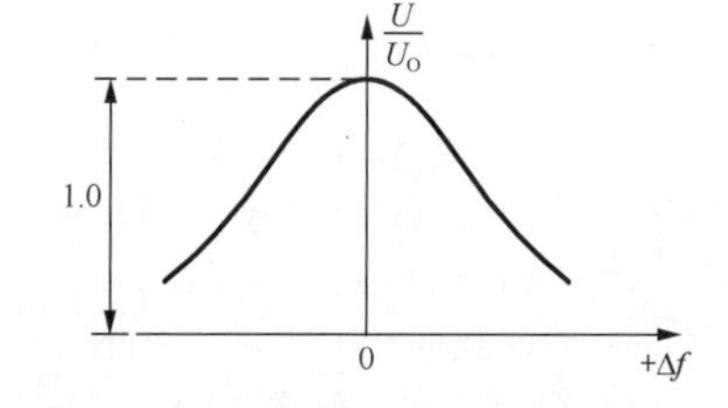

图 5-33 LC 并联谐振电路的谐振曲线

$\Delta f=f_0-f$，U 为 LC 并联谐振电路的端电压，U_o 为电路谐振时的端电压。从曲线中可以看出，当信号频率为 f_0 时，电路发生谐振，此时 U/U_o 为 1，说明谐振时电路端电压达到最大值。

对于信号频率高于或低于 f_0 时，其端电压均小于频率为 f_0 时的端电压。由此可知，当 LC 并联电路发生谐振时，电路两端的信号电压达最大值。

2 LC 并联谐振电路的阻抗特性

LC 并联谐振电路的阻抗可以等效成一个电阻，这是一个特殊电阻，它的阻值大小是随频率高低变化而变化的。这种等效可以方便对电路工作原理的理解。

图 5-34 所示为 LC 并联谐振电路的阻抗特性曲线，X 轴方向为 LC 并联谐振电路的输入信号频率，Y 轴方向为该电路的阻抗。从图中可以看出，这一阻抗特性是以谐振频率 f_0 为中心轴的，左右对称，曲线上窄下宽。

对 LC 并联谐振电路的阻抗进行分析时，要将输入信号频率分成以下几种情况来说明。

（1）输入信号频率等于谐振频率 f_0。当输入信号的频率等于该电路的谐振频率 f_0 时，LC 并联谐振电路发生谐振，此时谐振电路的阻抗达到最大，并且为纯阻性，即相当于一个阻值很大的纯电阻，如图 5-35 所示。

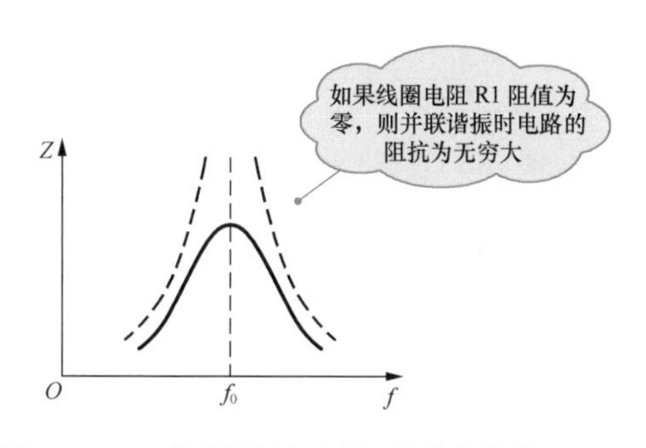

图 5-34　LC 并联谐振电路的阻抗特性曲线

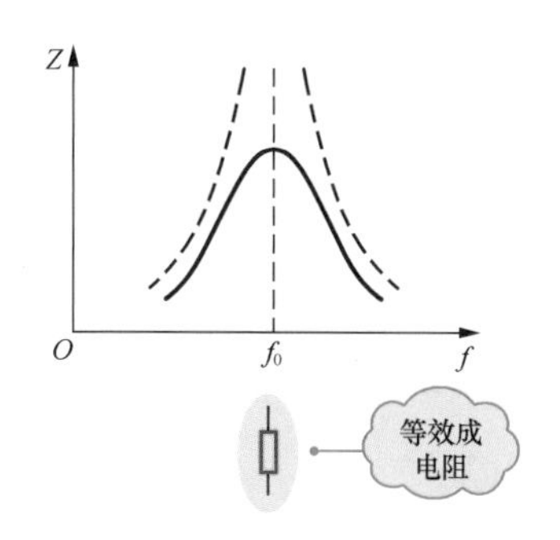

图 5-35　频率等于谐振频率 f_0 时示意图

如果线圈 L1 的直流电阻 $R1$ 为零的话，此时 LC 并联谐振电路的阻抗为无穷大，见图 5-35 中虚线所示。

重要提示

要记住 LC 并联电路的一个重要特性：并联谐振时电路的阻抗达到最大。

（2）输入信号频率高于谐振频率 f_0。当输入信号频率高于谐振频率 f_0 后，LC 并联谐振电路处于失谐状态，电路的阻抗下降（比电路谐振时的阻抗有所减小），而且信号频率越高于谐振频率，LC 并联谐振电路的阻抗越小，并且此时 LC 并联电路的阻抗呈容性，如图 5-36 所示，等效成一只电容。

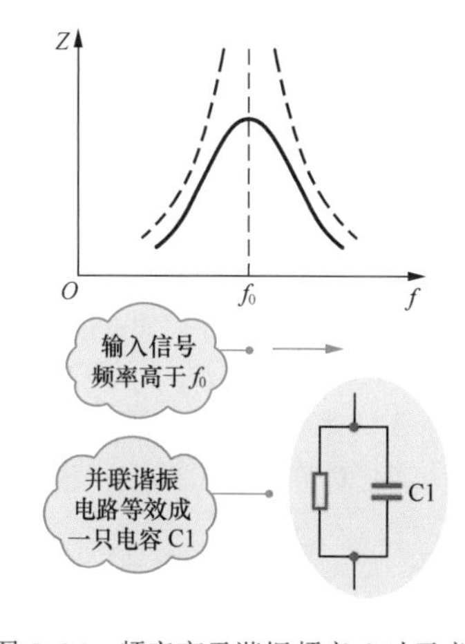

图 5-36　频率高于谐振频率 f_0 时示意图

输入信号频率高于谐振频率后，LC 并联谐振电路等效成一只电容，可以这么去理解：在 LC 并联谐振电路中，当输入信号频率升高后，电容 C1 的容抗在减小，而电感 L1 的感抗在增大，容抗和感抗是并联的，由并联电路的特性可知，并联电路起主要作用的是阻抗小的电容，所以当输入信号频率高于谐振频率之后，这一并联谐振电路中的电容 C1 起主要作用，整个电路相当于是一个电容，但等效电容的容量大小不等于 $C1$。

（3）输入信号频率低于谐振频率 f_0。当输入信号频率低于谐振频率 f_0 后，LC 并联谐振电路也处于失谐状态，谐振电路的阻抗也要减小（比谐振时小），而且是信号频率越低于谐振频率，电路的阻抗越小，如图 5-37 所示，这一点从曲线中可以看出。信号频率低于谐振频率时，LC 并联谐振电路的阻抗呈感性，电路等效成一只电感（但电感量大小不等于 $U1$）。

在输入信号频率低于谐振频率后，LC 并联谐振电路等效成一只电感可以这么去理解：由于信号频率降低，电感 L1 的感抗减小，而电容 C1 的容抗增大，感抗和容抗是并联的，L1 和 C1 并联后电路中起主要作用的是电感而不是电容，所以这时 LC 并联谐振电路可以等效成一只电感。

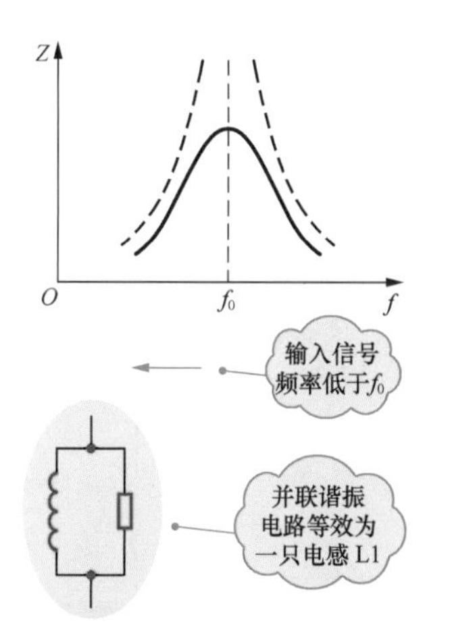

图 5-37　频率低于谐振频率 f_0 时示意图

3 LC 谐振电路的品质因数

LC 谐振电路中的品质因数又称为 Q 值，它是衡量 LC 谐振电路振荡质量的一个重要参数。

Q 值大小对谐振电路的工作特性有许多影响，这一点将在后面详细介绍。

当谐振电路的 Q 值不同时，谐振电路的阻抗特性也有所不同，图 5-38 所示为不同 Q 值下的 LC 并联谐振电路的阻抗特性曲线。图中，$Q1$ 为最大，此时曲线最尖锐，谐振时电路的阻抗最大；$Q3$ 为最小，谐振时电路的阻抗最小，且曲线最扁平。由此可知，不同的 Q 值有不同的阻抗特性。

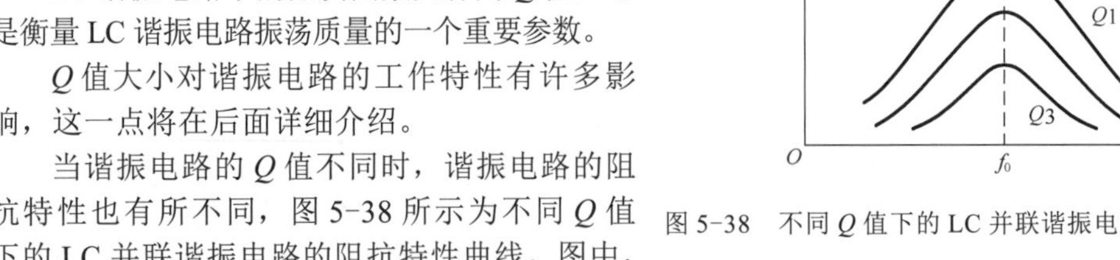

图 5-38　不同 Q 值下的 LC 并联谐振电路的阻抗特性曲线

重要提示

由于 Q 值的大小不同，会有不同的阻抗特性曲线，在实用电路中就是通过适当调整 LC 并联谐振电路的 Q 值，来得到所需要的频率特性的。

4 LC 谐振电路的通频带

通频带简称为频带。图 5-39 所示为 LC 并联谐振电路的频率特性曲线。X 轴是频率，Y 轴是振荡幅度。曲线中，f_0 是 LC 并联谐振电路的谐振频率。

（1）频带定义。频率为 f_0 时，设振荡幅度为 1；当振荡幅度下降到 0.707 时，对应曲线上有两点，频率较低处的一点是 f_L，这一频率称为下限频率；频率较高处的一点是 f_H，这一频率称为上限频率，频带 $Df=f_H-f_L$，即上限频率和下限频率之间的频率范围。

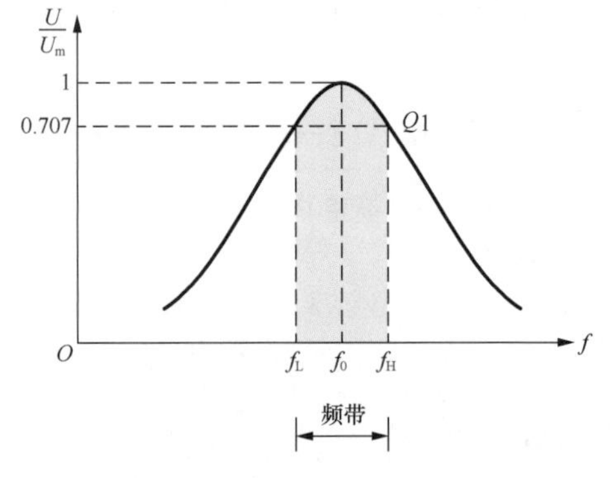

图 5-39　LC 并联谐振电路的频率特性曲线

（2）频带宽度要求。一个 LC 并联谐振电路的频带宽度是有具体要求的，不同的电路中为了实现特定的电路功能，对频带宽度的要求也大不相同，有的要求频带宽，有的要求频带窄，有的则要求有适当的频带宽度。

（3）频带外特性。从这一频带曲线中可以看出，当信号的频率低于下限频率和高于上限频率时，曲线快速下跌，信号幅度减小，这一特性要牢记。

5 调整 LC 并联谐振电路中的频带宽度

实用的 LC 并联谐振电路中，为了获得所需要的频带宽度，要求对 LC 并联谐振电路的 Q 值进行调整，如图 5-40（a）所示。图 5-40（b）所示电路中的 L1 和 C1 构成 LC 并联谐振电路，电阻 R1 并联在 L1 和 C1 上，为阻尼电阻。并联阻尼电阻后，一部分的谐振信号能量要被电阻 R1 分流，使 LC 并联谐振电路的品质因数下降，导致频带变宽。

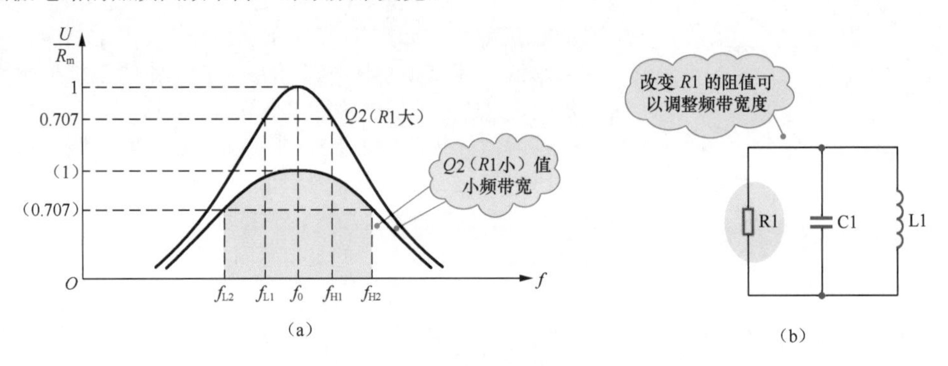

图 5-40　调整 Q 值电路示意图

当阻尼电阻 *R*1 的阻值越小时，*R*1 所分流的谐振电流越多，谐振电路的品质因数越小，频带越宽。图 5-40（a）中，*Q*1 大于 *Q*2，*Q*2 曲线的频带宽于 *Q*1 曲线。*Q* 值越小，频带越宽，反之则越窄。

曲线 *Q*1 是阻尼电阻 *R*1 的阻值较大时的曲线，因为 *R*1 阻值比较大，品质因数 *Q*1 较大，对 LC 并联谐振电路的分流衰减量比较小，所以谐振电路振荡质量比较好，此时频带比较窄。

曲线 *Q*2 是阻尼电阻 *R*1 的阻值较小时的曲线，因为 *R*1 阻值比较小，品质因数 *Q*2 较小，LC 并联谐振电路的分流衰减量比较大，所以频带比较宽。

通过上述分析可知，为了获得所需要的频带宽度，可以通过调整 LC 并联谐振电路中的阻尼电阻 *R*1 的阻值来实现。

5.4.2　LC 串联谐振特性

图 5-41 所示为 LC 串联谐振电路。电路中的 R1 是线圈 L1 的直流电阻，也是这一 LC 串联谐振电路的阻尼电阻，电阻器是一个耗能元件，它在这里要消耗谐振信号的能量。L1 与 C1 串联后再与信号源 U_S 相并联，这里的信号源是一个恒压源。

在 LC 串联谐振电路中，电阻 *R*1 的阻值越小，对谐振信号的能量消耗越少，谐振电路的品质也越好，电路的 *Q* 值也就越高；电路中的电感 *L*1 越大，存储的磁能越多，在电路损耗一定时谐振电路的品质也越好，电路的 *Q* 值也就越高。

电路中，输入信号源与LC串联谐振电路之间不存在能量相互转换，只是电容 C1 和电感 L1 之间存在电能和磁能之间的相互转换。外加的输入信号只是补充由于电阻 R1 消耗电能而损耗的信号能量。

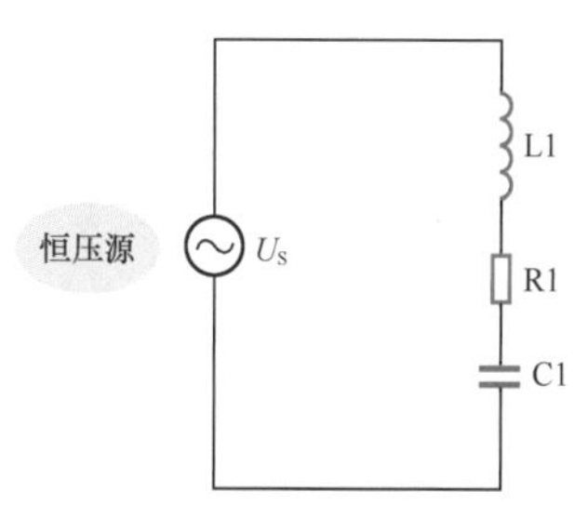

图 5-41　LC 串联谐振电路

1　串联谐振为电压谐振

LC 串联谐振电路发生谐振时，电容 C1 上的信号电压等于电感 L1 上的信号电压，并且是加到 LC 串联谐振电路上信号电压的 *Q* 倍，*Q* 为品质因数，*Q* 一般为 100 左右。由此可见，在 LC 串联谐振电路发生谐振时，在电容 C1 和 L1 上的信号电压升高了许多倍。所以，LC 串联谐振电路又称为电压谐振。

在无线电电路中，由于输入信号十分微弱，常利用 LC 串联谐振电路的这一电压特性，在电容 C1 和电感 L1 上获得频率与输入信号频率相同，但信号电压幅度比输入信号电压幅度大 100 左右的信号电压。

LC 串联谐振电路发生谐振时，电容 C1 上的信号电压与电感 L1 上的信号电压大小相等、相位相反，所以这两个信号电压之和为 0V。此时，加到 LC 串联谐振电路上的信号电压全部加到电阻 R1 上。

2　LC 串联谐振电路的阻抗特性

图 5-42 所示为 LC 串联谐振电路的阻抗特性曲线。它的阻抗特性分析要将输入信号频率分成多种情况进行。

（1）输入信号频率等于谐振频率 f_0。当信号频率等于 LC 串联谐振电路的谐振频率 f_0 时，电路发生串联谐振，串联谐振时，电路的阻抗为最小且为纯阻性（不为容性也不为感性），如图 5-43 所示，其值为 *R*1（纯阻性）。

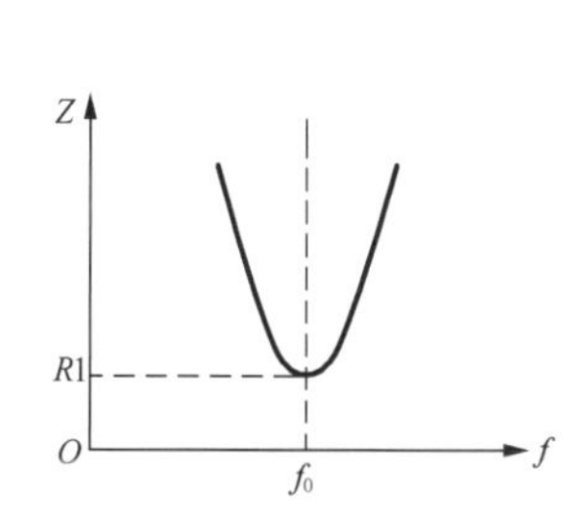

图 5-42　LC 串联谐振电路的阻抗特性曲线

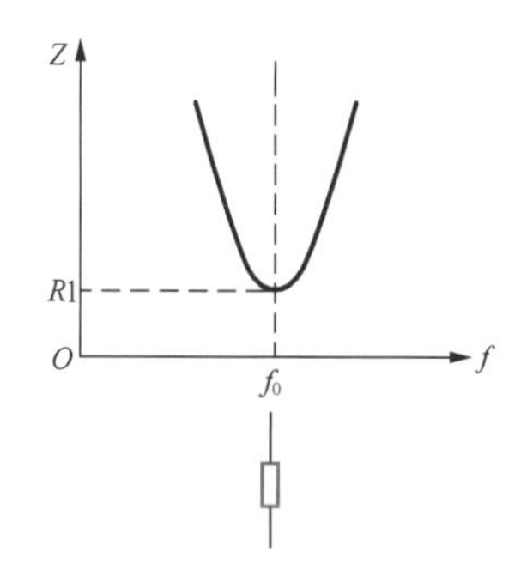

图 5-43　串联谐振电路的阻抗最小且为纯阻性示意图

当信号频率偏离LC谐振电路的谐振频率时，电路的阻抗均要增大，且频率偏离的量越大，电路的阻抗就越大，这一点恰好与LC并联谐振电路相反。

重要提示

串联谐振时，电路的阻抗为最小。

（2）输入信号频率高于谐振频率 f_0。当输入信号频率高于谐振频率时，此时LC串联谐振电路为感性，相当于是一只电感（电感量大小不等于 $L1$），如图5-44所示。

这一点可以这样理解：在L1和C1串联电路中，当信号频率高于谐振频率之后，由于频率升高，C1的容抗减小，而L1的感抗增大，在串联电路中起主要作用的是阻抗大的一个元件，这样L1起主要作用，所以在输入信号频率高于谐振频率之后，LC串联谐振电路等效于一只电感。

（3）输入信号频率低于谐振频率 f_0。当输入信号频率低于谐振频率时，此时LC串联谐振电路为容性，相当于一个电容（容量大小不等于 $C1$），如图5-45所示。

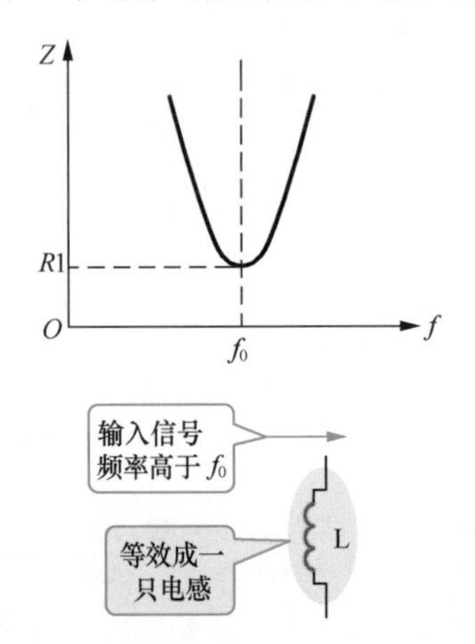

图5-44　输入信号频率高于谐振频率示意图

图5-45　输入信号频率低于谐振频率示意图

这一点可以这样理解：当信号频率低于谐振频率之后，由于频率降低，C1的容抗增大，而L1的感抗却减小，这样在串联电路中起主要作用的是电容C1，所以在输入信号频率低于谐振频率之后，LC串联谐振电路等效于一只电容。

5.5 输入调谐电路

重要提示

收音机能从广播电台中选出所需要的电台是由输入调谐电路来完成的，输入调谐电路又称天线调谐电路，因为这一调谐电路中存在收音机的天线。

中波收音机中，中波段频率范围为535～1605kHz，这一频率范围内有许多中波电台的频率，如600 kHz是某一电台频率，900 kHz为另一个电台频率，通过输入调谐电路就是要方便地选出频率为600 kHz的电台或频率为900 kHz的电台等。

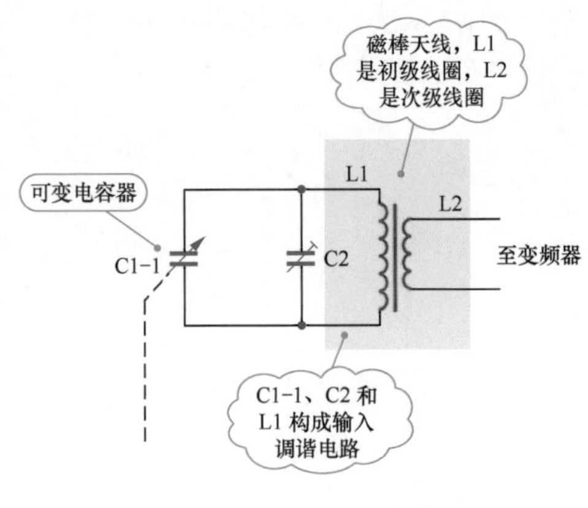

图5-46　输入调谐电路

图5-46所示为输入调谐电路。在多波段调幅收音机中，各波段的输入调谐电路基本与此电路一样。电路中，C1-1是双联可变电容器中的调谐联，C2是微调电容器。

调谐（选台）时调整调谐旋钮，使调谐联C1-1容量大小发生变化。L1 和 C1-1、C2 构成输入调谐回路。

各调幅广播电台的高频信号分布在 L1 线圈所在的空间，设所要接收的某电台高频信号频率为 f_0，通过调谐使 L1 所在的谐振回路谐振频率为 f_0，由于 L1 所在的回路发生谐振，使频率为 f_0 的信号在 L1 两端能量最大，其他频率信号由于失谐而能量很小，可以通过耦合 L2 线圈输出频率为 f_0 的信号，即通过输入调谐电路在频率中选出所需要的频率为 f_0 的电台信号。

5.5.1　典型输入调谐电路分析

图 5-47 所示为典型的输入调谐电路。电路中，L1 是磁棒天线的一次线圈，L2 是磁棒天线的二次线圈，C1-1 是双联可变电容器中的调谐联，C2 是微调电容器，它通常附设在双联可变电容器上。

磁棒天线中的 L1、L2 相当于一个变压器，其中 L1 是一次线圈，L2 是二次线圈，L2 输出 L1 上的信号。

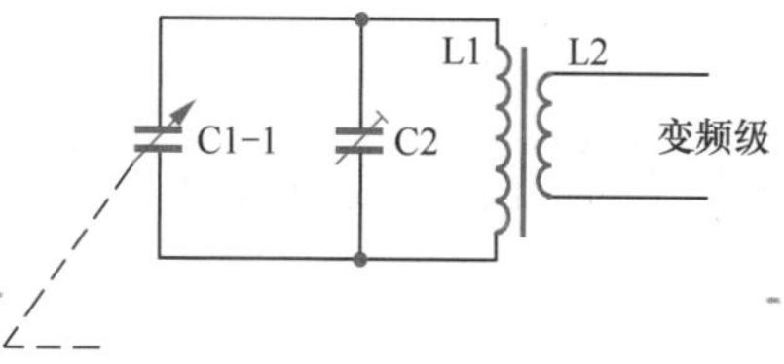

图 5-47　典型的输入调谐电路

重要提示

磁棒的特性，使磁棒天线聚集了大量的电磁波。天空中的各种频率电波很多，为了从电波中选出所需要频率的电台高频信号，需要输入调谐电路来完成。分析输入调谐电路工作原理的核心是掌握 LC 串联谐振电路的特性。

1　输入调谐电路

输入调谐电路工作原理是：磁棒天线的一次线圈 L1 与可变电容器 C1-1、微调电容器 C2 构成 LC 串联谐振电路，如图 5-48 所示，L1 和 C1-1、C2 串联后并联在电台信号感应电压 U_S 两端，所以这是一个 LC 串联谐振电路。

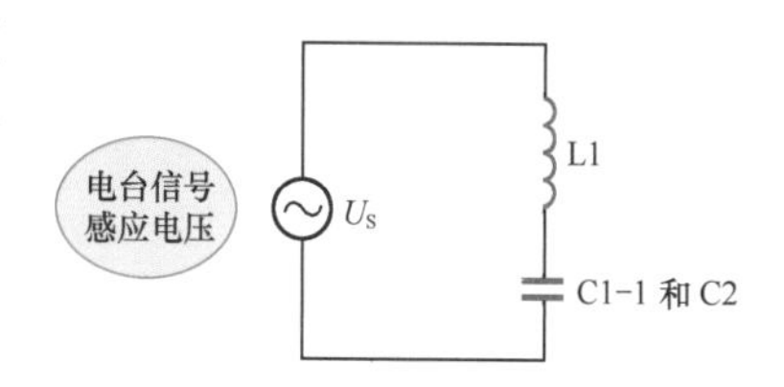

图 5-48　输入调谐电路示意图

当 LC 串联谐振电路发生谐振时，L1 能量最大，即 L1 两端谐振频率这个信号的电压幅度远远大于非谐振频率信号的电压幅度，这样通过磁耦合从二次线圈 L2 输出的谐振频率信号幅度为最大。

重要提示

输入调谐电路采用了串联谐振电路，这是因为在电路发生谐振时线圈两端的信号电压会升高许多（这是串联谐振电路的一个重要特性），可以将微弱的电台信号电压大幅度升高。

在选台过程中，就是通过改变可变电容器 C1-1 的容量，从而改变输入调谐电路的谐振频率，这样只要有一个确定的可变电容器容量，就有一个与之对应的谐振频率，线圈 L2 就能输出一个确定的电台信号，达到调谐之目的。

2　多波段电路

在中波、短波 1 和短波 2 三波段收音机电路中，它们的输入调谐电路是彼此独立的，通过波段开关可接入所需要的输入调谐电路，如图 5-49 所示。

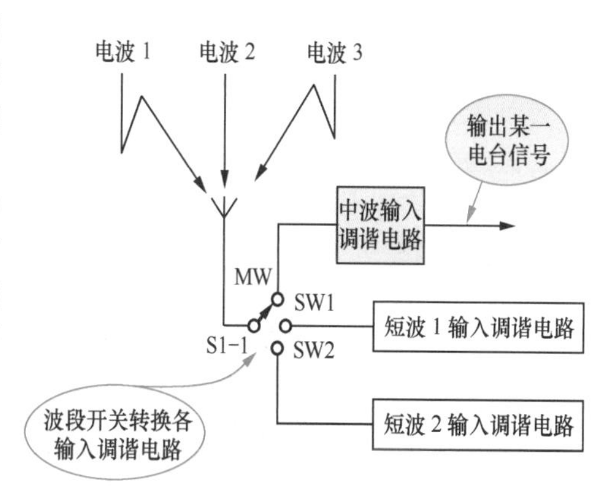

图 5-49　波段开关转换各波段输入调谐电路示意图

5.5.2　实用输入调谐电路分析

图 5-50 所示为本书收音机套件中的实用输入调谐电路示意图。

在掌握了前面的输入调谐电路工作原理之后，这一电路分析就十分方便。电路中，B1 为磁棒天线，

C1a 为微调电容器，C1a.b 是调谐联。磁棒天线的一次线圈与 C1a.b、C1a 构成 LC 串联谐振电路进行调谐，调谐后的输出信号从二次线圈输出，经耦合电容 C2 加到后级电路中，即加到变频级电路中。

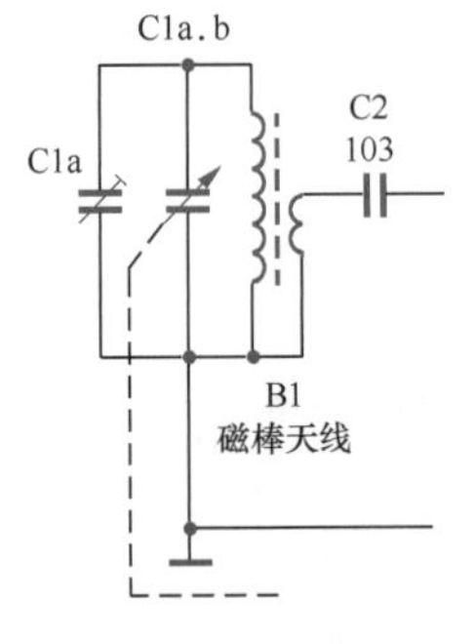

图 5-50　实用输入调谐电路示意图

5.5.3　天线耦合电路分析

重要提示

收音机中的天线分为三种情况：一是只用磁棒天线；二是在磁棒天线的基础上再加入拉杆天线；三是只用拉杆天线而不用磁棒天线。

前两种情况出现在调幅收音机中，后一种情况出现在调频收音机中。

1　电子管收音机中的天线直接耦合电路

图 5-51 所示为电子管收音机中的天线直接耦合电路，电路中 6K3P 是电子管，ANT 是天线，它直接与天线线圈 L1 相连接，这是最为简单的天线耦合电路，也是性能最差的耦合电路。

2　晶体管收音机中的天线直接耦合电路

图 5-52 所示为晶体管收音机中的天线直接耦合电路，从电路中可以看出，拉杆天线 ANT 与磁棒天线之间没有耦合元件，电路十分简单，性能最差。

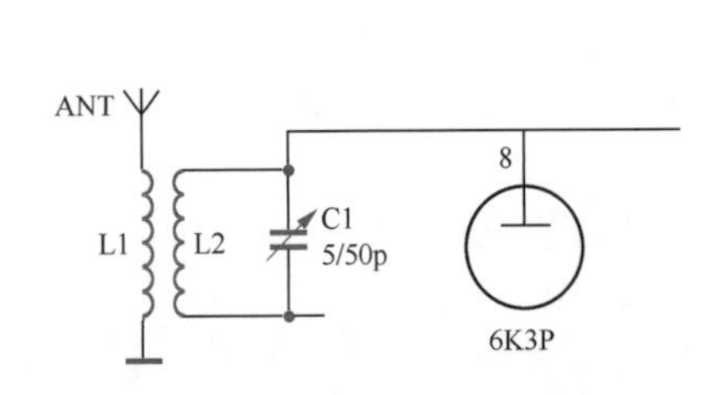

图 5-51　电子管收音机中的天线直接耦合电路

图 5-52　晶体管收音机中的天线直接耦合电路

3　调频收音机中的拉杆天线电容耦合输入电路

图 5-53 所示为调频收音机中的拉杆天线电容耦合输入电路，拉杆天线 ANT 接收的信号通过耦合电容 C1 加到收音集成电路 A1 的输入引脚①脚。

天线的直接耦合会使强电台信号直接混入变频级，造成混台现象。在加入天线耦合电容 C1 后对强电台信号有抑制作用。

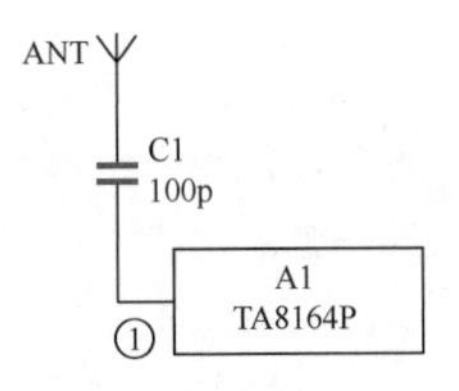

图 5-53　调频收音机中的拉杆天线电容耦合输入电路

重要提示

天线耦合电容 C1 的容量大有利于提高灵敏度，因为容量大，容抗小，对信号抑制小。但是，容量大也会造成选择性差，所以需要合理地选择天线耦合电容 C1 的容量大小。

5-6：输入调谐电路及输入回路诸电路的详细讲解

4　调幅收音机中的拉杆天线电容耦合输入电路

图 5-54 所示为调幅收音机中的拉杆天线电容耦合输入电路，电路中拉杆天线 ANT 上的电台信号通过耦合电容 C1 加到 L2、C2-1 和 C3 构成的输入调谐电路中。

5　调幅收音机中的拉杆天线电感耦合输入电路

图 5-55 所示为调幅收音机中的拉杆天线电感耦合输入电路，从电路中可以看出，经过拉杆天线的电台信号通过线圈 L1 加到调谐电路中。线圈 L1 绕在磁棒天

线上，所以 L1 与 L3 之间耦合很紧密，如果遇到强电台信号，L1 上电台会直接通过 L3 耦合加到变频级电路中，这样会造成混合现象。

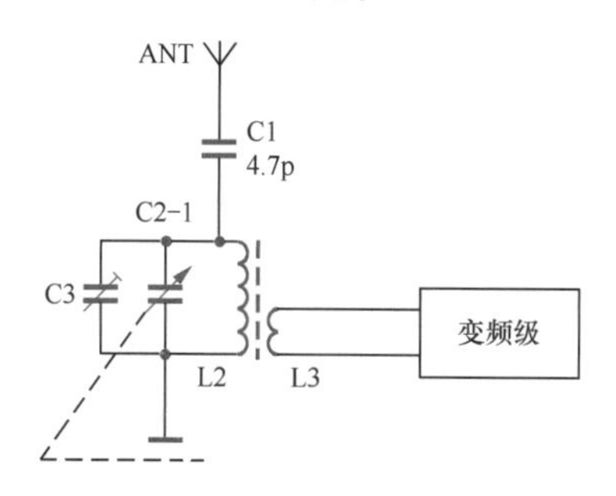

图 5-54　调幅收音机中的拉杆天线电容耦合输入电路

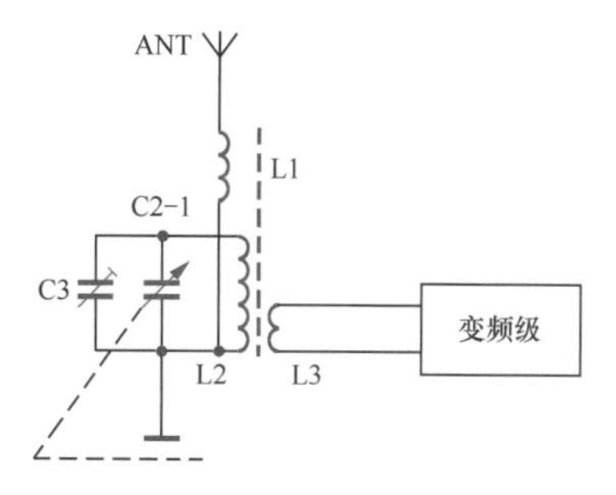

图 5-55　调幅收音机中的拉杆天线电感耦合输入电路

重要提示

线圈 L1 在磁棒上绕几圈，绕得越多，耦合越强，对弱电台信号越有利，对强电台信号越有害，所以要合理地选择所绕圈数。

6　调幅收音机中的拉杆天线电容电感混合耦合输入电路

图 5-56 所示为调幅收音机中的拉杆天线电容电感混合耦合输入电路，从电路中可以看出，它是电容耦合和电感耦合混合电路，用来克服电容耦合和电感耦合电路各自的缺点，所以灵敏度和选择性兼顾得比较好，缺点是电路比较复杂，成本高。

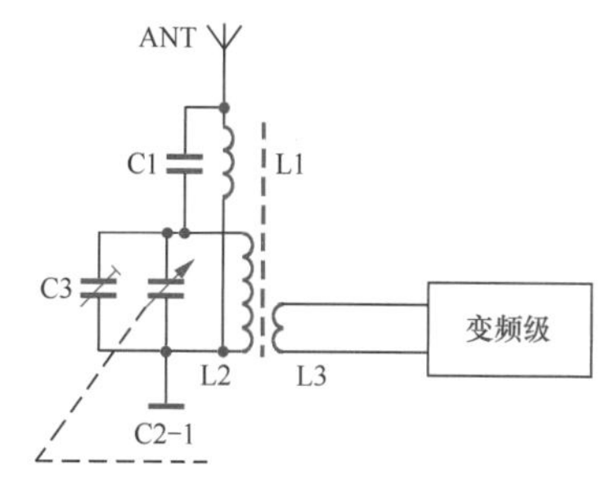

图 5-56　调幅收音机中的拉杆天线电容电感混合耦合输入电路

5.5.4　收音机天线输入带通滤波器分析

1　调频收音机中的天线输入带通滤波器电路

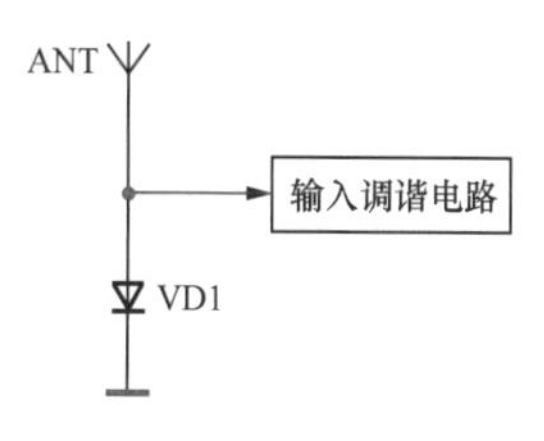

图 5-57 所示为调频收音机中的天线输入带通滤波器电路，电路中 ANT 是拉杆天线，C1、C2、C3 和 L1 构成 88~108MHz 带通滤波器，这一滤波器的作用是让 88~108MHz 调频波段内信号通过，加到输入调谐电路中，而对频带外信号进行抑制。

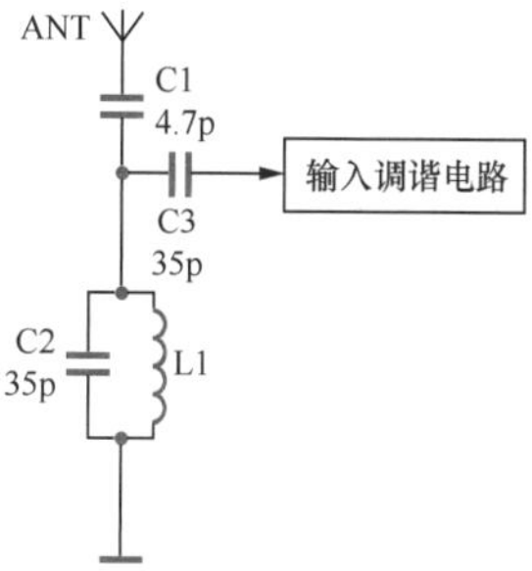

图 5-57　调频收音机中的天线输入带通滤波器电路

2　调频收音机中的天线输入陶瓷滤波器带通滤波电路

图 5-58 所示为调频收音机中的天线输入陶瓷滤波器带通滤波电路，电路中 Z1 是带宽为 88~108MHz 的陶瓷滤波器，这样调频波段内信号通过 Z1，而波段外信号受到抑制，达到带通滤波的目的。

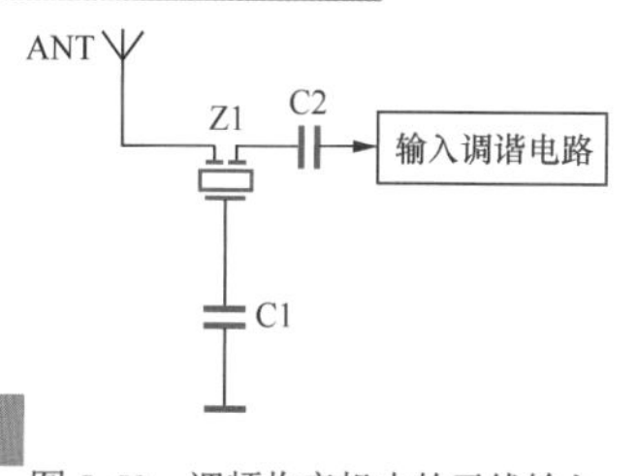

图 5-58　调频收音机中的天线输入陶瓷滤波器带通滤波电路

5.5.5　天线保护电路分析

图 5-59　天线雷击保护电路

图 5-59 所示为天线雷击保护电路，电路中 VD1 是二极管，用来防止雷击造成的收音机电路损坏。当有雷击时，天线 ANT 感应电压使 VD1 导通，从而这样限制加到输入调谐电路的信号电压，达到雷击保护的目的。不过，这一电路只能进行单向保护。

图 5-60 所示为天线雷击双向保护电路，它增加了一只二极管 VD2，这样正、负两个方向都能进行过压保护。

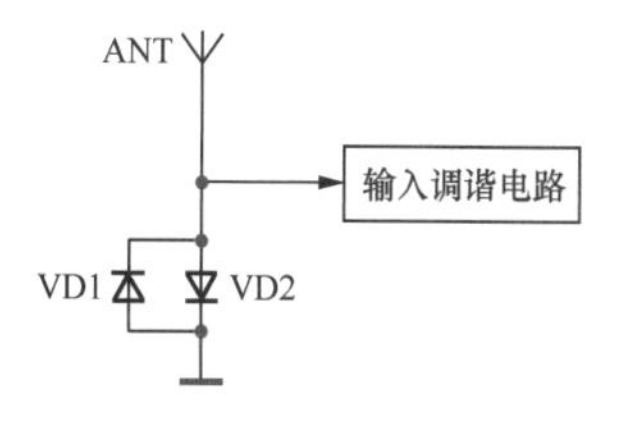

图 5-60　天线雷击双向保护电路

5.5.6 收音机本地 / 远程开关电路分析

1 收音机本地 / 远程开关电路

重要提示

调幅和调频收音机中均可以设置本地/远程开关电路，开关电路的作用是在接收远程的弱电台信号时提高收音机的灵敏度，在接收本地的强电台信号时降低收音机的灵敏度。

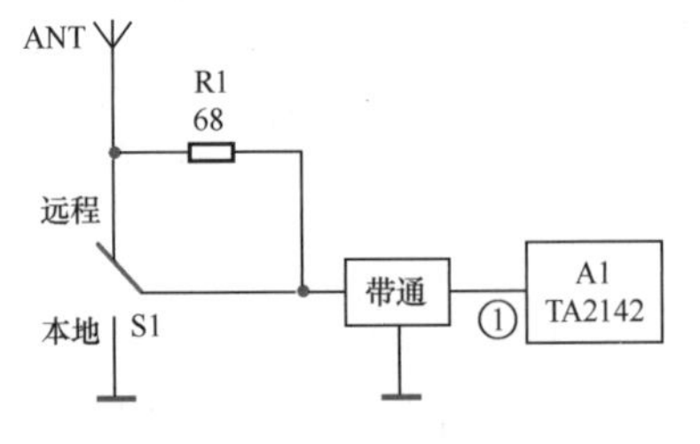

图 5-61 一种本地 / 远程开关电路

图 5-61 所示为一种本地/远程开关电路，电路中 S1 是本地/远程开关，在“远程”位置时，开关 S1 将电阻 R1 短接，从天线下来的电台信号直接加到带通滤波器中，使带通输入信号处于最大状态，这样就可以接收远程的弱电台信号。

当收音机接收本地的电台信号时，本地电台信号因为距离近而电台信号强度大，开关 S1 转换到“本地”位置，从天线下来的信号经过电阻 R1 衰减后加到带通滤波器中，这样就可以抑制强电台信号。

2 另一种收音机本地 / 远程开关电路

图 5-62 所示为另一种比较复杂的收音机本地 / 远程开关电路，这一开关可以控制调幅和调频波段的本地和远程灵敏度。

（1）调幅波段本地/远程开关电路分析。图 5-62 中，本地/远程开关处于调幅远程（AM DX）位置，这是用来接收远程调幅弱电台信号的。从电路中可以看出，这时电容 C49 处于断开状态，这样从 455kHz 陶瓷滤波器输出的信号没有被 C49 和 R21 分流到地，因此信号强度大，可以提高接收弱信号的灵敏度。

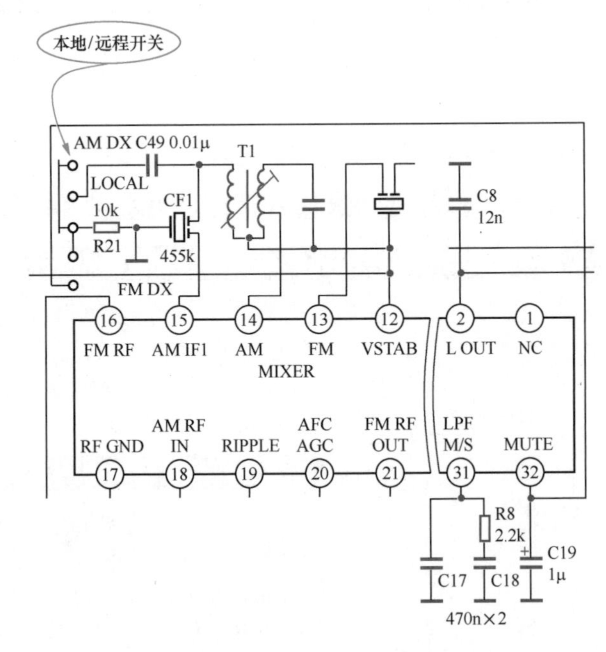

图 5-62 另一种比较复杂的收音机本地 / 远程开关电路

在接收本地强电台信号时，该开关处于另一位置，将 C49 和 R21 串联电路接入电路，对信号进行对地分流，这样收音机灵敏度下降，用来抑制本地的强电台信号。

（2）调频波段本地 / 远程开关电路分析。当接收调频波段本地强电台信号时，本地/远程开关将电阻 R21 接在收音机集成电路㉜引脚与地之间，使 R21 与电容 C19 并联，这时㉜引脚上的静噪电压较低，抑制能力较强，收音机灵敏度较低。

当本地 / 远程开关接在远程（FM DX）位置时，R21 脱开电路，这时㉜引脚上只有电容 C19，㉜引脚上的静噪电压比较大，抑制能力较弱，这时收音机灵敏度比较大，用于接收远程的弱电台信号。

5.6 变频级电路

重要提示

在收音机电路中，变频级电路用来产生固定的中频信号，我国调幅收音机电路的中频频率为 465kHz。变频级电路又称为变频器。

5.6.1　振荡线圈和中频变压器

超外差式收音机电路中，振荡线圈和中频变压器是两种比较重要的元器件。其中，振荡线圈用在本机振荡器中，中频变压器则用在中频放大器中。中频变压器俗称中周。在调幅和调频收音机电路中都有中周，它们的结构相同，但是工作频率不同。

1　振荡线圈和中频变压器外形特征

图 5-63 所示为中频变压器外形图和内部结构示意图，大多数的振荡线圈外形和内部结构与此相同。

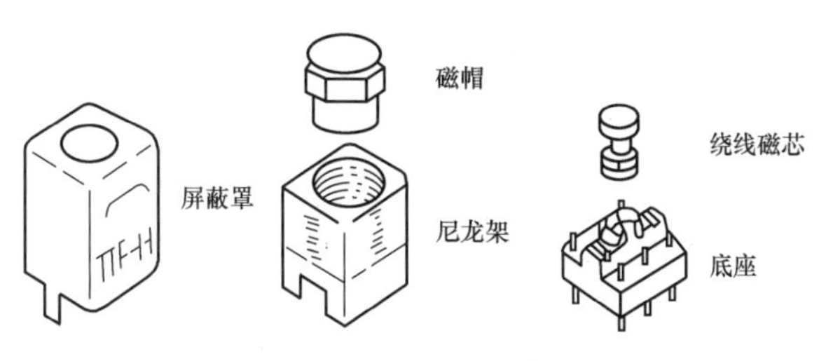

5-7：变频作用及正弦波振荡器的详细讲解

图 5-63　中频变压器外形图和内部结构示意图

它的外形是长方体的，为金属外壳。引脚在底部，分成两列分布，最多为 6 根引脚，一般少于 6 根引脚，各引脚之间不能互换使用。顶部有一个可以调整的缺口，并有不同颜色的标记。

中频变压器按照用途划分有：调幅收音机电路用的中频变压器，其谐振频率为 465kHz；还有调频收音机电路用的中频变压器，其谐振频率为 10.7MHz。

2　振荡线圈和中频变压器的电路图形符号

图 5-64 所示为振荡线圈和中频变压器的电路图形符号。

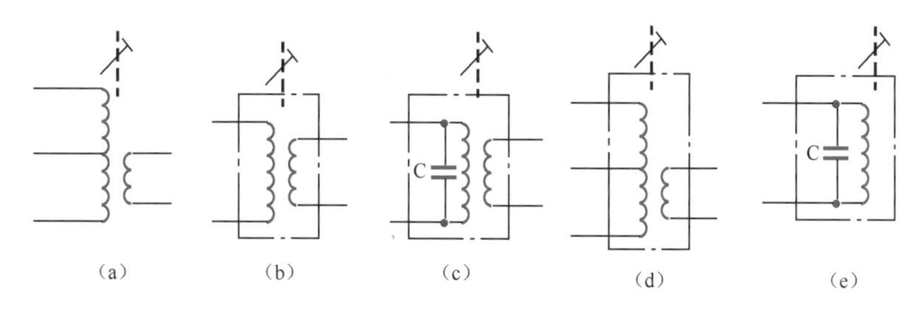

图 5-64　振荡线圈和中频变压器的电路图形符号

图 5-64（a）所示为振荡线圈的电路图形符号，图 5-64（b）～图 5-64（e）所示为几种中频变压器的电路图形符号。从图中可以看出，图 5-64（c）和图 5-64（e）所示的中频变压器内附谐振电容 C。

符号中的虚线方框表示中频变压器的金属外壳，另外磁芯的微调作用也已在电路图形符号中体现出来。金属外壳又称屏蔽外壳，在电路中要接地，起屏蔽作用。

5.6.2　音频输入和输出变压器的基础知识

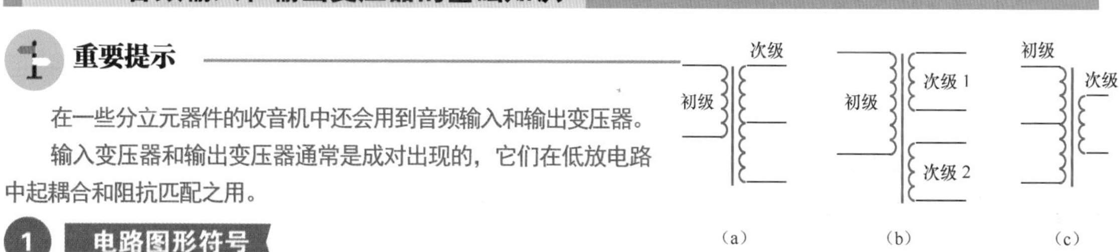

重要提示

在一些分立元器件的收音机中还会用到音频输入和输出变压器。

输入变压器和输出变压器通常是成对出现的，它们在低放电路中起耦合和阻抗匹配之用。

1　电路图形符号

图 5-65　输入、输出变压器的电路图形符号

图 5-65 所示为输入、输出变压器的电路图形符号，从

图中可以看出，它们与普通变压器的电路图形符号基本一样。其中，图 5-65（a）和图 5-65（b）所示为输入变压器的电路图形符号，图 5-65（c）所示为输出变压器的电路图形符号。

2 种类

本章介绍的变压器分为输入变压器和输出变压器两种，它们之间不可互换使用。其中，输入变压器根据次级线圈结构的不同又分成两种：一种是带中心抽头的次级线圈，如图 5-65（a）所示；另一种是具有两组匝数相同的次级线圈，如图 5-65（b）所示。

图 5-66 所示为收音机套件中使用的输入和输出变压器实物照片。

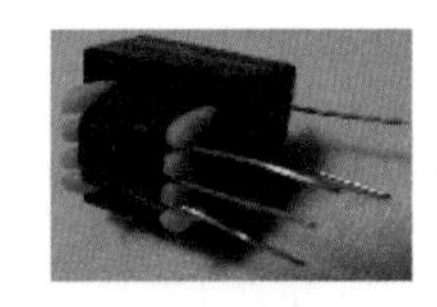

（a）输入变压器 B5

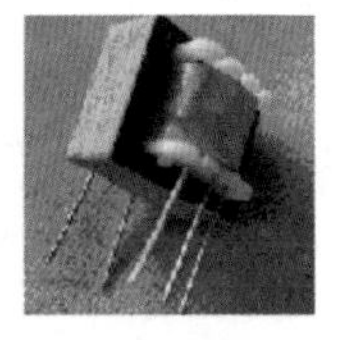

（b）输出变压器 B6

图 5-66 收音机套件中使用的输入和输出变压器实物照片

3 结构

输入变压器和输出变压器的结构与普通变压器一样，也是由初级线圈、次级线圈、铁芯、外壳等构成的，在此不作赘述，这里仅给出这种变压器的特点：体积小（略比中频变压器大些），成对出现，在购买时也是成对购买。由于收音机的输出功率很小，所以这种变压器的输出功率也很小。

4 输入变压器

由于输入变压器在电路中起连接前置放大级与输出级的作用，而输出级一般是采用推挽电路，所以输入变压器的初级线圈无抽头，而次级线圈要么有一个中心抽头，要么有两组匝数相同的次级线圈，以便获得两个大小相等、方向相反的激励信号，分别激励两只推挽输出管。

5 输出变压器

输出变压器在电路中起输出级与扬声器之间的耦合和阻抗匹配作用，由于输出级一般采用推挽电路，故输出变压器的初级线圈具有中心抽头，而次级线圈没有抽头。加上还要起阻抗匹配作用，所以输出变压器的次级线圈匝数远少于初级线圈匝数。

5.6.3 变频器基本工作原理

1 变频目的

变频是外差式收音机中的一个特色功能，其目的是取得一个频率低于电台高频信号的中频信号。

图 5-67 所示为变频级电路在收音机整机电路中的位置示意图，它处于输入调谐电路和中频放大器之间。

由电子技术知识可知，放大器有一个重要的频率特性指标。通过讲述的输入调谐电路输出信号可知，不同电台的高频信号其频率也不同，并且相差甚大。

图 5-67 变频级电路在收音机整机电路中的位置示意图

如果用一个放大器去放大这些电台的高频信号，必须要求该放大器有很宽的频带，而一个宽带高频放大器的电路成本很高，在收音机电路中为了解决这一问题，常采用一级变频电路，将各电台频率的高频信号转换成一个频率比高频信号频率低的固定频率信号，这个固定频率信号称为中频信号。

重要提示

通过变频后，可用一个频带很窄的放大器去放大信号，这一放大器就是变频级电路之后的中频放大器。

2 变频器基本工作原理

图 5-68 所示为变频器工作原理示意图。当给变频器输入两个不同频率信号 f_1 和 f_2 时，由于变频器的非线性作用，

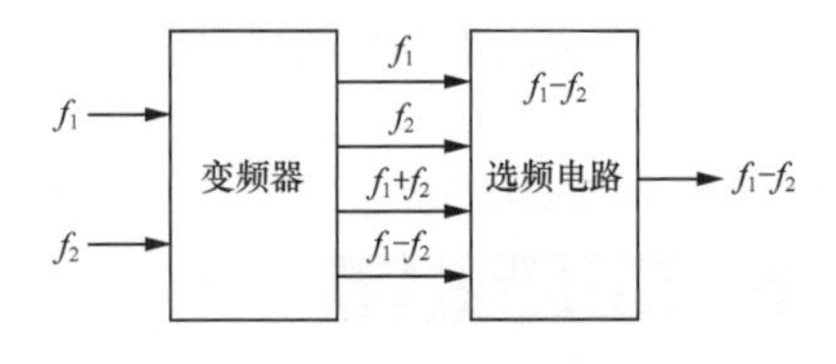

图 5-68 变频器工作原理示意图

变频器的输出端会输出与频率 f_1 和 f_2 相关的信号，主要有 4 个频率信号：f_1、f_2、f_1+f_2、f_1-f_2。在收音机电路中常用 f_1-f_2 信号，即差频信号，超外差式收音机中的“差”就是由此而来的。

从图 5-68 中可以看出，变频的结果有许多新的频率信号产生，但是只需要 f_1-f_2，此时可以用一个频率为 f_1-f_2 的选频电路，将 f_1-f_2 信号从众多频率信号中取出，而将其他频率信号除掉。

假设 f_2 为天线调谐电路输出的高频信号，变频的结果是需要一个固定的、确定的 465kHz 频率信号，则要求本机振荡信号频率 f_1 = 465kHz+f_2，由于 f_2 是随电台不同而变化的，这就要求 f_1 也是随电台不同而变化的，并始终比 f_2 高出 465kHz。超外差式收音机中的“超”就是指本机振荡频率高于高频信号频率一个 465kHz 中频。

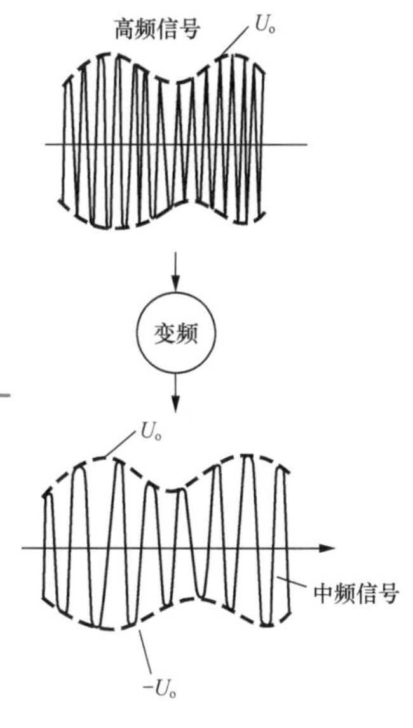

图 5-69　变频示意图

重要提示

在调幅收音机电路中，f_1-f_2 = 465kHz，这一信号称为中频信号。f_1 = 465kHz+f_2 这一信号称为本机振荡信号，它由收音机电路中的本机振荡器产生，是一个等幅的高频正弦信号。

在变频之后，新的中频信号虽然频率已降低，但其波形的包络变化特性不变，如图 5-69 所示，这说明高频信号经过变频处理后，其音频信号 U_o 特性不变，只是载波的频率发生改变，而载波对收听广播节目声音来讲是不需要的。

5.6.4　变压器耦合正弦波振荡器电路方框图分析

变频器电路中含有一个高频的正弦波振荡器，所以在讲解变频器电路工作原理之前要先掌握正弦波振荡器电路工作原理。收音机电路中主要使用变压器耦合正弦波振荡器。

1　变压器耦合正弦波振荡器电路组成方框图

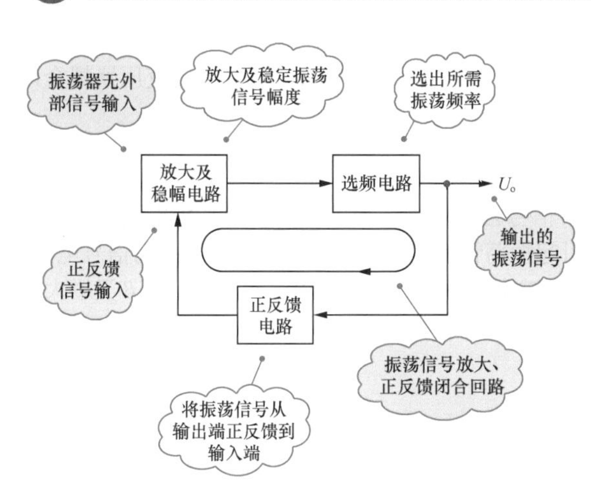

图 5-70　正弦波振荡器电路组成方框图

图 5-70 所示为正弦波振荡器电路组成方框图，从图中可以看出，它主要由放大及稳幅电路、正反馈电路和选频电路组成。

从图 5-70 所示的方框图中可以看出，振荡器没有输入信号，但有输出信号，这是振荡器电路的一个明显特征，这一特征在整机电路分析中很重要，有助于分辨哪个是振荡器电路，因为其他电路都是有输入信号的。

（1）放大及稳幅电路作用。正弦波振荡器电路首先是放大振荡信号，其次是稳定振荡信号的幅度。

（2）选频电路作用。正弦波振荡器电路可以从众多频率信号中选出所需要的某一频率信号，使振荡器中的放大器只放大这一频率信号，而不放大其他频率信号。

（3）正反馈电路作用。正弦波振荡器电路从放大器输出端向输入端送入振荡信号，使放大器中的振荡信号幅度越来越大。

5-8：正弦波振荡器详细讲解续

2　振荡器电路工作条件

要使正弦波振荡器电路能够正常工作，必须具备以下几个条件。

（1）放大条件。振荡器电路中的振荡管对振荡信号要有放大能力，只有这样通过正反馈电路和放大电路，信号才能不断增大，实现振荡。

（2）相位条件。相位条件具体地讲是要求有正反馈电路，由于是正反馈，即反馈信号与原输入信号是同相位的关系，所以正反馈信号进一步加强了振荡器原先的输入信号。

重要提示

相位条件和放大条件（也称幅度条件）是振荡器电路必不可少的两个条件，也是最基本的两个条件。

（3）振荡稳幅。振荡器中的正反馈电路和放大电路对振荡信号具有越反馈、放大，振荡信号就越大的作用，但不允许振荡信号的幅度越来越大，此时由稳幅电路来稳定振荡信号的幅度，使振荡器输出的信号是等幅的。

（4）选频电路。振荡器要求输出某一特定频率的信号，这就靠选频电路来实现。这里值得一提的是，在正弦波振荡器中常用的是LC谐振选频电路，而在RC振荡器中则是通过RC电路等来决定振荡频率。

3 直流电路分析

正弦波振荡器直流电路分析同前面介绍的放大器直流电路分析方法相同，振荡管要有放大能力，这由直流电路来保证。

4 正反馈过程分析

正反馈过程分析与负反馈过程分析方法相同，只是反馈的结果加强了振荡管的净输入信号。

5 选频电路分析

关于LC并联谐振选频电路主要说明如下几点。

（1）通过电感L的电路图形符号可以找出谐振线圈L。

（2）找出谐振电容，与电感L并联的电容器均参与了谐振。先找出谐振线圈L后再找谐振电容比较容易，是因为电感L在电路中比较少，但电容在电路中比较多，不容易找出。

（3）若选频电路中的电容或电感是可变的，说明这一振荡器电路的振荡频率可调整。

（4）LC并联谐振选频电路的方式有多种，如作为振荡管的集电极负载。

6 找出振荡器输出端

振荡器输出端要与其他电路相连，输出信号可以取自振荡管的各个电极，可以通过变压器耦合，也可以通过电容器来耦合。

7 稳幅原理

稳幅原理是：在正反馈和振荡管放大的作用下，信号幅度增大，导致振荡管的基极电流也增大，当基极电流大到一定程度之后，基极电流的增大将引起振荡管的电流放大倍数β减小，振荡信号电流越大β越小，最终导致β很小，使振荡器输出信号幅度减小，即振荡管基极电流减小，这样β又增大，振荡管又具备放大能力，使振荡信号再次增大，这样反复循环总有一点是平衡的，此时振荡信号的幅度处于不变状态，达到稳幅的目的。

8 起振原理

起振原理是这样：在分析正反馈电路工作过程时，假设某瞬间振荡管的基极信号电压为正，其实振荡器是没有外部信号输入的，而是靠电路本身自激产生振荡信号。

振荡信号是这样产生的：当开始振荡时，在振荡器电路的电源接通瞬间，由于电源电流的波动，这一电流波动中含有频率范围很宽的噪声，这其中有一个频率信号等于振荡频率的噪声（信号），这一信号被振荡器电路放大和正反馈，致使信号幅度越来越大，形成振荡信号，完成振荡器的起振过程。

5.6.5 变压器耦合正弦波振荡器电路分析

重要提示

振荡器电路分析包括放大器部分、选频部分、正反馈电路部分分析，而放大器部分分析与普通放大器

电路分析方法一样。

图 5-71 所示为变压器耦合正弦波振荡器。电路中，VT1 为振荡管，T1 为振荡变压器，L2 和 C2 构成 LC 并联谐振选频电路，U_o 为振荡器的输出信号。

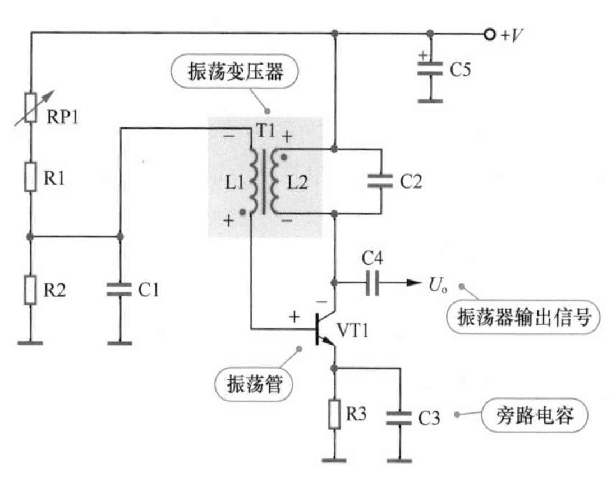

图 5-71　变压器耦合正弦波振荡器

1 直流电路分析

（1）VT1 偏置电路。电路中，直流工作电压 +V 经 T1 的 L2 线圈加到 VT1 的集电极。RP1、R1 和 R2 对＋ V 分压后的电压加到 VT1 的基极，建立 VT1 的直流偏置电压。

R3 为 VT1 的发射极电阻。这样，VT1 具备放大所需要的直流工作条件。

（2）RP1 作用。调节 RP1 可改变 VT1 的静态直流偏置电流大小，从而改变振荡器输出信号 U_o 的大小。电阻 R1 是保护电阻，防止 RP1 的阻值调得太小致使振荡管的工作电流太大而损坏 VT1。

5-9：实用变频级电路及相关知识点讲解

重要提示

在加入 R1 之后，即使 RP1 的阻值被调到零，也有 R1 限制 VT1 的基极电流，达到保护 VT1 的目的。

2 正反馈电路分析

电路中，T1 是振荡耦合变压器，用它来完成正反馈。从图 5-71 中可以看出，T1 的一次线圈 L1（正反馈线圈）接在 VT1 的输入回路中（基极回路），它的二次线圈 L2 接在 VT1 的输出回路中（集电极回路）。T1 的同名端见图 5-71 中黑点所示。

正反馈过程是：假设振荡信号电压某瞬间在 VT1 基极为“+”（信号电压增大），使 VT1 基极电流增大，则集电极为“-”（信号电压减小），这样 T1 的二次线圈 L2 下端为“-”，上端为“+”，根据同名端概念，T1 的一次线圈 L1 下端为“+”，与基极极性一致，所以 L2 上的输出信号经 T1 耦合到一次线圈 L1，加强了 VT1 的输入信号，这是正反馈过程。

3 振荡原理分析

振荡器没有输入信号，振荡器工作后却能输出信号 U_o，这要通过振荡器的起振原理来进行说明。

在振荡器的直流工作电压＋ V 接通瞬间，VT1 中会产生噪声，这一噪声的频率范围很宽，其中含有所需要的振荡信号频率 f_0。由于 VT1 中的噪声（此时作为信号）被 VT1 放大，经正反馈后噪声又馈入 VT1 的基极，再次放大和再次正反馈，从而形成振荡信号。

4 选频电路分析

电路中，L2 和 C2 构成 LC 并联谐振选频电路（电路中只有这一个 LC 并联谐振电路），该电路的谐振频率便是振荡信号频率 f_0。

从电路中可以看出，L2 和 C2 并联谐振电路作为 VT1 的集电极负载电阻，由于并联谐振时该电路的阻抗最大，所以 VT1 的集电极负载电阻最大，VT1 对频率为 f_0 信号的放大倍数最大。

对于 f_0 之外的其他频率信号，由于 L2 和 C2 的失谐，电路阻抗很小，VT1 的放大倍数很小，这样输出信号 U_o 是频率为 f_0 的振荡信号，达到选频目的。

电路中，C1 是振荡信号旁路电容，将 L1 上端振荡信号交流接地，L1 耦合过来的正反馈信号要馈入 VT1 的输入回路，这一回路为：L1 下端→ VT1 基极→ VT1 发射极→发射极旁路电容 C3 →地端→旁路电容 C1 → L1 上端。

电路分析提示

要注意振荡变压器的同名端概念，在有些电路中振荡变压器不标出表示同名端的黑点，此时分析正反馈过程时可认为反馈的结果是正反馈，只要分析出正反馈信号传输过程即可。

在振荡器中，凡是容量最小的电容器是谐振电容，正反馈耦合电容的容量其次，旁路电容的容量最大，利用这一规律可以帮助识别电路中的谐振选频电路。

调整 RP1 的阻值大小，可以改变振荡管 VT1 的静态工作电流大小，从而可以改变振荡输出信号的大小。

这种振荡器的振荡输出信号是从振荡变压器的二次线圈输出的。

5 电路特点

电路特点如下所示。

（1）需要一个耦合变压器。

（2）适用于频率较低的场合（几十千赫兹到几兆赫兹），通常只用在几十千赫兹。

（3）利用变压器可以进行阻抗匹配，故输出信号电压较大。在使用变压器时，若一次或二次线圈的头尾引线接反将不能产生正反馈（变为负反馈），不能形成振荡信号。

重要提示

变压器耦合振荡器电路也有多种，按振荡管的接法有共集电极耦合振荡器、共发射极耦合振荡器和共基极耦合振荡器电路，这几种振荡器电路的工作原理基本一样。

5.6.6 典型变频级电路分析

图 5-72 所示为典型变频级电路。

1 本机振荡器电路分析

本机振荡器用来产生一个等幅的高频正弦波信号，使用一个高频正弦波振荡器，由三极管 VT1 和振荡线圈 L2、L3 等构成。

我国采用超外差式收音机制式，所谓超外差就是本机振荡器超出外来的高频信号一个中频频率，VT1 为变频管兼振荡管，L1 是磁棒天线的次级线圈，L2 和 L3 为本机振荡线圈，T1 是中频变压器，C4-1 是双联可变电容器的振荡联，C5 是微调电容器。

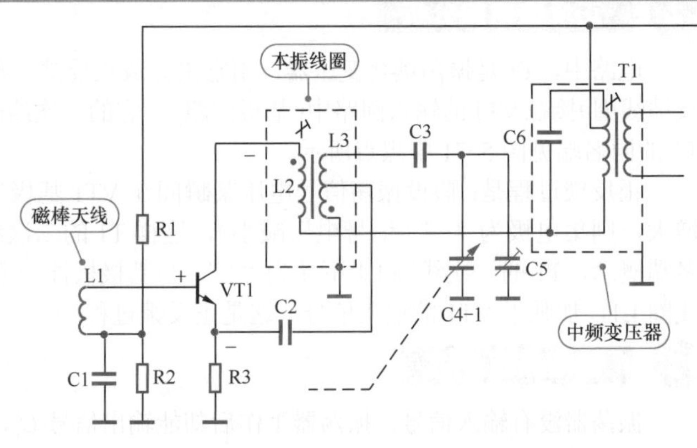

图 5-72　典型变频级电路

（1）正反馈过程分析。设某瞬间振荡信号相位在 VT1 基极为“+”，则集电极为“-”，根据图 5-72 中所示的同名端可知，L3 的抽头上振荡信号相位也为“-”，经 C2 耦合到 VT1 发射极，由于发射极信号相位为“-”，其基极电流增大，等效为 VT1 基极振荡信号相位更“+”，所以这是正反馈过程。

（2）选频原理分析。选频电路由 L3、C3、C5 和 C4-1 构成，这是一个 LC 并联谐振选频电路。当双联可变电容器容量改变时，选频电路谐振频率也随之改变。由于 C4-1 容量与天线调谐电路中另一个调谐联是同步变化的，这样便能做到振荡信号频率始终要比选频电路的谐振频率高出一个中频 465kHz。

2 变频电路分析

直流工作电压 +V 经 R1、R2 分压后，由 L1 加到 VT1 基极，给 VT1 提供直流偏置电流。直流工作电压 +V 经 T1 一次线圈、L2 加到 VT1 集电极，建立 VT1 的静态工作电路。

线圈 L1 输出的高频信号从基极馈入变频管 VT1，而本机振荡信号由 C2 加到 VT1 发射极，这样，两个输入信号在 VT1 的非线性作用下，从集电极输出一系列新频率信号，这些信号加到中频变压器

T1 一次线圈回路中，T1 一次线圈回路是 VT1 集电极的负载电阻。

中频选频电路工作原理是：中频选频电路由 T1 一次线圈和 C6 构成，这是 LC 并联谐振电路，该电路谐振在中频 465kHz 上，这一谐振电路是 VT1 集电极的负载电阻。

重要提示

由于 LC 并联谐振电路在谐振时阻抗最大，即 VT1 集电极负载电阻最大，VT1 电压放大倍数最大，而其他频率信号由于谐振电路失谐，其阻抗很小，VT1 放大倍数小，这样从 T1 次级输出的信号为 465kHz 中频信号，即本振信号与 L1 输出高频信号的差频信号（本振信号减高频信号称为差频信号），实现了从众多频率中选出中频信号。

T1 设有可调节的磁芯，当磁芯上下变动位置时，可改变 T1 一次线圈的电感量，从而可以改变中频变压器 T1 一次线圈的谐振频率，使之准确地调谐在 465kHz 上。

电路中，C1 为旁路电容，将 L1 线圈的下端交流接地；C3 为垫整电容，用来保证本振频率的变化范围；C5 是高频补偿电容，用来进行高频段的频率跟踪。

3　中频变压器谐振频率的调整方法

振荡线圈和中频变压器在电路中主要是工作在谐振状态下的，调整就是调整它们的谐振频率，可以采用专用仪器进行调整，在没有专用仪器的情况下，通过试听也可以调整振荡线圈、中频变压器的电感量（即磁帽上下位置），实际上就是调整工作频率。

调整中频变压器的目的是让它的一次线圈的谐振回路谐振在中频频率上，具体方法如下所示。

（1）接收一个电台信号。这一电台信号很弱也没有关系，但是要调整准确，改变机器方向（实际上是在改变磁棒方向），使收音机获得最好的接收效果。

（2）控制音量电位器。人耳对声音大小的变化灵敏度较高。调节音量时，用无感螺丝刀从最后一级中频变压器开始逐级向前调节各中频变压器的磁帽，通过旋入、旋出磁帽，使扬声器中的声音最响，可以先粗调一遍，再进行细调。

如果原中频变压器谐振频率有偏差的话，在调整时声音会增大。在调整中频变压器过程中，要注意不能用普通的金属螺丝刀去调整，否则调到声音最响位置时，若螺丝刀移开磁帽后声音又会下降，应该用有机玻璃螺丝刀或竹螺丝刀来调整。

注意，在不能收到电台声音时，最好不要去调整各中频变压器的磁帽，否则调乱后就无法再用试听的方法调整准确。

5.6.7　本机振荡器电路工作状态的判断方法

1　无感螺丝刀

在调整振荡线圈或中频变压器的磁芯时，不能使用普通的金属螺丝刀，因为金属螺丝刀对线圈的电感量大小有影响。当用金属螺丝刀调整使电路达到最佳状态后，螺丝刀一旦移开，线圈的电感量又会发生变化，使电路偏离最佳状态，所以要使用无感螺丝刀。图 5-73 所示为无感螺丝刀。

图 5-73　无感螺丝刀

无感螺丝刀可以用有机玻璃棒制作，将它的一头用锉刀锉成螺丝刀状即可；也可以用塑料材料制作。成品无感螺丝刀售价比较高。

2　判别本机振荡器是否振荡的方法

收音机的本机振荡器不能振荡，收音机电路将无法收到电台信号，此时判别本机振荡器工作是否正常是修理中的重要一环，在没有专用仪器的情况下可以通过以下方法进行判别。

图 5-74 所示为万用表检测本振电路接线示意图。用万用表的直流电压挡测量变频（或混频）三极管的发射极直流电压，然后用手指接触振荡线圈，如果表针有偏转，说明本机振荡器工作正常；如果表针无偏转，说明本机振荡器未振荡。

当手指接触振荡线圈时，人体电阻将振荡线圈的正反馈回路消除，使之无正反馈，如果原电路是振荡的，会因正反馈消失而停振，而振荡与不振荡时三极管的发射极电流大小、电压大小均不一样，以此来判别振荡器工作是否正常。

5.6.8 实用变频级电路分析

图 5-75 所示为本书收音机套件中的实用变频级电路。电路中，BG1（过去电路中的三极管用 BG 表示）为变频管，B2 为振荡线圈，B3 为中频变压器，C1a.b 是双联中的振荡联。

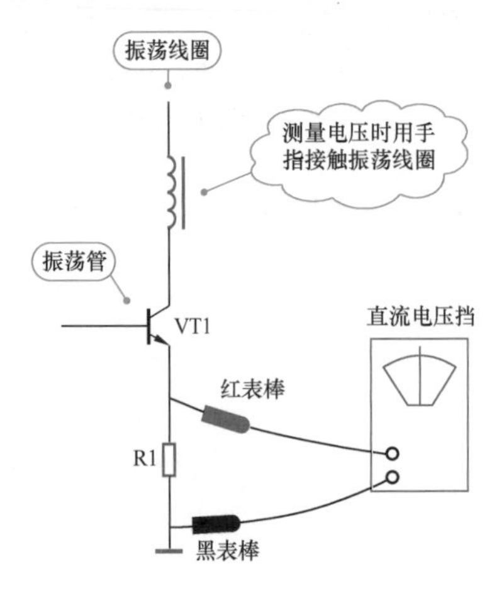

图 5-74 万用表检测本振电路接线示意图

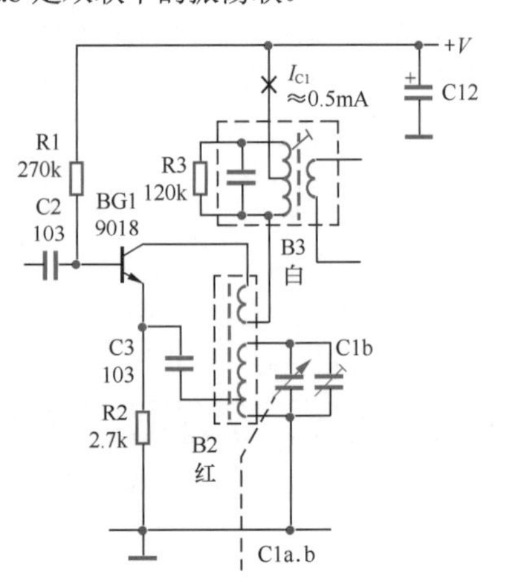

图 5-75 实用变频级电路

1 振荡线圈和中频变压器

图 5-76 所示为本书收音机套件中的振荡线圈和中频变压器实物照片。

收音机中的振荡线圈和中频变压器外形特征和内部线圈结构相似，通常可以通过磁帽的颜色来分辨，磁帽为红色是振荡线圈，磁帽为白色是中频变压器。

2 变频级直流电路分析

（1）集电极直流电路分析。图 5-77 所示为 BG1 集电极直流电流回路示意图，直流工作电压 +*V* 经过中频变压器 B3 一次线圈和振荡线圈加到 BG1 集电极，构成 BG1 的直流工作电路。

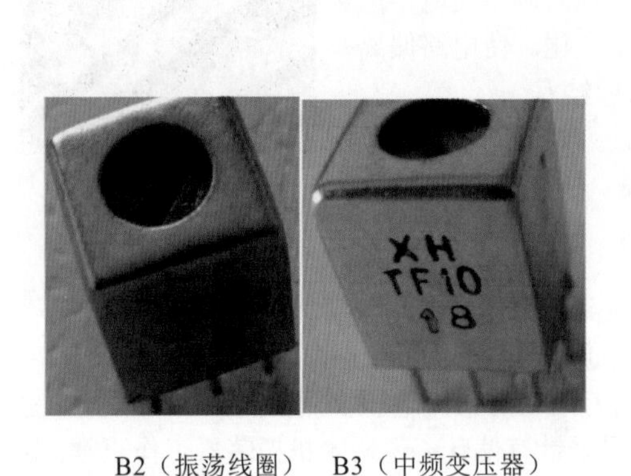

B2（振荡线圈） B3（中频变压器）

图 5-76 振荡线圈和中频变压器实物照片

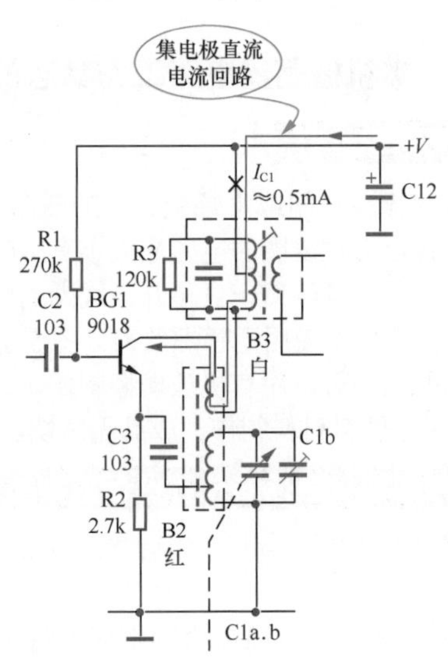

图 5-77 BG1 集电极直流电流回路示意图

（2）发射极直流电路分析。图 5-78 所示为 BG1 发射极直流电流回路示意图，BG1 发射极通过电阻 R2 接地，构成 BG1 的发射极直流工作电路。

（3）基极偏置电路分析。图 5-79 所示为 BG1 基极直流电流回路示意图，电阻 R1 接在 BG1 基极与直流电压 +*V* 之间，构成典型的固定式偏置电路。

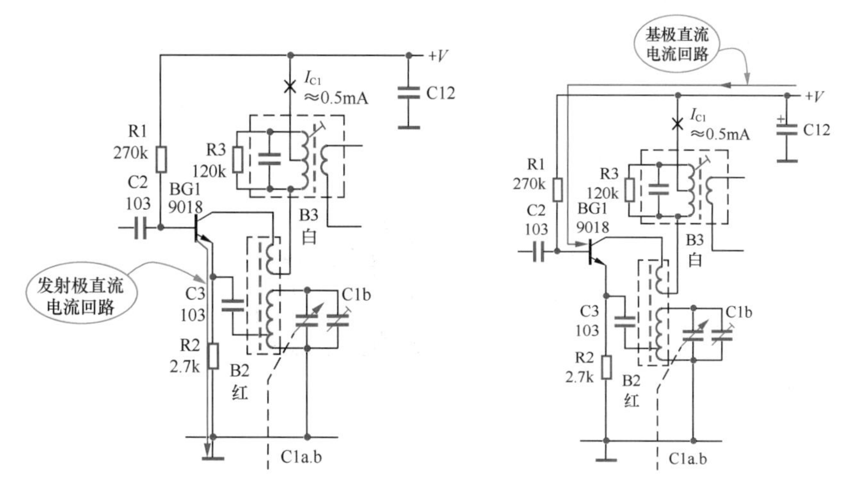

图 5-78 BG1 发射极直流电流回路示意图　　图 5-79 BG1 基极直流电流回路示意图

三极管 BG1 具备工作的直流电流条件，可以进入振荡和变频工作状态。改变电阻 R1 的阻值大小，就能改变三极管 BG1 的静态工作电流大小，从而能够改变变频级的工作状态，即能改变收音机输出信号的大小。

3 本机振荡过程分析

（1）正反馈过程等效分析。掌握变压器耦合振荡器电路工作原理后，就可以进行简单的等效分析，知道这一电路中各振荡环节就可以。

振荡线圈 B2 的一次和二次线圈之间存在正反馈，将 BG1 集电极回路输出振荡信号通过磁耦合，再通过正反馈回路中的耦合电容 C3 反馈到 BG1 发射极回路中，对于电路中的 BG1 而言，发射极回路是输入回路，所以在这一电路中构成正反馈回路的元器件是振荡线圈 B2。

（2）谐振选频电路分析。电路中的 B2 一次线圈与可变电容器振荡联 C1a.b、微调电容器 C1b 构成 LC 并联谐振选频电路，这一并联谐振电路的频率随振荡联 C1a.b 的容量调节而改变，所以本振的振荡频率也在不断改变。

由于双联中的调谐联和振荡联是同步变化的，所以本机频率随输入调谐电路的工作频率同步变化，本机频率始终比输入调谐频率高一个中频频率。

4 变频过程分析

输入变频管的信号有两个：一是从 C2 耦合过来的某一电台高频信号，它从基极输入到 BG1 中；二是与之对应的本机振荡信号，它通过 C3 从发射极输入到 BG1 中。

BG1 的静态电流设置得很小，且工作在非线性状态，这样两个输入信号在 BG1 的非线性作用下进行变频。

5 选频过程分析

变频后会产生 4 个主要频率信号，但是只需要中频信号，所以采用中频变压器 B3 一次线圈与内部电容（电路中无编号）构成一个选频电路。这一 LC 并联谐振电路的谐振频率为中频频率 465kHz，并且它串联在 BG1 集电极回路中，作为 BG1 集电极的负载电阻。

由于 LC 并联谐振电路在谐振时阻抗最大且为纯阻性，所以在中频频率时，BG1 集电极负载电阻最大，BG1 的放大倍数最大。而对于频率高于或低于中频频率的信号，由于 LC 并联谐振电路失谐，其阻抗很小，BG1 的放大倍数也很小，所以中频信号在三极管 BG1 中得到了最大限度地放大，B3 次级线圈输出的信号主要是中频信号，达到选出中频信号的目的。

电路中 R3 为阻尼电阻，它的阻值大小决定了 B3 初级线圈回路 LC 并联谐振电路的频带宽度。

6 变频管集电极电流测量口

图 5-80（a）所示的电路中，在 BG1 集电极电路中有一个“×”标记，这表明在电路板中预留了一个集电极电流测量口，如图 5-80（b）所示。

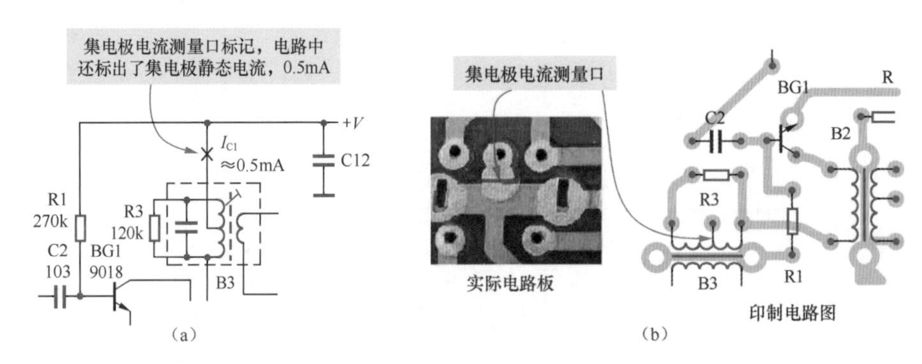

图 5-80　集电极电流测量口

5.6.9 变频器电路细节解说

1 图解变频过程

图5-81所示为图解变频过程示意图。从波形中可以看出，本振信号为一个高频等幅信号，变频后得到了中频信号，其中的音频信号没有改变，只是中频信号中的载波信号频率下降为中频频率。

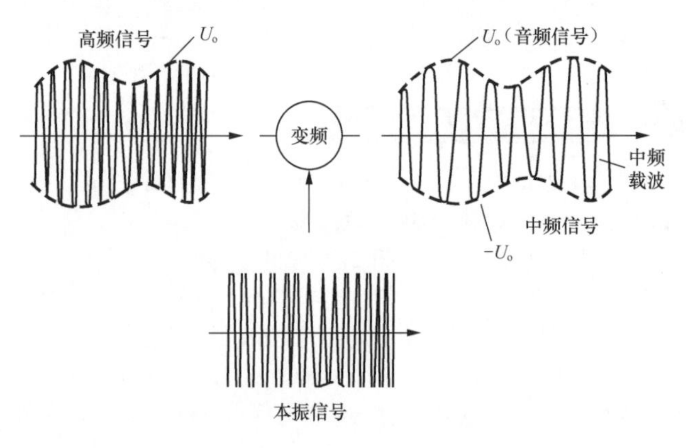

图 5-81　图解变频过程示意图

2 共基调发振荡器

收音机中的本机振荡器有多种电路组态，根据振荡器输入端和输出端共用三极管电极的不同，会有共基、共发组态，同时根据 LC 谐振电路与三极管电极连接方式的不同会有调发、调基、调集电路。例如，共基调发电路、共发调集电路和共发调基电路。

共基调发电路中的振荡器输入端和输出端共用基极，LC 谐振电路接在发射极上，所以称为共基调发振荡器，图 5-82 所示为收音机中的共基调发电路。

5-10：收音机套件中变频级电路详细讲解

电路中，L1 为磁棒天线的次级线圈，它的匝数很少（几圈），所以对于本振信号而言它的感抗非常小，电路分析中可以认为对本振信号不存在感抗，这样三极管 BG1 基极通过电容 C2 交流接地，所以这是共基极电路。

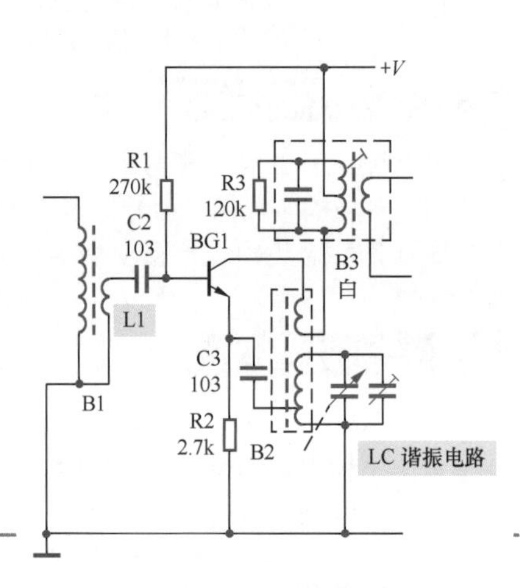

图 5-82　收音机中的共基调发电路

重要提示

判断共什么电路与一般的三极管放大器判断方法一样，三极管的哪个电极交流接地就是共什么电路。

从电路中可以看出，LC 谐振电路通过耦合电容 C3 接在三极管 BG1 发射极上，所以它是调发电路，这一本振电路为共基调发电路。

重要提示

判断调什么电路的方法相当简单，LC 谐振电路与三极管哪个电极相连就是调什么电路。

由于共基电路中三极管的工作频率可以比较高，所以振荡比较稳定，或是在要求相同振荡频率的情况下，可以选用工作频率较低的三极管，当三极管工作频率较低时其价格也比较低。所以，在收音机中常用这种共基电路。

共发电路相对于共基电路而言比较容易起振，这是因为共发射极电路的功率增益比较大。

3 混频器

重要提示

收音机中的变频器与混频器是有区别的，当本振与变频用同一只三极管完成时称为变频级，显然变频级同时担任了振荡器和混频器的任务。

有一些高级收音机中则是本振用一只专门的振荡三极管来完成，同时再用一只三极管来完成混频任务，此时这级电路称为混频级，如图 5-83 所示。

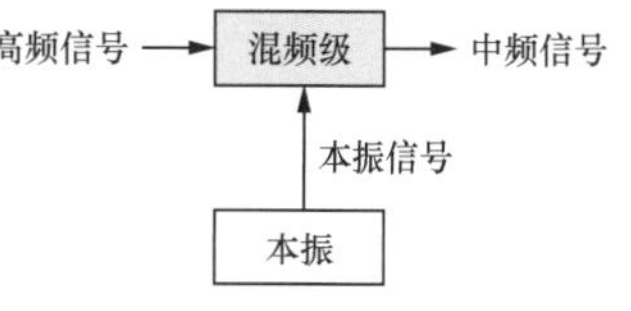

图 5-83　混频级示意图

混频器根据本振信号的注入方式分为三种：基极注入、发射极注入和集电极注入方式，如图 5-84 所示。

若混频管的静态电流比较小，三极管工作在非线性区，变频效果好。若混频管静态电流过大，三极管工作在线性区时就已无变频作用。混频管的集电极静态电流通常设置为 0.3 ～ 0.5mA，振荡管的静态电流一般设置为 0.5 ～ 0.8mA。静态电流太小，振荡输出信号小；静态电流太大，则会产生失真，反而会使振荡输出信号减小。

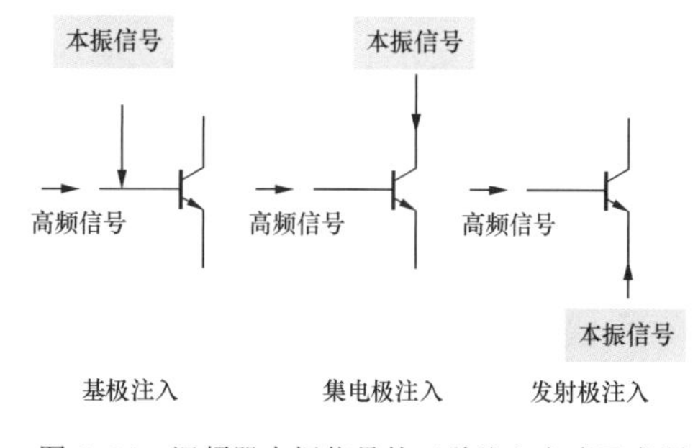

图 5-84　混频器本振信号的三种注入方式示意图

变频管的静态电流大小对混频效果和振荡效果都有很大影响，通常将集电极静态电流设置为 0.4 ～ 0.6mA，相互兼顾。变频管静态电流大有利于振荡器起振，但是不利于变频。

4 阻抗匹配问题

图 5-85 所示电路可以说明振荡器中的阻抗匹配问题，电路中 L2 振荡线圈的抽头通过电容 C3 与发射极相连。这里采用抽头的目的是解决 L2 所在谐振电路与三极管 BG1 输入回路的阻抗匹配问题。

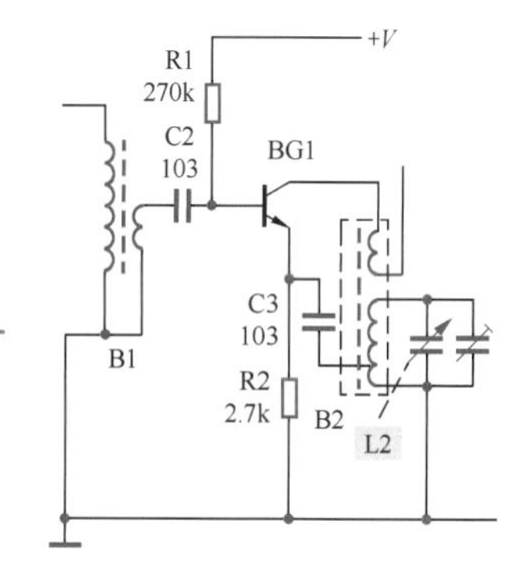

图 5-85　振荡器中的阻抗匹配示意图

重要提示

从上述分析可知，BG1 接成共基放大器电路，而由共基放大器特性可知，这种放大器的输入阻抗非常小，而 L2 所在谐振电路的阻抗很大，如果这两个电路简单地并接在一起，将严重影响 L2 所在谐振电路的特性，所以需要解决阻抗匹配问题，即电路中线圈 L2 的抽头通过电容 C3 接在 BG1 发射极上。

图 5-86 所示的电路可以说明阻抗匹配电路的工作原理。当一个线圈抽头之后就相当于一个自耦变压器，为了更加方便地理解阻抗变换的原理，将等效电路中的自耦变压器画成了一个标准的变

压器。

电路中，一次线圈 L1（抽头以下线圈）的匝数很少，二次线圈 L2 的匝数很多，根据变压器的阻抗变换特性可知，L2 所在回路高阻抗在 L1 所在回路大幅降低，这样 L1 接在 VT1 低输入阻抗回路中时就可以达到阻抗的良好匹配效果。

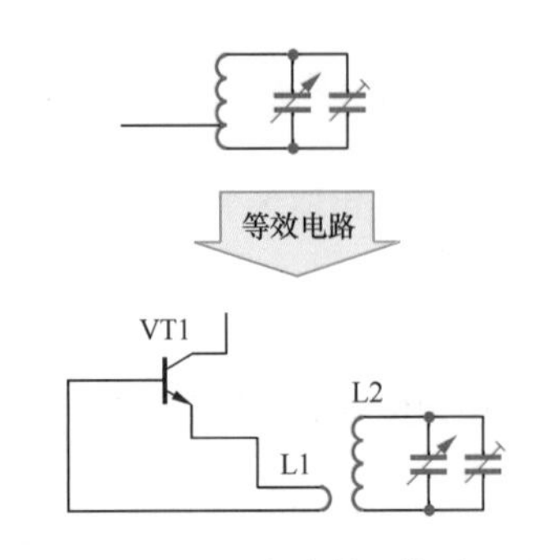

图 5-86　阻抗匹配电路的工作原理示意图

5.7 中频放大器电路

收音机电路中，变频以后得到的中频信号将送入中频放大器中进行信号电压放大，以便使信号幅度达到能使检波级电路工作的幅度要求，检波出音频信号。图 5-87 所示为中频放大器和检波级电路在整个电路中的位置示意图。

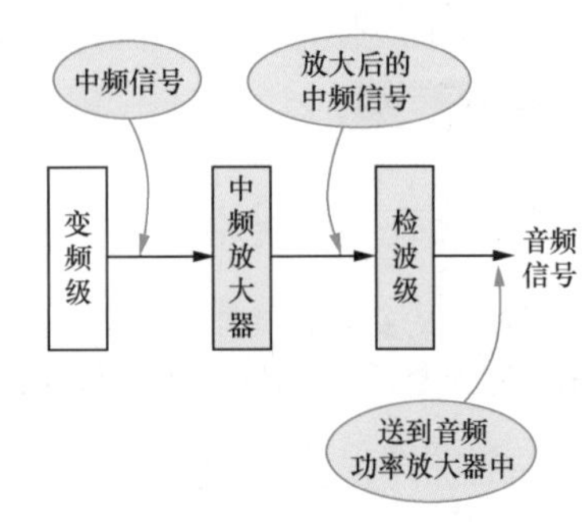

图 5-87　中频放大器和检波级电路在整个电路中的位置示意图

重要提示

在整机电路中，了解某一个单位电路的位置对故障检修非常重要，在信号追踪时可以知道在整机电路的哪部分电路中找到这一电路。

中频放大器用来对变频级输出的中频信号进行放大，因为变频级输出的中频信号幅度较小，不能满足检波电路工作所需要的幅度要求。

中频放大器只放大中频信号，所以要求中频放大器放大信号的同时还要进行中频信号选频。

5.7.1 中频放大器的幅频特性

中频放大器是一个选频放大器，即放大信号的同时进行频率的选择。我国调幅收音机中的中波和短波中频频率为 465kHz，所以调幅收音机中的中频放大器只能放大 465kHz 信号，这是由中频放大器的幅频特性决定的。

1 中频频率 465kHz

中频频率的高低对收音机的性能影响很大。

首先，中频频率不能在或非常接近收音机的接收频率范围内，中波接收频率范围为 535~1605kHz，所以中频频率不能在其中，这是因为收音机的输入调谐电路对中频频率信号的抑制能力很差，否则收音机会直接接收中频信号，从而产生干扰。

中频频率可以选择低于接收频率范围的频率，465kHz 中频频率就是这样的。选择较低的中频频率具有以下优点。

（1）工作稳定性较好。因为工作频率比较低，级间有害反馈减小，产生自激的可能性下降，中频放大器工作稳定性较好。

（2）中频频率比较低，三极管集电极电容、电路分布电容的影响均下降。

另外，为了保证检波级后面的滤波电路能很好地滤去中频成分，要求中频频率大于最高音频信号频率 10 倍以上。

综合众多因素，我国调幅收音机中的中波和短波中频频率规定为 465kHz。

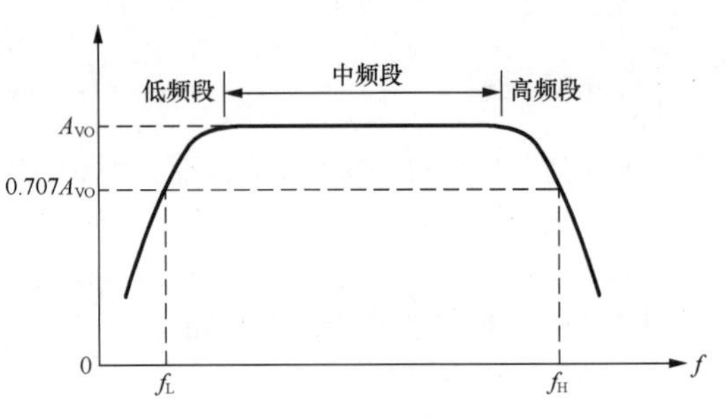

图 5-88　放大器幅频特性曲线

2 放大器幅频特性

图 5-88 所示为放大器幅频特性曲线。图中，x

轴方向为信号的频率，y 轴方向为放大器的增益。关于放大器幅频特性曲线主要说明下列几点。

（1）在曲线的中间部分（中频段）增益比较大而且比较平坦。

（2）曲线的右侧（高频段）随频率的升高而下降，这说明当信号频率高到一定程度时，放大器的增益开始下降，而且频率越高放大器的增益越小。

（3）曲线的左侧（低频段）随频率的降低而下降，这说明当信号频率低到一定程度时，放大器的增益开始下降，而且频率越低放大器的增益越小。

（4）放大器的中频段幅频特性比较好，低频段和高频段的幅频特性都比较差，且频率越高或越低，幅频特性越差。

3 放大器通频带

由于放大器对低频段和高频段信号的放大能力低于中频段，当频率低到或高到一定程度时，放大器的增益已很小，放大器对这些低频和高频信号已经不存在有效放大，此时用通频带来表明放大器可以放大的信号频率范围。

如图 5-88 所示，设放大器对中频段信号的增益为 A_{VO}，规定当放大器增益下降到只有 $0.707A_{VO}$（比 A_{VO} 下降 3dB）时，放大器所对应的两个工作频率分别为下限频率 f_L 和上限频率 f_H。

重要提示

放大器对频率低于 f_L 的信号和频率高于 f_H 的信号不具备有效放大能力。

放大器的通频带 $\Delta f = f_H - f_L \approx f_H$。通频带又称放大器的频带。可以这样理解放大器的通频带：某一个放大器只能放大它频带内的信号，而不能放大频带之外的信号。

关于放大器的频带问题还要说明以下几点。

（1）放大器的频带不是越宽越好，适宜的放大器的频带等于信号源的频带，这样放大器就只能放大有用的信号，不能放大信号源所在频带之外的干扰信号，放大器输出信号的噪声为最小。

（2）不同用途的放大器，对其频带宽度要求不同。

（3）许多放大器幅频特性曲线在中频段不是平坦的，有起伏变化，对此有相应的要求，即不平坦度为多少 dB，如图 5-89 所示。

4 放大器相频特性

放大器的相频特性是用来表征放大器对不同频率信号放大后相位改变的情况，即不同频率下的输出信号与输入信号之间相位的变化程度。

图 5-90 所示为放大器相频特性曲线。图中，x 轴方向为信号的频率，y 轴方向为放大器对输出信号相位的改变量。

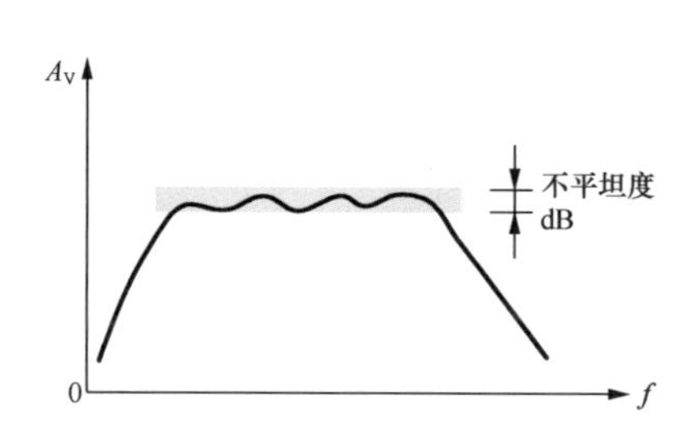

图 5-89　放大器幅频特性不平坦度示意图

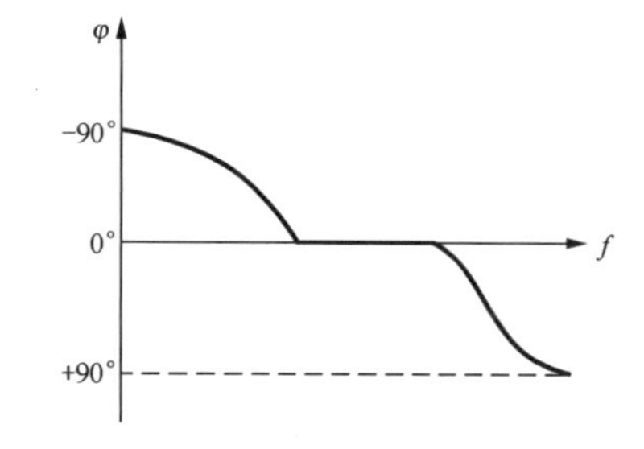

图 5-90　放大器相频特性曲线

5-11：中频放大器知识及单调谐放大器电路

关于放大器相频特性曲线主要说明以下几点。

（1）放大器对中频段信号不存在相移问题，而对低频和高频信号要产生附加的相移，而且频率越低或越高，其相移量越大。

（2）在不同用途的放大器中，对放大器的相频特性要求不同，有的要求相移量很小，有的则可以不作要求。例如，一般的音频放大器对相频特性没有严格的要求，而在彩色电视机的色度通道中，若放大器产生相移，将影响彩色的正常还原。

5 中频放大器的幅频特性曲线

图 5-91 所示为中频放大器的两种幅频特性曲线。图 5-91（a）所示为理想的幅频特性曲线，到目前为止还没有办法实现。从曲线中可以看出，它是一个矩形曲线，说明放大器对频带外信号的放大能力为零。

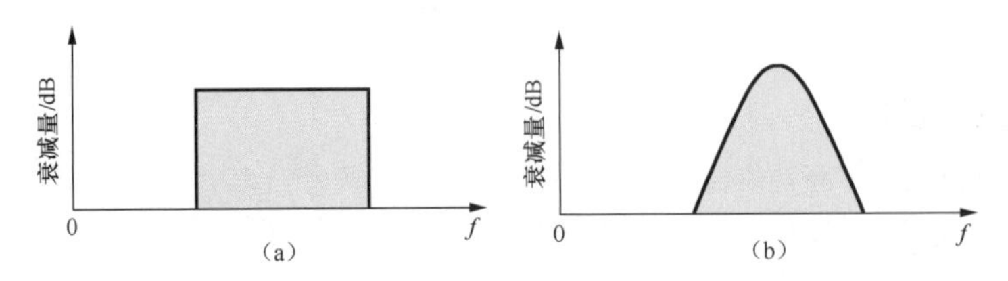

图 5-91　中频放大器的两种幅频特性曲线

图 5-91（b）所示为馒头状幅频特性曲线，称为高斯特性，这是目前使用的中频放大器幅频特性曲线。

5.7.2 中频放大器的电路形式

中频放大器能够实现的中频特性主要由滤波器特性决定，如图 5-92 所示，放大器与一个中频特性的滤波器相连，中频特性滤波器的频率特性决定了整个中频放大器的幅频特性。一些中频放大器中会有专用的中频特性滤波器，如调幅收音机中会有专用的中频特性陶瓷滤波器。

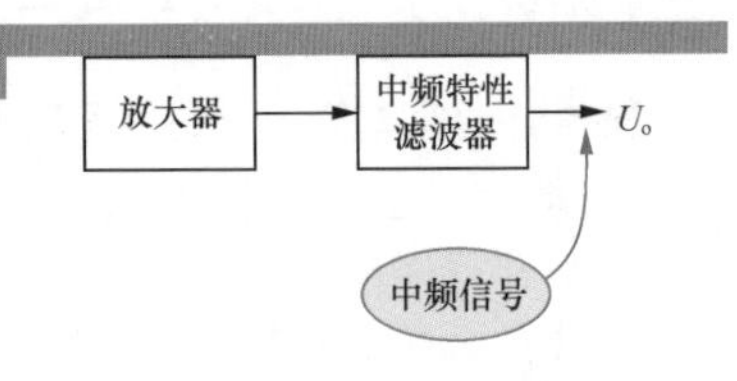

图 5-92　放大器与中频特性滤波器相连示意图

1 集中滤波和参差调谐方式

中频放大器按照所用调谐电路的不同，主要有以下两种电路形式。

（1）集中滤波宽带放大电路形式。图 5-93 所示为集中滤波宽带放大电路形式的中频放大器电路示意图。

从电路中可以看出，变频级输出信号先输入具有中频特性的滤波器（通常是专用滤波器件），从滤波器输出的信号就是中频信号，这一信号再输入到一个宽带放大器中进行放大，放大器只放大信号，不进行调谐。通常这里的宽带放大器采用高增益的集成电路放大器。

（2）参差调谐电路形式。图 5-94 所示为参差调谐电路形式的中频放大器电路示意图。从电路中可以看出，一级中放调谐电路由一个中放电路和中频调谐电路构成，共有三级这样的电路，有的收音机电路中可以只有二级。这种可以一边放大信号，一边进行中频调谐的电路称为参差调谐电路。

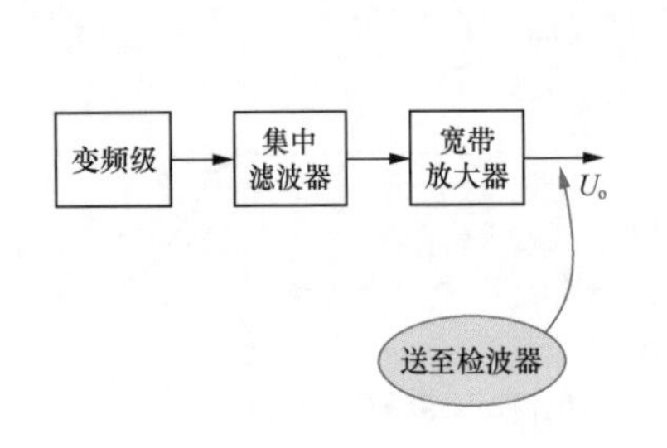

图 5-93　集中滤波宽带放大电路形式的中频放大器电路示意图

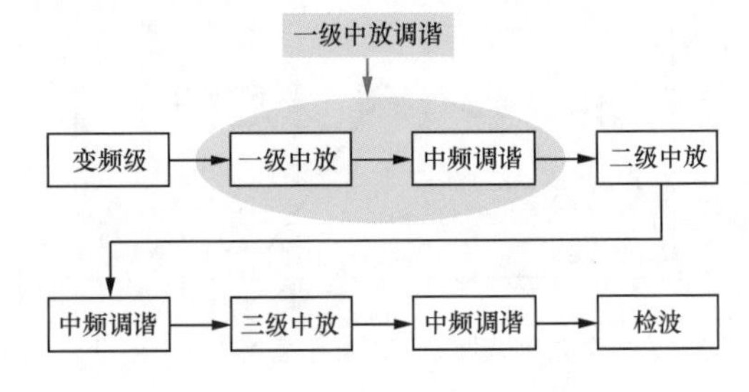

图 5-94　参差调谐电路形式的中频放大器电路示意图

2 中频放大器的电路形式

中频放大器按照所用放大电路的不同，主要有下列 3 种电路形式。

（1）集成电路中频放大器电路。这种形式的电路中，只用一块集成电路构成整个中频放大器电路。

（2）分立元器件中频放大器电路。这种形式的电路中，会用两只或三只三极管构成分立元器件中频放大器电路。

（3）分立集成混合的中频放大器电路。这种形式的电路中，往往会先用一只三极管构成前置放大器电路，再用一块集成电路构成中频放大器电路。

3　不同的滤波器电路

中频放大器按照所用滤波器的不同，主要有下列 3 种电路形式。

（1）采用中频变压器构成的中频放大器。这种电路在中、低档收音机中大量采用，通过中频变压器中的 LC 并联谐振电路进行中频调谐。

这种电路形式还分为单调谐电路和双调谐电路两种。

（2）陶瓷滤波器构成的中频放大器。在这种电路形式中，采用专门用于调幅收音机中的陶瓷滤波器，它的频率特性是根据中频特性设计的。陶瓷滤波器有双端和三端两种。

（3）混合型滤波器构成的中频放大器。一些收音机中采用陶瓷滤波器和中频变压器混合使用的电路形式。

5.7.3　典型中频放大器电路的工作原理分析

1　集成电路的中频放大器电路

图 5-95 所示为集成电路的中频放大器电路，电路中输入信号首先送入中频特性滤波器，经滤波器后得到中频信号，这一信号送入集成电路放大器中进行放大，完成中频信号的放大任务。

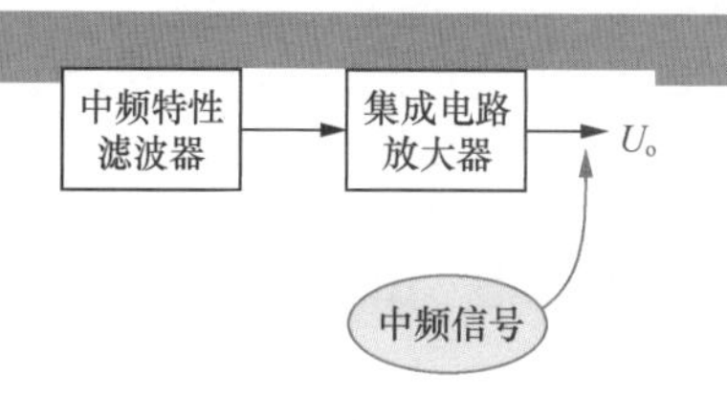

图 5-95　集成电路的中频放大器电路

2　双端陶瓷滤波器构成的中频放大器电路

陶瓷滤波器通过自身的频率特性，可以使某类频率信号通过而衰减其他频率的信号，从而使放大器获得所规定的频率特性（指幅频特性）。

陶瓷滤波器在收音机中有专用的，如调幅收音机中的 LT465。此外，彩色电视机中有 6.5MHz 的带通滤波器、6.5MHz 的陷波器和 4.43MHz 的陷波器。在其他电子设备中也会使用陶瓷滤波器，只是工作频率不同。

（1）双端陶瓷滤波器。双端陶瓷滤波器只有两根引脚，这两根引脚是不分的。图 5-96 所示为双端陶瓷滤波器实物照片。

陶瓷滤波器由一个或多个压电振子组成，双端陶瓷滤波器等效为一个 LC 串联谐振电路，如图 5-97 所示。由 LC 串联谐振电路特性可知，谐振时，该电路的阻抗最小且为纯阻性。不同场合下使用的双端陶瓷滤波器其 LC 谐振频率不同。

（2）三端陶瓷滤波器。三端陶瓷滤波器有三根引脚，它的三根引脚相互之间不能弄混。图 5-98 所示为三端陶瓷滤波器实物照片。

图 5-96　双端陶瓷滤波器实物照片

图 5-97　双端陶瓷滤波器等效电路

图 5-98　三端陶瓷滤波器实物照片

三端陶瓷滤波器相当于一个双调谐中频变压器，如图 5-99 所示，所以它比双端陶瓷滤波器的滤波性能更好。

（3）电路图形符号。图 5-100 所示为三种陶瓷滤波器的电路图形符号。

5-12：双调谐和陶瓷滤波器中放及中和电路详细讲解

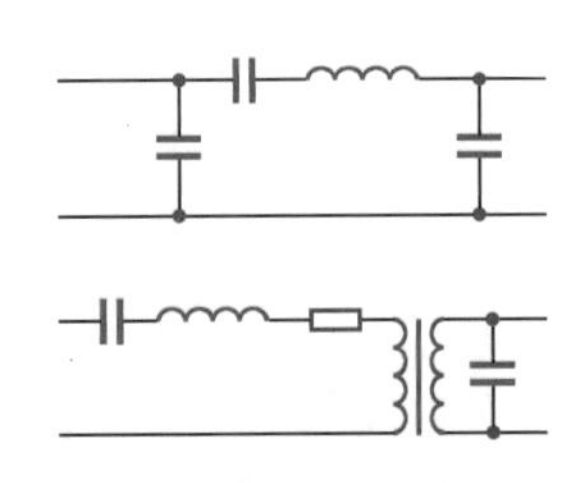

图 5-99　三端陶瓷滤波器等效电路

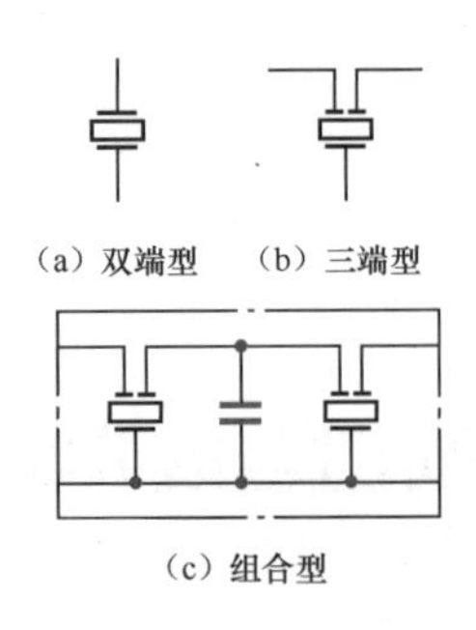

图 5-100　三种陶瓷滤波器的电路图形符号

各种陶瓷滤波器的电路图形符号是有区别的，可以通过电路图形符号进行区分。三端和组合型陶瓷滤波器的电路图形符号中，左侧是输入端，右侧是输出端，中间是接地端。

（4）实用电路分析。图 5-101 所示为采用双端陶瓷滤波器构成的中频放大器。电路中，VT1 为中频放大管，它接成共发射极放大器电路。R1 为固定式偏置电阻，为 VT1 提供静态工作电流；R2 为集电极负载电阻；R3 为发射极负反馈电阻；Z1 为双端陶瓷滤波器，它并联在发射极负反馈电阻 R3 上。

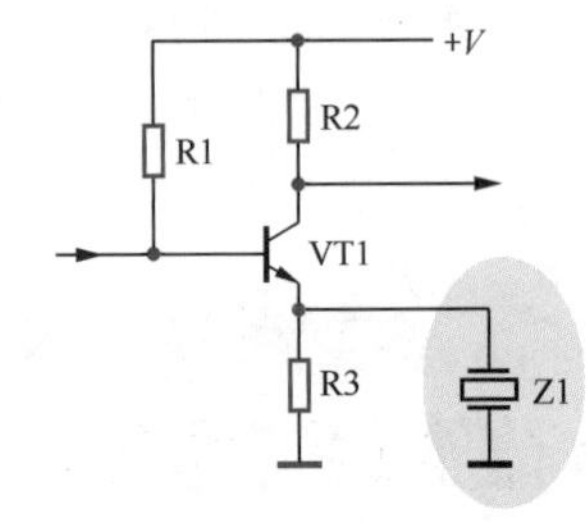

图 5-101　采用双端陶瓷滤波器构成的中频放大器

双端陶瓷滤波器相当于一个 LC 串联谐振电路，这样就可以将电路等效成图 5-102 所示的等效电路图。理解这一电路的工作原理关键要掌握两点基础知识：一是发射极负反馈电阻大小对放大器放大倍数的影响，二是 LC 串联谐振电路的阻抗特性。

图 5-102　等效电路图

电路中的 R3 阻值越小，VT1 的放大倍数越大，中频输出信号越大，反之则越小。

LC 串联电路的阻抗特性是：当电路工作频率为 465kHz 时，电路发生谐振，此时 LC 串联谐振电路的阻抗为最小，工作频率高于或低于 465kHz 时，LC 谐振电路的阻抗均远远大于谐振时的阻抗。

对于中频信号来说，由于 LC 串联谐振电路发生谐振，这时阻抗很小，从 VT1 发射极流出的中频信号不是通过 R3 流到地端的，而是通过阻抗很小的 LC 串联谐振电路流到地端的，这样负反馈就很小，VT1 对中频信号的放大能力很强。

频率高于或低于中频频率的信号，由于 LC 串联电路失谐，其阻抗很大，VT1 发射极输出的信号电流只能流过负反馈电阻 R3，使 VT1 的放大倍数大幅下降。这样，相对而言中频信号就得到了放大。

3　三端陶瓷滤波器构成的选频放大器电路

图 5-103 所示为采用三端陶瓷滤波器构成的选频放大器电路方框图。电路中，在前级放大器和后级放大器之间接入陶瓷滤波器 Z1。

调幅收音机中频放大器可以放大 465kHz 的中频信号，而抑制其他频率的信号。整个中频放大器由两部分组成：一是放大器，二是三端陶瓷滤波器。

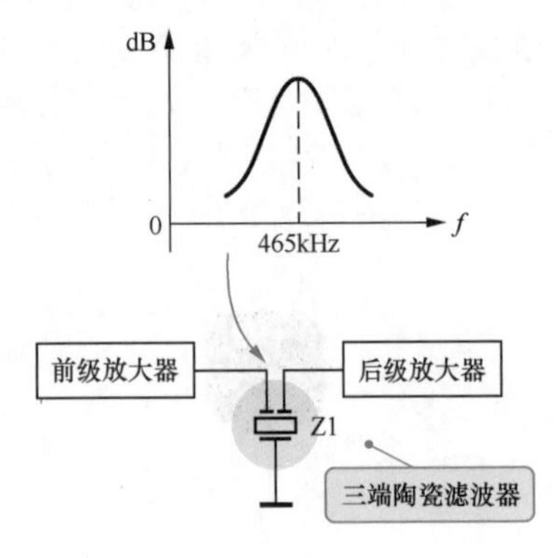

图 5-103　采用三端陶瓷滤波器构成的选频放大器电路方框图

收音机中的三端陶瓷滤波器具有特定的幅频特性，如图 5-103 中的 Z1 特性曲线所示，它在频率为 465kHz 处的信号输出最大，频率高于或低于 465kHz 时输出信号大幅下降。

重要提示

从前级放大器输出的信号加到三端陶瓷滤波器输入引脚，经过 Z1 滤波，取出输入信号中的 465kHz 中频信号（由 Z1 频率特性决定），其他频率的信号被 Z1 抑制，这样加到后级放大器中的信号主要是 465kHz 中频信号，达到选频放大的目的。

图 5-104　采用三端陶瓷滤波器构成的中频放大器电路

图 5-104 所示为采用三端陶瓷滤波器构成的中频放大器电路。电路中的 VT1 是第一级中放管，VT2 是第二级中放管，Z1 是调幅收音电路专用的三端陶瓷滤波器。

三端陶瓷滤波器相当于一个 LC 并联谐振电路，它让中频信号 f_0 通过，而对于其他频率的信号存在很大的衰减，这样就可以起到中频滤波器的作用。

重要提示

中频信号从 VT1 基极输入，经第一级中频放大器放大，从 VT1 集电极输出，加到三端陶瓷滤波器 Z1 输入端，经过滤波后的中频信号从 Z1 输出端输出，加到 VT2 管基极，放大后从其集电极输出。

VT1 和 VT2 工作在放大状态，R1 是 VT1 固定式基极偏置电阻，R2 是 VT1 集电极负载电阻，R3 是 VT1 发射极交流负反馈电阻，C2 是 VT1 发射极旁路电容。

R5 是 VT2 固定式基极偏置电阻，R6 是 VT2 集电极负载电阻，R7 是 VT2 发射极负反馈电阻，C3 是 VT2 发射极旁路电容。C1 和 R4 构成滤波、退耦电路。

4　单调谐中频放大器电路

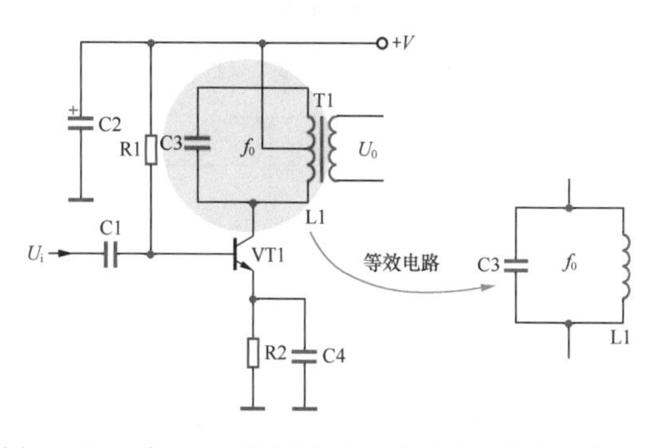

图 5-105　采用 LC 并联谐振电路构成的中频放大器电路

图 5-105 所示为采用 LC 并联谐振电路构成的中频放大器电路。电路中的 VT1 构成一级共发射极放大器，R1 是偏置电阻，R2 是发射极负反馈电阻，C1 是输入端耦合电容，C4 是 VT1 发射极旁路电容。变压器 T1 一次线圈 L1 和电容 C3 构成 LC 并联谐振电路，作为 VT1 的集电极负载电阻。

（1）输入信号频率等于谐振频率 465kHz。L1 和 C3 并联谐振电路的谐振频率为 465kHz，当输入信号频率为 465kHz 时，电路发生谐振，电路的阻抗为最大，即 VT1 的集电极负载阻抗为最大，放大器的放大倍数为最大。这是因为在共发射极放大器中，集电极负载电阻越大其电压放大倍数越大。

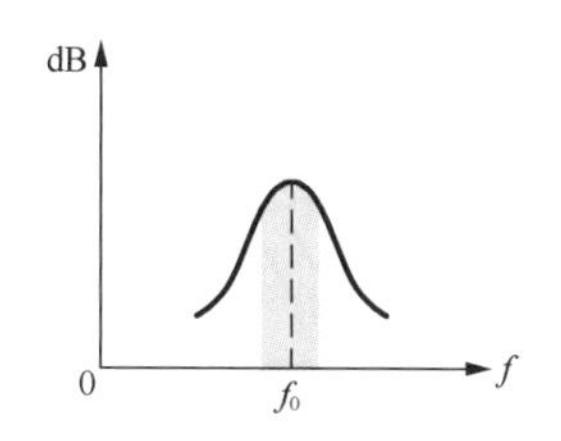

图 5-106　输入信号频率等于谐振频率 465kHz 示意图

如图 5-106 所示，从曲线中可以看出，以 465kHz 为中心的很小一个频带放大器的放大倍数很大。

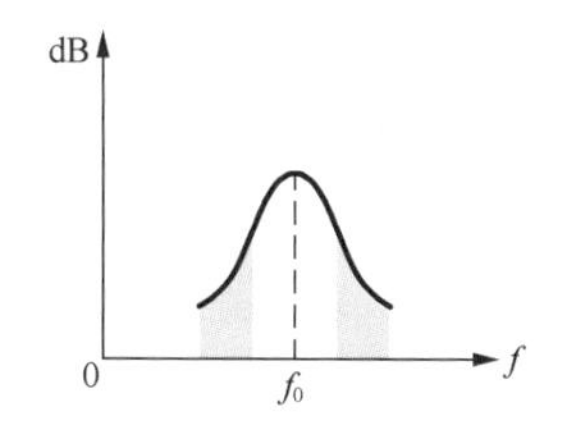

图 5-107　输入信号频率高于或低于谐振频率 465kHz 示意图

（2）输入信号频率高于或低于谐振频率 465kHz。对于频率偏离 465kHz 的信号，由于该 LC 并联谐振电路失谐，电路的阻抗很小，放大器的放大倍数很小，如图 5-107 所示。

通过上述电路分析可知，在这一放大器电路中加入 L1 和 C3 并联谐振电路后，放大器对频率为 f_0 的信号放大倍数最大，所以输出信号 U_o 中主要是频率为 465kHz 的中频信号。

由于这一放大器对频率为 465kHz 中频信号的放大倍数最大，它能够从众多频率中选择某一中频信号进行放大，所以称为中频放大器。

重要提示

从 LC 并联谐振电路的频带特性可知，这一 LC 并联谐振电路是有一定频带宽度的，所以这一放大器放大的信号不仅是频率为 465kHz 的信号，而是以 465kHz 为中心频率，某一个频带宽度内的信号。只要适当控制 LC 并联谐振电路的频带宽度，就能控制这一中频放大器的频带宽度。

（3）阻抗变换电路分析。采用 LC 并联谐振电路构成的中频放大器电路中，LC 并联谐振电路的线圈是带抽头的，这是为了与中放管进行阻抗匹配，图 5-108 所示等效电路可以深入说明这其中的原理。

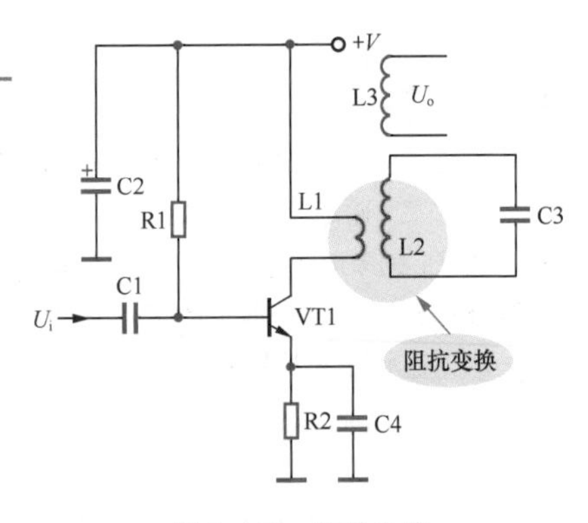

图 5-108 等效电路

5 双调谐中频放大器电路

双调谐中频放大器的特点是：在中放管的输出回路和输入回路均设有 LC 并联谐振选频电路，且两个谐振电路同时谐振在中频频率上，且通过电容耦合在一起，图 5-109 所示为双调谐中频放大器电路示意图。

从电路中可以看出，L1 与 C3 构成一个 LC 并联谐振电路，它接在 VT1 集电极回路中，即 VT1 这级放大器的输出电路中。

图 5-109 双调谐中频放大器电路

L2 与 C6 构成另一个 LC 并联谐振电路，它接在 VT2 基极回路中，即 VT2 这级放大器的输入电路中。

掌握单调谐中频放大器电路的工作原理之后，再学习双调谐中频放大器电路工作原理是比较容易的。关于双调谐中频放大器电路主要说明下列几点。

（1）这一电路的信号传过程是：输入信号 U_i 经 C1 耦合，加到 VT1 的基极，经过 L1 和 C3 调谐，通过电容 C5 耦合到 L2 和 C6 谐振电路中，并由抽头加到 VT2 的基极，送入第二级中频放大器中进行放大。

（2）要求 L1 与 C3 构成的 LC 并联谐振电路和 L2 与 C6 构成的 LC 并联谐振电路同时谐振在中频频率 465kHz 上，同时要求两个调谐电路的品质因素 Q 值相同。

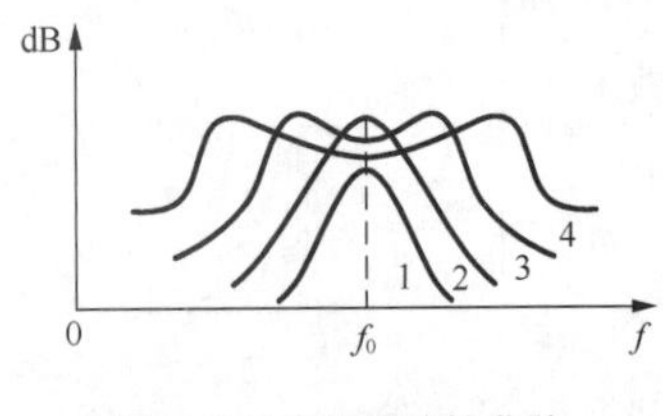

图 5-110 频响特性曲线

（3）这两个谐振电路通过电容 C5 耦合在一起，C5 容量大，则两个谐振电路之间耦合紧，反之则耦合松。在不同的耦合强度下会出现不同的频响特性曲线，如图 5-110 所示。

曲线 1 是单峰，为欠耦合，耦合越松，其峰越矮。

曲线 2 也是单峰，但是峰为最高，称为最佳耦合或是临界耦合。耦合再松些就成欠耦合，耦合再紧些就成过耦合。在两个调谐电路谐振频率相等、品质因素 Q 相等的情况下，临界耦合状态下，双调谐电路的带宽要比单调谐电路的带宽宽 $\sqrt{2}$ 倍。所以，双调谐电路有更好的选择性和通频带，在一些高级收音机中常采用这种双调谐电路。

曲线 3、曲线 4 都是双峰，为过耦合，曲线 4 比曲线 3 耦合更紧，从曲线中可以看出，耦合越紧，带宽越宽，但是谷峰越低。

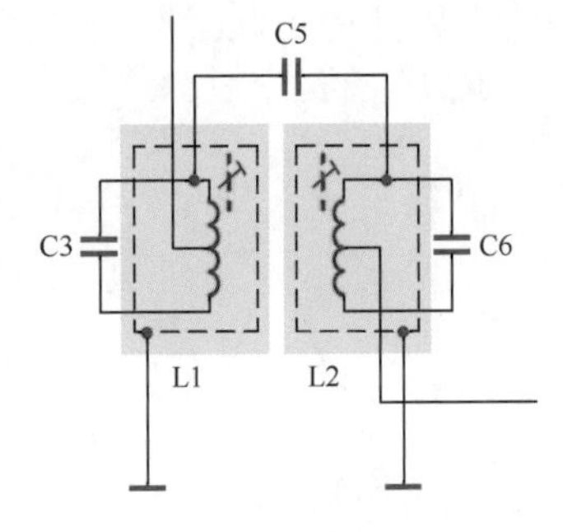

图 5-111 两个调谐电路相互隔离示意图

（4）两个调谐电路要求相互隔离，即没有互感，所以两个谐振电路分别装在独立的外壳内，如图 5-111 所示，电路中虚线表示线圈的外壳，外壳接电路中的地端。线圈 L1、L2 中带有可调整的磁芯，调节磁芯可以改变线圈的电感量，从而可以微调谐振电路的谐振频率。

5.7.4 中和电路

1 中和电路之一

在三极管的各个电极之间都存在结电容，在中频放大器和高频放大器中，三极管基极与集电极之间的结电容影响较大，如图 5-112 所示。

这一结电容在三极管的内部，处于基极与集电极之间，即 C_{bc}。虽然这一结电容容量很小，只有几皮法，但是当三极管工作频率提高后，它的容抗会变得比较小，将导致从三极管集电极输出的一部分信号电流，通过这一结电容在三极管内部流回基极，造成寄生振荡，影响中频放大器或高频放大器的工作稳定性。

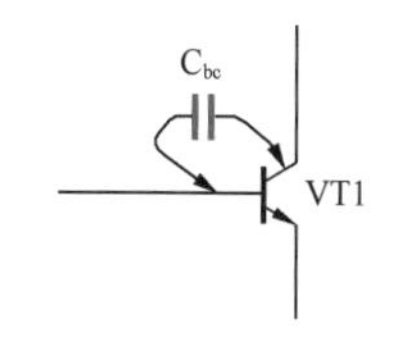

图 5-112　基极与集电极之间的结电容

为了抑制这种有害的寄生振荡，需要采用一种中和电路，如图 5-113 所示，电路中的 C3 构成中和电路，C3 称为中和电容。注意，在这个电路中的中频变压器的一次线圈 L1 是带抽头的，如果中频变压器线圈不带抽头，则中和电路的形式与这个不同。

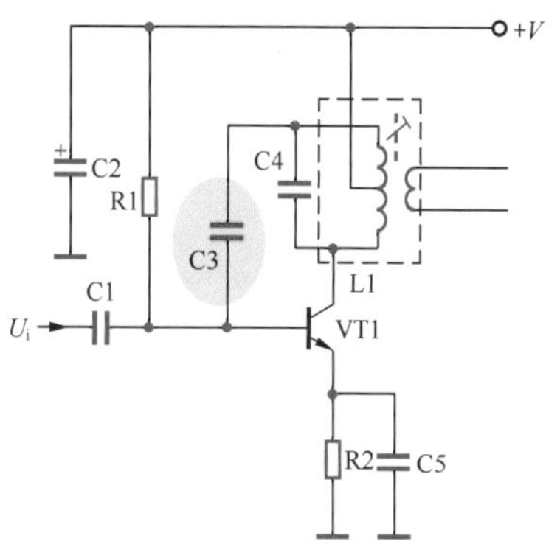

图 5-113　中和电路

中和电路的工作原理可以用图 5-114 所示的电路来说明。从电路中可以看，线圈 L1 抽头接直流工作电压 +V，这一端对交流而言是接地的，这样线圈 L1 的上端和下端信号相位相反，即 L1 上端信号相位为“+”时下端信号相位为“-”。

这一中和电路的工作原理是：当线圈 L1 下端信号相位为“-”时，这一端的信号通过三极管内部结电容 C_{bc} 加到 VT1 基极，同时线圈 L1 上端相位为“+”的信号经中和电容 C3 也加到 VT1 的基极，也就是这两个相位相反的信号相减后加到 VT1 基极。如果调整 C3 的容量，使从 C3 流入 VT1 基极的电流大小等于从 C_{bc} 流入 VT1 基极的电流大小，那么这两个电流相减后为零，说明中和电容抵消了结电容 C_{bc} 的影响，达到中和目的。

当线圈 L1 上信号相位反相时，即线圈 L1 上端信号相位为“+”，下端信号相位为“-”时，一样能进行中和，因为通过 C3 的电流始终与通过 C_{bc} 的电流相减。

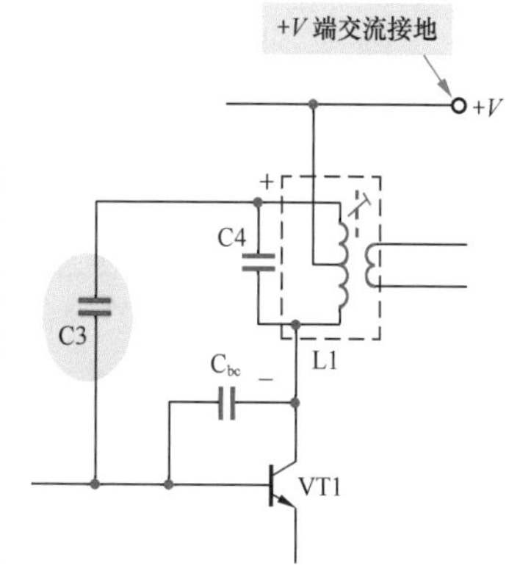

图 5-114　中和电路的工作原理说明示意图

2 中和电路之二

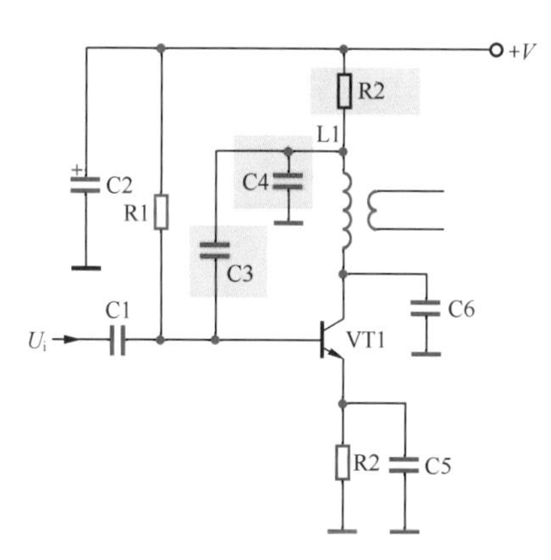

图 5-115　另一种中和电路

图 5-115 所示为另一种中和电路，是利用惠斯通电桥原理得到的中和电路，它的特点是：线圈 L1 没有抽头，这时中和电路由 C3、C4 两只电容和一只电阻 R2 构成。电路中，电容 C6 与线圈 L1 构成 VT1 集电极谐振电路，同时也是这种中和电路中的一部分。

这一电路的工作原理可以用它的等效电桥电路来进行说明，如图 5-116 所示。电路中，C_{bc}、C3、C4

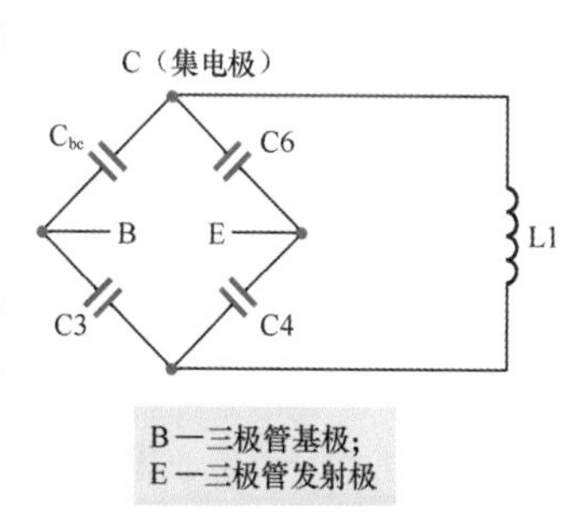

图 5-116　等效电桥电路

和 C6 构成电桥的 4 个臂。

因为放大器的输出信号是从线圈 L1 两端得到的，所以 L1 是电桥的信号源。

三极管基极 B 和发射极 E 是电桥的输出端，也是三极管 VT1 的输入端。如果电桥平衡，那么电路中 B、E 两点之间的电压为零，此时放大器的内部反馈被中和，使放大器工作稳定。

要使电桥处于平衡状态，通过调整中和电容的容量就能达到，即要求下式成立：

$$C_{bc} \cdot C4 = C3 \cdot C6$$

并不是所有的中频放大器或高频放大器电路中都需要中和电容，如果使用的是结电容很小的中频放大管或高频放大管，可以不需要中和电路。不过，中和电路还可以改善中频放大器谐振曲线的对称性。

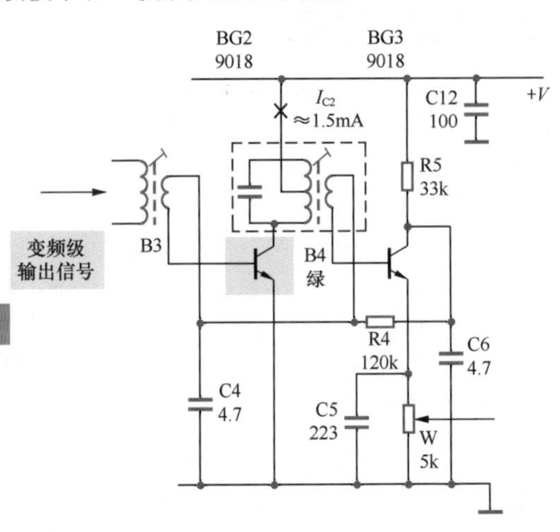

图 5-117　收音机套件中的单调谐中频放大器电路

5.7.5　实用中频放大器电路分析

本书套件中的收音机中频放大器电路比较简单，是一个典型的单调谐中频放大器电路，如图 5-117 所示。这一中频放大器由一级电路组成，BG2 为中频放大管，BG3 为检波放大管。从变频级输出的信号通过中频变压器 B3 加到 BG2 中。

1　直流电路分析

BG2 集电极直流电压供给电路是：如图 5-118 所示，直流工作电压 +V 经中频变压器 B4 一次线圈抽头加到 BG2 集电极，建立 BG2 的集电极直流工作电压。

BG2 基极直流电压供给电路是：如图 5-119 所示，直流工作电压 +V 经电阻 R5 和 R4，通过中频变压器 B3 二次线圈加到 BG2 基极，为 BG2 基极提供直流工作电压。BG2 发射极直接接地。

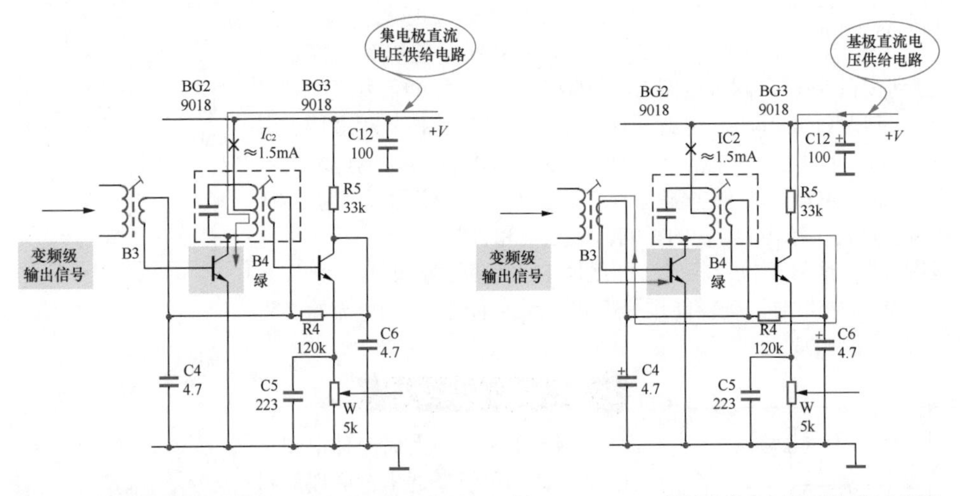

图 5-118　BG2 集电极直流电压供给电路示意图　　图 5-119　BG2 基极直流电压供给电路示意图

2　中频信号放大分析

BG2 构成一级共发射极放大器，进行中频信号的电压放大。电路中，中频变压器 B4 一次线圈与内部一只电容构成 LC 并联谐振电路，谐振在中频频率 465kHz 上，并作为 BG2 的集电极负载电阻。

对于中频信号而言，由于 LC 并联谐振电路处于谐振状态，此时阻抗为最大，共发射极放大器的重要特性之一就是在集电极负载电阻为最大时其电压放大倍数也为最大，所以此时 BG2 放大级可以对中频信号进行有效放大。

对于频率偏离中频频率的信号，由于 LC 并联谐振电路失谐，其阻抗很小，所以 BG2 放大级的放大能力大大下降。这样，中频信号相对而言就得到了放大。

电路中，中频变压器 B4 一次线圈带有抽头，这是为了进行阻抗匹配，其工作原理与前面介绍的工作原理一样。

3 信号传输过程分析

中频放大器中的中频信号传输过程是：来自变频级输出端的中频信号→中频变压器 B3 二次线圈下端（耦合，B3 二次线圈上端通过 C4 交流接地，构成二次线圈回路）→ BG2 基极→BG2 集电极回路中的中频变压器 B4 一次线圈（调谐放大）→中频变压器 B4 二次线圈下端（耦合，B4 二次线圈上端通过 C4 交流接地，构成二次线圈回路）→ BG3 基极，进入检波级电路。

这一中频放大器电路中没有设置中和电路。

4 电流回路分析

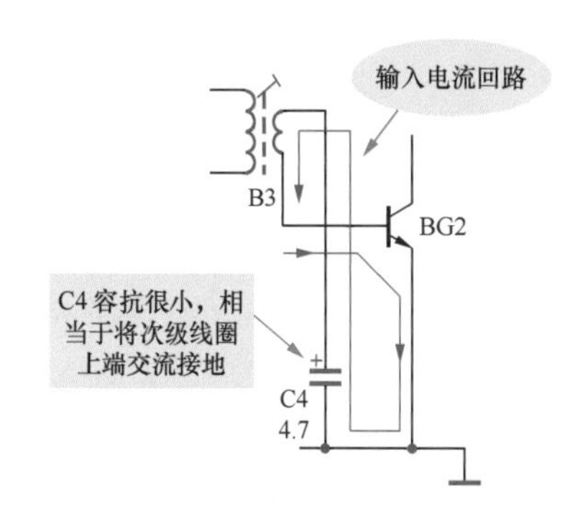

图 5-120　中频变压器 B3 二次线圈回路示意图

上述电路分析中，需要深入理解一个问题，即中频变压器 B3 二次线圈回路问题，如图 5-120 所示，电路中的 BG2 基极电流回路是：B3 二次线圈下端→ BG2 基极→ BG2 发射极→电容 C4 → B3 二次线圈上端，通过 B3 二次线圈内部形成回路。

理解这一电路工作原理的关键是：C4 将中频变压器 B3 二次线圈上端交流接地。对于交流信号（这里是中频信号）而言，由于 C4 容量大，其容抗很小，相当于通路，这样将中频变压器 B3 二次线圈上端交流接地，如图 5-121 所示，构成 BG2 的基极输入回路。

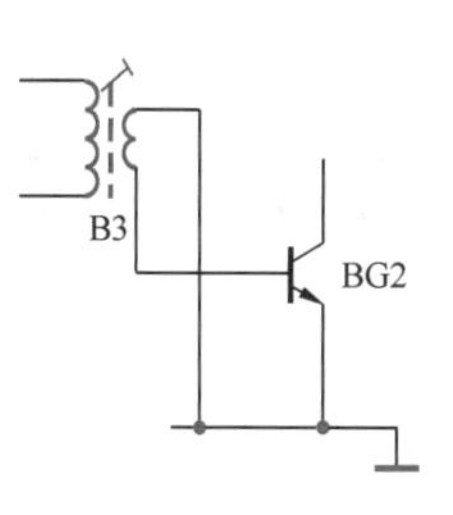

图 5-121　交流等效电路

5.8 检波级电路

重要提示

经过中频放大器放大后的中频信号，已达到检波级电路正常工作所需要的信号幅度，通过检波级电路将得到音频信号。

5.8.1 典型检波电路分析

通常检波级电路由二极管构成，这一电路中的二极管称为检波二极管。图 5-122 所示为二极管检波电路。电路中的 VD1 是检波二极管，C1 是高频滤波电容，R1 是检波电路的负载电阻，C2 是音频耦合电容。

在图 5-122 所示的调幅信号波形示意图中，上包络信号和下包络信号对称，但是信号相位相反，收音机最终只要其中的上包络信号，下包络信号不用，中间的中频载波信号也不需要。

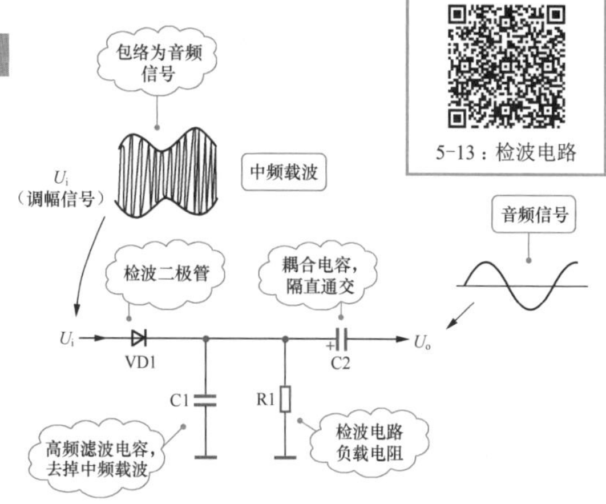

图 5-122　二极管检波电路

1 电路中各元器件作用

（1）检波二极管 VD1。将调幅信号中的下半部分去掉，留下上半部分的中频载波信号。

（2）高频滤波电容 C1。将检波二极管输出信号中的中频载波信号去掉。

（3）检波电路负载电阻 R1。检波二极管导通时的电流回路由 R1 构成，在 R1 上的压降就是检波电路的输出信号电压。

（4）音频耦合电容 C2。检波电路输出信号中有不需要的直流成分，还有需要的音频信号，这一电容的作用是让音频信号通过，不让直流成分通过。

2 检波电路工作原理分析

检波电路主要由检波二极管 VD1 构成。

在检波电路中，调幅信号加到检波二极管的正极，这时的检波二极管工作原理与整流电路中的整流二极管工作原理基本一样，利用信号的幅度使检波二极管导通，图 5-123 所示为调幅信号波形时间轴展开后的示意图。

从展开后的调幅信号波形中可以看出，它是一个交流信号，只是信号的幅度在变化。这一信号加到检波二极管的正极，正半周信号使二极管导通，负半周信号使二极管截止，相当于整流电路工作一样，在检波二极管负载电阻 R1 上得到正半周信号的包络，即信号的虚线部分，见图 5-123 中检波电路输出信号波形（不加高频滤波电容时的输出信号波形）。

图 5-123 调幅信号波形时间轴展开后的示意图

3 检波电路输出的三种信号

检波电路输出信号由音频信号、直流成分和中频载波信号三种信号成分组成，详细的电路分析需要根据三种信号情况进行展开。这三种信号中，最重要的是音频信号处理电路的分析和工作原理的理解。

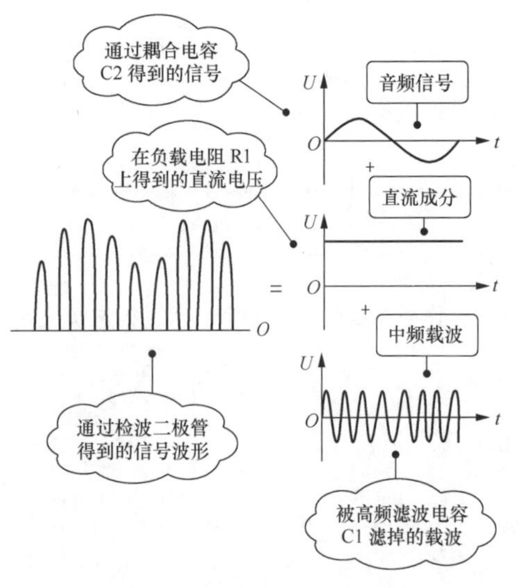

图 5-124 检波电路输出端信号波形示意图

（1）所需要的音频信号，它是输出信号的包络，如图 5-124 所示，这一音频信号通过耦合电容 C2 后，送到后级电路中进行进一步放大。

（2）检波电路输出信号的平均值是直流成分，它的大小表示检波电路输出信号的平均幅值大小，检波电路输出信号幅度越大，其平均值越大，这一直流电压值就越大，反之则越小。

重要提示

这一直流成分在收音机电路中用来控制中频放大器的放大倍数（也可以称为增益），称为 AGC（自动增益控制）电压。AGC 电压被检波电路输出端耦合电容隔离，不能与音频信号一起加到后级放大器电路中，而是专门加到 AGC 电路中。

（3）检波电路输出信号中还有中频载波信号，这一信号无用，被接在检波电路输出端的高频滤波电容 C1 滤波到地端。

在一般检波电路中，不用给检波二极管加入直流电压，但在一些小信号检波电路中，由于调幅信号的幅度比较小，不足以使检波二极管导通，所以要给检波二极管加入较小的正向直流偏置电压，如图 5-125 所示，使检波二极管处于微导通状态。

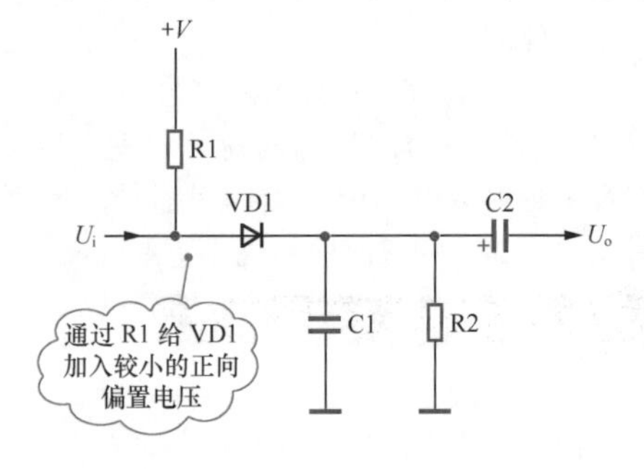

图 5-125 给检波二极管加入较小的正向直流偏置电压示意图

4 检波级滤波电容

从检波电路中可以看出，高频滤波电容 C1 接在检波电路输出端与地端之间，由于检波电路输出端的三种信号的频率不同，加上高频滤波电容 C1 的容量取得很小，所以 C1 对三种信号的处理过程也不相同。

（1）对于直流电压而言，电容的隔直特性使 C1 开路，所以检波电路输出端的直流电压不能被 C1 旁路到地端。

（2）对于音频信号而言，由于高频滤波电容 C1 的容量很小，它对音频信号的容抗很大，相当于开路，所以音频信号也不能被 C1 旁路到地端。

（3）对于中频载波信号而言，其频率很高，C1 对它的容抗很小而呈通路状态，所示只有检波电路输出端的中频载波信号被 C1 旁路到地端，起到高频滤波的作用。

图 5-126 所示为检波二极管导通后的三种信号电流回路示意图。负载电阻构成直流电流回路，耦合电容取出音频信号。

图 5-127 所示为另一种性能更好的滤波电路，电路中 C1、R1 和 C2 构成 π 型滤波器，进一步提高滤波效果。在这一电路中，中频载波经过 C1 滤波后，还要经过 R1 和 C2 的再次滤波，滤波效果得到大大提高，输出的音频信号中载波成分更少。

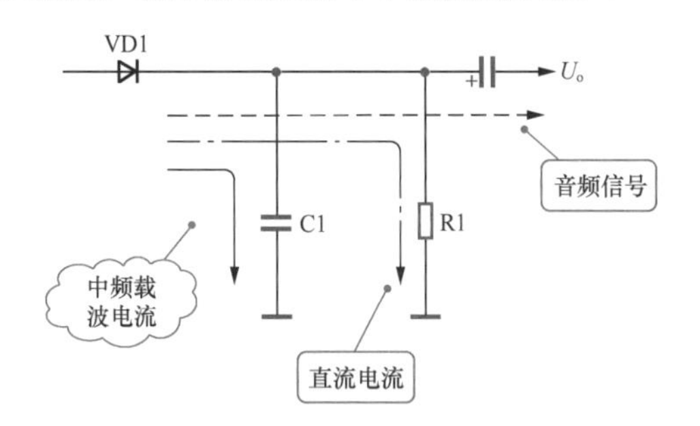

图 5-126　检波二极管导通后的三种信号电流回路示意图

VD1
R1
1k
C2
U_o
C1
0.01
C2
0.02
R2
滤波大量
中频载波
再次滤波
剩余中频载波

图 5-127　另一种性能更好的滤波电路

5.8.2　三极管检波电路分析

图 5-128 所示为本书收音机套件中的三极管检波电路。电路中 BG3 构成检波级电路，这是一个三极管检波电路；C5 是高频滤波电容；R5 是 BG3 集电极回路电阻；W 是音量电位器，它是 BG3 发射极电阻。这里要特别注意一点，检波后的音频信号是从 BG3 的发射极输出的，BG3 集电极输出的是经过放大后的 AGC 电压信号。

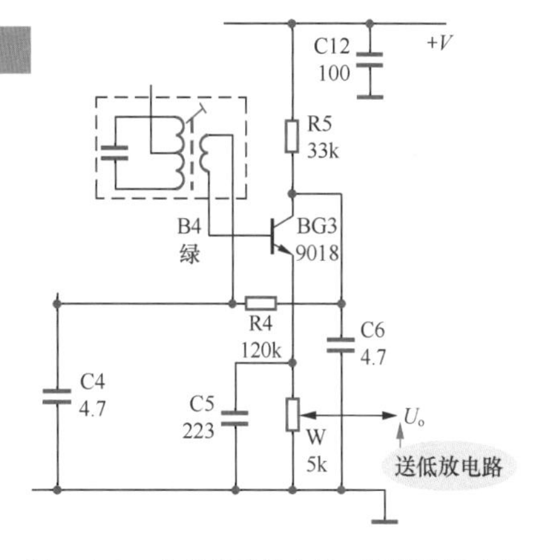

图 5-128　收音机套件中的三极管检波电路

1　直流电路分析

这一检波电路中的三极管需要有特殊的静态工作点，由于工作在检波状态，就只是使用了 BG3 基极与发射极之间的 PN 结，所以 BG3 的静态电流很小。如果 BG3 的静态工作电流很大，那三极管就会进入放大状态，没有检波作用。

图 5-129 所示为 BG3 基极直流电压供给电路示意图，直流工作电压 +*V* 经过 R5 和 R4，通过中频变压器 B4 的二次线圈加到 BG3 基极，为 BG3 提供很小的基极电流。

图 5-130 所示为工作在检波状态时的等效电路。电路中的检波二极管使用的是 BG3 基极与发射极之间的 PN 结，通过这个等效电路可以知道，这个电路的工作原理与前面介绍的二极管检波电路的工作原理是一样的。

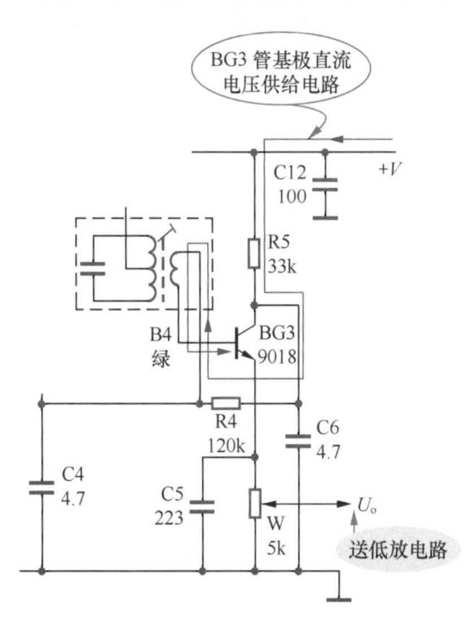

图 5-129　BG3 基极直流电压供给电路示意图

2 检波过程分析

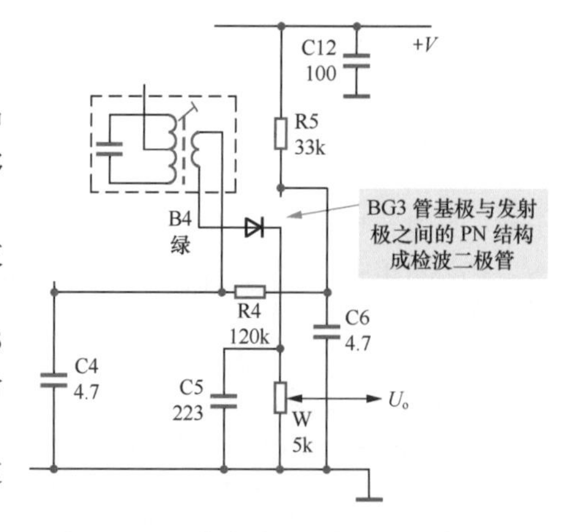

图 5-130　工作在检波状态时的等效电路

从中频变压器 B4 二次线圈下端输出的幅度足够大的中频信号，加到 BG3 基极。由于中频调幅信号的幅度已足够大，这样正半周的中频调幅信号给 BG3 提供正向偏置电压，使 BG3 导通且放大正半周信号，这一正半周信号从 BG3 发射极输出。

当 BG3 基极出现负半周的中频调幅信号时，由于 BG3 的基极静态工作电流很小，负半周的中频调幅信号又给 BG3 提供反向偏置电压，使 BG3 截止。

通过上述分析可知，利用 BG3 很小的静态工作电流这一特性完成检波任务。经过 BG3 检波后从其发射极输出，其发射极电流流过音量电位器 W，W 上的信号电压就是检波后得到的音频信号。

在音量电位器 W 上得到的音频信号，通过移动其动片对音量大小控制后送到后面的音频功率放大器（或称低放电路）电路中。

对于这种检波电路而言，它在完成检波任务的同时，也对正半周的中频调幅信号进行了放大，且从 BG3 发射极输出，所以这是一级共集电极放大器，对信号电流具有放大作用，但是对信号电压没有放大作用。

3 高频滤波电容 C5

电路中的 C5 是接在检波级输出端的高频滤波电容，对于音频信号而言，由于频率低，它的容量小，容抗大，相当于开路，所以 C5 对音频信号不起作用。

对于 BG3 发射极输出的中频载波信号，由于频率高，C5 的容抗小，所以中频载波可以被 C5 滤波到地端。

5.9 自动增益控制电路

重要提示

自动增益控制电路又称为 AGC 电路，AGC 是英文 Automatic Gain Control 的缩写，意为自动增益控制电路，AGC 电路在收音机、电视机电路中有着广泛的应用。

5.9.1 AGC 电路控制特性

1 AGC 电路作用及控制特性

5-14：AGC 电路详细讲解

各电台信号由于距离和发射功率等因素的影响，在收音机中会出现声音的大小变化，在出现强电台信号时还会堵塞收音机，使收音机出现无声现象。为了使收音机接收强、弱电台信号时的声音大小起伏变化不要太大，需要在收音机电路中设置自动增益控制电路。

AGC 电路主要有下列两大类。

（1）正向 AGC 电路。

（2）反向 AGC 电路。

2 两种 AGC 特性三极管

两种 AGC 电路中三极管的 AGC 特性曲线说明见表 5-12，曲线表示三极管基极电流与电流放大倍数 β 之间的关系。

表 5-12 两种 AGC 电路中三极管的 AGC 特性曲线说明

两种 AGC 电路	AGC 管特性曲线及说明
反向 AGC 电路	当基极电流为 I_0 时，三极管的电流放大倍数 β 为最大，小于 I_0 时的曲线比较陡（斜率大），所以三极管的静态工作电流要设置在 I_1 处，如下图所示，即要求小于 I_0 。这样，当三极管基极电流在减小时，三极管的 β 在减小，进行增益控制。 β 工作点 反向 AGC 0 I_1 I_0 I
正向 AGC 电路	当基极电流为 I_0 时，三极管的电流放大倍数 β 为最大，大于 I_0 时的曲线比较陡（斜率大），所以三极管的静态工作电流要设置在 I_1 处，如图所示，即要求大于 I_0。这样，当三极管基极电流在增大时，三极管的 β 在减小，进行增益控制。 β 正向 AGC 工作点 0 I_0 I_1 I

重要提示

采用反向 AGC 电路时，当中频信号幅度增大时，要求 AGC 管基极电流减小；采用正向 AGC 电路时，当中频信号幅度增大时，要求 AGC 管基极电流也增大。

5-15：实用中放、检波和 AGC 电路详细讲解

5.9.2 收音机电路分立元器件 AGC 电路分析

在收音机电路中一般采用反向 AGC 电路。图 5-131 所示为收音机电路分立元器件 AGC 电路。电路中的 VT1 构成一中放，VT2 构成二中放，VD1 是检波二极管，R2、R3、R4、C1 等构成 AGC 电路。

图 5-131 收音机电路分立元器件 AGC 电路

检波二极管 VD1 的输出信号经 R3、R4 分压，通过 R2 和 C1 构成的 AGC 滤波电路进行滤波，得到直流 AGC 电压，这一电压通过线圈 L1 加到一中放 VT1 基极。

R1 是一中放 VT1 基极偏置电阻，为 VT1 提供合适的静态偏置电流。VT1 基极偏置电压还受从 R2 加过来的 AGC 电压大小影响。

由于 VT1 是一个 PNP 型三极管，基极电压增大使 VT1 的静态偏置电流减小，VT1 的电流放大倍数也减小，进行一中放的增益控制。中频信号幅度越大，加到 VT1 基极的 AGC 电压越大，从而使一中放的增益越小，实现一中放 AGC。

5.9.3 实用 AGC 电路分析

图 5-132 所示为收音机套件中的 AGC 电路。电路中，由 BG3 构成的 AGC 电压放大管（同时它也构成了检波器），对 AGC 电压进行放大，滤波电容 C6 用来滤波中频载波和音频信号。

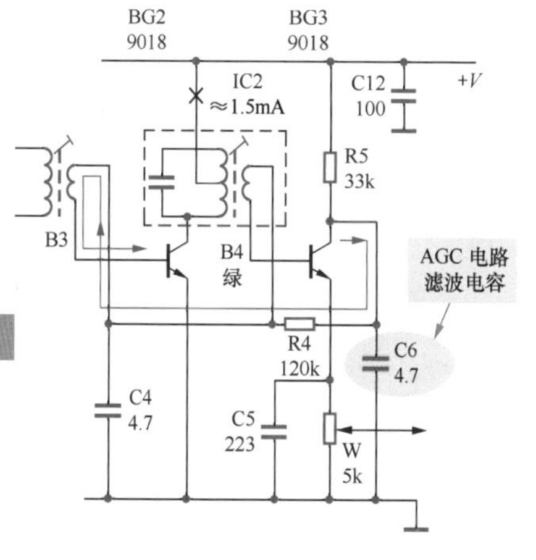

图 5-132 收音机套件中的 AGC 电路

前面在讲解检波电路时知道，在 BG3 基极为正半周中频

调幅信号期间，BG3处于导通放大状态。当中频调幅信号幅度越大时，其中的直流成分也越大，即BG3基极上的AGC电压越大，反之中频调幅信号幅度越小时，其中的直流成分也越小，即BG3基极上的AGC电压越小。

对于AGC信号而言，BG3接成共发射极放大器电路时，从BG3集电极取出的AGC电压，经过C6滤掉中频载波和音频信号后，经过R4和C4再次滤波，得到的AGC电压通过中频变压器B3二次线圈加到BG2基极，对BG2的静态电流进行控制，以达到控制BG2放大倍数的目的，实现AGC。

这一电路中的BG2为中放管，它是反向AGC管，处于反向AGC工作状态。中频信号幅度越大，在BG3基极的AGC电压越大，从BG3集电极输出的AGC电压越小（共发射极放大器的反向特性），通过R4加到BG2基极的AGC电压越小，使BG2基极电流减小得越多，BG2管放大能力下降得就越多，实现AGC。

图5-133所示为AGC电压滤波电路示意图，从电路中可以看出，BG3集电极输出的AGC电压，首先经过C6滤波，然后经过R4和C4再次滤波。

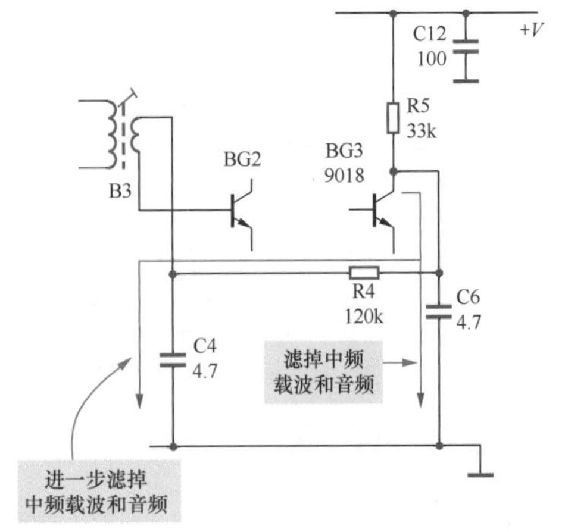

图5-133　AGC电压滤波电路示意图

一些高级的收音机中还设有二次AGC电路和高放AGC电路。

5.10 变压器耦合推挽功率放大器电路

5.10.1 电路结构和放大器种类

1 电路组成方框图

5-16：典型变压器耦合推挽功放电路详细讲解

图5-134所示为音频功率放大器电路组成方框图。这是一个多级放大器，由最前面的电压放大级、中间的推动级和最后的功放输出级三级电路组成。

电路分析中，时常需要识别一个电路的前、后相关联电路，这有利于了解信号的“来龙去脉”。与音频功率放大器前、后连接的电路是：负载为扬声器电路，输入信号U_i来自音量电位器RP1动片的输出信号。

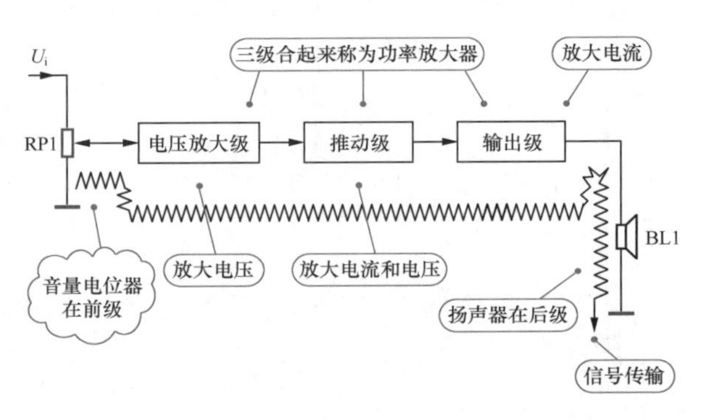

图5-134　音频功率放大器电路组成方框图

2 功率放大器中各单元电路的作用

（1）音量电位器。音量电位器RP1用来控制输入功率放大器的信号大小，从而可以控制功率放大器输出到扬声器中的信号功率大小，达到控制声音大小（音量）的目的。

（2）电压放大级。用来对输入信号进行电压放大，使加到推动级的信号电压达到一定的幅度。根据机器对音频输出功率要求的不同，电压放大器的级数也会有所不同，可以只有一级电压放大器，也可以有多级电压放大器。

（3）推动级。用来推动功放输出级，对信号电压和电流进行进一步放大，有的推动级还要输出两个大小相等、方向相反的推动信号。推动放大器也是一级电压、电流放大器，它工作在大信号放大状态下。

（4）输出级。它用来对信号进行电流放大。电压放大级和推动级对信号电压已进行了足够的电压放大，输出级再进行电流放大，以达到对信号功率放大的目的，这是因为输出信号功率等于输出信号电流与电压之积。

（5）扬声器。它是功率放大器的负载，功率放大器输出信号用来激励扬声器（或音箱）发出声音。

在一些要求输出功率比较大的功率放大器中，功放输出级会分成两级，除输出级之外，在输出级前再加一级末前级，末前级电路的作用是进行电流放大，以便获得足够大的信号电流来激励功率输出级的大功率三极管。

3 功率放大器的种类

功率放大器按照功放输出级电路形式来划分种类，常见的音频功率放大器主要有下列几种。

（1）变压器耦合甲类功率放大器。它主要用于一些半导体收音机和其他一些电子电器中。

（2）变压器耦合推挽功率放大器。它主要用于一些输出功率较大的收音机中。

（3）OTL 功率放大器。它是目前广泛应用的一种功放电路，主要用于收音机、录音机、电视机等场合中。

（4）OCL 功率放大器。它主要用于一些要求输出功率比较大的场合，如扩音机和组合音响中。

（5）BTL 功率放大器。它主要用于一些要求输出功率比较大的场合下，还用于一些低压供电的机器中。

（6）矩阵式功率放大器。它主要用于低电压供电情况下的机器中。采用这种功率放大器后，可以使低电压供电机器的左、右声道输出较大功率。

OTL 功率放大器应用最多，所以必须深入掌握。掌握了典型的分立元器件 OTL 功率放大器工作原理之后，才能比较顺利地分析各种 OTL 功率放大器的变形电路、集成电路 OTL 功率放大器电路、OCL 功率放大器电路和 BTL 功率放大器电路。

5.10.2 推动级电路工作原理分析

图 5-135 所示为典型的变压器耦合甲乙类功率放大器。电路中，VT1 构成推动级放大器，VT2 和 VT3 构成推挽式输出级电路。电路中，推动管 VT1 工作在甲类放大状态下。

1 直流电路分析

直流工作电压 $+V$ 经输入耦合变压器 T1 初级线圈给 VT1 集电极提供直流工作电压。R1、R2 构成 VT1 分压式偏置电路，给 VT1 基极提供静态直流偏置电流。由于 VT1 工作在大信号状态（输入推动管中的信号通过前面的多级放大器放大后，信号幅度已经很大）下，所以 VT1 的静态偏置电流较大。R3 为 VT1 发射极电阻。

2 交流电路分析

电路中，U_i 是所要放大的音频输入信号，它来自前面的电压放大级输出端。这一输入信号经耦合电容 C1 加到 VT1 基极，经放大后从 VT1 集电极输出信号电流，这一信号电流流过 T1 初级线圈。

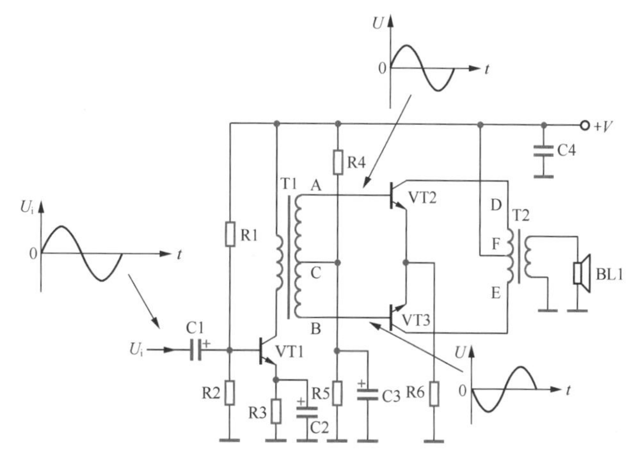

图 5-135　典型的变压器耦合甲乙类功率放大器

T1 是输入耦合变压器，其初级线圈是 VT1 的集电极负载。通过变压器的耦合作用，从 T1 次级线圈输出经过推动级放大后的信号。

电路中，C2 为发射极旁路电容，这样 R3 只有直流负反馈而没有交流负反馈，使推动级放大倍数比较大。

3 元器件作用分析

T1 是带中心抽头的输入耦合变压器，即 C 点是次级线圈的中心抽头。这样，便能在次级线圈的

A与C之间、B与C之间获得大小相等、相位相反的两个激励信号，见图5-135中所示，这两个信号分别加到VT2和VT3的基极输入回路中。

对于交流信号而言，T1的初级线圈阻抗作为VT1的集电极交流负载；对于直流信号而言，T1的初级线圈电阻很小。

5.10.3 功放输出级电路分析

电路中，VT2和VT3两只三极管构成甲乙类功率放大器。

1 直流电路分析

直流工作电压＋V经R4和R5分压后，通过T1次级线圈中心抽头及次级线圈分别加到VT2和VT3基极，为两只三极管提供很小的静态直流偏置电流，使VT2和VT3进入微导通状态，这样VT2和VT3就可以工作在甲乙类状态。

直流工作电压＋V经T2初级线圈中心抽头及初级线圈分别加到VT2和VT3集电极上。R6是两管共用的发射极负反馈电阻。

5-17：实用变压器耦合推挽功放电路详细讲解

2 交流电路分析

从输入耦合变压器T1次级线圈输出的交流信号在A、B点的信号电压波形见图5-135，从图中可见当A点信号为正半周时，B点信号为负半周。

电路中，旁路电容C3将T1次级线圈中心抽头交流接地，如果没有C3，中心抽头上的交流信号将经过R4和R5接地（R4的另一端接＋V端，而＋V端对交流信号而言相当于接地），此时会在R4、R5上产生信号压降，造成信号损耗，所以用C3来进行交流旁路。

（1）A点信号为正半周期间。当A点信号为正半周时，B点信号为负半周，B点的负半周信号电压使VT3基极电压下降，由于甲乙类放大管的静态偏置电流本来就很小，所以VT3在负半周信号电压的作用下处于截止状态。此时，VT2基极在正半周信号激励下处于导通、放大状态，其集电极信号电流经F和D点之间的线圈流过T2初级线圈，通过T2的耦合作用，在扬声器BL1上得到正半周信号。

在VT2导通、放大期间，电流从T2初级线圈的F点流向D点，方向为从下而上，VT3处于截止状态，所以T2初级线圈的E点和F点之间无信号电流流过。

在VT2导通、放大期间，VT2基极信号电流回路是：T1次级线圈A点→VT2基极→VT2发射极→R6→地端→C3→T1的C点以上次级线圈，形成回路。

（2）A点信号为负半周期间。正半周信号过去后，A点信号变为负半周，负半周信号加到VT2基极，其基极电压下降而使VT2处于截止状态，B点信号为正半周，这一正半周信号给VT3提供正向偏置电压而使之导通、放大。在VT3导通、放大期间，VT3基极信号电流回路是：T1次级线圈B点→VT3基极→VT3发射极→R6→地端→C3→T1次级线圈C点以下线圈，形成回路。VT3集电极信号电流从T2的F点流向E点，方向为从上而下，信号通过T2耦合到BL1上。

由于VT3导通、放大期间信号电流在T2初级线圈中的流动方向与VT2导通、放大期间的电流方向相反，所以在BL1上得到负半周信号。输入信号变化一个周期后，在负载BL1上会得到一个周期（正、负半周）完整的信号。

5.10.4 元器件作用分析

1 三极管

VT2和VT3是两只同极性（NPN型）三极管，要求它们的性能一致，否则输出的正、负半周信号幅度大小不等，容易造成失真。

2 电阻

改变偏置电阻R4或R5的阻值大小，即可改变VT2和VT3的静态直流偏置电流大小，要让两只三极管工作在甲乙类状态，即要求静态工作电流很小而不出现交越失真。

电阻 R6 是两管共用发射极负反馈电阻，它与差分放大器中的共用发射极负反馈电阻不同，它对交流信号也存在负反馈作用，因为两管的发射极信号电流是同方向流过 R6 的。由于 VT2、VT3 的发射极信号电流很大，所以 R6 的阻值很小，否则负反馈量会很大。

3 输出耦合变压器

T2 为输出耦合变压器，初级线圈具有中心抽头，它的作用是耦合、隔直和阻抗变换。注意，T2 初级线圈对于某一只三极管而言只有一半线圈有效。

对于 VT2 而言只用了 D 和 F 之间的线圈，对于 VT3 而言只用了 E 和 F 之间的线圈。所以，在分析这一输出耦合变压器的阻抗变换作用时，要清楚初级线圈只有一半的匝数有效。

5.10.5 电路特点和电路分析小结

1 电路特点

变压器耦合甲乙类推挽功率放大器具有下列一些特点。

（1）由于是甲乙类功率放大器，所以功放输出级电路在静态时对电源的消耗不大。

（2）要求两只三极管的性能一样，而且是同极性的三极管。

（3）输出功率比较大，但是受到输出耦合变压器的限制，输出功率较大后 T2 的损耗会增大，而且 T2 的体积也比较大。

（4）由于两只推挽管采用同极性三极管，要求推动级输出两个大小相等、相位相反的激励信号，采用带抽头变压器可以得到这样要求的两个激励信号。

（5）两只三极管直流工作电压采用并联供电方式，对于直流信号而言 VT2 和 VT3 集电极并联（通过 T2 初级线圈），两管基极通过 T1 次级线圈并联，两管发射极直接相连。采用这种并联供电方式，电源利用率高，但是会对修理造成一定的麻烦。例如，VT2 发射结开路，VT2 已不能工作，但是扬声器中仍有声音，这是因为 VT3 仍然能正常工作，尽管此时放大器的输出功率大大减小和信号严重失真，但是听起来声音只是有些变小，失真也不是严重到一听便能分辨出来的地步，容易造成检修中的错误判断。

2 电路分析小结

关于变压器耦合推挽功率放大器的电路分析小结主要说明以下几点。

（1）推挽电路中用两只三极管来放大一个周期信号，分析推挽管工作时要了解三极管的静态电流很小，在加入交流信号（这一信号幅度已经比较大）后，交流信号的电压极性对三极管的正向或反向偏置状态起决定性的作用。

（2）推挽电路中的两只三极管直流电路是并联的，因为从直流电压的角度上讲，两只三极管的基极、发射极和集电极电压相等，为并联的关系。

5.11 实用收音机低放电路

图 5-136 所示为本书收音机套件中的低放电路。这是一个简单的变压器耦合推挽放大器，低放电路由三只三极管构成，其中 BG4 构成电压放大兼推动级电路，BG5 和 BG6 构成推挽功放输出级电路。W 是音量电位器，进行音量大小的控制。BL1 是扬声器，K 是整机电源开关，它附在音量电位器 W 中。B5 和 B6 分别是音频输入和输出变压器。音频信号来自检波级 BG3 的发射极。

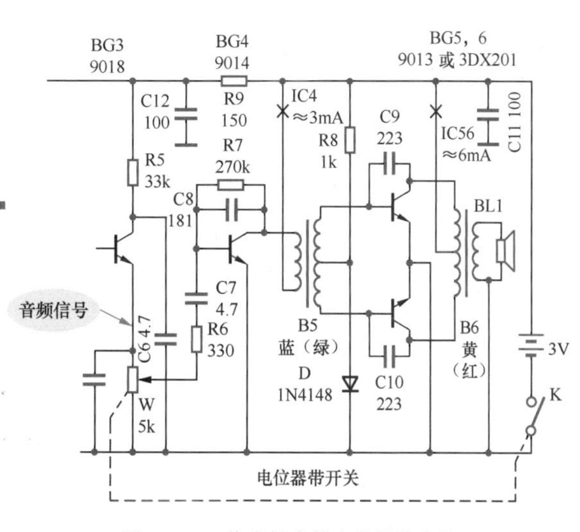

图 5-136　收音机套件中的低放电路

5.11.1 音量电位器电路分析

电位器在国外亦称为可变电阻器，在国内将可变电阻器与电位器区分开。从结构和工作原理上讲，电位器与可变电阻器基本相似。

1 收音机中专用音量电位器

图 5-137 所示为本书收音机套件中专用音量电位器实物图。它附有一个电源开关，在电位器刚开始转动时先接通电位器中的开关触点，再转动时才进行电位器调整。附有开关后的电位器引脚比普通电位器多出两根，这两根引脚是电源开关的触点引脚。

开关引脚
定片引脚
动片引脚
定片引脚
开关引脚

图 5-137 收音机套件中专用音量电位器实物图

电位器通常有 3 根引脚，其中 2 根为定片引脚，另外 1 根为动片引脚，这种带开关的电位器还会多出 2 根开关引脚，这个开关是控制整机电源的电源开关。

2 电路图形符号

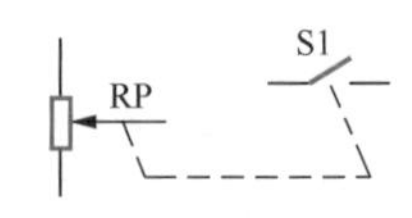

图 5-138 带开关的电位器电路图形符号

图 5-138 所示为带开关的电位器电路图形符号。S1 是附在 RP 上的开关，S1 受 RP 转柄动作控制，当开始转动电位器的转柄时首先将开关接通，开关接通后同普通电位器一样，这种电位器主要用于带电源开关控制的音量电位器电路中。

3 电位器调节电阻的原理

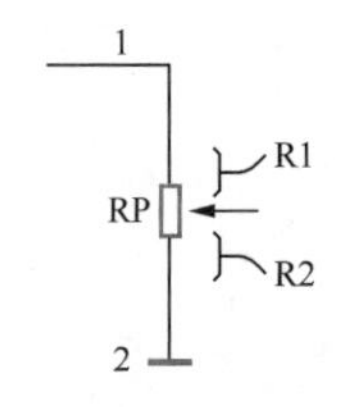

图 5-139 转动电位器的转柄时示意图

转动电位器的转柄时，动片在电阻体上滑动，动片到两个定片之间的阻值大小在发生改变，如图 5-139 所示。

当动片到其一个定片之间的阻值在增大时，那么动片到另一个定片之间的阻值就在减小。当动片到其一个定片之间的阻值在减小时，动片到另一个定片之间的阻值就在增大。

电位器在电路中相当于由两个电阻器构成的串联电路，如图 5-140 所示，动片将电位器的电阻体分成两个电阻 R1 和 R2。

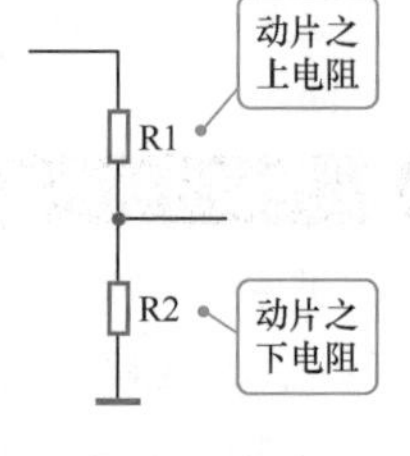

图 5-140 电位器的等效电路示意图

当动片向定片 1 端滑动时，R1 的阻值在减小，同时 R2 的阻值在增大。当动片向定片 2 端滑动时，R1 的阻值在增大，同时 R2 的阻值在减小。R1 和 R2 的阻值之和始终等于电位器的标称阻值。

4 分压电路分析

图 5-141 所示为典型的电阻分压电路，电阻电路由 R1 和 R2 两只电阻构成。电路中还有电压输入端和电压输出端。

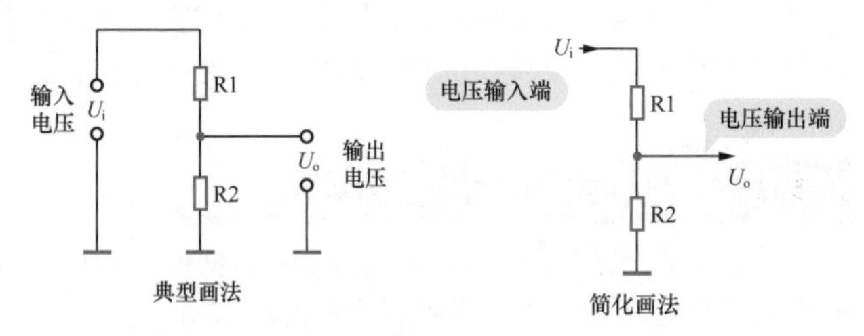

图 5-141 典型的电阻分压电路

在分析电阻分压电路的过程中，最重要的一项是需要弄清楚输出电压的大小与哪些因素相关。分压电路输出电压 U_o 大小的计算公式如下：

$$U_o = \frac{R2}{R1 + R2} U_i$$

式中 U_i——输入电压；
U_o——输出电压。

从计算公式中可以看出，因为分母 $R1 + R2$ 大于分子 $R2$，所以输出电压小于输入电压。分压电路是一个对输入信号电压进行衰减的电路。

改变 $R1$ 或 $R2$ 的阻值大小，就可以改变输出电压 U_o 的大小。

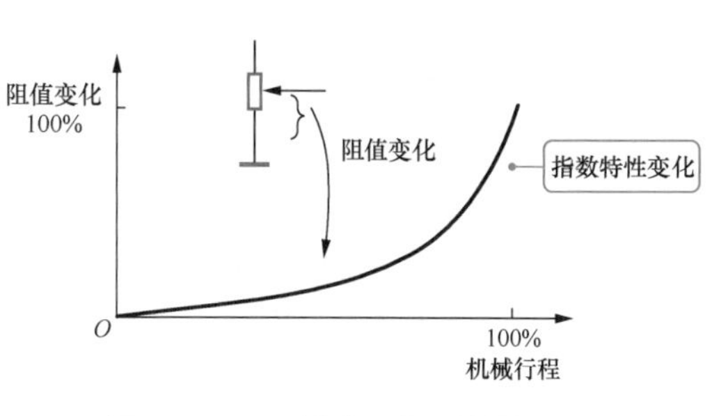

图 5-142　Z 型电位器的阻值特性曲线

5 电位器的阻值特性

常用的电位器有 X 型、D 型和 Z 型三种。为了使音量调节符合人耳的听觉特性，一般采用 Z 型电位器作为音量电位器。

图 5-142 所示为 Z 型电位器的阻值特性曲线。从图中可以看出，整个动片行程内，动片触点移动的单位长度内，阻值变化量处处不相等，且随着动片逐渐向上滑动，单位长度内阻值变化量也在逐渐增大。

动片触点刚开始滑动（顺时针方向转动转柄）时，动片与地端定片之间的阻值增大比较缓慢，动片触点滑动到后来阻值迅速增大，阻值分布特性与指数曲线一样，所以称为指数型电位器。

动片滑动到最后时（全行程），动片到地端定片之间的阻值等于电位器的标称阻值。当动片滑动至一半机械行程处时，动片到两个定片之间的阻值不相等，到地端定片之间的阻值远小于到另一个定片之间的阻值，根据这一特性可以分辨出两个定片中哪一个是接地端的定片。

6 电位器的主要参数

电位器的参数比较少，识别也较为方便。电位器的主要参数说明见表 5-13。

表 5-13　电位器的主要参数说明

参数名称	说明
标称阻值	标称阻值指两定片引脚之间的阻值，电位器的标称系列分为线绕和非线绕电位器两种，常用的非线绕电位器的标称系列是：1.0、1.5、2.2、3.2、4.7、6.8，再乘上 10 的 n 次方（n 为正整数或负整数），单位为 W
允许偏差	非线绕电位器的允许偏差分为 3 个等级：Ⅰ级 ±5%、Ⅱ级 ±10%、Ⅲ级 ±20%
额定功率	指电位器在交流或直流电路中，当大气压力为 650 ～ 800mmHg，在规定的环境温度下，所能承受的最大允许功耗。非线绕电位器的额定功率系列为：0.25W、0.05W、0.1W、0.5W、1W、2W、3W
噪声	这是衡量电位器性能的一个重要参数，电位器的噪声有以下 3 种。 （1）热噪声。 （2）电流噪声。热噪声和电流噪声是动片触点不滑动时两定片触点之间的噪声，又称静噪声。静噪声是电位器的固定噪声，很小。 （3）动噪声。动噪声是电位器的特有噪声，而且是主要噪声。产生动噪声的原因有很多，主要原因是电阻体的结构不均匀和动片触点与电阻体的接触噪声，而且随着电位器的使用噪声会变得越来越大

电位器的参数表示方法采用直标法，通常将标称阻值及允许偏差、额定功率和类型标注在电位器的外壳上，一些小型电位器上只标出标称阻值。

举例说明：某电位器外壳上标出 4.7k － 0.25/Z，其中 4.7k 表示标称阻值为 4.7kW，0.25 表示额定功率为 0.25W，Z 表示 Z 型电位器。

7 音量电位器电路分析

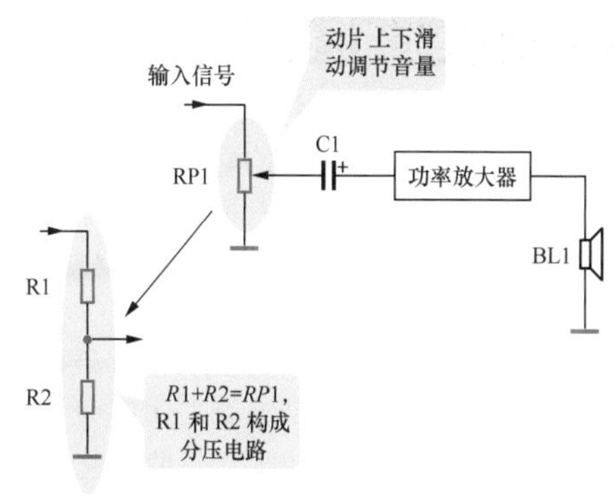

图 5-143　单联电位器构成的单声道音量控制器

图 5-143 所示为单联电位器构成的单声道音量控制器。这实际上是一个分压电路的变形电路，电位器 RP1 相当于两只分压电阻。

电路中，RP1 是电位器，由于用于音量控制器电路中，所以称为音量电位器。BL1 是扬声器，其作用是将电信号转换成声音。功率放大器的作用是对 RP1 动片输出的信号进行放大，再推动扬声器 BL1。

电位器 RP1 的动片将电位器的整个阻值分成 R1 和 R2 两个部分，见图 5-140 所示的等效电路，$R1+R2$ 之和等于电位器 RP1 的标称阻值，这一阻值保持不变。

从电路中可以明显地看出，R1 和 R2 构成一个分压电路，分压后的信号从动片上输出，加到后面电路中。

当 RP1 的动片向上滑动时，R1 的阻值在减小，R2 的阻值在增大；当 RP1 的动片向下滑动时，R1 的阻值在增大，R2 的阻值在减小。

分析这一电路的关键是设电位器动片的上、下滑动情况，然后分析 RP1 动片输出电压大小的变化情况，主要分为下列 4 种情况。

（1）动片滑动到最下端。这时 $R2=0$，动片上的输出信号电压为零，没有信号加到功率放大器中，所以扬声器中没有声音，处于音量关死状态。

（2）动片从最下端向上滑动。这时 R2 的阻值在增大，R1 的阻值在减小，RP1 动片上的输出信号电压在增大，加到功率放大器中的信号也在增大，扬声器发出的声音越来越大，此时是音量增大的控制过程。

（3）动片滑动到最上端。这时 $R1$=0，动片上的输出电压为最大，处于音量最大状态。

（4）动片从最上端向下滑动。这时 R1 的阻值在增大，R2 的阻值在减小，RP1 动片上的输出信号电压在减小，加到功率放大器的信号也在减小，扬声器发出的声音越来越小，此时是音量减小的控制过程。

从上述电路工作原理分析可以得到这样的结论：音量控制器就是控制输入功率放大器的信号大小，进而控制流入扬声器中的电流大小，达到控制音量的目的。

当电路中 RP1 的接地线开路时，RP1 将不再构成分压电路，此时音量调节失灵，无论如何调节音量电位器，扬声器中的音量始终处于音量最大状态。

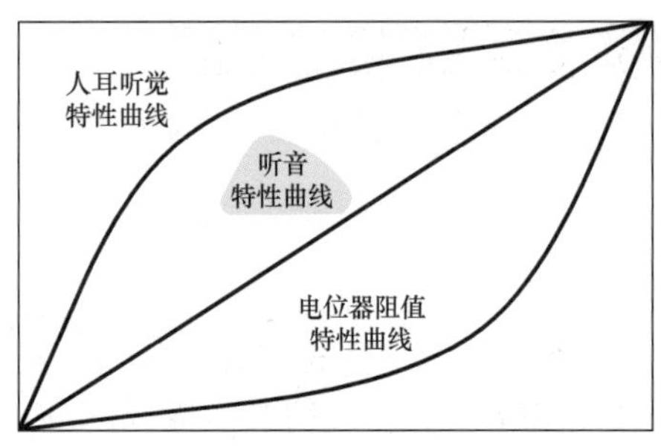

图 5-144　人耳听觉特性曲线

8　音量电位器的阻值特性和人耳听觉特性

人耳对较小音量的感知灵敏度比较大，对较大音量的感知灵敏度比较小，图 5-144 所示为人耳听觉特性曲线。

均匀转动音量电位器的转柄时，动片与地端之间的阻值一开始上升较缓慢，后来阻值增大较快。这样，在较小音量时馈入扬声器的电功率增大量变化较小，在音量较大时馈入扬声器的电功率增大量变化较大，这与人耳的听觉特性恰好相反，这样在均匀转动音量电位器的转柄时，人耳感觉到的音量是均匀地上升的，如图 5-144 中的听音特性曲线所示。

5.11.2　推动级电路分析

为了方便电路分析，重画套件的低放电路中的推动级电路，如图 5-145 所示。电路中，BG4 为推动管，W 为音量电位器。

1　直流电路分析

（1）各电极直流电路。直流工作电压 +3V 通过输入耦合变压器 B5 的初级线圈加到 BG4 集电极，建立集电极直流工作电压。

电路中的 R7 接在三极管 BG4 的集电极与基极之间，构成集电极－基极电压负反馈式偏置电路，为 BG4 提供静态工作电流。

（2）推动管静态电流要求。对于推动级电路而言，音频信号幅度已比较大，加上推动管工作在甲类放大状态，所以要求推动管的静态工作电流比较大，且要求它的静态工作点在交流负载线的中间，这样大信号使推动管产生非线性的削顶失真时，也会出现正、负半周对称的削顶失真，这样的对称削顶失真比非对称削顶失真产生的非线性失真要小。

从电路中可以看出，这一推动级电路中的 BG4 静态集电极工

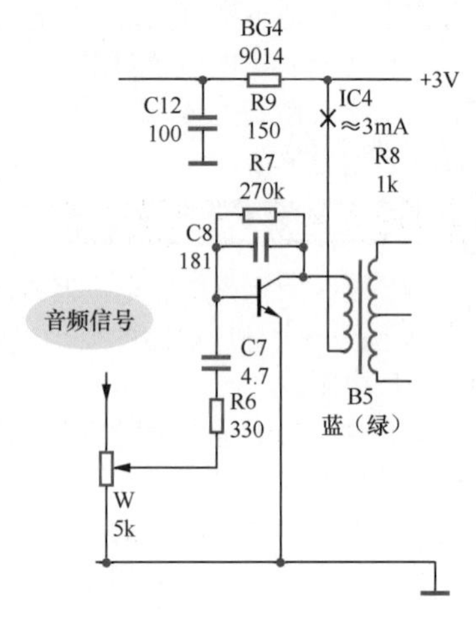

图 5-145　重画的推动级电路

作电流为 5mA。

（3）发射极负反馈电阻要求。BG4 发射极直接接地，没有接入负反馈电阻，这是因为在推动级电路中的信号比较大，工作电流比较大，三极管发射极回路中接入负反馈电阻会产生强烈的负反馈，影响放大器的放大能力。在一部分推动级电路中，也会在推动管发射极回路中接入负反馈电阻，但是阻值会很小，通常只有 1Ω，如图 5-146 所示，而且要求这只电阻的额定功率要比较大。

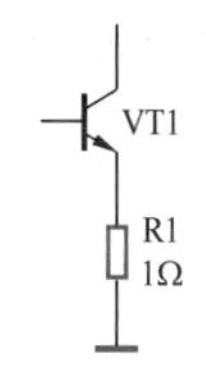

图 5-146　推动管发射极负反馈电阻电路示意图

2　交流电路分析

（1）信号处理和传输分析。来自检波级的音频信号加到音量电位器 W 上，通过音量电位器 W 的调节，从动片输出的音频信号经过 R6 和 C7 加到推动管 BG4 基极，经过推动放大后从音频输入变压器 B5 的次级线圈输出，加到后面的功放输出级电路中。

（2）元器件作用分析。电路中，R6 为一只 330Ω 的小电阻，用来防止可能出现的自激。

C7 为低放电路中的输入端耦合电容，由于是音频耦合电容，所以它的容量较大，为 4.7μF。音频电路中的耦合电容的容量一般均大于 1μF。注意，在收音机检波级之前的电路中，信号频率均远高于音频信号频率，所以耦合电容的容量可以较小。

C8 是高频负反馈电容，用来消除可能出现的高频自激。

音频输入变压器 B5 的初级线圈是 BG4 的集电极负载，通过变压器耦合，从 B5 的次级线圈上得到音频输出信号。

5.11.3　功放输出级电路分析

为了方便电路分析，重画功放输出级电路，如图 5-147 所示。

图 5-147　重画的功放输出级电路

1　直流电路分析

在电源开关 K 接通后，+3V 直流电压经音频输出变压器 B6 的初级线圈分别加到功放输出管 BG5、BG6 集电极，建立这两个三极管的集电极直流工作电压。

BG5 和 BG6 发射极直接接地。

+3V 直流工作电压经电阻 R8 加到二极管 VD 的正极，使二极管导通。二极管 VD 导通后有一个 0.6V 的电压降，这一电压通过音频输入变压器 B5 的次级线圈分别加到功放输出管 BG5、BG6 基极，为这两只三极管提供静态工作电流。

由于 BG5 和 BG6 均工作在甲乙类状态，所以只需要很小的静态工作电流。电路图中已标出两只三极管的集电极静态电流之和为 6mA，即每只三极管的集电极静态电流为 3mA，这一静态电流用来克服交越失真。

2　交流电路分析

推动级输出的音频信号通过音频输入变压器 B5 的次级线圈分别加到 BG5 和 BG6 基极，由于 B5 的次级线圈具有中心抽头，且中心抽头通过导通的二极管 VD 交流接地（VD 导通后的内阻很小，可以忽略不计），这样中心抽头之上和之下的线圈输出大小相等、相位相反的两个信号。

在 B5 的次级线圈上端输出正半周信号期间，信号经上面的三极管导通、放大后，通过音频输出变压器驱动扬声器 BL1。此时，由于 B5 的次级线圈下端输出负半周信号，信号电压为给下面的三极管提供反向偏置电压，使该三极管截止（因为这只三极管本身静态电流很小）。

在 B5 的次级线圈下端输出正半周信号期间，下面的三极管对信号进行导通、放大，上面的三极管截止。这样变化一个周期后，在扬声器 BL1 上就会得到一个周期完整的信号，达到功率放大的目的。

3 元器件作用分析

电路中，电容 C9 和 C10 用来消除可能出现的高频自激。

C11 是电源滤波电容，虽然该收音机采用电池供电，但是当电池用旧后其内阻会变大，电路中的一些干扰成分会通过较大的电池内阻影响整机中前级电路的正常工作。C11 用来滤除这些有害干扰。

5.12 扬声器的基础知识

扬声器俗称喇叭，是一种十分常用的电声器件，在能发出声音的电子电器中一般都能见到它。扬声器在电子元器件中是一个最薄弱的器件，而对于音响效果而言，它又是一个最重要的器件。

5.12.1 扬声器的种类和电路图形符号

1 扬声器的种类

扬声器的种类繁多，而且价格相差很大，主要有以下几种。

（1）按换能机理和结构划分，分为电动式（动圈式）、电磁式（舌簧式）、压电式（晶体或陶瓷）、静电式（电容式）、电离子式和气动式扬声器等。电动式扬声器具有电声性能好、结构牢固、成本低等优点，应用广泛。

（2）按工作频率划分，分为低音、中音和高音扬声器，有的还分成录音机专用、电视机专用、普通和高保真扬声器等。

（3）按纸盆形状划分，分为圆形、椭圆形、双纸盆扬声器等。

2 扬声器的外形特征

图 5-148 所示为两种扬声器的外形示意图。

关于扬声器的外形特征主要说明以下几点。

（1）扬声器有两个接线柱（两根引线），当单只扬声器使用时两根引脚不分正、负极性，多只扬声器同时使用时两根引脚有正、负极性之分。

（2）扬声器有一个纸盆，它的颜色通常为黑色，但有时也会有白色。

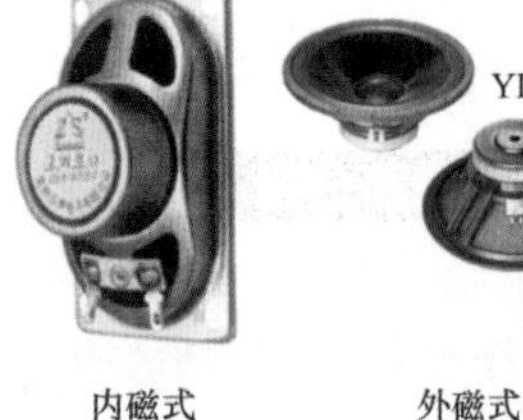

图 5-148　两种扬声器的外形示意图

（3）扬声器的外形有圆形和椭圆形两大类。

（4）扬声器纸盆背面是磁铁，外磁式扬声器用金属螺丝刀去接触磁铁时会感觉到磁性的存在；内磁式扬声器中没有这种感觉，但是外壳内部确有磁铁。

（5）扬声器装在机器面板上或音箱内。

3 扬声器的电路图形符号

图 5-149 所示为扬声器的电路图形符号，电路图形符号中只表示出两根引脚这一识图信息。

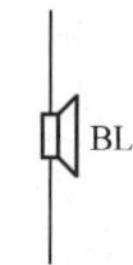

图 5-149　扬声器的电路图形符号

5.12.2 电动式扬声器的工作原理和主要参数

1 电声转换过程

电动式扬声器的工作原理是：给扬声器的音圈中通入交流电流，音圈在输入电流的作用下产生交变磁场，而音圈又放置在永久磁铁中，音圈在这两个磁场的作用下做垂直于音圈电流方向的运动，即音圈因为输入电流的作用而运动。

由于音圈与纸盆连接在一起，这样音圈运动时会带动纸盆前、后振动。纸盆的前、后振动，进而推动空气的相应振动，人耳便能感受到空气振动产生的声音感觉。这样，输入扬声器的电流通过扬声器的换能作用转换成声音。

输入到扬声器中的交流电流越大，流过音圈的交流电流也越大，磁场作用越强，扬声器的纸盆振幅越大，声音越响。反之，输入扬声器的交流电流越小，扬声器发出的声音也越小。

2 扬声器的频率特性

给扬声器输入直流电流时，扬声器的纸盆也会产生一个位移，但是纸盆没有振动，此时空气也不振动，所以扬声器没有声音。由此可知，扬声器不能将直流电流转换成声音。

当输入扬声器的交流电流频率不同时，扬声器纸盆振动的频率也不同，扬声器的纸盆振动频率与输入扬声器的交流电流频率相同。输入电流频率越高，扬声器发出声音的频率越高，反之输入电流频率越低，扬声器发出声音的频率越低。

理论和实践证明，扬声器工作在低频段时，主要是纸盆的外缘在振动，纸盆口径大、纸盆外缘柔软时，低音效果比较好；扬声器工作在高频段时，主要是纸盆的中央部分在振动，纸盆口径较小、纸盆中央质地较硬时，高音效果比较好。

显然，扬声器的这一工作特性是矛盾的，同一个扬声器不能很好地兼顾高音和低音，于是就出现了低音扬声器、高音扬声器和中音扬声器。

将低音扬声器的纸盆做大些，外缘柔软些，让低音扬声器只工作在低音频段。再根据高音扬声器的工作特点，制成高音扬声器，让高音扬声器只工作在高音频段，这样便可以很好地兼顾扬声器的高频、低频特性。

由此可知，纸盆口径大的是低音扬声器，纸盆口径小的是高音扬声器，纸盆口径中等的是中音扬声器，依据纸盆的口径大小可以方便地分辨出高音、低音和中音扬声器。

3 扬声器的主要参数

扬声器的参数较多，主要有以下几个。

（1）标称阻抗：扬声器的阻抗由电阻及机械振动系统、声辐射系统综合而成，扬声器在不同频率处的阻抗不同。扬声器铭牌上的阻抗是以 400Hz 正弦波作为测试信号时测得的阻抗。

（2）额定功率：又称为标称功率，它是指扬声器在最大允许失真条件下，所允许的输入扬声器中的最大电功率。标称功率的单位是 VA（伏安）或 W（瓦）。

（3）频率特性：用来表征扬声器转换各种频率电信号能力的指标，它反映了输入扬声器信号电压不变的条件下，改变输入信号频率所引起的扬声器声压大小的变化。低音扬声器频率范围一般为 30Hz ～ 3kHz，中音扬声器为 500Hz ～ 5kHz，高音扬声器为 2 ～ 15kHz。

（4）失真度：主要指谐波失真，一般扬声器的失真度小于等于 7%，高保真扬声器的失真度小于等于 1%。

（5）指向特性：用来表征扬声器在空间各个方向辐射的声压分布特性，频率越高指向性越弱，纸盆越大指向性越强。

5.13 收音机套件中低放电路的装配与调试方法

图 5-150 所示为收音机套件装配完成后示意图。

图 5-151 所示为安装好后的电路正面示意图。

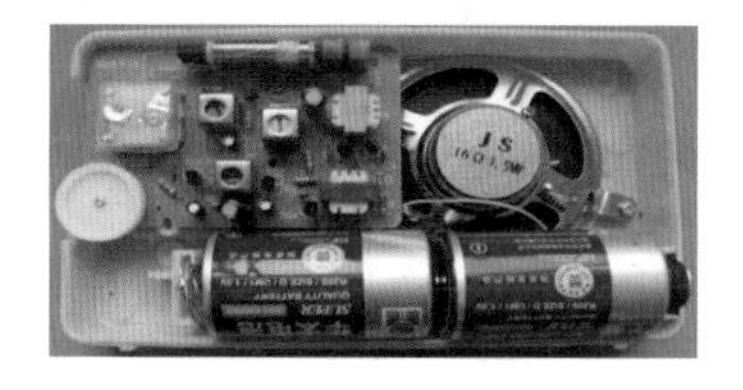

图 5-150　收音机套件装配完成后示意图

图 5-151　安装好后的电路正面示意图

5.13.1 常用元器件的安装方法

电子元器件在电路板上有卧式和立式两种安装方式，这里主要介绍常用电子元器件的这两种安装方式。

1 电阻器的安装方法

图 5-152 所示为电阻器卧式安装示意图，将两只引脚均折弯成直角，插入电路板安装孔内。电阻器是无极性的，所以不必考虑极性。安装时电阻器可以紧贴在电路板上。

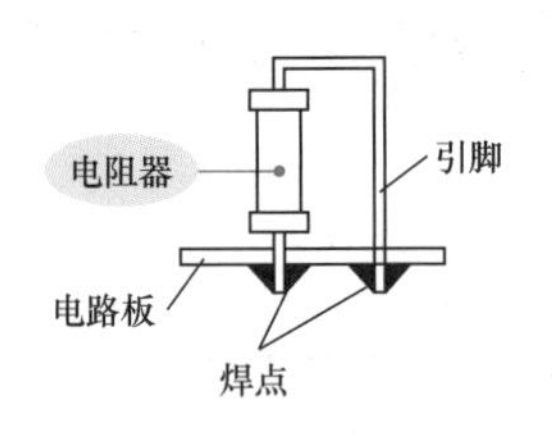

图 5-153　电阻器立式安装示意图

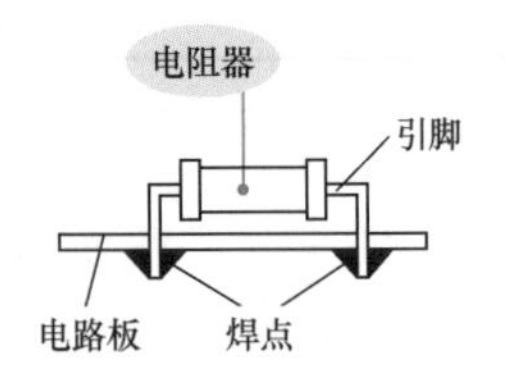

图 5-152　电阻器卧式安装示意图

采用这一安装方式时，应考虑到，如果安装的电阻器上会有较大电流流过而发热，这时应将电阻器离开电路板一段距离，以便电阻器散热。

图 5-153 所示为电阻器立式安装示意图，要求在折弯引脚时，将引脚折弯成直角。

安装时电阻器应与电路板垂直。采用这一安装方式时，应考虑到电阻器两端的电位高低，应该把高电位的引脚放在下面，低电位的引脚放在上面，这样做可以降低在发生短路故障时造成的损坏程度。

5-18：收音机装配 (1) 初步认识收音机中的元器件

2 电容器的安装方法

图 5-154 所示为电解电容器卧式安装示意图，将电解电容器两只引脚按极性要求向一个方向折弯，插入电路板安装孔内。折弯时，折弯处不要太靠近引脚根部。

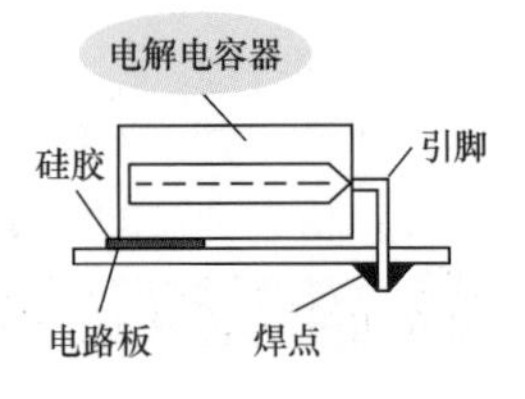

图 5-154　电解电容器卧式安装示意图

电解电容器由于机器内部空间的要求采用卧式安装方式时，电容器不够稳固，所以需在电容器下方打一点硅胶，用于固定电容器。

图 5-155 所示为电解电容器立式安装示意图，电解电容器立式安装时不需要折弯引脚。如果电路板的安装孔距比电容器两引脚间距大时，可将电容器的引脚分开点，再插入电路板安装孔内。

图 5-155　电解电容器立式安装示意图

对于电解电容器采用这一安装方式时，应该将电容器尽量插到底，这样可使电容器更加稳固。安装时应注意电解电容器的极性。

图 5-156 所示为瓷片电容器立式安装示意图，瓷片电容器应采用立式安装方式，应尽量插到底，特别是安装在调频接收头这样的高频电路中时，可以减小分布电容对电路的影响。

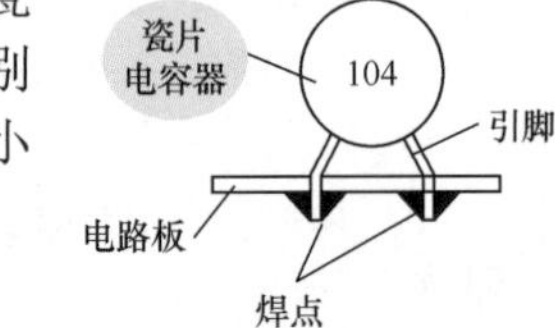

图 5-156　瓷片电容器立式安装示意图

瓷片电容器安装时，要将元器件的型号一面朝向外侧，以便观察。

3 二极管的安装方法

图 5-157 所示为二极管卧式安装示意图，将两根引脚均折弯成直角，插入电路板安装孔内。安装时二极管可以紧贴在电路板上。

二极管是有极性的元器件，安装时要注意极性，不得装反而造成故障。二极管管体上有环的电极为二极管的负极。对于玻璃封装的二极管，在折弯引脚时，要注意折弯处不能太靠近管体，以免损坏二极管。

图 5-158 所示为二极管立式安装示意图，引脚的折弯方法与电阻一样，要注意二极管的极性。

5-19：收音机装配 (2) 测量和安装收音机套件中的 9 只电阻器

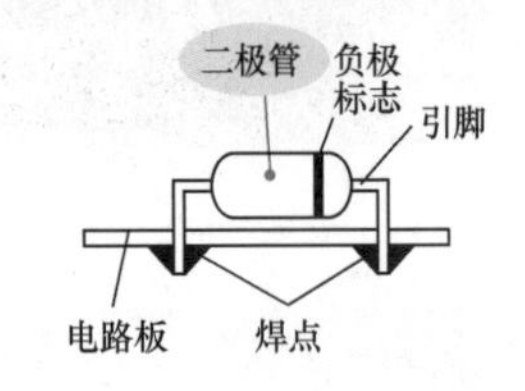

图 5-157　二极管卧式安装示意图

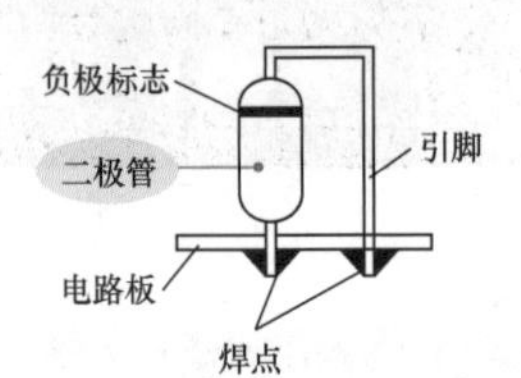

图 5-158　二极管立式安装示意图

晶体二极管采用这一安装方式时，应注意二极管的极性，并且把二极管的负极放在上面，正极放在下面。焊接时，速度要快，不能长时间烫引脚，以免损坏二极管。

4　三极管的安装方法

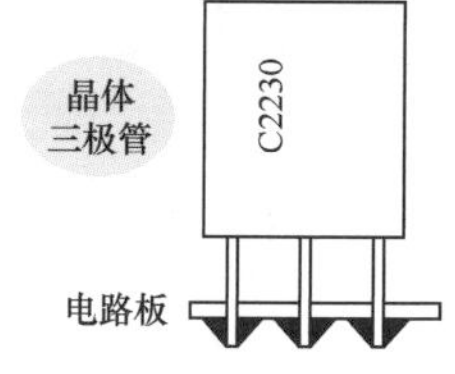

图 5-159　晶体三极管安装示意图

图 5-159 所示为晶体三极管安装示意图，晶体三极管应采用立式安装方式，安装时不必将三极管的引脚插到底。如果三极管发热，则应将引脚留长一点，这样有利于散热，但不能太高而影响外壳的安装。

大多数三极管的三个引脚为一字形排列，要注意安装方向。如果不是一字形排列，安装时应将三极管的三个引脚分别插入电路板上相应的孔中，不能插错。焊接时，速度要快，不能长时间烫引脚，以免损坏三极管。

5.13.2　低放电路中元器件的测试

套件安装提示

为了装配和调试收音机电路的方便，应该先安装和调试收音机套件中的低放电路，在低放电路安装和调试好后再进行收音机电路的安装和调试。这样安装，难度比较低，也可以学到更多的装配和调试技术。

重要提示

在安装元器件之前，对所有元器件进行一次测试是非常有必要的，测试过程中不仅可以学习元器件的检测知识和操作方法，还可能会发现性能不好的元器件。

低放电路中主要有下列一些元器件（对照套件电路图）。

（1）电阻器 R6、R7 和 R8。

（2）电容器 C6、C7、C8、C9、C10、C11 和 C12。

（3）二极管 VD。

（4）三极管 BG5 和 BG6。

（5）音频输入变压器 B5 和音频输出变压器 B6。

（6）音量电位器 W。

（7）扬声器 BL1。

（8）1 号电池 2 节。

5-20：收音机装配 (3) 测量和安装收音机套件中的 6 只瓷片电容器

1　电阻器测试

图 5-160 所示为低放电路中 3 只电阻示意图，它们是色环电阻器，用万用表欧姆挡分别测量它们的阻值是否正常。

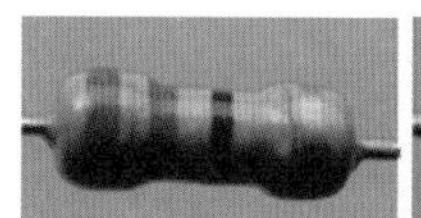

电阻 R6
色环颜色：橙橙棕金
标称阻值：330Ω
误差：±5%

电阻 R7
色环颜色：红紫黄金
标称阻值：270kΩ
误差：±5%

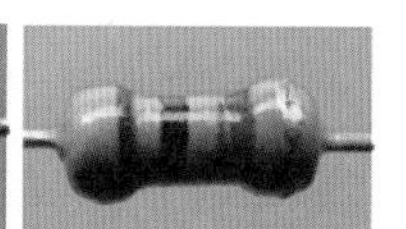

电阻 R8
色环颜色：棕黑红金
标称阻值：1kΩ
误差：±5%

图 5-160　低放电路中 3 只电阻示意图

2　电容器测试

图 5-161 所示为低放电路中 7 只电容示意图，对于电解电容主要用指针式万用表测量它们的充放电情况，对于瓷片电容如果有数字式万用表可以测量其容量，上述各电容不能出现短路和漏电现象，详细检测方法见第 2 章内容。

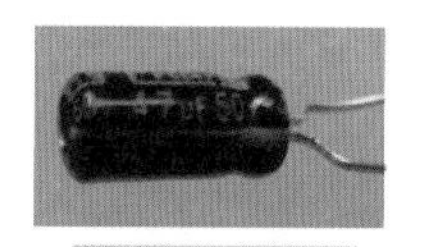

电解电容 C6 和 C7
4.7μF

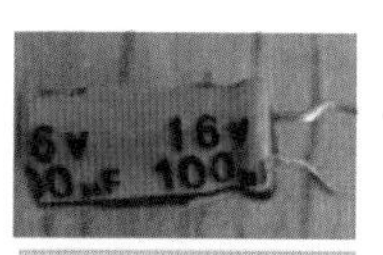

电解电容 C11 和 C12
100μF

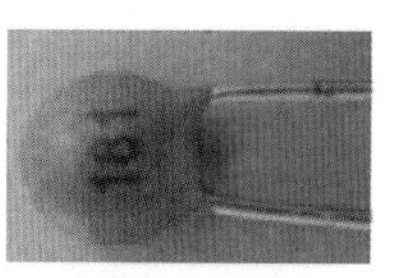

瓷片电容 C8
3 位数表示：181
标称容量：180pF

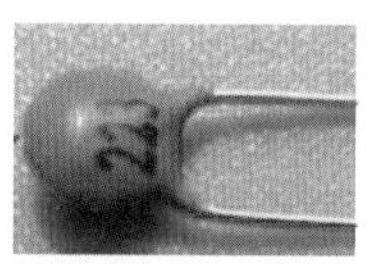

瓷片电容 C9 和 C10
3 位数表示：223
标称容量：22000pF

图 5-161　低放电路中 7 只电容示意图

3 二极管测试

（1）引脚识别。图 5-162 所示为低放电路中二极管 VD 示意图，有黑圈的这端是负极。

（2）正向和反向电阻测量。测得的正向电阻为 4kΩ 左右，反向电阻在测量时表针几乎不动（MF368 表，R×1kΩ 挡测量），图 5-163 所示为测试时接线示意图。

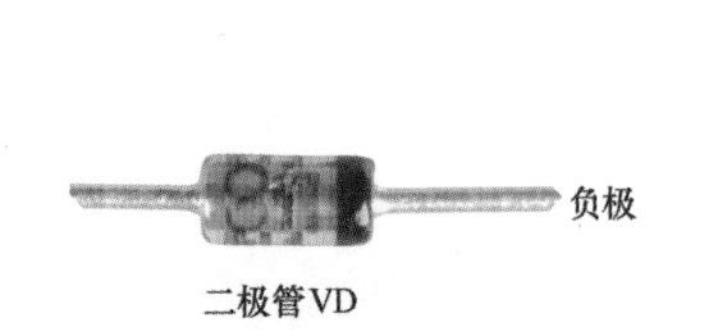

图 5-162　低放电路中二极管 VD 示意图

正向电阻 4kΩ
黑
红
反向电阻
表针几乎不动
红
黑

图 5-163　测试时接线示意图

4 三极管 BG5 和 BG6 测试

（1）引脚识别。图 5-164 所示为低放电路中三极管 BG5 和 BG6 示意图，三极管引脚分布见图中所示，即正面朝自己，引脚向下，从左向右分别是 E（发射极）、B（基极）和 C（集电极）。

图 5-164　低放电路中三极管 BG5 和 BG6 示意图

（2）PN 结正向电阻测量。图 5-165 所示为测量三极管发射结和集电结正向电阻时接线示意图，S9014 和 C9013 的接线方法相同，正向电阻阻值相同，均为 5.5kΩ 左右，如果测得的正向电阻太大，说明三极管性能已变差，不能使用。

（3）PN 结反向电阻测量。图 5-166 所示为测量三极管发射结和集电结反向电阻时接线示意图，S9014 和 C9013 的接线方法相同，此时表针几乎不动，如果反向电阻阻值太小，那说明三极管已损坏，不能使用。

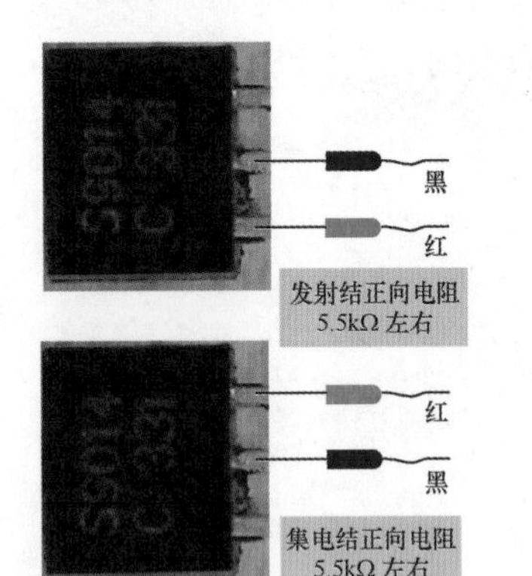

图 5-165　测量三极管发射结和集电结正向电阻时接线示意图

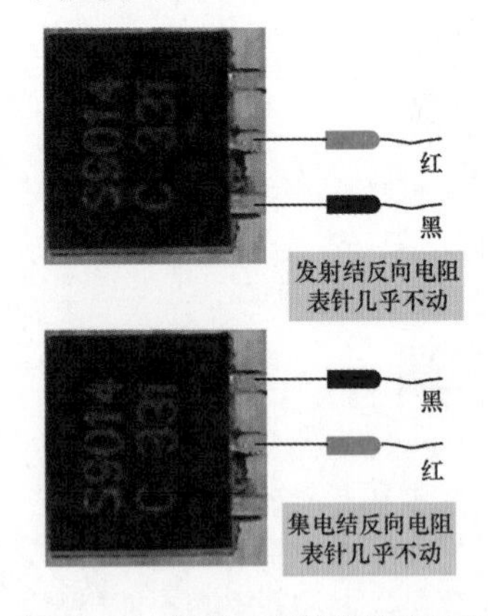

图 5-166　测量三极管发射结和集电结反向电阻时接线示意图

5 音频输入变压器 B5 和音频输出变压器 B6 测试

图 5-167 所示为低放电路中音频输入变压器 B5 和音频输出变压器 B6 示意图。对于音频变压器主要用万用表 R×1Ω 挡测量其线圈直流电阻大小。

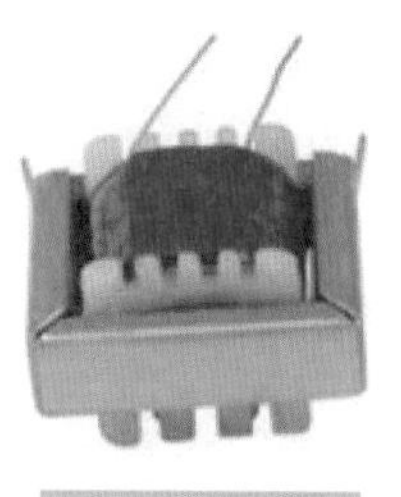

图 5-167　低放电路中音频输入变压器 B5 和音频输出变压器 B6 示意图

音频输入变压器 B5 初级线圈直流电阻为 200Ω 左右，次级线圈抽头至线圈两端的直流电阻各为 85Ω 左右。音频输出变压器 B6 初级线圈抽点至线圈两端的直流电阻各为 5.7Ω 左右，次级线圈直流电阻为 1.3Ω 左右，如图 5-168 所示。

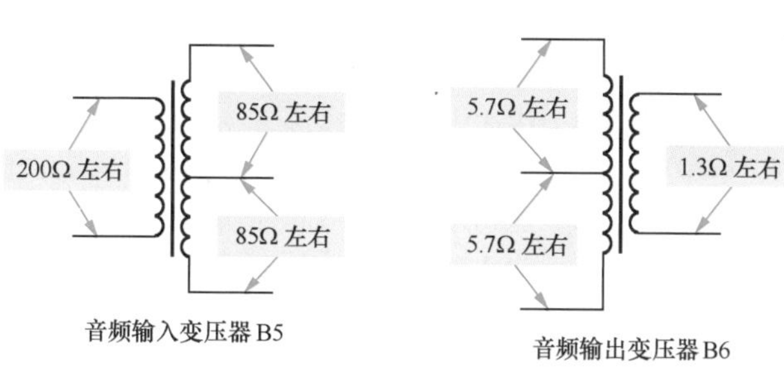

5-22：收音机装配
(5) 测量和安装收音
机套件中的 5 只电解
电容器

图 5-168　音频变压器线圈直流电阻示意图

6　扬声器和电池电压的测试

用万用表 R×1Ω 挡测量扬声器的直流电阻，应该比扬声器的阻抗值略小些，详细的检测方法见第 3 章中相关内容。

由于电池电压为 1.5V，所以采用万用表直流电压 2.5V 挡。测量时，红表棒接电池的正极，黑表棒接电池的负极，如图 5-169 所示，如果接反，则表针反向偏转。万用表表针指示 1.5V 说明电池电压正常，如图 5-170 所示。

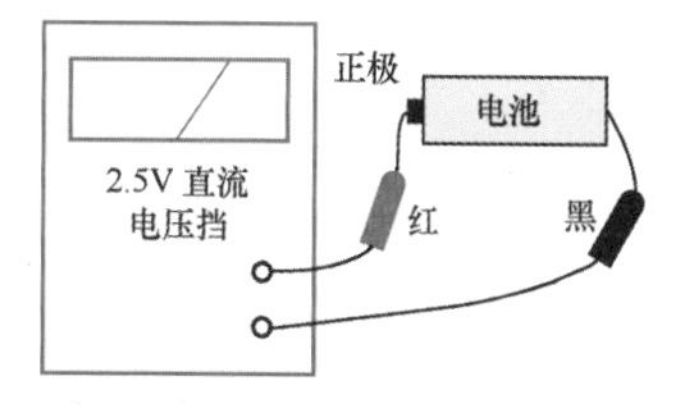

图 5-169　测量电池直流电压接线示意图

图 5-170　万用表表针指示 1.5V 示意图

5.13.3　低放电路中元器件的装配与焊接方法

首先将低放电路中的所有元器件从套件中取出，另用一盒子装起来，这样可以方便地知道，当盒子里所有元器件都装配完后，低放电路也就安装完成了。

1　熟悉电路板

安装元器件前先熟悉电路板，了解一些关键元器件的安装位置，如三极管、音频变压器等，图 5-171 所示为三极管 BG5 和 BG6 安装位置示意图。

图 5-171　三极管 BG5 和 BG6 安装位置示意图

2　插入元器件的操作方法

在电路板的正面标出各元器件编号和引脚位置，根据这些标记，将低放电路中各元器件插入相应的元器件引脚孔中，然后用一块海绵盖在元器件上，将电路板翻一面，这时元器件引脚朝上，可以对各引脚焊点进行焊接。

在插入元器件的过程中要注意下列几点。

（1）插入元器件过程中，首先根据电路板上标出的元器件编号与所插入的元器件进行核对，不要插错位置。例如，插入三极管 BG4 时，要插入 9014 三极管，不要插成 9013。还有，音频输入变压器和音频输出变压器不要插错，这两只变压器通过包壳颜色来分辨，在电路板上会标出变压器的颜色。

（2）一些元器件引脚是有极性的或是引脚不能互换的，插入时要分清引脚。例如，三极管的三个引脚，有极性电解电容的两根引脚不能插错，图 5-172 所示为电解电容 C11 引脚孔示意图。有极性电解电容正、负引脚插反后，会引起漏电故障，严重的甚至会造成该电解电容爆炸。

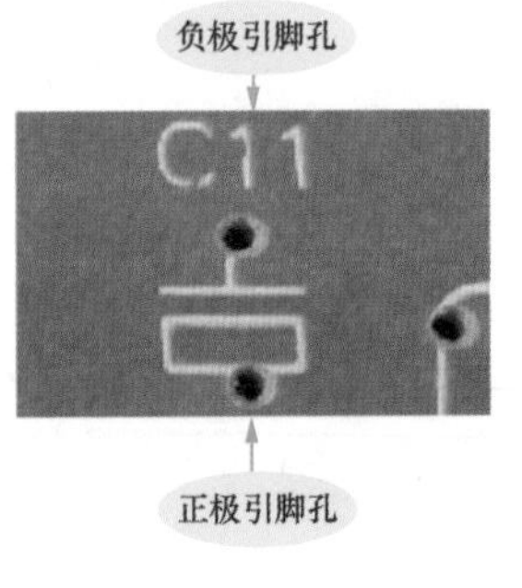

图 5-172　有极性电解电容 C11 引脚孔示意图

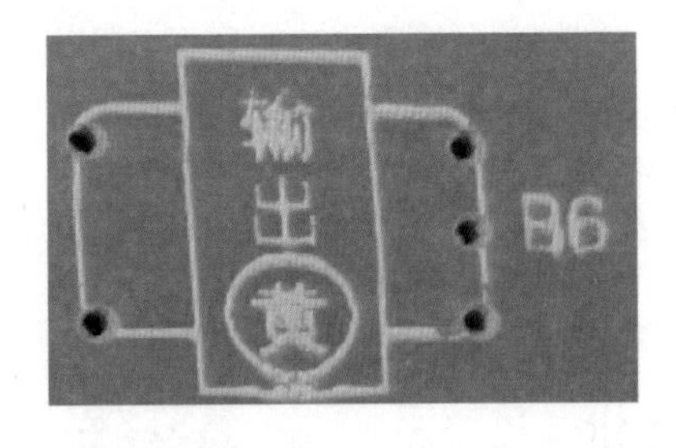

图 5-173　音频输出变压器 B6 引脚孔示意图

（3）一些元器件的引脚孔有固定的方向，方向反了插不进去，图 5-173 所示为音频输出变压器 B6 引脚孔示意图。从图中可以看出，它一边是 3 个孔，用来插入音频输出变压器初级线圈的 3 根引脚，另一边的 2 个孔用来插入次级线圈的 2 根引脚，变压器方向反了就无法插入孔中。注意，切不可在此位置装配音频输入变压器。

（4）瓷片电容和电阻两根引脚不分极性，装配时可以任意方向插入两根引脚，图 5-174 所示为电容 C10 和电阻 R9 安装位置示意图。

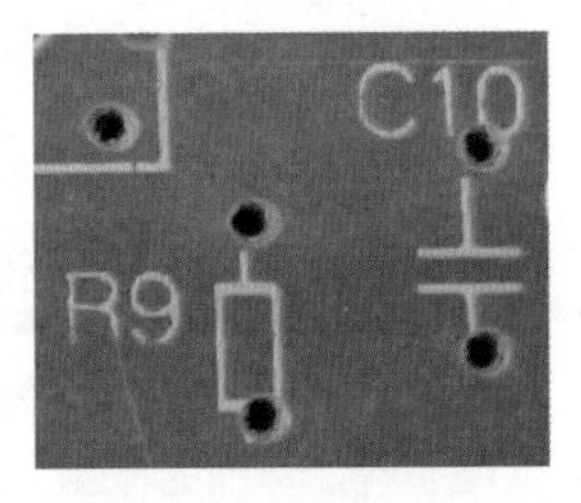

图 5-174　电容 C10 和电阻 R9 安装位置示意图

（5）插入元器件时，为了操作上的方便，可以先插入一些体积较小的元器件，特别是一些高度相近的元器件，然后先对它们进行焊接，再插入一些体积较大的元器件。这样操作的优点是，由于一批焊接的元器件高度相近，电路板翻一面进行焊接时元器件不会因为高度不同而出现脱落现象。例如，先插入和焊接低放电路中的电阻，再插入和焊接电路中的电容器、三极管，最后安装两只变压器。

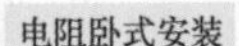

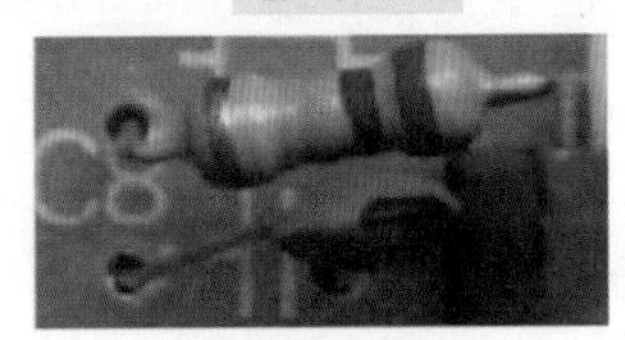

图 5-175　卧式和立式安装方式示意图

（6）如果电路板上元器件引脚孔之间距离足够，可以采用卧式安装方式，如果引脚孔之间距离不够则采用立式安装方式，如图 5-175 所示。

（7）收音机套件中的二极管 VD 极性不能插反，否则两只功放输出管的工作电流会相当大，导致两只功放输出管发烫，严重时会损坏这两只输出管。

3　焊接元器件的操作方法

插好元器件后，将电路板背面朝上，对元器件引脚进行一一焊接，焊接时电烙铁和细的焊锡丝同时接触引脚焊盘，理想情况下焊锡应该迅速均匀地熔入引脚孔和引脚四周。图 5-176 所示为焊盘示意图。

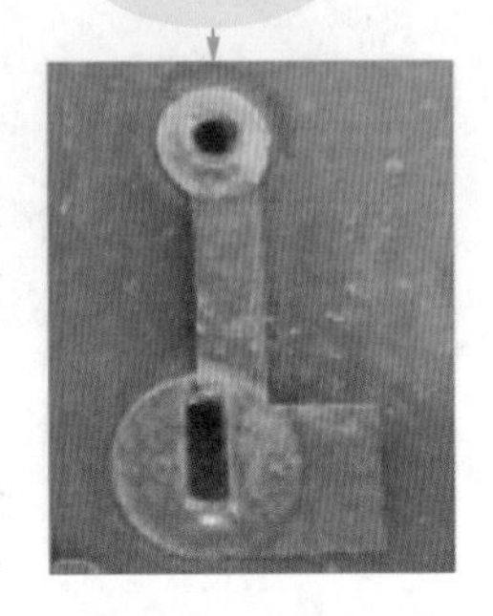

图 5-176　焊盘示意图

对于已焊好的元器件，用偏口钳或剪刀剪去多余的引脚。如果剪去引脚过程中焊点发生了松动，说明焊接质量不过关，需要进行补焊。

在焊接元器体的操作过程中需要注意下列几点。

（1）焊接动作要迅速，即电烙铁在电路板上停留的时间要尽可能地短，否则会烫坏电路板上的铜箔电路，或烫坏元器件。如果焊盘很难黏上焊锡，说明焊盘质量不好，表面被氧化或元器件引脚表面被氧化，要用刀片刮干净后再焊接，切不可长时间在该焊盘上焊接。

（2）焊点大小要适中，两焊盘相距较近时注意焊点之间不要相碰，如图 5-177 所示。同时，在焊接一个焊点时，如果另一个相距较近的焊盘中还没有插入元器件，这时要注意焊锡不能堵塞该引脚孔，以免下一个元器件引脚无法插入。

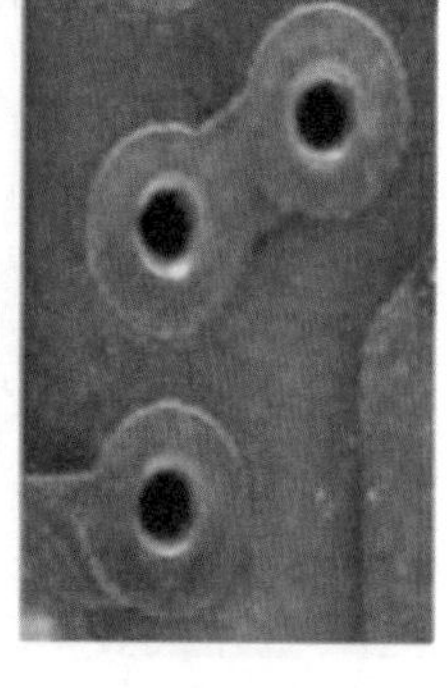

图 5-177　两焊盘相距较近示意图

图 5-178　音量电位器焊接示意图

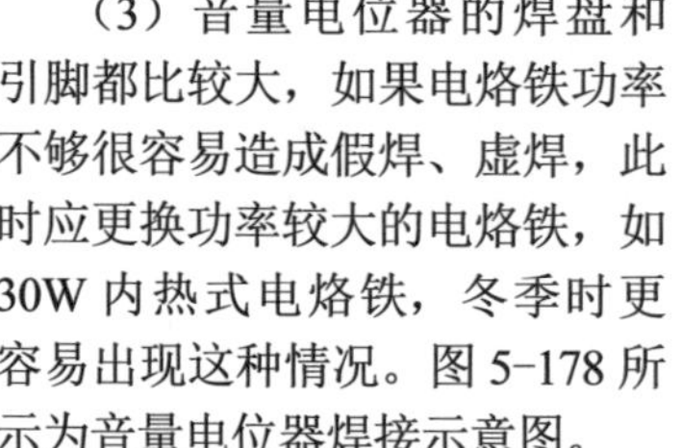

（3）音量电位器的焊盘和引脚都比较大，如果电烙铁功率不够很容易造成假焊、虚焊，此时应更换功率较大的电烙铁，如 30W 内热式电烙铁，冬季时更容易出现这种情况。图 5-178 所示为音量电位器焊接示意图。

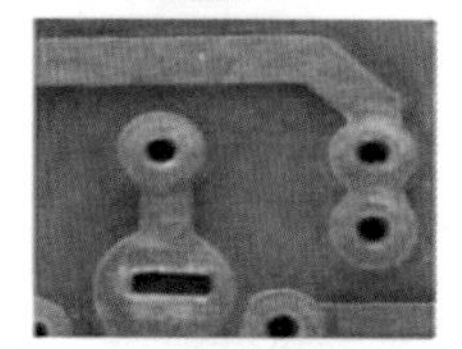

图 5-179　电路板上绝缘保护漆示意图

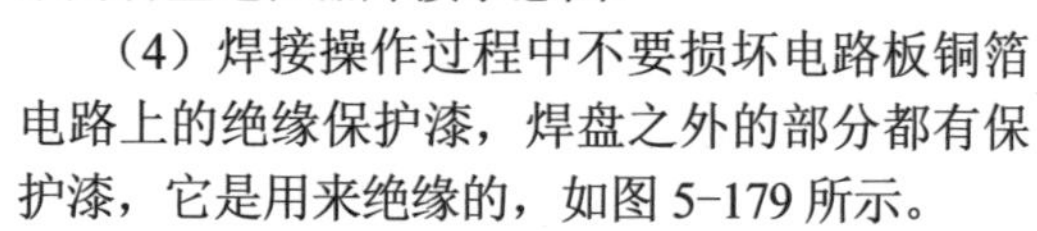

（4）焊接操作过程中不要损坏电路板铜箔电路上的绝缘保护漆，焊盘之外的部分都有保护漆，它是用来绝缘的，如图 5-179 所示。

5-23：收音机装配
(6) 测量和安装收音
机套件中的 6 只三极管

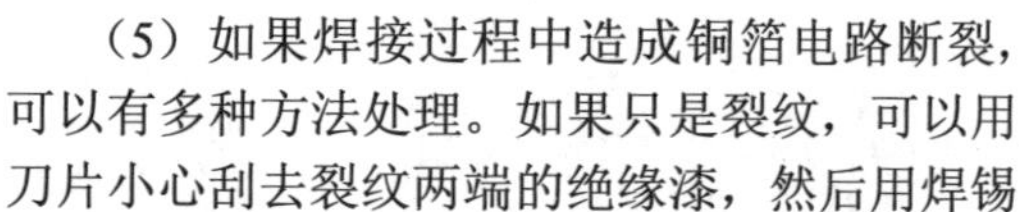

（5）如果焊接过程中造成铜箔电路断裂，可以有多种方法处理。如果只是裂纹，可以用刀片小心刮去裂纹两端的绝缘漆，然后用焊锡焊接好，如图 5-180 所示。如果整条铜箔电路都起皮，那只能另用一根引线焊通这条线路，如图 5-181 所示。

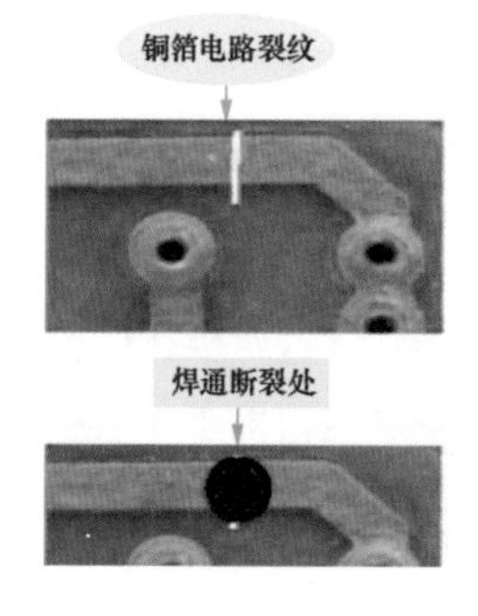

图 5-180　用焊锡焊接好铜箔电路断裂处示意图

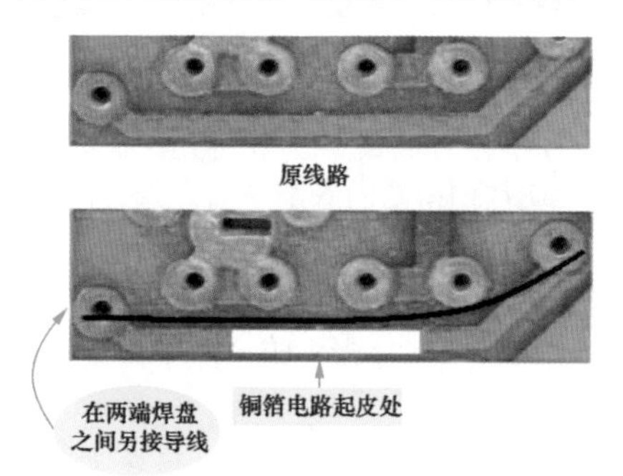

图 5-181　另用一根引线焊接铜箔电路起皮处的两端焊盘示意图

5-24：收音机装配
(7) 测量和安装收音
机套件中 5 只振荡线
圈和变压器

4　焊接电源和扬声器

将低放电路中的电子元器件全部安装在电路板上后，开始焊接电池夹，为电路供电做好准备，图 5-182 所示的电路中可以看出电源供电线路的连接线路，电源正极与电容 C11 正极的铜箔电路相连，电源负极与音量电位器开关的一根引脚铜箔电路相连。注意，电源的正、负引线要稍长一些，以使电路板能翻转。

根据电路图，将扬声器两根引线接上。由于这一机器中只使用了一只扬声器，所以扬声器的两根引脚可以不分极性。

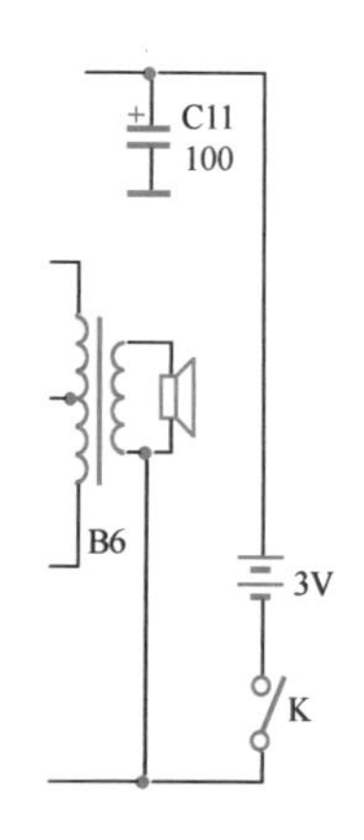

图 5-182　电源接线示意图

5.13.4　低放电路的调试方法

低放电路全部安装完毕后就要进入对低放电路的调试过程。

1 功放输出级电路静态电流测量方法

一个放大器电路的交流工作状态是由静态电流状态决定的，所以进行静态电流的测量非常重要，可以了解放大器电路的工作状态。

图 5-183 所示为低放电路中静态电流测量示意图，电路中“×”表示此处是一个静态电流测量位置，图中已标出 6mA 的标准值。

根据电路图中的测量口位置，在电路板铜箔电路上寻找这一测量口，图 5-184 所示为电路板上的功放输出管集电极静态电流测量口。从图中可以看出，测量口的铜箔电路已人为地被断开，是为了测量电流的方便，因为测量电流时表棒是串入电路中的。

给电路通电，旋转音量电位器，为电路提供直流工作电压。将万用表拨至直流电流挡合适的量程（如 25mA 挡），红、黑表棒分别接测量口两端，如图 5-185 所示。

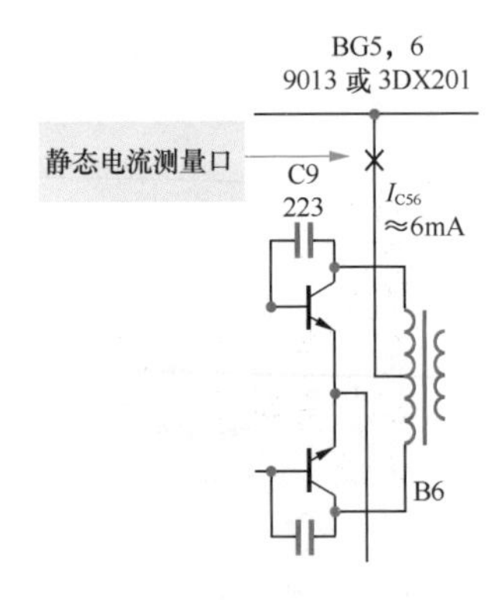

图 5-183　低放电路中静态电流测量示意图

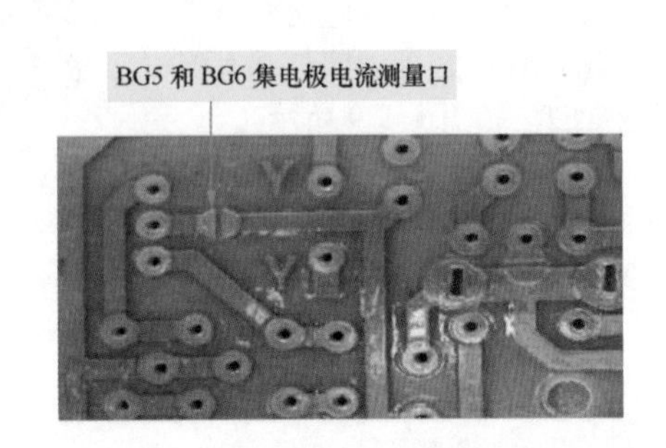

图 5-184　电路板上的功放输出管集电极静态电流测量口

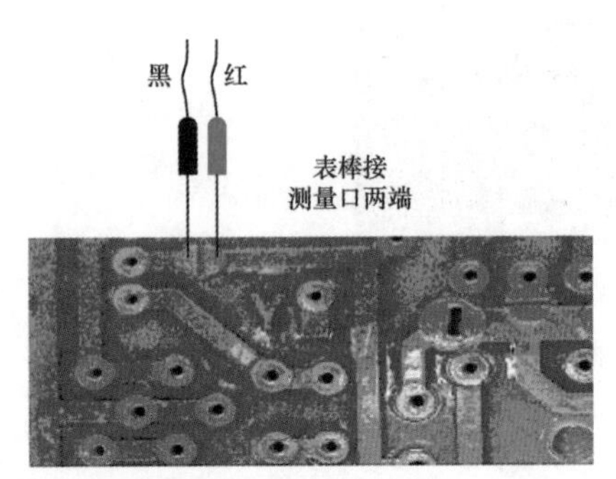

图 5-185　万用表红、黑表棒分别接测量口两端示意图

如果测量中发现表针偏转方向反了，则将红、黑表棒互换位置后再次测量。如果测得的电流为 6mA 左右，与标准值相差不到 1mA 均属于正常。

这一静态电流的测量对于判断功放输出级电路的工作状态非常重要，当测得的静态电流等于或接近标准值时，说明装配正常，该功放输出级电路基本上可以正常工作。当然，这对于初学者来说是非常高兴的事，但是对于学习电子技术来说可能不一定是好事，因为没有遇到故障就没有检修故障的机会。

在测得功放输出管静态电流正常后，可以将这个测量口用焊锡焊好，即将这个铜箔电路断口焊通。

2 功放输出管静态工作电流测量及处理对策

如果测得的这一静态电流不正常，就得进行故障检修，具体说明如下。

（1）测得的电流非常大。此时立即切断电源开关，检查电路中二极管 VD 有没有接反。因为当它接反时，不能导通，此时功放输出级的基极偏置电路就会变成固定式偏置电路，导致两只功放管的静态电流大幅增加。

如果检查发现二极管 VD 没有接反，再检查二极管的两引脚焊点有没有焊好。此时，可以用万用表的直流电压挡的适当量程，分别测量二极管 VD 的正极对地电压和负极对地电压，如果两电压值相等说明二极管 VD 引脚没有焊好。

重要提示

只有测量到功放输出管 BG5 和 BG6 基极对地直流电压为 0.6V 左右时，才能说明二极管 VD 工作正常。

（2）测得的电流为零。如果测得功放管静态电流为零，首先直观检查电路板上各元器件焊点是不是正常，必要时对一些可疑焊点进行重新焊接。

然后，测量功放管 BG5 和 BG6 集电极对地直流电压，如果为 0V，说明有两个原因：一是电池电压供给电路不正常，二是音频输出变压器初级线圈回路没有接通。前者用测量直流电压的方法追踪故障点，后者用万用表欧姆挡分段检查，找出原因。

3　推动管静态工作电流测量及故障对策

图 5-186 所示为推动管集电极静态电流测量口示意图，这里测量的是 BG4 集电极静态直流电流，标准值为 3mA。

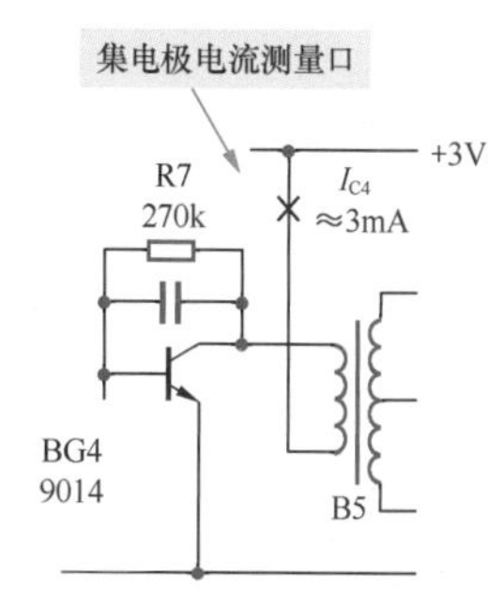

图 5-186　推动管集电极静态电流测量口示意图

根据推动级电路图，在电路板背面的铜箔电路上找到 BG4 集电极静态电流测量口，如图 5-187 所示。

用万用表的直流电流挡来测量推动管的静态直流电流，如果测得的电流为 3mA，或误差不到 0.2 mA，说明该推动级电路工作基本正常，这时可将该测量口焊通。如果测得的电流为零，则要检查推动级元器件焊接是否正常，然后检查电阻 R7 是否已正常接入电路。

4　检查整个低放电路

在上述功放输出级和推动级电路静态电流均正常后，将音量电位器调到最大位置，此时用手接触音量电位器热端引脚时，扬声器中应该能够发出比较响的干扰声音，则说明整个低放电路安装调试完成。

低放电路的工作正常，对安装中频放大器等电路有着重要的作用。

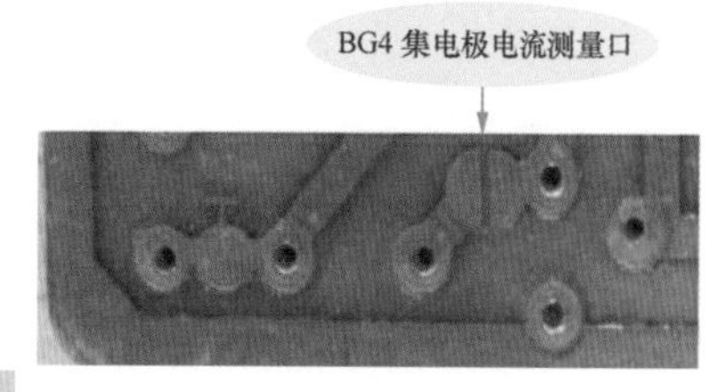

图 5-187　电路板上 BG4 集电极静态电流测量口示意图

5.13.5　变压器耦合推挽功率放大器故障的处理方法

这里以图 5-188 所示的变压器耦合推挽功率放大器为例，介绍具体的故障处理方法。电路中，VT1、VT2 构成推挽输出级放大器，T1 是输入耦合变压器，T2 是输出耦合变压器，BL1 是扬声器，R1 和 R2 为两只放大管提供静态偏置电流，C1 是旁路电容，R3 是两管共用的发射极负反馈电阻，C2 是电源电路中的滤波电容。

1　完全无声故障的处理方法

功率放大器可能会出现完全无声故障，对这一故障的检查步骤和具体方法如下。

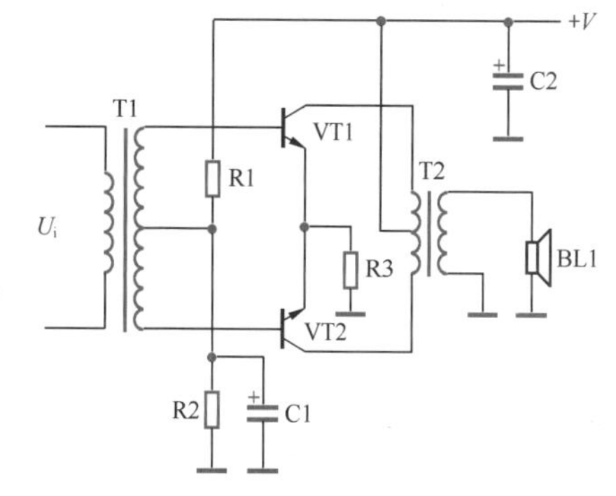

图 5-188　变压器耦合推挽功率放大器

（1）电压检查法测量直流工作电压 +*V*，如果为 0V，断开 C2 后再次测量，如果仍然为 0V，说明功率放大器没有问题，需要检查电源电路。如果断开 C2 后直流工作电压 +*V* 恢复正常，说明 C2 已击穿损坏，要更换 C2。

（2）电压检查法测量 T2 初级线圈中心抽头上的直流电压，如果为 0V，说明这一抽头至 +*V* 端的铜箔电路存在开路故障，电阻法断电后检测铜箔开路处。

（3）如果测得 T2 初级线圈中心抽头上的直流电压等于 +*V*，断电后用电阻检查法检测 BL1 是否开路、BL1 的地端与 T2 次级线圈的地端之间是否开路、T2 的次级线圈是否开路。

上述检查均正常时，再用电阻检查法检测 R3 是否开路，重新熔焊 R3 的两个引脚焊点，以消除可能出现的虚焊现象。

2　无声故障的处理方法

当干扰 T1 初级线圈热端时，如果扬声器中没有干扰响声，说明无声故障出在这一功率放大器中，对这一故障的检查步骤和具体方法如下。

（1）电压检查法测量 T1 次级线圈中心抽头的直流电压，如果为 0V，断开 C1 后再次测量，如果电压恢复正常，说明 C1 已击穿损坏，如果仍然为 0V，则用电阻检查法检测 R1 是否开路，重新熔焊

R1 的两个引脚焊点。

（2）如果测得 T1 次级线圈中心抽头上的电压很低（低于 1V），用电阻检查法检测 C1 是否漏电，如果 C1 正常则检测直流工作电压 +*V* 是否太低，如果低可断开 C2 后再次测量，如果仍然低说明电源电路出现故障，如果恢复正常电压值说明 C2 漏电，要更换 C2。

（3）如果测得 T1 次级线圈中心抽头上的直流电压比正常值高得多，用电阻检查法检测 R2 是否开路，重新熔焊 R2 的两个引脚焊点。

（4）分别测量 VT1、VT2 的集电极静态工作电流，如果有一只三极管的这一电流很大，那么可以更换这只三极管试一试。

（5）用电阻检查法检测 T1 的初级线圈和次级线圈是否开路。

3 声音轻故障的处理方法

当干扰 T1 初级线圈热端时，如果扬声器中的干扰响声很小，说明声音轻故障出在这一功率放大器中，如果扬声器中有很大的响声，说明声音轻故障与这一功率放大器无关。对这一故障的检查步骤和具体方法如下。

（1）电压检查法测量直流工作电压 +*V* 是否太低，如果太低，主要检查电源电路直流输出电压低的原因。

（2）电流检查法分别测量 VT1 和 VT2 的集电极静态工作电流，如果有一只三极管的这一电流为零，更换这只三极管，无效后再用电阻检查法检测 T2 的初级线圈是否开路。

（3）用一只 20μF 的电解电容并联在 C1 上（负极接地端），如果并联后声音明显增大，说明 C1 开路，重新熔焊 C1 的两个引脚焊点，无效后再更换 C1。

（4）电阻检查法检测 R3 的阻值是否太大（一般应小于 10Ω）。

（5）同时用代替法检测 VT1、VT2。

（6）如果是声音略轻故障，可以适当减小 R3 的阻值，用一只与 R3 相同阻值的电阻器与 R3 并联，但是注意并联的电阻器功率要与 R3 相同，否则会烧坏并联的那只电阻器。

4 噪声大故障的处理方法

断开 T1 初级线圈后噪声消失，说明噪声大故障出在这一功率放大器中，对这一故障的检查步骤和具体方法如下。

（1）用代替法检测 C1。

（2）交流声大时用代替法检测 C2，也可以在 C2 上再并联一只 1000μF 的电容（负极接地端，不可接反）。

（3）分别测量 VT1、VT2 的集电极静态工作电流，如果比较大（一般应为 8mA 左右），分别代替 VT1、VT2，无效后再适当加大 R1 的阻值，使两三极管的静态工作电流减小一些。

5 半波失真故障的处理方法

在扬声器上用示波器观察到只有半波信号时，用电流检查法分别测量 VT1、VT2 的集电极电流，一只三极管的集电极电流为零时更换这只三极管。若测得两只三极管均正常，再用电阻检查法检测 T2 的初级线圈是否开路。

6 冒烟故障

当出现冒烟故障时，主要是电阻 R3 过流而冒烟，这时分别测量 VT1、VT2 的集电极静态工作电流，如果测得的电流都很大，再用电阻检查法检测 R2 是否开路。如果只是其中的一只三极管电流大，说明这只三极管已击穿损坏，更换这只三极管。

7 注意事项

在检查变压器耦合推挽功率放大器故障的过程中要注意以下几个问题。

（1）电路中 VT1、VT2 各电极直流电路是并联的，即两管基极、集电极、发射极上的直流电压相等，所以要确定具体哪一只三极管开路时，只能采用测量三极管集电极电流的方法。

（2）VT1、VT2 性能要求相同，更换其中一只三极管后，如果输出信号波形的正、负半周幅度大小不等，说明新换上的这只三极管与原三极管性能不一致，这两只三极管必须是配对的（性能一致）。

（3）由于有输入耦合变压器，所以功放输出级与前面的推动级电路在直流上是分开的，这样可以将故障范围缩小到功放输出级电路中。

（4）处理冒烟故障时，要先打开机壳，找到功放输出管发射极回路中的发射极电阻，通电时认真观察它，一旦见到它冒烟要立即切断电源。

5.14 套件中收音机电路装配与调试方法

安装完低放电路后，已经具备一定的安装和焊接经验，对于套件中余下的收音机部分电路，安装就会比较容易。

5-25：收音机装配(8) 测量和安装收音机套件中的音量电位器

5.14.1 套件中收音机电路元器件的安装方法

对于收音机电路元器件安装方法与前面介绍的低放电路元器件安装方法一样，只是由于收音机电路本身的一些特点，还需要注意一些问题。

1 检测各元器件

对收音机电路中的各元器件进行检测，这里主要说明下列几点。

（1）收音机电路中的 BG1、BG2 和 BG3 采用的是 9018，它的集电结和发射结正向电阻均为 6.3kΩ，测量反向电阻时表针几乎不动。

（2）测量中频变压器和振荡线圈的初级、次级线圈的直流电阻，中频变压器的初级线圈直流电阻为 12Ω 左右，次级线圈直流电阻为略大于 1Ω。振荡线圈的两个线圈直流电阻更小，一个为 3.6Ω 左右，另一个为 0.3Ω 左右。上述测量中不能出现开路现象，否则说明所测线圈已经损坏。

（3）天线线圈的直流电阻也相当小，一个线圈为 1Ω 左右，另一个为 4.5Ω 左右。

2 插入和焊接元器件

关于收音机电路元器件的插入和焊接主要说明下列几点。

（1）各中频变压器和振荡线圈位置不能插错，电路板正面标有各中频变压器的颜色，要插入相应颜色的中频变压器，如绿色位置处要插入磁芯颜色为绿色的中频变压器。

（2）由于低放电路中的元器件已经焊在电路板上，安装收音机电路元器件时，最好插入一只就焊接一只，这样比较方便。

（3）将双联电容器和磁棒天线固定在电路板上。

（4）双联电容器引脚的焊盘比较大，且引脚比较粗，要保证足够高的焊接温度，否则容易出现假焊现象。

（5）收音机电路中的焊盘相距较近，在焊接时注意焊点要适当小些，以免相邻的焊点之间相碰。

3 套件中所有电阻器资料

收音机套件中的所有电阻器编号实物图及说明见表 5-14。

表 5-14　收音机套件的所有电阻器编号、实物图及说明

电阻器编号	实物图及说明
R1 R7	色环电阻器 色环颜色：红紫黄金 标称阻值：27×10^4=270kΩ 误差：±5%

续表

电阻器编号	实物图及说明
R2	色环电阻器 色环颜色：红紫红金 标称阻值：27×10^2=2.7kΩ 误差：±5%
R3 R4	色环电阻器 色环颜色：棕红黄金 标称阻值：12×10^4=120kΩ 误差：±5%
R5	色环电阻器 色环颜色：橙橙橙金 标称阻值：33×10^3=33kΩ 误差：±5%
R6	色环电阻器 色环颜色：橙橙棕金 标称阻值：33×10^1=330Ω 误差：±5%
R8	色环电阻 色环颜色：棕黑红金 标称阻值：10×10^2=1kΩ 误差：±5%
R9	色环电阻器 色环颜色：棕绿棕金 标称阻值：15×10^1=150Ω 误差：±5%

5-26：收音机装配(9) 测量和安装收音机套件中的双联可变电容器

4　套件中所有电容器的资料

收音机套件中的所有电容器编号、实物图及说明见表 5-15。

表 5-15　收音机套件中的所有电容器编号、实物图及说明

电容器编号	实物图及说明
C1	双联及微调电容器 双联中附有 4 只微调电容器。 差容双联，振荡联 60pF 和调谐联 140pF
C2 C3	瓷片电容器 标注：103 标称容量：10×10^3=10000pF
C4 C6 C7	电解电容器 耐压：50V 标称容量：4.7μF
C5 C9 C10	瓷片电容器 标注：223 标称容量：22×10^3=22000pF
C8	瓷片电容器 标注：181 标称容量：18×10^1=180pF
C11 C12	电解电容器 耐压：16V 标称容量：100μF

5.14.2 静态电流的测量方法和调试方法

1 BG1 集电极静态电流的测量方法

收音机电路中有三只三极管，其中 BG1 和 BG2 两只三极管在电路板上留有集电极静态电流测量口，BG3 没有这一测量口。

对于 BG1 和 BG2 集电极静态直流工作电流的测量方法与低放电路中三极管集电极直流电流测量方法一样，首先在电路板中找到测量口，在测量正常后将测量口焊通。

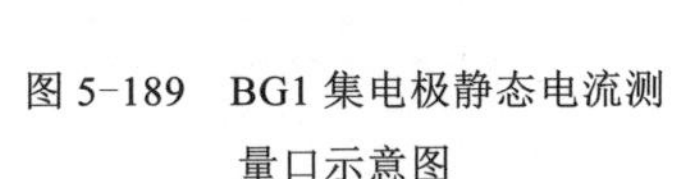

图 5-189 BG1 集电极静态电流测量口示意图

图 5-189 所示为 BG1 集电极静态电流测量口示意图，通常情况下测得的电流应为 0.5mA 左右，若没有电流或电流太大，BG1 级均不能正常工作，需要从焊接和故障处理两方面入手，解决问题，保证 BG1 的集电极静态电流为 0.5mA 左右，大小误差不要超过 0.2mA。

图 5-190 BG2 集电极静态电流测量口示意图

2 BG2 集电极静态电流的测量方法

图 5-190 所示为 BG2 集电极静态电流测量口示意图，通常情况下测得的电流应为 1.5mA 左右，若没有电流或电流太大，BG2 级均不能正常工作，需要从焊接和故障处理两方面入手，解决问题，保证 BG2 的集电极静态电流为 1.5mA 左右，大小误差不要超过 0.3mA。

3 BG3 集电极静态电流的测量方法

5-27：收音机装配 (10) 测量和安装收音机套件中的磁棒天线

对于 BG3，原电路板中没有设置集电极静态电流测量口，拆下元器件一根引脚也可以形成电流测量口，此时只拆下三极管的集电极引脚，其他两根引脚仍然焊在电路板上，如图 5-191 所示，将万用表拨至直流电流挡最小量程，红表棒接电路板上集电极引脚焊孔，黑表棒接拆下来的集电极引脚。这种方法不适用于集成电路这样的元器件，因为集成电路的电源引脚无法拆下。

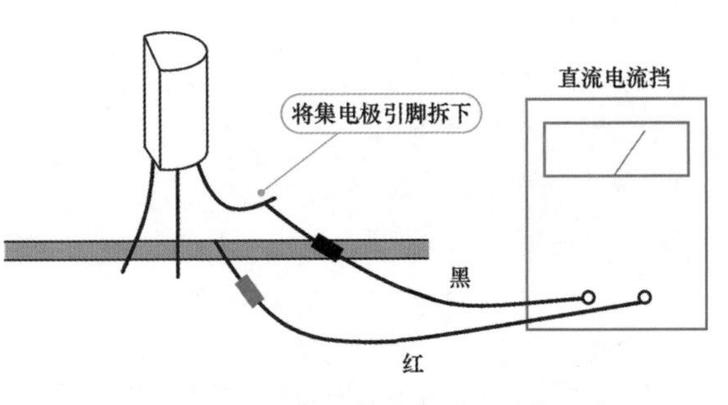

图 5-191 拆下三极管的集电极引脚示意图

正常情况下，BG3 的集电极静态直流电流应为 0.01mA，收音机收到信号时此电流会增大，且随着电台信号的大小变化而变化，最大可达 0.05mA。

重要提示

在低放电路正常后，BG1、BG2 和 BG3 静态电流的大小决定收音机电路部分安装的质量，如果三极管的静态电流全正常，那一次性装配完成后便能收到电台信号的概率会十分高，否则是肯定收不到电台信号的，且必须全力解决这三只三极管静态电流的问题使之符合条件。

5.14.3 整体电路工作状态初步判断

在确定低放电路工作正常的情况下，才可以进行收音机电路的调整，否则会使对电路的调整和对故障的判断产生更加复杂的困难。

收音机中各三极管的静态电流均正常后，将音量电位器调到最大音量位置，在旋转转柄的过程中扬声器会发出“咕噜”或“哗啦”的流水声，这说明整机电路基本能够进入工作状态。

这时可以进行整机电流的测量，在整机直流电源开关断开的状态下进行测量，图 5-192 所示为测量整机电流时接线示意图，红表棒接电源正极端的开关引脚，黑表棒接另一个开关引脚。注意，整机电流较大，测量时要合理选择万用表的量程。

直流电流挡

收音机电路

S1

黑

红

E

图 5-192　测量整机电流时接线示意图

5.14.4　检查本振和中频调整

1　检查本振是否起振

如果在开机后没有听到流水声，这时可以进行本机振荡器的检查，检查它是不是已经起振，具体检查方法详见本书“5.6.7 本机振荡器电路工作状态判断方法”小节。

2　试听调整中频变压器的谐振频率

在上述电路调整正常之后，进行中频变压器谐振频率的调整。在没有专用仪器的情况下可采用试听调整法，具体调整方法和步骤如下。

（1）最大音量状态下，在低端接收某一电台信号，调节双联可变电容器使之为最响，再将本振停振，方法是用手指直接接触振荡线圈让本振电路停振，如果电台声音消失，说明这是通过外差后得到的收音机信号，可以进行下一步的调整。

否则，这一电台信号不能用来进行中频调整，需要再选一个电台信号，因为这个电台信号是从变频级直接混入的信号，如果用此信号进行调整会调乱电路。

（2）转动收音机方向，使电台声音最弱，这样做的目的是为了听觉能灵敏地感受声音的大小变化，可提高调整灵敏度。移动磁棒天线线圈在磁棒上的位置，使声音达到最动听状态，这样可使中频调整过程中出现较少的峰点。

移动磁棒天线线圈后，再调节双联可变电容器使该电台声音处于最响状态。

（3）用无感螺丝刀调节中频变压器中的磁芯，先从最后一只中频变压器调起（即先调节中频变压器 B4），旋转磁芯可以听到电台声音的大小变化，使声音达到最大状态。

调整好最后一只中频变压器后，再调整前面一只中频变压器，将所有中频变压器都调整好。注意，切不可去调整振荡线圈，因为从外形上看本振线圈与中频变压器一样，容易弄错。

如果原来中频变压器的谐振频率没有谐振在中频频率上，在进行调整时会明显感觉到声音在增大。

（4）经过一个回合的调整之后，收音机的声音又响了许多，再转动收音机方向，使收音机声音减小，然后再从最后一只中频变压器向前级逐渐进行细调。

通过上述两次调整，中频变压器谐振频率的调整就可以完成了。

3　高频信号发生器调整中频频率的方法

采用仪器调整中频频率有多种方法，采用不同的仪器有不同的调整方法，图 5-193 所示为采用高频信号发生器调整中频频率时接线示意图。

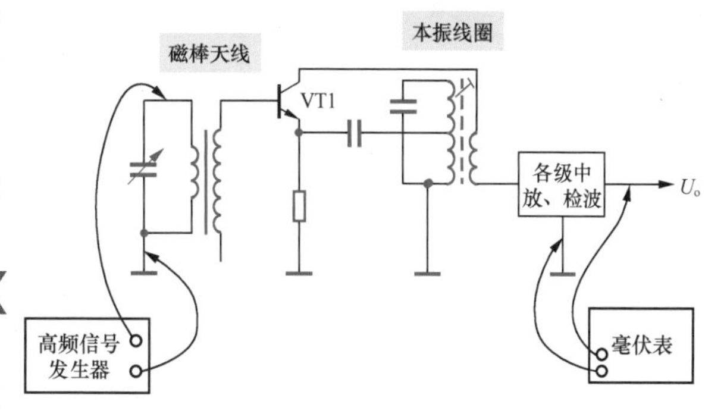

图 5-193　采用高频信号发生器调整中频频率时接线示意图

使高频信号发生器输出 465kHz、调制度为 30% 的调幅信号，高频输出信号可以用环形天线以电波形式输出，也可以按图中所示，接在磁棒天线输入调谐电路两端，将真空管毫伏表或示波器接在检波级电路之后或直接接在扬声器上。

为了可靠起见，将中波本振线圈的初级线圈用导线接通，然后从最后一级开始逐级向前调整各中频变压器磁芯，使输出电压为最大，这样中频频率便能调准。

使用陶瓷中频滤波器的电路由于其中频特性与滤波器有关，而这种滤波器是不需要调整的。

5-28：收音机装配(11) 连接引线和安装零部件

5.15 外差跟踪和统调方法

5.15.1 外差跟踪

在收音机电路中外差跟踪又称为统调。

1 两个调谐电路

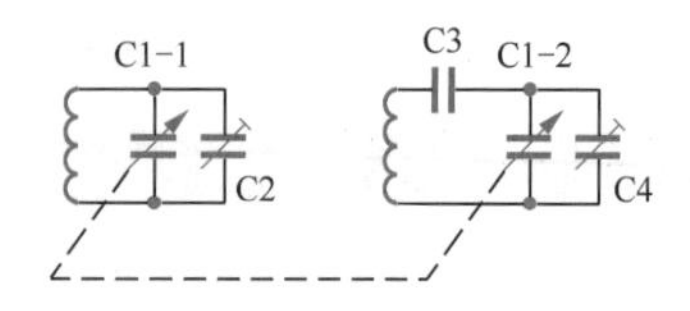

图 5-194 两个调谐电路示意图

众所周知，收音机变频级有两个调谐电路，即双联可变电容器所在的两个调谐电路，如图 5-194 所示，一个是调谐联调谐电路，它谐振在高频电台信号频率。二是振荡联调谐电路，它谐振在高于高频电台信号频率一个 465kHz 处。对这两个调谐电路频率的理想要求是，振荡联调谐电路的调谐频率在整个频段内始终比调谐联调谐电路频率高 465kHz。

电路中，与外差跟踪相关的元器件有三只：微调电容 C2 和 C4，还有电容 C3。其中，C2 并联在输入调谐电路上，称为调谐高频补偿电容，它通常是附设在双联可变电容器上的微调电容。

C3 串联在本振调谐电路中，称为垫整电容，在中波电路中的全称为中波本振槽路垫整电容，中波段该电容为几百微法，短波段电路中还会有专门的短波本振槽路垫整电容。

C4 并联在本振调谐电路中，称为高频补偿电容，通常是附设在双联可变电容器上的微调电容。

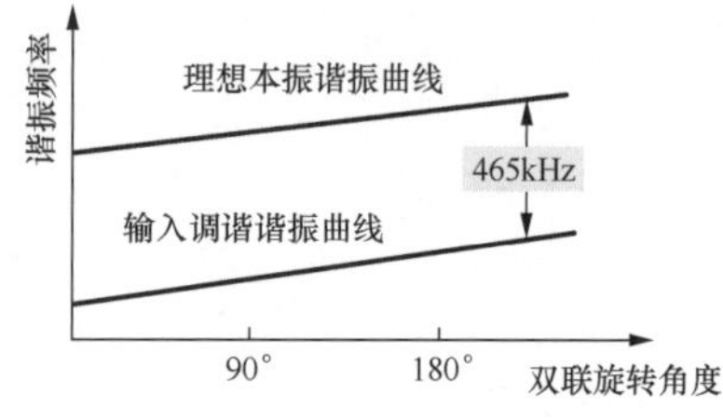

图 5-195 理想情况下的外差跟踪特性示意图

2 理想跟踪要求

图 5-195 所示为理想情况下的外差跟踪特性，从图中可以看出，理想本振谐振曲线始终比输入调谐谐振曲线高 465kHz。为了实现这一理想的跟踪要求，对双联可变电容器采取特殊设计，即本振联和调谐联的容量不同（差容双联），且容量变化的特性要改变，这使双联可变电容器的技术难度加大，制造成本增加。

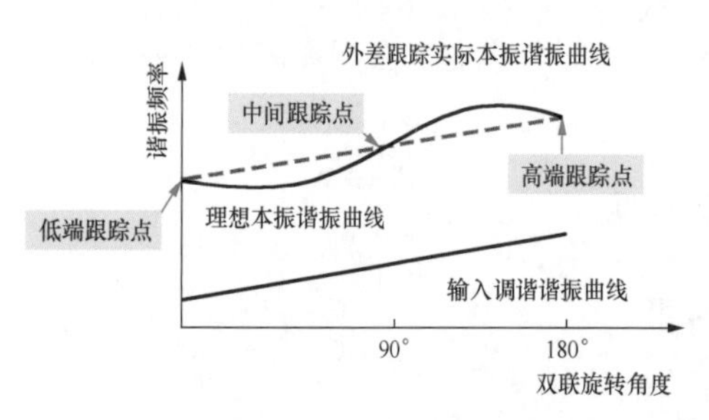

图 5-196 三点外差跟踪特性示意图

在多波段收音机中无法实现双联的上述要求，因为多波段收音机中双联为各波段电路所共用，只能采用等容双联（调谐联和振荡联容量相等），为此只能在电路中寻找解决方法，如在电路中加入几只电容和几只微调电容。

3 三点跟踪特性

实际上理想的外差跟踪是无法实现的，所以采用三点跟踪方式来实现接近理想的外差跟踪特性，图 5-196 所示为三点外差跟踪特性示意图。

4 实用电路分析

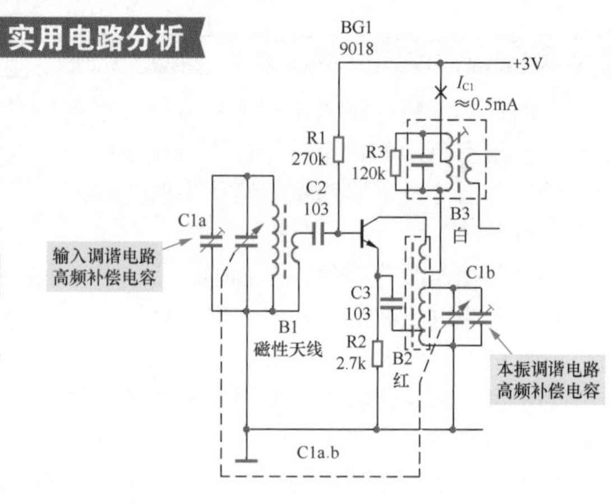

图 5-197 变频级的两个调谐电路

图 5-197 所示为变频级的两个调谐电路，从电路中可以看出，它没有垫整电容，这是因为该收音机为中波收音机，没有短波段，采用的是差容双联可变电容器，这时电路中可以不设垫整电容。

5.15.2 三点统调方法

重要提示

将接近理想跟踪过程的电路调整称为统调，或称为外差跟踪。新的收音机装配完成或修理中的收音机都需要进行统调。

统调可以采用专用仪器进行，统调仪是收音机校准频率刻度和进行外差跟踪的专用仪器。但是在业余情况下，往往没有这类专用仪器，所以需要采用简便的方法来完成统调。

1　中波频段划分

通常将中波频段划分成三段，如图 5-198 所示，在中波段频率范围内取两个频率点 800kHz 和 1200kHz，得到三个频段区间，分别称为低端、中间和高端。

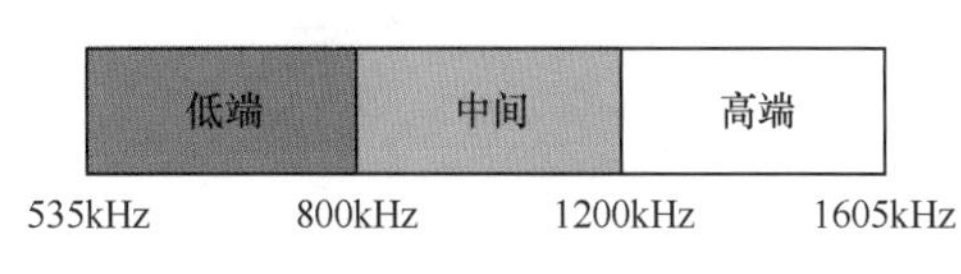

图 5-198　中波频段划分成三段示意图

2　三点频率跟踪

图 5-199 所示为三点统调中的三个频点示意图，分别是 600kHz、1000kHz 和 1500kHz，其中 600 kHz 称为低端频率跟踪点，1500 kHz 称为高端频率跟踪点，1000kHz 称为中间频率跟踪点。

图 5-199　三点统调中的三个频点示意图

3　校准频率刻度

图 5-200 所示为一种中波收音机频率刻度盘示意图。校准频率刻度就是让收音机电路的实际工作频率与频率刻度盘一致起来，以方便日常调台操作。

校准频率刻度应该在中频调谐完成之后进行，且收音机应该能收听到电台。

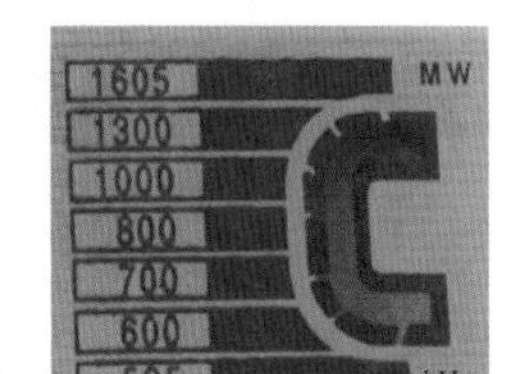

图 5-200　一种中波收音机频率刻度盘示意图

重要提示

由于本振调谐电路的谐振频率对刻度影响比较大，所以校准频率刻度时应先调整本振调谐电路的谐振频率。

（1）校对低端。在低端接收一个中波广播电台信号，如中央人民广播电台第一套的频率为 567kHz，用无感螺丝刀调节本振线圈中的磁芯，如图 5-201 所示，即左右旋转螺丝刀，使收音机声音处于最响状态。

这一步的调整相当于对电路中本振线圈 L2 的电感量进行调整，如图 5-202 所示。当将磁芯向里面旋转时，会增大 L2 的电感量，降低本振谐振频率；当将磁芯向外面旋转时，会减小 L2 的电感量，提高本振谐振频率。

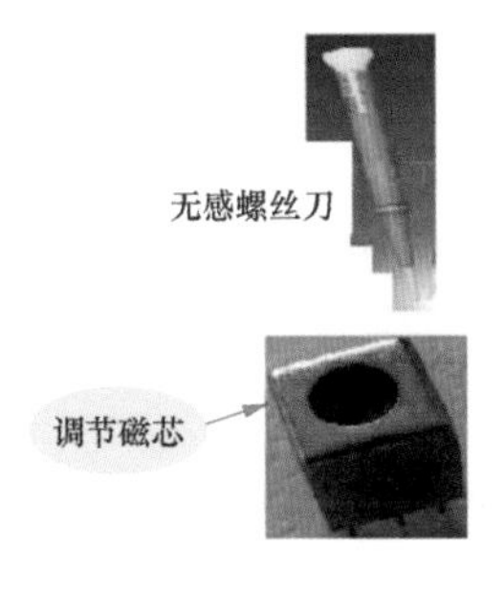

图 5-201　调节本振线圈中的磁芯示意图

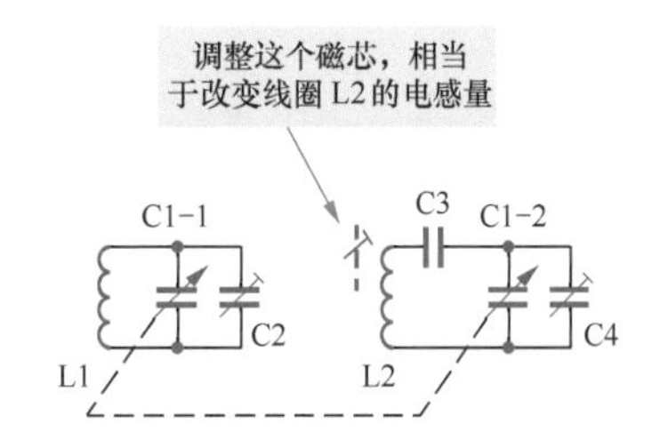

图 5-202　调整本振线圈 L2 的电感量示意图

（2）校对高端。再在高端接收一个中波广播电台信号，如中国国际广播电台的频率为 1521kHz，用无感螺丝刀调节本振调谐电路中的高频补偿电容，如图 5-203 所示，即左右旋转螺丝刀，使收音机声音处于最响状态。

这一步的调整相当于对电路中本振调谐电路中微调电容 C4 的容量进行调整，如图 5-204 所示，改变该微调电容的容量，就能改变本振谐振频率。

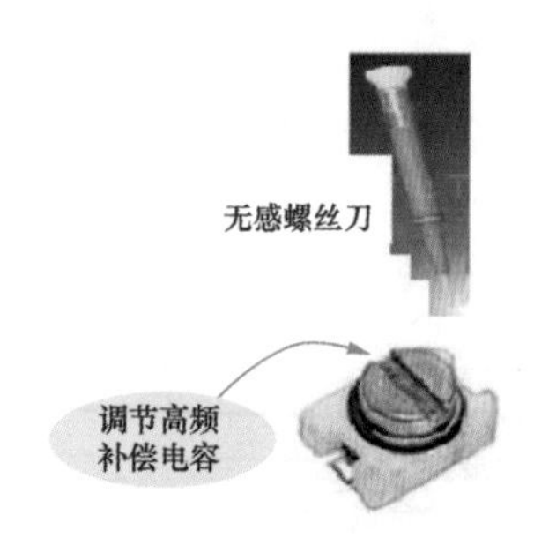

图 5-203　调节本振调谐电路中高频补偿电容示意图

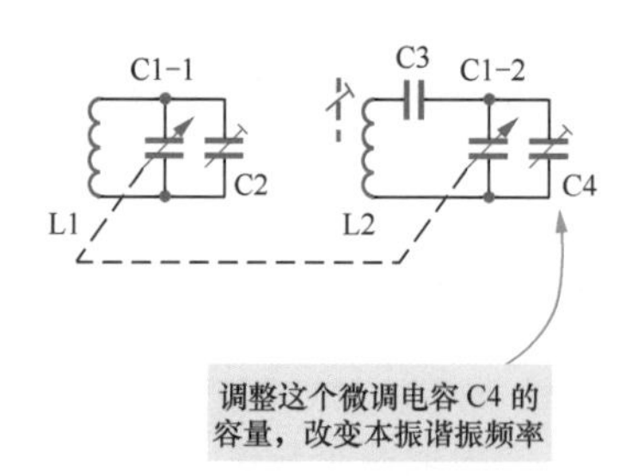

图 5-204　调整本振调谐电路中微调电容 C4 的容量示意图

在高端校对好之后，还要再去低端试听及微调，因为高端校对后会影响到低端的校对，即低端→高端→低端→高端，几个来回往复，直到高端和低端均处于最佳状态。

（3）检验中间频点。低端和高端校对好后，在中间选一个频点，即 1000kHz 左右的频点，如中央人民广播电台一套的频率为 1008kHz，收听这一电台，检验一下频率刻度是否正常。

通常在低端和高端统调好后，中间频点的误差是比较小的，如果误差很大，则要检查双联可变电容器和垫整电容是否良好。

5.15.3　输入调谐电路的统调方法

1　低端统调方法

在低端 600 kHz 附近接收某一电台信号，调整准确使收到的声音为最大状态。然后，转动收音机方向（实际上是转动磁棒天线方向）找到一个角度使收音机声音较小，接着移动天线线圈在磁棒上的位置，如图 5-205 所示，使声音达到最响状态。

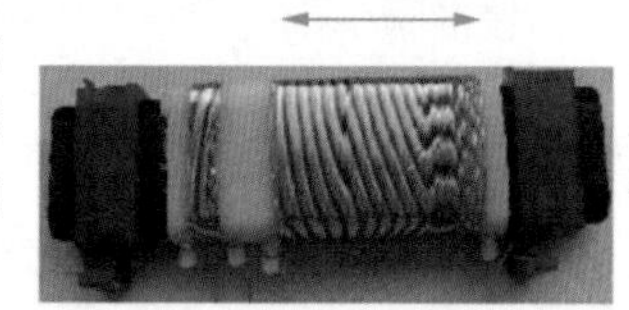

图 5-205　调整天线线圈示意图

当天线线圈向磁棒中间移动时，电感量会增大，否则电感量会减小。这一步的调整实际上是调整输入调谐电路中 L1 的电感量，如图 5-206 所示。

图 5-206　调整输入调谐电路中 L1 的电感量示意图

2　高端统调方法

在高端 1500kHz 附近接收某一电台信号，用无感螺丝刀调整输入调谐电路中高频补偿电容的容量，使声音达到最响状态，如图 5-207 所示，就是在调整输入调谐电路中微调电容 C2 的容量。

在高端统调后，还要再次去微调低端，因为高端统调后会影响到低端的统调，即低端→高端→低端→高端，几个来回往复，直到高端和低端均处于最佳状态。

图 5-207　调整输入调谐电路中微调电容 C2 的容量示意图

3　铜铁棒

在统调后，还需要用测试棒进行校验。

在进行收音机跟踪校验时，要用到测试棒，也就是铜铁棒，其外形和结构如图 5-208 所示。

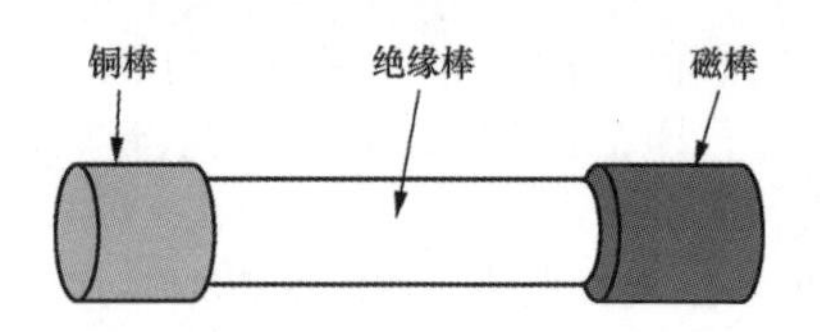

图 5-208　铜铁棒外形和结构

这种铜铁棒可以自己制作，具体方法是：取一根绝缘棒（只要是绝缘的材料即可），在一头固定一小截铜棒，作为铜头；在另一头固定一小截磁棒（收音机中所用的磁棒），作为铁头。

5.15.4　检验跟踪点

对于中波而言，主要检验三点：600kHz、100kHz 和 1500kHz，先检验低端，再检验高端，最后检验中间，分别接收这三点处的某一电台信号。

1　铜升检验方法

在低端接收一电台信号，用测试棒的铜头一端接近收音机的磁棒天线，如果在铜头接近过程中收音机声音变大，说明存在铜升现象，即天线线圈的电感量偏大，输入调谐电路的谐振频率高于电台信号频率，此时应该将天线线圈向磁棒外侧移动一些，以减小天线线圈的电感量，使之恰好不出现铜升现象，即铜头接近磁棒天线时声音有所减小的现象。

2　铁升检验方法

铜升正常后，用测试棒的铁头接近磁棒天线，如果接近过程中收音机声音变大，说明存在铁升现象，即天线线圈的电感量偏小，输入调谐电路的谐振频率低于电台信号频率，此时应该将天线线圈向磁棒内侧移动一些，以增大天线线圈的电感量，使之恰好不出现铁升现象，即铁头接近磁棒天线时声音有所减小的现象。

上述调整可能会有几个来回反复，直至不存在铜升和铁升现象。然后再进行高端检验，低端和高端检验后进行中间检验，对中间点的检验要求不要太高，只要失谐不太严重就可以。

重要小结

关于收音机中波统调小结以下几点。

（1）业余条件下的统调过程中主要靠试听声音的大小来进行判断，要让收音机声音小一些，这样调整时耳朵听起来比较敏感，因为人耳在音量较小时对声音大小变化的敏感度更高。

（2）整个统调步骤是：先调本振调谐电路进行刻度盘校对，再调输入调谐电路进行外差跟踪，最后用测试棒检验。上述调试过程中每一步都是从低端开始，后调试高端，再检验中间，这些次序不能弄错。而且要记住，每一步的调试需要几个来回往复，因为低端和高端的统调会相互影响。

（3）无论是输入调谐电路还是本振调谐电路，都是低端调电感量，高端调电容量，这是因为在低端电感量大小对谐振频率的影响更为明显，在高端电容量大小对谐振频率的影响更为明显。

（4）一般情况下，统调只是对低端和高端，中间只是检验，如果中间失谐严重那就需要进行一系列的故障检修，不是通过统调能完成的。

（5）统调完成后，用石蜡将线圈封死在磁棒上，以固定天线线圈。如果用手去接触磁棒天线时出现声音变大现象，说明统调没有做好。

短波段统调方法与中波段一样，只是在低端移动短波天线的效果不明显，所以增大和减小电感是通过增加或减少短波天线的匝数来实现的。